改訂2版 Excel関数逆引きハンドブック

篠塚 充 ◆著

C&R研究所

■権利について
- 本書に記述されている社名・製品名などは、一般に各社の商標または登録商標です。なお、本書では™、©、®は割愛しています。

■本書の内容について
- 本書は著者・編集者が実際に操作した結果を慎重に検討し、著述・編集しています。ただし、本書の記述内容に関わる運用結果にまつわるあらゆる損害・障害につきましては、責任を負いませんのであらかじめご了承ください。
- 本書で紹介している操作の画面は、Windows 10(日本語版)とExcel for Office 365を基本にしています。他のOSや旧バージョンのExcelをお使いの環境では、画面のデザインが異なる場合がございますので、あらかじめご了承ください。
- 本書は2019年1月現在の情報を基に記述しています。

■サンプルについて
- 本書で紹介しているサンプルは、C&R研究所のホームページ(http://www.c-r.com)からダウンロードすることができます。ダウンロード方法については、4ページを参照してください。
- サンプルデータの動作などについては、著者・編集者が慎重に確認しております。ただし、サンプルデータの運用結果にまつわるあらゆる損害・障害につきましては、責任を負いませんのであらかじめご了承ください。
- サンプルデータの著作権は、著者及びC&R研究所が所有します。許可なく配布・販売することは堅く禁止します。

●本書の内容についてのお問い合わせについて
　この度はC&R研究所の書籍をお買いあげいただきましてありがとうございます。本書の内容に関するお問い合わせは、「書名」「該当するページ番号」「返信先」を必ず明記の上、C&R研究所のホームページ(http://www.c-r.com)の右上の「お問い合わせ」をクリックし、専用フォームからお送りいただくか、FAXまたは郵送で次の宛先までお送りください。お電話でのお問い合わせや本書の内容とは直接的に関係のない事柄に関するご質問にはお答えできませんので、あらかじめご了承ください。

〒950-3122 新潟県新潟市北区西名目所4083-6　株式会社C&R研究所　編集部
FAX 025-258-2801
『改訂2版 Excel関数逆引きハンドブック』サポート係

▮▮▮ PROLOGUE

　Excelで計算を行う上で、どうすれば思い通りの答えを導くことができるか悩んだときには、迷わず関数を使うことをおすすめします。Excelの関数は、指定された書式通りに数式を作成すれば、自動的に答えを返してくれる魔法のような機能です。関数は400種類以上あり、データを集計したり、平均値を求めるなどの簡単なものから、三角関数を利用して建物の高さを算出したり、証券の利回りを求めるなど、本来ならば、専門知識が必要とされる分野も数多く用意されています。

　関数を学ぶ場合、マニュアル本やヘルプ機能をそのまま暗記すれば、ある程度、利用することはできるでしょう。しかし、どのケースでどの関数を使うべきか素早く判断したり、複数の関数を組み合わせないと答えを導き出せない数式を作成するためには、それ相応の経験と応用力が必要になることも事実です。

　そこで、本書では、長い間、Excel関数に関わってきたノウハウをまとめ、本当に役に立つExcel関数の実例を集めてみました。各項目は、実務ですぐに活用できる事例を紹介し、解説を読むことで関数の内容を深く理解することができる構成になっています。

　また、各章は、関数の分野別ではなく、目的別にまとめてあるので、操作につまづいたときには「逆引き」で素早く目的の数式を探し出せる便利な1冊に仕上げてあります。

　本書は現在の最新バージョンであるExcel for Office 365で新たに追加された機能・関数はもちろん、ほとんどのサンプルはExcel2010/2013/2016/2019にも対応可能なため、より多くのExcelユーザーが活用できることでしょう。

　最後に、本書の執筆・制作にあたって、企画の段階から連日フォローしていただいたすべてのスタッフに心から感謝申し上げます。そして、読者の皆様にとって、本書がExcel関数を利用する上で少しでもお役に立てれば、これ以上の幸せはありません。

2019年2月

　　　　　　　　　　　　　　　　　　　　　　　　C&R研究所ライティングスタッフ
　　　　　　　　　　　　　　　　　　　　　　　　　　　　　　　　　篠塚 充

本書について

本書の表記方法

本書の表記についての注意点は、次のようになります。

▶ 数式の入力について

本書で入力している数式は、レイアウトの都合上、改行(折り返し)している箇所がありますが、実際に入力する際は、1行で入力してください。

▶ 関数の書式について

本書に記載した関数の書式は、Excel for Office 365のヘルプを基本にしています。バージョンによっては書式が異なる場合があります。書式の詳細については、ヘルプをご確認ください。

また、バージョンによっては関数名が異なる場合があります(27ページ参照)。その場合は、入力する数式を「Hint」に記述しています。

▶ 各項目の対応バージョンについて

本書では項目タイトルの部分に、対応バージョンのマークを記載しています。「365」はExcel for Office365を表しています。薄く表示されている場合は、非対応となります。

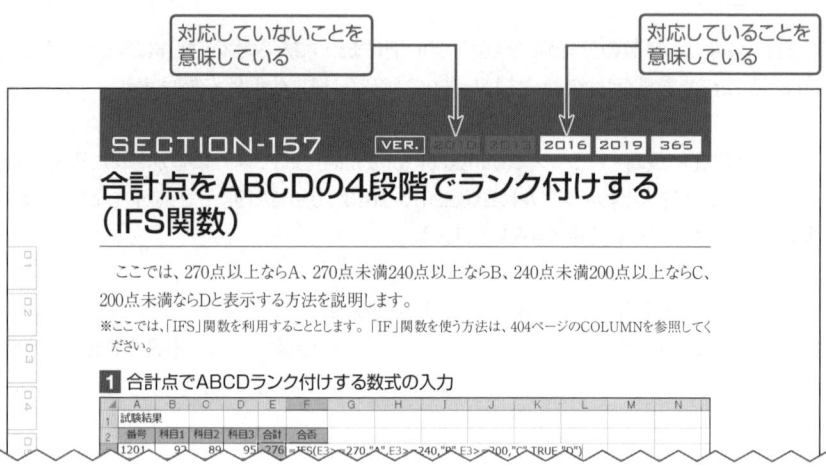

■ サンプルファイルのダウンロードについて

本書のサンプルデータは、C&R研究所のホームページからダウンロードすることができます。本書のサンプルを入手するには、次のように操作します。

❶ 「http://www.c-r.com/」にアクセスします。
❷ トップページ左上の「商品検索」欄に「807-7」と入力し、[検索]ボタンをクリックします。
❸ 検索結果が表示されるので、本書の書名のリンクをクリックします。
❹ 書籍詳細ページが表示されるので、[サンプルデータダウンロード]ボタンをクリックします。
❺ 下記の「ユーザー名」と「パスワード」を入力し、ダウンロードページにアクセスします。
❻ 「サンプルデータ」のリンク先のファイルをダウンロードし、保存します。

サンプルのダウンロードに必要なユーザー名とパスワード
- ユーザー名: **k2efun**
- パスワード: **s7v5z**

※ユーザー名・パスワードは、半角英数字で入力してください。また、「J」と「j」や「K」と「k」などの大文字と小文字の違いもありますので、よく確認して入力してください。

ダウンロード用のサンプルファイルは、CHAPTERごとのフォルダの中に項目番号のフォルダに分かれています。サンプルはZIP形式で圧縮してありますので、解凍してお使いください。

CONTENTS

CHAPTER 01　Excel関数の基礎知識

- 001　Excel関数について …………………………………………………… 22
- 002　セルに関数を入力する ……………………………………………… 29
  - ONEPOINT■数式を直接入力するメリット
  - COLUMN■Excelの関数入力用の支援機能
- 003　目的の関数を探し出す ……………………………………………… 34
  - ONEPOINT■複数の関数が検索された場合は関数の説明を確認する
- 004　関数の使い方を調べる ……………………………………………… 36
- 005　セル参照について …………………………………………………… 38
  - COLUMN■セル参照の種類を切り替える方法
- 006　数式を修正する ……………………………………………………… 40
  - COLUMN■セル範囲を変更するには
- 007　連続するセルに一括で数式をコピーする ………………………… 43
  - ONEPOINT■連続するセルに数式をコピーするには「オートフィル」機能を利用する
  - COLUMN■書式設定されたセルの数式だけをコピーするには
- 008　数式の計算結果だけをコピーする ………………………………… 45
  - ONEPOINT■数値の結果の値のみを張り付けるには「形式を選択して貼り付け」を使う
- 009　エラー値について …………………………………………………… 48
  - COLUMN■エラーの原因と修正方法を確認するには
  - COLUMN■エラーの原因を分析するには
- 010　配列数式・配列定数について ……………………………………… 50
  - ONEPOINT■配列数式を入力するには Ctrl + Shift + ↵ キーで確定する
  - COLUMN■配列数式にデータを追加するには
  - COLUMN■配列数式のデータの一部を削除するには

CHAPTER 02　集計

- 011　売上の合計金額を求める …………………………………………… 56
  - ONEPOINT■連続するセルの合計を求めるには引数に
    「先頭のセル番地:末尾のセル番地」と指定する
  - COLUMN■任意の数値や連続していない複数セルの合計値を求めるには
- 012　売上表の縦横計を一括で求める …………………………………… 58
  - ONEPOINT■複数セルの合計値を素早く求めるには「オートSUM」を使う
- 013　複数のシートの売上を1つのシートで合計する ………………… 60
  - ONEPOINT■複数のシートの集計は3D集計を利用する
- 014　隣り合わないシートの売上を1つのシートで合計する ………… 63
  - ONEPOINT■隣り合わないシートの選択は「,」を使う
- 015　数量の累計を求める ………………………………………………… 66
  - ONEPOINT■累計は「SUM」関数で指定範囲を追加しながら求める

CONTENTS

016 支店別に売上を集計する ……………………… 68
　　ONEPOINT■条件に合う値だけを集計するには「SUMIF」関数を使う

017 月ごとの入金額を集計する ……………………… 70
　　ONEPOINT■月で検索するには「MONTH」関数で月を取り出す

018 平日のみのデータを集計する ……………………… 72
　　ONEPOINT■曜日で検索するには「WEEKDAY」関数を使う

019 チェックボックスをONにしたデータだけを集計する …………… 74
　　ONEPOINT■チェックしたデータを集計するには
　　　　　　　リンクするセルの結果を検索条件に指定する
　　COLUMN■Excel2010の「開発」タブを表示するには

020 複数の条件に合った売上を集計する ……………………… 78
　　ONEPOINT■複数の条件に当てはまる値を集計するには「SUMIFS」関数を使う
　　COLUMN■あいまい検索で条件を指定するには

021 複数商品の単価×数量の総計を一気に求める ……………… 80
　　ONEPOINT■単価×数量の総計を求めるには「SUMPRODUCT」関数を使う
　　COLUMN■単価×数量の総計を配列数式で求める方法

022 任意のデータを抽出して合計を求める ……………………… 82
　　ONEPOINT■フィルタで絞り込んだデータだけを計算するには
　　　　　　　「SUBTOTAL」関数を使う

023 1行おきにデータを集計する ……………………… 85
　　ONEPOINT■1行おきのデータは奇数行か偶数行かを調べて計算する

024 3行ごとに入力したデータをそれぞれ集計する ……………… 87
　　ONEPOINT■3行ごとのデータは行番号を3で割った余りを調べて集計する

025 同じデータの連続回数を調べる ……………………… 89
　　ONEPOINT■連続回数は「前のセルの内容」と「次のセルの内容」が
　　　　　　　同じかどうか調べる

026 2つの表を1つに連結する ……………………… 91
　　ONEPOINT■「VLOOKUP」関数で取り出した結果がエラーの場合には
　　　　　　　「ISERROR」関数で非表示にする

027 2つの表を集計して1つにまとめる ……………………… 94
　　ONEPOINT■2つの表をまとめるには共通データをもとに集計する

028 セルに入力したワークシート名を利用してデータを集計する …… 96
　　ONEPOINT■セルの値を数式に使うには「INDIRECT」関数を使う
　　COLUMN■参照するセル範囲の行数が異なる場合には

029 小計行を含む表の合計を一括で求める ……………………… 98
　　ONEPOINT■小計を省いて計算するには「SUBTOTAL」関数を使う

030 支払金額に使用する紙幣と硬貨の枚数を調べる …………… 100
　　ONEPOINT■金種表は大きい金額(1万円札)から順に枚数を求める

031 平均点を求める ……………………… 103
　　ONEPOINT■数値のみの平均を求めるには「AVERAGE」関数を使う
　　COLUMN■複数の平均値を一括で求めるには

CONTENTS

032 文字列もカウントして平均を求める …………………… 105
　ONEPOINT■文字列を「0」として平均を求めるには「AVERAGEA」関数を使う
　COLUMN■空白のセルもカウントして平均を求めるには

033 合格点以上の受験者の平均点を求める …………………… 107
　ONEPOINT■条件に合う値の平均点を求めるには「AVERAGEIF」関数を使う
　COLUMN■男性の平均点を求めるには

034 合格点を満たしている女性受験者の平均点を求める ……………… 109
　ONEPOINT■複数の条件に当てはまる値の平均を求めるには
　　　　　　「AVERAGEIFS」関数を使う

035 極端なデータを除いて平均を求める …………………… 111
　ONEPOINT■「TRIMMEAN」関数には排除する個数を割合で指定する

036 「0」のセルを除いて平均を求める …………………… 113
　ONEPOINT■「0」を除いた平均は合計値を「0」以外のセル数で割る
　COLUMN■「AVERAGEIF」関数で「0」のセルを除いて平均を求めるには

037 試験結果から受験者数を求める …………………… 115
　ONEPOINT■数値のみのセル数を求めるには「COUNT」関数を使う
　COLUMN■複数のセル数を一括で求めるには

038 空白以外のセル数を求める …………………… 117
　ONEPOINT■何か入力されているセル数を数えるには「COUNTA」関数を使う

039 未入力のセルの数を数える …………………… 119
　ONEPOINT■空白のセルをカウントするには「COUNTBLANK」関数を使う
　COLUMN■空白セルをカウントできない原因

040 アンケートの評価別の件数を数える …………………… 121
　ONEPOINT■1つの検索条件に一致するセルの個数を求めるには
　　　　　　「COUNTIF」関数を使う

041 試験の点数が150点以上180点以下の人数を求める ……………… 123
　ONEPOINT■特定範囲のデータ数は2つのデータ数の差を計算する
　COLUMN■「COUNTIFS」関数で150点以上180点以下の人数を求めるには

042 試験結果が平均点以上の人数を数える …………………… 125
　ONEPOINT■「COUNTIF」関数の検索条件に関数を指定する方法について

043 3教科が平均点以上の人数を数える …………………… 127
　ONEPOINT■複数の条件に当てはまるデータ数を求めるには
　　　　　　「COUNTIFS」関数を使う

044 重複データを除いた申し込み人数を求める …………………… 129
　ONEPOINT■重複データを省くには1回だけカウントされたデータ数を数える

045 達成率を切り上げる …………………… 131
　ONEPOINT■指定した桁数で数値を切り上げるには「ROUNDUP」関数を使う

046 達成率を切り捨てる …………………… 132
　ONEPOINT■指定した桁数で数値を切り捨てるには「ROUNDDOWN」関数を使う
　COLUMN■指定した桁数で数値を切り捨てる別の関数

||||||||||||||||||||||||||||||||||||||||||||||||||||||||| CONTENTS |||||||||||

047 小数点以下を切り捨てる ……………………………………… 134
　　　ONEPOINT■数値の小数点以下を切り捨てるには「INT」関数を使う
　　　COLUMN■負の数を切り捨てる場合の注意点

048 達成率を四捨五入する ………………………………………… 136
　　　ONEPOINT■指定した桁数で数値を四捨五入するには「ROUND」関数を使う

049 売上金額を五捨六入する ……………………………………… 137
　　　ONEPOINT■五捨六入するには目的の桁数を1小さい値にする

050 金額を100円単位で切り上げる …………………………… 139
　　　ONEPOINT■数値を任意の単位で切り上げるには「CEILING.MATH」関数を使う
　　　COLUMN■「CEILING.MATH」関数と「CEILING」関数の戻り値の違い

051 金額を100円単位で切り捨てる …………………………… 141
　　　ONEPOINT■数値を任意の単位で切り捨てるには「FLOOR.MATH」関数を使う
　　　COLUMN■「FLOOR.MATH」関数と「FLOOR」関数の戻り値の違い

052 金額を100円単位で四捨五入する ………………………… 143
　　　ONEPOINT■数値を任意の単位で四捨五入するには「MROUND」関数を使う

CHAPTER 03　統計

053 売上一覧から最高金額を求める ……………………………… 146
　　　ONEPOINT■データの最大値を求めるには「MAX」関数を使う

054 売上一覧から最低金額を求める ……………………………… 147
　　　ONEPOINT■データの最小値を求めるには「MIN」関数を使う

055 売上トップ3の金額を求める ………………………………… 148
　　　ONEPOINT■指定した順位番目に大きなデータを求めるには「LARGE」関数を使う

056 マラソンタイムの1位から3位を求める …………………… 150
　　　ONEPOINT■指定した順位番目に小さなデータを求めるには「SMALL」関数を使う

057 「0」を除いた最小値を求める ………………………………… 153
　　　ONEPOINT■「0」を除いた最小値は「0」の個数をもとに順位指定する

058 アンケート第1位の結果を求める …………………………… 155
　　　ONEPOINT■データ範囲から頻繁値を求めるには「MODE.SNGL」関数を使う

059 アンケートの回答が全体の何%かを調べる ………………… 157
　　　ONEPOINT■全体比は「個数÷全体数」を計算する
　　　COLUMN■無回答が含まれる場合に回答の全体比を求めるには

060 全体の60%より高い得点の場合は合格と判定する ……… 160
　　　ONEPOINT■全体の割合に対する値を求めるには「PERCENTILE.INC」関数を使う
　　　COLUMN■「PERCENTILE.INC」関数と「PECENTILE.EXC」関数の違い

061 データが全体の何%の位置にあるか求める ………………… 163
　　　ONEPOINT■値が全体の何%かを求めるには「PERCENTRANK.INC」関数を使う
　　　COLUMN■「PERCENTRANK.INC」関数と「PECENTRANK.EXC」関数の違い

062 全体の中央に当たる値を求める ……………………………… 166
　　　ONEPOINT■データの中央値を求めるには「MEDIAN」関数を使う

CONTENTS

- **063 試験結果に順位を表示する** ……… 168
  - ONEPOINT ■ 大きい順・小さい順を指定して順位を付けるには「RANK.EQ」関数を使う
  - COLUMN ■ 「RANK.EQ」関数と「RANK.AVG」関数の違い
  - COLUMN ■ 複数シートのデータをもとに順位を付けるには

- **064 離れたセル範囲のデータに順位を付ける** ……… 171
  - ONEPOINT ■ 「名前」機能のレベルの違い

- **065 四分位数を利用して試験結果を3段階でランク付けする** ……… 174
  - ONEPOINT ■ 戻り値を指定して四分位数を求めるには「QUARTILE.INC」関数を使う
  - COLUMN ■ 「QUARTILE.INC」関数と「QUARTILE.EXC」関数の違い

- **066 標準偏差からデータのばらつきを分析する** ……… 177
  - ONEPOINT ■ 標準偏差を求めるには「STDEV.S」関数を使う
  - COLUMN ■ 「STDEV.P」関数と「STDEV.S」関数の違い

- **067 分散の値を求める** ……… 180
  - ONEPOINT ■ 分散を求めるには「VAR.S」関数を使う

- **068 平均偏差を求める** ……… 182
  - ONEPOINT ■ 平均偏差を求めるには「AVEDEV」関数を使う

- **069 偏差値を求める** ……… 184
  - ONEPOINT ■ 偏差値を求めるには「AVERAGE」関数と「STDEV.P」関数を利用する

- **070 データの分布に偏りがあるか調べる** ……… 186
  - ONEPOINT ■ データの非対称性を調べるには「SKEW」関数を使う

- **071 データの分布が平均値に集中しているか調べる** ……… 188
  - ONEPOINT ■ データの尖度を調べるには「KURT」関数を使う

- **072 支出総額に対する内訳の構成比を求める** ……… 190
  - ONEPOINT ■ 構成比とは

- **073 ABC分析で商品の売れ筋をランク付けする** ……… 192
  - ONEPOINT ■ ABC分析とは

- **074 前年比をもとに平均成長率を求める** ……… 196
  - ONEPOINT ■ 平均成長率を求めるには「GEOMEAN」関数を使う
  - COLUMN ■ 相加平均と相乗平均の違い

- **075 時速の平均を求める** ……… 198
  - ONEPOINT ■ 時速の平均を求めるには「HARMEAN」関数を使う

- **076 過去のデータをもとにひと月の売上増分値を求める** ……… 200
  - ONEPOINT ■ 過去のデータ推移からデータの増分（または減少分）の平均値を求めるには「SLOPE」関数を使う
  - COLUMN ■ 回帰直線の切片を求めてデータの予測を計算する方法
  - COLUMN ■ Excelの散布図に回帰直線を表示させるには

- **077 過去の売上から来月の売上を予測する** ……… 203
  - ONEPOINT ■ 過去のデータ推移から将来の値を予測するには「FORECAST.LINEAR」関数（Excel2013以前では「FORECAST」関数）を使う
  - COLUMN ■ 予測値の誤差を求める方法

078	複数のデータ要素から売上を予測する …………………………	205
	ONEPOINT■複数のデータから将来の値を予測するには「TREND」関数を使う	
079	社員の年齢層から度数分布表を作成する ………………………	207
	ONEPOINT■データの度数分布表を作成するには「FREQUENCY」関数を使う	

CHAPTER 04　検索と抽出

080	顧客番号を入力して顧客名を表示する …………………………	210
	ONEPOINT■入力した値に対応する1つのデータを取り出すには「LOOKUP」関数を使う	
	COLUMN■別ブックのデータを参照して値を取り出すには	
081	商品コードを入力して商品名と単価を表示する ………………	215
	ONEPOINT■入力した値に対応する複数のデータを取り出すには「VLOOKUP」関数を使う	
	COLUMN■横方向のリストからデータを抽出するには	
082	検索値が空白でもエラーを表示させないようにする …………	219
	ONEPOINT■エラー値を非表示にするには「IF」関数で空白を表示する	
083	購入金額から価格帯別のデータを取り出す ……………………	222
	ONEPOINT■近似値を検索するには「VLOOKUP」関数の引数「検索の型」を省略する	
084	売上に対してランク付けをする …………………………………	225
	ONEPOINT■数ランクを素早く表示するには「LOOKUP」関数を使う	
085	目的の検索範囲にデータがない場合に別の検索範囲から抽出する	227
	ONEPOINT■検索範囲に目的のデータがあるかどうか調べるには「COUNTIF」関数を使う	
086	条件によって検索範囲を切り替えてデータを抽出する ………	230
	ONEPOINT■リストから切り替えるにはセル範囲名と同じ項目名を使う	
087	1、2、3…の数値入力で対応する値を表示する ………………	235
	ONEPOINT■1、2、3の数値に対応する値を表示するには「CHOOSE」関数を使う	
088	ピボットテーブルからデータを抽出する ………………………	237
	ONEPOINT■ピボットテーブルからデータを抽出するには「GETPIVOTDATA」関数を使う	
089	指定した行列番号のデータを取り出す …………………………	240
	ONEPOINT■指定した行番号と列番号の交差するセルの値を求めるには「INDEX」関数を使う	
090	行列番号を調べて目的のデータを取り出す ……………………	242
	ONEPOINT■「INDEX」関数に指定する行列番号を調べるには「MATCH」関数を使う	
091	最高売上金額の名前を調べる ……………………………………	244
	ONEPOINT■目的の値に関連したデータは「INDEX」関数に行列番号を指定して求める	
092	目的のセル番地を求める …………………………………………	246
	ONEPOINT■指定した行列番号のセル番地を求めるには「ADDRESS」関数を使う	

CHAPTER 05　日付と時間

093 シリアル値について ……………………………………… 250

094 現在の日付を表示する …………………………………… 252
　　　ONEPOINT■本日の日付を求めるには「TODAY」関数を使う

095 目的の日付までの日にちをカウントダウン表示する① ………… 254
　　　ONEPOINT■記念日までの日数は今日の日付との差で求める

096 目的の日付までの日にちをカウントダウン表示する②
　　　　　　　　　　　　　　　　（DAYS関数使用）… 256
　　　ONEPOINT■日付間の日数を数えるには「DAYS」関数を使う

097 生年月日から「年」「月」「日」をそれぞれ取り出す ……………… 258
　　　ONEPOINT■日付から「年」「月」「日」を取り出すには
　　　　　　　　「YEAR」「MONTH」「DAY」関数を使う

098 別々のセルの値を1つの日付で表示する ………………… 260
　　　ONEPOINT■個別の値を1つの日付として表示するには「DATE」関数を使う
　　　COLUMN■○カ月前後・○日前後の日付を指定するには

099 日付から曜日を求める …………………………………… 262
　　　ONEPOINT■日付から曜日を求めるには「WEEKDAY」関数を使う
　　　COLUMN■曜日の書式の指定方法
　　　COLUMN■表示形式を変更せずに曜日を表示させるには

100 土日の色を変えて表示する ……………………………… 266
　　　ONEPOINT■曜日の色を変更するには
　　　　　　　　ユーザー定義に「[色][曜日番号]書式」を指定する

101 月曜日を休館日と表示する ……………………………… 269
　　　ONEPOINT■曜日を別文字に置き換えるには「CHOOSE」関数を使う

102 日付がその年の何週目に当たるかを調べる …………… 271
　　　ONEPOINT■日付がその年の第何週目に当たるかを求めるには
　　　　　　　　「WEEKNUM」関数を使う

103 日付がその月の何週目に当たるかを調べる …………… 273
　　　ONEPOINT■月の何週目かは月初めの週数をもとに計算する

104 月の第3木曜日の日付を求める ………………………… 275
　　　ONEPOINT■第3木曜日はその月の1日の曜日をもとに計算する

105 入社年月日と現在の日付で勤続年数を求める ………… 279
　　　ONEPOINT■2つの日付から経過時間を求めるには「DATEDIF」関数を使う
　　　COLUMN■勤続年月日を「○年○カ月」で表示するには

106 火曜日と水曜日の定休日を除いた営業日数を求める ……… 281
　　　ONEPOINT■任意の定休日や祝日以外の日数を求めるには
　　　　　　　　「NETWORKDAYS.INTL」関数を使う

107 休日を除いた会社の稼働日数を求める ………………… 283
　　　ONEPOINT■平日の日数を求めるには「NETWORKDAYS」関数を使う

CONTENTS

108 火曜日と水曜日の定休日を除いた作業終了予定日を求める ……… 285
　　ONEPOINT ■ 任意の定休日や祝日を除いた日数分の日付を求めるには
　　　　　　　「WORKDAY.INTL」関数を使う

109 休業日を除いた作業終了予定日を求める …………………………… 288
　　ONEPOINT ■ 平日換算での日付を求めるには「WORKDAY」関数を使う

110 休業日を除いた日付の一覧を素早く入力する ……………………… 291
　　ONEPOINT ■ 休業日を除いた日付を素早く入力するには「WORKDAY」関数を使う

111 申込日から○カ月後の日付を求める ………………………………… 293
　　ONEPOINT ■ ○カ月後の日付を求めるには「EDATE」関数を使う

112 当月の月末の日付を求める …………………………………………… 296
　　ONEPOINT ■ ○カ月後の月末の日付を求めるには「EOMONTH」関数を使う
　　COLUMN ■ 「EOMONTH」関数で月初日を求めるには

113 月の最終営業日を求める ……………………………………………… 299
　　ONEPOINT ■ 月の最終営業日は翌月初めから1日前の営業日を調べる
　　COLUMN ■ 土日以外の休業日を含めて月の最終営業日を求めるには

114 締日に対する平日引き落とし日を調べる …………………………… 302
　　ONEPOINT ■ 引き落とし日は締日を基準に「WORKDAY」関数で実際の日付を求める
　　COLUMN ■ 祝祭日も除いた平日引き落とし日を調べるには

115 西暦と和暦を同時に表示する ………………………………………… 305
　　ONEPOINT ■ 日付を独自の形式で表示するには「TEXT」関数を使う
　　COLUMN ■ 非表示にした列を再表示するには

116 年月日の位置を揃えて表示する ……………………………………… 307
　　ONEPOINT ■ 日付の位置を揃えるには半角スペースを挿入する
　　COLUMN ■ 和暦の日付位置を揃えるには

117 現在の時刻を求める …………………………………………………… 310
　　ONEPOINT ■ 現在の時刻を求めるには「NOW」関数を使う

118 時刻から「時」「分」「秒」をそれぞれ取り出す ……………………… 312
　　ONEPOINT ■ 時刻から「時」「分」「秒」を取り出すには
　　　　　　　「HOUR」「MINUTE」「SECOND」関数を使う

119 別々のセルの値を1つの時刻で表示する …………………………… 314
　　ONEPOINT ■ 個別の値を1つの時刻として表示するには「TIME」関数を使う
　　COLUMN ■ 23時間や59分、59秒を超える値の戻り値について

120 勤務時間から○分の休憩時間を引いた時間を求める ……………… 317
　　ONEPOINT ■ 単位の異なる時間を計算する場合には「TIME」関数を使う

121 出社・退社時間を5分切り上げ・切り捨てして勤務時間数を求める　319
　　ONEPOINT ■ 時間を特定の単位に揃えるには
　　　　　　　「CEILING.MATH」「FLOOR.MATH」関数を使う

122 9時前の出社時間を9時に統一して勤務時間を計算する ………… 321
　　ONEPOINT ■ 時間を一定時刻に切り上げるには「MAX」関数を使う

CONTENTS

- **123** 勤務時間を通常勤務時間・残業時間・深夜残業時間に
  分けて計算する 323
  - ONEPOINT ■ 時間帯によって勤務時間を分けて計算するには「MAX」関数を使う
  - COLUMN ■ 退社時間が日付をまたいだ場合の計算方法
- **124** 24時間を越えた勤務時間数を正しく表示する 326
  - ONEPOINT ■ 時刻を省かれないようにするには表示形式を変更する
- **125** ○時間○分を時給計算可能な値に変更する 328
  - ONEPOINT ■ 時間を計算するにはシリアル値「1:0:0」を利用する
- **126** 平日と土日に分けて勤務時間を集計する 331
  - ONEPOINT ■ 検索条件に当てはまる値を集計するには「SUMIF」関数を使う
- **127** 日付をまたぐ勤務時間を計算する 335
  - ONEPOINT ■ 深夜0時過ぎの退社時間には24時間を足して勤務時間を計算する
  - COLUMN ■ 退社時間が日付をまたいだ場合に残業時間を計算するには

CHAPTER 06　文字列

- **128** 番地の全角・半角を半角に統一する 340
  - ONEPOINT ■ 全角の英数カナ文字を半角にするには「ASC」関数を使う
  - COLUMN ■ 変換前のデータを変換後のデータに差し替えるには
- **129** 番地の全角・半角を全角に統一する 342
  - ONEPOINT ■ 半角の英数カナ文字を全角にするには「JIS」関数を使う
- **130** 英字の大文字と小文字を変換する 344
  - ONEPOINT ■ 英字を大文字や小文字に変換するには
    「UPPER」「LOWER」関数を使う
- **131** 英字の姓と名のそれぞれ1文字目だけを大文字で表示する 346
  - ONEPOINT ■ 英単語の1文字目を大文字に変換するには「PROPER」関数を使う
- **132** 文字列の左から指定数の文字を取り出す 348
  - ONEPOINT ■ 文字列の左から文字を取り出すには「LEFT」関数を使う
  - COLUMN ■ 文字列の左からバイト数を指定して取り出すには
- **133** 文字列の右から指定数の文字を取り出す 350
  - ONEPOINT ■ 文字列の右から文字を取り出すには「RIGHT」関数を使う
  - COLUMN ■ 文字列の右からバイト数を指定して取り出すには
- **134** 文字列の任意の位置から指定数の文字を取り出す 352
  - ONEPOINT ■ 文字列の任意の位置から文字を取り出すには「MID」関数を使う
  - COLUMN ■ 文字列の任意の位置からバイト数を指定して取り出すには
- **135** 任意の文字の位置を求める 354
  - ONEPOINT ■ 文字列から任意の文字の位置を求めるには「FIND」関数を使う
  - COLUMN ■ 2番目の「-」(ハイフン)の位置を求めるには
  - COLUMN ■ 文字位置をバイト数で求めるには
- **136** セル内の文字数を求める 357
  - ONEPOINT ■ 文字数を求めるには「LEN」関数を使う
  - COLUMN ■ 文字列のバイト数を求めるには

CONTENTS

１３７ 住所から都道府県だけを取り出す ……………………………… 359
　　　　ONEPOINT■4文字の県名かどうかを調べて都道府県を取り出す
１３８ 住所を都道府県とそれ以降に分けて表示する ………………… 361
　　　　ONEPOINT■都道府県以降は住所末尾から文字数を指定して取り出す
１３９ 住所から番地を除いた市町村名だけを取り出す ……………… 363
　　　　ONEPOINT■市町村名のみは番地の位置を調べて取り出す
　　　　COLUMN■番地だけを取り出すには
１４０ 別々のセルに入力した姓と名を連結する ……………………… 366
　　　　ONEPOINT■複数の文字列を結合してまとめるには「CONCAT」関数
　　　　　　　　　（Excel2013以前では「CONCATENATE」関数）を使う
１４１ セル範囲の文字列を「-」で区切って連結する ………………… 368
　　　　ONEPOINT■区切り文字で文字列を連結するには「TEXTJOIN」関数を使う
１４２ 名前からふりがなを表示する …………………………………… 370
　　　　ONEPOINT■文字列のふりがなを調べるには「PHONETIC」関数を使う
　　　　COLUMN■ふりがなを変更するには
　　　　COLUMN■ふりがなの種類を変更するには
１４３ (株)を株式会社に置き換える …………………………………… 372
　　　　ONEPOINT■文字列を別の文字に置き換えるには「SUBSTITUTE」関数を使う
１４４ (株)(有)を株式会社・有限会社に置き換える ………………… 374
　　　　ONEPOINT■複数の文字列を一気に置き換えるには
　　　　　　　　　「SUBSTITUTE」関数をネストして使う
１４５ 住所の一部を別の地名に置き換える …………………………… 376
　　　　ONEPOINT■指定の位置の文字列を置き換えるには「REPLACE」関数を使う
　　　　COLUMN■文字数をバイト数で換算して置き換えを行うには
１４６ 数値に「-」を挿入して郵便番号にする ………………………… 378
　　　　ONEPOINT■指定の位置に特定の文字列を挿入するには「REPLACE」関数を使う
１４７ すべての全角半角スペースを取り除く ………………………… 380
　　　　ONEPOINT■すべてのスペースは文字サイズを統一してから削除する
１４８ 文字中の余分なスペースを取り除く …………………………… 382
　　　　ONEPOINT■文字列中の複数のスペースを取り除くには「TRIM」関数を使う
　　　　COLUMN■残されたスペースの体裁を整えるには
１４９ 金額を漢数字で表示する ………………………………………… 384
　　　　ONEPOINT■数値を漢数字に変換するには「NUMBERSTRING」関数を使う
　　　　COLUMN■「NUMBERSTRING」関数を使わずに漢数字で表示する方法
１５０ 計算結果を$付きで表示する …………………………………… 386
　　　　ONEPOINT■計算結果に「$」マークを付けて表示させるには「DOLLAR」関数を使う
　　　　COLUMN■他の通貨記号を付加する関数について
１５１ 打率を○割○分○厘と表示する ………………………………… 388
　　　　ONEPOINT■数値を独自の単位で表示するには「TEXT」関数を使う
１５２ 文字を繰り返して簡易グラフを作成する ……………………… 390
　　　　ONEPOINT■文字列を指定回数だけ繰り返して表示するには「REPT」関数を使う
　　　　COLUMN■記号用のフォントを指定する方法

153 2つの文字列が同一かどうか調べる ……………………… 392
　　　ONEPOINT■2つの文字列が等しいかどうか調べるには「EXACT」関数を使う
154 2行で入力した文字列を1行に変更する ……………………… 394
　　　ONEPOINT■セル内の改行キーを削除するには「CLEAN」関数を使う

CHAPTER 07　条件と情報

155 合計点が「210点以上なら「合格」と表示する……………………… 398
　　　ONEPOINT■セルの値によって処理を分岐させるには「IF」関数を使う
　　　COLUMN■引数「真の場合」「偽の場合」を省略したときの戻り値について
156 合計点をABCの3段階でランク付けする(IF関数) ……………………… 400
　　　ONEPOINT■複数の条件によって処理を分岐するには「IF」関数をネストして使う
157 合計点をABCDの4段階でランク付けする(IFS関数) ……………… 402
　　　ONEPOINT■複数の条件によって処理を分岐するには「IFS」関数を使う
　　　COLUMN■「IF」関数でABCDの4段階でランク付けする数式を作成するには
158 2教科が65点以上なら「合格」と表示する……………………… 405
　　　ONEPOINT■複数の条件を「かつ」で調べるには「AND」関数を使う
159 2教科のどちらか1教科が75点以上なら「合格」と表示する ……… 407
　　　ONEPOINT■複数の条件を「または」で調べるには「OR」関数を使う
160 合計点210点以上を満たさない場合は「不合格」と表示する……… 409
　　　ONEPOINT■条件を満たしていないかどうかを調べるには「NOT」関数を使う
　　　COLUMN■「NOT」関数を使う意味
161 合計得点から「優勝」「準優勝」「3位」を調べて表示する ……………… 411
　　　ONEPOINT■複数の値を検索して一致した値に組み合わせられた結果を返すには
　　　　　　　　「SWITCH」関数を使う
162 重複するデータがある場合には「入力済み」と表示する ……………… 413
　　　ONEPOINT■重複データは2回以上カウントされたデータ数を調べる
163 セルのデータが数値か文字列か調べる ……………………… 415
　　　ONEPOINT■数値、文字列と判断されるデータの種類について
　　　COLUMN■文字列ではないデータを調べるには「ISNONTEXT」関数を使う
　　　COLUMN■Excelの「IS関数」
164 数式を入力したセルに「0」を表示させないようにする……………… 418
　　　ONEPOINT■セルが空白かどうか調べるには「ISBLANK」関数を使う
165 計算結果のエラー値を非表示にする ……………………… 420
　　　ONEPOINT■データがエラーかどうかを調べるには「IFERROR」関数を使う
166 エラー値の説明を表示する ……………………… 422
　　　ONEPOINT■「ERROR.TYPE」関数の戻り値順に
　　　　　　　　「CHOOSE」関数で説明を指定する
　　　COLUMN■エラー値が返されたときにだけ説明を表示するには
167 Excelブックのファイル名を取り出してタイトル名にする ………… 424
　　　ONEPOINT■目的のセルに関する情報を取り出すには「CELL」関数を使う

CONTENTS

CHAPTER 08　データベース

168 データベース関数について …………………………… 428

169 複数の条件に合ったデータを集計する ……………… 431
　　　ONEPOINT■複数の条件に合ったデータを集計するには「DSUM」関数を使う

170 指定した期間の最大値/最小値を求める …………… 435
　　　ONEPOINT■一定期間はAND条件で指定する
　　　COLUMN■取り出した最大値/最小値に該当する日付を求めるには

171 全体の上位20％の平均点を求める …………………… 438
　　　ONEPOINT■条件を満たすデータの平均値を求めるには「DAVERAGE」関数を使う

172 すべての科目が70点以上の受験者の人数を求める …… 440
　　　ONEPOINT■数値が入力されているセル数を求めるには「DCOUNT」関数を使う
　　　COLUMN■「数値」と「文字列」が入力されているセル数をカウントするには

173 複数の条件に該当するデータを取り出す ……………… 442
　　　ONEPOINT■複数の検索値をもとにデータを抽出するには「DGET」関数を使う

CHAPTER 09　数学

174 数値を割ったときの商と余りを求める ……………… 446
　　　ONEPOINT■数値を割った整数部と余りを求めるには
　　　　　　　　「QUOTIENT」「MOD」関数を使う

175 数値を偶数・奇数に切り上げる ……………………… 448
　　　ONEPOINT■数値を最も近い偶数・奇数に切り上げるには
　　　　　　　　「EVEN」「ODD」関数を使う

176 最大公約数・最小公倍数を求める …………………… 450
　　　ONEPOINT■数値の最大公約数・最小公倍数を求めるには
　　　　　　　　「GCD」「LCM」関数を使う

177 分間隔の異なるバスが同時に出発する時刻を求める …… 452
　　　ONEPOINT■バスの同時出発時刻は分間隔の最小公倍数を時刻に直して計算する

178 候補者の中から会長、副会長、会計を選ぶ方法が
　　　　　　　　何通りあるか求める ……… 454
　　　ONEPOINT■順列の数を求めるには「PERMUT」関数を使う

179 メンバーからクラス委員2名を選ぶ方法が何通りあるか求める …… 456
　　　ONEPOINT■組み合わせの数を求めるには「CONBIN」関数を使う

180 人数によって何通りの並び方があるか調べる ………… 458
　　　ONEPOINT■並び順の組み合わせを求めるには総数の階乗を計算する

181 データの順番をランダムに変更する …………………… 460
　　　ONEPOINT■データをランダムに並べ替えるには乱数を利用する
　　　COLUMN■最小値と最大値を指定して乱数を発生させるには

182 2つの記録の時間差を求める …………………………… 463
　　　ONEPOINT■2つの値の差を整数で求めるには「ABS」関数を使う

CONTENTS

183 数値の差が正か負かを求める ……………………………………… 466
ONEPOINT■数値が正(+)か負(−)かを求めるには「SIGN」関数を使う

184 平方根を求める ……………………………………………………… 468
ONEPOINT■数値の平方根を求めるには「SQRT」関数を使う
COLUMN■三乗根や四乗根を求めるには

185 3辺の長さから三角形の面積を求める …………………………… 470
ONEPOINT■ヘロンの公式で三角形の面積を求めるには「SQRT」関数を使う

186 円の面積を求める …………………………………………………… 472
ONEPOINT■より正確な数値で円の面積を求めるには「PI」関数を使う
COLUMN■球の表面積を求めるには

187 行列の積を求める …………………………………………………… 474
ONEPOINT■行列の積を求めるには「MMULT」関数を使う
COLUMN■行列を計算できるその他の関数

188 連立方程式を解く …………………………………………………… 477
ONEPOINT■連立方程式が解ける仕組み

189 度単位の角度をラジアン単位に変換する ………………………… 480
ONEPOINT■度単位の角度をラジアン単位に変換するには「RADIANS」関数を使う
COLUMN■ラジアンを度に変換するには

190 直角三角形の底辺と角度から対辺の長さを求める ……………… 482
ONEPOINT■底辺と角度から対辺の長さを求めるには「TAN」関数を使う

191 直角三角形の底辺と角度から斜辺の長さを求める ……………… 484
ONEPOINT■底辺と角度から斜辺の長さを求めるには「COS」関数を使う

192 直角三角形の斜辺と角度から対辺の長さを求める ……………… 486
ONEPOINT■斜辺と角度から対辺の長さを求めるには「SIN」関数を使う

193 逆三角関数を利用して直角三角形の角度を求める ……………… 488
ONEPOINT■サインから角度を計算するには「ASIN」関数を使う
COLUMN■「cos(コサイン)」と「tan(タンジェント)」の逆三角関数で
角度を求める方法

CHAPTER 10　財務

194 利率と支払額から借入可能額を求める …………………………… 492
ONEPOINT■借入可能金額・投資金額を求めるには「PV」関数を使う
COLUMN■ボーナスも併用した支払いをもとに借入可能額を求めるには
COLUMN■積立貯蓄に必要な元金を求めるには
COLUMN■元利均等返済と元金均等返済

195 借入金・支払額・支払期間からローンの利率を求める ………… 496
ONEPOINT■元利均等返済における利率を求めるには「RATE」関数を使う

196 目標積立額に達するための積立回数を求める …………………… 498
ONEPOINT■返済回数や積立回数を求めるには「NPER」関数を使う

197 定期預金の満期額を求める ………………………………………… 500
ONEPOINT■満期受領金額や最終返済金額を求めるには「FV」関数を使う

CONTENTS

198 借入金と利率から毎月の返済額を求める ……………………………502
ONEPOINT■定期支払額を求めるには「PMT」関数を使う
COLUMN■ボーナスも併用した返済額を求めるには

199 返済額のうちの元金相当分を求める ……………………………505
ONEPOINT■指定した期に支払われる元金を求めるには「PPMT」関数を使う

200 返済額のうちの利息相当分を求める ……………………………507
ONEPOINT■指定した期に支払われる利息を求めるには「IPMT」関数を使う

201 元金均等返済の支払利息と返済額を求める ……………………509
ONEPOINT■元金均等返済の利息を求めるには「ISPMT」関数を使う

202 指定期間に支払った返済額のうちの元金返済金額(累計)を求める …512
ONEPOINT■ローンの指定期間の元金返済額を求めるには
「CUMPRINC」関数を使う

203 指定期間に支払った返済額のうちの利息返済金額(累計)を求める …514
ONEPOINT■ローンの指定期間の利息返済額を求めるには「CUMIPMT」関数を使う

204 繰上返済で低減された返済額を求める ………………………516
ONEPOINT■繰上返済後の返済額は借入残高をもとに「PMT」関数で計算する
COLUMN■繰上返済とは

205 繰上返済で短縮された返済期間を求める ……………………519
ONEPOINT■繰上返済後の返済回数は借入残高をもとに「NPER」関数で計算する

206 利率変動型の定期預金の満期額を求める ……………………522
ONEPOINT■金利変動型の将来価値を求めるには「FVSCHEDULE」関数を使う
COLUMN■利払いが年2回行われる場合の利率配列の表示方法

207 定期預金の実効年利率を求める …………………………………524
ONEPOINT■複利計算における実質的な年利率を求めるには「EFFECT」関数を使う

208 定期預金の名目年利率を求める …………………………………526
ONEPOINT■実効年利率に対する名目年利率を求めるには「NOMINAL」関数を使う

209 投資の正味現在価値を求める(定期的なキャッシュフローの場合)…528
ONEPOINT■定期的なキャッシュフローに対する正味現在価値を求めるには
「NPV」関数を使う

210 投資の内部利益率を求める(定期的なキャッシュフローの場合)……530
ONEPOINT■定期的なキャッシュフローに対する内部利益率を求めるには
「IRR」関数を使う

211 投資の正味現在価値を求める
(不定期的なキャッシュフローの場合) ………532
ONEPOINT■不定期的なキャッシュフローに対する正味現在価値を求めるには
「XNPV」関数を使う

212 投資の内部利益率を求める(不定期なキャッシュフローの場合)……534
ONEPOINT■不定期的なキャッシュフローに対する内部利益率を求めるには
「XIRR」関数を使う

CONTENTS

213 定額法(旧定額法)で減価償却費を求める ……………………… 536
　　ONEPOINT■定額法での減価償却費を求めるには「SLN」関数を使う
　　COLUMN■2007年4月以降に購入した資産の減価償却費を求めるには

214 定率法(旧定率法)で減価償却費を求める ……………………… 539
　　ONEPOINT■定率法での減価償却費を求めるには「DB」関数を使う
　　COLUMN■2007年4月以降に購入した資産の減価償却費について

215 証券の利回りを求める(利息が定期的に支払われる場合) ……… 542
　　ONEPOINT■利息が定期的な証券の利回りを素早く計算するには
　　　　　　　「YIELD」関数を使う

216 証券の購入価格を求める(利息が定期的に支払われる場合) …… 544
　　ONEPOINT■利息が定期的に支払われる証券の現在価格を求めるには
　　　　　　　「PRICE」関数を使う

217 証券の利回りを求める(利息が満期に支払われる場合) ………… 546
　　ONEPOINT■利息が定期的な証券の利回りを素早く計算するには
　　　　　　　「YIELDMAT」関数を使う

218 証券の購入価格を求める(利息が満期に支払われる場合) ……… 548
　　ONEPOINT■利息が満期に支払われる証券の現在価格を求めるには
　　　　　　　「PRICEMAT」関数を使う

219 割引債の年利回りを求める ……………………………………… 550
　　ONEPOINT■割引債の年利回り(単利)を求めるには「YIELDDISC」関数を使う
　　COLUMN■割引債の年利回りを複利で計算するには

220 割引債の購入価格を求める ……………………………………… 553
　　ONEPOINT■割引債の現在価格(購入価格)を求めるには「PRICEDISC」関数を使う

221 割引債の償還価額を求める ……………………………………… 555
　　ONEPOINT■割引債の満期日受領金額を求めるには「RECEIVED」関数を使う

222 割引債の割引率を求める ………………………………………… 557
　　ONEPOINT■証券購入の割引率を求めるには「DISC」関数を使う

●関数索引 ………………………………………………………… 559
●用語索引 ………………………………………………………… 563

CHAPTER 01

Excel関数の基礎知識

SECTION-001

VER. 2010 2013 2016 2019 365

Excel関数について

関数とは

関数とは、値を求めるための計算式が組み込まれている数式です。通常、何らかの計算を行う場合には、数式や計算方法を知らないと結果を求めることができません。しかし、関数を利用すると数値やセルを指定するだけで、簡単に計算結果を求めることができるようになります。

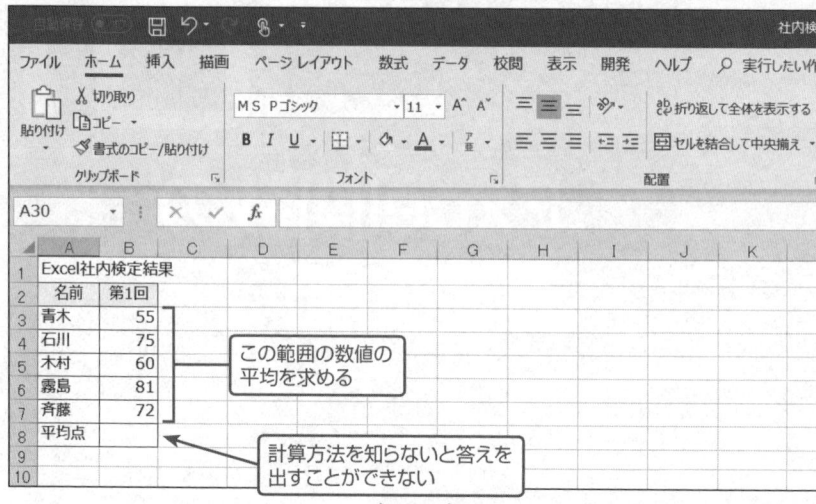

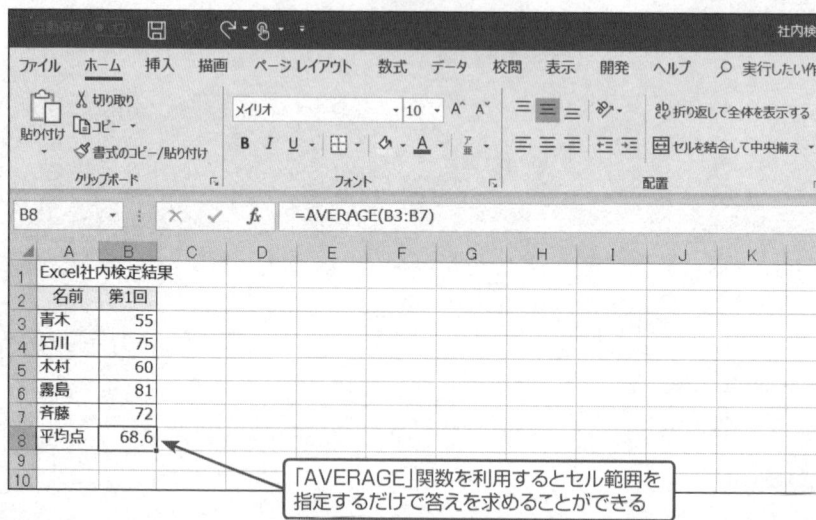

関数の仕組み

関数を使って計算結果を求めるには、各関数の書式に従い、必要な値を入力します。その値を「引数」といいます。また、関数で求めた計算結果を「戻り値」といいます。

　　　　　　　　　　　関数　　引数
　　　　　　　　＝AVERAGE(B3:B7)

平均を求める関数「AVERAGE」の内部では、受け取った引数をもとに「(55+75+60+81+72)÷5」という計算が行われ、セルに戻り値「68.6」が返される

▶ 指定できる引数の個数

数値を引数に指定する関数の場合には、1〜255個まで指定することが可能です。

　　　　　　＝AVERAGE(数値1,数値2,…数値255)

▶ ネストできる関数の個数

関数の中に関数を入れ込んで使用することを「ネスト」といいます。関数をネストすることで、より複雑な計算を行うことができるようになります。ネストは64個まで利用することが可能です。

　　＝WEEKNUM(A3)-WEEKNUM(DATE(YEAR(A3),MONTH(A3),1))+1

　　　　　　　　　　　関数の中に関数を入れ込んで数式を作成する

関数の種類

Excelには、約400種類(Excelのバージョンによって異なる)の関数が用意されており、次のような種類に分類されています。

関数の分類	内容
財務	利率や減価償却費などを求めて会計処理の計算を行うための関数
日付/時刻	日付や時刻に関する計算を行うための関数
数学/三角	三角関数など数学に関する計算を行うための関数
統計	絶対偏差や平均値など統計に関する計算を行うための関数
検索/行列	入力したデータの取り出しや検索などを行うための関数
データベース	データベースを使用した計算を行うための関数
文字列操作	文字列を数えたり取り出したりなど文字列を操作するための関数
論理	条件に対する真偽によって答えを返すための関数
情報	入力したデータの情報を得るための関数
エンジニアリング	複素数を計算したり2進数を8進法に変換したりなど工学用途の計算を行うための関数
キューブ	SQL Server(Microsoft社が開発したデータベースソフト)の中の多次元データベース「キューブ」を操作するための関数
Web	Excel2013から追加された、Web上のデータを取得できる関数
互換性関数	Excel2010以降で名前が変更になった関数に対して、下位バージョンで使用されていた変更前の関数(27ページ参照)

■ SECTION-001 ■ Excel関数について

Excelのバージョンによる機能の違い

現在、Microsoft社でサポートされているExcelのバージョンには、Excel2010、Excel2013、Excel2016、Excel2019、およびExcel for Office365があります。Excel+年号のバージョンは、1回限りの購入製品(PCへのプリインストール版も含む)になり、年号が大きくなるごとに新しい関数や機能が追加されていきます。それに対してExcel for Office365は、サブスクリプション製品となり、毎月または年ごとに一定の料金を支払うことで、常に新しい関数、最新の機能やツールを備えることができます。

▶最新のExcel関数を調べるには

現在、Excelで利用できる関数は、Microsoft社のWebページである「Excelヘルプセンター」で調べることができます。一部の関数には「バージョンマーカー」が表示されているので、その関数が導入されたExcelのバージョンを確認することができます。「Excelヘルプセンター」で関数の一覧を表示するには、次のように操作します。

❶ ブラウザを表示して「https://support.office.com/」を開き、「Excel」のアイコンをクリックします。

■ SECTION-001 ■ Excel関数について

❷ 「数式と関数」をクリックします。

❸ 「関数」をクリックします。

❹ 「すべての関数（アルファベット順）」をクリックします。

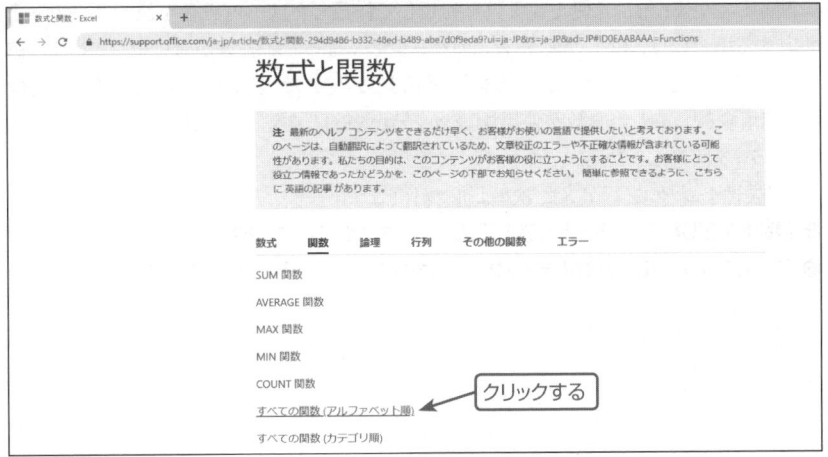

■ SECTION-001 ■ Excel関数について

❺ 関数の一覧がアルファベット順で表示されます。

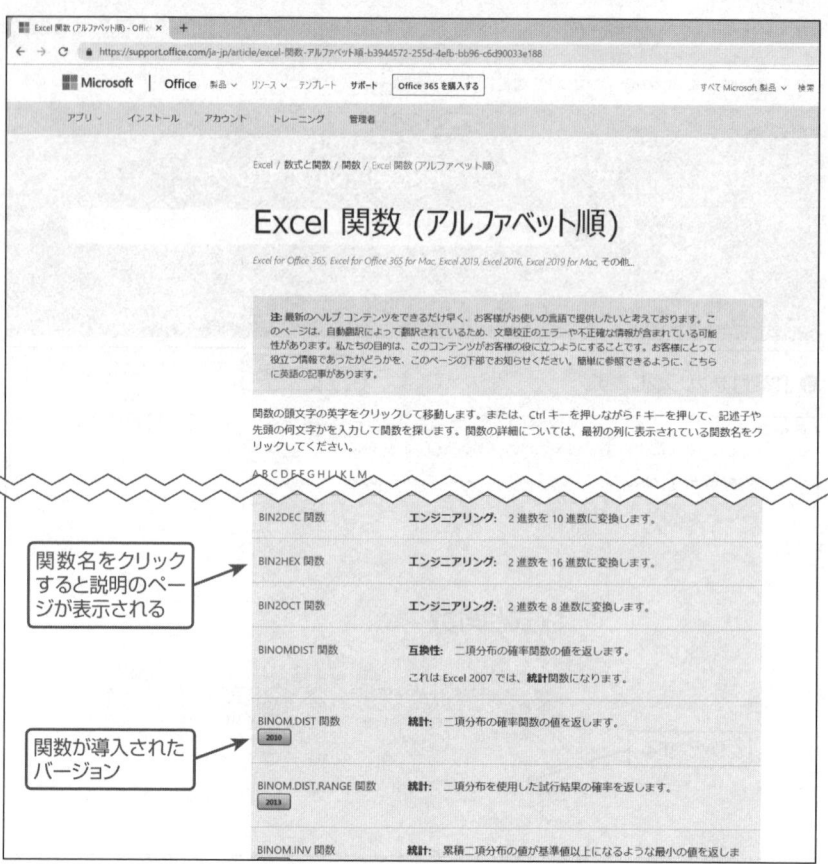

▶他のユーザーが新しい関数を使えるかどうかチェックする方法

　利用しているExcelで使える関数を利用して作成したワークシートを他のユーザーと共有する場合には、相手の使うExcelのバージョンによっては関数が対応せず、エラー値（#NAME?）になってしまうことがあります。そのようなときには、Excelの「互換性チェック」機能を利用すると、新しい関数が使用されたかどうかを確認でき、必要によって変更を加えることでエラーを回避することができます。

　「互換性チェック」を行うには、次のように操作します。

❶ 関数を利用したワークシートを開き、「ファイル」タブをクリックします。
❷ 「情報」をクリックし、「問題のチェック」→［互換性チェック(C)］をクリックします。

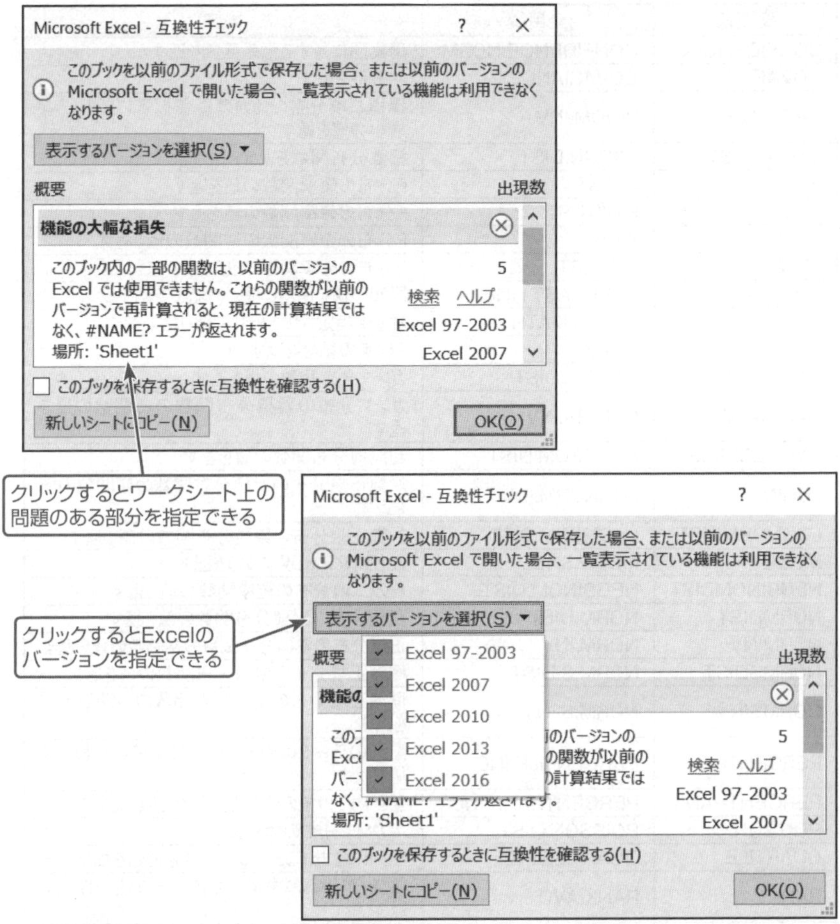

■ SECTION-001 ■ Excel関数について

クリックするとワークシート上の
問題のある部分を指定できる

クリックするとExcelの
バージョンを指定できる

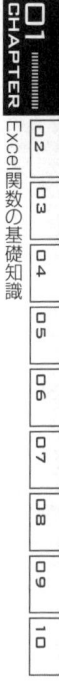

▶ 互換性関数について

Excel2010以降、統計学の整合性を高めることや、関数の機能をわかりやすく表示する目的で、次のような40数個の関数名が変更されました。なお、変更前の関数は「互換性関数」として、以前のバージョンとの互換性を維持するために、そのまま使用することができます。

変更前	変更後	内容
BETADIST	BETA.DIST	β分布の累積分布関数の値を返す
BETAINV	BETA.INV	指定されたβ分布の累積分布関数の逆関数の値を返す
BINOMDIST	BINOM.DIST	二項分布の確率関数の値を返す
CEILING	CEILING.MATH	数値を指定された桁数で切り上げる
CHIDIST	CHISQ.DIST.RT	カイ2乗分布の片側確率の値を返す
CHIINV	CHISQ.INV.RT	カイ2乗分布の片側確率の逆関数の値を返す
CHITEST	CHISQ.TEST	カイ2乗検定を行う
CONCATENATE	CONCAT	2つ以上のテキスト文字列を1つの文字列に結合する

27

変更前	変更後	内容
CONFIDENCE	CONFIDENCE.NORM	母集団に対する信頼区間を返す
COVAR	COVARIANCE.P	共分散を返す
CRITBINOM	BINOM.INV	累積二項分布の値が基準値以下になるような最小の値を返す
EXPONDIST	EXPON.DIST	指数分布関数を返す
FDIST	F.DIST	F分布の確率関数の値を返す
FDIST	F.DIST.RT	F分布の確率関数の値を返す
FINV	F.INV	F分布の確率関数の逆関数の値を返す
FINV	F.INV.RT	F分布の確率関数の逆関数の値を返す
FORECAST	FORECAST.LINEAR	既知の値を使用し将来の値を予測する
FLOOR	FLOOR.MATH	数値を指定された桁数で切り捨てる
FTEST	F.TEST	F検定の結果を返す
GAMMADIST	GAMMA.DIST	ガンマ分布関数の値を返す
GAMMAINV	GAMMA.INV	ガンマ分布の累積分布関数の逆関数の値を返す
HYPGEOMDIST	HYPGEOM.DIST	超幾何分布関数の値を返す
LOGINV	LOGNORM.INV	対数正規分布の累積分布関数の逆関数の値を返す
LOGNORMDIST	LOGNORM.DIST	対数正規分布の累積分布関数の値を返す
MODE	MODE.SNGL	最も頻繁に出現する値を返す
NEGBINOMDIST	NEGBINOM.DIST	負の二項分布の確率関数の値を返す
NORMDIST	NORM.DIST	正規分布の累積分布関数の値を返す
NORMINV	NORM.INV	正規分布の累積分布関数の逆関数の値を返す
NORMSDIST	NORM.S.DIST	標準正規分布の累積分布関数の値を返す
NORMSINV	NORM.S.INV	標準正規分布の累積分布関数の逆関数の値を返す
PERCENTILE	PERCENTILE.INC	配列のデータの中で、百分位で率に位置する値を返す
PERCENTRANK	PERCENTRANK.INC	配列内での値の順位を百分率で表した値を返す
POISSON	POISSON.DIST	ポアソン分布の値を返す
QUARTILE	QUARTILE.INC	配列に含まれるデータから四分位数を抽出する
RANK	RANK.AVG	数値のリストの中で、指定した数値の序列を返す
RANK	RANK.EQ	数値のリストの中で、指定した数値の序列を返す
STDEV	STDEV.S	引数を正規母集団の標本と見なし、標本に基づいて母集団の標準偏差の推定値を返す
STDEVP	STDEV.P	引数を母集団全体と見なし、母集団の標準偏差を返す
TDIST	T.DIST.RT	スチューデントのt分布の値を返す
TINV	T.INV.2T	スチューデントのt分布の逆関数の値を返す
TTEST	T.TEST	スチューデントのt検定に関連する確率を返す
VAR	VAR.S	引数を正規母集団の標本と見なし、標本に基づいて母集団の分散の推定値(不偏分散)を返す
VARP	VAR.P	引数を母集団全体と見なし、母集団の分散(標本分散)を返す
WEIBULL	WEIBULL.DIST	ワイブル分布の値を返す
ZTEST	Z.TEST	z検定の片側確率の値を返す

SECTION-002

VER. 2010 2013 2016 2019 365

セルに関数を入力する

■ *fx*（関数の挿入）を利用する

利用する関数の名前や書式があいまいな場合には、「関数の挿入」機能を利用します。「関数の挿入」ではダイアログボックスを使って、入力欄に引数を指定する方法で関数の数式を入力することができます。

1 関数の挿入

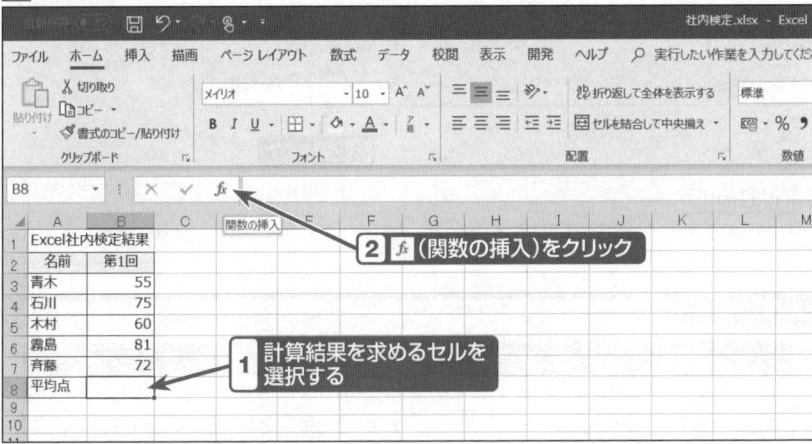

2 関数の選択

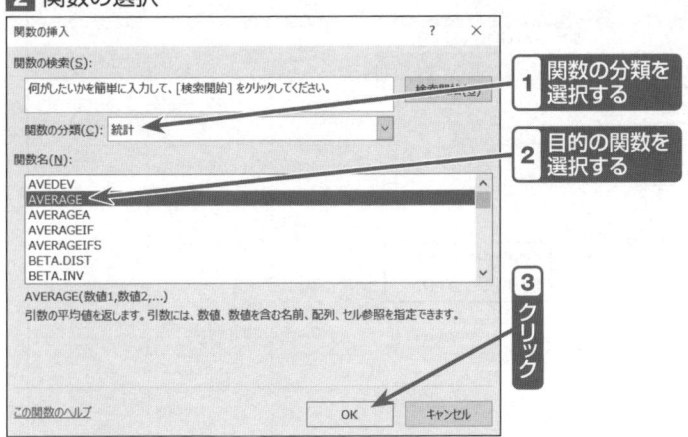

···· H I N T ····

[関数の分類(C)]から「最近使用した関数」を選択すると、数式に利用したことのある関数が最近使用した順に表示されます。また、「すべて表示」を選択するとすべての関数がアルファベット順に表示されます。

■ SECTION-002 ■ セルに関数を入力する

3 引数の指定

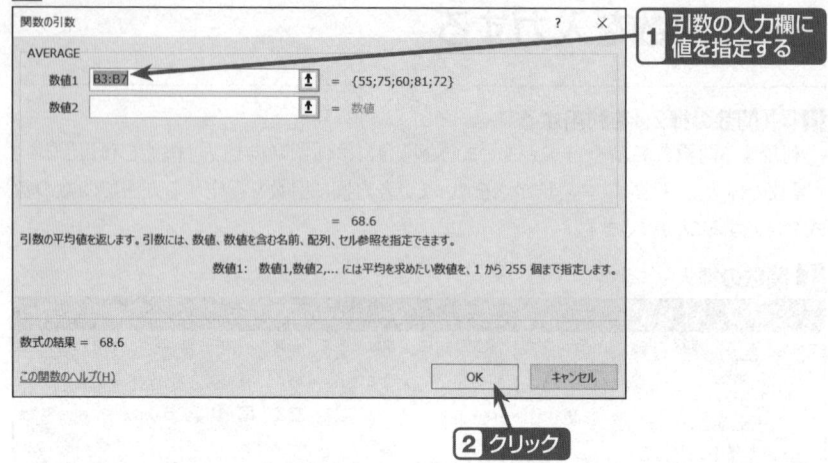

1 引数の入力欄に値を指定する

2 クリック

HINT
引数に指定するセル範囲が予測できる場合には、自動的に入力されていることがあります。

結果の確認

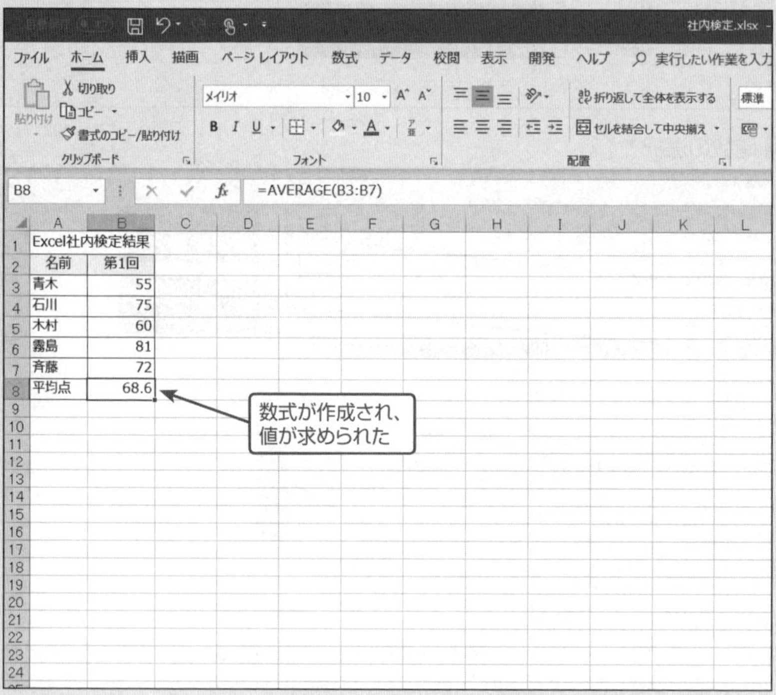

数式が作成され、値が求められた

■ 関数の書式を直接入力する

利用する関数や書式がわかっている場合には、セルに直接、関数を使った数式を入力することができます。なお、本書では、この方法を利用して数式を入力しています。

1 数式の入力

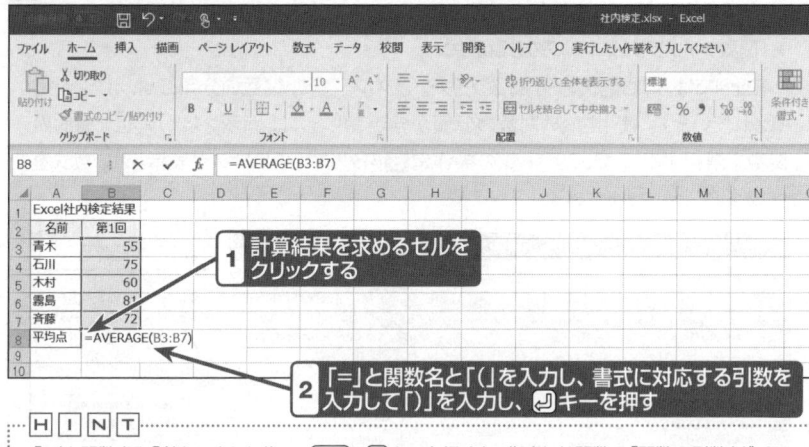

1. 計算結果を求めるセルをクリックする
2. 「=」と関数名と「(」を入力し、書式に対応する引数を入力して「)」を入力し、⏎キーを押す

> **HINT**
> 「=」と関数名と「(」を入力した後に、Ctrl+Aキーを押すと、指定した関数の「関数の引数」ダイアログボックスを表示することができます。

結果の確認

数式で値が求められた

ONEPOINT　数式を直接入力するメリット

「関数の挿入」ダイアログボックスを利用すると便利ですが、複数の関数をネストしたり、長い数式を入力する場合には不向きです。また、直接入力する方法でないと実現できない複雑な数式もあるため、操作に慣れてきた場合には、数式を直接入力する方法を使った方がよいでしょう。

COLUMN　Excelの関数入力用の支援機能

　Excelには数多くの関数があるため、すべての関数名や書式を覚えておくのは大変です。そのため、Excelには、関数を効率的に探して書式通りに入力できるように、次のような関数入力用の支援機能が用意されています。

▶「関数ライブラリ」グループの分類ボタン

　Excelでは、「数式」タブの「関数ライブラリ」グループに、関数の分類ごとにボタンが用意されています。使用したい関数の分類が分かる場合には、ボタンをクリックして目的の関数を選択することで、30ページの操作例 3 のダイアログボックスが表示され、数式を作成することができます。

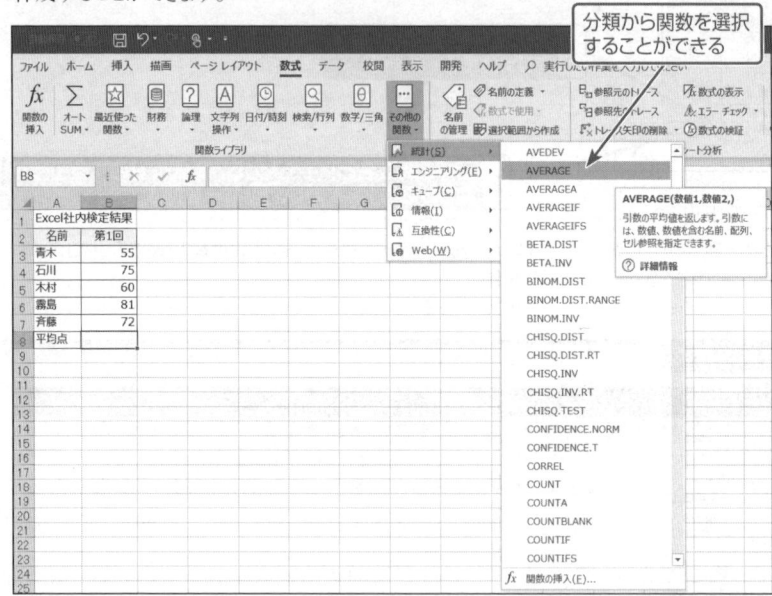

分類から関数を選択することができる

▶関数オートコンプリート機能

　「関数オートコンプリート」は、セルに直接、関数を入力し始めると、入力した文字列から予想できる関数を一覧で表示する機能です。一覧に表示された関数をクリックすると内容がポップアップ表示され、ダブルクリックするとセルに入力できます。引数を指定する際には、引数の書式がポップアップ表示されます。

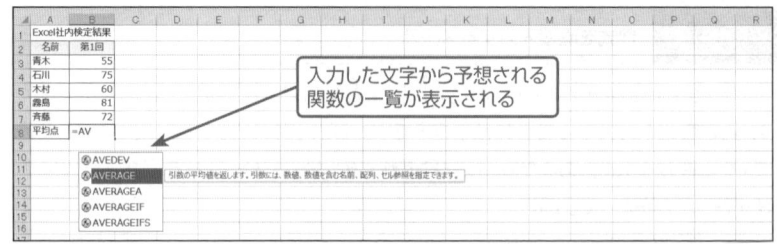

入力した文字から予想される関数の一覧が表示される

▶関数のヒント

「関数のヒント」とは、指定した関数の書式がポップアップ表示される機能です。セルに「=関数名」と「(」を入力したタイミングで表示されます。表示されたヒントの関数名をクリックすると関数のヘルプが表示され、引数名をクリックすると数式内の対応する引数が選択されます。

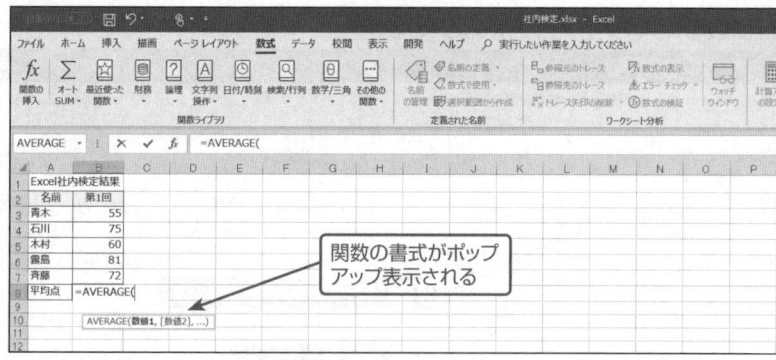

関数の書式がポップアップ表示される

▶オートSUM

「オートSUM」は、メニューバーから瞬時に「SUM」関数を実行する機能です。オートSUMには、SUM関数(合計を求める関数)、AVERAGE関数(平均を求める関数)、COUNT関数(データ数を数える関数)など、5つの関数が登録されており、セル範囲を自動的に認識して目的の計算を瞬時に実行することができます(58ページ参照)。

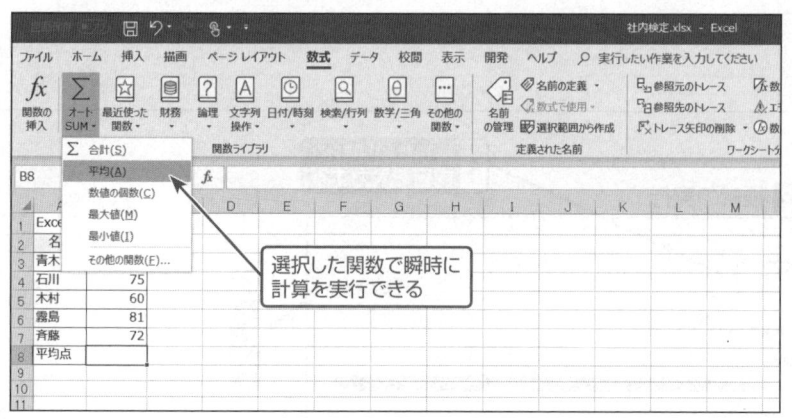

選択した関数で瞬時に計算を実行できる

SECTION-003

目的の関数を探し出す

利用する関数名がわからない場合には、検索機能を利用して探し出すことができます。ここでは、順位を求める関数を検索する方法を解説します。

1 「関数の挿入」ダイアログボックスの表示

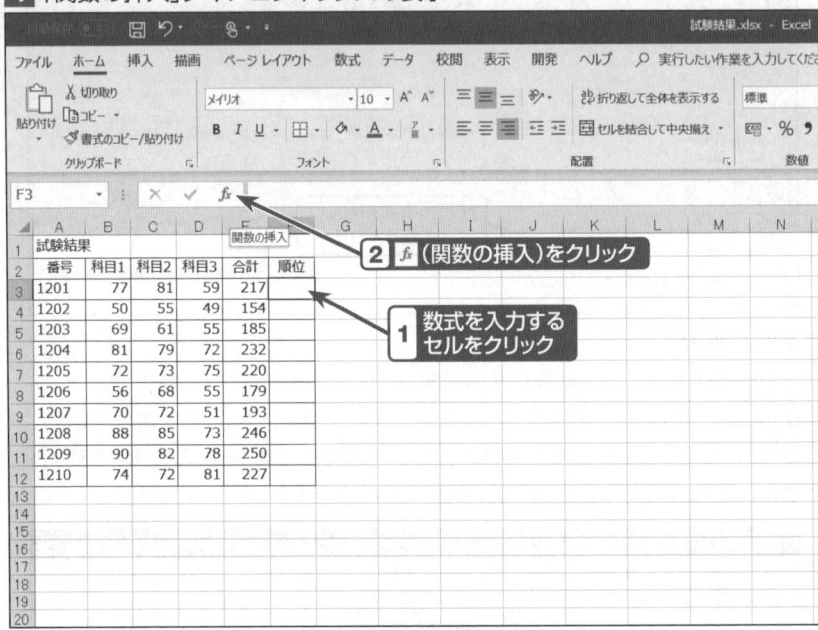

2 検索の実行

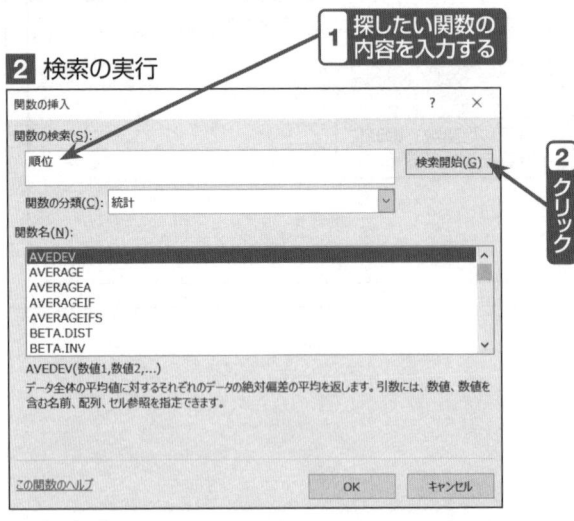

3 関数の選択

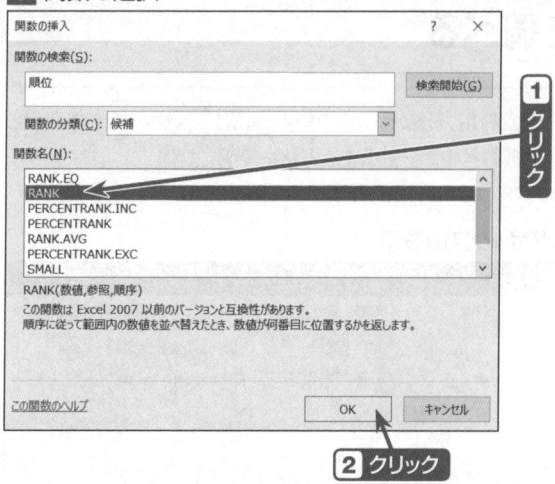

```
┌─H│I│N│T┐
ここでは、Excel2019で操作しています。Excelのバージョンによっては検索結果が異なることが
あります。なお、この後、「関数の引数」ダイアログボックスが表示されるので、引数を指定して数式
を作成します。
```

ONEPOINT 複数の関数が検索された場合は関数の説明を確認する

操作例のように関数名を検索すると、複数の検索結果が表示されることがあります。そのような場合には、関数名をクリックすると枠の下に関数の説明が表示されるので、内容を確認して目的の関数を選択するとよいでしょう。

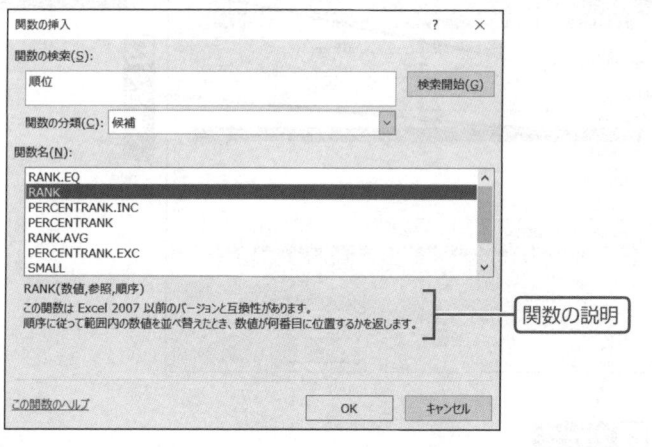

SECTION-004　VER. 2010 2013 2016 2019 365

関数の使い方を調べる

　関数名はわかっていても、書式や利用方法がわからない場合には「ヘルプ」機能を利用します。ここでは、「AVERAGE」関数のヘルプを表示する方法を説明します。
※Excelのバージョンによっては、ヘルプ表示の見た目や内容が異なります。

1 「関数の挿入」ダイアログボックスの表示

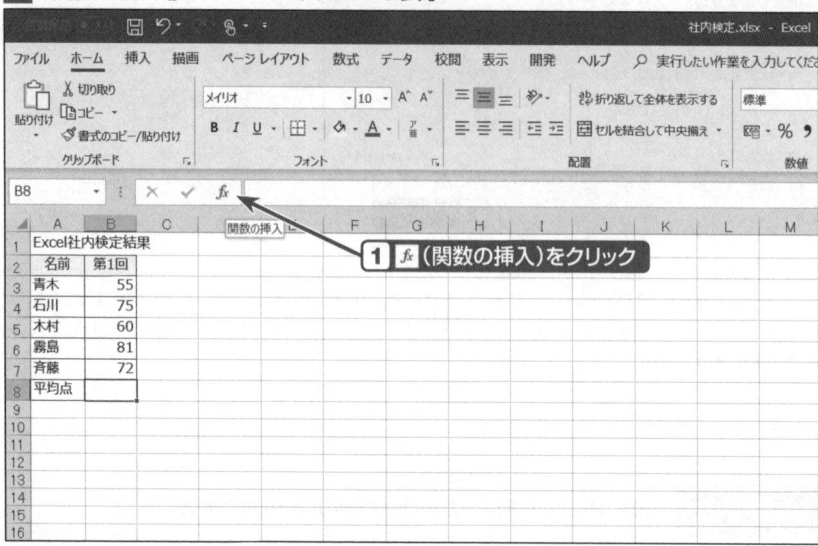

2 関数のヘルプの表示

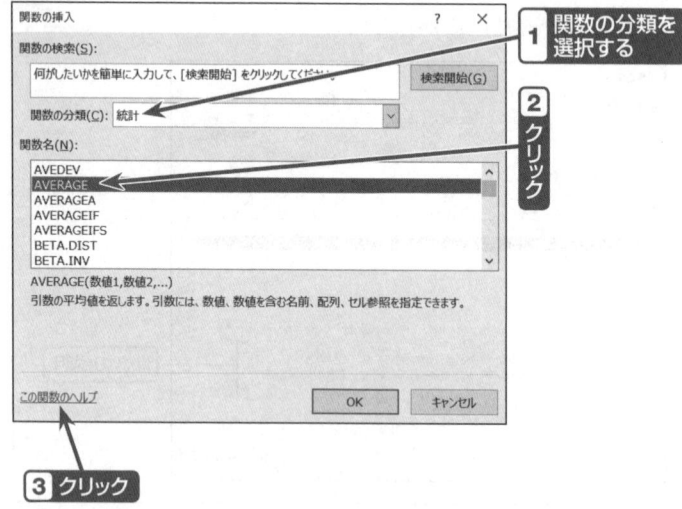

■ SECTION-004 ■ 関数の使い方を調べる

結果の確認

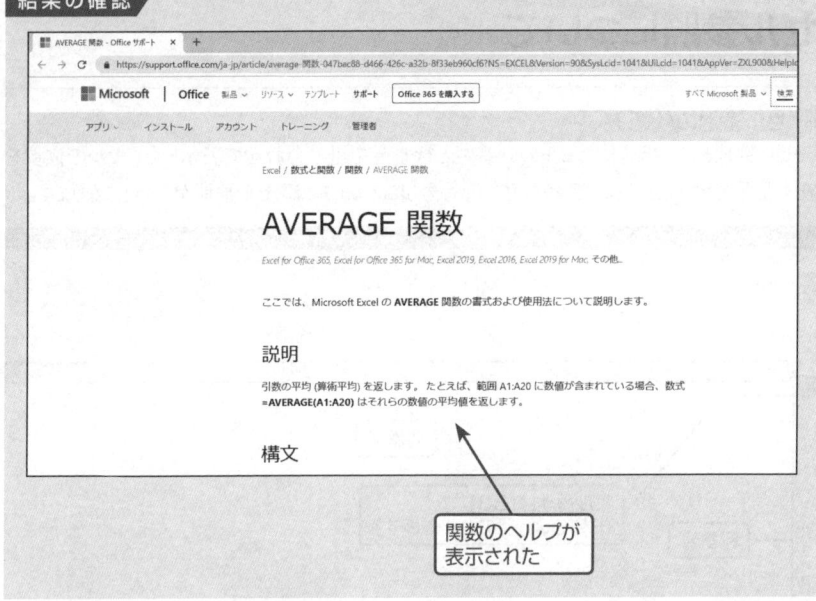

関数のヘルプが
表示された

HINT
最新のExcel関数の説明は、Microsoft社のWebサイト「Excelヘルプセンター」で調べることができます。「Excelヘルプセンター」で関数を調べる方法は、24ページを参照してください。

SECTION-005

セル参照について

セル番地の仕組み

セル番地とは、指定したセルの列番号と行番号を組み合わせて表示した、セルの位置を表す番号です。たとえば、列番号Bの行番号3にあるセルは、セル番地が「B3」になります。

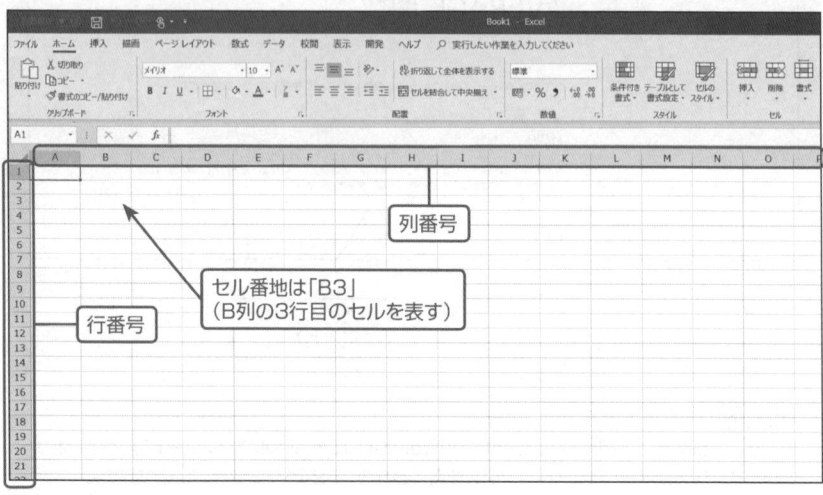

セルの参照

Excelでは、セル内の数値をもとに計算を行う場合には、セル番地を指定して数式を入力します。たとえば、数値を集計する「SUM」関数でセルB3からセルB8に入力されている数値の和を求めるには、セルB9に次のように数式を入力します。

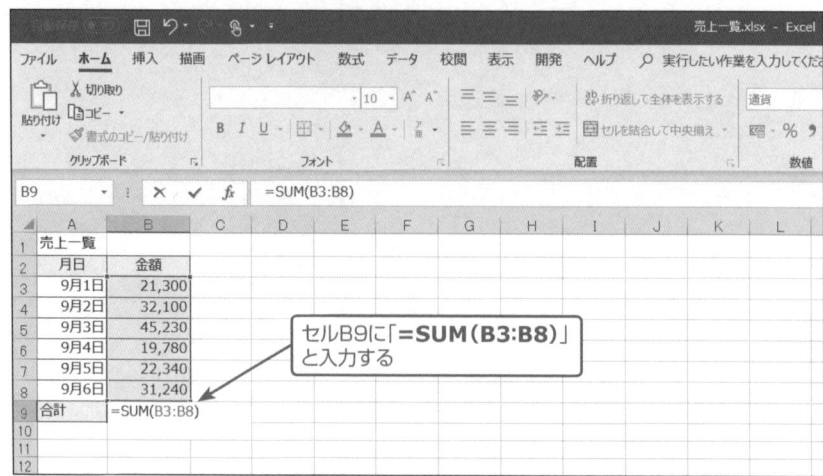

セル参照の種類

セル参照には、「相対参照」「絶対参照」「複合参照」の3種類があり、それぞれセル番地の指定方法が次のように異なります。

▶相対参照

参照先が数式に連動して変化する参照方法です。参照先のセル番地をそのまま指定します。数式をコピーすると、コピー先のセル位置に応じて参照先セルが自動的に変化します。

▶絶対参照

参照するセル番地を常に固定する参照方法です。「$B$5」のように列番号と行番号の前に「$」を付けることで絶対参照になります。数式をコピーした場合、どの数式も同一のセルを参照します。

▶複合参照

相対参照と絶対参照の特徴を融合した参照方法です。セル番地の列または行のどちらか一方に「$」を付けることで複合参照になります。たとえば、「C$4」という複合参照では、数式をコピーすると常に4行目を固定して参照するものの、列はコピー先のセル位置に応じて自動的に変化します。

COLUMN　セル参照の種類を切り替える方法

絶対参照や複合参照でセルを指定する場合には、直接、入力する他に、セルまたはセル範囲を選択状態にし、F4キーを押すことで、「C4→$C$4→C$4→$C4→C4→……」のように切り替えることができます。

SECTION-006

VER. 2010 2013 2016 2019 365

数式を修正する

関数の数式を直接、修正する

数式を入力した後から修正を行うには、数式を編集できる状態にする必要があります。数式を編集状態にするには、セルをダブルクリックするか、F2キーを押します。

1 セルの編集

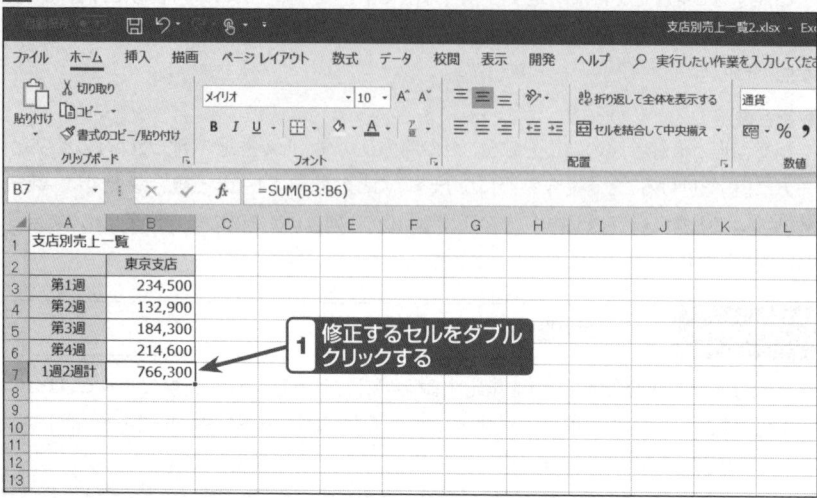

HINT
セルを選択してF2キーを押すことでも、数式を編集状態にすることができます。

2 数式の修正

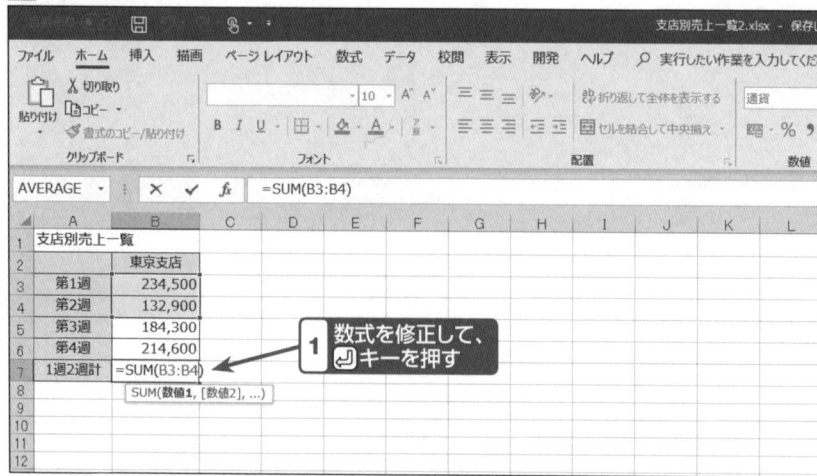

■ SECTION-006 ■ 数式を修正する

結果の確認

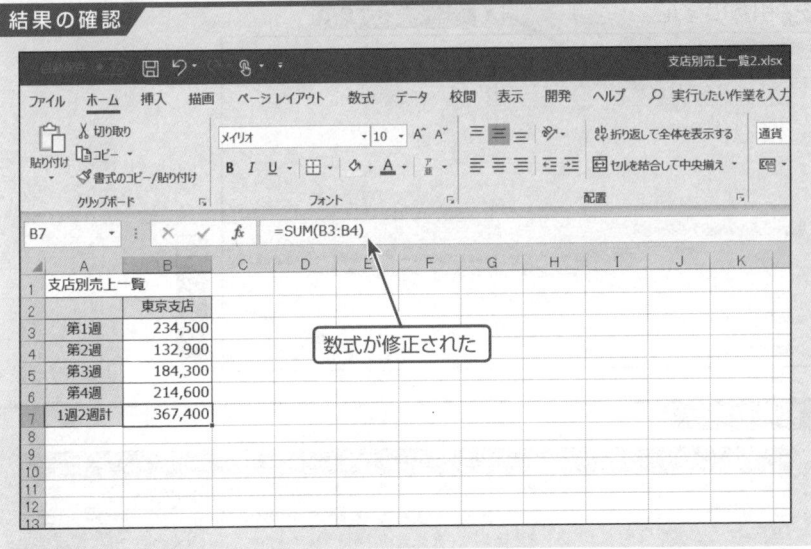

数式が修正された

■「関数の引数」ダイアログボックスを利用する

数式を入力した後からでも、「関数の引数」ダイアログボックスを再表示して編集・修正を行うことができます。この方法は、数式を見ただけでは修正箇所がわかりにくい場合に利用すると便利です。

1 「関数の引数」ダイアログボックスの表示

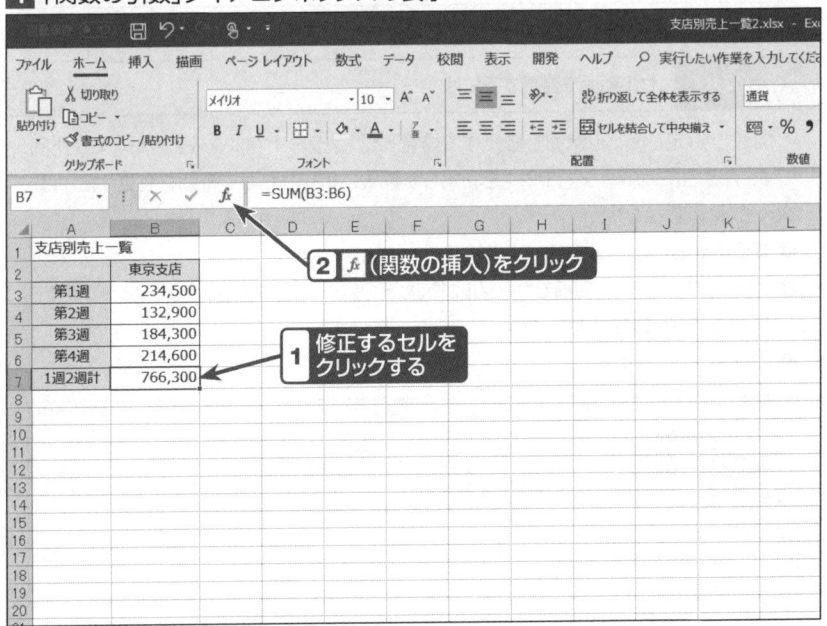

1 修正するセルをクリックする

2 f_x(関数の挿入)をクリック

41

■ SECTION-006 ■ 数式を修正する

2 引数の修正

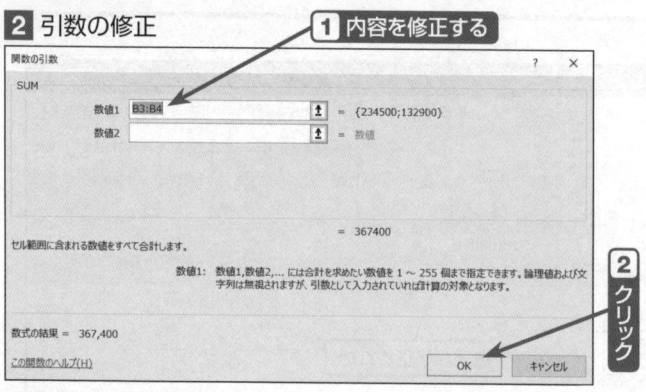

結果の確認

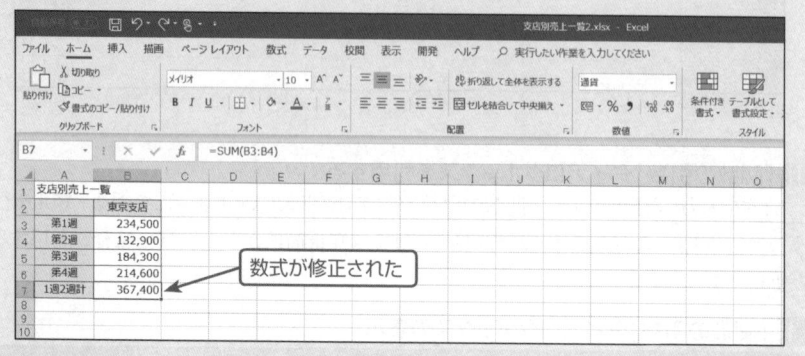

COLUMN　セル範囲を変更するには

関数で指定したセル範囲を修正する場合には、カラーリファレンスを利用すると便利です。たとえば、カラーリファレンスを利用して数式に指定したセル範囲を変更するには、次のように操作します。

❶ 修正するセルをダブルクリックします。
❷ カラーリファレンスの四隅でカーソルが ↖ などの斜めの両矢印に変わったタイミングでドラッグし、セル範囲を変更します。
❸ Enterキーを押します。

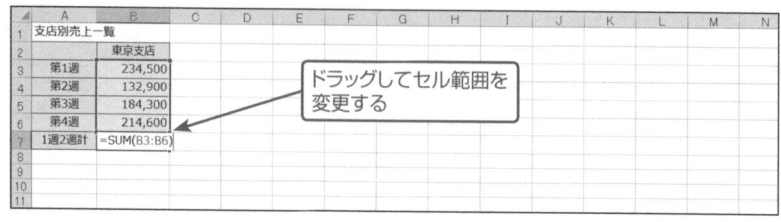

SECTION-007

連続するセルに一括で数式をコピーする

ここでは、連続するセルに一括で数式をコピーする方法について説明します。

1 セルの選択

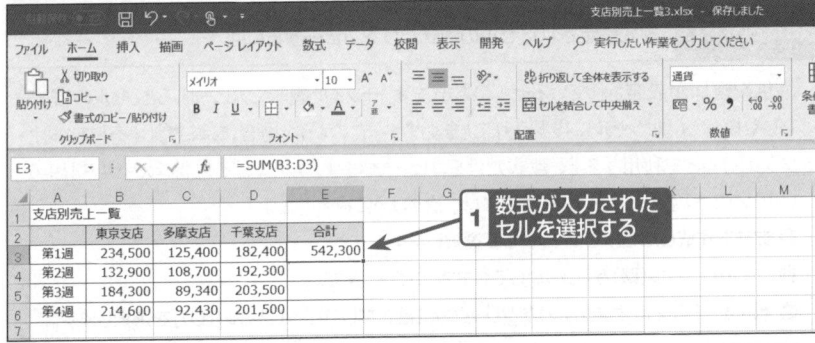

2 数式のコピー

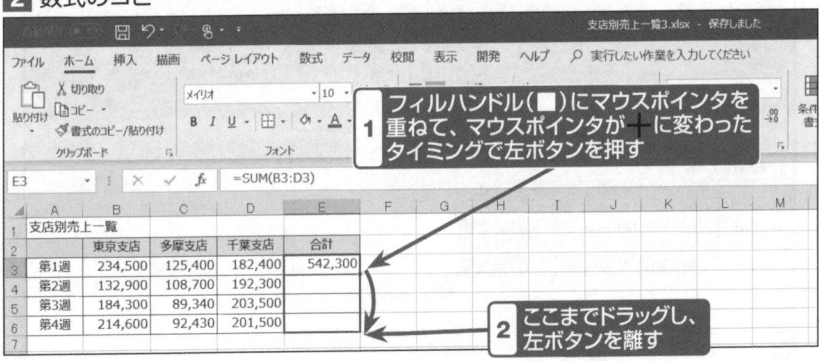

結果の確認

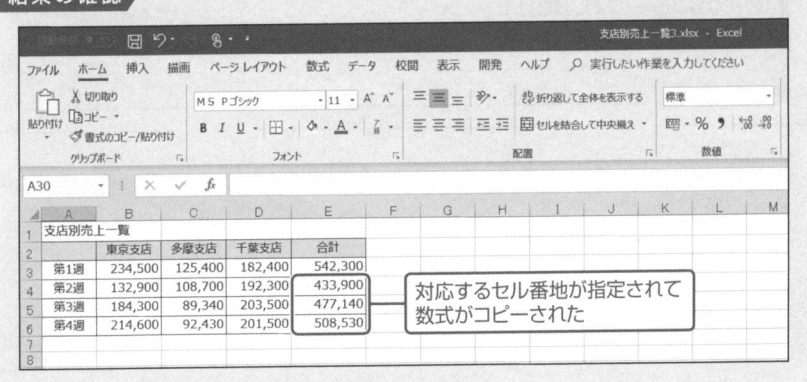

■ SECTION-007 ■ 連続するセルに一括で数式をコピーする

ONEPOINT 連続するセルに数式をコピーするには「オートフィル」機能を利用する

連続するセルに数式をコピーする場合には、「オートフィル」機能を利用します。オートフィルはもとになるセルのフィルハンドル(■)をドラッグして、上下左右の隣り合ったセルにセル参照を連動させつつ、一括で数式を複製することができます。

COLUMN 書式設定されたセルの数式だけをコピーするには

色や模様が設定されているセルの数式をオートフィル機能でコピーすると、セルの書式(色や模様)も別のセルに複製されてしまいます。このような場合には、 (オートフィルオプション)などを利用すると、数式だけをコピーできます。たとえば、色付きのセルE4とE6にセルE3の数式だけをコピーするには、次のように操作します。

❶ 数式を作成したセルをクリックして選択します。
❷ フィルハンドル(■)をドラッグして数式をコピーします。
❸ (オートフィルオプション)をクリックし、[書式なしコピー(フィル)(O)]を選択します。

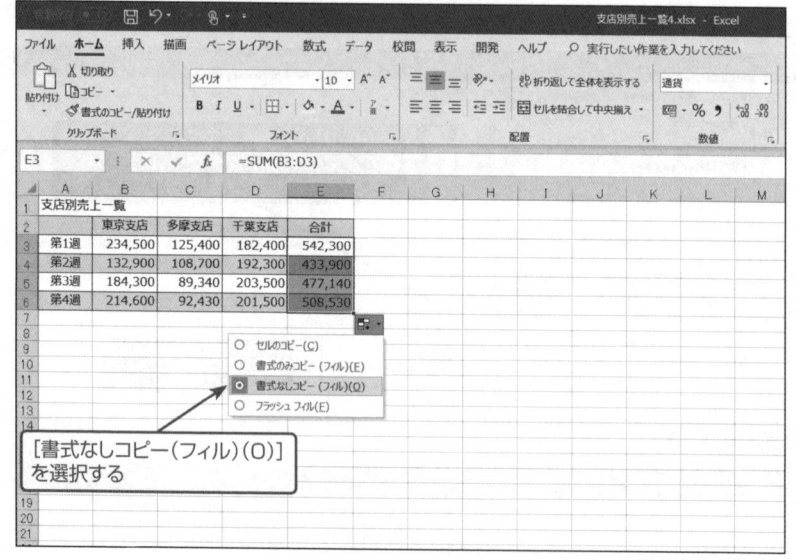

[書式なしコピー(フィル)(O)]を選択する

44

SECTION-008 VER. 2010 2013 2016 2019 365

数式の計算結果だけをコピーする

Excelでは、コピーする内容を選択してセルに貼り付けることができます。ここでは、数式で求めた値だけを別のセルにコピーする方法を説明します。

1 コピーもとのセルの選択

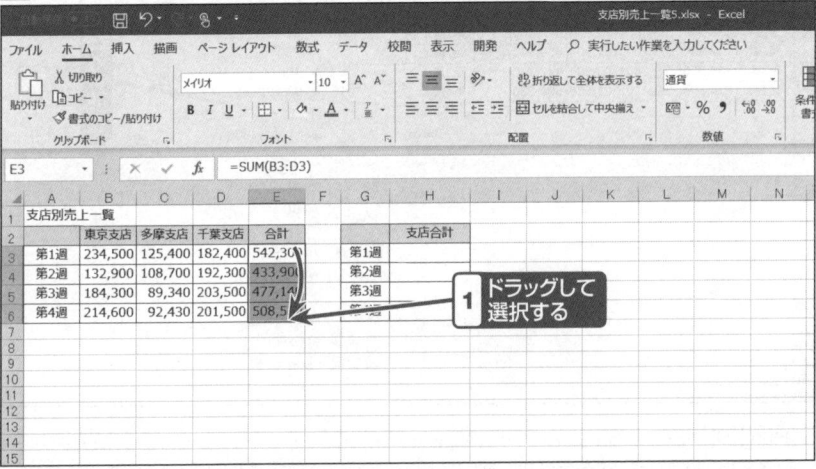

2 [コピー(C)]コマンドの実行

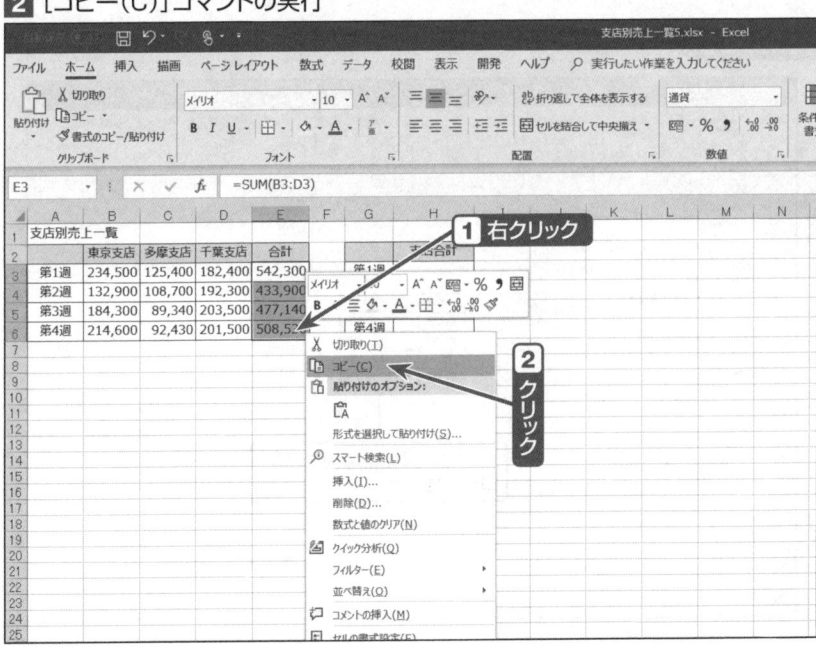

■SECTION-008■ 数式の計算結果だけをコピーする

3 貼り付けのオプションの選択

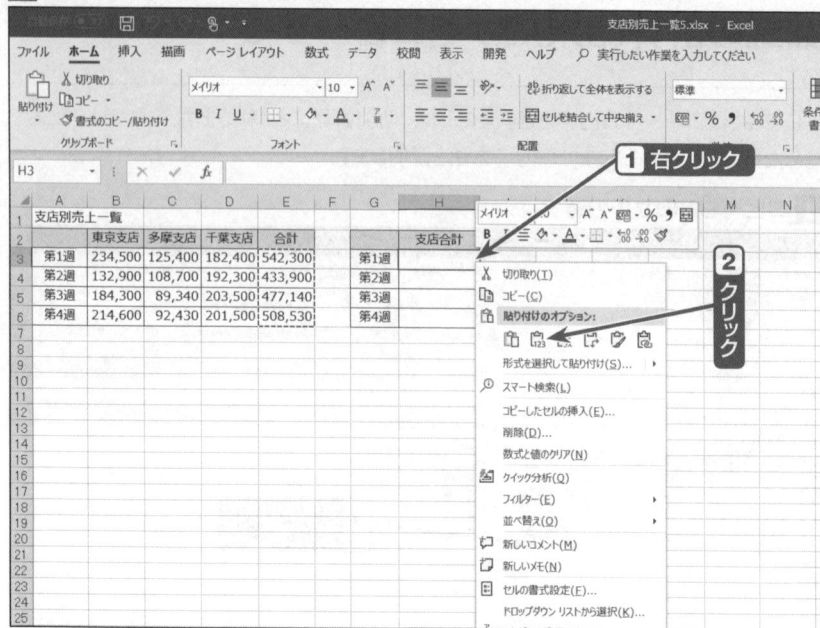

HINT

計算結果だけをコピーする場合には、貼り付けのオプションから🗒(値(V))を選択します。

結果の確認

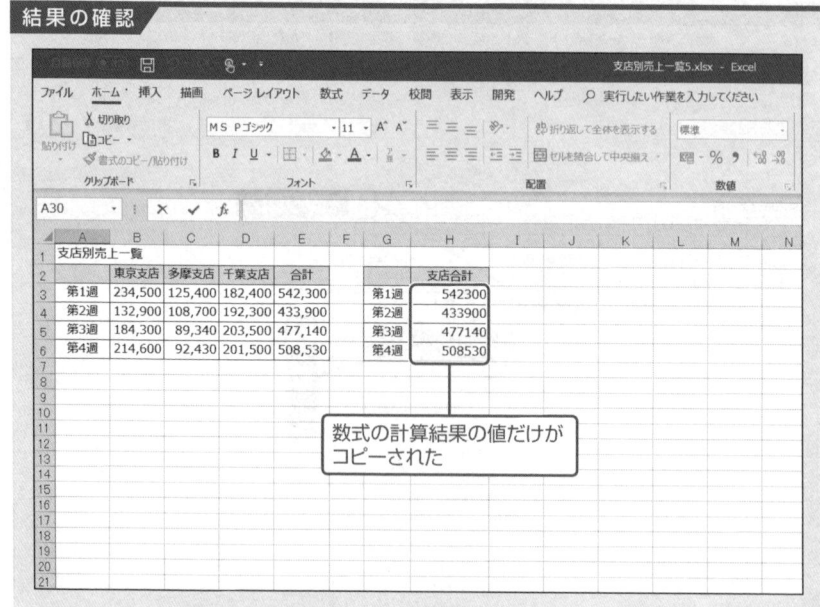

数式の計算結果の値だけがコピーされた

■ SECTION-008 ■ 数式の計算結果だけをコピーする

ONEPOINT 数値の結果の値のみを張り付けるには「形式を選択して貼り付け」を使う

「形式を選択して貼り付け」とは、コピーしたデータの特定の情報だけを貼り付けることができる機能です。通常、数式をコピーした場合に、貼り付けを実行すると数式自体もコピーされますが、「形式を選択して貼り付け」から[値(V)]を選択することで、計算結果だけを貼り付けることができます。

なお、コピーもとのセルが通貨書式などに設定されている場合に、書式も同時に貼り付けたい場合には、[値と数値の書式(H)]を選択します。

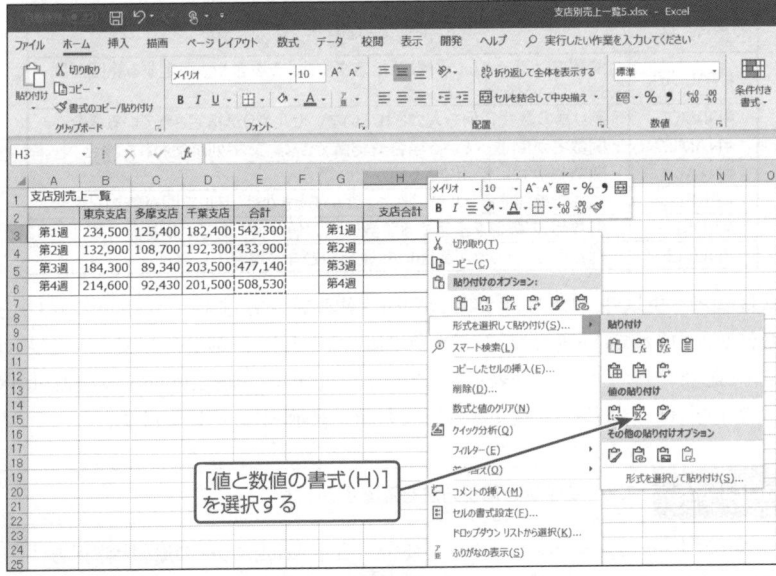

[値と数値の書式(H)]を選択する

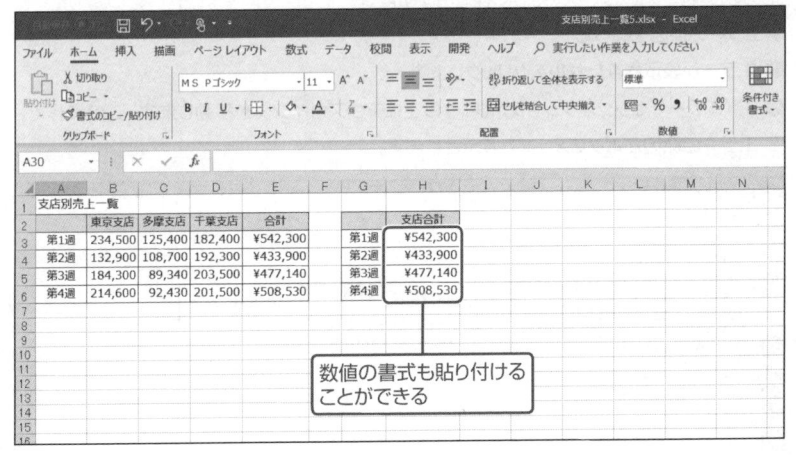

数値の書式も貼り付けることができる

SECTION-009

エラー値について

■ エラー値とは

エラー値とは、セルに入力した関数や数式に誤りがあると表示される値です。関数名が間違っていたり、識別できない引数が指定されていると表示されます。エラー値は、エラーの内容によって異なるため、数式のどこが間違っているのか、原因を特定することができます。Excelで表示されるエラー値には、次の種類があります。

エラー値	エラー値が表示される原因
#VALUE!	関数で計算できない引数が指定されている場合や、指定する範囲が間違っている場合
#DIV/0!	割り算の数式に何も入力されていないセルや0が指定されている場合
#NAME?	関数名が間違っている場合や認識できない文字列が使われた場合
#N/A	関数や数式に使用できる値がない場合
#REF!	数式で参照するセルが削除されているときなど、セル参照が無効な場合
#NUM	引数として数値を指定する関数に別の値が使われている場合
#NULL!	指定した2つのセル範囲に共通部分がない場合

なお、エラー値以外にセルに「####」が表示されることがあります。これは、セル幅よりも長い数値が入力されている場合や、結果が負の値になる日付・時刻が入力されている場合に返される記号です。「####」が表示された場合には、セルの幅を広げるか、または、セルの書式設定を日付・時刻以外に変更することで数値が表示されるようになります。

COLUMN エラーの原因と修正方法を確認するには

(エラーチェックオプションボタン)を使うと、表示されたエラーの原因と修正方法を調べることができます。たとえば、エラー値「#NAME?」が表示された原因と、その修正方法を調べるには、次のように操作します。

▶エラーの原因を調べる

❶ エラーが表示されたセルをクリックします。

❷ (エラーチェックオプションボタン)の上にマウスポインタを移動します。この操作で、エラーの原因がポップアップで表示されます。

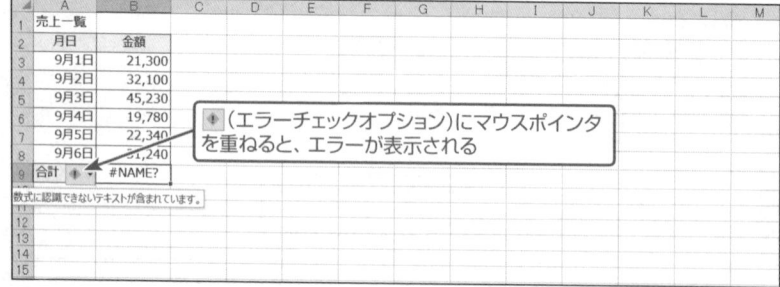

▶エラーの修正方法を調べる

❶ エラーが表示されたセルをクリックします。

❷ (エラーチェックオプションボタン)をクリックし、[このエラーに関するヘルプ(H)]を選択します。

なお、Excelのバージョンによって、エラー修正方法の表示内容が異なる場合があります。

COLUMN　エラーの原因を分析するには

(エラーチェックオプションボタン)を使うと、エラーが表示された数式を検証することができます。たとえば、エラー値「#NAME?」が表示された数式のどこが間違っているのかを分析するには、次のように操作します。

❶ エラー値が表示されたセルをクリックします。

❷ (エラーチェックオプションボタン)をクリックし、表示されたメニューから[計算の過程を表示(C)]を選択します。

❸ 検証(E) ボタンをクリックし、入力した数式を分析します。

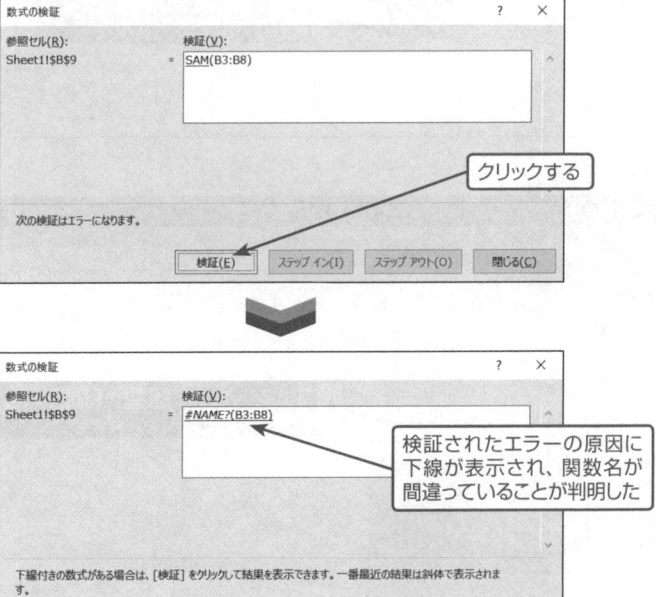

SECTION-010

配列数式・配列定数について

配列数式とは

配列数式とは、複数のセルのデータを1つのかたまりとして計算を行う方法です。通常の数式では、1つのセルに対して1つの値を返しますが、配列数式を利用すると複数のセルに対して複数の値を同時に返すことができます。

1 セルの選択

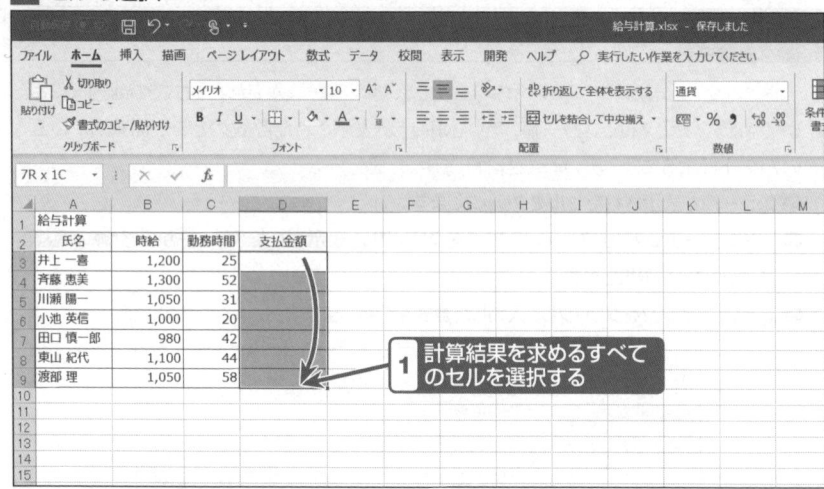

① 計算結果を求めるすべてのセルを選択する

2 数式の入力

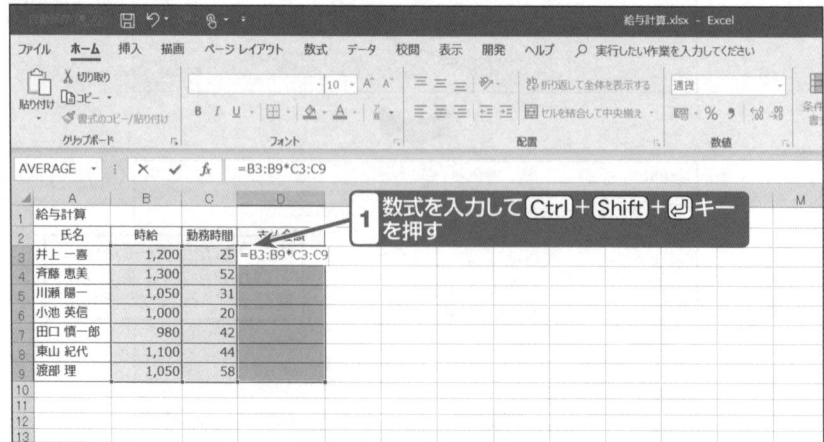

① 数式を入力して Ctrl + Shift + ↵ キーを押す

> **HINT**
> ここでは、「=B3:B9*C3:C9」という数式を入力しています。

■ SECTION-010 ■ 配列数式・配列定数について

結果の確認

複数セルの計算結果が求められた

ONEPOINT 配列数式を入力するには Ctrl + Shift + ↵ キーで確定する

操作例では、それぞれの列のB列の時給とC列の勤務時間をそれぞれ掛け合わせ、時給が異なる支払金額を一括で求めています。このように配列数式を利用する場合には、同じ行数の配列を引数に指定する必要があります。また、数式を確定する場合には、Ctrl + Shift + ↵ キーを押して確定します。配列数式を利用した数式は、次のように「{}」で囲まれて表示されます。

$${=B3:B9*C3:C9}$$

配列定数とは

配列定数とは、数式の中に配列データを組み込んで計算を行う方法です。複数のデータをまとめて引数に指定できるので、1つの数式で異なる計算結果を一括で求めることができます。

1 セルの選択

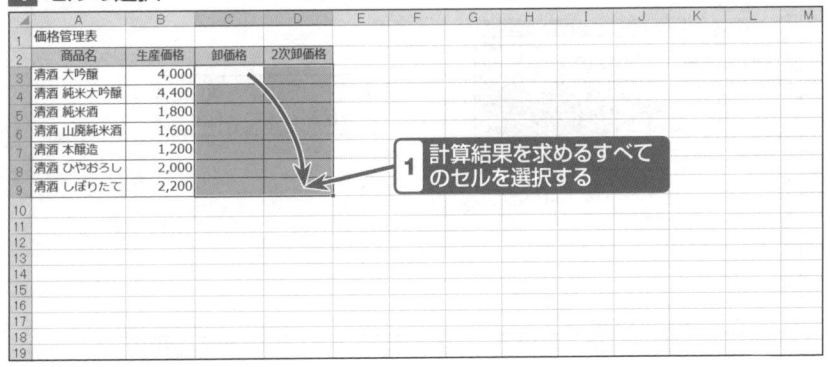

1 計算結果を求めるすべてのセルを選択する

■ SECTION-010 ■ 配列数式・配列定数について

2 数式の入力

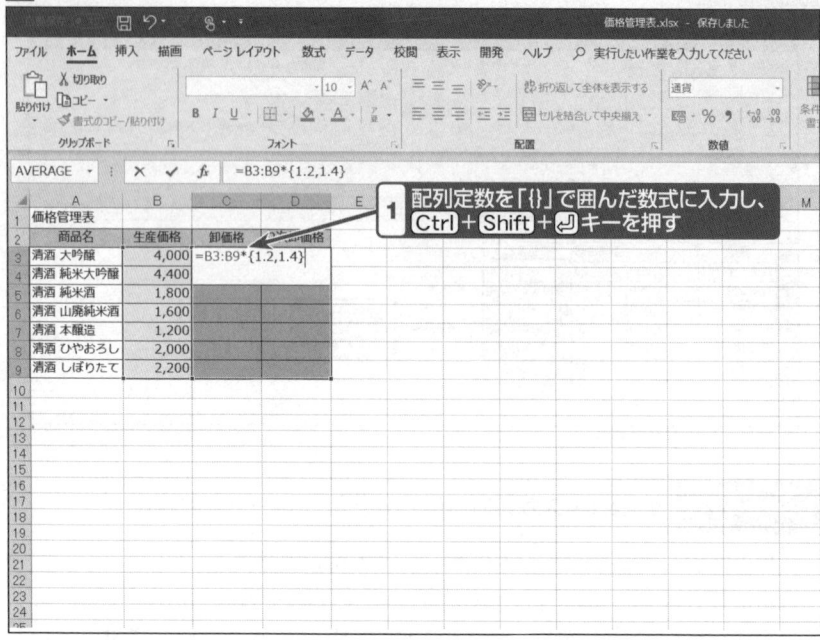

1 配列定数を「{}」で囲んだ数式に入力し、Ctrl + Shift + ↵ キーを押す

H I N T
ここでは、「=B3:B9*{1.2,1.4}」という数式を入力しています。

結果の確認

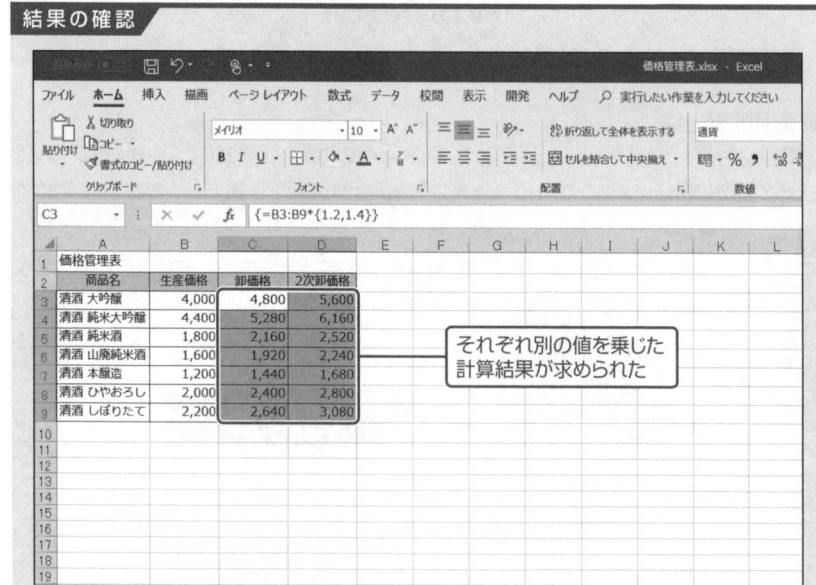

それぞれ別の値を乗じた計算結果が求められた

■ SECTION-010 ■ 配列数式・配列定数について

COLUMN　配列数式にデータを追加するには

　配列数式で数式を作成した後に、セルをコピーしても正しい数式をコピーすることはできません。配列数式にデータを追加する場合には、数式を編集状態にしてセル範囲を指定し直します。たとえば、下図の配列数式にデータを追加するには、次のように操作します（カラーリファレンスの利用方法は42ページを参照してください）。

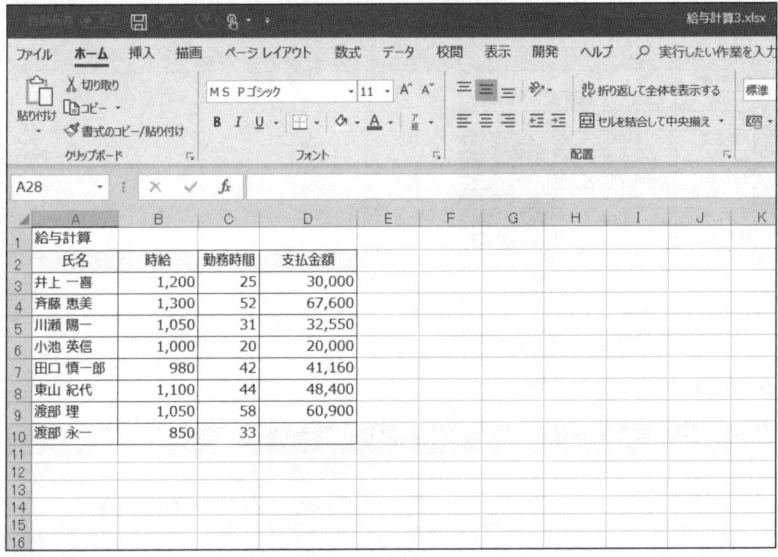

❶ 追加するデータを含めたセル範囲（ここではセルD3からD10）を選択します。
❷ 数式バーで数式の末尾をクリックします。

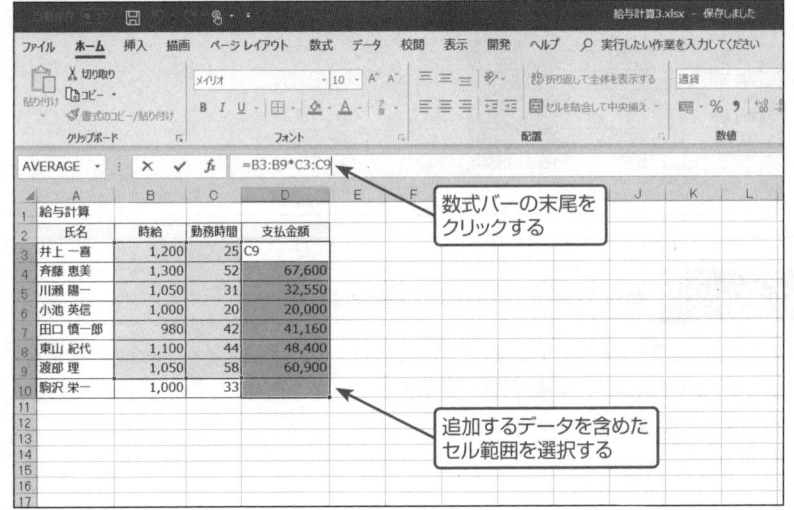

■ SECTION-010 ■ 配列数式・配列定数について

❸ カラーリファレンスを利用してB列とC列それぞれのセル範囲を、データを追加した10行までドラッグして変更します。

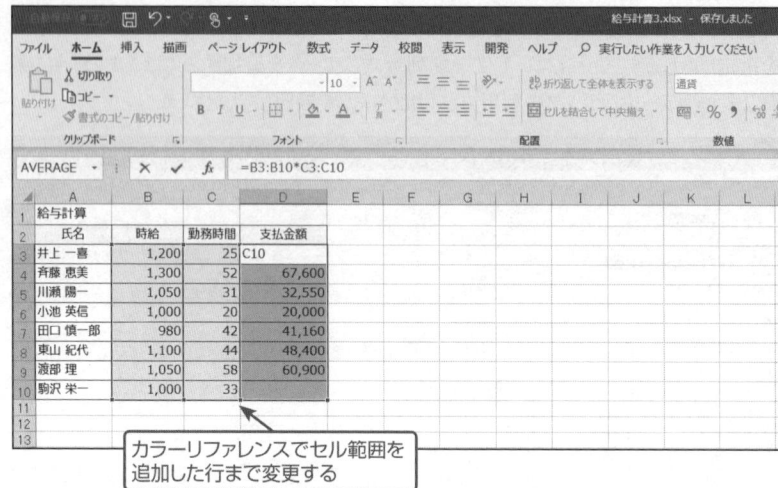

カラーリファレンスでセル範囲を
追加した行まで変更する

❹ [Ctrl]+[Shift]+[↵]キーを押します。

COLUMN　配列数式のデータの一部を削除するには

　配列数式で入力したセル範囲のうち、任意のデータだけを削除することはできません。そのような場合はすべての配列数式を削除し、データを削除してから再度配列数式で数式を入力する必要があります。

CHAPTER 02

集計

SECTION-011

売上の合計金額を求める

セルの合計値を求めるには、「SUM」関数を利用します。ここでは、月ごとの売上金の合計を求める方法を説明します。

1 売上を集計する数式の入力

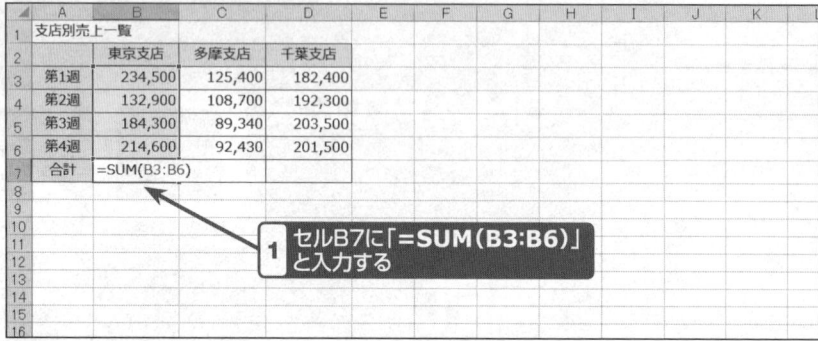

2 数式の複製

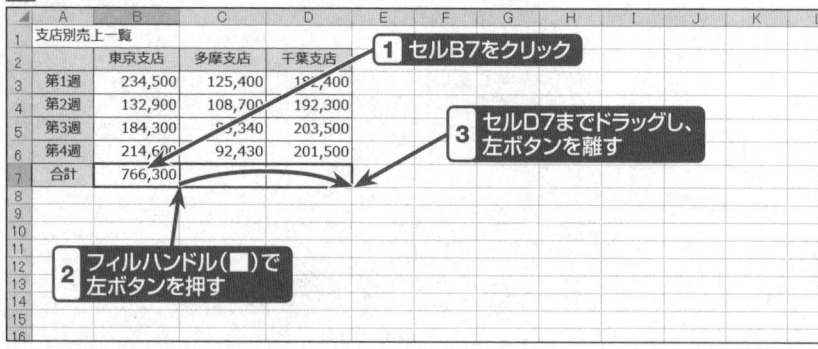

結果の確認

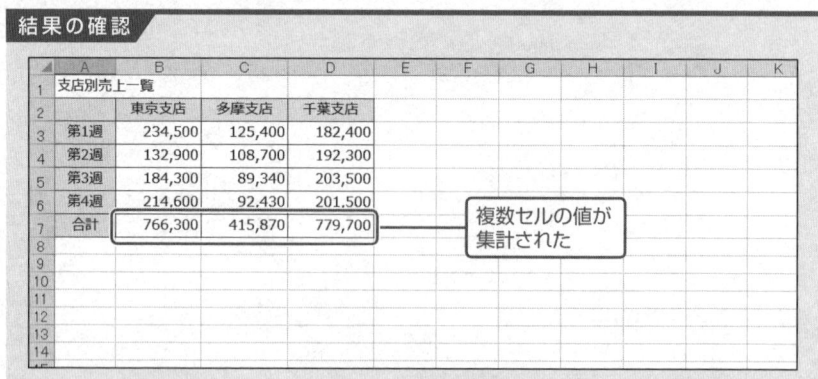

ONEPOINT 連続するセルの合計を求めるには引数に「先頭のセル番地:末尾のセル番地」と指定する

「SUM」関数で連続するセルの合計値を求める場合には、操作例のように「=SUM（先頭のセル番地:末尾のセル範囲）」と数式を入力します。

「SUM」関数の書式は、次の通りです。

=SUM（数値1,数値2,…）

引数には、数値やセル、セル範囲を指定することができます。なお、1つの関数に指定できる引数は、1〜255個になります。

COLUMN 任意の数値や連続していない複数セルの合計値を求めるには

任意の数値や、連続していない複数セルの合計値を求める場合には、「,」（カンマ）で区切って指定します。たとえば、次のように数式を入力すると、「5」と「2」の合計を求めることができます。

=SUM(5,6)

また、次のように数式を入力すると、連続していないセルのセルB3、C4、D5の数値の合計を求めることができます。

=SUM(B3,C4,D5)

関連項目 ▶ ▶ ▶
- 売上表の縦横計を一括で求める……………………………………………………… p.58

SECTION-012

VER. 2010 2013 2016 2019 365

売上表の縦横計を一括で求める

ここでは、売上一覧の縦横計を一括で求める方法を説明します。

1 セルの選択

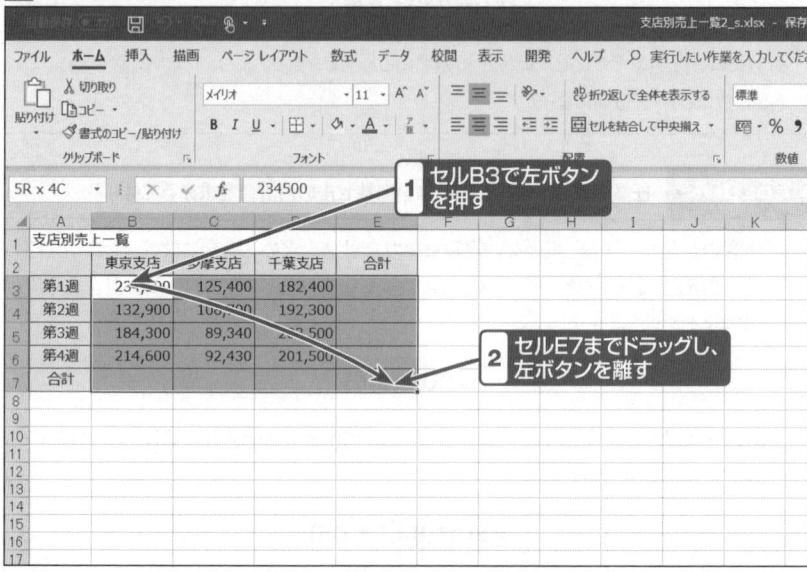

2 オートSUMの実行

結果の確認

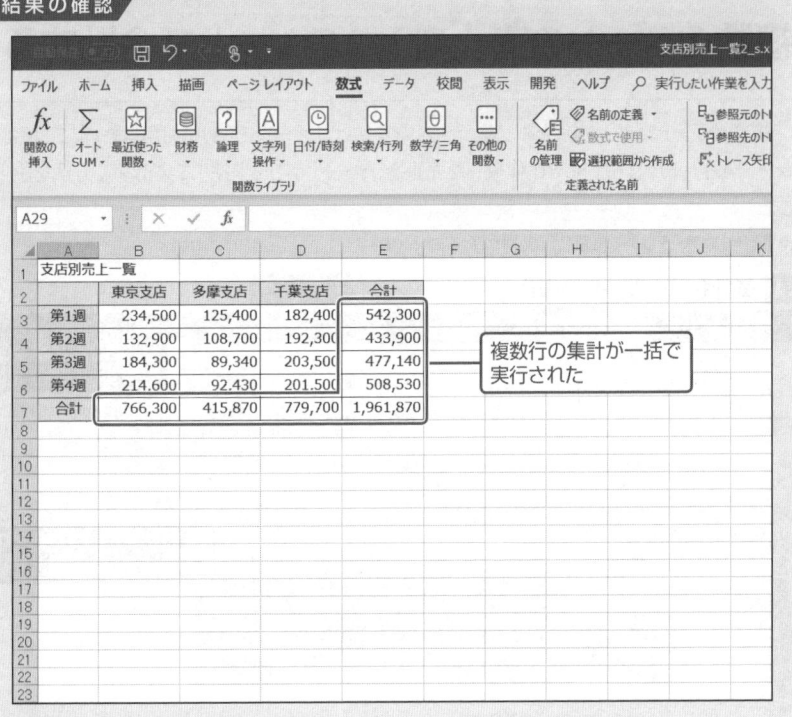

複数行の集計が一括で実行された

ONEPOINT 複数セルの合計値を素早く求めるには「オートSUM」を使う

「オートSUM」は、一方向に並んだセルの合計値を自動的に判断して計算する機能です。値を求めるセルの縦または横方向に隣接する一連の数値を判断することができるので、操作例のように、表組み全体を選択して実行すると、複数の値を一括で求めることができます。

関連項目 ▶▶▶

- 複数のシートの売上を1つのシートで合計する ……………………………………… p.60
- 隣り合わないシートの売上を1つのシートで合計する ……………………………… p.63

SECTION-013

VER. 2010 2013 2016 2019 365

複数のシートの売上を1つのシートで合計する

複数のシートのデータをまとめて集計する場合には、「オートSUM」を利用します。ここでは、シート「4月」「5月」「6月」ごとに作成した売上を、シート「第1四半期」で集計する方法を説明します。

※各シートのデータは同じ位置に作成されていることとします。

1 集計もとのシートの操作

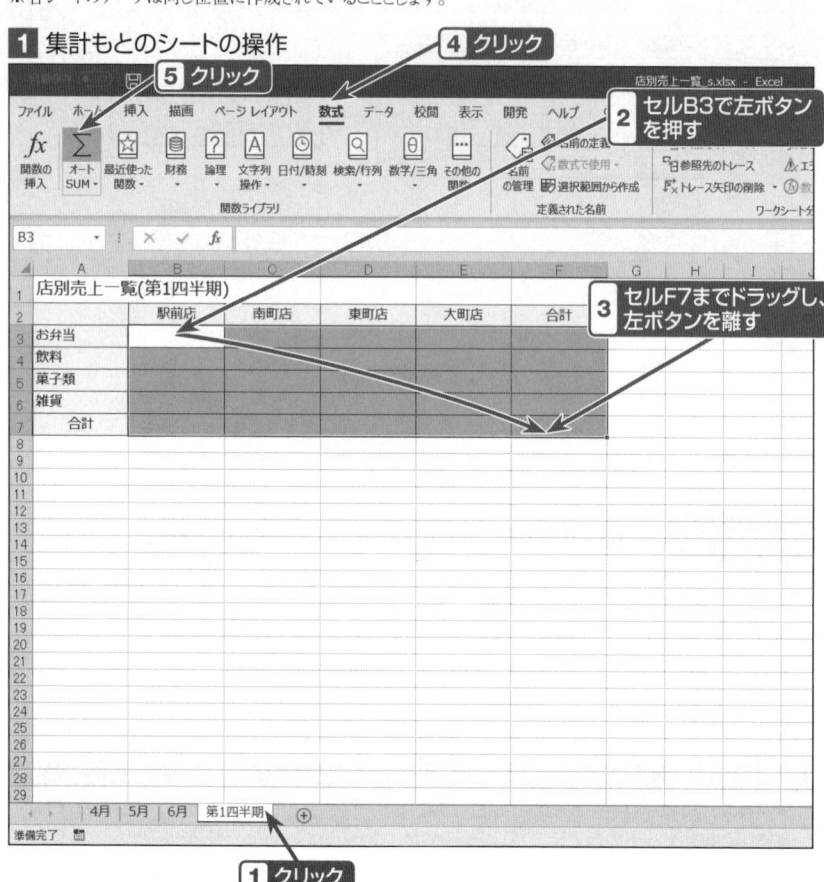

■ SECTION-013 ■ 複数のシートの売上を1つのシートで合計する

2 シートの選択

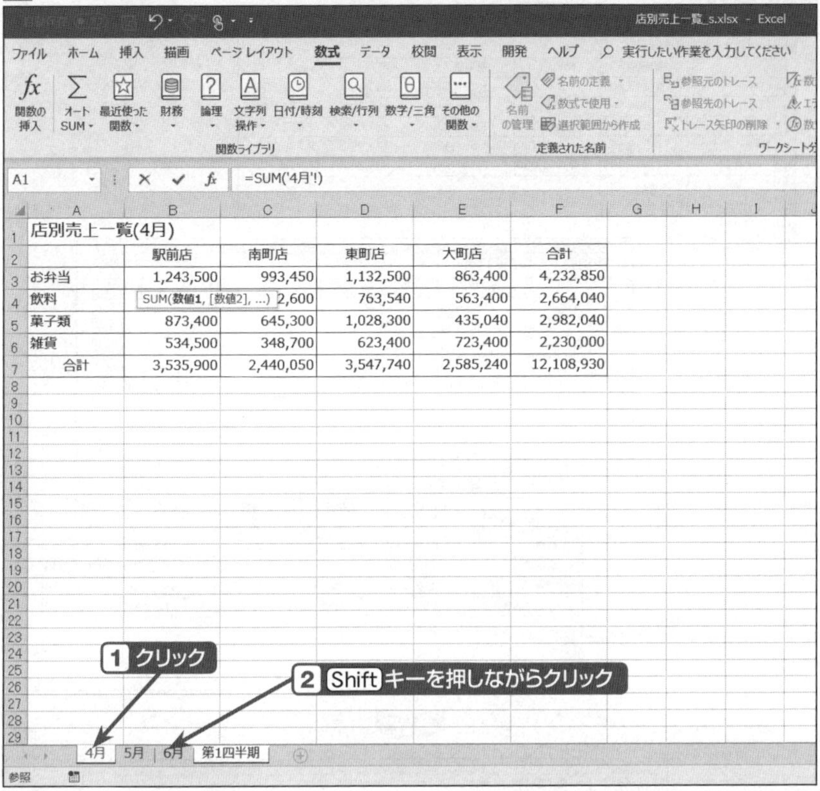

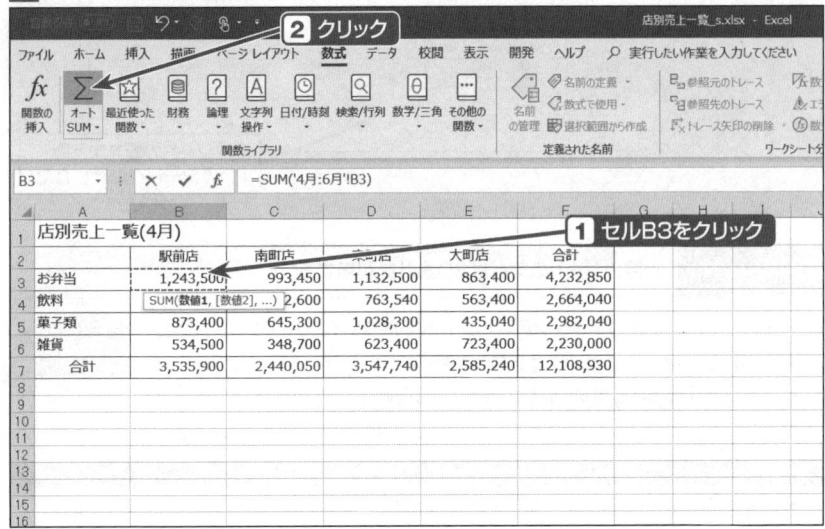

■ SECTION-013 ■ 複数のシートの売上を1つのシートで合計する

結果の確認

店別売上一覧(4月)

	駅前店	南町店	東町店	大町店	合計
お弁当	1,243,500	993,450	1,132,500	863,400	4,232,850
飲料	884,500	452,600	763,540	563,400	2,664,040
菓子類	873,400	645,300	1,028,300	435,040	2,982,040
雑貨	534,500	348,700	623,400	723,400	2,230,000
合計	3,535,900	2,440,050	3,547,740	2,585,240	12,108,930

店別売上一覧(5月)

	駅前店	南町店	東町店	大町店	合計
お弁当	993,450	1,023,400	1,324,500	734,500	4,075,850
飲料	782,430	552,340	882,340	613,560	2,830,670
菓子類	683,450	243,690	928,340	423,100	2,278,580
雑貨	552,340	442,350	592,430	593,540	2,180,660
合計	3,011,670	2,261,780	3,727,610	2,364,700	11,365,760

店別売上一覧(6月)

	駅前店	南町店	東町店	大町店	合計
お弁当	834,560	1,143,200	982,600	682,450	3,642,810
飲料	553,400	601,420	726,340	423,540	2,304,700
菓子類	713,240	312,400	572,340	314,560	1,912,540
雑貨	432,560	332,540	482,500	492,430	1,740,030
合計	2,533,760	2,389,560	2,763,780	1,912,980	9,600,080

▼

店別売上一覧(第1四半期)

	駅前店	南町店	東町店	大町店	合計
お弁当	3,071,510	3,160,050	3,439,600	2,280,350	11,951,510
飲料	2,220,330	1,606,360	2,372,220	1,600,500	7,799,410
菓子類	2,270,090	1,201,390	2,528,980	1,172,700	7,173,160
雑貨	1,519,400	1,123,590	1,698,330	1,809,370	6,150,690
合計	9,081,330	7,091,390	10,039,130	6,862,920	33,074,770

← 複数シートの値をまとめて1つのシートで集計された

ONEPOINT 複数のシートの集計は3D集計を利用する

Excelでは、複数のシートのデータがすべて同じレイアウトで作成されている場合には、オートSUMを使って集計することができます。この方法は、上下に重なり合うセルの値を集計するイメージから、「3D集計」(または「串刺し計算」)といわれています。

関連項目 ▶▶▶

● 隣り合わないシートの売上を1つのシートで合計する ………………………… p.63

SECTION-014

VER. 2010 2013 2016 2019 365

隣り合わないシートの売上を1つのシートで合計する

複数のシートのデータをまとめて集計する場合には、「オートSUM」を利用します。ここでは、月ごとにシートに作成した売上のうち、隣り合わないシート「4月」「6月」を、シート「偶数月計」で集計する方法を説明します。

※各シートのデータは同じ位置に作成されていることとします。

1 集計もとのシートの操作

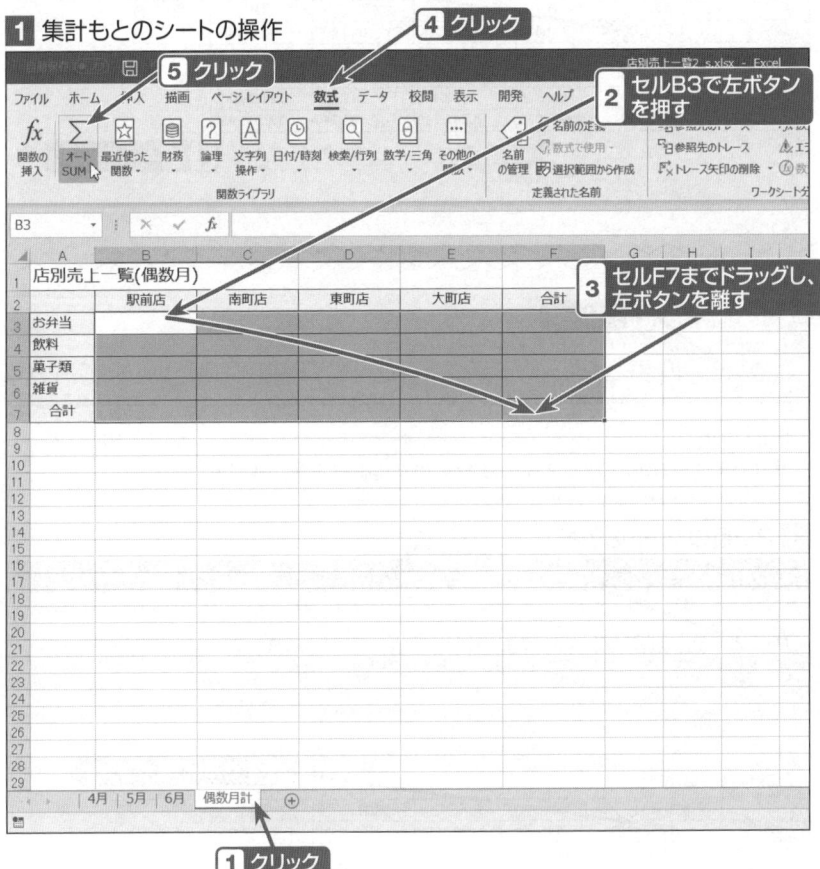

■ SECTION-014 ■ 隣り合わないシートの売上を1つのシートで合計する

2 1つ目のシートの選択

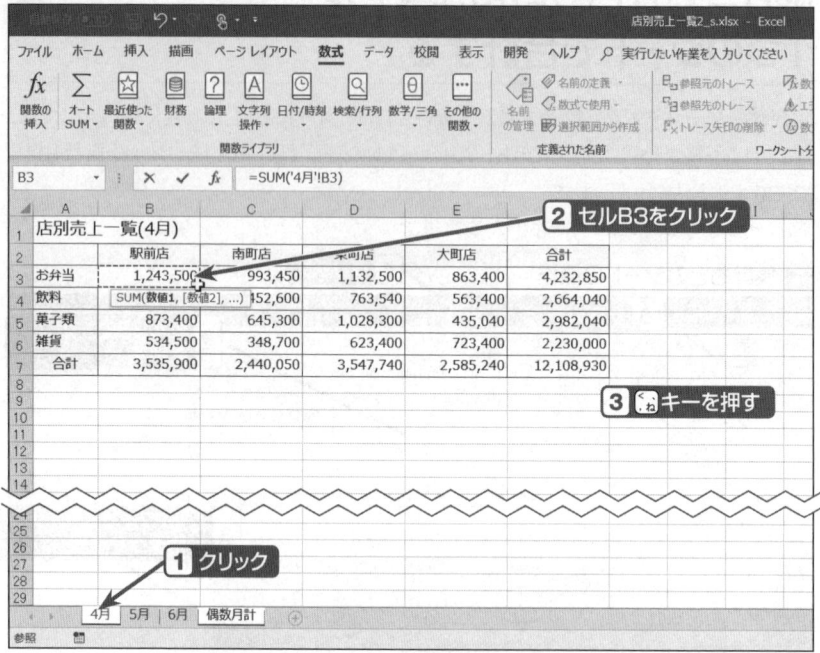

HINT
操作3では、数式に「,」(カンマ)を入力するために、キーを押しています。

3 2つ目のシートの選択

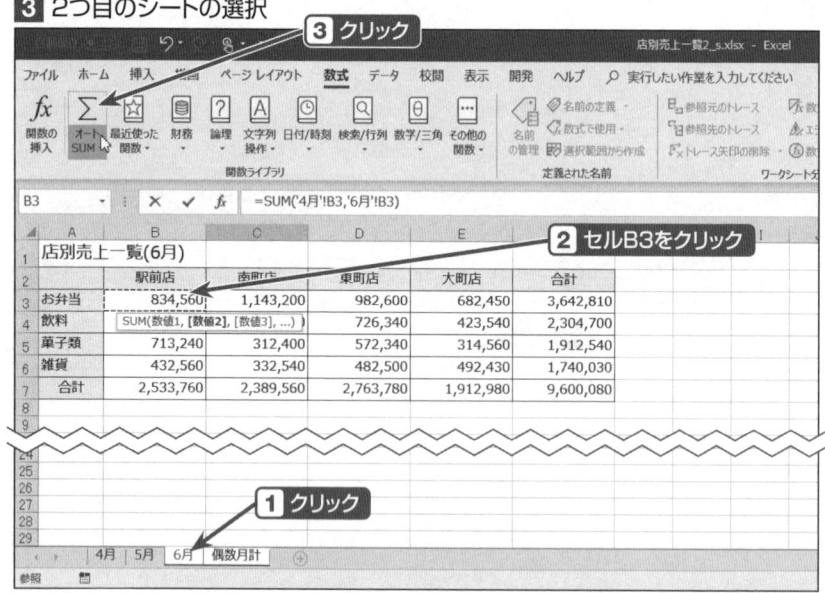

結果の確認

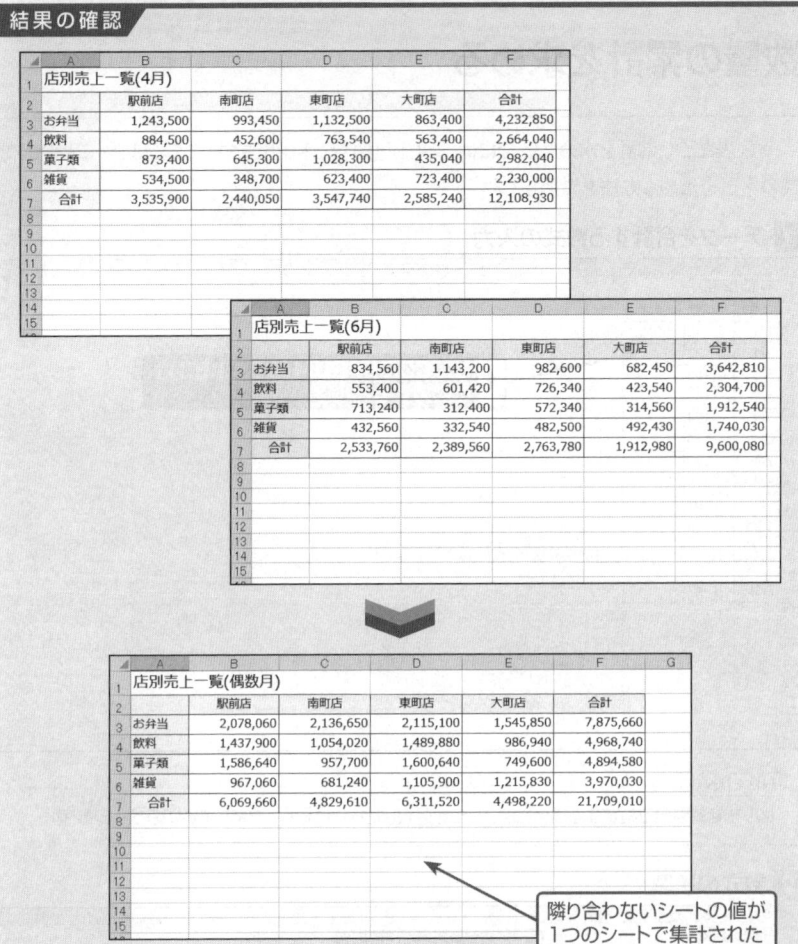

隣り合わないシートの値が
1つのシートで集計された

ONEPOINT 隣り合わないシートの選択は「,」を使う

　3D集計で隣り合わないシートを集計するには、1つ目のシートを表示して先頭セルを選択した後に、数式に「,」(カンマ)を入力します。この操作で、別のシートを指定できるようになるので、操作例のように目的のシートを表示して先頭セルを選択します。

関連項目 ▶ ▶ ▶
- 複数のシートの売上を1つのシートで合計する ……………………………………… p.60

SECTION-015

数量の累計を求める

一覧表などで累計を求める場合には、「SUM」関数を利用します。ここでは、月ごとの出荷数の累計を求める方法を説明します。

1 データを合計する数式の入力

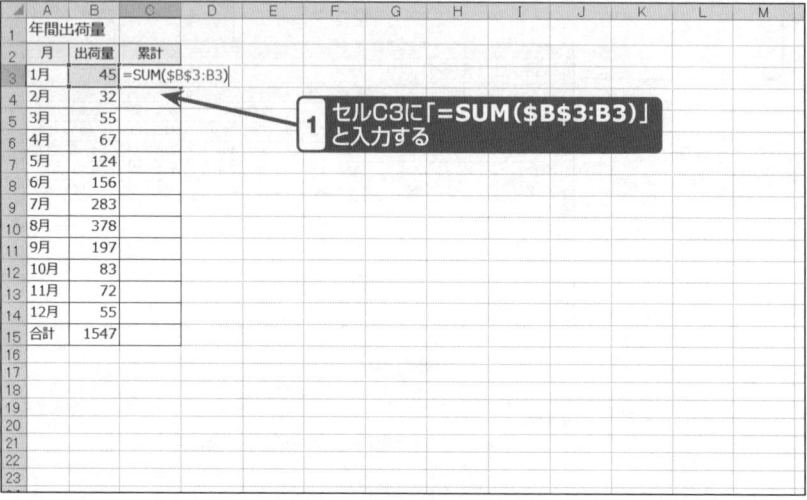

HINT
セルを絶対参照で指定する場合には、セルを選択した後にF4キーを押します（39ページ参照）。

2 数式の複製

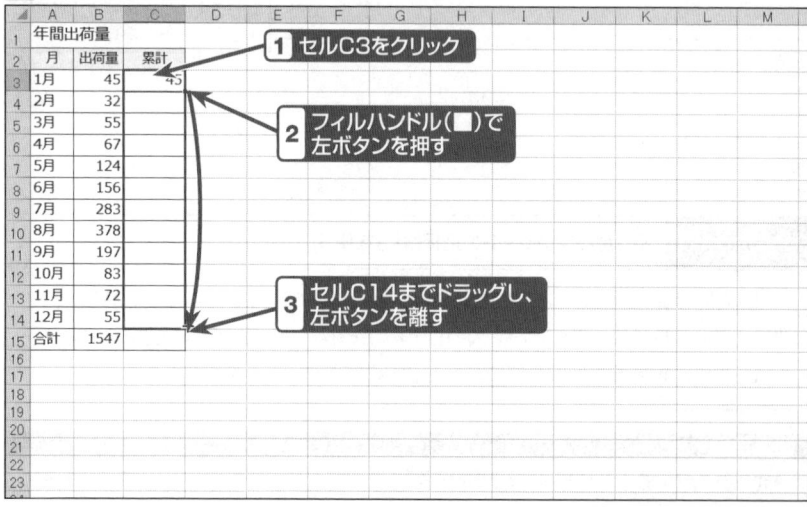

結果の確認

	A	B	C
1	年間出荷量		
2	月	出荷量	累計
3	1月	45	45
4	2月	32	77
5	3月	55	132
6	4月	67	199
7	5月	124	323
8	6月	156	479
9	7月	283	762
10	8月	378	1140
11	9月	197	1337
12	10月	83	1420
13	11月	72	1492
14	12月	55	1547
15	合計	1547	

セルごとに累計が求められた

ONEPOINT 累計は「SUM」関数で指定範囲を追加しながら求める

　累計は、先頭セルから1つずつ「SUM」関数に指定するセル範囲を追加することで求めることができます。このとき、常に先頭セルから集計させるには、先頭セルを絶対参照で指定するのがコツです。

　なお、累計を求める数式をコピーすると、連続したセル範囲を指定していないことが原因で、セルの左上隅に緑色の三角形(エラーインジケータ)が表示される場合があります。エラーインジケータを非表示にするには、セルを選択すると表示される ◆ (エラーのトレース)をクリックし、[エラーを無視する(I)]を選択します。

関連項目 ▶▶▶

● 売上の合計金額を求める ………………………………………………………… p.56

SECTION-016

支店別に売上を集計する

ここでは、売上金額一覧から支店ごとの売上金額を集計する方法を説明します。

1 支店別のデータを集計する数式の入力

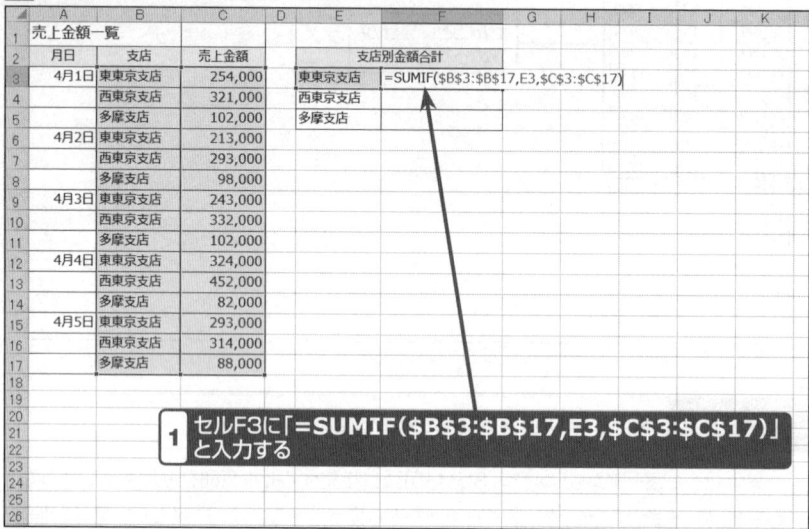

1 セルF3に「=SUMIF($B$3:$B$17,E3,$C$3:$C$17)」と入力する

HINT
セルを絶対参照で指定する場合には、セルを選択した後にF4キーを押します(39ページ参照)。

2 支店別のデータを集計する数式の入力

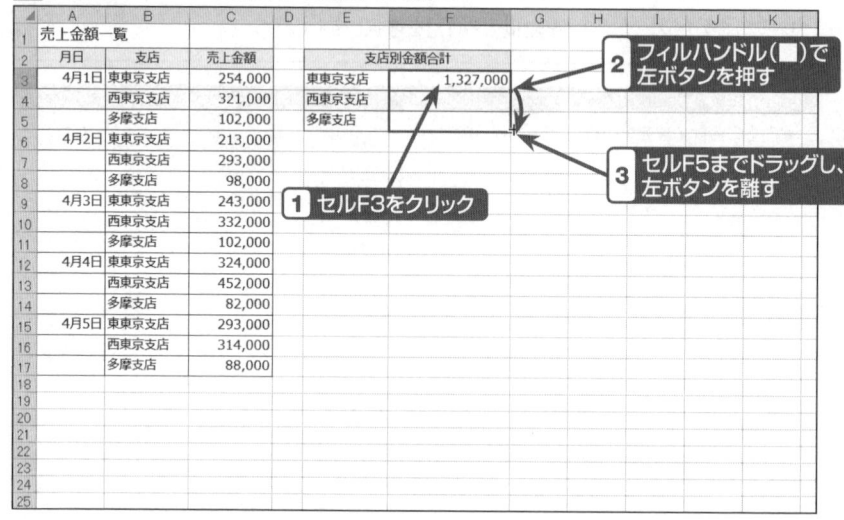

1 セルF3をクリック
2 フィルハンドル(■)で左ボタンを押す
3 セルF5までドラッグし、左ボタンを離す

■ SECTION-016 ■ 支店別に売上を集計する

結果の確認

	A	B	C	D	E	F
1	売上金額一覧					
2	月日	支店	売上金額		支店別金額合計	
3	4月1日	東東京支店	254,000		東東京支店	1,327,000
4		西東京支店	321,000		西東京支店	1,712,000
5		多摩支店	102,000		多摩支店	472,000
6	4月2日	東東京支店	213,000			
7		西東京支店	293,000			
8		多摩支店	98,000			
9	4月3日	東東京支店	243,000			
10		西東京支店	332,000			
11		多摩支店	102,000			
12	4月4日	東東京支店	324,000			
13		西東京支店	452,000			
14		多摩支店	82,000			
15	4月5日	東東京支店	293,000			
16		西東京支店	314,000			
17		多摩支店	88,000			

検索範囲から条件に合う項目の値が集計された

ONEPOINT 条件に合う値だけを集計するには「SUMIF」関数を使う

「SUMIF」関数は、指定したセル範囲から、条件に合致した合計範囲の値だけを集計することができます。

「SUMIF」関数の書式は、次の通りです。

=SUMIF(範囲,検索条件,合計範囲)

操作例のように1つの表から条件別に集計する場合には、引数「範囲」と引数「合計範囲」を絶対参照で指定しておくと、数式を複製することですべての項目を集計することができます。なお、操作例では、次のように引数を指定してます。

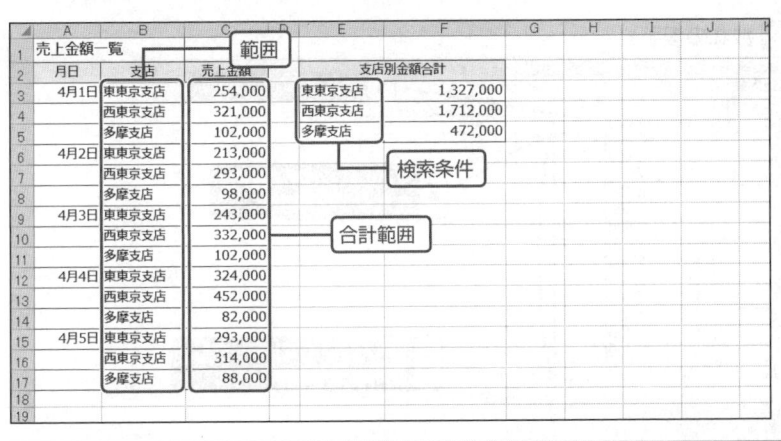

関連項目 ▶▶▶

● 複数の条件に合った売上を集計する ………………………………………… p.78

SECTION-017

月ごとの入金額を集計する

条件を検索して値を集計する場合には「SUMIF」関数を利用します。ここでは、第1四半期(4月、5月、6月)の入金一覧から、月ごとの入金額を求める方法を説明します。

1 日付から月の値を取り出す数式の入力

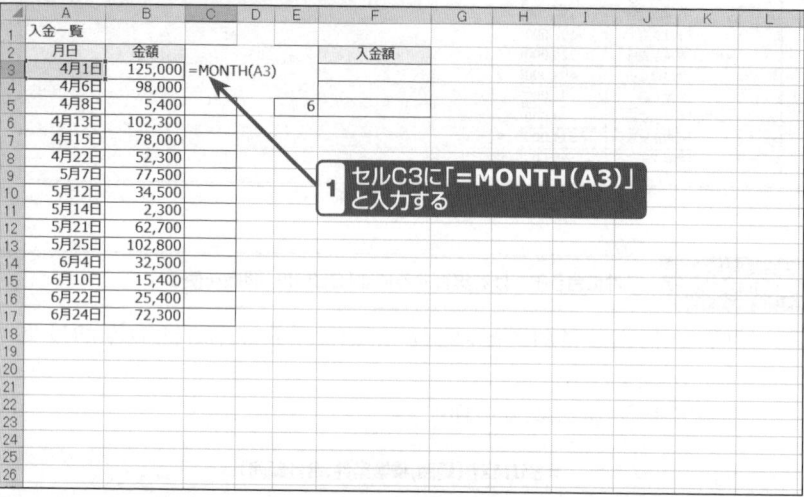

KEYWORD

▶「MONTH」関数
指定した日付から月の値を取り出す関数です(258ページ参照)。

2 数式の複製

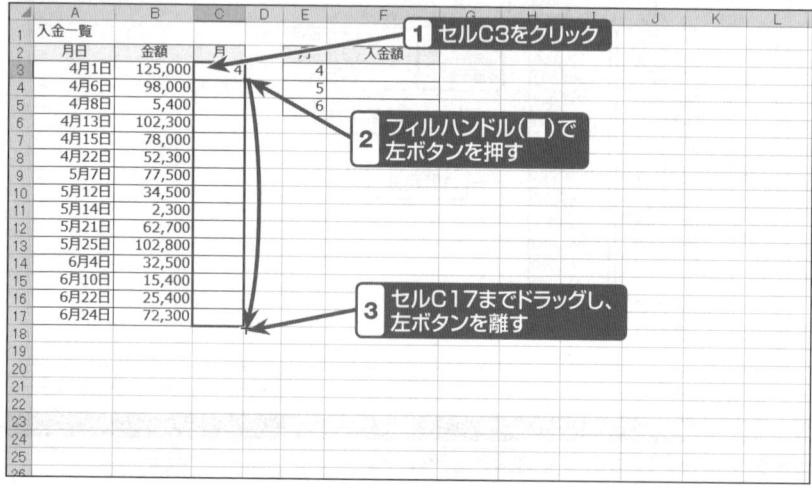

3 月の金額を集計する数式の入力

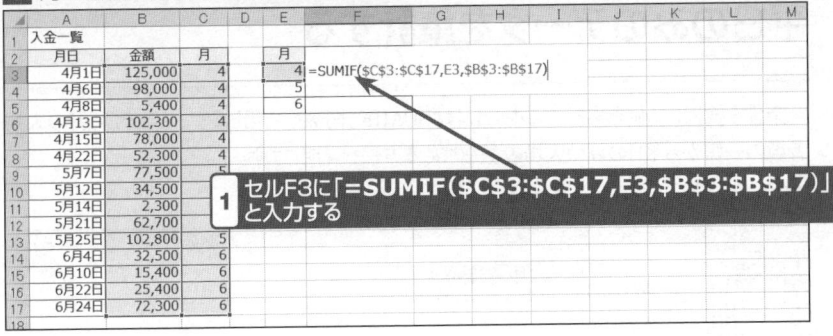

HINT セルを絶対参照で指定する場合には、セルを選択した後に F4 キーを押します（39ページ参照）。

4 数式の複製

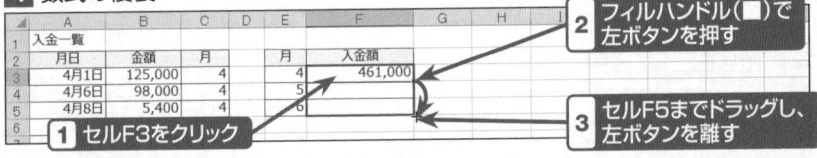

結果の確認

指定した月ごとに金額が集計された

ONEPOINT　月で検索するには「MONTH」関数で月を取り出す

　月ごとの値を集計するには、「SUMIF」関数で月の値を引数「検索条件」に指定します。ただし、日付のままでは指定できないため、あらかじめ「MONTH」関数（258ページ参照）で日付から月を取り出しておくのがポイントです。

関連項目 ▶▶▶

- 平日のみのデータを集計する ……………………………………………………… p.72
- 生年月日から「年」「月」「日」をそれぞれ取り出す …………………………………… p.258

SECTION-018 VER. 2010 2013 2016 2019 365

平日のみのデータを集計する

条件を検索して値を集計する場合には「SUMIF」関数を利用します。ここでは、月の入場者数の一覧から平日のみの入場者数を求める方法を説明します。

1 曜日を求める数式の入力

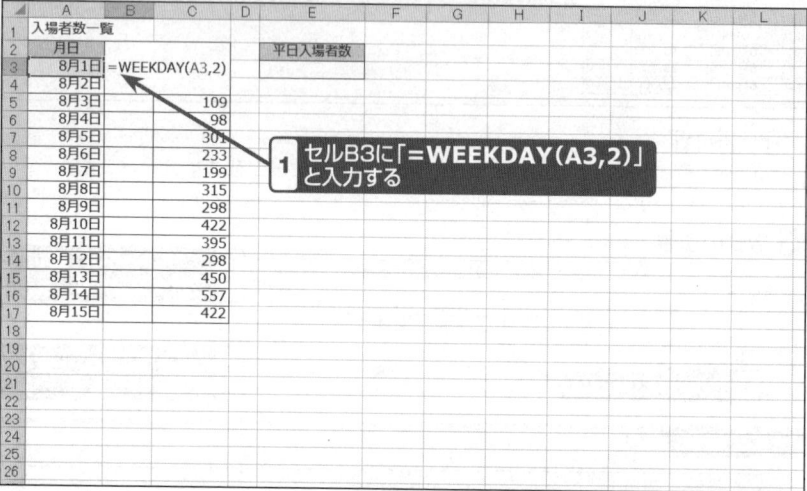

1 セルB3に「=WEEKDAY(A3,2)」と入力する

KEYWORD

▶「WEEKDAY」関数
日付に対応する値を求める関数です(262ページ参照)。

2 数式の複製

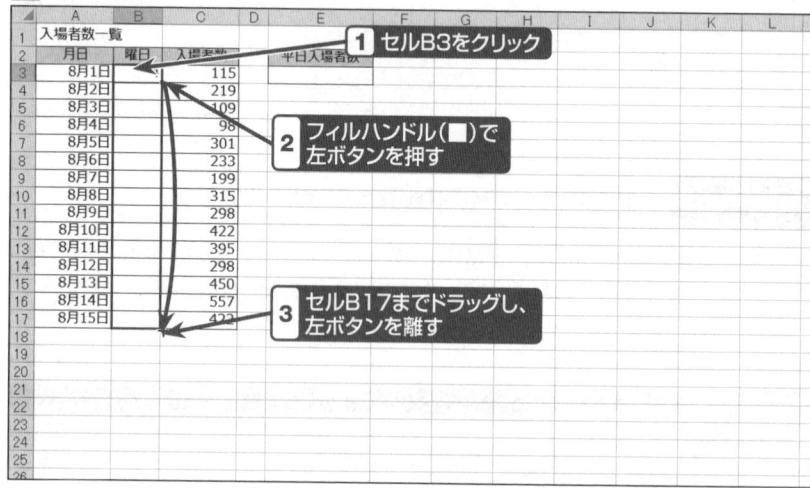

1 セルB3をクリック

2 フィルハンドル(■)で左ボタンを押す

3 セルB17までドラッグし、左ボタンを離す

3 平日の値を集計する数式の入力

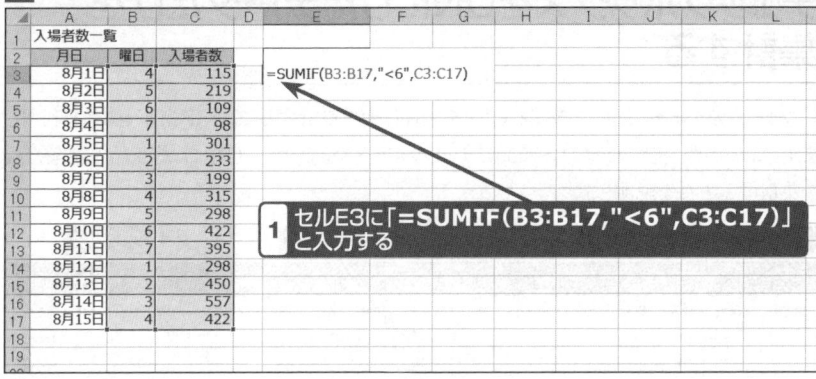

1 セルE3に「**=SUMIF(B3:B17,"<6",C3:C17)**」と入力する

> **HINT**
> 条件に数式や文字列を指定する場合には「"」(ダブルクォーテーション)で囲みます。

結果の確認

平日の入場者数が集計された

ONEPOINT 曜日で検索するには「WEEKDAY」関数を使う

特定の曜日の値を集計する場合には、「SUMIF」関数の引数「検索条件」に「WEEKDAY」関数(262ページ参照)で求めた値を指定します。「WEEKDAY」関数では、引数「種類」に「2」を指定すると月曜日から日曜日を1～7で返します。そのため、平日のみの値を集計する場合には、条件に「"<6"」(6より小さい数)を指定します。なお、土日のみを集計する場合には、「">5"」を指定します。

関連項目 ▶▶▶
- 月ごとの入金額を集計する ……………………………………………………… p.70
- 日付から曜日を求める …………………………………………………………… p.262

SECTION-019

VER. 2010 2013 2016 2019 365

チェックボックスをONにしたデータだけを集計する

フォームのチェックボックスのON/OFFを条件に値を集計するには「SUMIF」関数を利用します。ここでは、在庫一覧の各商品にチェックボックスを表示し、ONにした商品の金額だけを集計する方法を説明します。

1 チェックボックスの挿入

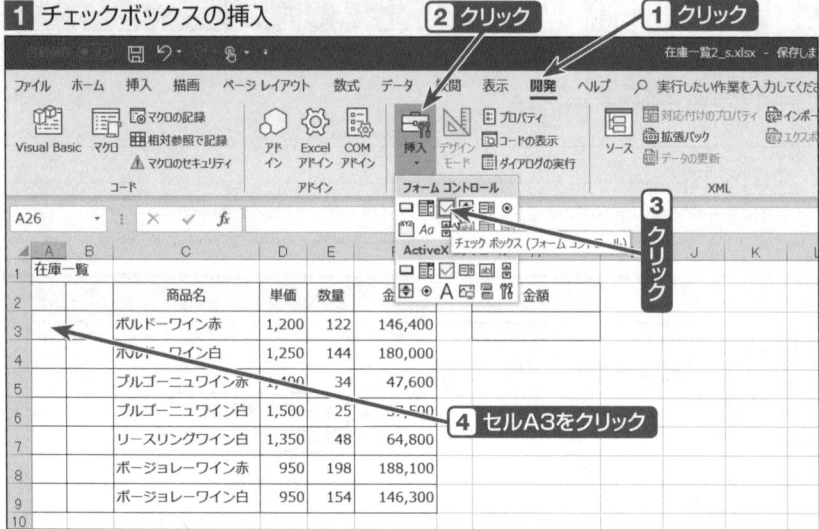

> **HINT**
> 「開発」タブが表示されていない場合には、COLUMNを参照してください。

2 文字列の削除

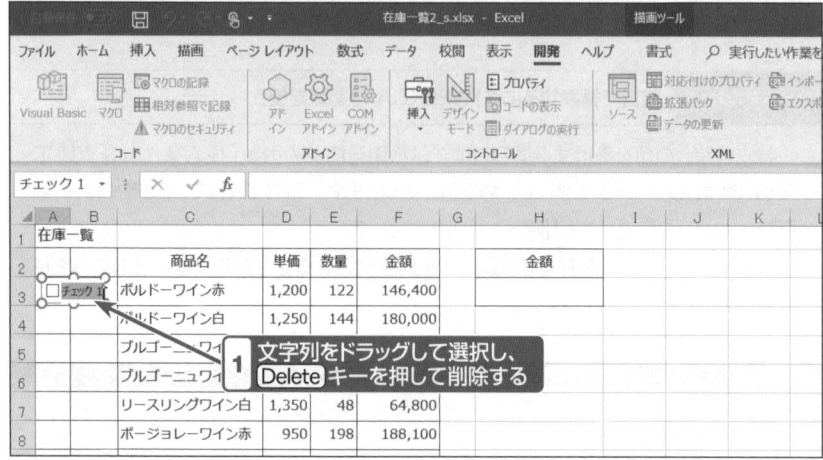

3 位置の調整

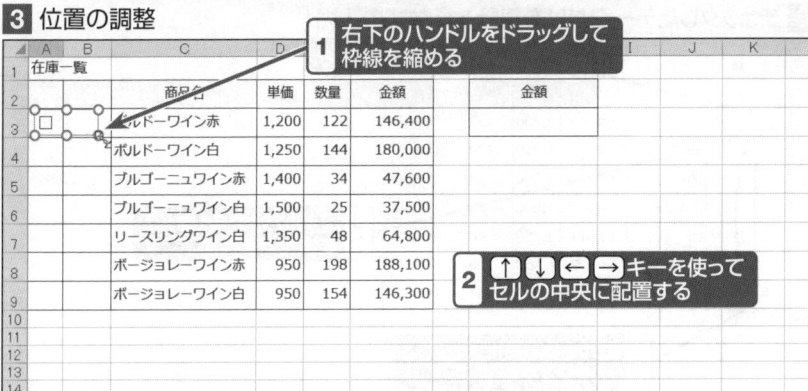

4 「コントロールの書式設定」ダイアログボックスの表示

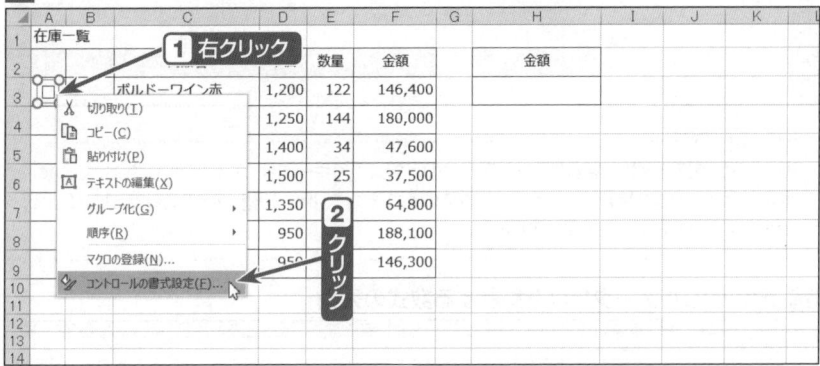

5 チェックボックスの設定

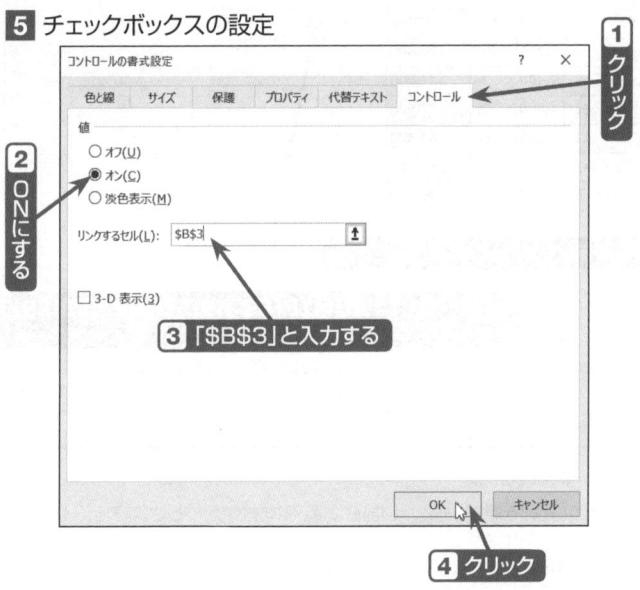

6 チェックしたデータだけを集計する数式の入力

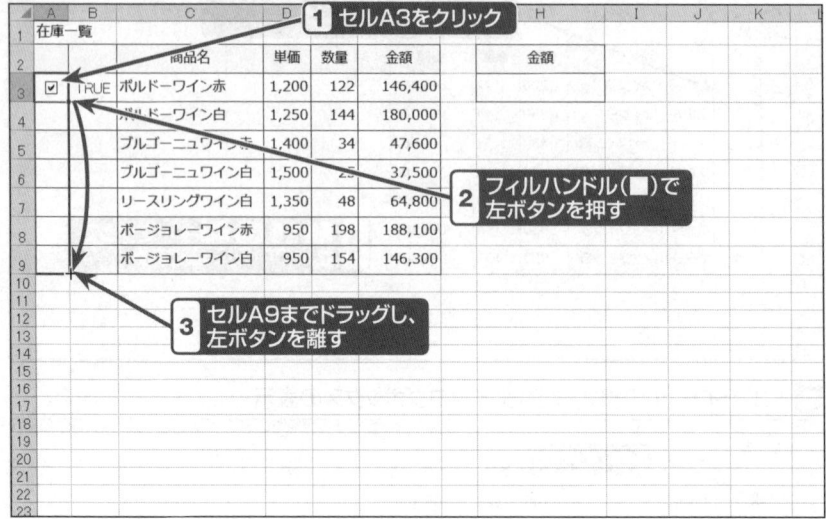

HINT
セルA3が選択できない場合は、セルB3をクリックし、[←]キーを押してください。なお、この後、セルA4からA9まで複製したチェックボックスのそれぞれに、操作例 4 ～ 5 の要領で、[リンクするセル(L)]をセルB4からB9に設定します。

7 チェックしたデータだけを集計する数式の入力

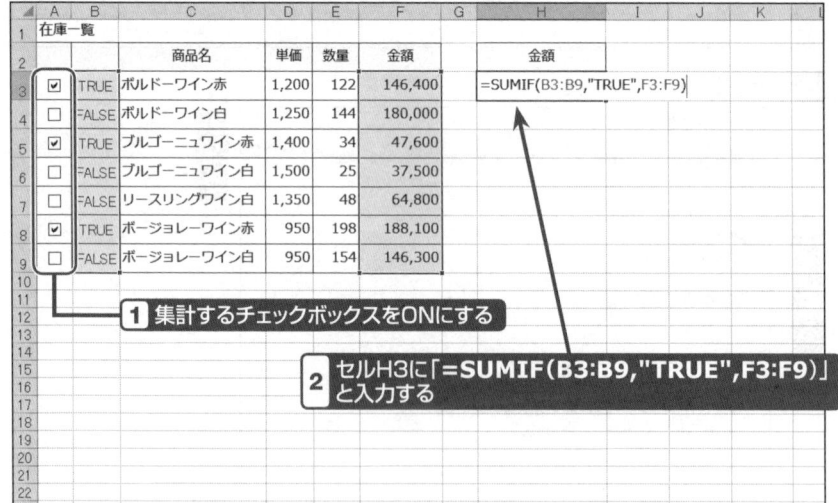

HINT
リンクするセルに指定したセル範囲を隠しておきたい場合には、列を右クリックして[非表示(H)]を選択します。

結果の確認

	A	C	D	E	F	G	H
1	在庫一覧						
2		商品名	単価	数量	金額		金額
3	☑	ボルドーワイン赤	1,200	122	146,400		382,100
4	☐	ボルドーワイン白	1,250	144	180,000		
5	☑	ブルゴーニュワイン赤	1,400	34	47,600		
6	☐	ブルゴーニュワイン白	1,500	25	37,500		
7	☐	リースリングワイン白	1,350	48	64,800		
8	☑	ボージョレーワイン赤	950	198	188,100		
9	☐	ボージョレーワイン白	950	154	146,300		

チェックしたデータの金額が集計された

ONEPOINT　チェックしたデータを集計するには　リンクするセルの結果を検索条件に指定する

チェックボックスのコントロールの設定で、リンクするセルに指定したセルには、チェックボックスをONにすると「TRUE」、OFFにすると「FALSE」が表示されるようになります。そのため、チェックしたデータだけを集計したい場合には、「SUMIF」関数の引数「検索条件」に「"TRUE"」を指定します。

COLUMN　Excel2010の「開発」タブを表示するには

Excelのバージョンによっては、「開発」タブが表示されていない場合があります。「開発」タブを表示させるには、次のように操作します。

❶ 「ファイル」タブをクリックし、[オプション]をクリックします。
❷ 「リボンのユーザー設定」をクリックします。
❸ [リボンのユーザー設定(B)]の一覧の「開発」をONにして OK ボタンをクリックします。

関連項目 ▶▶▶

- 支店別に売上を集計する……………………………………………………………… p.68

SECTION-020

VER. 2010 2013 2016 2019 365

複数の条件に合った売上を集計する

ここでは、出金一覧から名前が「田中一郎」、科目が「交通費」の2つに当てはまる金額を集計する方法を説明します。

1 複数の条件に当てはまる値を集計する数式の入力

	A	B	C	D	E	F	G	H	I	J	K
1	営業部出金一覧										
2	日付	名前	科目	金額		名前	科目	合計			
3	2月2日	田中一郎	交通費	2,340		田中一郎	交通費	=SUMIFS(D3:D13,B3:B13,F3,C3:C13,G3)			
4	2月2日	井上孝夫	交通費	1,240							
5	2月2日	井上孝夫	雑費	850							
6	2月3日	遠藤馨	接待交際費	4,500							
7	2月3日	遠藤馨	交通費	890							
8	2月4日	田中一郎	雑費	3,290							
9	2月4日	田中一郎	交通費	5,520							
10	2月5日	井上孝夫	雑費	2,140							
11	2月5日	田中一郎	交通費	3,120							
12	2月6日	遠藤馨	雑費	1,540							
13	2月6日	田中一郎	交通費	12,450							

1 セルH3に「=SUMIFS(D3:D13,B3:B13,F3,C3:C13,G3)」と入力する

結果の確認

	A	B	C	D	E	F	G	H	I	J
1	営業部出金一覧									
2	日付	名前	科目	金額		名前	科目	合計		
3	2月2日	田中一郎	交通費	2,340		田中一郎	交通費	23,430		
4	2月2日	井上孝夫	交通費	1,240						
5	2月2日	井上孝夫	雑費	850						
6	2月3日	遠藤馨	接待交際費	4,500						
7	2月3日	遠藤馨	交通費	890						
8	2月4日	田中一郎	雑費	3,290						
9	2月4日	田中一郎	交通費	5,520						
10	2月5日	井上孝夫	雑費	2,140						
11	2月5日	田中一郎	交通費	3,120						
12	2月6日	遠藤馨	雑費	1,540						
13	2月6日	田中一郎	交通費	12,450						

名前と科目が当てはまる値が集計された

ONEPOINT 複数の条件に当てはまる値を集計するには「SUMIFS」関数を使う

「SUMIFS」関数は、2つ以上の条件に当てはまる値を集計する関数です。たとえば、2つの条件がある場合には、「条件範囲1,条件1,条件範囲2,条件2」という要領で、範囲と条件をペアで指定します(最大127個)。

「SUMIFS」関数の書式は、次の通りです。

=SUMIFS(合計対象範囲,条件範囲1,条件1,条件範囲2,条件2…)

なお、「SUMIF」関数の書式とは異なり、最初に合計対象範囲を指定するので、間違えないように注意してください。

COLUMN あいまい検索で条件を指定するには

SUMIFS関数の引数の条件1、条件2...には、「?」(疑問符)や「*」(半角のアスタリスク)などのワイルドカード文字を使うと、あいまい検索で項目を見つけることができます。「?」は任意の1文字に相当し、「*」は任意の一連の文字列に相当します。なお、ワイルドカード文字ではなく、通常の文字として「?」や「*」を検索する場合には、文字の前に「~」(チルダ)を付けます。たとえば、操作例の数式を「?」「*」を使って作成する場合には、1例として次のように記述します。

	A	B	C	D	E	F	G	H
2	日付	名前	科目	金額		名前	科目	合計
3	2月2日	田中一郎	交通費	2,340		田中一郎	交通費	23,430
4	2月2日	井上孝夫	交通費	1,240				
5	2月2日	井上孝夫	雑費	850				
6	2月3日	遠藤馨	接待交際費	4,500				
7	2月3日	遠藤馨	交通費	890				
8	2月4日	田中一郎	雑費	3,290				
9	2月4日	田中一郎	交通費	5,520				
10	2月5日	井上孝夫	雑費	2,140				
11	2月5日	田中一郎	交通費	3,120				
12	2月6日	遠藤馨	雑費	1,540				
13	2月6日	田中一郎	交通費	12,450				

セルH3に「=SUMIFS(D3:D13,B3:B13,"田*",C3:C13,"交??")」と入力する

=SUMIFS(D3:D13,B3:B13,"田*",C3:C13,"交??")

「交」で始まる3文字の文字列
「田」で始まる文字列

関連項目 ▶▶▶
- 複数の条件に合ったデータを集計する ……………………………………… p.431

SECTION-021 VER. 2010 2013 2016 2019 365

複数商品の単価×数量の総計を一気に求める

ここでは、在庫一覧の単価と数量から金額の総計を一括で集計する方法を説明します。

1 単価×数量から総計を求める数式の入力

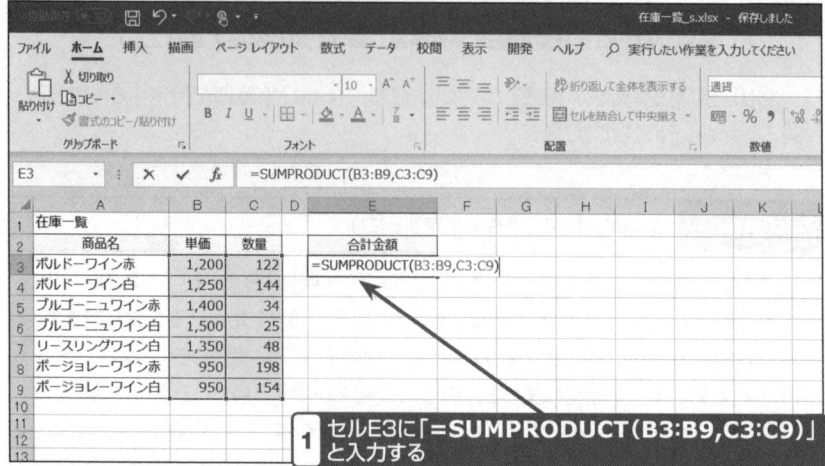

1 セルE3に「**=SUMPRODUCT(B3:B9,C3:C9)**」と入力する

KEYWORD

▶「SUMPRODUCT」関数
指定した配列に対応する積の和を求める関数です。

結果の確認

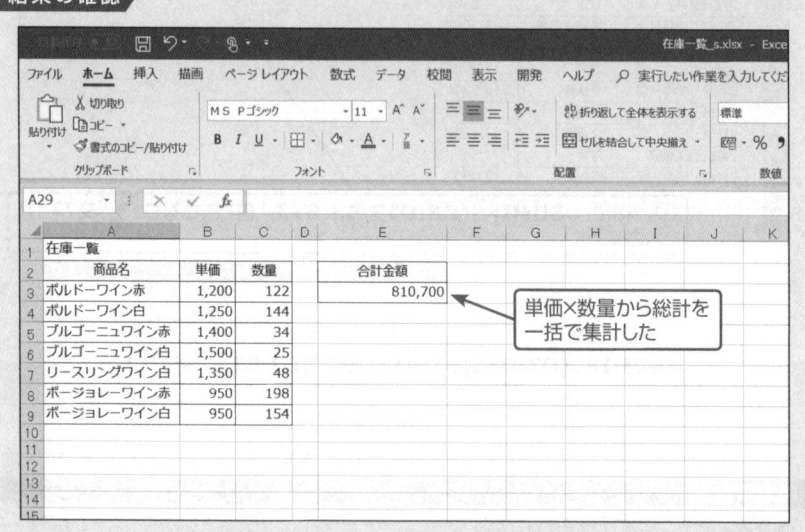

単価×数量から総計を一括で集計した

ONEPOINT 単価×数量の総計を求めるには「SUMPRODUCT」関数を使う

「SUMPRODUCT」は、引数として指定されたセル範囲と同じ位置にあるセルの値の積を計算し、それらの和を返す関数です。単価×数量などの場合には、個々の合計を求める手間を省いて素早く総計を求めることができます。ただし、引数に指定するセル範囲の行数と列数が等しくない場合にはエラー値が返されるので注意が必要です。

「SUMPRODUCT」関数の書式は、次の通りです。

=SUMPRODUCT(配列1,配列2,配列3,…)

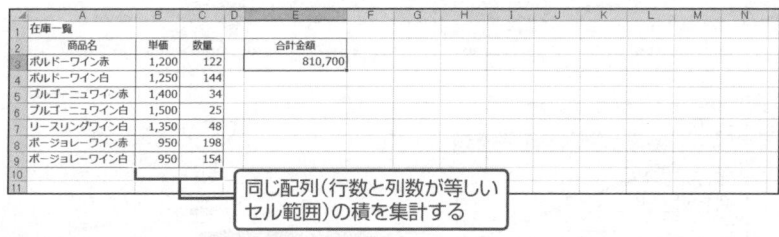

同じ配列(行数と列数が等しいセル範囲)の積を集計する

COLUMN 単価×数量の総計を配列数式で求める方法

操作例の方法とは別に、単価×数量の総計は「SUM」関数を使って配列数式を設定することでも求めることができます。たとえば、操作例の総計を求めるには、セルE3に「=SUM(B3:B9*C3:C9)」と入力して Ctrl + Shift + ↵ キーを押します。なお、配列数式については、50ページを参照してください。

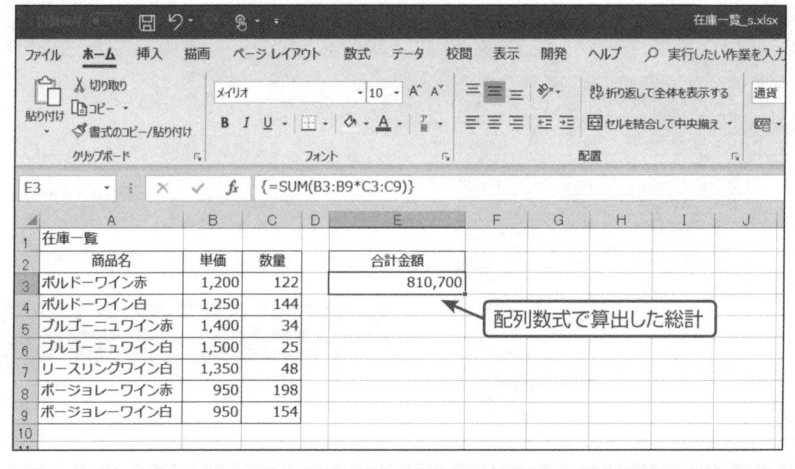

配列数式で算出した総計

関連項目 ▶▶▶

- 支払金額に使用する紙幣と硬貨の枚数を調べる ……………………………… p.100

SECTION-022

任意のデータを抽出して合計を求める

データを抽出して集計するには、フィルタ機能と「SUBTOTAL」関数を利用します。ここでは、月の売上一覧から「Aランチセット」の売上の集計だけを抽出する方法を説明します。

1 フィルタの実行

> HINT
> フィルタを実行する表内の任意のセルを選択して実行します。

2 データを集計する数式の入力

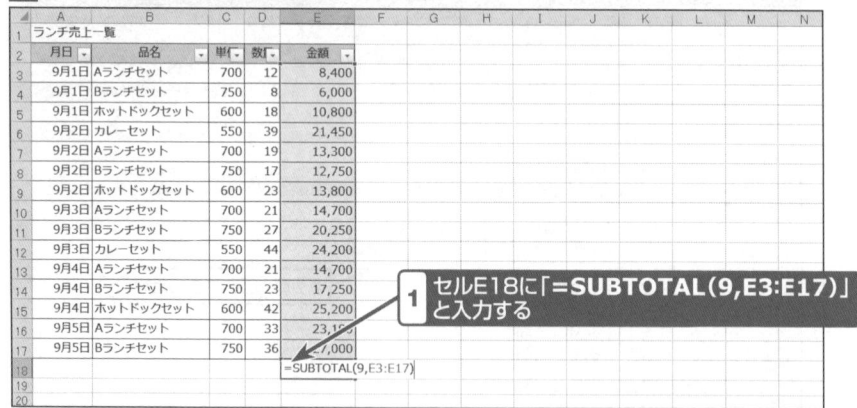

KEYWORD

▶「SUBTOTAL」関数
集計方法を指定してデータを計算する関数です。

■ SECTION-022 ■ 任意のデータを抽出して合計を求める

3 データの抽出

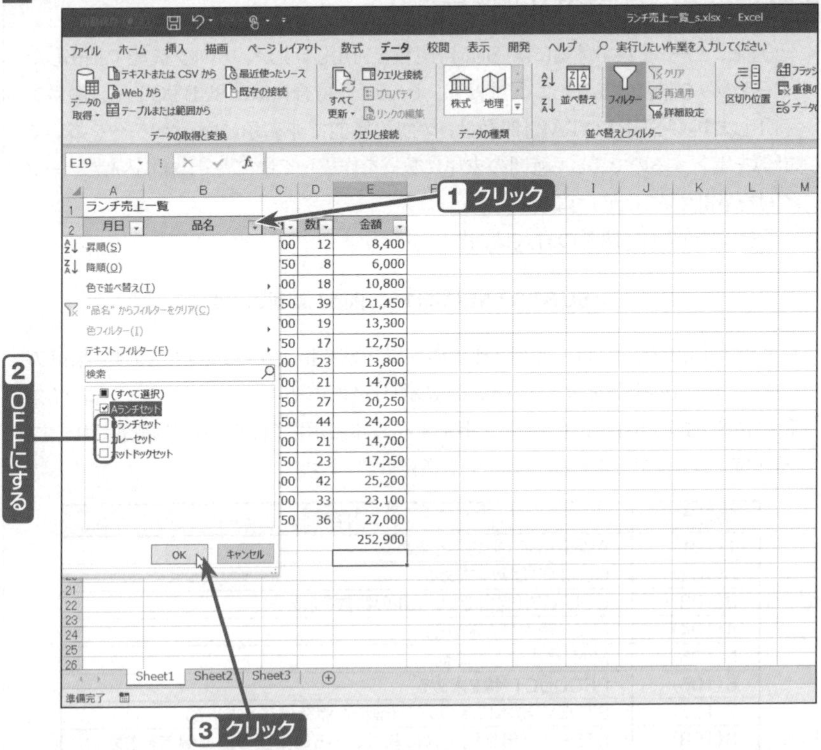

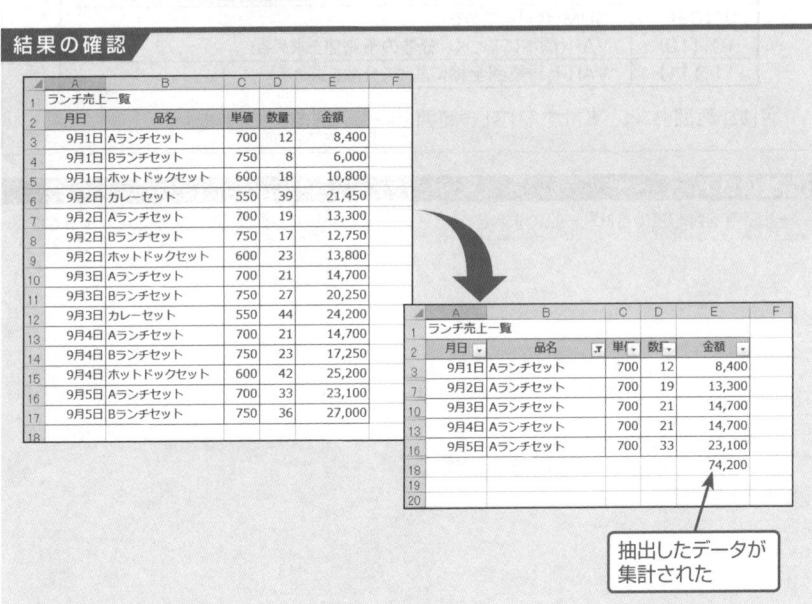

結果の確認

抽出したデータが集計された

■ SECTION-022 ■ 任意のデータを抽出して合計を求める

ONEPOINT フィルタで絞り込んだデータだけを計算するには
「SUBTOTAL」関数を使う

　通常、データを集計するには「SUM」関数を利用しますが、フィルタ機能で抽出したデータのみを集計することはできません。そのような場合には、「SUBTOTAL」関数を利用します。「SUBTOTAL」関数は、フィルタ機能で非表示になったデータを省いて計算を実行するので、セル範囲の末尾に数式を作成しておくことで、絞り込んだデータだけを集計することができます。
　「SUBTOTAL」関数の書式は、次の通りです。

=SUBTOTAL(集計方法,範囲1,範囲2,…)

　引数「集計方法」には、次の11種類の集計方法を指定することができます。集計方法として1～11の定数を指定すると、[非表示(H)]コマンドで非表示にされている行も集計に含まれます。101～111の定数を指定すると、非表示にされている行は無視されます。操作例では、合計を求めるために「9」を指定しています。

集計方法	内容
1(101)	AVERAGE(平均値を求める)
2(102)	COUNT(個数を求める)
3(103)	COUNTA(空白でないセルの個数を求める)
4(104)	MAX(最大値を求める)
5(105)	MIN(最小値を求める)
6(106)	PRODUCT(積を求める)
7(107)	STDEV(標本に基づいて予測した標準偏差を求める)
8(108)	STDEVP(母集団全体に基づく、ある母集団の標準偏差を求める)
9(109)	SUM(合計を求める)
10(110)	VAR(標本に基づく、分散の予測値を求める)
11(111)	VARP(母集団全体に基づく分散を求める)

　引数「範囲」には、集計するリストの範囲を1～254個まで指定します。

関連項目 ▶▶▶

● 小計行を含む表の合計を一括で求める……………………………………………………… p.98

SECTION-023

1行おきにデータを集計する

　ここでは、1行おきに男性と女性の入場者数を入力した一覧から、それぞれの人数を集計する方法を説明します。

1 奇数行(男性)のデータを集計する数式の入力

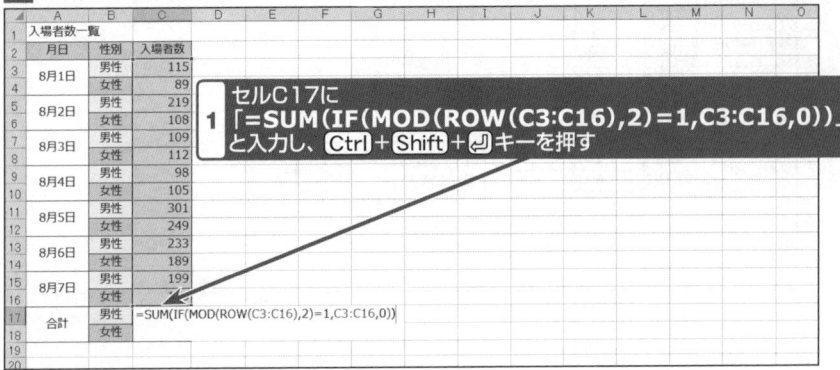

セルC17に
「=SUM(IF(MOD(ROW(C3:C16),2)=1,C3:C16,0))」
と入力し、Ctrl+Shift+↵キーを押す

> **HINT**
> 数式を配列数式で入力する場合には、CtrlキーとShiftキーを押しながら↵キーを押します。配列数式で入力を確定すると、数式が「{}」で囲まれて表示されます(50ページ参照)。

KEYWORD

▶「ROW」関数
指定したセルの行番号を返す関数です。

▶「MOD」関数
数値を割った余りを返す関数です。

▶「IF」関数
指定した条件によって処理を分岐させる関数です。

2 偶数行(女性)のデータを集計する数式の入力

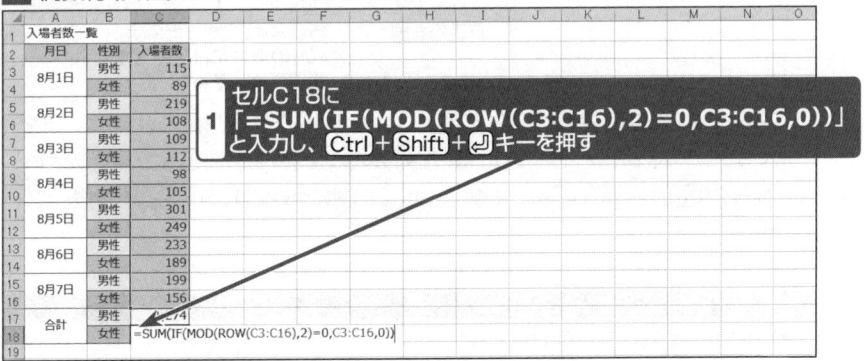

セルC18に
「=SUM(IF(MOD(ROW(C3:C16),2)=0,C3:C16,0))」
と入力し、Ctrl+Shift+↵キーを押す

■ SECTION-023 ■ 1行おきにデータを集計する

結果の確認

	A	B	C
1	入場者数一覧		
2	月日	性別	入場者数
3	8月1日	男性	115
4		女性	89
5	8月2日	男性	219
6		女性	108
7	8月3日	男性	109
8		女性	112
9	8月4日	男性	98
10		女性	105
11	8月5日	男性	301
12		女性	249
13	8月6日	男性	233
14		女性	189
15	8月7日	男性	199
16		女性	156
17	合計	男性	1,274
18		女性	1,008

1行おきにデータが集計された

ONEPOINT 1行おきのデータは奇数行か偶数行かを調べて計算する

1行おきのデータは、奇数行または偶数行のデータだけを集計することで実行できます。奇数行か偶数行かは、「ROW」関数で求めた行番号を2で割り、余りが0の場合は偶数行で1の場合は奇数行と判断できます。操作例では、奇数行の男性と偶数行の女性の人数を集計するために、行番号を2で割った余りが1と0の場合にデータを集計するように各セルに数式を作成しています。

=SUM(IF(MOD(ROW(C3:C10),2)=0,C3:C10,0))

- MOD(ROW(C3:C10),2) : 行番号を「2」で割った余りを計算する
- ROW(C3:C10) : 行番号を調べる
- =0 : 行番号を「2」で割った余りが「0」ではなかった場合に返す値(奇数行の場合は余りが「1」となる)
- C3:C10 : 行番号を2で割った余りが「0」の場合にはこのセル範囲を集計する

なお、この数式は、各セルごとに偶数か奇数かを調べながら計算しないと正しい値を求めることができません。そのためには、配列数式に設定する必要があるため、数式の作成後に Ctrl + Shift + ↵ キーで確定します。配列については、50ページを参照してください。

関連項目 ▶▶▶

● 3行ごとに入力したデータをそれぞれ集計する ……………………………… p.87

SECTION-024

3行ごとに入力したデータをそれぞれ集計する

3行ごとに入力したデータを集計するには、行番号をもとに集計します。ここでは、大人、中人、小人の入場者数を入力した一覧から、それぞれの人数を集計する方法を説明します。

1 1行目のデータを集計する数式の入力

HINT

数式を配列数式で入力する場合には、**Ctrl**キーと**Shift**キーを押しながら**↵**キーを押します。配列数式で入力を確定すると、数式が「{}」で囲まれて表示されます（50ページ参照）。

KEYWORD

▶「ROW」関数
指定したセルの行番号を返す関数です。

▶「MOD」関数
数値を割った余りを返す関数です。

▶「IF」関数
指定した条件によって処理を分岐させる関数です。

2 2行目のデータを集計する数式の入力

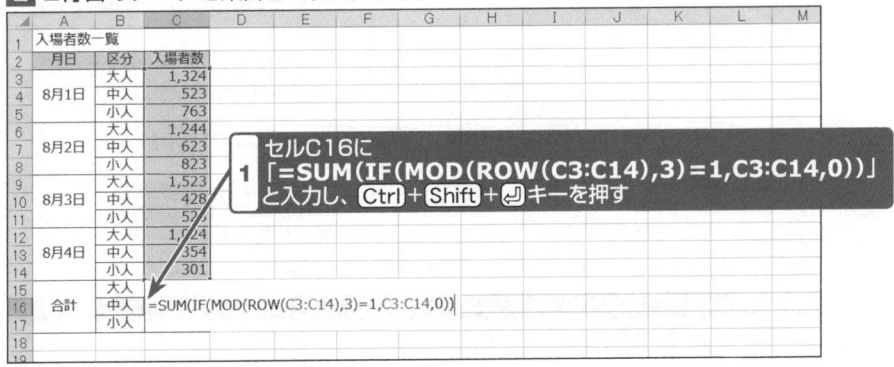

■ SECTION-024 ■ 3行ごとに入力したデータをそれぞれ集計する

3 3行目のデータを集計する数式の入力

	A	B	C
1	入場者数一覧		
2	月日	区分	入場者数
3	8月1日	大人	1,324
4		中人	523
5		小人	763
6	8月2日	大人	1,244
7		中人	623
8		小人	823
9	8月3日	大人	1,523
10		中人	428
11		小人	523
12	8月4日	大人	1,024
13		中人	354
14		小人	301
15	合計	大人	5,115
16		中人	
17		小人	=SUM(IF(MOD(ROW(C3:C14),3)=2,C3:C14,0))

1 セルC17に
「=SUM(IF(MOD(ROW(C3:C14),3)=2,C3:C14,0))」
と入力し、[Ctrl]+[Shift]+[↵]キーを押す

結果の確認

	A	B	C
1	入場者数一覧		
2	月日	区分	入場者数
3	8月1日	大人	1,324
4		中人	523
5		小人	763
6	8月2日	大人	1,244
7		中人	623
8		小人	823
9	8月3日	大人	1,523
10		中人	428
11		小人	523
12	8月4日	大人	1,024
13		中人	354
14		小人	301
15	合計	大人	5,115
16		中人	1,928
17		小人	2,410

各行のデータがそれぞれ集計された

ONEPOINT 3行ごとのデータは行番号を3で割った余りを調べて集計する

3行ごとに入力したデータは、「3行目、4行目、5行目」のように連続した行番号になります。そのため、行番号を3で割った余りが0、1、2のいずれかになるため、その結果を条件にデータを集計します。

行番号を「3」で割った余りを計算する　　行番号を「3」で割った余りが「0」ではなかった場合に返す値

=SUM(IF(MOD(ROW(C3:C14),3)=0,C3:C10,0))

行番号を調べる　　行番号を3で割った余りが「0」の場合にはこのセル範囲を集計する

関連項目 ▶ ▶ ▶

● 1行おきにデータを集計する …… p.85

SECTION-025

同じデータの連続回数を調べる

ここでは、試合結果から「勝ち」が続く場合に何連勝しているかを求める方法を説明します。

1 先頭セルが「勝ち」の場合に1を返す数式の入力

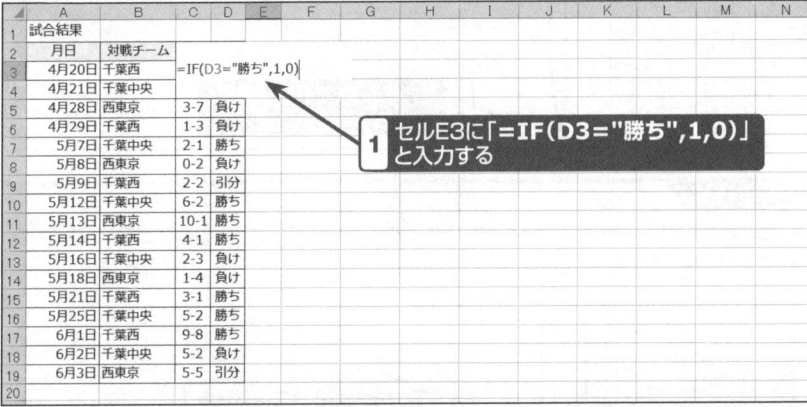

セルE3に「=IF(D3="勝ち",1,0)」と入力する

KEYWORD

▶「IF」関数
条件によって返す値や実行する処理を変える関数です。

2 「勝ち」が連続している回数を求める数式の入力

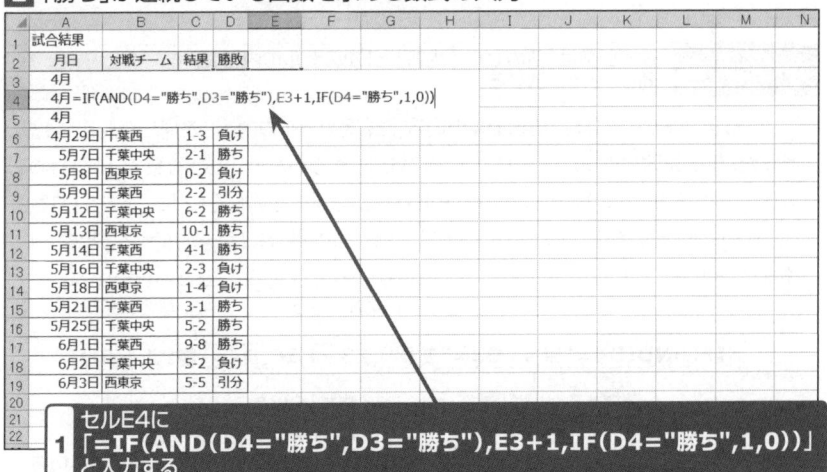

セルE4に
「=IF(AND(D4="勝ち",D3="勝ち"),E3+1,IF(D4="勝ち",1,0))」
と入力する

KEYWORD

▶「AND」関数
指定した複数の条件をすべて満たす場合に「TRUE」を返す関数です。

■ SECTION-025 ■ 同じデータの連続回数を調べる

3 数式の複製

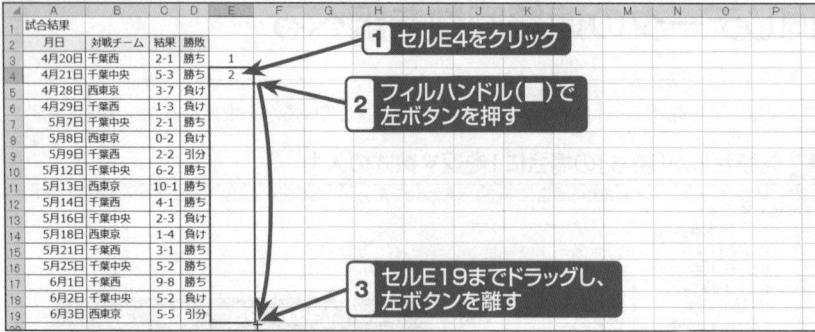

結果の確認

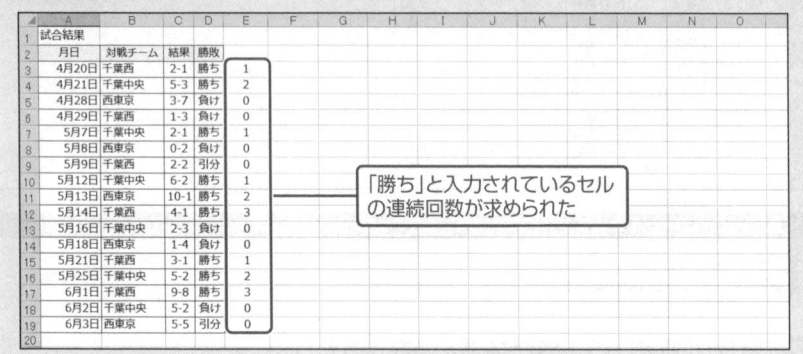

ONEPOINT 連続回数は「前のセルの内容」と「次のセルの内容」が同じかどうか調べる

　データが連続するには、「前のセルの内容」と「次のセルの内容」が同じ必要があります。ただし、先頭のセルには参照する「前のセル」がないため、「IF」関数で、「勝ち」の場合は1を、そうでない場合には0の値を求めておきます。その値をもとに、「AND」関数で「前のセルの内容」と「次のセルの内容」が「勝ち」の場合には1を加算することで、連勝回数を計算できます。

```
=IF(AND(D4="勝ち",D3="勝ち"),E3+1,IF(D4="勝ち",1,0))
```

- 連続するセルが「勝ち」かどうか判定する
- 条件が当てはまる場合に「1」を加算する
- 条件が当てはまらない場合の処理
- 「勝ち」の場合に「1」を返す
- 「勝ち」ではない場合に「0」を返す

関連項目 ▶▶▶

● 2教科が65点以上なら「合格」と表示する ……………………………………………………… p.405

SECTION-026

2つの表を1つに連結する

2つの範囲から該当するデータを取り出すには、「VLOOKUP」関数を利用します。ここでは、シート「Sheet1」の商品名に一致するシート「Sheet2」のセール価格を追加して2つの表を連結する方法を説明します。

1 追加する列の作成

HINT
ここではシート「Sheet1」のC列に列を追加しています。

2 商品名に対応するセール価格を取り出す数式の入力

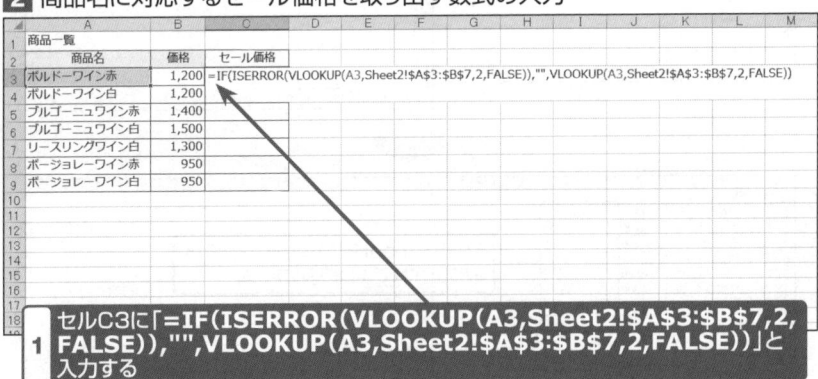

1 セルC3に「=IF(ISERROR(VLOOKUP(A3,Sheet2!$A$3:$B$7,2,FALSE)),"",VLOOKUP(A3,Sheet2!$A$3:$B$7,2,FALSE))」と入力する

KEYWORD

▶「IF」関数
条件によって返す値や実行する処理を変える関数です。

▶「ISERROR」関数
数式がエラーの場合は「TRUE」を返す関数です。

▶「VLOOKUP」関数
表の1列目で値を検索し、同じ行にある指定列の値を返す関数です(215ページ参照)。

3 数式の複製

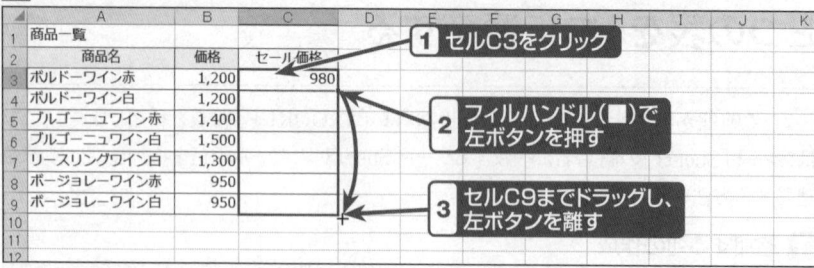

結果の確認

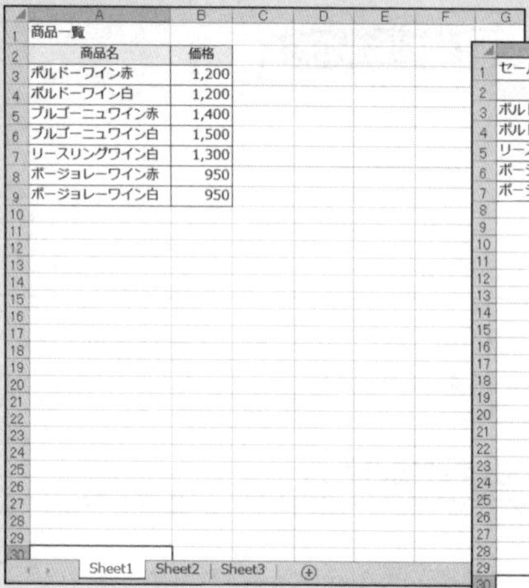

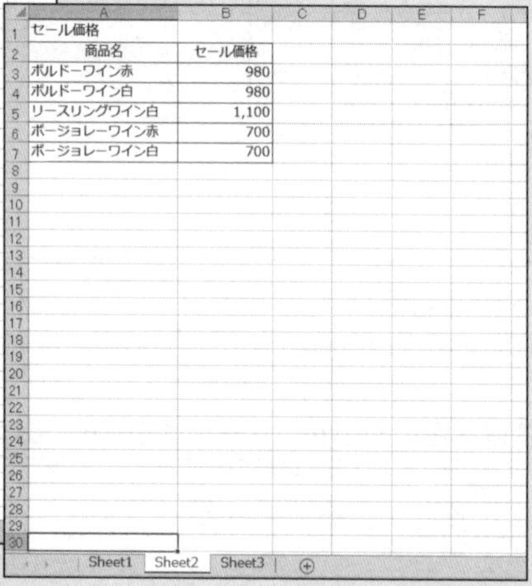

ONEPOINT 「VLOOKUP」関数で取り出した結果がエラーの場合には「ISERROR」関数で非表示にする

「VLOOKUP」は、共通するデータをもとに検索し、該当するデータを返す関数です。操作例では、「VLOOKUP」関数を利用して、シート「Sheet1」の商品名に一致するシート「Sheet2」のセール価格を取り出して追加しています。

```
=VLOOKUP(A3,Sheet2!$A$3:$B$7,2,FALSE)
```

- シート「Sheet2」の商品名とセール価格の範囲
- 商品名
- セール価格の列
- 一致するデータがないときはエラー値「#N/A」を返す

ただし、ここでは「VLOOKUP」関数の引数に「FALSE」を指定しているので、一致するデータがない場合はエラー値が返されます。そのため、「ISERROR」関数を利用して、結果がエラーの場合には何も表示されないように「IF」関数で処理を振り分けています。

```
=IF(ISERROR(VLOOKUP(A3,Sheet2!$A$3:$B$7,2,FALSE)),"",
VLOOKUP(A3,Sheet2!$A$3:$B$7,2,FALSE))
```

- 「VLOOKUP」関数の結果がエラー値かどうか調べる
- エラーでないときには「VLOOKUP」関数の結果を返す
- 結果がエラーのときに何も表示しない

関連項目 ▶▶▶
- 商品コードを入力して商品名と単価を表示する ……………………………… p.215
- 計算結果のエラー値を非表示にする ……………………………………………… p.420

SECTION-027

VER. 2010 2013 2016 2019 365

2つの表を集計して1つにまとめる

ここでは、シート「本店」とシート「支店」に作成した売上表を、シート「合計」に1つにまとめて集計する方法を説明します。

1 集計用の表の作成

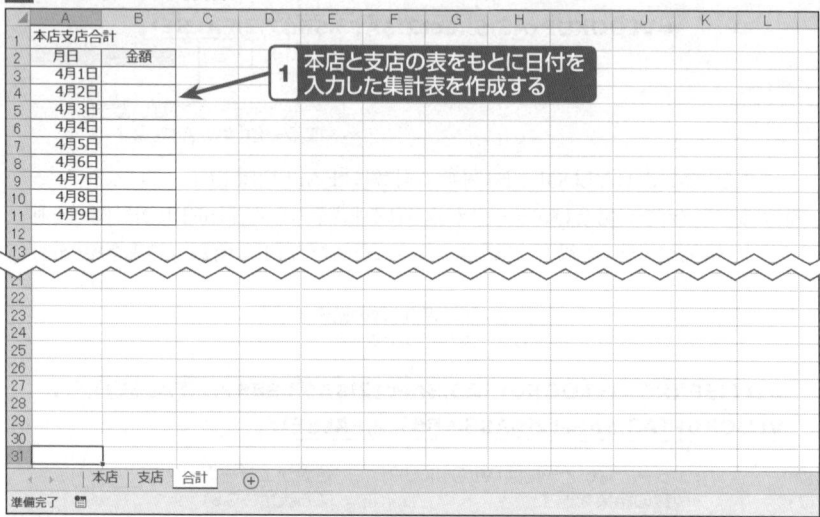

2 本店と支店の金額を集計する数式の入力

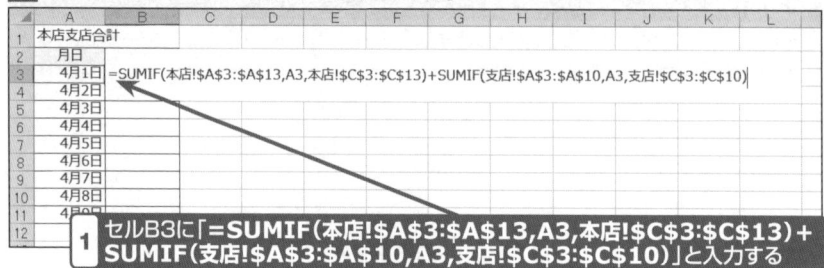

1 セルB3に「**=SUMIF(本店!$A$3:$A$13,A3,本店!$C$3:$C$13)+SUMIF(支店!$A$3:$A$10,A3,支店!$C$3:$C$10)**」と入力する

3 数式の複製

1 セルB3をクリック
2 フィルハンドル(■)で左ボタンを押す
3 セルB11までドラッグし、左ボタンを離す

■ SECTION-027 ■ 2つの表を集計して1つにまとめる

結果の確認

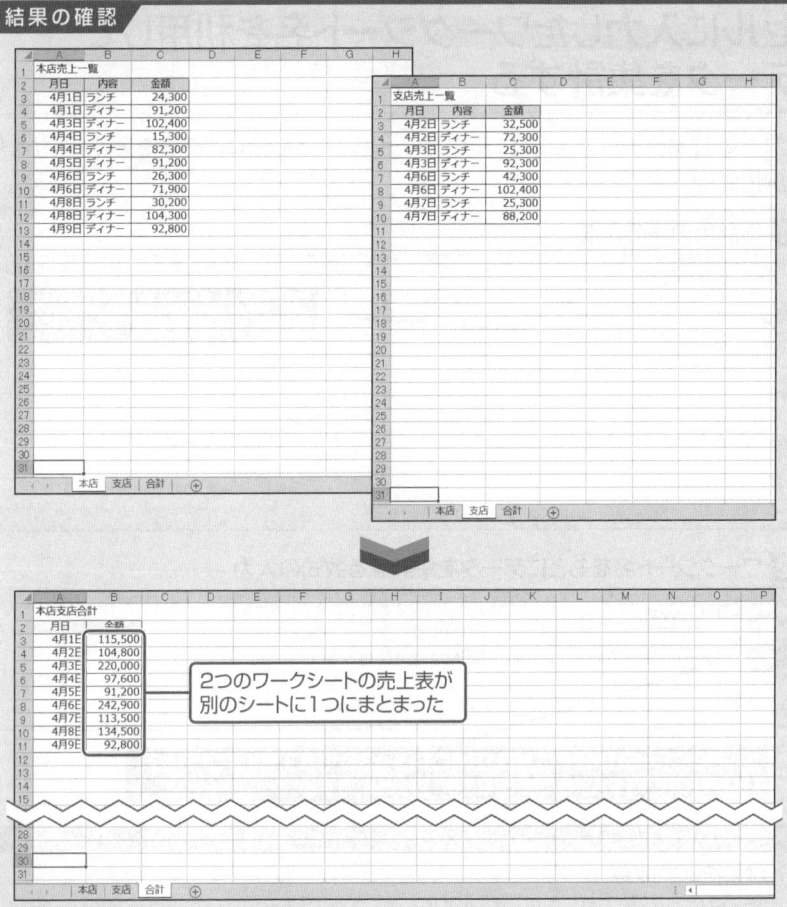

ONEPOINT　2つの表をまとめるには共通データをもとに集計する

　2つ表をまとめるには、各表に共通するデータを条件に「SUMIF」関数で集計します。操作例のワークシート「本店」と「支店」の共通するデータは日付になるため、それぞれの表の日付に当てはまる金額を「SUMIF」関数で集計し、その値を足すことで1つにまとめています。

　　　　　　　　　　　　本店の日付に当てはまる
　　　　　　　　　　　　金額を集計する　　　　　　　　　　　値を足す

**=SUMIF(本店!$A$3:$A$13,A3,本店!$C$3:$C$13)+
SUMIF(支店!$A$3:$A$10,A3,支店!$C$3:$C$10)**

　　　　　　　　　　　支店の日付に当てはまる
　　　　　　　　　　　金額を集計する

SECTION-028 VER. 2010 2013 2016 2019 365
セルに入力したワークシート名を利用してデータを集計する

ここでは、集計表の表見出しに入力したワークシート名をもとに、データを集計する方法を説明します。

1 集計用の表の作成

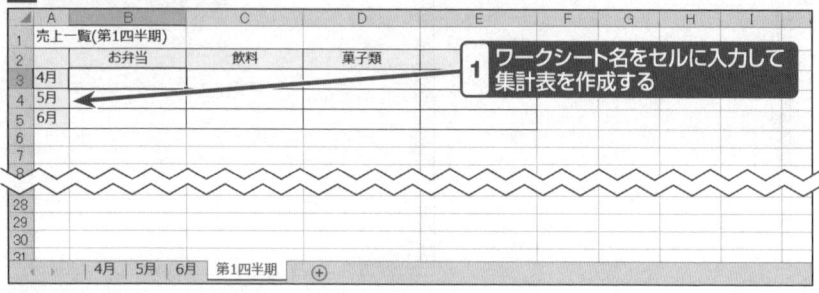

2 ワークシート名をもとにデータを集計する数式の入力

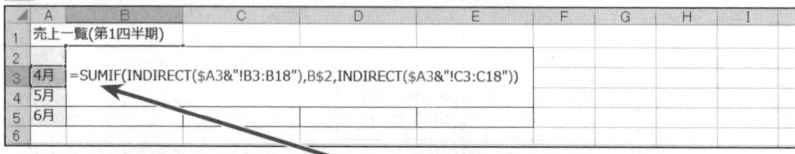

1 セルB3に「=SUMIF(INDIRECT($A3&"!B3:B18"),B$2,INDIRECT($A3&"!C3:C18"))」と入力する

KEYWORD

▶ 「INDIRECT」関数
セルに入力された値を数式に利用できる形式に変換する関数です。

3 数式の複製

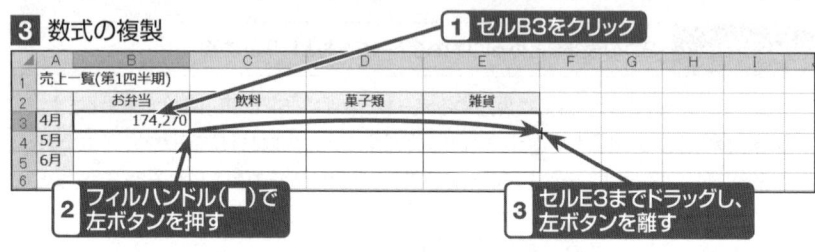

■ SECTION-028 ■ セルに入力したワークシート名を利用してデータを集計する

結果の確認

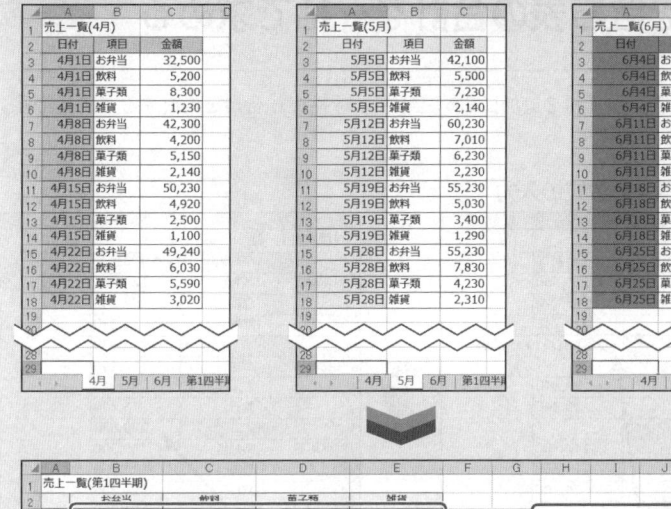

ワークシート名をもとにデータが集計された

ONEPOINT　セルの値を数式に使うには「INDIRECT」関数を使う

「INDIRECT」は、文字列として入力されているデータを数式で利用できる形式に変換する関数です。操作例では、ワークシート名と同じ表見出しを作成し、「INDIRECT」関数でこのセルとセル範囲を「!」で指定することで、次のように各ワークシートのセル範囲を集計できるように数式を作成しています。

検索範囲(シート「4月」　　検索条件
のセルB3からB18)　　　(お弁当)

=SUMIF(INDIRECT($A3&"!B3:B18"),B$2,
INDIRECT($A3&"!C3:C18"))

集計範囲(シート「4月」
のセルC3からC18)

COLUMN　参照するセル範囲の行数が異なる場合には

操作例のように、個別のワークシートのセルを参照する場合に、すべての表が同じ行数とは限りません。そのような場合には、一番大きな表のセル範囲を指定する必要があります。なお、各ワークシートの表にデータを追加する予定がある場合には、あらかじめセル範囲を多めに指定しておくとよいでしょう。

SECTION-029

VER. 2010 2013 2016 2019 365

小計行を含む表の合計を一括で求める

ここでは、店別に小計行を追加してある表から、一括で総合計を集計する方法を説明します。

1 小計を計算する数式の入力

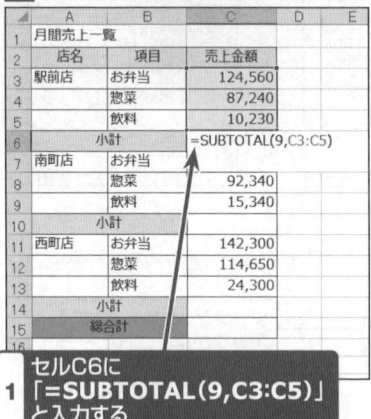

1. セルC6に「=SUBTOTAL(9,C3:C5)」と入力する
2. セルC10に「=SUBTOTAL(9,C7:C9)」と入力する
3. セルC14に「=SUBTOTAL(9,C11:C13)」と入力する

KEYWORD

▶「SUBTOTAL」関数
指定した集計方法でデータを計算する関数です。

2 総合計を求める数式の入力

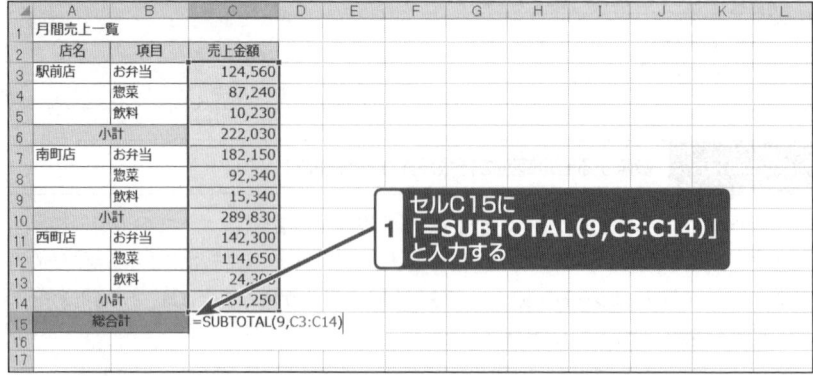

1. セルC15に「=SUBTOTAL(9,C3:C14)」と入力する

■ SECTION-029 ■ 小計行を含む表の合計を一括で求める

結果の確認

	A	B	C
1	月間売上一覧		
2	店名	項目	売上金額
3	駅前店	お弁当	124,560
4		惣菜	87,240
5		飲料	10,230
6		小計	222,030
7	南町店	お弁当	182,150
8		惣菜	92,340
9		飲料	15,340
10		小計	289,830
11	西町店	お弁当	142,300
12		惣菜	114,650
13		飲料	24,300
14		小計	281,250
15		総合計	793,110

小計を除いた総合計が一括で集計された

ONEPOINT 小計を省いて計算するには「SUBTOTAL」関数を使う

「SUBTOTAL」は、集計方法を指定してセル範囲のデータを計算する関数です。また、「SUBTOTAL」関数は、指定した範囲のデータに「SUBTOTAL」関数を利用して求めた値がある場合には、自動的に省いて計算する特徴があります。そのため、小計と総合計の計算に「SUBTOTAL」関数を利用することで、小計を除いた総合計を求めることができます。

なお、「SUBTOTAL」関数に関しては、82ページを参照してください。

関連項目 ▶▶▶

● 任意のデータを抽出して合計を求める ……………………………………………… p.82

SECTION-030

VER. 2010 2013 2016 2019 365

支払金額に使用する紙幣と硬貨の枚数を調べる

数値を割った商を求めるには「INT」関数を利用します。ここでは、支払金額に使用する紙幣と硬貨の枚数を求める方法を説明します。

※ここでは、2000円札、50円と5円硬貨は使用しないこととして計算しています。

1 1万円札の枚数を求める数式の入力

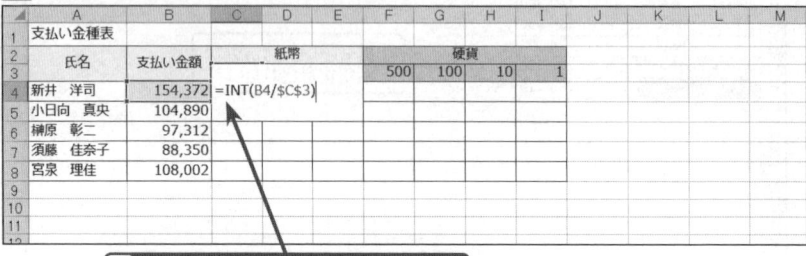

1. セルC4に「=INT(B4/$C$3)」と入力する

HINT

ここでは、金額を10000で割った商を求めることで10000円紙幣の枚数を求めています。なお、セルを絶対参照で指定する場合には、セルを選択した後に F4 キーを押します(39ページ参照)。

KEYWORD

▶「INT」関数
小数点以下を切り捨てて整数を返す関数です。

2 五千円札の枚数を求める数式の入力

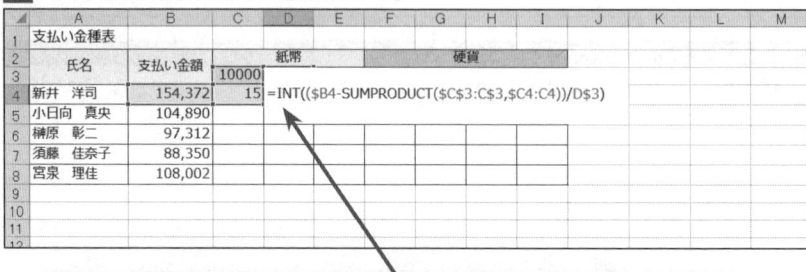

1. セルD4に「=INT(($B4-SUMPRODUCT($C$3:C$3,$C4:C4))/D$3)」と入力する

KEYWORD

▶「SUMPRODUCT」関数
指定したセル範囲の対応するデータを掛け合わせた和を求める関数です。

■ SECTION-030 ■ 支払金額に使用する紙幣と硬貨の枚数を調べる

3 数式の複製

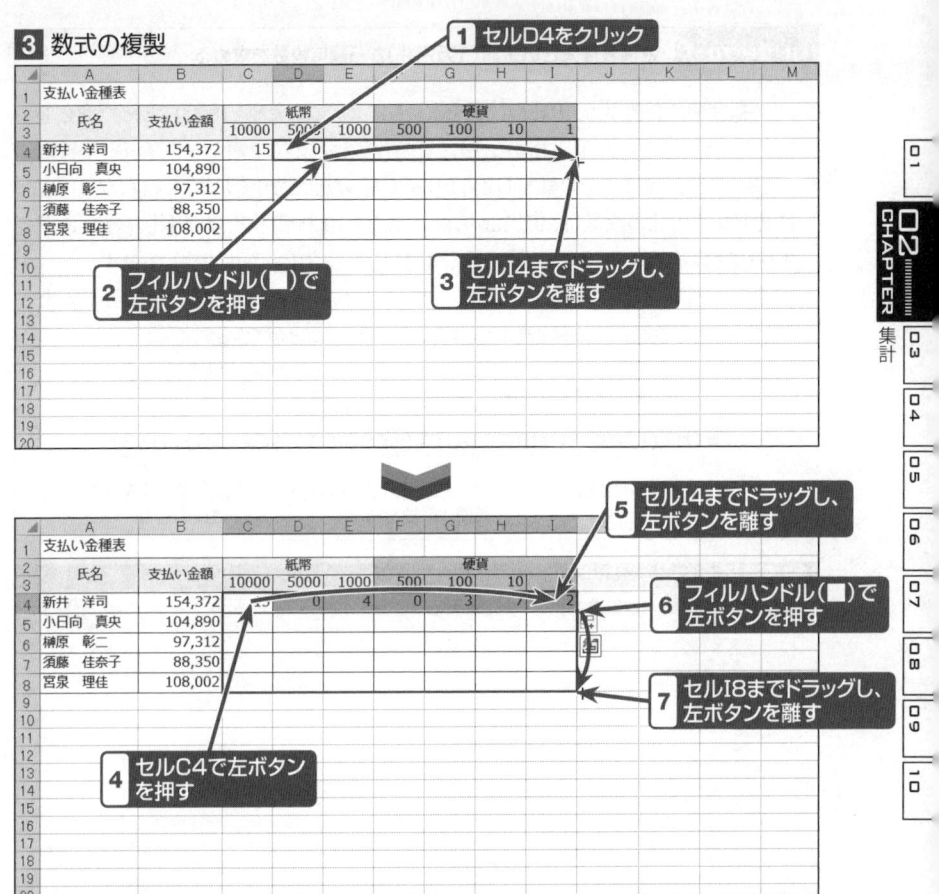

結果の確認

支払金額から紙幣と硬貨の枚数が求まった

■ SECTION-030 ■ 支払金額に使用する紙幣と硬貨の枚数を調べる

ONEPOINT　金種表は大きい金額（1万円札）から順に枚数を求める

　支払金額に必要な1万円札の枚数を求めるには、支払金額を10000で割った商を求めます。それ以下の五千円札から1円硬貨の枚数は、支払金額から計算済みの紙幣（硬貨）の合計金額をその紙幣（硬貨）の額で割った商となります。たとえば、97312円に必要な千円札の枚数は、97312から計算済みの10000円札と5000円札の合計金額95000を引いた金額を1000で割った商（2312÷1000=2.312）となり、2枚となります。

　なお、支払い済みの紙幣（硬貨）の合計金額は、「SUMPRODUCT」関数で紙幣（硬貨）と使用枚数のセル範囲を指定することで求めることができます。

　　　　　　　　　　　　　　　　　　　　1つ上の紙幣または
　　　　　紙幣と硬貨の金額の配列　　　　硬貨の枚数の配列

=INT(($B4-SUMPRODUCT($C$3:C$3,$C4:C4))/D$3)

　　　支払金額　　　1つ上の紙幣または硬貨　　使用する紙幣または
　　　　　　　　　　を使った合計金額　　　　　硬貨の金額

関連項目 ▶▶▶

● 複数商品の単価×数量の総計を一気に求める ……………………………………… p.80

SECTION・031

平均点を求める

ここでは、検定の平均点を求める方法を説明します。

1 平均を求める数式の入力

	A	B	C	D	E
1	Excel社内検定結果				
2	名前	第1回	第2回	第3回	第4回
3	青木	95	81	75	80
4	石川	77	75	69	95
5	木村	78	81	70	91
6	霧島	95	85	77	69
7	斉藤	60	65	85	79
8	田辺	82	90	83	76
9	藤堂	52	59	79	68
10	中島	82	79	81	75
11	渡辺	86	82	76	91
12	平均	=AVERAGE(B3:B11)			

1 セルB12に「**=AVERAGE(B3:B11)**」と入力する

2 数式の複製

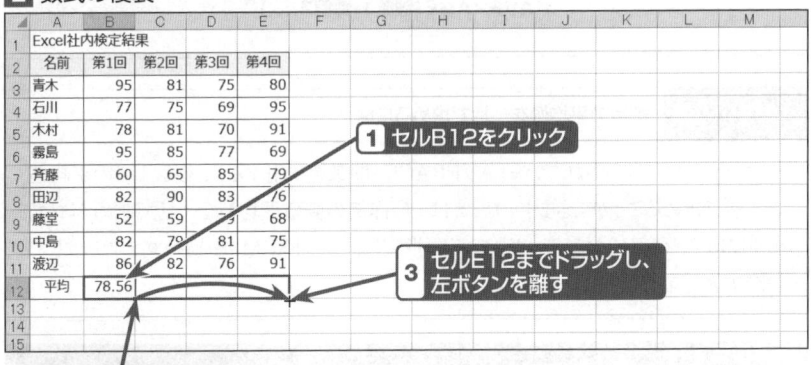

1 セルB12をクリック

2 フィルハンドル(■)で左ボタンを押す

3 セルE12までドラッグし、左ボタンを離す

HINT
小数点以下の値を調整するには、(小数点以下の表示桁数を減らす)、または、(小数点以下の表示桁数を増やす)をクリックします。

■ SECTION-031 ■ 平均点を求める

結果の確認

	A	B	C	D	E
1	Excel社内検定結果				
2	名前	第1回	第2回	第3回	第4回
3	青木	95	81	75	80
4	石川	77	75	69	95
5	木村	78	81	70	91
6	霧島	95	85	77	69
7	斉藤	60	65	85	79
8	田辺	82	90	83	76
9	藤堂	52	59	79	68
10	中島	82	79	81	75
11	渡辺	86	82	76	91
12	平均	78.56	77.44	77.22	80.44

→ 平均が求められた

ONEPOINT 数値のみの平均を求めるには「AVERAGE」関数を使う

「AVERAGE」は、数値が入力されたセルをもとに平均を求める関数です。セル範囲に文字列や空白のセルがある場合は無視されます。なお、平均は、「オートSUM」の横の▼をクリックすると表示されるメニューから[平均(A)]を選択しても求めることができます。

「AVERAGE」関数の書式は、次の通りです。

=AVERAGE(数値1,数値2,…)

COLUMN 複数の平均値を一括で求めるには

オートSUMに登録されている「AVERAGE」関数を利用すると、複数セルの平均値を一括で求めることができます。たとえば、操作例の表の平均値を一括で求めるには、セルB3からセルE12までドラッグして範囲指定し、「オートSUM」の横の▼をクリックして[平均(A)]を選択します。

関連項目 ▶▶▶

● 文字列もカウントして平均を求める …………………………………………… p.105

SECTION-032

VER. 2010 2013 2016 2019 365

文字列もカウントして平均を求める

ここでは、「欠席」と入力されているセルも0点として人数に含めて平均点を求める方法を説明します。

1 平均を求める数式の入力

	A	B	C	D	E
1	Excel社内検定結果				
2	名前	入力	関数	マクロ	グラフ
3	青木	95	81	75	92
4	石川	88	75	69	95
5	木村	78	77	70	91
6	霧島	欠席	85	77	89
7	斉藤	62	欠席	85	79
8	田辺	82	90	83	欠席
9	藤堂	52	59	75	68
10	中島	82	79	81	75
11	渡辺		82	76	91
12	平均点	=AVERAGEA(B3:B11)			

1 セルB12に「**=AVERAGEA(B3:B11)**」と入力する

2 数式の複製

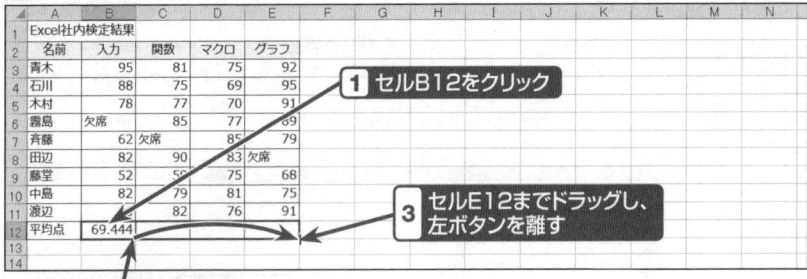

1 セルB12をクリック
2 フィルハンドル(■)で左ボタンを押す
3 セルE12までドラッグし、左ボタンを離す

HINT
小数点以下の値を調整するには、（小数点以下の表示桁数を減らす）、または、（小数点以下の表示桁数を増やす）をクリックします。

結果の確認

	A	B	C	D	E
1	Excel社内検定結果				
2	名前	入力	関数	マクロ	グラフ
3	青木	95	81	75	92
4	石川	88	75	69	95
5	木村	78	77	70	91
6	霧島	欠席	85	77	89
7	斉藤	62	欠席	85	79
8	田辺	82	90	83	欠席
9	藤堂	52	59	75	68
10	中島	82	79	81	75
11	渡辺	86	82	76	91
12	平均点	69.444	69.778	76.778	75.556

欠席者も人数に含めて平均が求められた

■ SECTION-032 ■ 文字列もカウントして平均を求める

ONEPOINT　文字列を「0」として平均を求めるには「AVERAGEA」関数を使う

「AVERAGEA」は、文字列や論理値もカウントして平均を求める関数です。文字列は「0」、論理値のTRUEは「1」、論理値のFALSEは「0」として計算されます。なお、空白のセルは無視されます。

「AVERAGEA」関数の書式は、次の通りです。

$$=AVERAGEA(数値1, 数値2, …)$$

COLUMN　空白のセルもカウントして平均を求めるには

「AVERAGEA」関数は、通常、空白のセルは無視されます。しかし、空白のセルに空白を表す数式「=""」を入力しておくことで、文字列として認識させることができるようになるため、「AVERAGEA」関数でもカウントされるようになります。

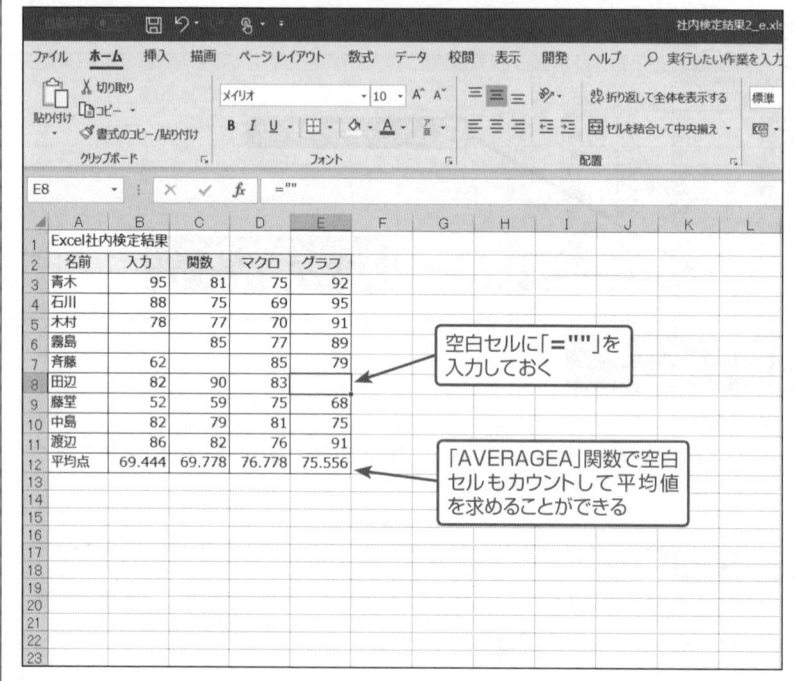

空白セルに「=""」を入力しておく

「AVERAGEA」関数で空白セルもカウントして平均値を求めることができる

関連項目 ▶▶▶

- 平均点を求める ……………………………………………………………………… p.103
- 「0」のセルを除いて平均を求める ……………………………………………… p.113

合格点以上の受験者の平均点を求める

ここでは、合格点60点以上の受験者の平均点を求める方法を説明します。

1 60点以上の受験者の平均点を求める数式の入力

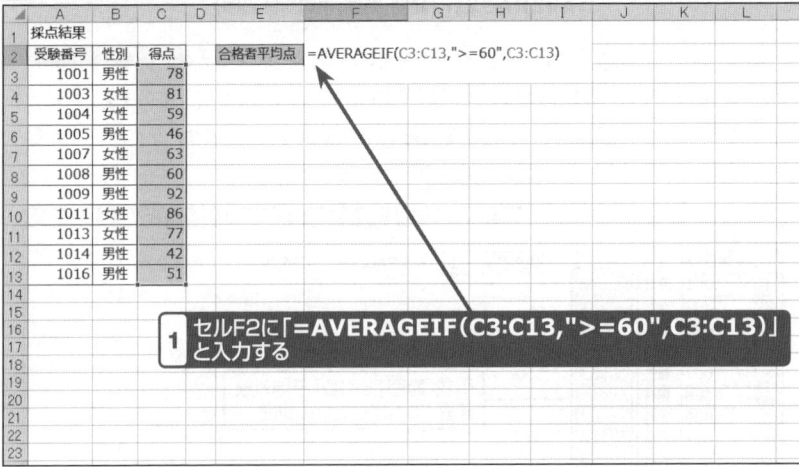

セルF2に「=AVERAGEIF(C3:C13,">=60",C3:C13)」と入力する

HINT
60点以上と指定する場合には、「">=60"」と記述します。小数点以下の値を調整するには、（小数点以下の表示桁数を減らす）、または、（小数点以下の表示桁数を増やす）をクリックします。

結果の確認

	A	B	C	D	E	F
1	採点結果					
2	受験番号	性別	得点		合格者平均点	76.71428571
3	1001	男性	78			
4	1003	女性	81			
5	1004	女性	59			
6	1005	男性	46			
7	1007	女性	63			
8	1008	男性	60			
9	1009	男性	92			
10	1011	女性	86			
11	1013	女性	77			
12	1014	男性	42			
13	1016	男性	51			

60点以上の点数の平均値が求められた

SECTION-033 ■ 合格点以上の受験者の平均点を求める

ONEPOINT 条件に合う値の平均点を求めるには「AVERAGEIF」関数を使う

「AVERAGEIF」関数は、指定したセル範囲から、条件に合致した値だけの平均を求めることができます。

「AVERAGEIF」関数の書式は、次の通りです。

=AVERAGEIF(範囲,条件,平均対象範囲)

操作例では、合格点の60点以上の受験者の平均点を求めるため、引数「範囲」に得点が入力されているセル範囲を、引数「条件」に「">=60"」を指定しています。

引数「平均対象範囲」は、平均する実際のセル範囲を指定します。平均するセル範囲が引数「範囲」と同じ場合は、省略することができます。

	A	B	C	D	E	F
1	採点結果					
2	受験番号	性別	得点		合格者平均点	=AVERAGEIF(C3:C13,">=60",C3:C13)
3	1001	男性	78			
4	1003	女性	81			
5	1004	女性	59			
6	1005	男性	46			
7	1007	女性	63			
8	1008	男性	60			
9	1009	男性	92			
10	1011	女性	86			
11	1013	女性	77			
12	1014	男性	42			
13	1016	男性	51			

引数「範囲」と引数「平均対象範囲」に指定したセル範囲

COLUMN 男性の平均点を求めるには

操作例の例題には性別も表記されているため、男性または女性を条件として平均点を求めることができます。たとえば、男性の平均点を求めるには、セルF2に次の数式を入力します。

=AVERAGEIF(B3:B13,"男性",C3:C13)

関連項目 ▶▶▶
- 合格点を満たしている女性受験者の平均点を求める ……………………………………… p.109

SECTION-034

合格点を満たしている女性受験者の平均点を求める

ここでは、合格点60点以上でかつ女性受験者だけの平均点を求める方法を説明します。

1 60点以上でかつ女性受験者の平均点を求める数式の入力

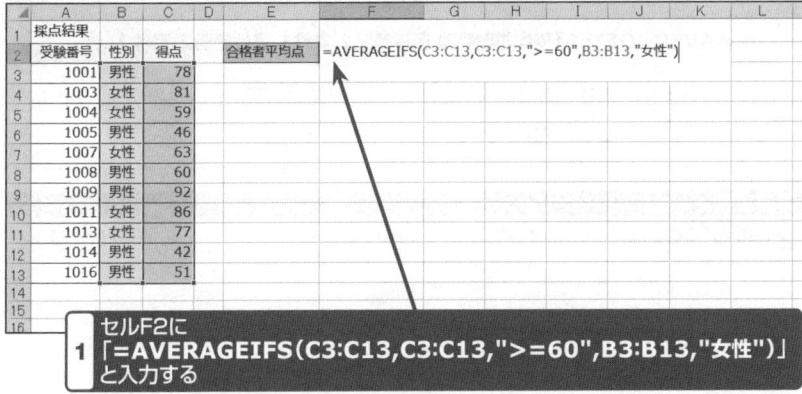

1 セルF2に「=AVERAGEIFS(C3:C13,C3:C13,">=60",B3:B13,"女性")」と入力する

HINT

小数点以下の値を調整するには、(小数点以下の表示桁数を減らす)、または、(小数点以下の表示桁数を増やす)をクリックします。

KEYWORD

▶「AVERAGEIFS」関数
複数の条件にあった値の平均値を返す関数です。

結果の確認

	A	B	C	D	E	F
1	採点結果					
2	受験番号	性別	得点		合格者平均点	76.75
3	1001	男性	78			
4	1003	女性	81			
5	1004	女性	59			
6	1005	男性	46			
7	1007	女性	63			
8	1008	男性	60			
9	1009	男性	92			
10	1011	女性	86			
11	1013	女性	77			
12	1014	男性	42			
13	1016	男性	51			

複数の条件に当てはまる値の平均点が求められた

■ SECTION-034 ■ 合格点を満たしている女性受験者の平均点を求める

| ONEPOINT | 複数の条件に当てはまる値の平均を求めるには「AVERAGEIFS」関数を使う |

「AVERAGEIFS」関数は、2つ以上の条件に当てはまる値を平均する関数です。たとえば、2つの条件がある場合には、「条件範囲1,条件1,条件範囲2,条件2」という要領で、範囲と条件をペアで指定します（最大127個）。

「AVERAGEIFS」関数の書式は、次の通りです。

=AVERAGEIFS（平均対象範囲,条件範囲1,条件1,条件範囲2,条件2…）

なお、「AVERAGEIF」関数の書式とは異なり、最初に引数「平均対象範囲」を指定するので間違えないように注意してください。

関連項目 ▶▶▶

- 合格点以上の受験者の平均点を求める ……………………………………………… p.107

SECTION・035

極端なデータを除いて平均を求める

極端なデータを自動的に除いて平均値を求めるには、「TRIMMEAN」関数を利用します。ここでは、月間売上表から極端に売上が多いデータと少ないデータを除いた平均金額を求める方法を説明します。

1 極端なデータを除いて平均値を求める数式の入力

1. セルE3に「**=TRIMMEAN(B3:B17,0.3)**」と入力する

KEYWORD

▶「TRIMMEAN」関数
データ全体の上限と下限から一定の割合のデータを除いた平均値を返す関数です。

結果の確認

	A	B	C	D	E
1	月間売上一覧				
2	日付	売上金額	備考		平均売上金額
3	8月1日	124,560			144,273
4	8月2日	155,280			
5	8月3日	38,900	棚卸のため半日営業		
6	8月4日	173,500			
7	8月5日	182,150			
8	8月6日	134,820			
9	8月7日	164,200			
10	8月8日	127,800			
11	8月9日	304,580	20%OFFセール		
12	8月10日	324,680	20%OFFセール		
13	8月11日	114,650			
14	8月12日	127,560			
15	8月13日	134,680			
16	8月14日	29,450	台風のため午後から休業		
17	8月15日	147,800			

極端に多い/少ないデータを除いて平均値が求められた

■ SECTION-035 ■ 極端なデータを除いて平均を求める

> **ONEPOINT** 「TRIMMEAN」関数には排除する個数を割合で指定する
>
> 　「TRIMMEAN」関数は、データ全体の上限と下限から指定した割合のデータを切り落とし、残りのデータの平均値を返します。
> 　「TRIMMEAN」関数の書式は、次の通りです。
>
>
>
> **=TRIMMEAN(配列,割合)**
>
>
>
> 　引数「割合」には、データ全体の個数に対して排除するデータの割合を「0」～「1」（「0」と「1」は除く）で指定します。たとえば、10個のデータに対して「0.2」を指定すると「10×0.2=2」となり、上限から1個、下限から1個のデータが排除されます。データ総数が奇数の場合には、小数点以下の値が切り捨てられて最も近い2の倍数に設定されます。そのため、操作例では15個のデータに対して「0.3」を指定することで、「15×0.3=4.5」となり、データの上限から2個、下限から2個（合計4個）のデータが排除されています。

関連項目 ▶▶▶

- 平均点を求める p.103

SECTION-036

「0」のセルを除いて平均を求める

「0」のセルを除いて平均を求めるには「SUM」関数と「CUNTIF」関数を利用します。ここでは、定休日(売上金額が「0」)を除いた売上金額の平均を求める方法を説明します。

1 「0」を除いたデータの平均値を求める数式の入力

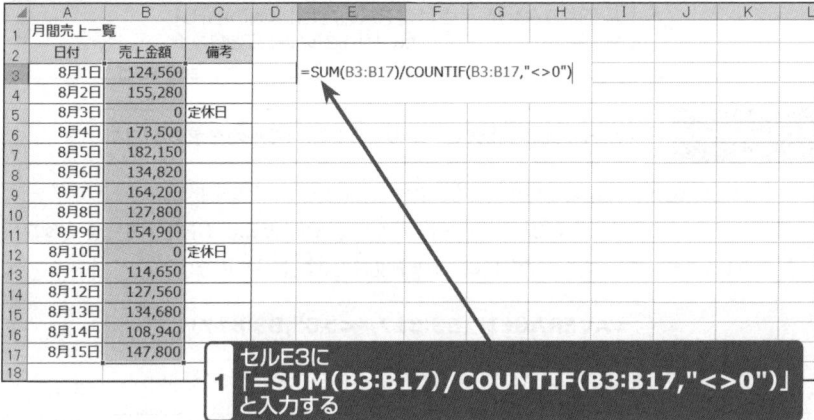

1 セルE3に「**=SUM(B3:B17)/COUNTIF(B3:B17,"<>0")**」と入力する

KEYWORD

▶「SUM」関数
セルの合計値を求める関数です。

▶「COUNTIF」関数
指定された条件に一致するセルの個数を返す関数です。

結果の確認

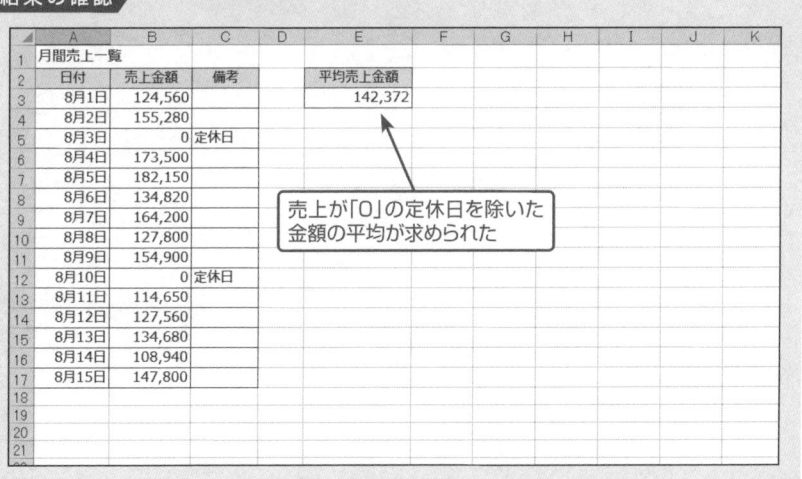

売上が「0」の定休日を除いた金額の平均が求められた

■ SECTION-036 ■ 「0」のセルを除いて平均を求める

> **ONEPOINT** 「0」を除いた平均は合計値を「0」以外のセル数で割る

通常、データの平均値を求めるには「AVERAGE」関数を利用しますが、「0」のセルもカウントされてしまいます。「0」を除いた平均値を求めるには、「SUM」関数で求めた合計値を、「COUNTIF」関数で0以外のセル数をカウントした値で割ることで計算できます。

$$=\underline{SUM(B3:B17)}/\underline{COUNTIF(B3:B17,"<>0")}$$

　　セル範囲の合計値　　合計値を求めたセル範囲から「0」
　　を求める　　　　　　と一致しないセルの個数を数える

> **COLUMN** 「AVERAGEIF」関数で「0」のセルを除いて平均を求めるには

「AVERAGEIF」関数を利用しても、条件に「0以外」のセルを指定することで平均値を求めることができます。たとえば、操作例の例題で「AVERAGEIF」関数を使って「0」のセルを除いて平均を求めるには、セルE3に次のように入力します。

$$=AVERAGEIF(B3:B17,"<>0",B3:B17)$$

なお、「AVERAGEIF」関数については、107ページを参照してください。

関連項目 ▶▶▶
- 平均点を求める ……………………………………………………………… p.103
- 合格点以上の受験者の平均点を求める ……………………………………… p.107

SECTION-037

VER. 2010 2013 2016 2019 365

試験結果から受験者数を求める

ここでは、検定結果の一覧に入力されている得点から受験者数を求める方法を説明します。

1 数値が入力されているセルを数える数式の入力

	A	B	C	D	E
1	Excel社内検定結果				
2	名前	第1回	第2回	第3回	第4回
3	青木	95	81	75	
4	石川		75	69	95
5	木村	78		70	91
6	霧島	95	85	77	
7	斉藤		65	85	79
8	田辺	82	90	83	76
9	藤堂	52	59		68
10	中島	82	79	81	75
11	渡辺	86	82	76	91
12	受験者数	=COUNT(B3:B11)			

1 セルB12に「=COUNT(B3:B11)」と入力する

2 数式の複製

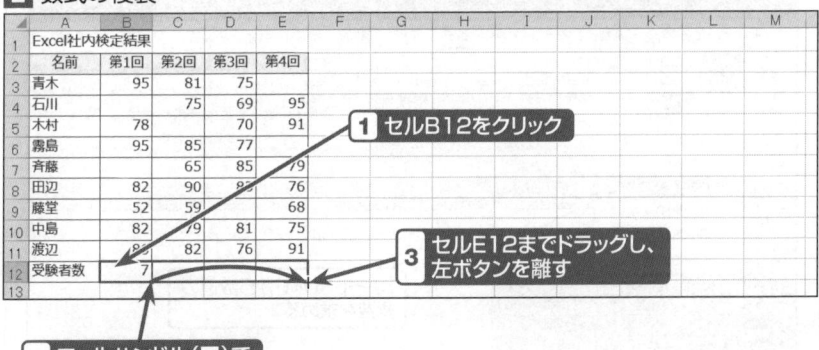

1 セルB12をクリック

2 フィルハンドル(■)で左ボタンを押す

3 セルE12までドラッグし、左ボタンを離す

結果の確認

	A	B	C	D	E
1	Excel社内検定結果				
2	名前	第1回	第2回	第3回	第4回
3	青木	95	81	75	
4	石川		75	69	95
5	木村	78		70	91
6	霧島	95	85	77	
7	斉藤		65	85	79
8	田辺	82	90	83	76
9	藤堂	52	59		68
10	中島	82	79	81	75
11	渡辺	86	82	76	91
12	受験者数	7	8	8	7

数値が入力されているセル数がカウントされた

SECTION-037 試験結果から受験者数を求める

ONEPOINT 数値のみのセル数を求めるには「COUNT」関数を使う

「COUNT」は、数値が入力されたセル数を求める関数です。セル範囲に文字列や空白のセルがある場合は無視されます。なお、数値が入力されているセルの数は、「オートSUM」の横の▼をクリックすると表示されるメニューから[数値の個数(C)]を選択することでも求めることができます。

「COUNT」関数の書式は、次の通りです。

$$=COUNT(値1,値2,…)$$

COLUMN 複数のセル数を一括で求めるには

オートSUMに登録されている「COUNT」関数を利用すると、数値の入力されたセル数を一括で求めることができます。たとえば、操作例の受験者数を一括で求めるには、セルB3からセルE12までドラッグして範囲指定し、「オートSUM」の横の▼をクリックして[数値の個数(C)]を選択します。

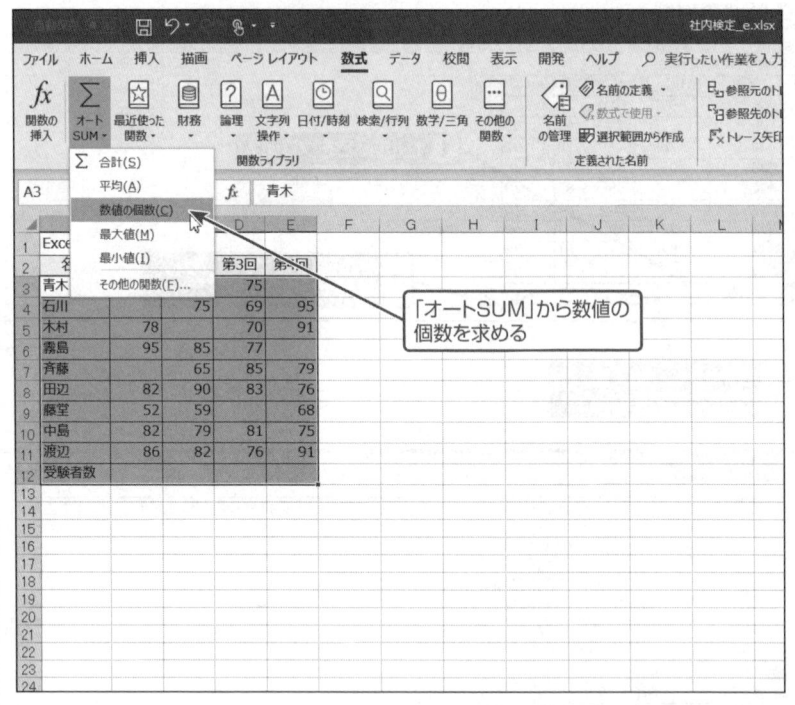

「オートSUM」から数値の個数を求める

関連項目 ▶▶▶

- 空白以外のセル数を求める……………………………………………………………… p.117

SECTION-038

空白以外のセル数を求める

ここでは、出席簿から出席回数を数える方法を説明します。

1 空白以外のセルを数える数式の入力

セルH3に「=COUNTA(B3:G3)」と入力する

2 数式の複製

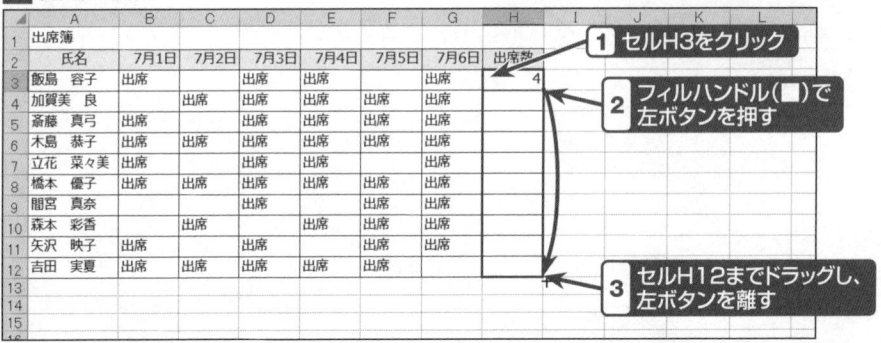

1. セルH3をクリック
2. フィルハンドル(■)で左ボタンを押す
3. セルH12までドラッグし、左ボタンを離す

結果の確認

	A	B	C	D	E	F	G	H	I	J	K	L
1	出席簿											
2	氏名	7月1日	7月2日	7月3日	7月4日	7月5日	7月6日	出席数				
3	飯島 容子	出席		出席	出席		出席	4				
4	加賀美 良		出席	出席	出席	出席	出席	5				
5	斎藤 真弓	出席		出席	出席	出席	出席	5				
6	木島 恭子	出席	出席	出席	出席	出席	出席	6				
7	立花 菜々美	出席		出席	出席		出席	4				
8	橋本 優子	出席	出席	出席	出席	出席	出席	6				
9	間宮 真奈			出席		出席	出席	3				
10	森本 彩香		出席		出席	出席	出席	4				
11	矢沢 映子	出席		出席		出席	出席	4				
12	吉田 実夏	出席	出席	出席	出席	出席		5				

「出席」と入力されたセル数だけがカウントされた

■ SECTION-038 ■ 空白以外のセル数を求める

> **ONEPOINT** 何か入力されているセル数を数えるには「COUNTA」関数を使う
>
> 　「COUNTA」関数は、空白以外のセルを数える関数です。文字列、数値、数式、エラー値などが表示されているセルを数えることができます。ただし、見た目は空白でも「=""」（空白を表す数式）が入力されている場合には、カウントされます。
> 　「COUNTA」関数の書式は、次の通りです。
>
> **=COUNTA（値1,値2,…）**
>
> 　なお、数値が入力されているセルだけを数えるには、「COUNT」関数を利用します（115ページ参照）。

関連項目 ▶▶▶
- 試験結果から受験者数を求める ……………………………………………………… p.115

SECTION-039

未入力のセルの数を数える

ここでは、アンケートの回答のうち、未入力（無回答）の件数を数える方法を説明します。

1 空白のセルを数える数式の入力

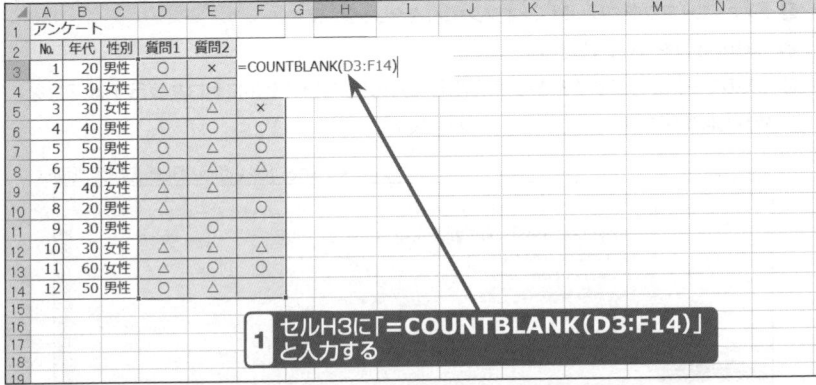

1. セルH3に「=COUNTBLANK(D3:F14)」と入力する

結果の確認

空白のセルの数がカウントされた

ONEPOINT 空白のセルをカウントするには「COUNTBLANK」関数を使う

「COUNTBLANK」関数は、空白のセルの個数を求める関数です。「=""」（空白を表す数式）が入力されている場合にもカウントされます。ただし、数値の「0」を非表示にするように設定されているセルは、無視されます（COLUMN参照）。

「COUNTBLANK」関数の書式は、次の通りです。

=COUNTBLANK(範囲)

■ SECTION-039 ■ 未入力のセルの数を数える

COLUMN　空白のセルをカウントできない原因

　Excelでは、セルの値が「0」の場合に、「0」を表示するか非表示（セルを空白）にするかを設定することができます。何らかの理由でこの設定がOFFになっている場合には、セルの値が「0」でも空白になりますが、「COUNTBLANK」関数では空白のセルとしてカウントされないので注意が必要です。なお、設定を確認するには、次のように操作します。

❶「ファイル」タブをクリックし、[オプション]をクリックします。
❷「詳細設定」をクリックします。
❸ [次のシートで作業するときの表示設定(S)]の[ゼロ値のセルにゼロを表示する(Z)]を確認します（OFFになっていると「0」が非表示）。

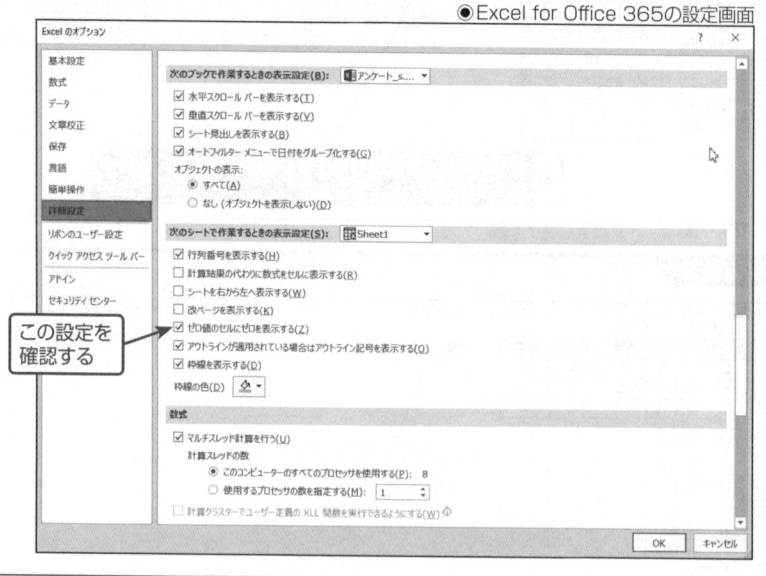

◉Excel for Office 365の設定画面

SECTION-040

VER. 2010 2013 2016 2019 365

アンケートの評価別の件数を数える

ここでは、アンケート結果から各評価（○、△、×）の件数を求める方法を説明します。

1 「○」が入力されたセルの数を求める数式の入力

セルG3に「=COUNTIF(D3:D14,F3)」と入力する

2 数式の複製

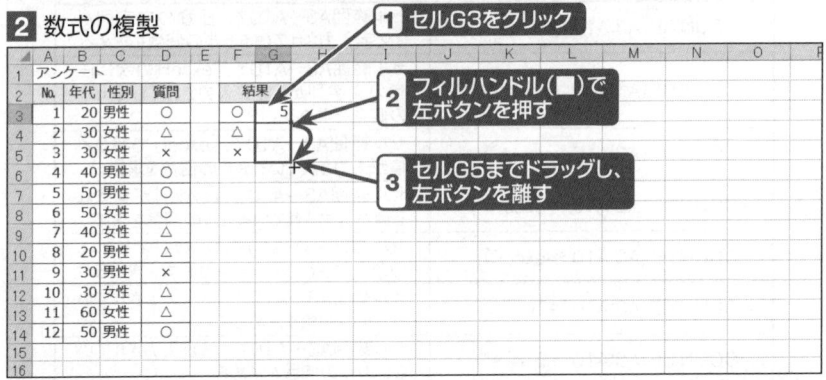

1 セルG3をクリック
2 フィルハンドル（■）で左ボタンを押す
3 セルG5までドラッグし、左ボタンを離す

結果の確認

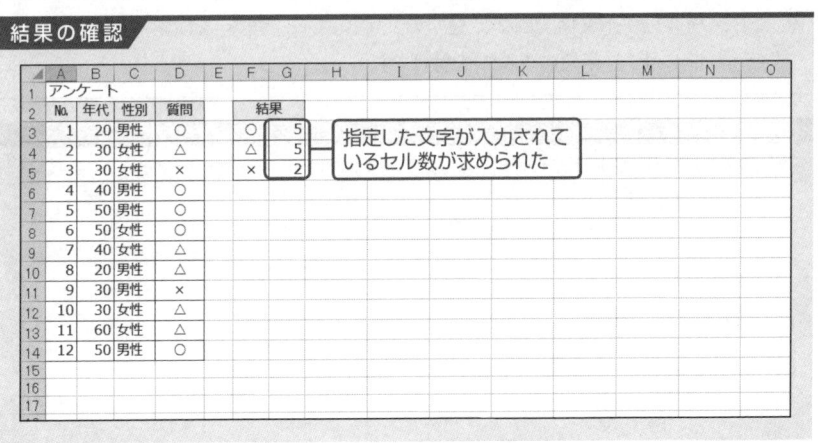

指定した文字が入力されているセル数が求められた

ONEPOINT 1つの検索条件に一致するセルの個数を求めるには「COUNTIF」関数を使う

「COUNTIF」関数は、特定の文字が入力されているセルや、任意の数値よりも大きい、または、小さい数値を含むセルをカウントできます。操作例では、セルD3からD14に入力されている「○」「△」「×」の件数を数えるために、各評価が入力されているF3からF5を指定しています。

「COUNTIF」関数の書式は、次の通りです。

=COUNTIF(範囲, 検索条件)

引数「検索条件」では、大文字と小文字は区別されません。文字列「"excel"」を指定した場合と文字列「"EXCEL"」を指定した場合の結果は同じになります。また、検索条件では、「?」(半角の疑問符)または「*」(半角のアスタリスク)をワイルドカード文字として使用することができます。ワイルドカード文字の「?」は任意の1文字を表し、「*」は任意の文字列を表します。

数式	内容
=COUNTIF(A3:A10,"??")	セル範囲A3～A10で、任意の文字列が2文字入力されているセルの個数を求める
=COUNTIF(A3:A10,"excel????")	セル範囲A3～A10で、「excel」の次に任意の文字列が4文字入力されているセルの個数を求める
=COUNTIF(A3:A10,"excel*")	セル範囲A3～A10で、「excel」で始まる値が入力されているセルの個数を求める
=COUNTIF(A3:A10,"*excel*")	セル範囲A3～A10で、「excel」が含まれる値が入力されているセルの個数を求める
=COUNTIF(A3:A10,"*excel")	セル範囲A3～A10で、「excel」で終わる値が入力されているセルの個数を求める
=COUNTIF(A3:A10,"*")	セル範囲A3～A10で、値が入力されているセルの個数を求める
=COUNTIF(A3:A10,"<>"&"*")	セル範囲A3～A10で、値が入力されていないセルの個数を求める

なお、ワイルドカード文字ではなく、通常の文字として「?」や「*」を検索する場合には、「"~?"」のように、「~」(半角のチルダ)を付けます。

関連項目 ▶▶▶

- 試験の点数が150点以上180点以下の人数を求める ……………………………… p.123

SECTION-041

VER. 2010 2013 2016 2019 365

試験の点数が150点以上180点以下の人数を求める

「COUNTIF」関数を工夫すると、指定した範囲のデータが入力されているセル数を求めることができます。ここでは、200点満点の試験のうち150点以上180点以下の人数を求める方法を説明します。

1 150点以上180点以下の人数を求める数式の入力

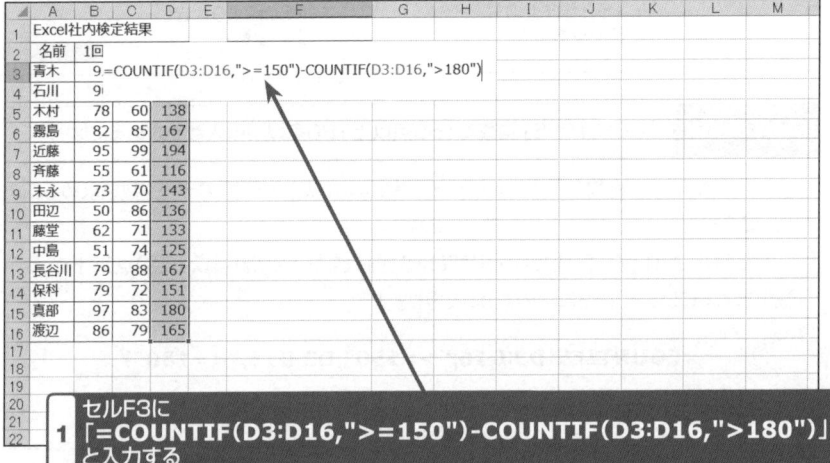

1. セルF3に
「=COUNTIF(D3:D16,">=150")-COUNTIF(D3:D16,">180")」
と入力する

KEYWORD

▶「COUNTIF」関数
指定した条件に当てはまるデータ数を求める関数です。

結果の確認

	A	B	C	D	E	F
1	Excel社内検定結果					
2	名前	1回	2回	合計		150点以上180点以下
3	青木	95	89	184		6
4	石川	90	72	162		
5	木村	78	60	138		
6	霧島	82	85	167		
7	近藤	95	99	194		
8	斉藤	55	61	116		
9	末永	73	70	143		
10	田辺	50	86	136		
11	藤堂	62	71	133		
12	中島	51	74	125		
13	長谷川	79	88	167		
14	保科	79	72	151		
15	真部	97	83	180		
16	渡辺	86	79	165		

指定した範囲のデータの数を求めます

■ SECTION-041 ■ 試験の点数が150点以上180点以下の人数を求める

> **ONEPOINT**　特定範囲のデータ数は2つのデータ数の差を計算する

　○○以上△△以下の範囲のデータ数は、○○以上のデータ数から△△より大きいデータ数を引くことで求めることができます。操作例では、150点以上から180点以下のデータ数を求めるために、次のように150点以上のデータ数と180点より大きいデータ数をそれぞれ「COUNTIF」関数で求めて差を出しています。

=COUNTIF(D3:D16,">=150")-COUNTIF(D3:D16,">180")

150点以上の　　　　　　180点より大きい
データ数　　　　　　　データ数

> **COLUMN**　「COUNTIFS」関数で150点以上180点以下の人数を求めるには

　「COUNTIFS」関数を利用しても、○○以上△△以下の範囲のデータ数を求めることができます。

　たとえば、操作例の例題で「COUNTIFS」関数を使って150点以上180点以下の人数を求めるには、セルF3に次のように入力します。

=COUNTIFS(D3:D16,">=150",D3:D16,"<=180")

　なお、「COUNTIFS」関数については、127ページを参照してください。

関連項目 ▶▶▶
- 試験結果から受験者数を求める……………………………………………………p.115
- アンケートの評価別の件数を数える………………………………………………p.121
- 3教科が平均点以上の人数を数える………………………………………………p.127

SECTION-042

試験結果が平均点以上の人数を数える

平均点以上のデータ数を求めるには、「COUNTIF」関数の検索条件に「AVERAGE」関数を利用します。ここでは、試験結果が平均点以上の人数を求める方法を説明します。

1 平均点以上の人数を求める数式の入力

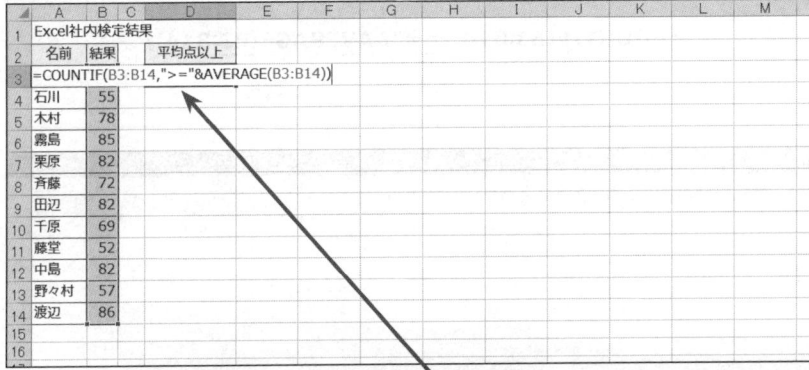

1 セルD3に「=COUNTIF(B3:B14,">="&AVERAGE(B3:B14))」と入力する

KEYWORD

▶「COUNTIF」関数
指定した条件に当てはまるデータ数を求める関数です。

▶「AVERAGE」関数
指定した範囲の平均値を求める関数です。

結果の確認

試験結果が平均点以上の人数が求められた

■SECTION-042■ 試験結果が平均点以上の人数を数える

ONEPOINT 「COUNTIF」関数の検索条件に関数を指定する方法について

　点数が入力されたセル範囲から平均点以上のデータ数を求めるには、「COUNTIF」関数の検索条件に「AVERAGE」関数を指定します。このとき、平均以上のように指定するには、演算子を「"」（ダブルクォーテーション）で囲み、関数と「&」（アンパサンド）でつなげて記述する必要があります。

アンパサンド
=COUNTIF(B3:B14,">="&AVERAGE(B3:B14))
演算子　　　数式

関連項目 ▶▶▶
- 3教科が平均点以上の人数を数える ……………………………………………… p.127

SECTION-043

VER. 2010 2013 2016 2019 365

3教科が平均点以上の人数を数える

ここでは、試験結果のうち3教科とも平均以上の人数を求める方法を説明します。

1 3教科が平均点以上の人数を数える数式の入力

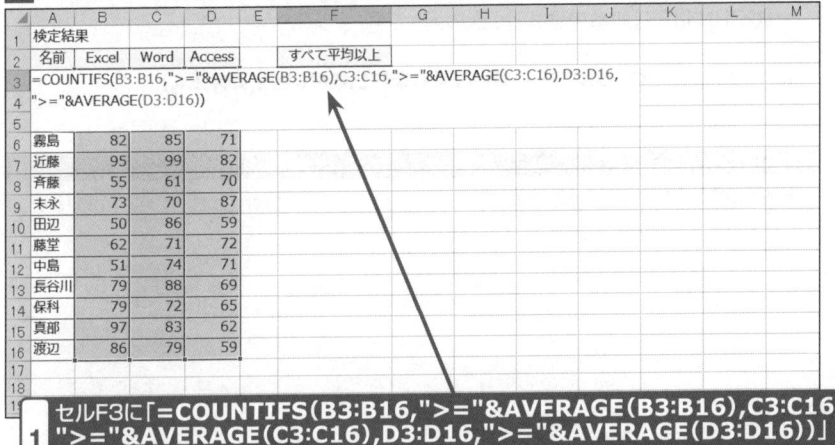

1　セルF3に「=COUNTIFS(B3:B16,">="&AVERAGE(B3:B16),C3:C16,">="&AVERAGE(C3:C16),D3:D16,">="&AVERAGE(D3:D16))」と入力する

HINT
検索条件に関数(ここでは「AVERAGE」関数)を指定する場合の詳細は、126ページを参照してください。

結果の確認

3つの条件に当てはまるデータ数がカウントされた

127

■ SECTION-043 ■ 3教科が平均点以上の人数を数える

ONEPOINT	複数の条件に当てはまるデータ数を求めるには「COUNTIFS」関数を使う

「COUNTIFS」関数は、2つ以上の条件に当てはまるデータ数を求める関数です。たとえば、2つの条件がある場合には、「条件範囲1,条件1,条件範囲2,条件2」という要領で、範囲と条件をペアで指定します（最大127個）。なお、条件範囲2以降の列数と行数は、条件範囲1と同様である必要があります。

「COUNTIFS」関数の書式は、次の通りです。

$$=COUNTIFS（条件範囲1,条件1,条件範囲2,条件2…）$$

関連項目 ▶▶▶

- 試験結果が平均点以上の人数を数える……………………………………………………p.125

SECTION-044

重複データを除いた申し込み人数を求める

「COUNTIF」関数を工夫すると、重複データを除いたデータをカウントすることができます。ここでは、応募一覧から重複した申込者を省いた人数を求める方法を説明します。

1 応募回数をカウントする数式の入力

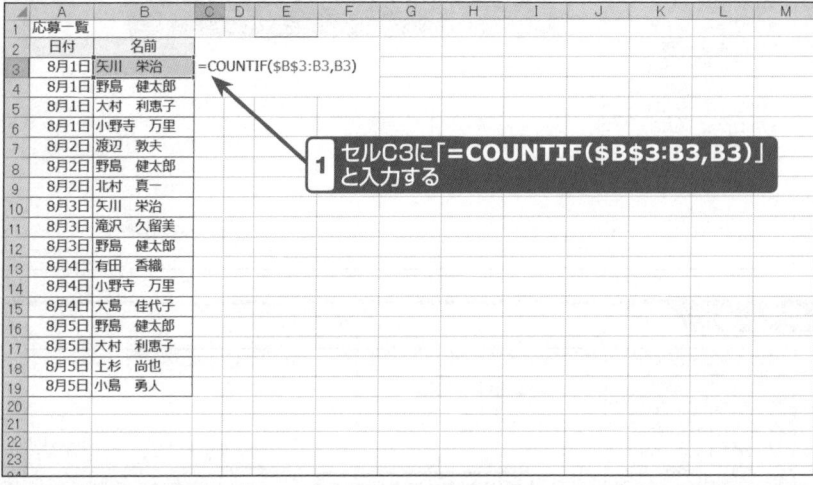

KEYWORD

▶「COUNTIF」関数
指定した条件に当てはまるデータ数を求める関数です。

2 数式の複製

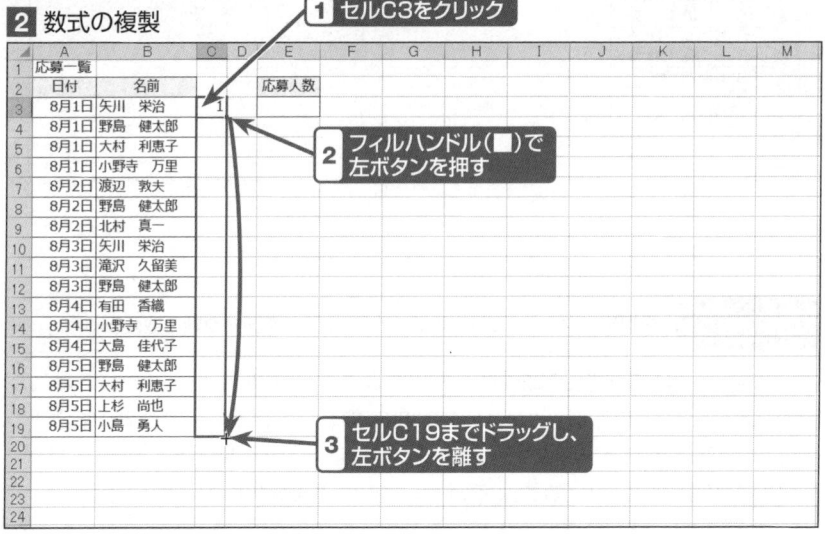

SECTION-044 重複データを除いた申し込み人数を求める

3 重複データを除いた申し込み人数を求める数式の入力

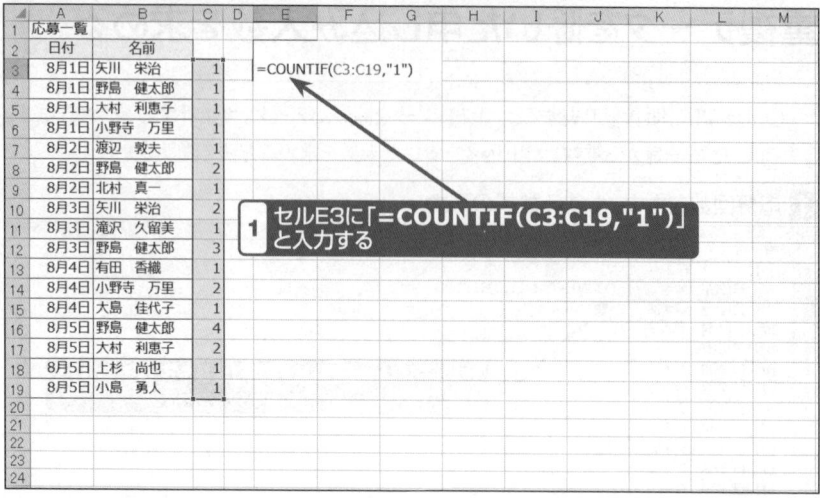

1. セルE3に「**=COUNTIF(C3:C19,"1")**」と入力する

結果の確認

重複を除いて申込者の人数が求められた

ONEPOINT　重複データを省くには1回だけカウントされたデータ数を数える

　重複データは、セル範囲に2つ以上あるデータです。セル範囲にデータがいくつあるかを調べるには、操作例のように「COUNTIF」関数に先頭セルから1つずつ指定するセル範囲を追加していきます。この結果から、1回だけカウントされているデータ数を「COUNTIF」関数で求めることで重複データを除いた人数を求めることができます。

SECTION-045

VER. 2010 2013 2016 2019 365

達成率を切り上げる

ここでは、達成率を小数点第2位で切り上げる方法を説明します。

1 達成率を小数点第2位で切り上げる数式の入力

	A	B
1	支店別売上一覧	
2		東京支店
3	1月	234,500
4	2月	195,400
5	3月	182,400
6	合計	612,300
7	目標	600,000
8	達成率	=ROUNDUP(B6/B7,2)

1 セルB8に「=ROUNDUP(B6/B7,2)」と入力する

結果の確認

	A	B
1	支店別売上一覧	
2		東京支店
3	1月	234,500
4	2月	195,400
5	3月	182,400
6	合計	612,300
7	目標	600,000
8	達成率	1.03

小数点第2位で切り上げられた

ONEPOINT 指定した桁数で数値を切り上げるには「ROUNDUP」関数を使う

「ROUNDUP」関数は、小数点を基準に桁数を指定して数値を切り上げる関数です。「ROUNDUP」関数の書式は、次の通りです。

=ROUNDUP(数値,桁数)

引数「数値」には切り上げる値または数式を指定し、「桁数」には切り上げる桁数を指定します。このとき、桁数に正の数を指定すると、小数点の右(小数点以下)の指定した桁に切り上げられ、負の数を指定すると、小数点の左(整数部分)の指定した桁(1の位を「0」とする)に切り上げられます。また、桁数に「0」を指定すると、最も近い整数に切り上げられます。

関連項目 ▶▶▶

- 達成率を切り捨てる ……………………………………………………………… p.132
- 達成率を四捨五入する …………………………………………………………… p.136

SECTION-046

達成率を切り捨てる

ここでは、達成率を小数点第2位で切り捨てる方法を説明します。

1 達成率を小数点第2位で切り上げる数式の入力

1 セルB8に「=ROUNDDOWN(B6/B7,2)」と入力する

結果の確認

小数点第2位で切り捨てられた

ONEPOINT 指定した桁数で数値を切り捨てるには「ROUNDDOWN」関数を使う

「ROUNDDOWN」関数は、小数点を基準に桁数を指定して数値を切り捨てる関数です。

「ROUNDDOWN」関数の書式は、次の通りです。

$$=ROUNDDOWN(数値,桁数)$$

引数「数値」には切り上げる値または数式を指定し、「桁数」には切り上げる桁数を指定します。このとき、桁数に正の数を指定すると、小数点の右(小数点以下)の指定した桁に切り上げられ、負の数を指定すると、小数点の左(整数部分)の指定した桁(1の位を「0」とする)に切り上げられます。また、桁数に「0」を指定すると、最も近い整数に切り上げられます。

| COLUMN | 指定した桁数で数値を切り捨てる別の関数 |

　数値を切り捨てる関数には、「ROUNDDOWN」関数の他に、「TRUNC」関数と「INT」関数があります。「TRUNC」関数は、「ROUNDDOUN」関数と同様に桁数を指定して数値を切り捨て、「INT」関数は桁数を指定せず、小数点以下を切り捨てる関数です。

　「TRUNC」関数、「INT」関数の書式は次の通りです。

$$=TRUNC(数値,桁数)$$

$$=INT(数値)$$

　「TRUNC」関数は桁数を省略でき、その場合は「0」を指定したとみなされ、小数点以下を切り捨てた整数が求められます。ただし、負の数の小数点以下を切り捨てた場合には、「INT」関数と結果が異なります(135ページ参照)。

関連項目 ▶▶▶
- 達成率を切り上げる ……………………………………………………………… p.131
- 小数点以下を切り捨てる ………………………………………………………… p.134
- 達成率を四捨五入する …………………………………………………………… p.136

SECTION-047

小数点以下を切り捨てる

ここでは、売上金額の小計に対する消費税額を求める方法を説明します。
※ここでは消費税の税率を8%としています。

1 消費税額を求める数式の入力

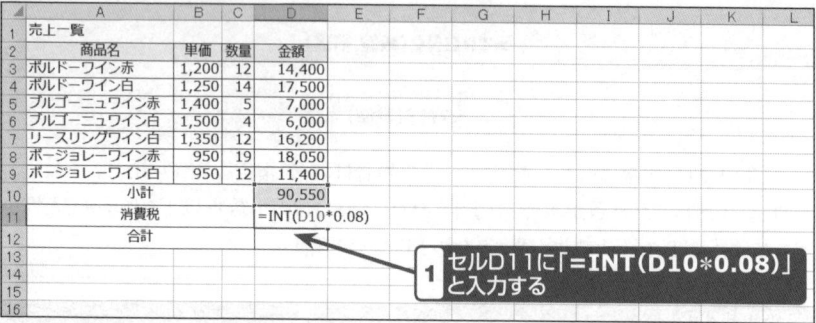

1. セルD11に「=INT(D10*0.08)」と入力する

結果の確認

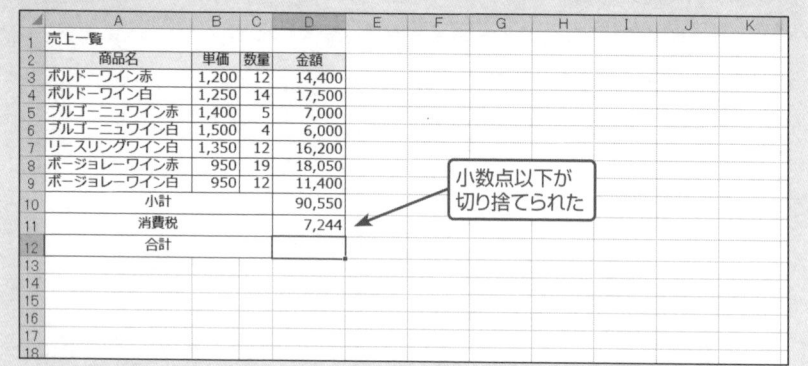

小数点以下が切り捨てられた

ONEPOINT 数値の小数点以下を切り捨てるには「INT」関数を使う

「INT」関数は、指定した数値を超えない最大の整数を得られるように、小数点以下を切り捨てる関数です。

「INT」関数の書式は、次の通りです。

=INT(数値)

なお、桁数を指定して切り捨てる場合には、「ROUNDDOWN」関数または「TRUNC」関数を利用します。

| COLUMN | 負の数を切り捨てる場合の注意点 |

　負の数の小数点以下を切り捨てる場合、「ROUNDDOWN」関数や「TRUNC」関数は単純に小数点以下を切り捨てます。しかし、「INT」関数は、小数点以下を切り捨てた数値を超えない最大の整数を返すため、次のように結果が異なるので注意が必要です。

切り捨ての数式	戻り値
=ROUNDDOWN(-2.5,0)	-2
=TRUNC(-2.5)	-2
=INT(-2.5)	-3

関連項目 ▶▶▶

● 達成率を切り捨てる ………………………………………………………… p.132

SECTION-048　VER. 2010 2013 2016 2019 365

達成率を四捨五入する

ここでは、達成率を小数点第2位で四捨五入する方法を説明します。

1 達成率を小数点第2位で四捨五入する数式の入力

1 セルD3に「=ROUND(C3/B3,2)」と入力する

2 数式の複製

1 セルD3をクリック
2 フィルハンドル(■)で左ボタンを押す
3 セルD6までドラッグし、左ボタンを離す

結果の確認

	A	B	C	D
1	支店別売上一覧			
2	支店名	目標	実績	達成率
3	東東京	12,500	19,400	1.55
4	西東京	8,400	10,200	1.21
5	多摩	7,400	7,100	0.96
6	埼玉	6,200	6,900	1.11

小数点以下第2位で四捨五入された

ONEPOINT　指定した桁数で数値を四捨五入するには「ROUND」関数を使う

「ROUND」関数は、小数点を基準に桁数を指定して数値を四捨五入する関数です。「ROUND」関数の書式は、次の通りです。

$$=\text{ROUND}(数値,桁数)$$

引数「数値」には四捨五入する値または数式を指定し、「桁数」には四捨五入して表示する桁数を指定します。このとき、桁数に正の数を指定すると、小数点の右(小数点以下)の指定した桁に四捨五入され、負の数を指定すると、小数点の左(整数部分)の指定した桁(1の位を「0」とする)に四捨五入されます。また、桁数に「0」を指定すると、最も近い整数として四捨五入されます。

関連項目 ▶▶▶

- 達成率を切り上げる p.131
- 達成率を切り捨てる p.132

SECTION-049

売上金額を五捨六入する

Excelには五捨六入する関数は用意されていませんが、「ROUND」関数の引数を工夫すると五捨六入の結果を求めることができます。ここでは、卸価格に3%上乗せした価格の小数点以下を五捨六入する方法を説明します。

1 小数点以下を小数点以下を五捨六入する数式の入力

	A	B	C	D
1	商品一覧			
2	商品名	卸価格	2次卸価格	
3			3%上乗せ	五捨六入
4	ボルドーワイン赤	1,219	1,255.57	=ROUND(C4-0.1,0)
5	ボルドーワイン白	1,254	1,291.62	
6	ブルゴーニュワイン赤	1,422	1,464.66	
7	ブルゴーニュワイン白	1,539	1,585.17	
8	リースリングワイン白	1,344	1,384.32	
9	ボージョレーワイン赤	986	1,015.58	
10	ボージョレーワイン白	986	1,015.58	

1 セルD4に「=ROUND(C4-0.1,0)」と入力する

KEYWORD

▶「ROUND」関数
数値を指定された桁数に四捨五入する関数です。

2 数式の複製

	A	B	C	D
1	商品一覧			
2	商品名	卸価格	2次卸価格	
3			3%上乗せ	五捨六入
4	ボルドーワイン赤	1,219	1,255.57	1,255.00
5	ボルドーワイン白	1,254	1,291.62	
6	ブルゴーニュワイン赤	1,422	1,464.66	
7	ブルゴーニュワイン白	1,539	1,585.17	
8	リースリングワイン白	1,344	1,384.32	
9	ボージョレーワイン赤	986	1,015.58	
10	ボージョレーワイン白	986	1,015.58	

1 セルD4をクリック
2 フィルハンドル(■)で左ボタンを押す
3 セルD10までドラッグし、左ボタンを離す

結果の確認

	A	B	C	D
1	商品一覧			
2	商品名	卸価格	2次卸価格	
3			3%上乗せ	五捨六入
4	ボルドーワイン赤	1,219	1,255.57	1,255.00
5	ボルドーワイン白	1,254	1,291.62	1,292.00
6	ブルゴーニュワイン赤	1,422	1,464.66	1,465.00
7	ブルゴーニュワイン白	1,539	1,585.17	1,585.00
8	リースリングワイン白	1,344	1,384.32	1,384.00
9	ボージョレーワイン赤	986	1,015.58	1,015.00
10	ボージョレーワイン白	986	1,015.58	1,015.00

金額の小数点以下が五捨六入された

■ SECTION-049 ■ 売上金額を五捨六入する

| ONEPOINT | 五捨六入するには目的の桁数を1小さい値にする |

　五捨六入は、指定した値が5以下のときは切り捨て6以上のときは切り上げます。この計算を「ROUND」関数で実行するには、四捨五入する桁数の数を1小さい数にすることで実行することができます。操作例では小数点第1位の値を五捨六入するので、数値から0.1を引いています。小数点第2位の場合は0.01、小数点第3位の場合は0.001というように位によって変更します。

関連項目 ▶▶▶

- 達成率を四捨五入する ……………………………………………………………… p.136

SECTION-050

金額を100円単位で切り上げる

ここでは、端数の出ている取引価格を100円単位で切り上げる方法を説明します。
※ここでは、「CEILING.MATH」関数を利用することとします。Excel2010以前の場合には、互換性関数の「CEILING」関数を利用することができます。

1 金額を100円単位で切り上げる数式の入力

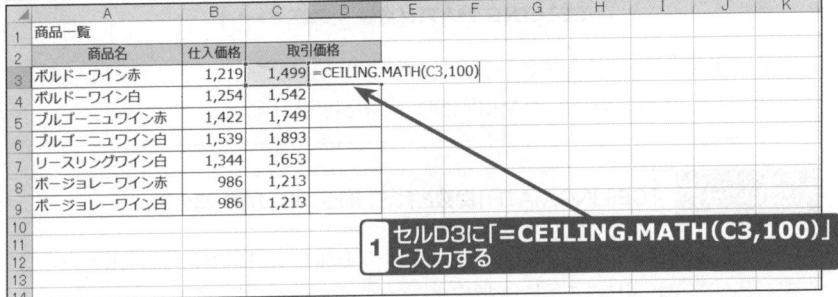

1 セルD3に「**=CEILING.MATH(C3,100)**」と入力する

HINT
Excel2010では、「=CEILING(C3,100)」と入力します。

2 数式の複製

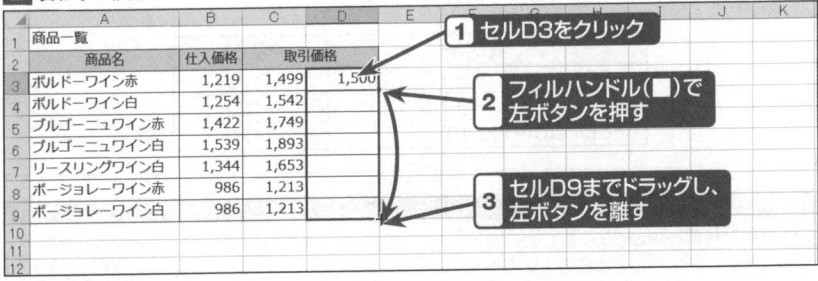

1 セルD3をクリック
2 フィルハンドル(■)で左ボタンを押す
3 セルD9までドラッグし、左ボタンを離す

結果の確認

商品一覧			
商品名	仕入価格	取引価格	
ボルドーワイン赤	1,219	1,499	1,500
ボルドーワイン白	1,254	1,542	1,600
ブルゴーニュワイン赤	1,422	1,749	1,800
ブルゴーニュワイン白	1,539	1,893	1,900
リースリングワイン白	1,344	1,653	1,700
ボージョレーワイン赤	986	1,213	1,300
ボージョレーワイン白	986	1,213	1,300

金額が100円単位で切り上げられた

■SECTION-050 ■ 金額を100円単位で切り上げる

| ONEPOINT | 数値を任意の単位で切り上げるには「CEILING.MATH」関数を使う |

「CEILING.MATH」は、基準値に指定した倍数のうち、最も近い値に数値を切り上げる関数です。端数のある数値を任意の単位にまるめる目的で使用します。数値が負の場合には、モードに0を指定または省略するとプラスの方向に、その他の数値を指定するとマイナスの方向に切り上げられます。

「CEILING.MATH」関数の書式は次の通りです。

=CEILING.MATH(数値,基準値,モード)

なお、基準値に指定した倍数のうち、最も近い値に切り捨てるには「FLOOR.MATH」関数、四捨五入する場合には「MROUND」関数を利用します。

| COLUMN | 「CEILING.MATH」関数と「CEILING」関数の戻り値の違い |

「CEILING.MATH」関数は、Excel2013から追加された関数です。「CEILING」関数との違いは、引数「モード」を指定することで負の数値の場合の切り上げる方向を変更できることです。たとえば、「CEILING」関数で数値「-122」を基準値を「10」で実行すると戻り値は「-120」になりますが、「CEILING.MATH」関数で数値「-122」を、基準値を「10」、モードを「1」で実行すると戻り値は「-130」になります。なお、「CEILING.MATH」関数のモードの引数は正の数値には影響しません。

数式	戻り値
=CEILING.MATH(-122,10,0)	-120
=CEILING.MATH(-122,10,1)	-130
=CEILING(-122,10)	-120

関連項目 ▶▶▶

- 金額を100円単位で切り捨てる ……………………………………………… p.141
- 金額を100円単位で四捨五入する …………………………………………… p.143

SECTION-051

金額を100円単位で切り捨てる

ここでは、端数の出ている取引価格を100円単位で切り捨てる方法を説明します。
※ここでは、「FLOOR.MATH」関数を利用することとします。Excel2010以前の場合には、互換性関数の「FLOOR」関数を利用することができます。

1 金額を100円単位で切り捨てる数式の入力

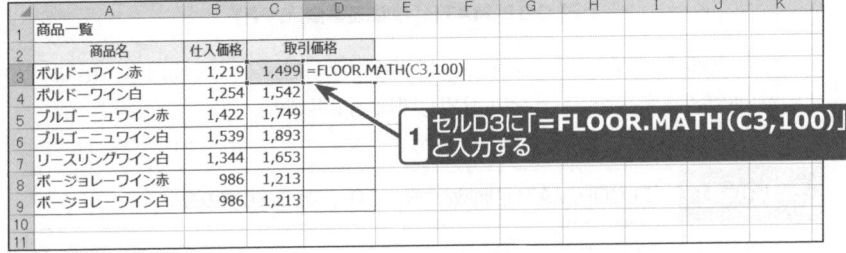

HINT
Excel2010では、「=FLOOR(C3,100)」と入力します。

2 数式の複製

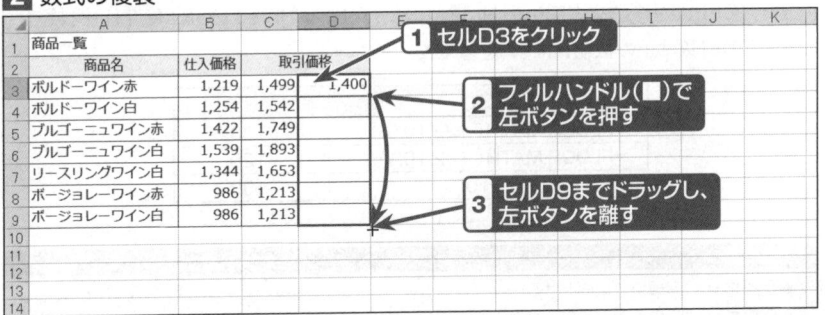

結果の確認

	A	B	C	D
1	商品一覧			
2	商品名	仕入価格	取引価格	
3	ボルドーワイン赤	1,219	1,499	1,400
4	ボルドーワイン白	1,254	1,542	1,500
5	ブルゴーニュワイン赤	1,422	1,749	1,700
6	ブルゴーニュワイン白	1,539	1,893	1,800
7	リースリングワイン白	1,344	1,653	1,600
8	ボージョレーワイン赤	986	1,213	1,200
9	ボージョレーワイン白	986	1,213	1,200

金額が100円単位で切り捨てられた

■ SECTION-051 ■ 金額を100円単位で切り捨てる

> **ONEPOINT** 数値を任意の単位で切り捨てるには「FLOOR.MATH」関数を使う

「FLOOR.MATH」は、基準値に指定した倍数のうち、最も近い値に数値を切り捨てる関数です。端数のある数値を任意の単位にまるめる目的で使用します。数値が負の場合には、モードに0を指定または省略するとプラスの方向に、その他の数値を指定するとマイナスの方向に切り捨てられます。

「FLOOR.MATH」関数の書式は次の通りです。

=FLOOR.MATH(数値,基準値,モード)

なお、基準値に指定した倍数のうち、最も近い値に切り上げるには「CEILING.MATH」関数、四捨五入する場合には「MROUND」関数を利用します。

> **COLUMN** 「FLOOR.MATH」関数と「FLOOR」関数の戻り値の違い

「FLOOR.MATH」関数は、Excel2013から追加された関数です。「FLOOR」関数との違いは、引数「モード」を指定することで、負の数値の場合の丸める方向を変更できることです。たとえば、「FLOOR」関数で数値「-122」を基準値を「10」で実行すると戻り値は「-130」になりますが、「FLOOR.MATH」関数で数値「-122」を基準値を「10」モードを「1」で実行すると戻り値は「-120」になります。なお、「FLOOR.MATH」関数のモードの引数は正の数値には影響しません。

数式	戻り値
=FLOOR.MATH(-122,10,0)	-130
=FLOOR.MATH(-122,10,1)	-120
=FLOOR(-122,10)	-130

> **関連項目 ▶▶▶**
> - 金額を100円単位で切り上げる ……………………………………………… p.139
> - 金額を100円単位で四捨五入する …………………………………………… p.143

SECTION-052

VER. 2010 2013 2016 2019 365

金額を100円単位で四捨五入する

ここでは、端数の出ている取引価格を100円単位で四捨五入する方法を説明します。

1 金額を100円単位で四捨五入する数式の入力

	A	B	C	D
1	商品一覧			
2	商品名	仕入価格	取引価格	
3	ボルドーワイン赤	1,219	1,499	=MROUND(C3,100)
4	ボルドーワイン白	1,254	1,542	
5	ブルゴーニュワイン赤	1,422	1,749	
6	ブルゴーニュワイン白	1,539	1,893	
7	リースリングワイン白	1,344	1,653	
8	ボージョレーワイン赤	986	1,213	
9	ボージョレーワイン白	986	1,213	

1 セルD3に「=MROUND(C3,100)」と入力する

2 数式の複製

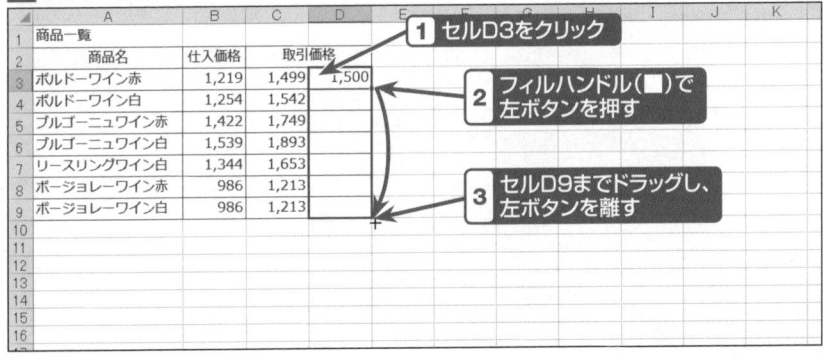

1 セルD3をクリック
2 フィルハンドル(■)で左ボタンを押す
3 セルD9までドラッグし、左ボタンを離す

結果の確認

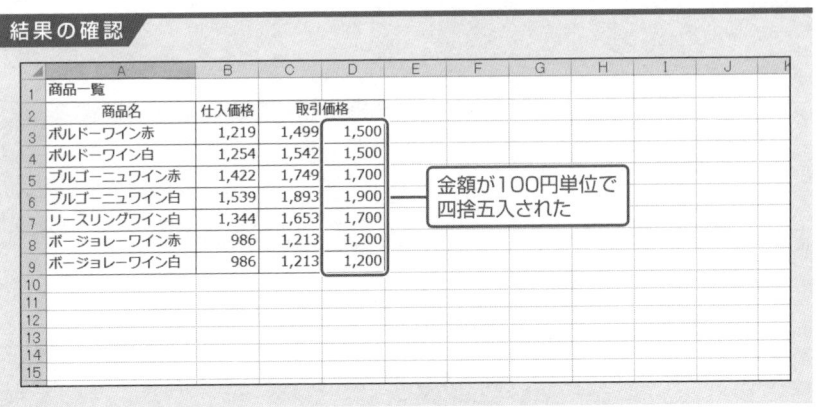

金額が100円単位で四捨五入された

■ SECTION-052 ■ 金額を100円単位で四捨五入する

> **ONEPOINT** 数値を任意の単位で四捨五入するには「MROUND」関数を使う
>
> 「MROUND」関数は、引数「倍数」に指定した値の倍数になるように、数値を四捨五入する関数です。端数のある数値を一定の単位に丸める目的で使用します。
> 「MROUND」関数の書式は、次の通りです。
>
> **＝MROUND(数値,倍数)**
>
> 引数「数値」を引数「倍数」で割った余りが、引数「倍数」の半分以上であれば切り上げ、半分未満であれば切り捨てになります。また、引数「数値」と引数「倍数」の符号が異なるとエラーになります。
>
> なお、基準値に指定した倍数のうち、最も近い値に切り上げる場合には「CEILING.MAT」関数、切り捨てる場合には「FLOOR.MATH」関数を利用します。

関連項目 ▶▶▶
- 金額を100円単位で切り上げる ……………………………………………… p.139
- 金額を100円単位で切り捨てる ……………………………………………… p.141

CHAPTER 03

統計

SECTION-053

VER. 2010 2013 2016 2019 365

売上一覧から最高金額を求める

ここでは、売上一覧から最高金額を求める方法を説明します。

1 最高金額を求める数式の入力

	A	B	C	D	E	F
1	売上一覧					
2	日付	お弁当	飲料	合計		最高金額
3	4月1日	102,430	7,230	109,660		=MAX(D3:D12)
4	4月2日	92,340	8,820	101,160		
5	4月3日	112,430	12,430	124,860		
6	4月4日	88,230	9,230	97,460		
7	4月5日	79,230	9,910	89,140		
8	4月6日	142,390	8,240	150,630		
9	4月7日	94,230	7,920	102,150		
10	4月8日	99,250	10,240	109,490		
11	4月9日	78,350	11,430	89,780		
12	4月10日	112,430	9,230	121,660		

1 セルF3に「=MAX(D3:D12)」と入力する

結果の確認

	A	B	C	D	E	F
1	売上一覧					
2	日付	お弁当	飲料	合計		最高金額
3	4月1日	102,430	7,230	109,660		150,630
4	4月2日	92,340	8,820	101,160		
5	4月3日	112,430	12,430	124,860		
6	4月4日	88,230	9,230	97,460		
7	4月5日	79,230	9,910	89,140		
8	4月6日	142,390	8,240	150,630		
9	4月7日	94,230	7,920	102,150		
10	4月8日	99,250	10,240	109,490		
11	4月9日	78,350	11,430	89,780		
12	4月10日	112,430	9,230	121,660		

最も高い売上金額が求められた

ONEPOINT データの最大値を求めるには「MAX」関数を使う

「MAX」関数は、数値が入力されたセルのうちの最大値を求める関数です。セル範囲に文字列や空白のセルがある場合は無視されます。なお、文字列も含まれた範囲の最大値を求める場合には、「MAXA」関数を利用します。

「MAX」関数の書式は、次の通りです。

=MAX(数値1,数値2,…)

関連項目 ▶ ▶ ▶

● 売上一覧から最低金額を求める ………………………………………………… p.147

SECTION-054

VER. 2010 2013 2016 2019 365

売上一覧から最低金額を求める

ここでは、売上一覧から最低金額を求める方法を説明します。

1 最低金額を求める数式の入力

1 セルF3に「=MIN(D3:D12)」と入力する

結果の確認

	A	B	C	D	E	F
1	売上一覧					
2	日付	お弁当	飲料	合計		最高金額
3	4月1日	102,430	7,230	109,660		89,140
4	4月2日	92,340	8,820	101,160		
5	4月3日	112,430	12,430	124,860		
6	4月4日	88,230	9,230	97,460		
7	4月5日	79,230	9,910	89,140		
8	4月6日	142,390	8,240	150,630		
9	4月7日	94,230	7,920	102,150		
10	4月8日	99,250	10,240	109,490		
11	4月9日	78,350	11,430	89,780		
12	4月10日	112,430	9,230	121,660		

最も低い売上金額が求められた

ONEPOINT データの最小値を求めるには「MIN」関数を使う

「MIN」関数は、数値が入力されたセルのうちの最小値を求める関数です。セル範囲に文字列や空白のセルがある場合は無視されます。なお、文字列も含まれた範囲の最小値を求める場合には、「MINA」関数を利用します。

「MIN」関数の書式は、次の通りです。

=MIN(数値1,数値2,...)

関連項目 ▶▶▶

● 売上一覧から最高金額を求める·················p.146

SECTION-055

VER. 2010 2013 2016 2019 365

売上トップ3の金額を求める

ここでは、営業成績から売上トップ3の金額をそれぞれ求める方法を説明します。

1 第1位の売上を求める数式の入力

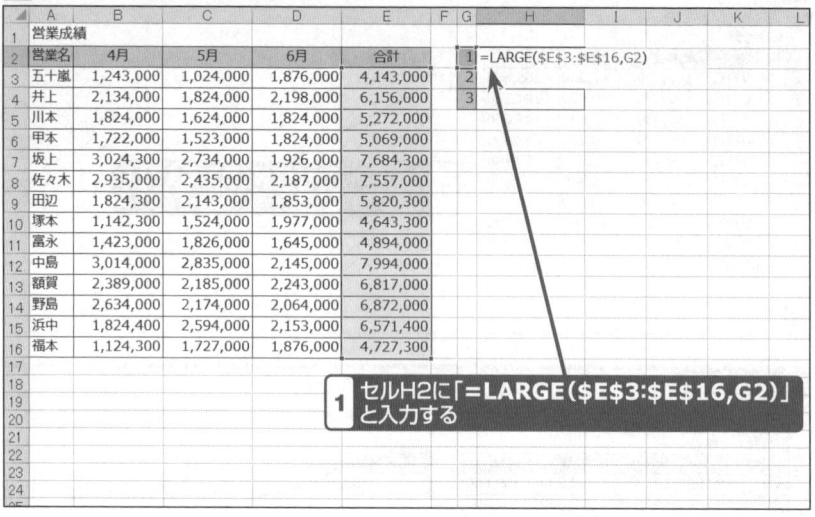

1 セルH2に「**=LARGE($E$3:$E$16,G2)**」と入力する

HINT

ここでは、第1位の売上を求めるために「1」が入力されているセルG2を指定しています。なお、セルを絶対参照で指定する場合には、セルを選択した後に F4 キーを押します(39ページ参照)。

2 数式の複製

1 セルH2をクリック

2 フィルハンドル(■)で左ボタンを押す

3 セルH4までドラッグし、左ボタンを離す

結果の確認

	A	B	C	D	E	F	G	H	I	J	K
1	営業成績										
2	営業名	4月	5月	6月	合計		1	7,994,000			
3	五十嵐	1,243,000	1,024,000	1,876,000	4,143,000		2	7,684,300			
4	井上	2,134,000	1,824,000	2,198,000	6,156,000		3	7,557,000			
5	川本	1,824,000	1,624,000	1,824,000	5,272,000						
6	甲本	1,722,000	1,523,000	1,824,000	5,069,000						
7	坂上	3,024,300	2,734,000	1,926,000	7,684,300						
8	佐々木	2,935,000	2,435,000	2,187,000	7,557,000						
9	田辺	1,824,300	2,143,000	1,853,000	5,820,300						
10	塚本	1,142,300	1,524,000	1,977,000	4,643,300						
11	富永	1,423,000	1,826,000	1,645,000	4,894,000						
12	中島	3,014,000	2,835,000	2,145,000	7,994,000						
13	額賀	2,389,000	2,185,000	2,243,000	6,817,000						
14	野島	2,634,000	2,174,000	2,064,000	6,872,000						
15	浜中	1,824,400	2,594,000	2,153,000	6,571,400						
16	福本	1,124,300	1,727,000	1,876,000	4,727,300						

第1位から第3位の金額が求められた

ONEPOINT　指定した順位番目に大きなデータを求めるには「LARGE」関数を使う

「LARGE」関数は、データの中から指定した順位番目に大きな値を取り出す関数です。得点や売上金額から最高、第2位、第3位などのデータを求める用途で利用できます。なお、指定した順位番目に小さな値を取り出す場合には、「SMALL」関数を利用します。

「LARGE」関数の書式は、次の通りです。

=LARGE(範囲,順位)

関連項目 ▶▶▶

- マラソンタイムの1位から3位を求める……………………………………………p.150
- 試験結果に順位を表示する…………………………………………………………p.168

SECTION-056

VER. 2010 2013 2016 2019 365

マラソンタイムの1位から3位を求める

ここでは、マラソンタイム一覧からトップ3のタイムをそれぞれ求める方法を説明します。

1 「セルの書式設定」ダイアログボックスの表示

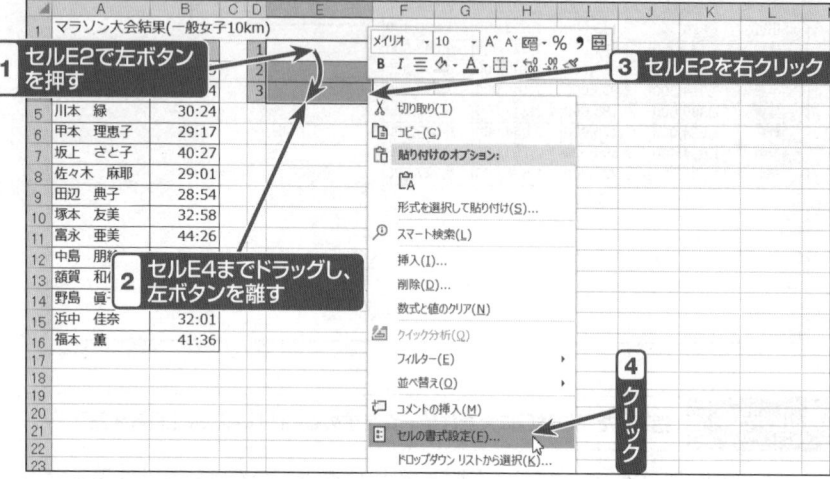

2 タイムを表示するためのセルの書式設定

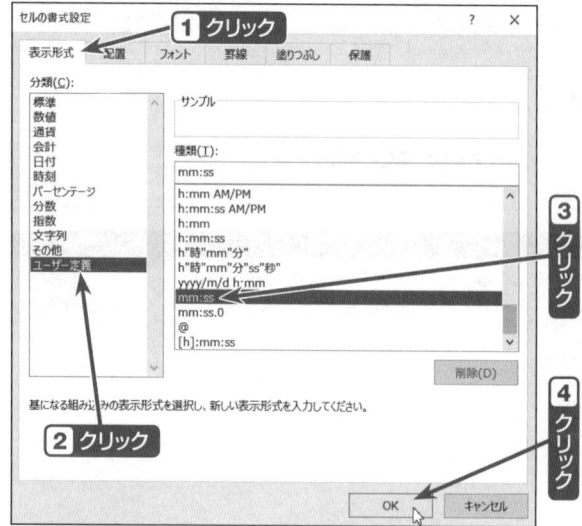

> **HINT**
> ここでは、タイムを「○○(分):○○(秒)」と表示するために、「mm:ss」の書式を選択しています。
> B列のタイムも同様の書式設定を選択してあります。

3 第1位のタイムを求める数式の入力

|H|I|N|T|
ここでは、第1位の売上を求めるために「1」が入力されているセルD2を指定しています。なお、セルを絶対参照で指定する場合には、セルを選択した後に F4 キーを押します（39ページ参照）。

4 数式の複製

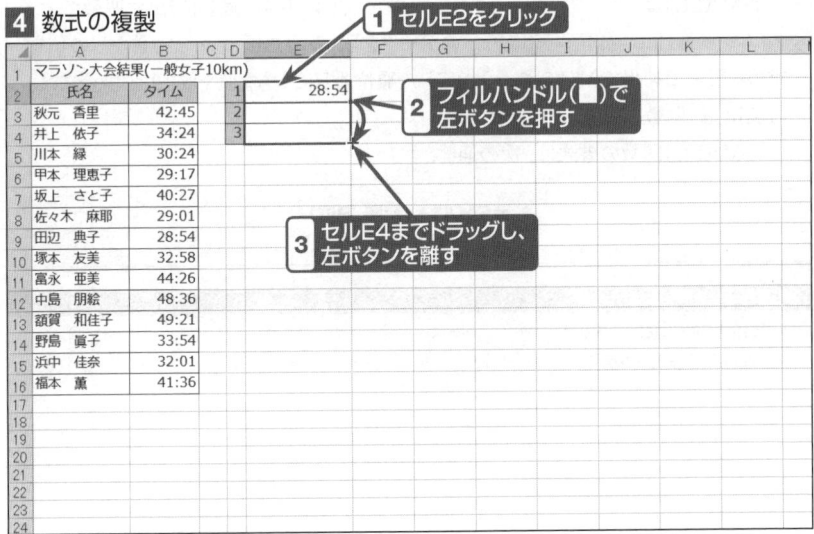

|H|I|N|T|
数式を複製した後に、「エラーインジケータ」（セルの左上の緑色の三角）が表示された場合には、セルを選択すると表示される ◆（エラーのトレース）をクリックし、[エラーを無視する(I)]を選択します。

■ SECTION-056 ■ マラソンタイムの1位から3位を求める

結果の確認

	A	B	C	D	E
1	マラソン大会結果(一般女子10km)				
2	氏名	タイム		1	28:54
3	秋元 香里	42:45		2	29:01
4	井上 依子	34:24		3	29:17
5	川本 緑	30:24			
6	甲本 理恵子	29:17			
7	坂上 さと子	40:27			
8	佐々木 麻耶	29:01			
9	田辺 典子	28:54			
10	塚本 友美	32:58			
11	富永 亜美	44:26			
12	中島 朋絵	48:36			
13	額賀 和佳子	49:21			
14	野島 眞子	33:54			
15	浜中 佳奈	32:01			
16	福本 薫	41:36			

第1位から第3位のタイムが求められた

ONEPOINT 指定した順位番目に小さなデータを求めるには「SMALL」関数を使う

「SMALL」は、データの中から指定した順位番目に小さな値を取り出す関数です。タイムから第1位、第2位、第3位などのデータを取り出したり、ブービー賞などの値を求める用途で利用できます。なお、指定した順位番目に大きな値を取り出す場合には、「LARGE」関数を利用します。

「SMALL」関数の書式は、次の通りです。

=SMALL(範囲,順位)

関連項目 ▶▶▶

- 売上トップ3の金額を求める ……………………………………………… p.148
- 試験結果に順位を表示する…………………………………………………… p.168

SECTION-057

VER. 2010 2013 2016 2019 365

「0」を除いた最小値を求める

通常、「SMALL」関数で「0」を含むデータから最小値を求めると「0」が返されますが、「COUNTIF」関数を利用することで「0」を除いた最小値を求めることができます。ここでは、売上が0円の定休日を含む一覧から、売上金額の最小値を求める方法を説明します。

1 「0」を除いたデータから最小値を求める数式の入力

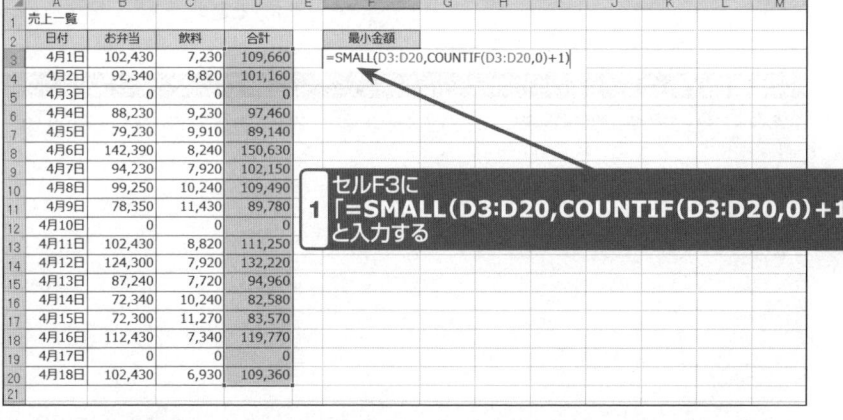

1 セルF3に「**=SMALL(D3:D20,COUNTIF(D3:D20,0)+1)**」と入力する

KEYWORD

▶「SMALL」関数
データの中から指定した順位番目に小さな値を取り出す関数です。

▶「COUNTIF」関数
指定された条件に一致するセルの個数を返す関数です。

結果の確認

	A	B	C	D	E	F
1	売上一覧					
2	日付	お弁当	飲料	合計		最小金額
3	4月1日	102,430	7,230	109,660		82,580
4	4月2日	92,340	8,820	101,160		
5	4月3日	0	0	0		
6	4月4日	88,230	9,230	97,460		
7	4月5日	79,230	9,910	89,140		
8	4月6日	142,390	8,240	150,630		
9	4月7日	94,230	7,920	102,150		
10	4月8日	99,250	10,240	109,490		
11	4月9日	78,350	11,430	89,780		
12	4月10日	0	0	0		
13	4月11日	102,430	8,820	111,250		
14	4月12日	124,300	7,920	132,220		
15	4月13日	87,240	7,720	94,960		
16	4月14日	72,340	10,240	82,580		
17	4月15日	72,300	11,270	83,570		
18	4月16日	112,430	7,340	119,770		
19	4月17日	0	0	0		
20	4月18日	102,430	6,930	109,360		

「0」を含むデータから「0」を除いた最小値が求められた

■ SECTION-057 ■ 「0」を除いた最小値を求める

> **ONEPOINT**　「0」を除いた最小値は「0」の個数をもとに順位指定する

「0」を除いた最小値は、「0」の次に小さな値を求めます。ただし、データ範囲に「0」が1つだけとは限らないため、「COUNTIF」関数で「0」の個数を求め、その数に1を足した値を「SMALL」関数に指定します。

```
                           「0」の個数
=SMALL(D3:D20,COUNTIF(D3:D20,0)+1)
       データ範囲          次の順位を求めるため
                          に1を足す
```

関連項目 ▶▶▶

- 売上一覧から最低金額を求める ……………………………………………………… p.147

SECTION-058 VER. 2010 2013 2016 2019 365

アンケート第1位の結果を求める

ここでは、アンケートの値の中から一番多い回答を求める方法を説明します。

1 「セルの書式設定」ダイアログボックスの表示

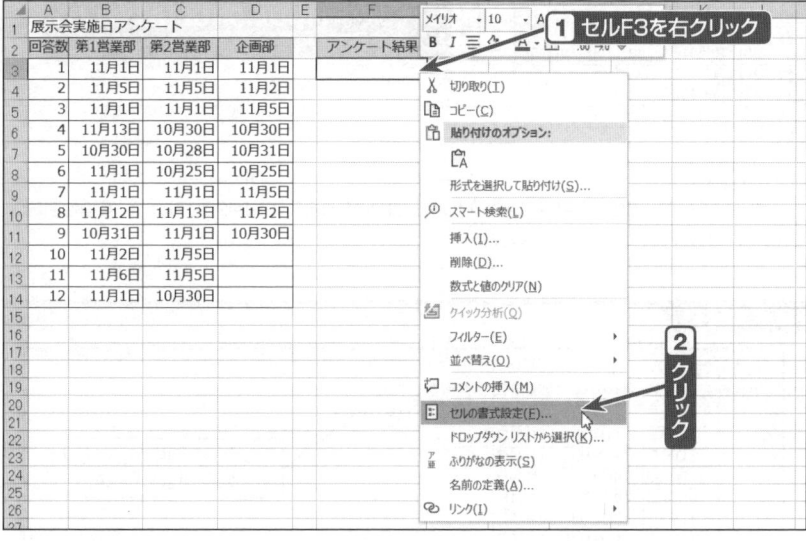

2 日付を表示するためのセルの書式設定

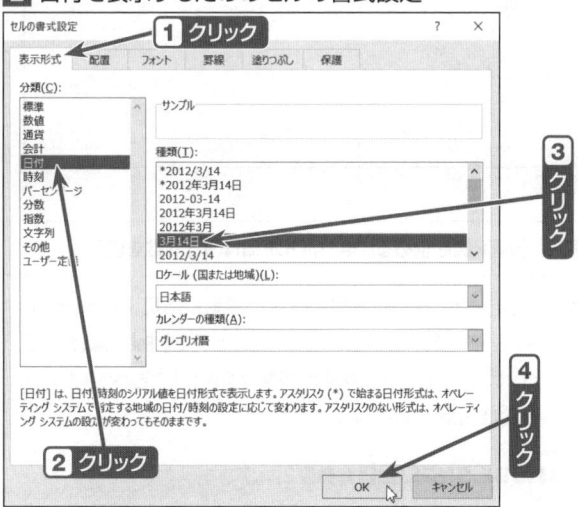

HINT
ここでは、アンケートの結果(日付)を表示するために「3月14日」の書式を選択しています。

■ SECTION-058 ■ アンケート第1位の結果を求める

3 アンケート第1位の結果を求める数式の入力

	A	B	C	D	E	F
1	展示会実施日アンケート					
2	回答数	第1営業部	第2営業部	企画部		アンケート結果
3	1	11月1日	11月1日	11月1日		=MODE.SNGL(B3:D14)
4	2	11月5日	11月5日	11月2日		
5	3	11月1日	11月1日	11月5日		
6	4	11月13日	10月30日	10月30日		
7	5	10月30日	10月28日	10月31日		
8	6	11月1日	10月25日	10月25日		
9	7	11月1日	11月1日	11月5日		
10	8	11月12日	11月13日	11月2日		
11	9	10月31日	11月1日	10月30日		
12	10	11月2日	11月5日			
13	11	11月6日	11月5日			
14	12	11月1日	10月30日			

1 セルF3に「**=MODE.SNGL(B3:D14)**」と入力する

HINT
「MODE.SNGL」関数の互換性関数は「MODE」関数になります(Excel2007以前)。互換性関数については27ページを参照してください。

結果の確認

	A	B	C	D	E	F
1	展示会実施日アンケート					
2	回答数	第1営業部	第2営業部	企画部		アンケート結果
3	1	11月1日	11月1日	11月1日		11月1日
4	2	11月5日	11月5日	11月2日		
5	3	11月1日	11月1日	11月5日		
6	4	11月13日	10月30日	10月30日		
7	5	10月30日	10月28日	10月31日		
8	6	11月1日	10月25日	10月25日		
9	7	11月1日	11月1日	11月5日		
10	8	11月12日	11月13日	11月2日		
11	9	10月31日	11月1日	10月30日		
12	10	11月2日	11月5日			
13	11	11月6日	11月5日			
14	12	11月1日	10月30日			

アンケートの中から最も多い回答が求められた

ONEPOINT データ範囲から頻繁値を求めるには「MODE.SNGL」関数を使う

「MODE.SNGL」関数は、指定したデータ範囲の中で、最も頻繁に出現する値を返す関数です。アンケートで最も多い回答を調べる場合に利用することができます。操作例では、日付を対象にしていますが、数値や文字列、時刻の頻繁値も求めることができます。

「MODE.SNGL」関数の書式は、次の通りです。

=MODE.SNGL(数値1,数値2,...)

なお、引数に指定した範囲に、文字列、論理値、または空白セルが含まれている場合には無視されます。

SECTION-059

VER. 2010 2013 2016 2019 365

アンケートの回答が全体の何%かを調べる

セルに入力されたデータが全体に対してどのくらいの割合かを求めるには、「COUNTIF」関数を利用します。ここでは、アンケート結果から各回答が全体の何%の割合かを求める方法を説明します。

1 回答が全体の何%かを求める数式の入力

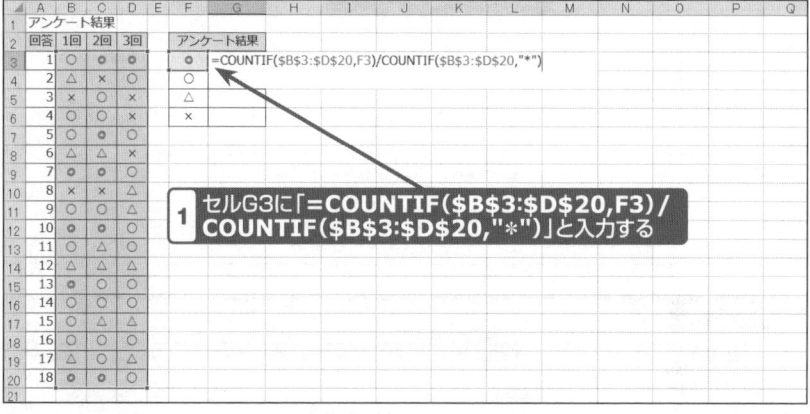

セルG3に「=COUNTIF($B$3:$D$20,F3)/COUNTIF($B$3:$D$20,"*")」と入力する

HINT
セルを絶対参照で指定する場合には、セルを選択した後にF4キーを押します（39ページ参照）。

KEYWORD
▶「COUNTIF」関数
指定された条件に一致するセルの個数を返す関数です。

2 セルの書式設定の変更

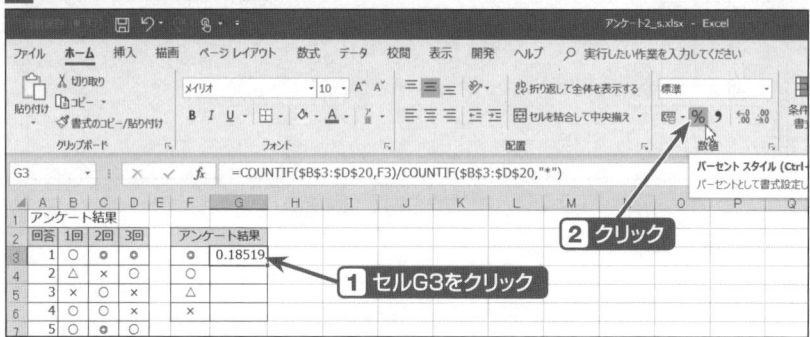

1 セルG3をクリック
2 クリック

HINT
ここでは、割合を%で表示するために ％ (パーセントスタイル)を設定しています。

■ SECTION-059 ■ アンケートの回答が全体の何%かを調べる

3 数式の複製

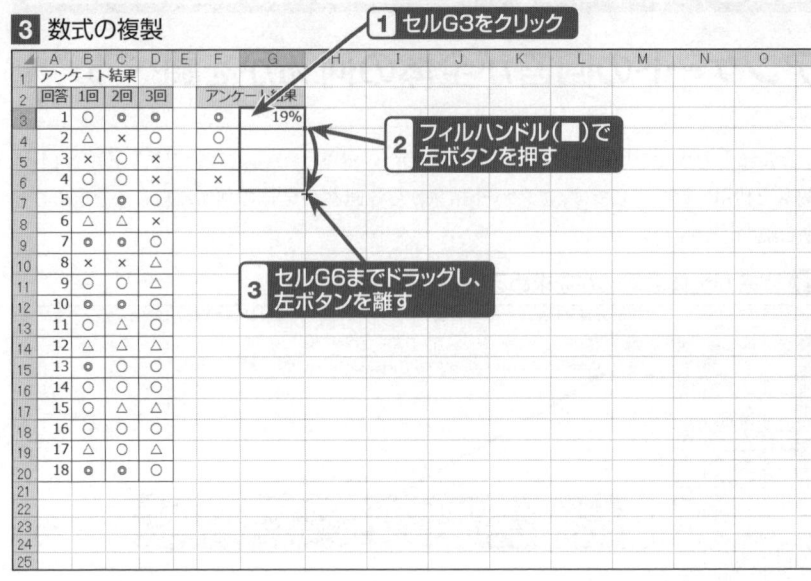

結果の確認

回答の全体比が求められた

ONEPOINT 全体比は「個数÷全体数」を計算する

　全体比は目的の個数を全体数で割ることで求めることができます。操作例のアンケートの場合は、回答が入力されているセル範囲を対象に、「COUNTIF」関数で各回答を条件に指定して求めたセル数を、値が入力されているセル数で割ることで全体比を求めています。

　　　　　　　　　　　　　　　割って割合
　　　　　　　　　　　　　　　を求める

=COUNTIF($B$3:$D$20,F3)/COUNTIF($B$3:$D$20,"*")

　　　回答が「◎」のセル数を　　　　　値が入力されている
　　　求める　　　　　　　　　　　　　セル数を求める

COLUMN 無回答が含まれる場合に回答の全体比を求めるには

　セル範囲に値が入力されていないセル(無回答)がある場合には、次のように数式を作成します。

　　　　　　　　　割って割合を　　値が入力されている　　すべての回答数
　　　　　　　　　求める　　　　　セル数を求める　　　　を足す

**=COUNTIF($B$3:$D$20,F3)/(COUNTIF($B$3:$D$20,"*")+
COUNTIF($B$3:$D$20,"<>"&"*"))**

　　　　　　　　　値が入力されていない
　　　　　　　　　セル数を求める

　なお、値が入力されているセルは「COUNTA」関数、空白のセルは「COUNTBLANK」関数を使っても求めることができます。

関連項目 ▶▶▶
- アンケートの評価別の件数を数える ………………………………………………… p.121

SECTION-060

全体の60%より高い得点の場合は合格と判定する

ここでは、試験結果から全体の60%に当たる得点より高い場合には、「合格」と表示する方法を解説します。

1 全体の60%より高い得点の場合は合格と返す数式の入力

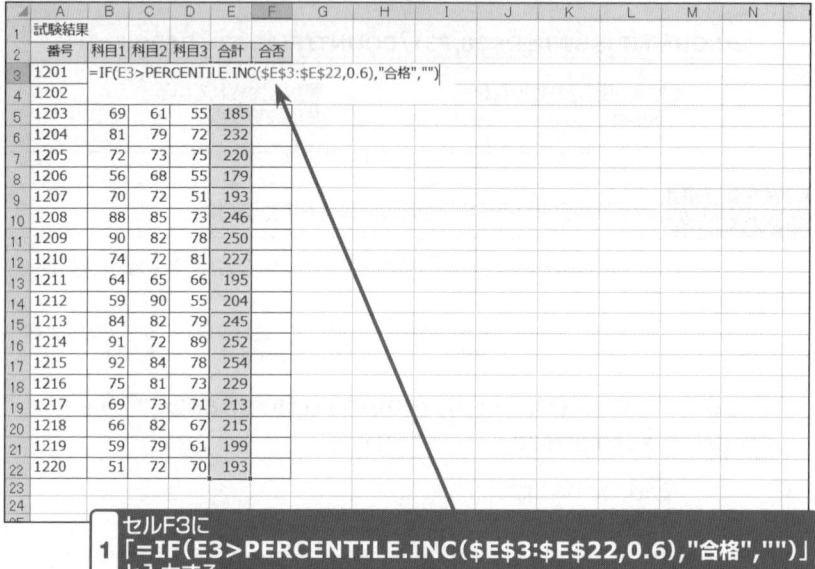

1　セルF3に
「=IF(E3>PERCENTILE.INC($E$3:$E$22,0.6),"合格","")」
と入力する

> **HINT**
> セルを絶対参照で指定する場合には、セルを選択した後に F4 キーを押します(39ページ参照)。

> **HINT**
> 「PERCENTILE.INC」関数の互換性関数は「PERCENTILE」関数になります(Excel2007以前)。互換性関数については27ページを参照してください。

KEYWORD

▶「IF」関数
指定した条件によって処理を分岐させる関数です。

■ SECTION-060 ■ 全体の60%より高い得点の場合は合格と判定する

2 数式の複製

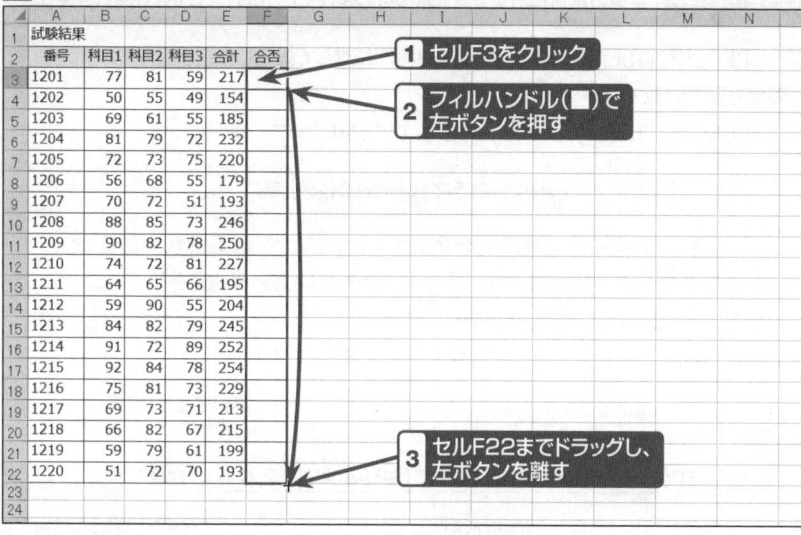

結果の確認

■ SECTION-060 ■ 全体の60%より高い得点の場合は合格と判定する

> **ONEPOINT**　全体の割合に対する値を求めるには「PERCENTILE.INC」関数を使う
>
> 「PERCENTILE.INC」関数は、データ範囲に対して指定した割合（位置）に相当する値を返す関数です。
>
> 「PERCENTILE.INC」関数の書式は、次の通りです。
>
> **=PERCENTILE.INC(配列,率)**
>
> 引数「率」には0～1の範囲で割合値を指定します。たとえば、50%の位置なら0.5、上位20%であれば0.8を指定します。操作例では60%より高い得点を合格とするために、「PERCENTILE.INC」関数で0.6の位置の得点数を求めて、それより大きい得点の場合には「合格」と表示するようにIF関数で条件分岐しています。
>
> 高い場合は「合格」と表示する
>
> **=IF(E3>PERCENTILE.INC($E$3:$E$22,0.6),"合格","")**
>
> 得点が60%に当たる得点より高いかどうか　　高くない場合には何も表示しない

> **COLUMN**　「PERCENTILE.INC」関数と「PERCENTILE.EXC」関数の違い
>
> 「PERCENTILE.EXC」関数は、「PERCENTILE.INC」関数と同様に、データ範囲に対して指定した割合（位置）に相当する値を返す関数です。書式は同じですが、統計学的な整合性を高めるために、引数「率」には0より大きく1より小さい割合値を指定するように変更されています（0と1を指定するとエラー値「#NUM!」が返される）。
>
> 「.EXC」付きの関数は0と1を除外（EXCLUDE）し、「.INC」付きの関数は0と1を含む（INCLUDE）と覚えるとよいでしょう。

関連項目 ▶▶▶
- データが全体の何%の位置にあるか求める ……………………………………… p.163

SECTION-061

VER. 2010 2013 2016 2019 365

データが全体の何%の位置にあるか求める

ここでは、月ごとの売上が年間売上の何%の位置にあるのか求める方法を説明します。

1 回答が全体の何%かを求める数式の入力

	A	B	C	D	E	F
1	支店別売上一覧					
2		東京支店	多摩支店	千葉支店	合計	割合
3	1月	234,500	125,400	182,400	542,300	=PERCENTRANK.INC($E$3:$E$14,E3)
4	2月	132,900	108,700	192,300	433,900	
5	3月	184,300	89,340	203,500	477,140	
6	4月	214,600	92,430	201,500	508,530	
7	5月	197,300	80,300	193,400	471,000	
8	6月	203,400	112,300	172,400	488,100	
9	7月	221,300	123,700	213,500	558,500	
10	8月	188,200	99,300	153,400	440,900	
11	9月	192,300	124,500	169,800	486,600	
12	10月	172,400	118,700	142,300	433,400	
13	11月	214,500	93,450	185,600	493,550	
14	12月	253,400	88,240	201,400	543,040	
15						

1 セルF3に「**=PERCENTRANK.INC($E$3:$E$14,E3)**」と入力する

HINT
セルを絶対参照で指定する場合には、セルを選択した後に F4 キーを押します(39ページ参照)。

HINT
「PERCENTRANK.INC」関数の互換性関数は「PERCENTRANK」関数になります(Excel2007以前)。互換性関数については27ページを参照してください。

2 セルの書式設定の変更

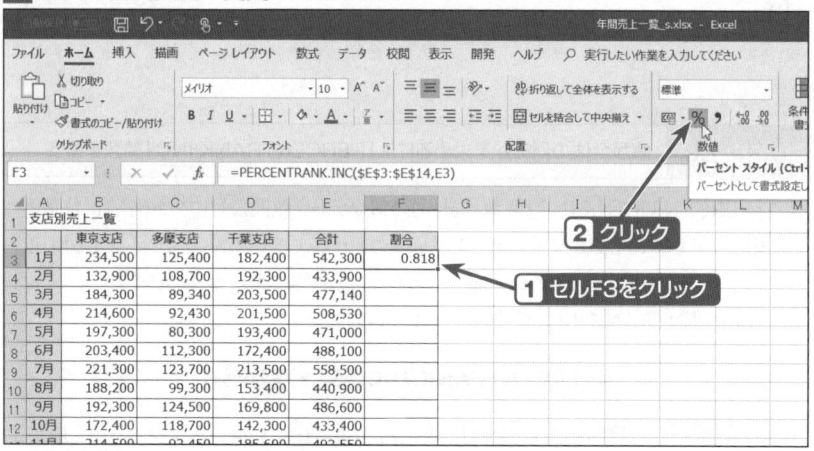

1 セルF3をクリック

2 クリック

HINT
ここでは、割合を%で表示するために ％ (パーセントスタイル)を設定しています。

■ SECTION-061 ■ データが全体の何％の位置にあるか求める

3 数式の複製

	A	B	C	D	E	F
1	支店別売上一覧					
2		東京支店	多摩支店	千葉支店	合計	割合
3	1月	234,500	125,400	182,400	542,300	82%
4	2月	132,900	108,700	192,300	433,900	
5	3月	184,300	89,340	203,500	477,140	
6	4月	214,600	92,430	201,500	508,530	
7	5月	197,300	80,300	193,400	471,000	
8	6月	203,400	112,300	172,400	488,100	
9	7月	221,300	123,700	213,500	558,500	
10	8月	188,200	99,300	153,400	440,900	
11	9月	192,300	124,500	169,800	486,600	
12	10月	172,400	118,700	142,300	433,400	
13	11月	214,500	93,450	185,600	493,550	
14	12月	253,400	88,240	201,400	543,040	
15						
16						

1 セルF3をクリック

2 フィルハンドル(■)で左ボタンを押す

3 セルF14までドラッグし、左ボタンを離す

結果の確認

	A	B	C	D	E	F
1	支店別売上一覧					
2		東京支店	多摩支店	千葉支店	合計	割合
3	1月	234,500	125,400	182,400	542,300	82%
4	2月	132,900	108,700	192,300	433,900	9%
5	3月	184,300	89,340	203,500	477,140	36%
6	4月	214,600	92,430	201,500	508,530	73%
7	5月	197,300	80,300	193,400	471,000	27%
8	6月	203,400	112,300	172,400	488,100	55%
9	7月	221,300	123,700	213,500	558,500	100%
10	8月	188,200	99,300	153,400	440,900	18%
11	9月	192,300	124,500	169,800	486,600	45%
12	10月	172,400	118,700	142,300	433,400	0%
13	11月	214,500	93,450	185,600	493,550	64%
14	12月	253,400	88,240	201,400	543,040	91%
15						
16						

売上が全体の何％の位置にあるかが求められた

ONEPOINT 値が全体の何％かを求めるには「PERCENTRANK.INC」関数を使う

「PERCENTRANK.INC」関数は、目的の値がデータ範囲に対してどの割合（位置）に相当するか求める関数です。データが全体のどれくらいを占めているか判断する用途で利用します。なお、データの最大値には100％、最小値には0％が返されます。

「PERCENTRANK.INC」関数の書式は、次の通りです。

=PERCENTRANK.INC(配列,x,有効桁数)

引数「配列」には配列またはセル範囲を指定し、引数「x」には割合を調べる値を指定します。引数「有効桁数」は省略可能な引数で、計算結果として返される百分率の有効桁数を指定することができます。省略した場合には、小数点以下第3位まで計算されます。

■ SECTION-061 ■ データが全体の何％の位置にあるか求める

> **COLUMN**　「PERCENTRANK.INC」関数と「PERCENTRANK.EXC」関数の違い
>
> 　「PERCENTRANK.EXC」関数は、「PERCENTRANK.INC」関数と同様に、目的の値がデータ範囲に対してどの割合（位置）に相当するか求める関数です。書式は同じですが、統計学的な整合性を高めるために、引数「率」には0より大きく1より小さい割合値を指定するように変更されています（0と1を指定するとエラー値「#NUM!」が返される）。
> 　「.EXC」付きの関数は0と1を除外（EXCLUDE）し、「.INC」付きの関数は0と1を含む（INCLUDE）と覚えるとよいでしょう。

関連項目 ▶▶▶

- 全体の60％より高い得点の場合は合格と判定する ……………………………………… p.160

SECTION-062

全体の中央に当たる値を求める

ここでは、身体測定一覧の身長と体重の中央値を求める方法を説明します。

1 身長の中央値を求める数式の入力

1. セルE4に「=MEDIAN(B3:B14)」と入力する

2 数式の複製

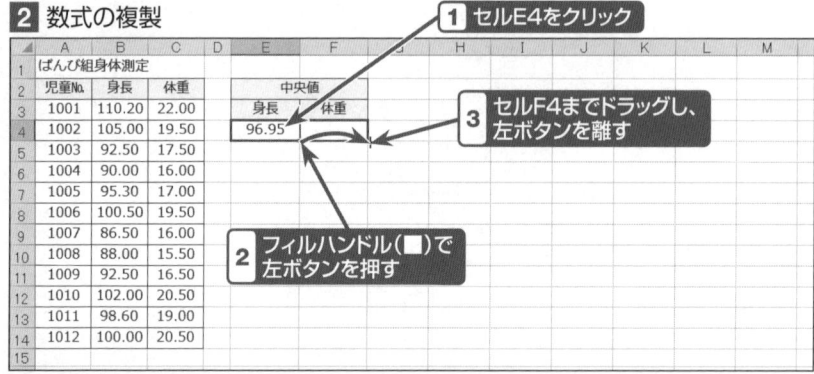

1. セルE4をクリック
2. フィルハンドル(■)で左ボタンを押す
3. セルF4までドラッグし、左ボタンを離す

結果の確認

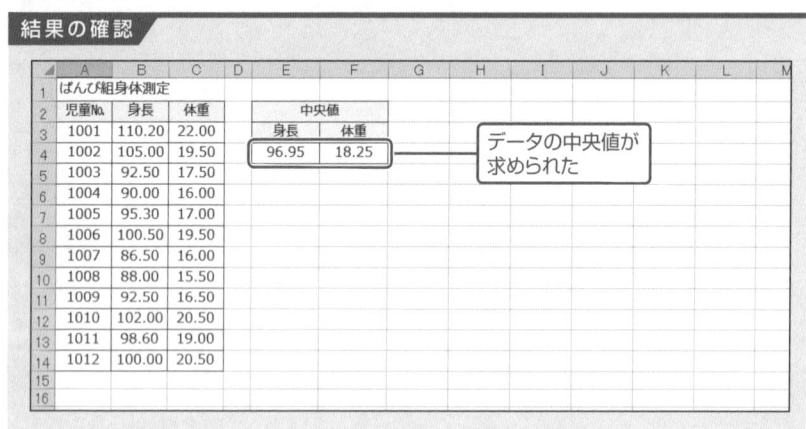

データの中央値が求められた

> **ONEPOINT** データの中央値を求めるには「MEDIAN」関数を使う
>
> 　「MEDIAN」関数は、指定したデータを小さい順に並べ、その中央に位置する値を返す関数です。たとえば、5つのデータの中央値は小さい順から3つ目のデータとなります。データが偶数の場合には、中央に位置する2つの数値の平均が計算されます。操作例では、12個のデータが選択されているので、中央の2つの数値（身長は95.30と98.60、体重は17.50と19.00）の平均値が返されています。
> 　「MEDIAN」関数の書式は、次の通りです。
>
> **＝MEDIAN（数値1,数値2,…）**
>
> 　なお、引数として指定したセル範囲に、文字列、論理値、または空白セルが含まれている場合は、無視されます。

SECTION-063

試験結果に順位を表示する

ここでは、試験結果の得点に順位を表示する方法を説明します。

1 順位を表示する数式の入力

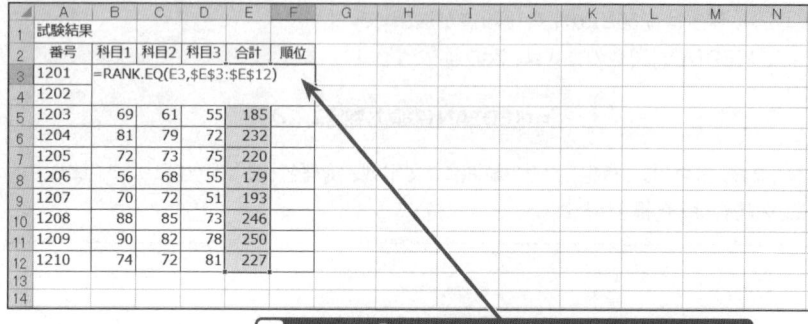

セルF3に「**=RANK.EQ(E3,$E$3:$E$12)**」と入力する

HINT
セルを絶対参照で指定する場合には、セルを選択した後にF4キーを押します（39ページ参照）。

HINT
「RANK.EQ」関数の互換性関数は「RANK」関数になります（Excel2007以前）。互換性関数については27ページを参照してください。

2 数式の複製

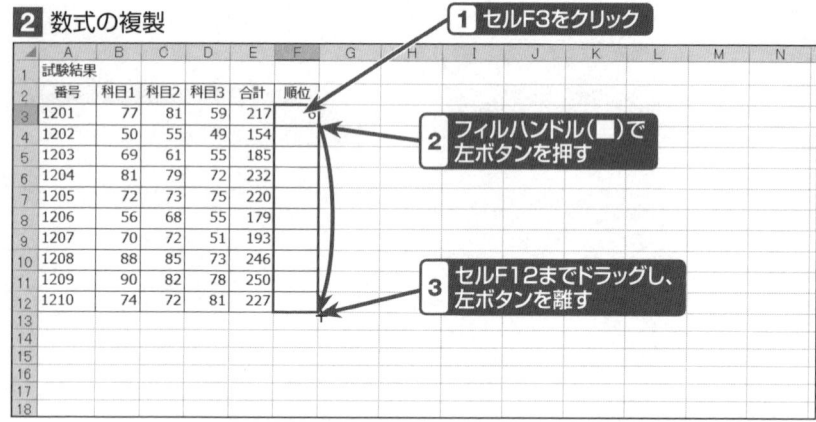

1. セルF3をクリック
2. フィルハンドル（■）で左ボタンを押す
3. セルF12までドラッグし、左ボタンを離す

■ SECTION-063 ■ 試験結果に順位を表示する

結果の確認

	A	B	C	D	E	F
1	試験結果					
2	番号	科目1	科目2	科目3	合計	順位
3	1201	77	81	59	217	6
4	1202	50	55	49	154	10
5	1203	69	61	55	185	8
6	1204	81	79	72	232	3
7	1205	72	73	75	220	5
8	1206	56	68	55	179	9
9	1207	70	72	51	193	7
10	1208	88	85	73	246	2
11	1209	90	82	78	250	1
12	1210	74	72	81	227	4

得点の高い順に順位が表示された

ONEPOINT　大きい順・小さい順を指定して順位を付けるには「RANK.EQ」関数を使う

大きい順・小さい順を指定して順位を付けるには「RANK.EQ」関数を使います。「RANK.EQ」関数の書式は次の通りです。

＝RANK.EQ(数値,範囲,順序)

引数「数値」には順位を調べる数値を指定し、引数「範囲」には順位を付けるセル範囲を指定します。引数「順序」に、「0」を指定または省略すると降順(大きい順)に、「0」以外の数値を指定すると昇順(小さい順)に順位が付けられます。

COLUMN　「RANK.EQ」関数と「RANK.AVG」関数の違い

「RANK.EQ」関数と「RANK.AVG」関数は書式は同じですが、同順位がある場合には、戻り値が異なります。「RANK.EQ」関数は「RANK」関数と同様に、重複した値は同順位とみなされます。「RANK.AVG」関数は重複した値は平均順位になります。たとえば、2位となる値が2つある場合、「RANK.EQ」関数では2つとも2位となりますが、「RANK.AVG」関数では「2.5」(2位と3位になる順位が2つあるため(2+3)÷2=2.5)となります。

	A	B	C	D	E	F
1	試験結果					
2	番号	科目1	科目2	科目3	合計	順位
3	1201	77	81	59	217	4
4	1202	50	55	49	154	5
5	1203	70	80	81	231	2
6	1204	80	71	80	231	2
7	1205	81	82	82	245	1
8						
9						
10	番号	科目1	科目2	科目3	合計	順位
11	1201	77	81	59	217	4
12	1202	50	55	49	154	5
13	1203	70	80	81	231	2.5
14	1204	80	71	80	231	2.5
15	1205	81	82	82	245	1

「RANK.EQ」関数で求めた順位

「RANK.AVG」関数で求めた順位

■ SECTION-063 ■ 試験結果に順位を表示する

COLUMN　複数シートのデータをもとに順位を付けるには

　複数シートの表組みがすべて同じレイアウトで作成されている場合には、各シートに作成したデータをもとに「RANK.EQ」関数でまとめて順位を付けることができます。たとえば、「1組」「2組」「3組」の各シートに作成した成績表（操作例と同じレイアウトで作成されていることとする）に順位を付けるには、次のように操作します。

❶ シート「1組」のセルF3に「=RANK.EQ(E3,'1組:3組'!$E$3:$E$12)」と入力します。
❷ セルF3をクリックし、フィルハンドル（■）をセルF12までドラッグします。
❸ 選択を解除せずに、セルF3を右クリックし、表示されるメニューから[コピー(C)]を選択します。
❹ シート「2組」をクリックして、セルF3を右クリックし、表示されるメニューの貼り付けの「オプション」から (貼り付け(P))を選択します。
❺ 操作❹の手順でワークシート「3組」にも数式をコピーします。

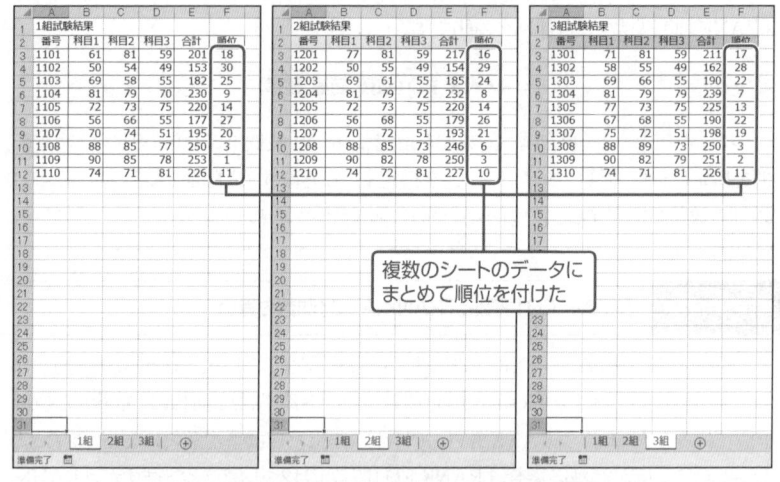

複数のシートのデータにまとめて順位を付けた

関連項目 ▶▶▶

- 売上トップ3の金額を求める ……………………………………………………… p.148
- マラソンタイムの1位から3位を求める……………………………………………… p.150
- 離れたセル範囲のデータに順位を付ける ……………………………………… p.171

SECTION-064

VER. 2010 2013 2016 2019 365

離れたセル範囲のデータに順位を付ける

通常、「RANK.EQ」関数には離れたセル範囲を指定することができませんが、セル範囲に名前を付けることで「RANK.EQ」関数に指定できるようになります。ここでは、売上一覧の南町店と駅前店だけの離れたセル範囲に順位を表示させる方法を説明します。

1 セル範囲の選択

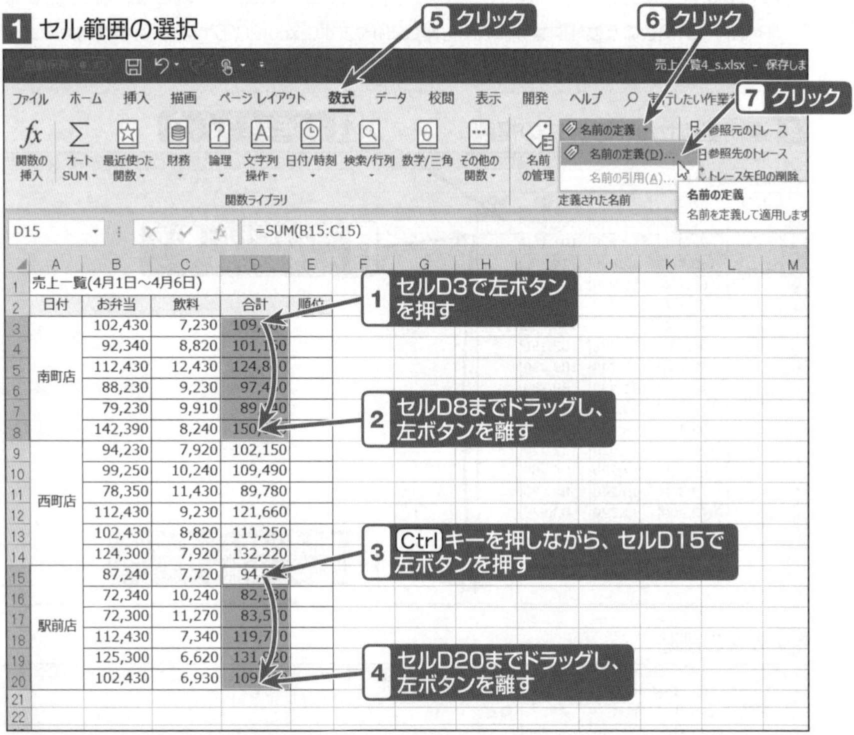

- 1 セルD3で左ボタンを押す
- 2 セルD8までドラッグし、左ボタンを離す
- 3 Ctrlキーを押しながら、セルD15で左ボタンを押す
- 4 セルD20までドラッグし、左ボタンを離す
- 5 クリック
- 6 クリック
- 7 クリック

2 セル範囲への名前の設定

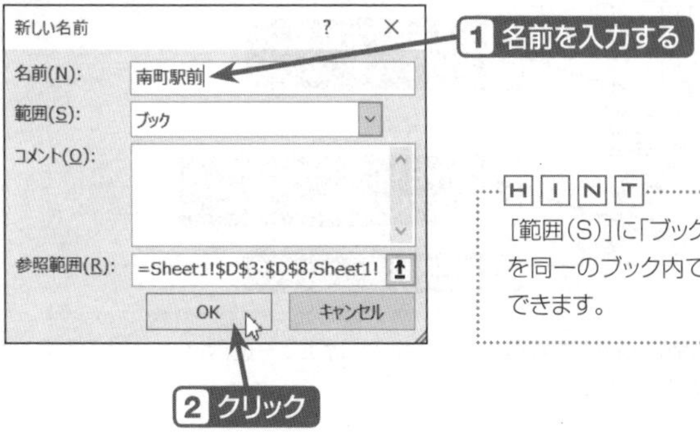

- 1 名前を入力する (南町駅前)
- 2 クリック

HINT
［範囲(S)］に「ブック」を選択すると、定義した名前を同一のブック内で(他のワークシートでも)利用できます。

3 順位を表示する数式の入力

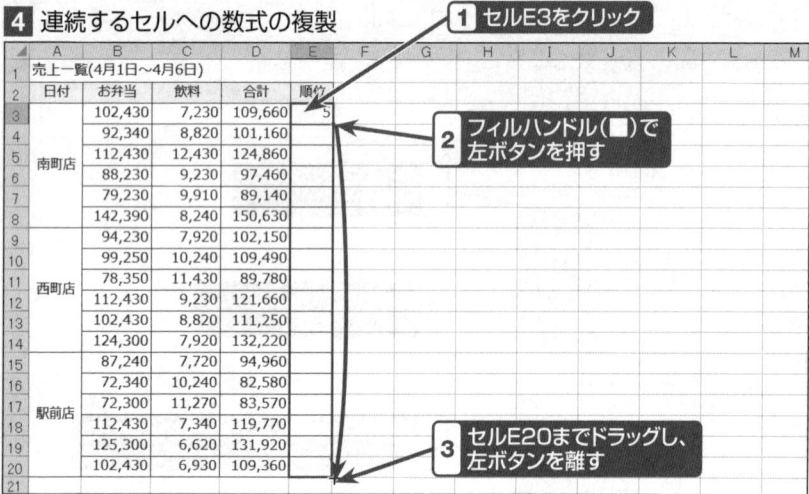

HINT

「RANK.EQ」関数の互換性関数は「RANK」関数になります（Excel2007以前）。互換性関数については27ページを参照してください。

4 連続するセルへの数式の複製

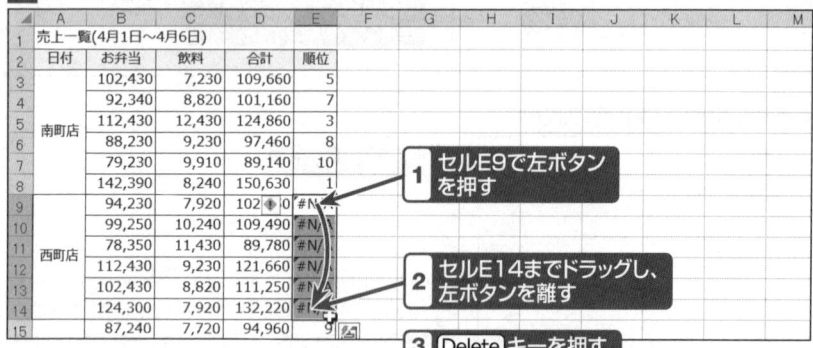

5 数式の削除

HINT

ここでは、セル範囲に付けた名前「南町駅前」に該当しない範囲にはエラー値「#N/A」が表示されてしまうため、コピーした数式を削除しています。

結果の確認

	A	B	C	D	E
1	売上一覧(4月1日〜4月6日)				
2	日付	お弁当	飲料	合計	順位
3	南町店	102,430	7,230	109,660	5
4		92,340	8,820	101,160	7
5		112,430	12,430	124,860	3
6		88,230	9,230	97,460	8
7		79,230	9,910	89,140	10
8		142,390	8,240	150,630	1
9	西町店	94,230	7,920	102,150	
10		99,250	10,240	109,490	
11		78,350	11,430	89,780	
12		112,430	9,230	121,660	
13		102,430	8,820	111,250	
14		124,300	7,920	132,220	
15	駅前店	87,240	7,720	94,960	9
16		72,340	10,240	82,580	12
17		72,300	11,270	83,570	11
18		112,430	7,340	119,770	4
19		125,300	6,620	131,920	2
20		102,430	6,930	109,360	6

離れたセル範囲を関数に指定して順位が表示された

ONEPOINT 「名前」機能のレベルの違い

Excelには「名前」というセルやセル範囲に任意の文字列を割り当てる機能があります。この機能を利用することで、離れたセル範囲を関数に指定できるようになります。なお、定義した名前をブックのどのワークシートでも参照できるようにすることをブックレベルの名前、任意のワークシートだけで参照できるようにすることをシートレベルの名前といいます。たとえば、操作例 2 の画面の[範囲(S)]で「ブック」を選択すると、ブックレベルの名前、「Sheet1」（またはSheet2、Sheet3など）を選択すると選択したワークシート内のみの参照に限られるシートレベルの名前になります。

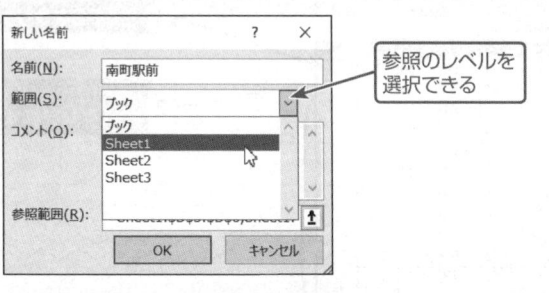

参照のレベルを選択できる

関連項目 ▶▶▶

- 試験結果に順位を表示する·· p.168

SECTION-065

四分位数を利用して試験結果を3段階でランク付けする

ここでは、試験結果から全体の75%より高い得点を「A」、25%より高く75%以下の得点を「B」、25%以下の得点を「C」とランク付けする方法を説明します。

1 得点をランク付けする数式の入力

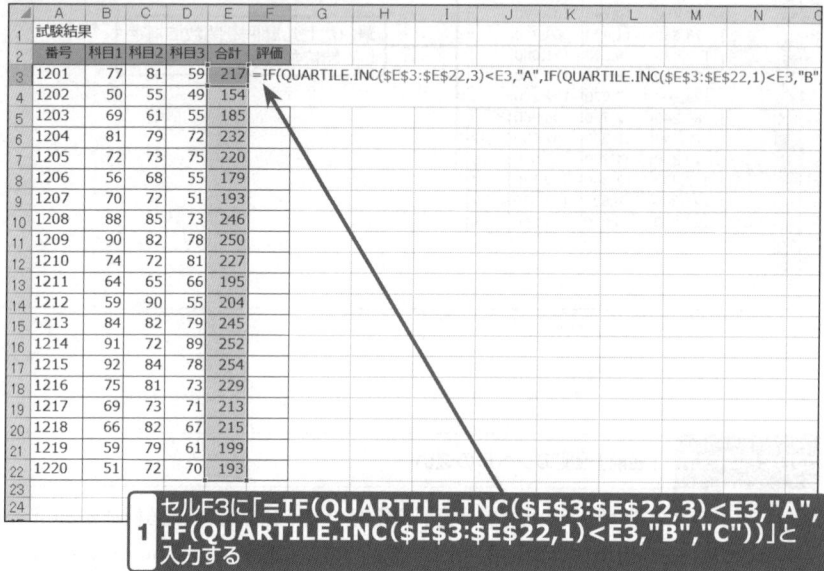

セルF3に「=IF(QUARTILE.INC($E$3:$E$22,3)<E3,"A",IF(QUARTILE.INC($E$3:$E$22,1)<E3,"B","C"))」と入力する

> **HINT**
> 「QUARTILE.INC」関数の互換性関数は「QUARTILE」関数になります(Excel2007以前)。互換性関数については27ページを参照してください。

2 数式の複製

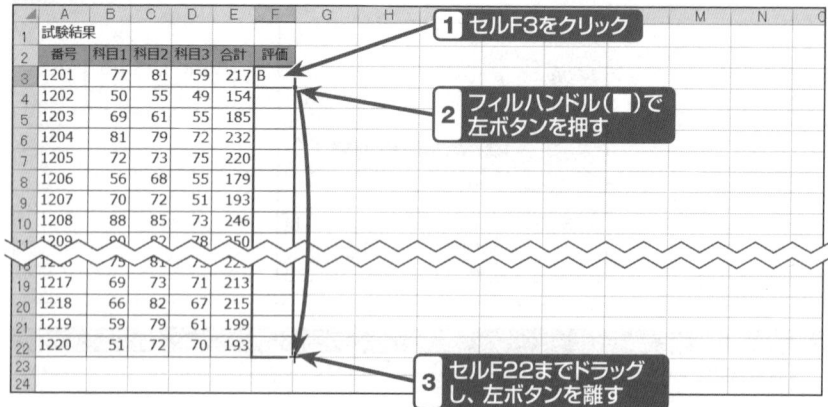

1. セルF3をクリック
2. フィルハンドル(■)で左ボタンを押す
3. セルF22までドラッグし、左ボタンを離す

■ SECTION-065 ■ 四分位数を利用して試験結果を3段階でランク付けする

結果の確認

	A	B	C	D	E	F
1	試験結果					
2	番号	科目1	科目2	科目3	合計	評価
3	1201	77	81	59	217	B
4	1202	50	55	49	154	C
5	1203	69	61	55	185	C
6	1204	81	79	72	232	B
7	1205	72	73	75	220	B
8	1206	56	68	55	179	C
9	1207	70	72	51	193	C
10	1208	88	85	73	246	A
11	1209	90	82	78	250	A
12	1210	74	72	81	227	B
13	1211	64	65	66	195	B
14	1212	59	90	55	204	B
15	1213	84	82	79	245	A
16	1214	91	72	89	252	A
17	1215	92	84	78	254	A
18	1216	75	81	73	229	B
19	1217	69	73	71	213	B
20	1218	66	82	67	215	B
21	1219	59	79	61	199	B
22	1220	51	72	70	193	C

得点が四分位数で「A」「B」「C」に区分された

ONEPOINT 戻り値を指定して四分位数を求めるには「QUARTILE.INC」関数を使う

「QUARTILE.INC」関数は、データの小さい順に最小値、25%、50%(中央値)、75%、100%(最大値)を求める関数です。

「QUARTILE.INC」関数の書式は、次の通りです。

=QUARTILE.INC(配列,戻り値)

引数「戻り値」には、四分位数の内容を「0」〜「4」までの数値で指定します。なお、引数「戻り値」に「0」を指定すると「MIN」関数、「2」を指定すると「MEDIAN」関数、「4」を指定すると「MAX」関数で求めた値に等しくなります。

引数「戻り値」の設定値	内容
0	最小値
1	第1四分位数(25%)
2	第2四分位数(50%)
3	第3四分位数(75%)
4	最大値

操作例では、「QUARTILE.INC」関数で75%と25%の値をそれぞれ求め、「IF」関数でランク別「A」「B」「C」それぞれの評価を返すよう振り分けています。

■ SECTION-065 ■ 四分位数を利用して試験結果を3段階でランク付けする

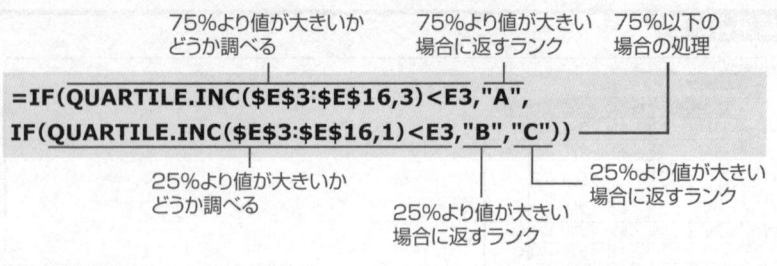

COLUMN 「QUARTILE.INC」関数と「QUARTILE.EXC」関数の違い

「QUARTILE.EXC」は、「QUARTILE.INC」と同様に戻り値を指定して四分位数を求める関数です。書式は同じですが、統計学的な整合性を高めるために、引数「戻り値」には0より大きく1より小さい割合値を指定するように変更されています。そのため、最小値と最大値を求める「0」と「4」を指定すると、エラー値「#NUM!」が返されてしまうので注意が必要です。なお、「QUARTILE.EXC」と「QUARTILE.INC」では計算方法が異なるため、第1四分位数、第2四分位数、第3四分位数を求めた結果が異なることがあります。

	A	B	C	D	E	F	G	H	I	J	K	L
1	試験結果											
2	番号	科目1	科目2	科目3	合計			最小値	第1四分位数	第1四分位数	第1四分位数	最大値
3	1201	77	81	59	217		QUARTILE.INC	154.00	194.50	216.00	235.25	254.00
4	1202	50	55	49	154		QUARTILE.EXC	#NUM!	193.50	216.00	241.75	#NUM!
5	1203	69	61	55	185							
6	1204	81	79	72	232							
7	1205	72	73	75	220							
8	1206	56	68	55	179				計算結果が異なる場合がある			
9	1207	70	72	51	193							
10	1208	88	85	73	246							
11	1209	90	82	78	250							
12	1210	74	72	81	227			引数「戻り値」に「0」を指定するとエラー「#NUM!」が返される				
13	1211	64	65	66	195							
14	1212	59	90	55	204							
15	1213	84	82	79	245							
16	1214	91	72	89	252					引数「戻り値」に「4」を指定するとエラー「#NUM!」が返される		
17	1215	92	84	78	254							
18	1216	75	81	73	229							
19	1217	69	73	71	213							
20	1218	66	82	67	215							
21	1219	59	79	61	199							
22	1220	51	72	70	193							

関連項目 ▶▶▶

- 売上一覧から最高金額を求める ……………………………………………………… p.146
- 売上一覧から最低金額を求める ……………………………………………………… p.147
- 全体の中央に当たる値を求める ……………………………………………………… p.166

SECTION-066

標準偏差からデータのばらつきを分析する

ここでは、A社とB社の飲料のアンケートに対する評価値から標準偏差を求める方法を説明します。

1 標準偏差を求める数式の入力

	A	B	C	D	E	F
1	飲料水アンケート結果					
2	No.	A社	B社			評価
3	1	1	3		5	かなり美味しい
4	2	1	2		4	美味しい
5	3	5	4		3	ふつう
6	4	1	3		2	好みではない
7	5	5	5		1	まずい
8	6	4	4			
9	7	1	2			
10	8	2	3			
11	9	4	3			
12	10	5	3			
13	11	2	4			
14	12	1	5			
15	13	5	2			
16	14	2	1			
17	15	1	2			
18	16	1	3			
19	17	5	4			
20	18	4	5			
21	19	1	4			
22	20		3			
23	標準偏差	=STDEV.S(B3:B22)				

1 セルB23に「**=STDEV.S(B3:B22)**」と入力する

HINT
「STDEV.S」関数の互換性関数は「STDEV」関数になります(Excel2007以前)。互換性関数については27ページを参照してください。

2 数式の複製

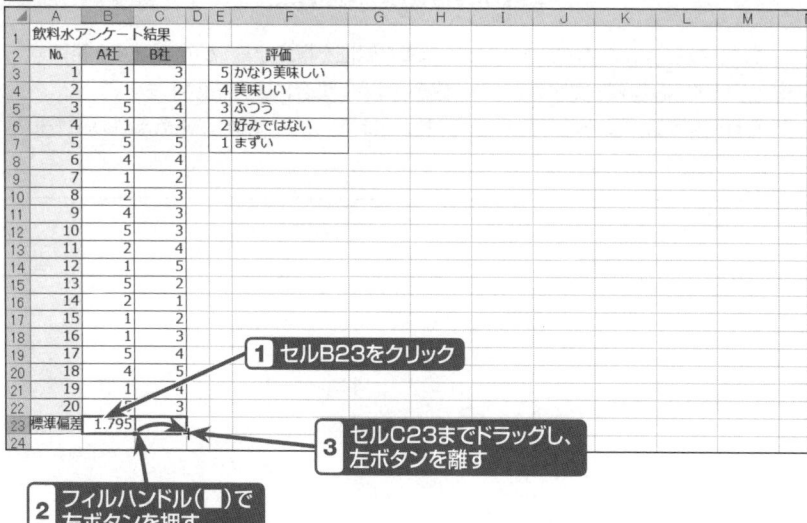

1 セルB23をクリック

2 フィルハンドル(■)で左ボタンを押す

3 セルC23までドラッグし、左ボタンを離す

177

■ SECTION-066 ■ 標準偏差からデータのばらつきを分析する

結果の確認

	A	B	C	D	E	F
1	飲料水アンケート結果					
2	No.	A社	B社		評価	
3	1	1	3		5	かなり美味しい
4	2	1	2		4	美味しい
5	3	5	4		3	ふつう
6	4	1	3		2	好みではない
7	5	5	5		1	まずい
8	6	4	4			
9	7	1	2			
10	8	2	3			
11	9	4	3			
12	10	5	3			
13	11	2	4			
14	12	1	5			
15	13	5	2			
16	14	2	1			
17	15	1	2			
18	16	1	3			
19	17	5	4			
20	18	4	5			
21	19	1	4			
22	20	5	3			
23	標準偏差	1.795	1.118			

→ 標準偏差が求められた

ONEPOINT 標準偏差を求めるには「STDEV.S」関数を使う

　標準偏差とは、全体のデータが平均値からどの程度ばらついているかを調べる値です。標準偏差の値が大きいと、平均値から大きく外れたデータの集まりであり、標準偏差の値が小さいと、平均値に近いデータの集まりとなります。操作例では、A社とB社のアンケートの標準偏差からA社の方が意見のばらつきが大きいと分析することができます。

　「STDEV.S」関数の書式は、次の通りです。

=STDEV.S(数値1,数値2,…)

　引数「数値」には、数値、配列、またはセル範囲を指定することができます。範囲内に空白セル、論理値、文字列、エラー値が含まれる場合には、無視されます。

　なお、標準偏差は分散(「VAR.S」関数または「VAR.P」関数)で求めた値の平方根(ルート)になります。

■ SECTION-066 ■ 標準偏差からデータのばらつきを分析する

COLUMN 「STDEV.P」関数と「STDEV.S」関数の違い

　Excelの標準偏差を求める関数には、数種類ありますが、大きく分けて「STDEV.P」関数と「STDEV.S」関数になります。「STDEV.P」関数は、引数を「母集団全体」であると見なして、母集団の標準偏差を返す関数です。「STDEV.S」関数は引数を「標本」と見なし、標本に基づいて母集団の標準偏差の推定値を返す関数です。
　この関数をどのように使い分けるかは、引数に指定するデータによって異なります。
　母集団全体とは標準偏差を求めたい集団の全部のデータで、標本とは標準偏差を求めたい集団の一部のデータになります。たとえば、ある小学校の1年生の身長の標準偏差を求めたい場合には、1年生のすべての身長（母集団全体）を調べることが可能なので、「STDEV.P」関数にすべてのデータを指定します。これとは別に20代女性の意見の標準偏差を求めたい場合は、すべての人のデータを集めることは困難なので、アンケートのように母集団の一部のデータ（標本）を調べ、「STDEV.S」関数に指定します。なお、「STDEV.S」関数で求められる値は標準偏差の推定値（標本標準偏差）となりますが、一般的に「標準偏差」といいます。

関連項目 ▶▶▶
● 分散の値を求める ……………………………………………………………… p.180

SECTION-067

分散の値を求める

ここでは、A社とB社の飲料のアンケートに対する評価値から分散の値を求める方法を説明します。

1 分散の値を求める数式の入力

1. セルB23に「=VAR(B3:B22)」と入力する

HINT

「VAR.S」関数の互換性関数は「VAR」関数になります(Excel2007以前)。互換関数については27ページを参照してください。

2 数式の複製

1. セルB23をクリック
2. フィルハンドル(■)で左ボタンを押す
3. セルC23までドラッグし、左ボタンを離す

結果の確認

	A	B	C	D	E	F
1	飲料水アンケート結果					
2	No.	A社	B社		評価	
3	1	1	3		5	かなり美味しい
4	2	1	2		4	美味しい
5	3	5	4		3	ふつう
6	4	1	3		2	好みではない
7	5	5	5		1	まずい
8	6	4	4			
9	7	1	2			
10	8	2	3			
11	9	4	3			
12	10	5	3			
13	11	2	4			
14	12	1	5			
15	13	5	2			
16	14	2	1			
17	15	1	2			
18	16	1	3			
19	17	5	4			
20	18	4	5			
21	19	1	4			
22	20	5	3			
23	分散	3.22	1.25			

アンケート結果から分散の値が求められた

ONEPOINT 分散を求めるには「VAR.S」関数を使う

　分散とは、全体のデータが平均値からどの程度ばらついているかを調べる値です。分散の値が大きいと、平均値から大きく外れたデータの集まりであり、分散の値が小さいと、平均値に近いデータの集まりとなります。操作例では、A社とB社のアンケートの分散の値からA社の方が意見のばらつきが大きいと分析することができます。なお、分散の値の平方根（ルート）が標準偏差になります。

　「VAR.S」関数の書式は次の通りです。

＝VAR.S（数値1,数値2,…）

　引数「数値」には、数値、配列、またはセル範囲を指定することができます。範囲内に空白セル、論理値、文字列、エラー値が含まれる場合には無視されます。

　分散には「VAR.S」関数、「VAR.P」関数などがありますが、これらの関数をどのように使い分けるかは、引数に指定するデータによって異なります。詳しくは、179ページを参照してください。

関連項目 ▶▶▶

- 標準偏差からデータのばらつきを分析する ……………………………………… p.177

SECTION-068

平均偏差を求める

ここでは、試験の合計得点の平均偏差を求める方法を説明します。

1 平均偏差を求める数式の入力

1 セルG3に「=AVEDEV(E3:E22)」と入力する

結果の確認

合計得点の平均偏差が求められた

SECTION-068 平均偏差を求める

UNEPOINT 平均偏差を求めるには「AVEDEV」関数を使う

　平均偏差とは、データのばらつきを調べる値です。通常、データ全体の平均と各データとの差を求め、その差の絶対値をさらに平均して計算しますが、「AVEDEV」関数を利用することで素早く求めることができます。

　「AVEDEV」関数の書式は、次の通りです。

=AVEDEV(数値1,数値2,…)

　引数「数値」には、数値、配列、またはセル範囲を指定することができます。範囲内に空白のセル、論理値、文字列、エラー値が含まれる場合には無視されます。

関連項目 ▶▶▶

- 標準偏差からデータのばらつきを分析する …………………………………………… p.177

SECTION-069

VER. 2010 2013 2016 2019 365

偏差値を求める

偏差値（学力偏差値）を求めるには、「STDEV.P」関数と「AVERAGE」関数を利用します。ここでは、試験結果の各得点に対する偏差値を求める方法を説明します。

1 偏差値を求める数式の入力

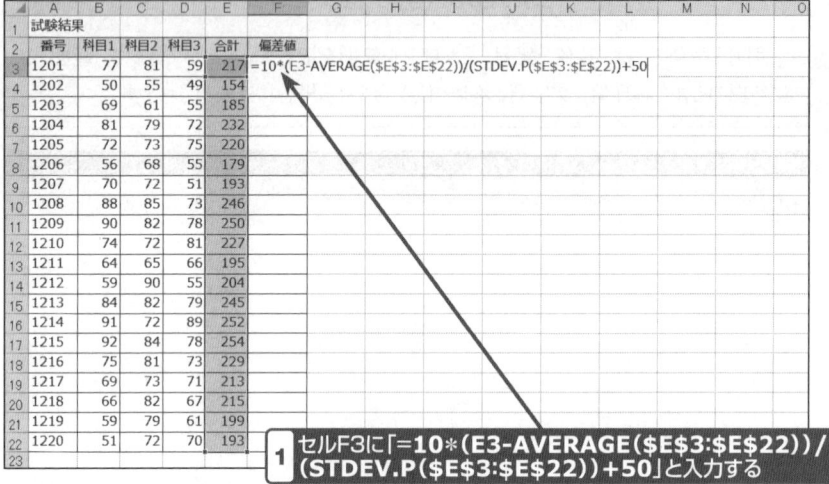

1 セルF3に「**=10*(E3-AVERAGE($E$3:$E$22))/(STDEV.P($E$3:$E$22))+50**」と入力する

HINT

「STDEV.P」関数の互換性関数は「STDEV」関数になります（Excel2007以前）。互換性関数については27ページを参照してください。

KEYWORD

▶「AVERAGE」関数
指定した範囲の平均値を求める関数です。

▶「STDEV.P」関数
標準偏差を求める関数です。

2 数式の複製

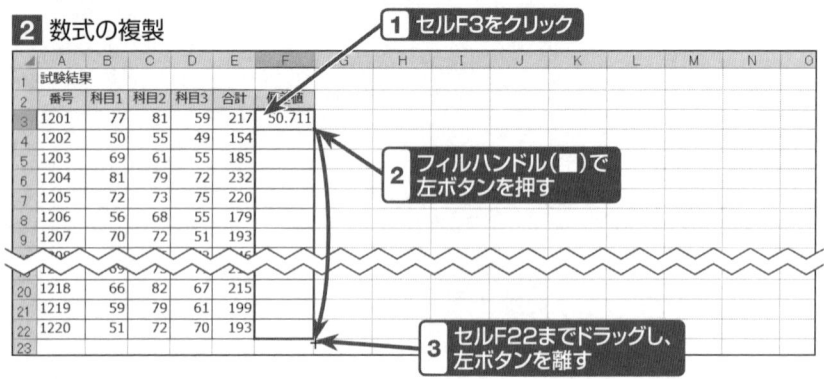

1 セルF3をクリック

2 フィルハンドル（■）で左ボタンを押す

3 セルF22までドラッグし、左ボタンを離す

■ SECTION-069 ■ 偏差値を求める

結果の確認

	A	B	C	D	E	F
1	試験結果					
2	番号	科目1	科目2	科目3	合計	偏差値
3	1201	77	81	59	217	50.711
4	1202	50	55	49	154	27.15
5	1203	69	61	55	185	38.743
6	1204	81	79	72	232	56.32
7	1205	72	73	75	220	51.833
8	1206	56	68	55	179	36.499
9	1207	70	72	51	193	41.735
10	1208	88	85	73	246	61.556
11	1209	90	82	78	250	63.052
12	1210	74	72	81	227	54.45
13	1211	64	65	66	195	42.483
14	1212	59	90	55	204	45.849
15	1213	84	82	79	245	61.182
16	1214	91	72	89	252	63.8
17	1215	92	84	78	254	64.548
18	1216	75	81	73	229	55.198
19	1217	69	73	71	213	49.215
20	1218	66	82	67	215	49.963
21	1219	59	79	61	199	43.979
22	1220	51	72	70	193	41.735

試験結果の偏差値が求められた

ONEPOINT 偏差値を求めるには「AVERAGE」関数と「STDEV.P」関数を利用する

　偏差値とは、全体の平均値からどのくらい離れているかを示す値です。中央値(平均値)を50とし、最低偏差値は25、最高偏差値は75～80になります。試験の場合には、各受験者の得点が全体のどのくらいの位置にあるかを判断できるので、成績の目安にすることができます。通常、偏差値は「10×(得点-平均点)÷標準偏差+50」で計算します。

　操作例では「AVERAGE」関数と「STDEV.P」関数を利用して平均値と標準偏差を求めています。

=10*(E3-AVERAGE($E$3:$E$22))/(STDEV.P($E$3:$E$22))+50

　　　得点　　　　　平均点　　　　　　　　　標準偏差

関連項目 ▶▶▶

● 標準偏差からデータのばらつきを分析する ……………………………………… p.177

SECTION-070

VER. 2010 2013 2016 2019 365

データの分布に偏りがあるか調べる

ここでは、身体測定のデータの分布に偏りがあるかどうか調べる方法を説明します。

1 データの分布の偏りを調べる数式の入力

	A	B	C	D
1	身体測定			
2	児童No.	身長		歪度
3	1001	110.20		=SKEW(B3:B14)
4	1002	105.00		
5	1003	92.50		
6	1004	90.00		
7	1005	95.30		
8	1006	100.50		
9	1007	86.50		
10	1008	88.00		
11	1009	92.50		
12	1010	102.00		
13	1011	98.60		
14	1012	100.00		

1 セルD3に「**=SKEW(B3:B14)**」と入力する

結果の確認

	A	B	C	D
1	身体測定			
2	児童No.	身長		歪度
3	1001	110.20		0.2946793
4	1002	105.00		
5	1003	92.50		
6	1004	90.00		
7	1005	95.30		
8	1006	100.50		
9	1007	86.50		
10	1008	88.00		
11	1009	92.50		
12	1010	102.00		
13	1011	98.60		
14	1012	100.00		

データ分布の歪度を調べる数値が求められた

■ SECTION-070 ■ データの分布に偏りがあるか調べる

ONEPOINT　データの非対称性を調べるには「SKEW」関数を使う

　「SKEW」関数は、データの分布の左右の対称度を表す値を求める関数です。その値のことを歪度（わいど）といいます。求めた値が正の場合には、データが右側へ歪んだ分布であり、値が大きくなるほど極端に平均値より大きなデータが含まれることを表します。負の場合には、データが左側へ歪んだ分布であり、値が大きくなるほど極端に平均値より小さな値が含まれることを表します。値が0の場合は左右対称の分布になります。

　操作例では、正の値「0.294679」が求められたので、データが少し右側に偏りがある分布ということがわかります。

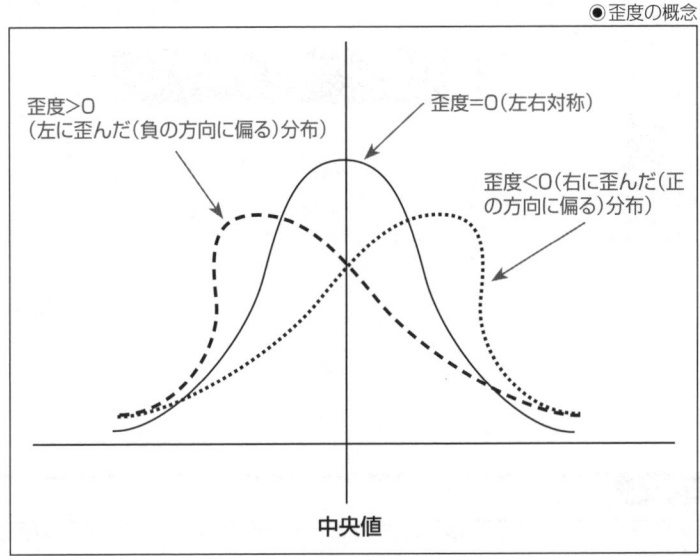

●歪度の概念

「SKEW」関数の書式は、次の通りです。

＝SKEW（数値1,数値2,…）

　引数「数値」には、数値、配列、またはセル範囲を指定することができます。範囲内に空白セル、論理値、文字列、エラー値が含まれる場合には無視されます。

　なお、「SKEW」関数と、Excel2013から新たに追加された「SKEW.P」関数は、歪度を求めるための計算方法が違うため、結果が異なります。

関連項目 ▶▶▶

● データの分布が平均値に集中しているか調べる ……………………………………… p.188

SECTION-071

VER. 2010 2013 2016 2019 365

データの分布が平均値に集中しているか調べる

ここでは、身体測定のデータの分布が平均値に集中しているかどうか調べる方法を説明します。

1 データの分布が平均値に集中しているか調べる数式の入力

セルD3に「**=KURT(B3:B14)**」と入力する

結果の確認

データ分布の尖度を調べる数値が求められた

ONEPOINT データの尖度を調べるには「KURT」関数を使う

「KURT」関数は、データの分布のとがり具合を表す値を求める関数です。その値のことを尖度(せんど)といいます。求めた値が正の場合には、データの分布曲線が鋭角になり、値が大きくなるほど平均値に集中したデータが含まれることを表します。負の場合には、データの曲線分布が広がり、値が大きくなるほど平均値から外れたデータが含まれることを表します。

操作例では、負の値「-0.62726」が求められたので、データの曲線分布が正規分布より少し平たんであることがわかります。

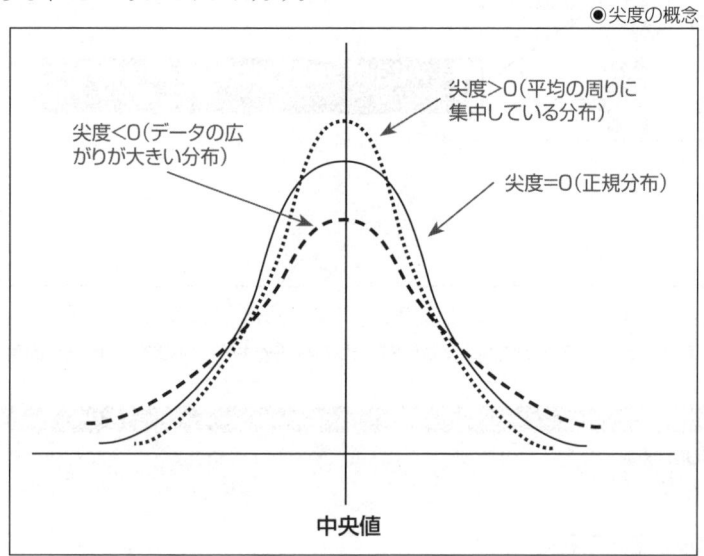

●尖度の概念

「KURT」関数の書式は、次の通りです。

=KURT(数値1,数値2,…)

引数「数値」には、数値、配列、またはセル範囲を指定することができます。範囲内に空白セル、論理値、文字列、エラー値が含まれる場合には無視されます。

関連項目 ▶▶▶
- データの分布に偏りがあるか調べる …………………………………………………… p.186

SECTION-072　VER. 2010 2013 2016 2019 365

支出総額に対する内訳の構成比を求める

構成比を求めるには「SUM」関数を利用します。ここでは、支出総額に対する各内訳の構成比を求める方法を説明します。

1 構成比を求める数式の入力

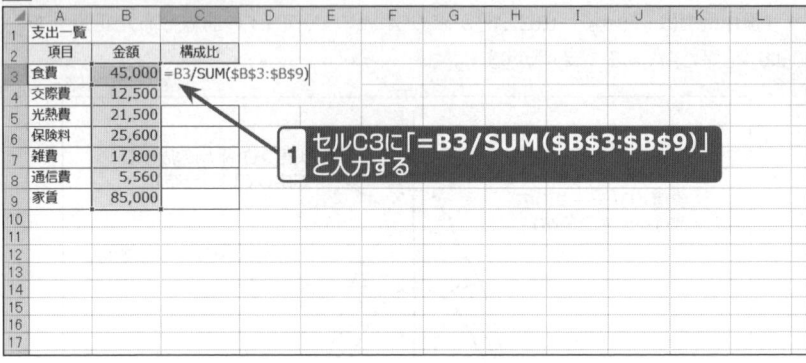

1 セルC3に「=B3/SUM($B$3:$B$9)」と入力する

HINT

セルを絶対参照で指定する場合には、セルを選択した後に F4 キーを押します（39ページ参照）。

KEYWORD

▶「SUM」関数
セルの合計値を求める関数です。

2 セルの書式の変更

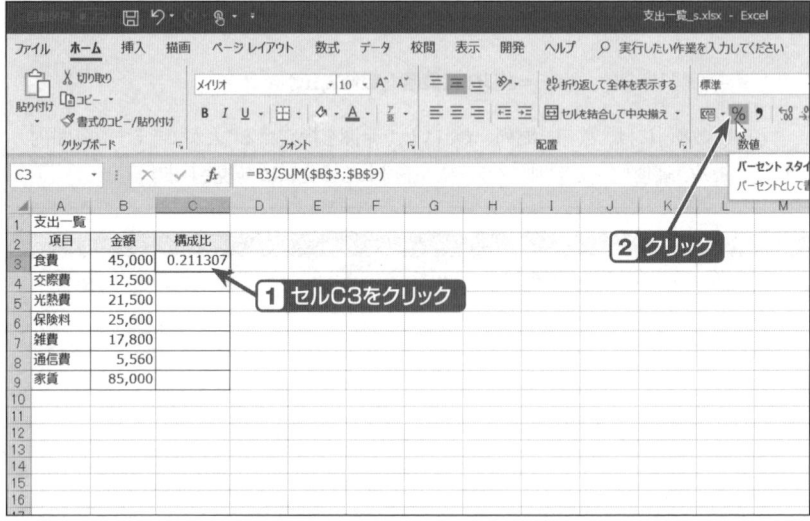

1 セルC3をクリック

2 クリック

■ SECTION-072 ■ 支出総額に対する内訳の構成比を求める

3 数式の複製

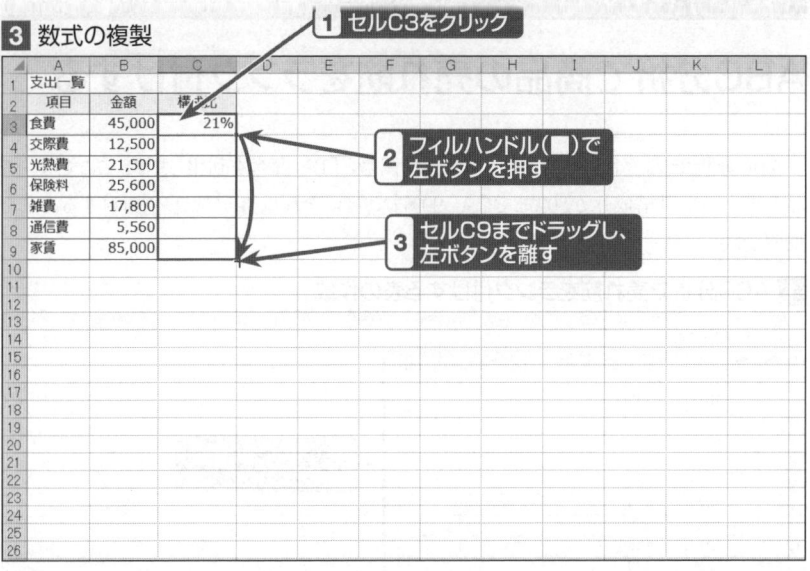

結果の確認

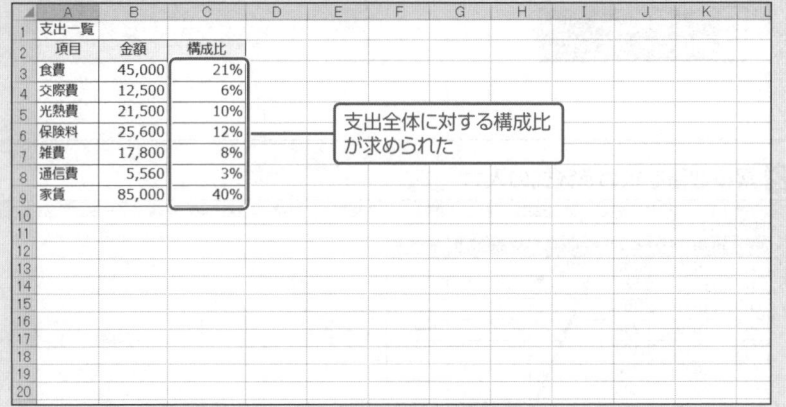

ONEPOINT　構成比とは

　構成比とは、全体に対して個々のデータが占める割合です。全体の売上に対して各商品の売上がどのくらいの割合を占めるかなどを調べる場合に利用することができます。構成比を求めるには、目的のデータをデータ全体の合計で割り、％で表示します。操作例では、内訳金額を支出総額で割ることで構成比を求めています。

関連項目 ▶▶▶

- ABC分析で商品の売れ筋をランク付けする ……………………………………………… p.192

SECTION-073

ABC分析で商品の売れ筋をランク付けする

ABC分析でランク付けを行うには、「SUM」関数と「IF」関数を利用します。ここでは、商品の売上の累計構成比が80%までをA、90%までをB、それ以外をCとランク付けする方法を説明します。

1 ABC分析で売れ筋をランク付けする表の作成

2 累積数量を求める数式の入力

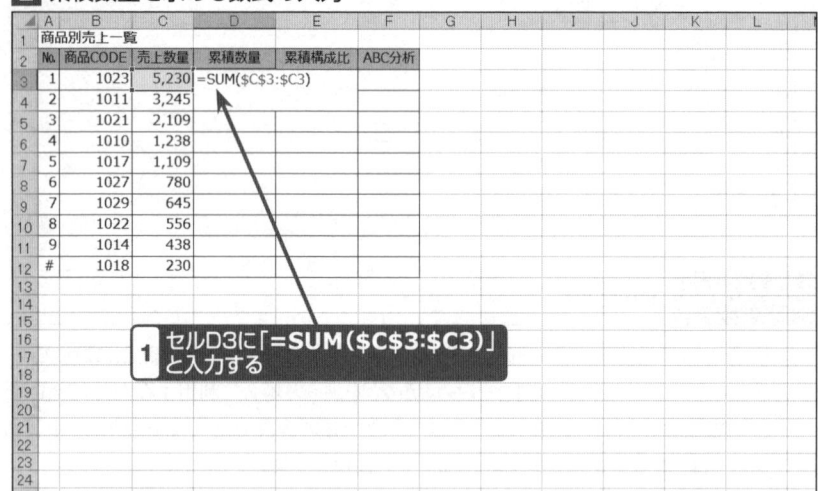

HINT
累計を求める方法は、66ページを参照してください。

■ SECTION-073 ■ ABC分析で商品の売れ筋をランク付けする

3 数式の複製

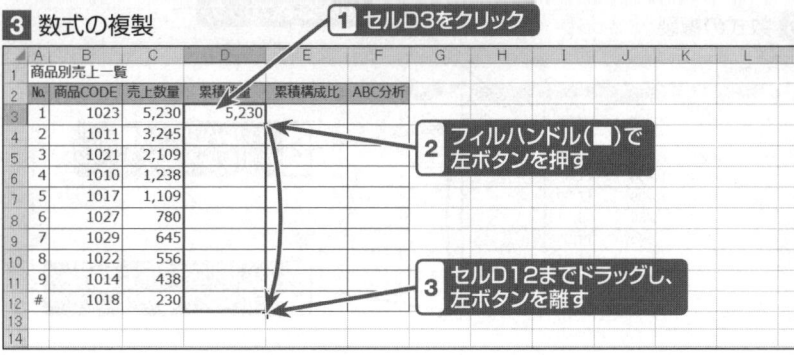

HINT
数式を複製した後に、「エラーインジケータ」（セルの左上の緑色の三角）が表示された場合には、セルを選択すると表示される（エラーのトレース）をクリックし、［エラーを無視する(I)］を選択します。

4 累積構成比を求める数式の入力

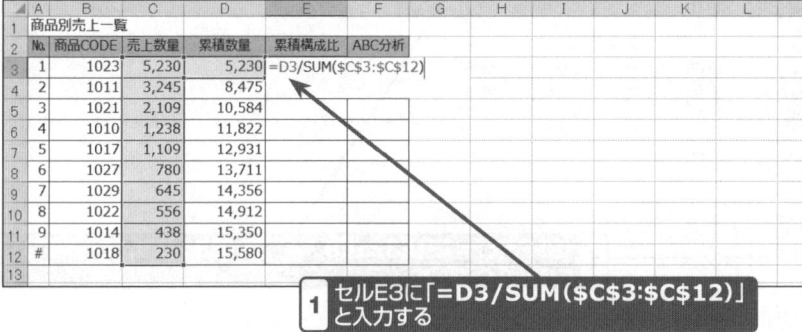

HINT
構成比については、190ページを参照してください。

5 セルの書式の変更

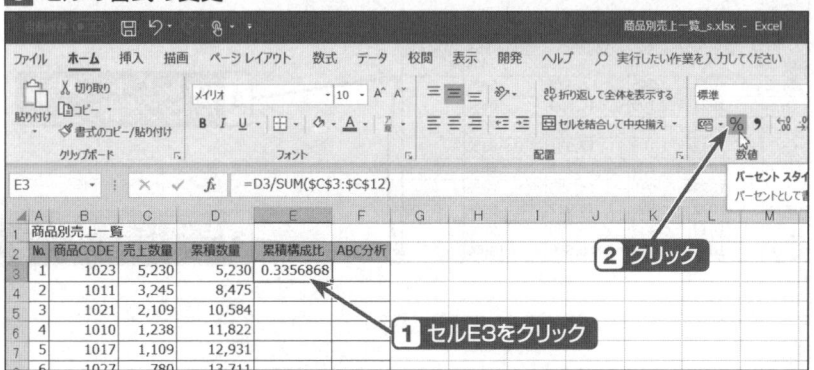

■ SECTION-073 ■ ABC分析で商品の売れ筋をランク付けする

6 数式の複製

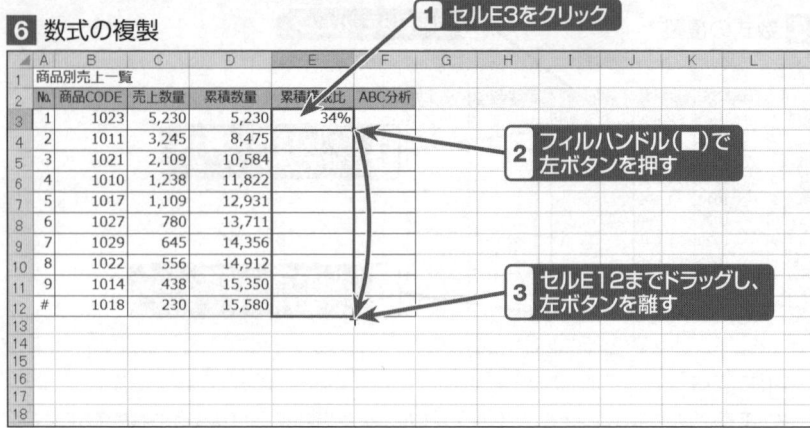

7 ランク付けするための数式の入力

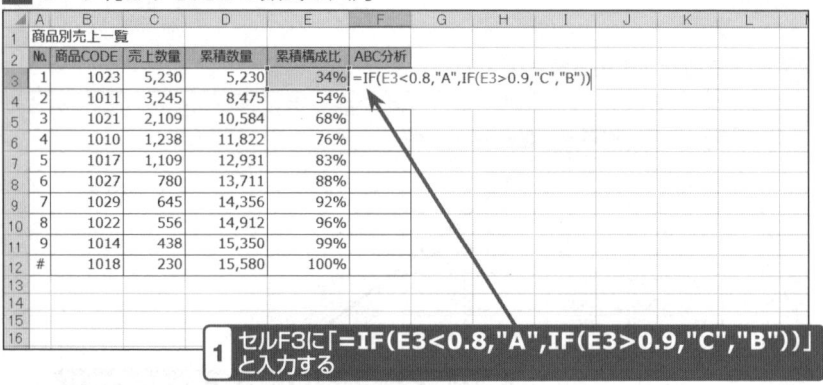

セルF3に「=IF(E3<0.8,"A",IF(E3>0.9,"C","B"))」と入力する

HINT

累積構成比は%で表示されているため、80%の場合は数式には0.8のように指定します。この後、セルF3の数式をセルF12まで複製します。

8 数式の複製

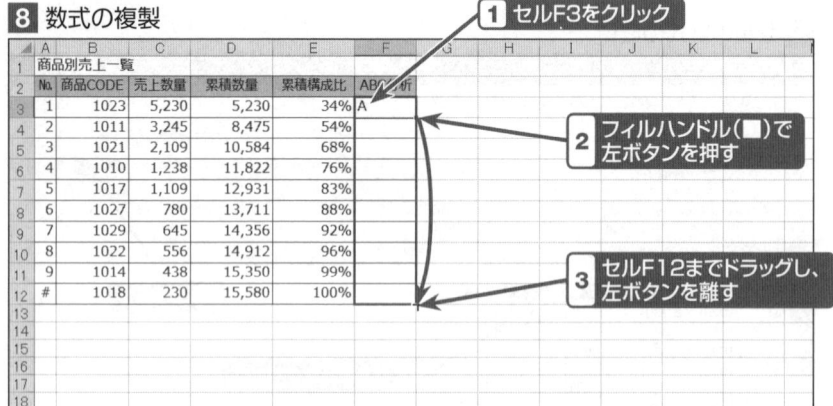

■ SECTION-073 ■ ABC分析で商品の売れ筋をランク付けする

結果の確認

	A	B	C	D	E	F
1	商品別売上一覧					
2	No.	商品CODE	売上数量	累積数量	累積構成比	ABC分析
3	1	1023	5,230	5,230	34%	A
4	2	1011	3,245	8,475	54%	A
5	3	1021	2,109	10,584	68%	A
6	4	1010	1,238	11,822	76%	A
7	5	1017	1,109	12,931	83%	B
8	6	1027	780	13,711	88%	B
9	7	1029	645	14,356	92%	C
10	8	1022	556	14,912	96%	C
11	9	1014	438	15,350	99%	C
12	#	1018	230	15,580	100%	C

売上の累積構成比からABCでランク付けされた

ONEPOINT　ABC分析とは

　ABC分析とは、商品などを金額または数量からABCという3つのランクに分類する分析法です。在庫管理や商品発注などで、商品の重要度や優先度を明らかにする目的で利用されます。分類方法は、累積構成比をもとにその上位から79%までをAクラス（売れ筋商品、主力商品）、80%～89%をBクラス（準売れ筋商品、準主力商品）、90%～100%をCクラス（非売れ筋商品、非主力商品）に分けることが一般的ですが、扱う内容や状況によって比率を変えることもあります。

　操作例では、累積構成比の割合から「IF」関数でランク別「A」「B」「C」のクラスを返すよう振り分けています。

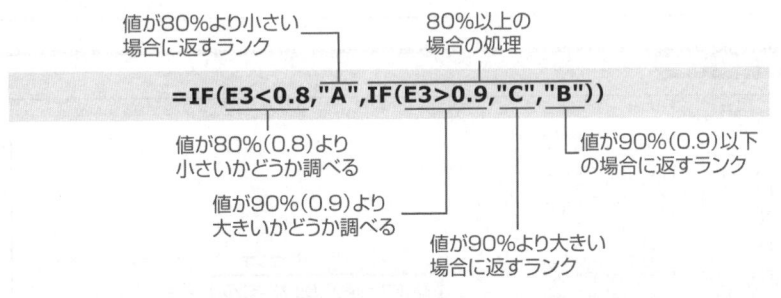

=IF(E3<0.8,"A",IF(E3>0.9,"C","B"))

- 値が80%より小さい場合に返すランク
- 80%以上の場合の処理
- 値が80%(0.8)より小さいかどうか調べる
- 値が90%(0.9)より大きいかどうか調べる
- 値が90%より大きい場合に返すランク
- 値が90%(0.9)以下の場合に返すランク

関連項目 ▶▶▶

● 支出総額に対する内訳の構成比を求める ……………………………………………… p.190

SECTION-074

前年比をもとに平均成長率を求める

ここでは、過去10年間の売上の前年比をもとに平均成長率を求める方法を説明します。

1 平均成長率を求める数式の入力

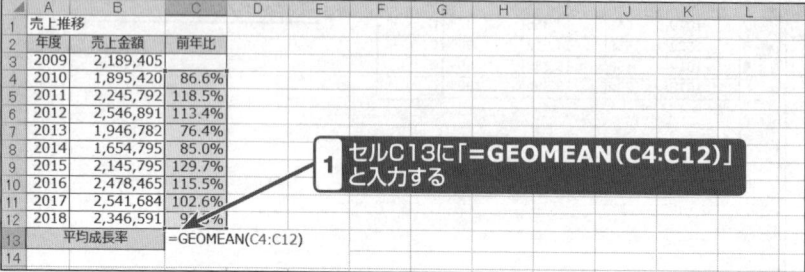

セルC13に「=GEOMEAN(C4:C12)」と入力する

2 セルの書式の変更

1 セルC13をクリック
2 クリック
3 クリック

結果の確認

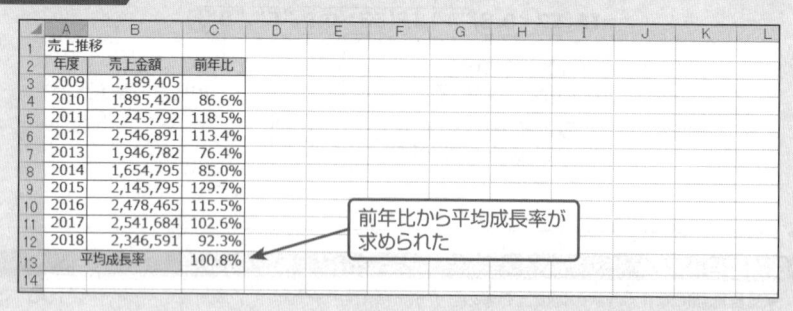

前年比から平均成長率が求められた

SECTION-074 ■ 前年比をもとに平均成長率を求める

ONEPOINT　平均成長率を求めるには「GEOMEAN」関数を使う

　平均には、相加平均、相乗平均、調和平均があり、それぞれ用途や計算方法が異なります。相加平均(「AVERAGE」関数)はデータの和を個数で割って求めますが、物価の上昇率や伸び率などパーセントで表されるデータの平均は、相乗平均(「GEOMEAN」関数)で求める必要があります。なお、調和平均は速度などの平均を求める場合に利用します(198ページ参照)。
　「GEOMEAN」関数の書式は、次の通りです。

=GEOMEAN(数値1,数値2,…)

　引数「数値」には、数値、配列、またはセル範囲を指定することができます。範囲内に空白セル、論理値、文字列、エラー値が含まれる場合には無視されます。

COLUMN　相加平均と相乗平均の違い

　相乗平均は、全データn個の積をn乗根で割った値になります。この計算方法で求める平均値は極端な推移のデータに大きく左右されない結果になります。
　たとえば、極端な売上推移を例にとって、前年比から平均成長率を相加平均(「AVERAGE」関数)と相乗平均(「GEOMEAN」関数)で求めると、戻り値が次のようになります。

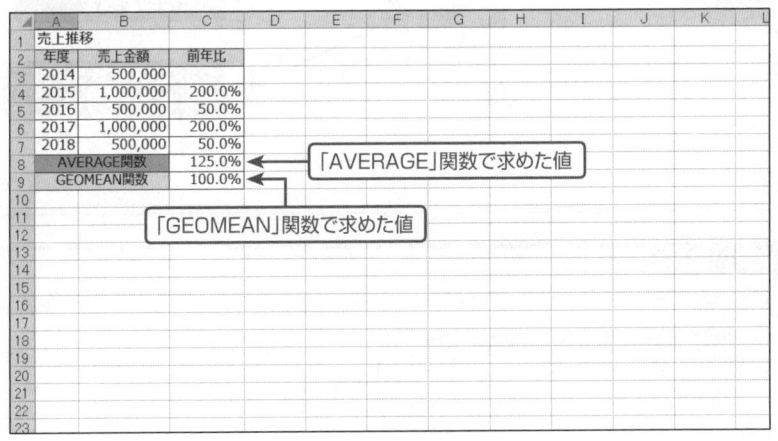

　「AVERAGE」関数(相加平均)の場合は、125%となり年ごとに売上が伸びている結果になります。これに対して「GEOMEAN」関数(相乗平均)の場合は、100%となり突出した伸びと落ち込みが考慮され、売上は横ばいという結果になります。

関連項目 ▶▶▶

● 平均点を求める …………………………………………………………… p.103
● 時速の平均を求める ……………………………………………………… p.198

SECTION-075

時速の平均を求める

ここでは、10km走行ごとに計った時速の平均を求める方法を解説します。

1 時速の平均を求める数式の入力

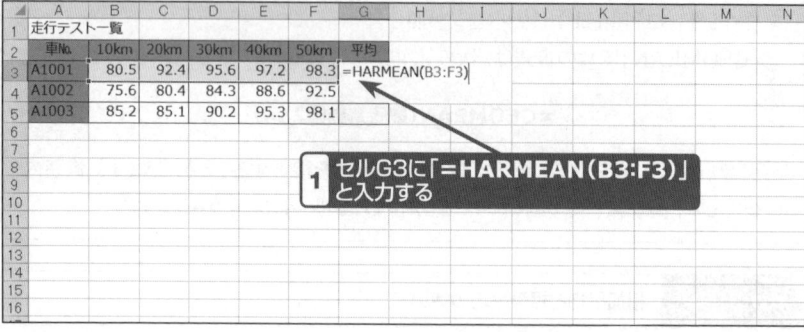

セルG3に「=HARMEAN(B3:F3)」と入力する

2 数式の複製

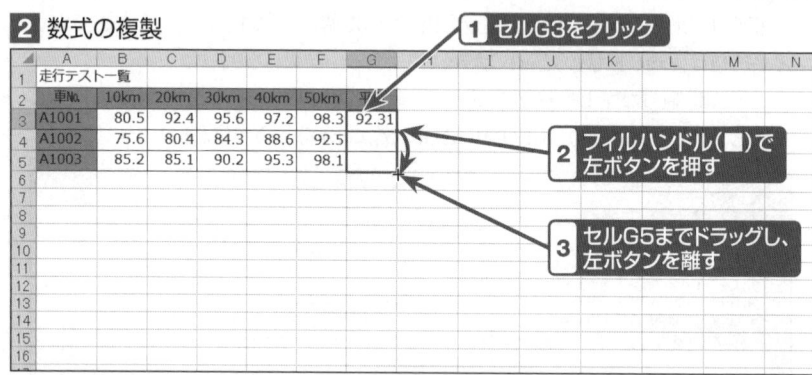

1. セルG3をクリック
2. フィルハンドル(■)で左ボタンを押す
3. セルG5までドラッグし、左ボタンを離す

結果の確認

	A	B	C	D	E	F	G
1	走行テスト一覧						
2	車No.	10km	20km	30km	40km	50km	平均
3	A1001	80.5	92.4	95.6	97.2	98.3	92.31
4	A1002	75.6	80.4	84.3	88.6	92.5	83.86
5	A1003	85.2	85.1	90.2	95.3	98.1	90.48

10kmごとに計った時速の平均が求められた

■ SECTION-075 ■ 時速の平均を求める

| ONEPOINT | 時速の平均を求めるには「HARMEAN」関数を使う |

　平均には、相加平均、相乗平均、調和平均があり、それぞれ用途や計算方法が異なります。相加平均(「AVERAGE」関数)はデータの和を個数で割って求めますが、速度や電気抵抗の抵抗値などの平均は、調和平均(「HARMEAN」関数)で求める必要があります。なお、相乗平均は物価の上昇率や伸び率などの平均を求める場合に利用します(196ページ参照)。

　「HARMEAN」関数の書式は次の通りです。

＝HARMEAN(数値1,数値2,…)

　引数「数値」には、数値、配列、またはセル範囲を指定することができます。範囲内に空白セル、論理値、文字列、エラー値が含まれる場合には無視されます。

関連項目 ▶▶▶
- 平均点を求める ……………………………………………………………… p.103
- 前年比をもとに平均成長率を求める ……………………………………… p.196

SECTION-076

VER. 2010 2013 2016 2019 365

過去のデータをもとにひと月の売上増分値を求める

ここでは、4月から12月の売上金額からひと月にどのくらい売上が伸びているか求める方法を説明します。

1 売上増分値を求める数式の入力

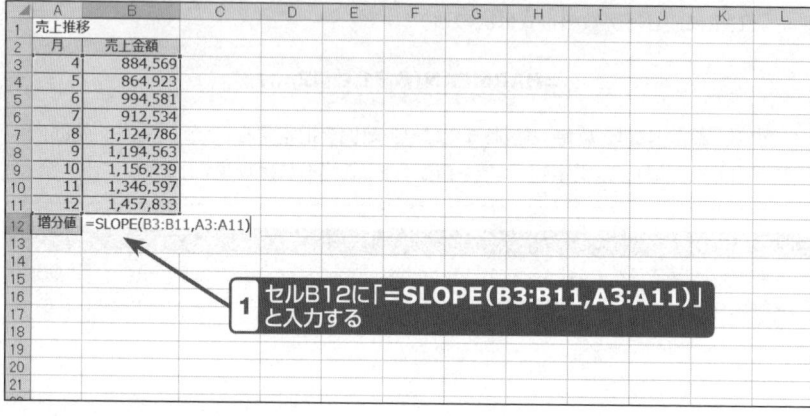

1 セルB12に「**=SLOPE(B3:B11,A3:A11)**」と入力する

HINT

引数に指定する値に文字列が含まれるとエラーになってしまうので注意が必要です。

結果の確認

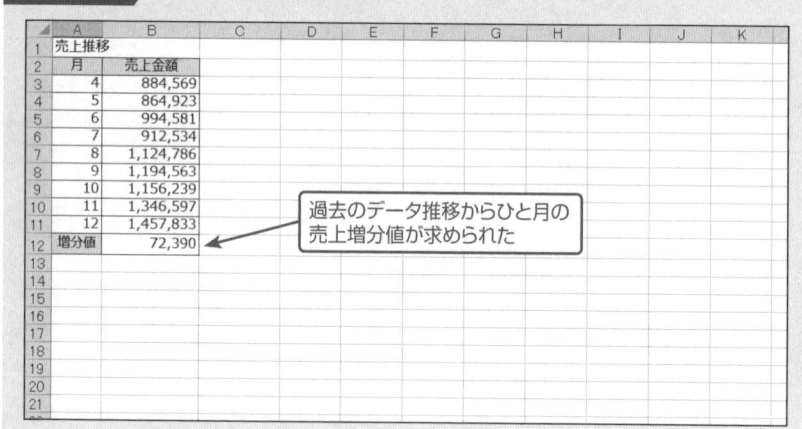

過去のデータ推移からひと月の売上増分値が求められた

SECTION-076 過去のデータをもとにひと月の売上増分値を求める

ONEPOINT 過去のデータ推移からデータの増分(または減少分)の平均値を求めるには「SLOPE」関数を使う

「SLOPE」関数は、既知(方程式などですでに値が知られている値)のyと既知のxのデータから求められる回帰直線(データの推移を散布図で表したときに、各点の間または上を通る直線)の傾きを返す関数です。回帰直線の傾きはxの方向に1だけ進んだときにyの方向にいくつ進んだかを表す値となるため、操作例で求めた傾きからひと月に72,390円の売上の増分があることがわかります。なお、回帰直線からデータを予測分析することを回帰分析といいます。

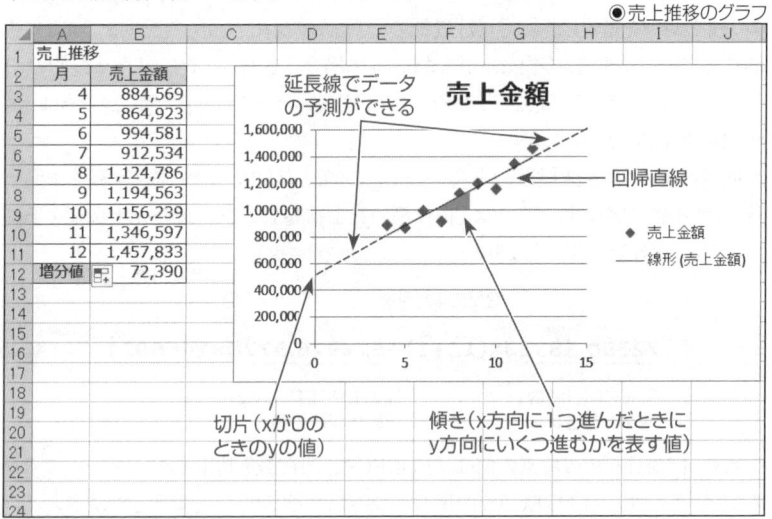

●売上推移のグラフ

「SLOPE」関数の書式は、次の通りです。

=SLOPE(既知のy,既知のx)

引数「既知のy」には従属変数の値を含む数値配列またはセル範囲、引数「既知のx」には独立変数の値を含む数値配列またはセル範囲を指定します。引数「既知のy」「既知のx」に指定した配列またはセル範囲に文字列、論理値、空白セルが含まれている場合は無視されます。また、「既知のy」と「既知のx」にデータが含まれていないときや両者のデータの個数が異なるときは、エラー値「#N/A」が返されます。

COLUMN 回帰直線の切片を求めてデータの予測を計算する方法

回帰直線の方程式は「y=ax+b」(a:傾き、b:切片)となり、切片「b」を求める場合には、「INTERCEPT」関数を利用します。

「INTERCEPT」関数の書式は、次の通りです。

$$=\text{INTERCEPT}(既知のy,既知のx)$$

引数「既知のy」には観測またはデータの従属範囲、「既知のx」には観測またはデータの独立範囲を指定します。引数「既知のy」「既知のx」に指定した配列またはセル範囲に文字列、論理値、空白セルが含まれている場合は無視されます。また、「既知のy」と「既知のx」にデータが含まれていないときや両者のデータの個数が異なるときは、エラー値「#N/A」が返されます。

回帰直線の「傾き」と「切片」を求めることによって、方程式をもとに将来の値を予測することが可能になります。たとえば、操作例の売上推移表の1カ月後の売上金額を予測するには、次のように計算します。

$$72390.38333 \times (12+1) + 524946.3778 = 1466021$$

- 72390.38333:「SLOPE」関数で求めた傾きの値
- (12+1):12月の1カ月後
- 524946.3778:「INTERCEPT」関数で求めた切片の値
- 1466021:1カ月後の売上金額の予測

なお、回帰分析での将来の値は、「FORECAST」関数を利用することで一括で求めることができます。「FORECAST」関数については、203ページを参照してください。

COLUMN Excelの散布図に回帰直線を表示させるには

Excelの散布図に回帰直線を表示させるには、次のように操作します。

❶ 散布図のマーカーを右クリックし、[近似曲線の追加(R)]を選択します。
❷ [線形近似(L)]をONにし、[×]ボタン(Excelのバージョンによっては[閉じる]ボタン)をクリックします。

関連項目 ▶▶▶

- 過去の売上から来月の売上を予測する …………………………………………… p.203

SECTION-077

過去の売上から来月の売上を予測する

ここでは、過去の月ごとの売上から来月の売上金額を予測する方法を説明します。
※Excel2016以降では、「FORECAST」関数は「FORECAST.LINEAR」関数に名前が変更されました。

1 来月の売上を予測する数式の入力

1 セルD3に
「=FORECAST.LINEAR(A11+1,B3:B11,A3:A11)」
と入力する

> **HINT**
> ここでは、来月(12月の1カ月後)の値を予測するためにA11+1と指定しています。なお、引数に指定する値に文字列が含まれるとエラーになってしまうので注意が必要です。

> **HINT**
> Excel2010/2013では、「=FORECAST(A11+1,B3:B11,A3:A11)」と入力します。

結果の確認

	A	B	C	D
1	売上推移			
2	月	売上金額		来月売上予測
3	4	884,569		1,466,021
4	5	864,923		
5	6	994,581		
6	7	912,534		
7	8	1,124,786		
8	9	1,194,563		
9	10	1,156,239		
10	11	1,346,597		
11	12	1,457,833		

過去のデータ推移をもとに来月の値が予測された

> **ONEPOINT** 過去のデータ推移から将来の値を予測するには「FORECAST.LINEAR」関数(Excel2013以前では「FORECAST」関数)を使う

徐々に増加(または減少)するデータの場合は、グラフを作成するとその延長線上から値を予測することができます。「FORECAST.LINEAR」関数(Excel2013以前では「FORECAST」関数)は、このグラフの回帰直線の方程式をもとに、過去のデータから将来の値を予測することができる関数です。回帰直線の方程式やグラフを作成することなく、素早く値を求めることができます(回帰直線については202ページ参照)。

「FORECAST.LINEAR」関数(「FORECAST」関数)の書式は次の通りです。

=FORECAST.LINEAR(x,既知のy,既知のx)

=FORECAST(x,既知のy,既知のx)

引数「x」には、予測するyに対する値を数値で指定します。引数「既知のy」には従属変数の値を含む数値配列またはセル範囲、引数「既知のx」には独立変数の値を含む数値配列またはセル範囲を指定します。

> **COLUMN** 予測値の誤差を求める方法
>
> 「STEYX」関数を利用すると、回帰直線から計算した予測値の標準誤差を求めることができます。たとえば、操作例で求めた予測値の誤差を求めるには、次のように計算します。
>
> **=STEYX(B3:B11,A3:A11)**
>
> 「STEYX」関数の書式は、次の通りです。
>
> **=STEYX(既知のy,既知のx)**
>
> 引数「既知のy」には従属変数の値を含む数値配列またはセル範囲、引数「既知のx」には独立変数の値を含む数値配列またはセル範囲を指定します。引数「既知のy」「既知のx」に指定した配列またはセル範囲に文字列、論理値、空白セルが含まれている場合は無視されます。また、「既知のy」と「既知のx」にデータが含まれていないときや両者のデータの個数が異なるときは、エラー値「#N/A」が返されます。

関連項目 ▶▶▶
- 過去のデータをもとにひと月の売上増分値を求める ……………………………………… p.200
- 複数のデータ要素から売上を予測する ……………………………………………………… p.205

SECTION-078

VER. 2010 2013 2016 2019 365

複数のデータ要素から売上を予測する

ここでは、最高気温、客数、売上金額を入力したデータから、最高気温が38度で客数が380人のときの売上金額を予測する方法を説明します。

1 複数のデータ要素から売上を予測する数式の入力

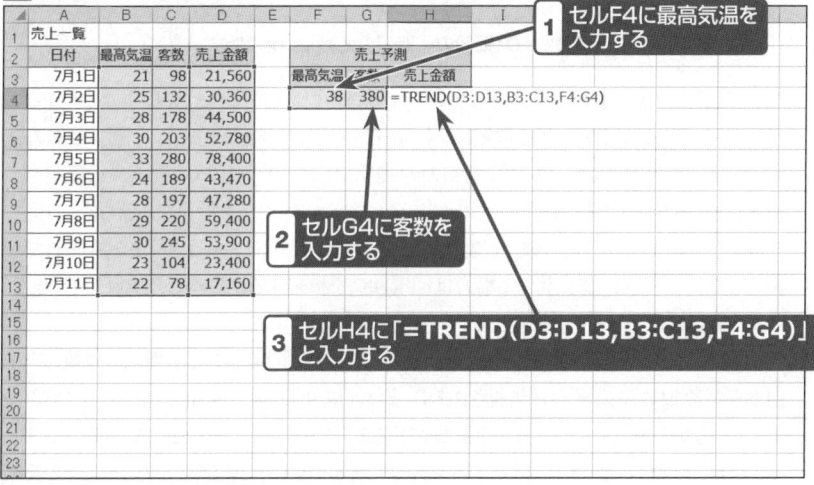

1. セルF4に最高気温を入力する
2. セルG4に客数を入力する
3. セルH4に「=TREND(D3:D13,B3:C13,F4:G4)」と入力する

HINT

引数に指定する値に文字列が含まれるとエラーになってしまうので注意が必要です。

結果の確認

	A	B	C	D	E	F	G	H
1	売上一覧							
2	日付	最高気温	客数	売上金額		売上予測		
3	7月1日	21	98	21,560		最高気温	客数	売上金額
4	7月2日	25	132	30,360		38	380	100,454
5	7月3日	28	178	44,500				
6	7月4日	30	203	52,780				
7	7月5日	33	280	78,400				
8	7月6日	24	189	43,470				
9	7月7日	28	197	47,280				
10	7月8日	29	220	59,400				
11	7月9日	30	245	53,900				
12	7月10日	23	104	23,400				
13	7月11日	22	78	17,160				

過去のデータをもとに指定した最高気温と客数に対する売上が予測された

ONEPOINT 複数のデータから将来の値を予測するには「TREND」関数を使う

「TREND」は、重回帰分析で値を予測できる関数です。1つのデータ要素から値を分析する回帰分析(200ページ参照)に対して、複数組のデータ要素から値を分析・予測する方法を重回帰分析といいます。複数の要因が関係付けられるデータを分析する際に利用することができます。

「TREND」関数の書式は、次の通りです。

=TREND(既知のy,既知のx,新しいx,定数)

引数「既知のy」にはすでにわかっているyの値を、引数「既知のx」にはすでにわかっているyの値をセル範囲などで指定します($y=mx+b$という関係になる)。引数「既知のx」は省略可で、省略すると引数「既知のy」と同じサイズの「{1,2,3・・・}」という配列を指定したとみなされます。引数「新しいx」には、対応するyの値を計算する新しいxの値を指定します(省略可)。引数「定数」には、定数「b」を「0」にするかどうかを論理値で指定します。定数「b」を計算する場合は「TRUE」を指定するか省略し、定数「b」を「0」にする場合は「FALSE」を指定します。

引数「既知のy」「既知のx」に指定した配列またはセル範囲に文字列、論理値、空白セルが含まれている場合は無視されます。また、「既知のy」と「既知のx」にデータが含まれていないときや両者のデータの個数が異なるときは、エラー値「#N/A」が返されます。なお、引数「新しいx」に指定する条件はも既知のxと同じ並びで入力しておく必要があります。

関連項目 ▶▶▶
- 過去の売上から来月の売上を予測する ………………………………………… p.203

SECTION-079

社員の年齢層から度数分布表を作成する

ここでは、社員名簿の年齢から社員の年代ごとの人数を表した度数分布表を作成する方法を説明します。

1 年代ごとに分けるための値の入力

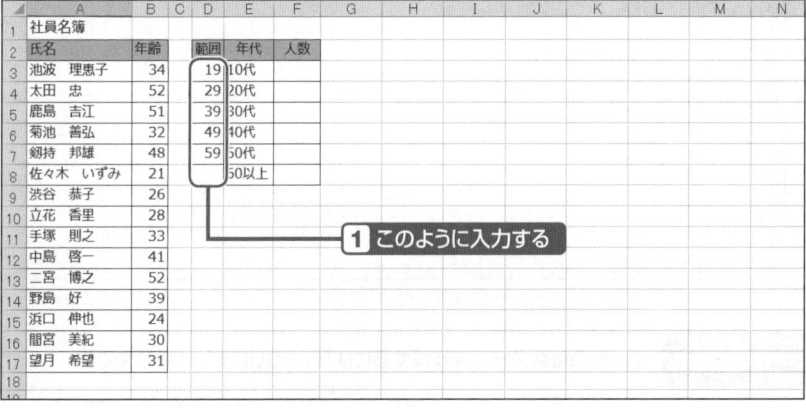

HINT
「FREQUENCY」関数では、集計する範囲の最大値を指定する必要があるため、10代の場合には19という要領で範囲を入力しておきます。

2 年代ごとに人数を求める数式の入力

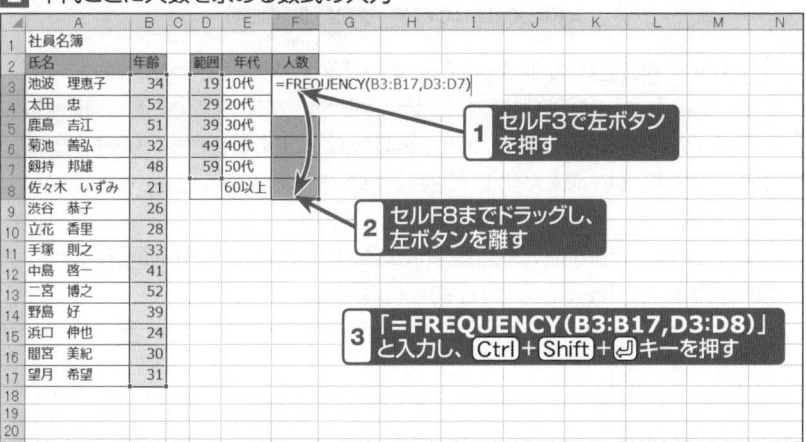

HINT
数式を配列数式で入力する場合には、Ctrlキーと Shiftキーを押しながら↵キーを押します。配列数式で入力を確定すると、数式が「{}」で囲まれて表示されます(50ページ参照)。

SECTION-079 社員の年齢層から度数分布表を作成する

結果の確認

	A	B	C	D	E	F
1	社員名簿					
2	氏名	年齢		範囲	年代	人数
3	池波 理恵子	34		19	10代	0
4	太田 忠	52		29	20代	4
5	鹿島 吉江	51		39	30代	6
6	菊池 善弘	32		49	40代	2
7	釼持 邦雄	48		59	50代	3
8	佐々木 いずみ	21			60以上	0
9	渋谷 恭子	26				
10	立花 香里	28				
11	手塚 則之	33				
12	中島 啓一	41				
13	二宮 博之	52				
14	野島 好	39				
15	浜口 伸也	24				
16	間宮 美紀	30				
17	望月 希望	31				

年齢層ごとの度数分布表が作成された

ONEPOINT データの度数分布表を作成するには「FREQUENCY」関数を使う

「FREQUENCY」は、区間(範囲)ごとのデータの個数を求める関数です。この関数を利用すると、年代ごとの人数や試験の成績ごとの人数などを表した頻度分布表を素早く作成することができます。

「FREQUENCY」関数の書式は、次の通りです。

=FREQUENCY(データ配列,区間配列)

引数「データ配列」には、個数を求めるための対象となるデータを含む配列またはセル範囲を指定します。引数「区間配列」にはデータをグループ化するための値の間隔を指定します。引数「区間配列」には、10代ならば19のようにその区間の最大値を指定する必要があります。また、最も大きな区間を超えた値(操作例では60以上)を求めるためには、1つ余分にセルを指定します。

なお、この関数は値が配列として返されるため、数式作成後にCtrl+Shift+↵キーで確定します。配列数式については、50ページを参照してください。

CHAPTER 04
検索と抽出

SECTION-080 VER. 2010 2013 2016 2019 365

顧客番号を入力して顧客名を表示する

ここでは、顧客番号を入力して顧客名を表示させる方法を説明します。

1 シート「見積書」の作成

2 シート「顧客名簿」の作成

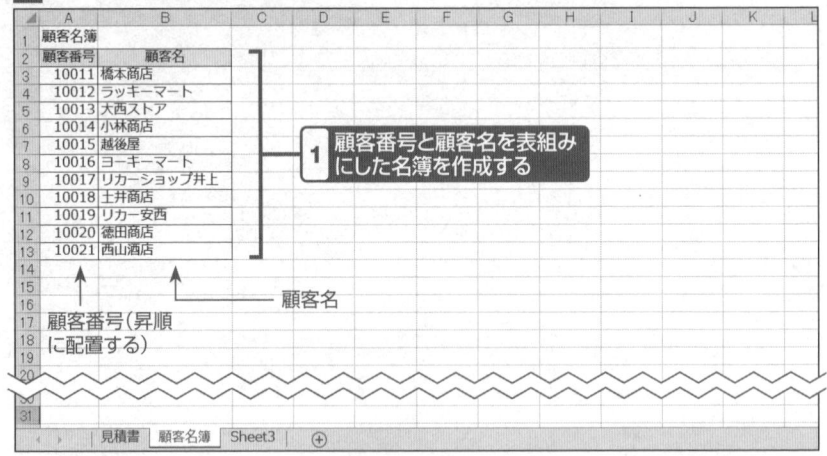

|H|I|N|T|
ここでは、1つのブックの2つのワークシートに見積書と顧客名簿を作成しています。

■ SECTION-080 ■ 顧客番号を入力して顧客名を表示する

3 顧客番号を入力して顧客名を表示する数式の入力

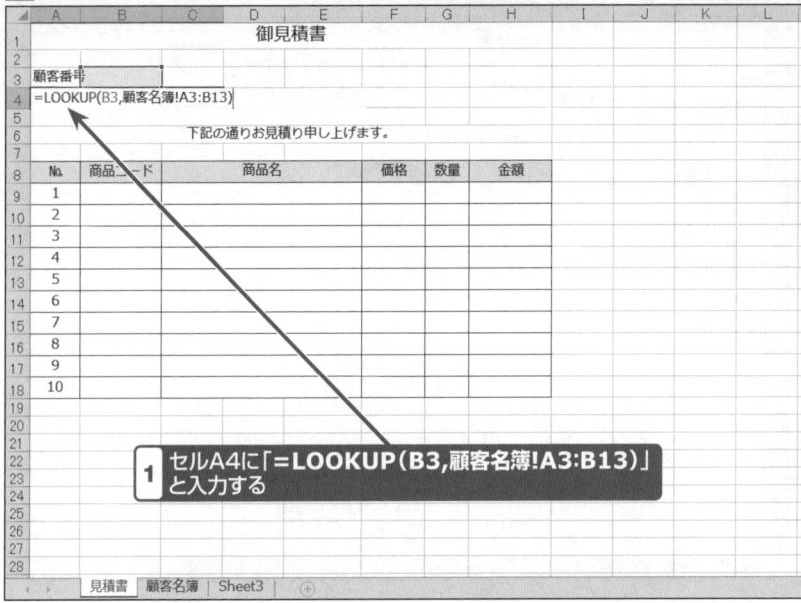

1 セルA4に「=LOOKUP(B3,顧客名簿!A3:B13)」と入力する

HINT
ここでは、顧客番号が未入力のため、数式を入力するとエラー値「#N/A」が表示されます。エラーを表示させないようにする方法は、219ページを参照してください。

4 顧客番号の入力

1 セルB3に顧客番号を入力する

■ SECTION-080 ■ 顧客番号を入力して顧客名を表示する

結果の確認

顧客番号を入力すると、対応する顧客名が表示される

| ONEPOINT | 入力した値に対応する1つのデータを取り出すには「LOOKUP」関数を使う |

「LOOKUP」関数は、1行または1列のセル範囲、または配列のセルを検索して対応する1つのセルの値を返す関数です。コード番号に対する得意先名などを表示する用途で利用します。なお、コード番号に対する商品名や価格など複数の値を表示する場合には、「VLOOKUP」関数または「HLOOKUP」関数を利用します（215ページ参照）。

「LOOKUP」関数には、ベクトル形式と配列形式の2種類の書式があり、検索するセルと対応するセルの列または行の並びによって、次のように使い分けることができます。

▶ ベクトル形式

ベクトル形式の書式は、次の通りです。

=LOOKUP(検査値, 検査範囲, 対応範囲)

引数「検査値」には、検索する値（数値、文字列、論理値）を指定します。引数「検査範囲」には、検索するための値が入力されている1行または1列のみの範囲（数値、文字列、論理値）を指定します。引数「対応範囲」には、検査範囲に対応する値が入力されている1行または1列のみの範囲を指定します。

ベクトル形式の「LOOKUP」関数は、「検査範囲」から「検索値」に入力された値を検索し、それが見つかった位置に対応した「対応範囲」のセルの値を返します。検索範囲の値は、-2、-1、0、1、2、A〜Z、ア〜ンのように、コード順の昇順に配置されている必要があります（英字の大文字と小文字は区別されない）。

なお、検索値が検索範囲に含まれる最小値よりも小さい場合（未入力など）は、エラー値「#N/A」が返されます。

◉ベクトル形式の「LOOKUP」関数の使用例

（図：顧客リストと「=LOOKUP(E3,A3:A13,C3:C13)」の入力例）

▶配列形式

配列形式の書式は、次のようになります。

=LOOKUP(検査値, 配列)

引数「検査値」には検索する値（数値、文字列、論理値）を指定します。引数「配列」には、検査値と比較する文字列、数値、または論理値を含むセル範囲を指定します。

配列形式の「LOOKUP」関数は、「配列」の先頭列（横方向の表の場合は先頭行）で、指定された値を検索し、値が見つかると配列の最終列（横方向の表の場合は最終行）の同じ位置にある値を返します。検索する範囲の値は、-2、-1、0、1、2、A～Z、ア～ンのように、コード順の昇順に配置されている必要があります（英字の大文字と小文字は区別されない）。

なお、検査値が先頭行または先頭列に含まれる最小値よりも小さい場合（未入力など）は、エラー値「#N/A」が返されます。

◉配列形式の「LOOKUP」関数の使用例

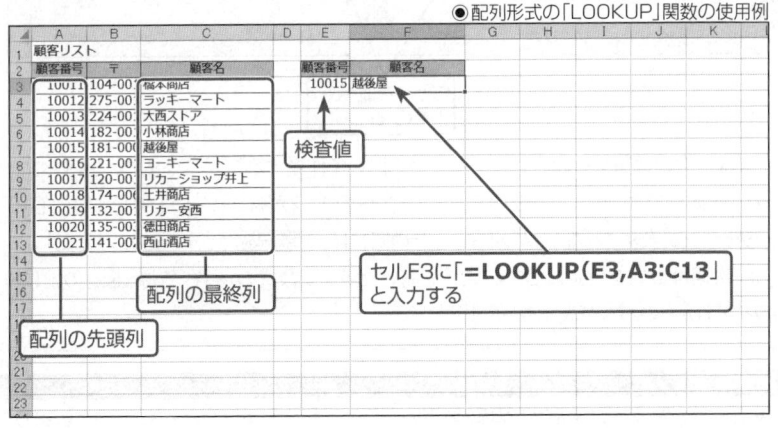

■ SECTION-080 ■ 顧客番号を入力して顧客名を表示する

COLUMN　別ブックのデータを参照して値を取り出すには

「LOOKUP」関数では、別のブックに作成したデータ範囲から値を検索・取り出すこともできます。たとえば、操作例の顧客名簿が別ブックで同じフォルダ内に作成してあることとして、データを取り出すには、数式を入力するブックと顧客名簿のブックを開いた状態で、次のように数式を入力します。

=LOOKUP(B3,[顧客名簿.xlsx]Sheet1!$A$3:$B$13)

　　　　　　　　　別ブック名と　　　　　　　セル範囲
　　　　　　　　　ワークシート名

「関数の引数」ダイアログボックスを開いて引数を指定する場合には、次のように2つのブックを並べて表示しておくと操作しやすくなります。

❶ 2つのブックを開きます。
❷「表示」タブをクリックし、「整列」をクリックして[左右に並べて表示(V)]をONにし、 OK ボタンをクリックします。

ブックを並べて表示する

なお、次回は数式を設定したブックだけを開いて作業することができます。ただし、ブックを開くと「このブックには、他のデータソースへのリンクが含まれています」という内容のメッセージが表示されることがあります。その際には、 更新しない(N) ボタンをクリックします。また、次回は数式を設定したブックだけを開いた場合、数式の[顧客名簿.xlsx]の前にドライブ名からのパスが表示されます。

関連項目 ▶▶▶
● 商品コードを入力して商品名と単価を表示する ……………………………………… p.215

SECTION-081

VER. 2010 2013 2016 2019 365

商品コードを入力して商品名と単価を表示する

ここでは、商品コードを入力して商品名と単価を表示させる方法を説明します。

1 シート「商品リスト」の作成

2 シート「商品マスタ」の作成

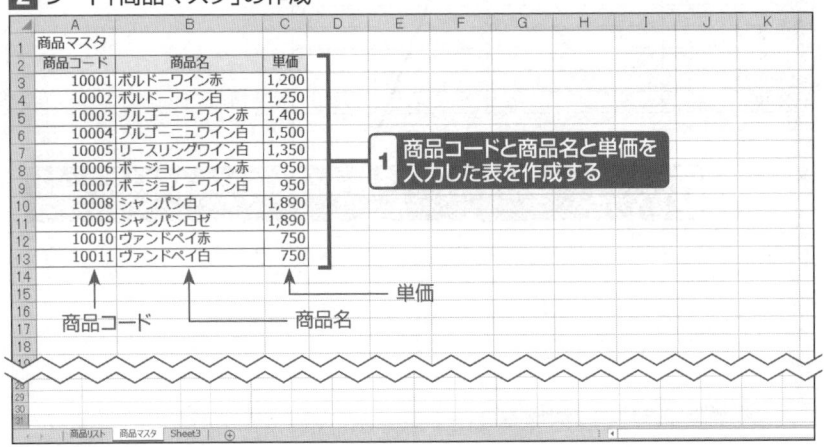

HINT
ここでは、1つのブックの2つのワークシートに商品リストと商品マスタを作成しています。

■ SECTION-081 ■ 商品コードを入力して商品名と単価を表示する

3 商品コードを入力して商品名を表示する数式の入力

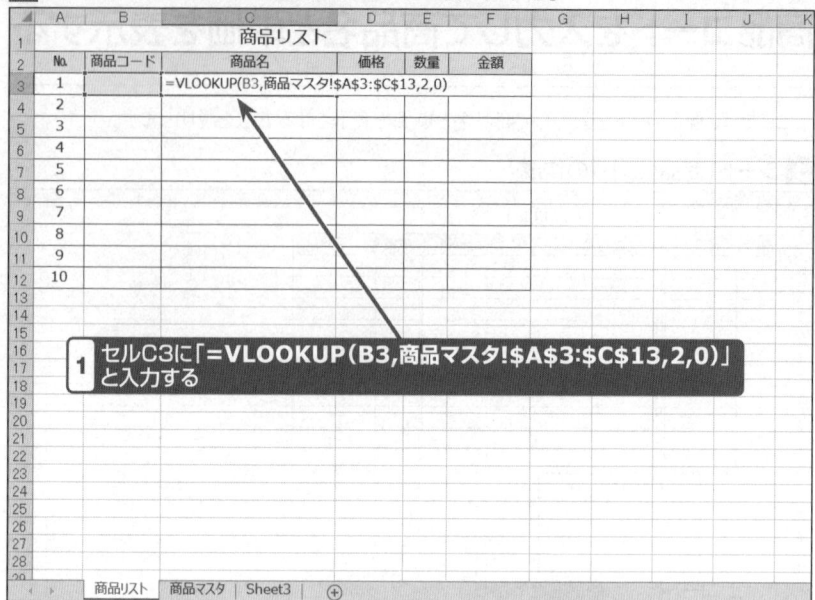

1 セルC3に「**=VLOOKUP(B3,商品マスタ!$A$3:$C$13,2,0)**」と入力する

4 商品コードを入力して単価を表示する数式の入力

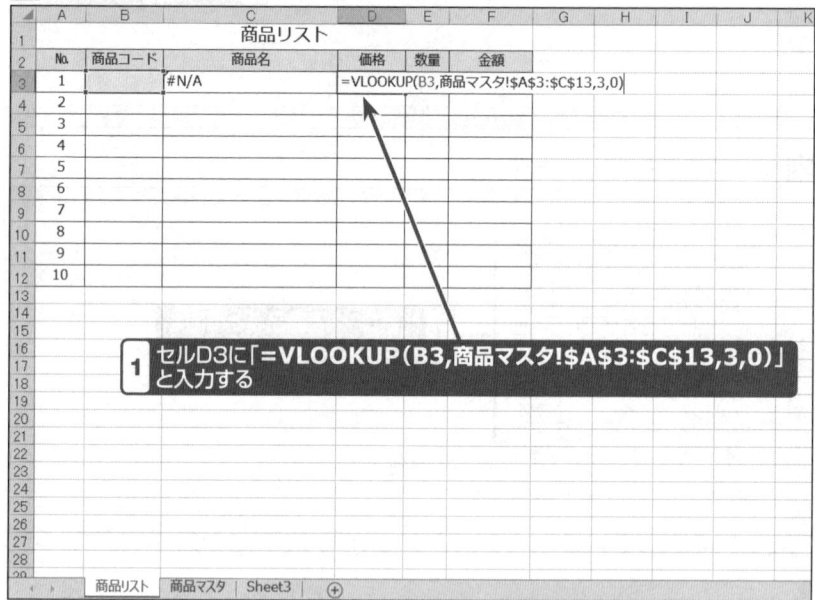

1 セルD3に「**=VLOOKUP(B3,商品マスタ!$A$3:$C$13,3,0)**」と入力する

HINT
ここでは、商品コードが未入力のため、数式を入力するとエラー値「#N/A」が表示されます。エラーを表示させないようにする方法は、219ページを参照してください。

5 数式の複製

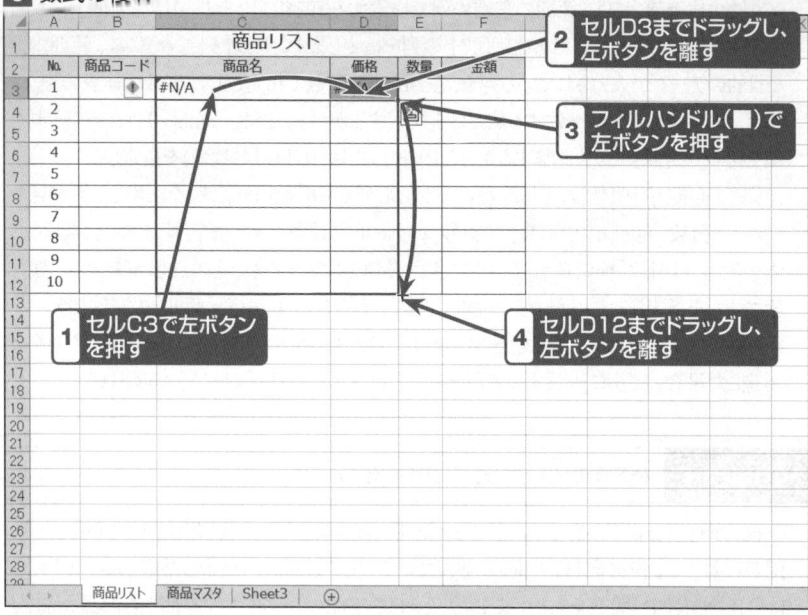

結果の確認

商品コードを入力すると、対応する商品名と単価が表示される

> **ONEPOINT** 入力した値に対応する複数のデータを取り出すには「VLOOKUP」関数を使う

「VLOOKUP」関数は、指定された範囲の1列目の値を検索し、その範囲内の別の列の同じ行にある値を返す関数です。商品コードに対する商品名や単価、得意先コードに対する得意先名や住所、電話番号などを取り出す用途で利用することができます。
「VLOOKUP」関数の書式は、次の通りです。

=VLOOKUP(検索値,範囲,列番号,検索の型)

引数「検査値」には、範囲の左端の列で検索する値を指定します。引数「範囲」には、範囲の左端列が検索値である2列以上の列を指定します。引数「列番号」には、範囲内で目的のデータが入力されている列を、左端からの列数で指定します。引数「検査の型」には、検索値と完全に一致する値だけを検索するか(「FALSE」または「0」)、その近似値を含めて検索するか(省略するか、「TRUE」または「0」以外の数値)を指定します。

「VLOOKUP」関数は、引数「範囲」の左端列から引数「検索値」を検索し、値が見つかると引数「範囲」内の引数「列番号」の列の同じ位置にある値を返します。引数「検索の型」には引数「検索値」と完全に一致する値を検索するか、その近似値を含めて検索するかを指定します。近似値を含めて検索する場合には、引数「範囲」の左端のデータを昇順に並べておく必要があります。なお、引数「検査の型」に「FALSE」または「0」を指定した場合、完全に一致する値がない場合には、エラー値「#N/A」が返されます。

COLUMN 横方向のリストからデータを抽出するには

縦方向(列方向)に並んでいるデータ範囲から検索した値を取り出す「VLOOKUP」関数に対して、横方向(行方向)に並んでいるデータ範囲から検索した値を取り出すには「HLOOKUP」関数を利用します。たとえば、下記のようなデータ範囲から商品コードに対する商品名、単価を取り出すには、次のように数式を入力します。

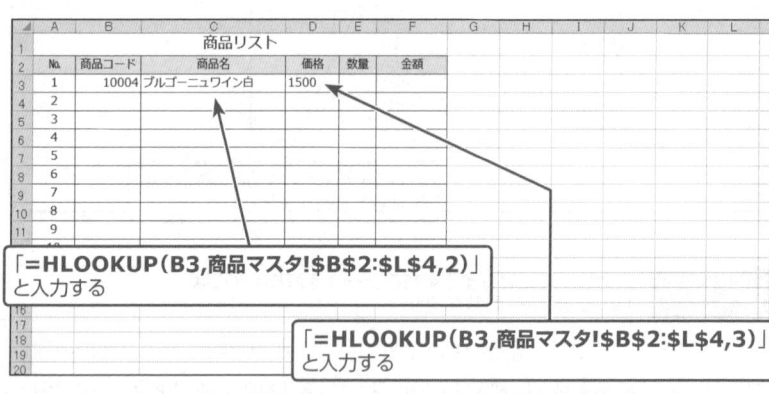

「=HLOOKUP(B3,商品マスタ!$B$2:$L$4,2)」と入力する

「=HLOOKUP(B3,商品マスタ!$B$2:$L$4,3)」と入力する

関連項目 ▶▶▶

- 顧客番号を入力して顧客名を表示する ……………………………… p.210
- 購入金額から価格帯別のデータを取り出す ……………………………… p.222
- 目的の検索範囲にデータがない場合に別の検索範囲から抽出する ……………………………… p.227

SECTION-082 [VER. 2010 2013 2016 2019 365]

検索値が空白でもエラーを表示させないようにする

　検索値が空白でも、「LOOKUP」関数(または「VLOOKUP」「HLOOKUP」関数)で数式を入力したセルにエラー値を表示させないようにするには、「IF」関数を利用します。ここでは、見積書の顧客コードが未入力の場合にもエラーを表示させないようにする方法を説明します。

1 シート「見積書」の作成

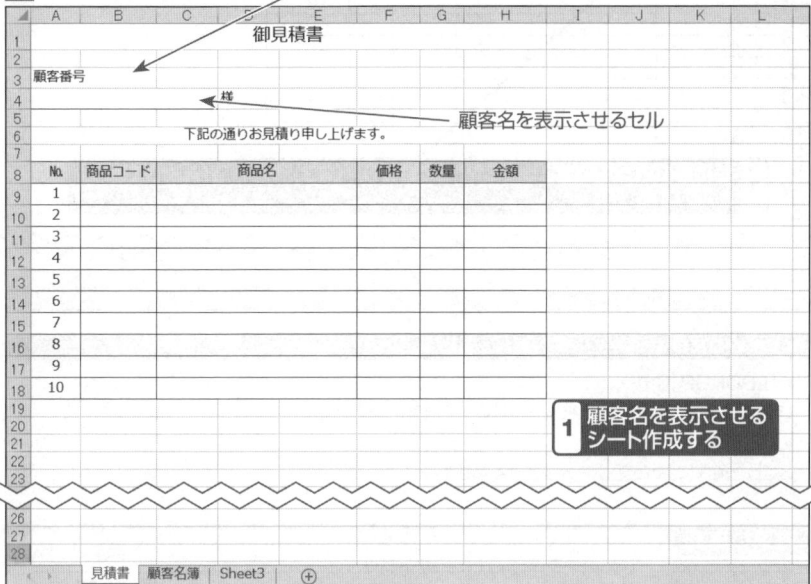

2 シート「顧客名簿」の作成

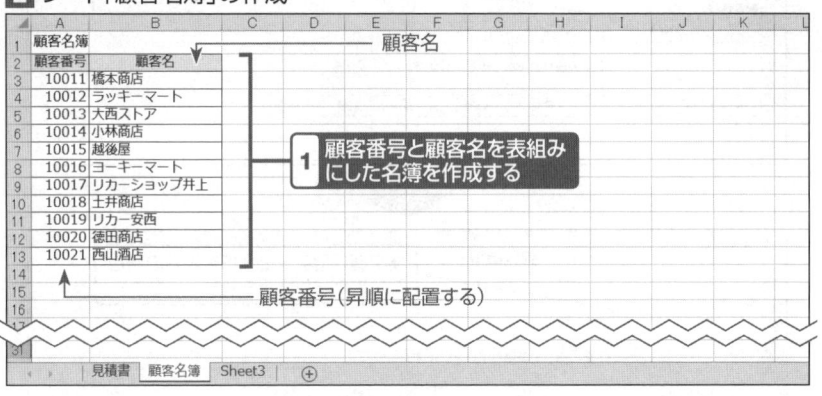

HINT
ここでは、1つのブックの2つのワークシートに見積書と顧客名簿を作成しています。

■ SECTION-082 ■ 検索値が空白でもエラーを表示させないようにする

3 検索値が空白でもエラーを表示させない数式の入力

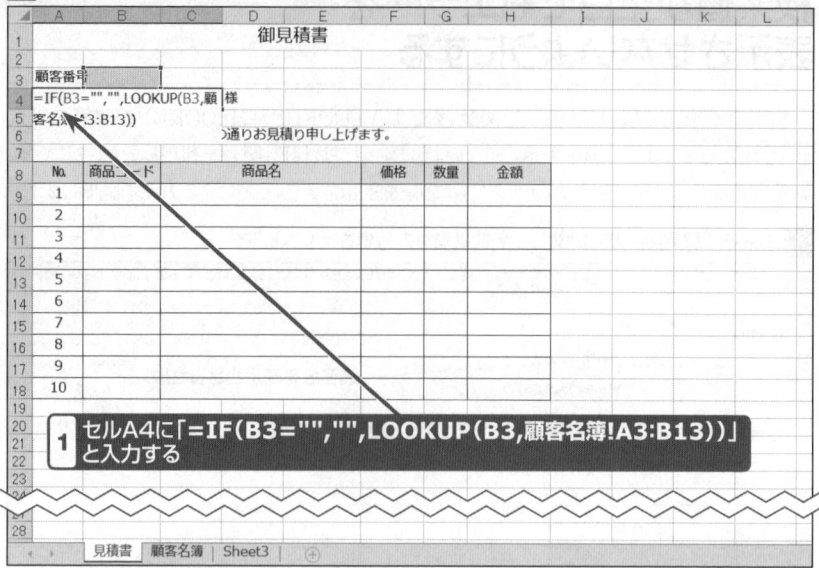

1 セルA4に「`=IF(B3="","",LOOKUP(B3,顧客名簿!A3:B13))`」と入力する

KEYWORD

▶「LOOKUP」関数
1行または1列のセル範囲を検索して対応する値を返す関数です。

▶「IF」関数
指定した条件によって処理を分岐させる関数です。

結果の確認

検索値(顧客コード)が未入力の場合にはエラーが表示されてしまう

検索値(顧客コード)が未入力の場合でもエラーが表示されない

ONEPOINT エラー値を非表示にするには「IF」関数で空白を表示する

通常、コード番号を入力してデータを表示させる文書では、コード（検索値）が未入力のケースがほとんどです。しかし、「LOOKUP」関数（または「VLOOKUP」関数、「HLOOKUP」関数）でセルに数式を作成しておくと、コード（検索値）の未入力が原因で、エラー値が表示されてしまうため、体裁が悪くなってしまいます。そのような場合には、「IF」関数を利用してコード（検索値）が未入力の場合に、エラー値の代わりに空白を表示させるように設定することで、エラー値を非表示にすることができます。

空白を表示する

=IF(B3="","",LOOKUP(B3,顧客名簿!A3:B13))

検索値が空白
の場合

検索値が空白ではない（検索値が入力されている）場合は検索してデータを取り出す

関連項目 ▶▶▶
- 顧客番号を入力して顧客名を表示する ……………………………………………… p.210

SECTION-083 VER. 2010 2013 2016 2019 365

購入金額から価格帯別のデータを取り出す

値に対する近似値を取り出すには、「VLOOKUP」関数を利用します。ここでは、購入金額から購入価格帯別に設定したデータを取り出す方法を説明します。

1 購入金額一覧と価格帯別データの作成

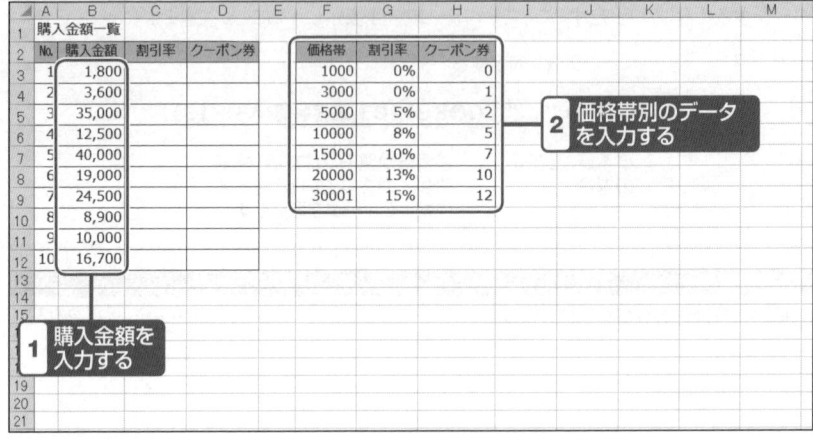

HINT
価格帯は昇順に並べておく必要があります。

2 価格帯別の割引率を取り出す数式の入力

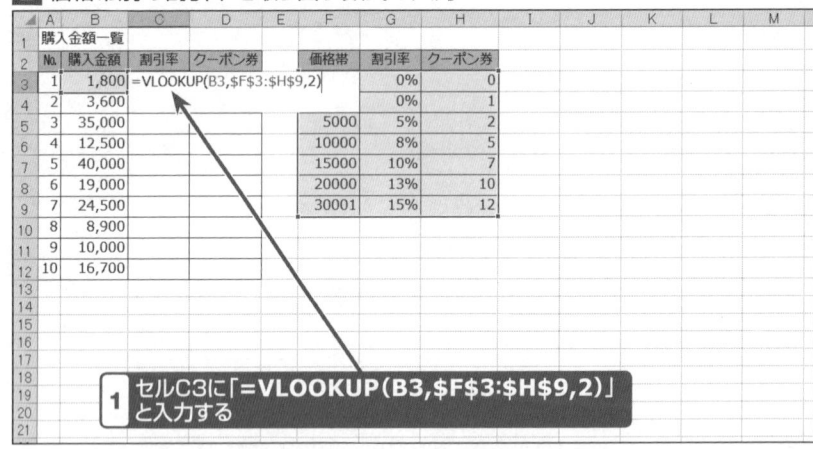

KEYWORD

▶「VLOOKUP」関数
表の1列目で値を検索し、同じ行にある指定列の値を返す関数です。

■ SECTION-083 ■ 購入金額から価格帯別のデータを取り出す

3 セルの書式の変更

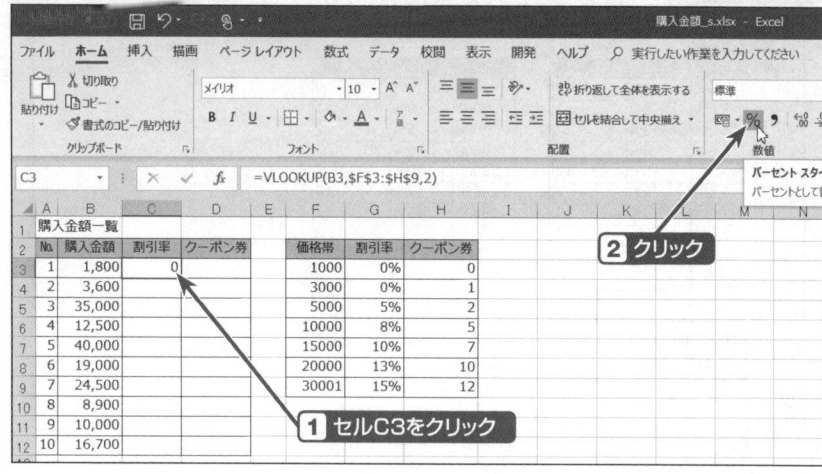

·······|H|I|N|T|······
ここでは、値をもとのデータと同様に%で表示するために、%(パーセントスタイル)を設定しています。

4 価格帯別のクーポン券の枚数を取り出す数式の入力

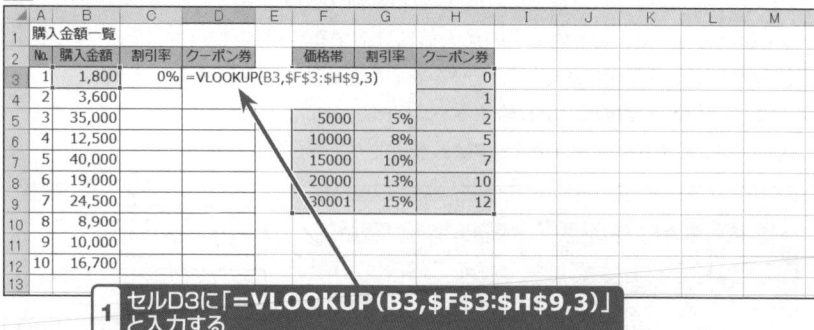

5 数式の複製

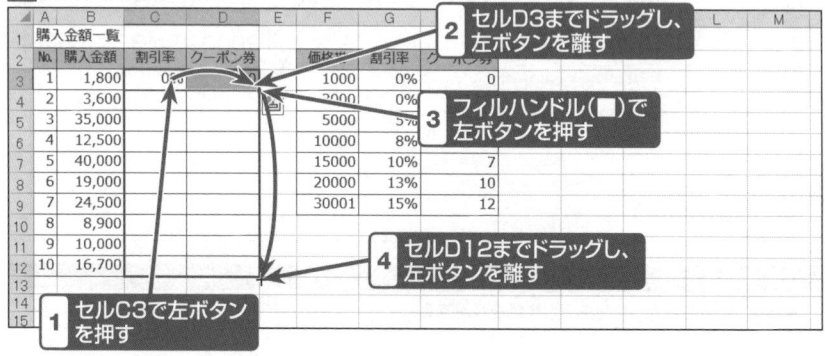

■SECTION-083 ■購入金額から価格帯別のデータを取り出す

結果の確認

	A	B	C	D	E	F	G	H
1	購入金額一覧							
2	No.	購入金額	割引率	クーポン券		価格帯	割引率	クーポン券
3	1	1,800	0%	0		1000	0%	0
4	2	3,600	0%	1		3000	0%	1
5	3	35,000	15%	12		5000	5%	2
6	4	12,500	8%	5		10000	8%	5
7	5	40,000	15%	12		15000	10%	7
8	6	19,000	10%	7		20000	13%	10
9	7	24,500	13%	10		30001	15%	12
10	8	8,900	5%	2				
11	9	10,000	8%	5				
12	10	16,700	10%	7				

価格帯に対応するデータが表示された

ONEPOINT 近似値を検索するには「VLOOKUP」関数の引数「検索の型」を省略する

「VLOOKUP」関数で、価格帯別のデータから購入金額に対応するデータを取り出すなど、検索値に幅を持たせたい場合には、引数「検索の型」を省略するか、「TRUE」(または「0」以外の値)を指定します。引数「検索の型」を省略すると、検索値が見つからない場合には、検索値未満の最大値に対応するデータを返します。そのため、操作例のように、価格帯に対応したデータを表示させることができるようになります。

なお、引数「検索の型」を省略するか、「TRUE」(または「0」以外の値)を指定する場合には、検索値に対応するデータは昇順に並べておく必要があります。

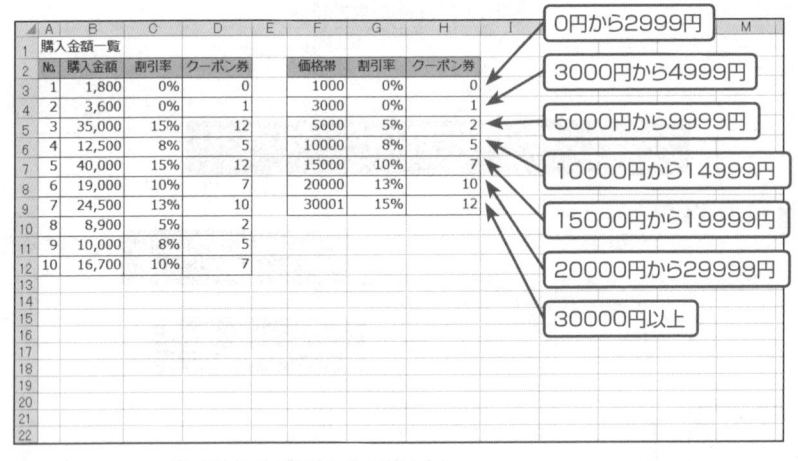

関連項目 ▶▶▶

● 商品コードを入力して商品名と単価を表示する P.215

SECTION-084

VER. 2010 2013 2016 2019 365

売上に対してランク付けをする

ここでは、検定の合計点によってAからDのランクを表示する方法を説明します。

1 ランク付け用の表の作成

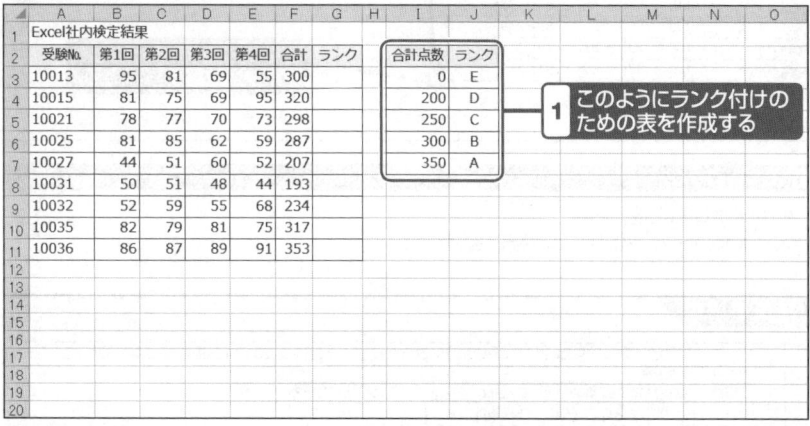

このようにランク付けのための表を作成する

HINT

ここではランクを、0〜199点の場合に「E」、200〜249点の場合に「D」、250〜299点の場合に「C」、300〜349点の場合に「B」、350点以上の場合に「A」とすることとします。また、「LOOKUP」関数で利用する検索値は昇順に並べておく必要があるため、E〜Aの順に表を作成しておきます。

2 ランクを表示するための数式の入力

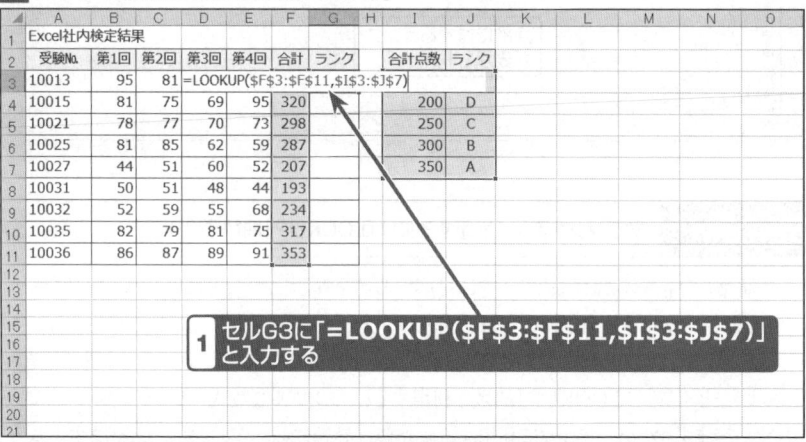

セルG3に「=LOOKUP($F$3:$F$11,$I$3:$J$7)」と入力する

KEYWORD

▶「LOOKUP」関数
縦方向の表からデータを検索して抽出する関数です。

■ SECTION-084 ■ 売上に対してランク付けをする

3 数式の複製

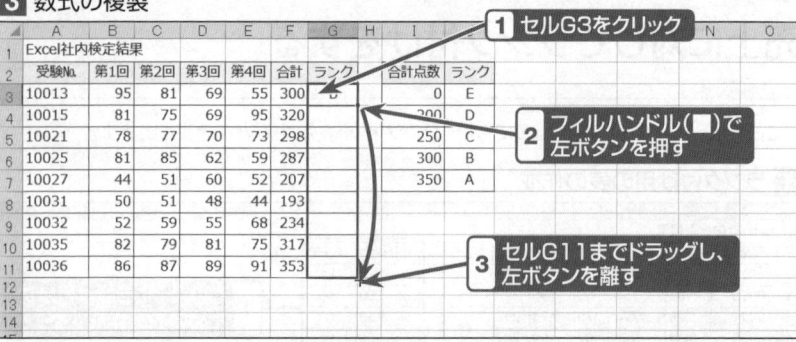

KEYWORD

▶「LOOKUP」関数
縦方向の表からデータを検索して抽出する関数です。

結果の確認

	A	B	C	D	E	F	G	H	I	J
1	Excel社内検定結果									
2	受験No.	第1回	第2回	第3回	第4回	合計	ランク		合計点数	ランク
3	10013	95	81	69	55	300	B		0	E
4	10015	81	75	69	95	320	B		200	D
5	10021	78	77	70	73	298	C		250	C
6	10025	81	85	62	59	287	C		300	B
7	10027	44	51	60	52	207	D		350	A
8	10031	50	51	48	44	193	E			
9	10032	52	59	55	68	234	D			
10	10035	82	79	81	75	317	B			
11	10036	86	87	89	91	353	A			

点数に対するランクが表示された

ONEPOINT 数ランクを素早く表示するには「LOOKUP」関数を使う

通常、合格・不合格などデータに対応する値を表示したいときには、「IF」関数を利用します。しかし、操作例のように5段階のランクを返す場合に「IF」関数を利用すると、複数の「IF」関数をネストする必要があるため、長く複雑な数式になってしまいます。そのようなときには、「LOOKUP」関数を利用すると、シンプルな数式でランクを表示することができます。ただし、ランクに利用する検査値は昇順に並べておく必要があります。

関連項目 ▶▶▶

● ABC分析で商品の売れ筋をランク付けする……………………………………………p.192

SECTION-085

VER. 2010 2013 2016 2019 365

目的の検索範囲にデータがない場合に別の検索範囲から抽出する

ここでは、商品コードから商品名と価格を抽出する際に、1つの検索範囲に目的のデータがない場合には、別の検索範囲から取り出す方法を説明します。

1 表の作成

1 商品名を表示させる表を作成する

2 商品コードと商品名と単価を入力した表を作成する

2 商品コードを入力して商品名を表示する数式の入力

1 セルC3に「=IF(COUNTIF($H$3:$H$13,B3)=0,VLOOKUP(B3, $H$17:$J$27,2,0),VLOOKUP(B3,$H$3:$J$13,2,0))」と入力する

KEYWORD

▶「IF」関数
指定した条件によって処理を分岐させる関数です。

▶「COUNTIF」関数
指定された条件に一致するセルの個数を返す関数です。

▶「VLOOKUP」関数
縦方向の表からデータを検索して抽出する関数です。

227

■ SECTION-085 ■ 目的の検索範囲にデータがない場合に別の検索範囲から抽出する

3 商品コードを入力して単価を表示する数式の入力

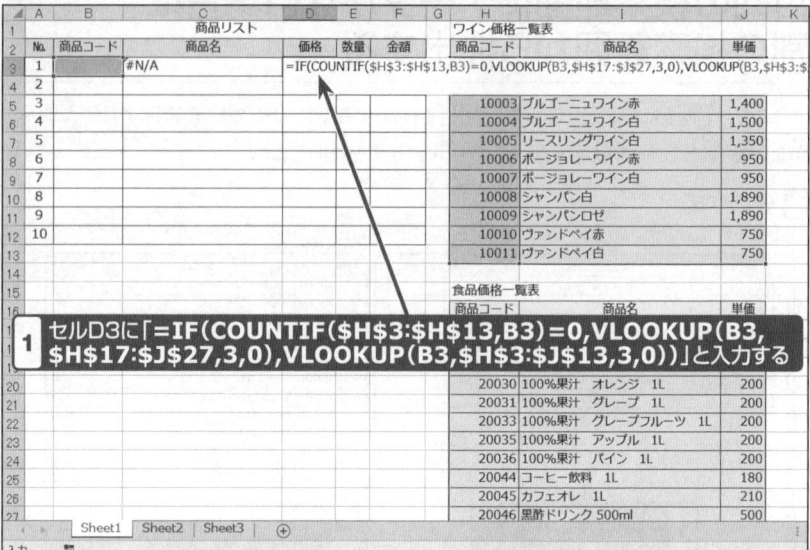

1 セルD3に「`=IF(COUNTIF($H$3:$H$13,B3)=0,VLOOKUP(B3,$H$17:$J$27,3,0),VLOOKUP(B3,$H$3:$J$13,3,0))`」と入力する

> **HINT**
> ここでは、商品コードが未入力のため、数式を入力するとエラー値「#N/A」が表示されます。エラーを表示させないようにする方法は、219ページを参照してください。

4 数式の複製

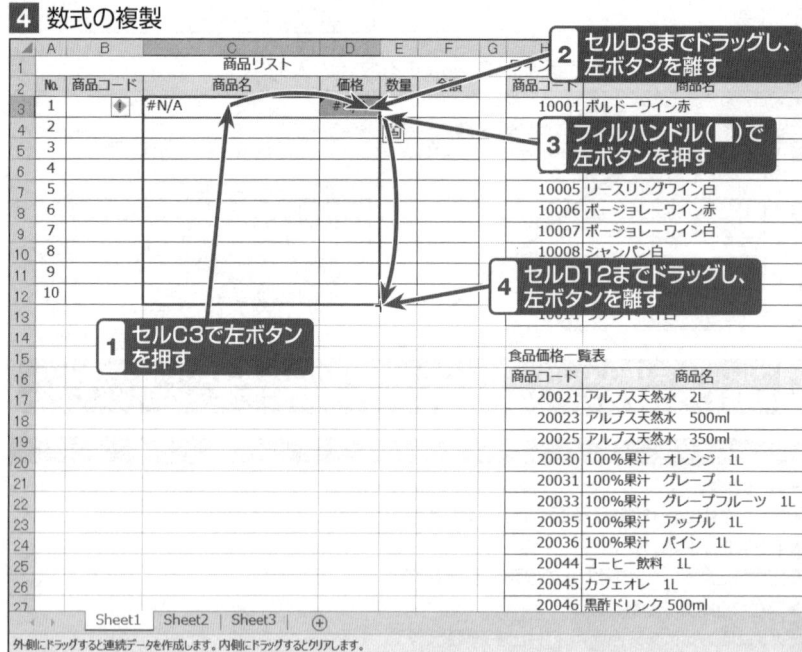

1 セルC3で左ボタンを押す
2 セルD3までドラッグし、左ボタンを離す
3 フィルハンドル(■)で左ボタンを押す
4 セルD12までドラッグし、左ボタンを離す

■ SECTION-085 ■ 目的の検索範囲にデータがない場合に別の検索範囲から抽出する

結果の確認

入力した商品コードに対応するデータがない場合に別の範囲を検索してデータが取り出された

No.	商品コード	商品名	価格
1	10001	ボルドーワイン赤	1,200
2	20023	アルプス天然水 500ml	88
3		#N/A	#N/A
4		#N/A	#N/A
5		#N/A	#N/A
6		#N/A	#N/A
7		#N/A	#N/A
8		#N/A	#N/A
9		#N/A	#N/A
10		#N/A	#N/A

ワイン価格一覧表

商品コード	商品名	単価
10001	ボルドーワイン赤	1,200
10002	ボルドーワイン白	1,250
10003	ブルゴーニュワイン赤	1,400
10004	ブルゴーニュワイン白	1,500
10005	リースリングワイン白	1,350
10006	ボージョレーワイン赤	950
10007	ボージョレーワイン白	950
10008	シャンパン白	1,890
10009	シャンパンロゼ	1,890
10010	ヴァンドペイ赤	750
10011	ヴァンドペイ白	750

食品価格一覧表

商品コード	商品名	単価
20021	アルプス天然水 2L	140
20023	アルプス天然水 500ml	88
20025	アルプス天然水 350ml	72
20030	100%果汁 オレンジ 1L	200
20031	100%果汁 グレープ 1L	200
20033	100%果汁 グレープフルーツ 1L	200
20035	100%果汁 アップル 1L	200
20036	100%果汁 パイン 1L	200
20044	コーヒー飲料 1L	180
20045	カフェオレ 1L	210
20046	黒酢ドリンク 500ml	500

ONEPOINT 検索範囲に目的のデータがあるかどうか調べるには「COUNTIF」関数を使う

通常、「VLOOKUP」関数では範囲を1つしか指定できません。そのため、種類別など、複数のデータの一覧から値を取り出したい場合には、「COUNTIF」関数で1つ目の一覧の検索値の数を調べるのがコツです。検索値がない場合には戻り値は0になるため、この数式を「IF」関数の条件にすることで、検索値がない場合には、別の範囲から「VLOOKUP」関数でデータを取り出すことができるようになります。

1つ目の範囲に検索値があるかどうか調べる　　検索値がない場合は2つ目の範囲からデータを取り出す

```
=IF(COUNTIF($H$3:$H$13,B3)=0,
VLOOKUP(B3,$H$17:$J$27,2,0),
VLOOKUP(B3,$H$3:$J$13,2,0))
```

検索値がある場合は1つ目の範囲からデータを取り出す

関連項目 ▶▶▶

- 商品コードを入力して商品名と単価を表示する ………………………… p.215
- 条件によって検索範囲を切り替えてデータを抽出する ………………… p.230

SECTION-086

VER. 2010 2013 2016 2019 365

条件によって検索範囲を切り替えてデータを抽出する

複数のセル範囲に名前を付けておくと、条件によって切り替えることができるようになります。ここでは、通常価格とセール価格の2つの範囲をリスト選択で切り替えて表示する方法を説明します。

1 セルの選択

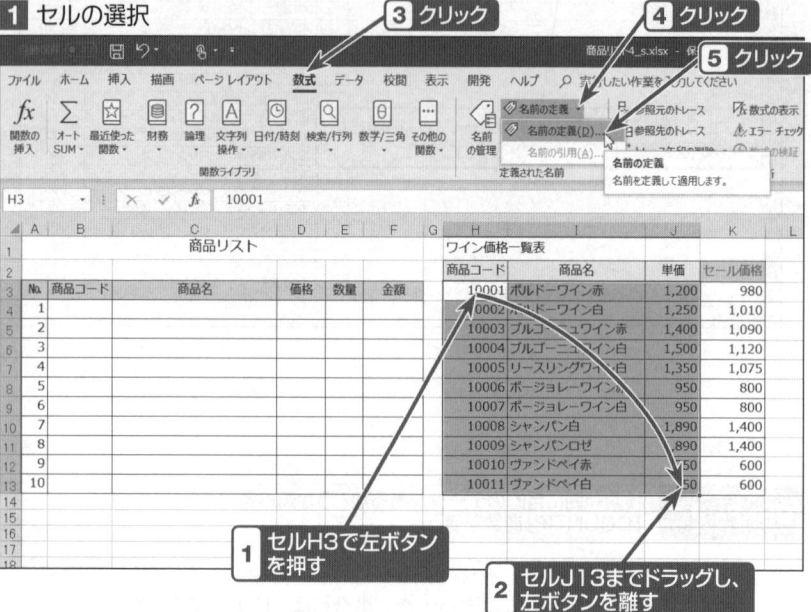

2 名前の設定

:::HINT
[範囲(S)]に「ブック」を選択すると、定義した名前を同一のブック内で(他のワークシートでも)利用できます。
:::

■ SECTION-086 ■ 条件によって検索範囲を切り替えてデータを抽出する

3 セルの選択

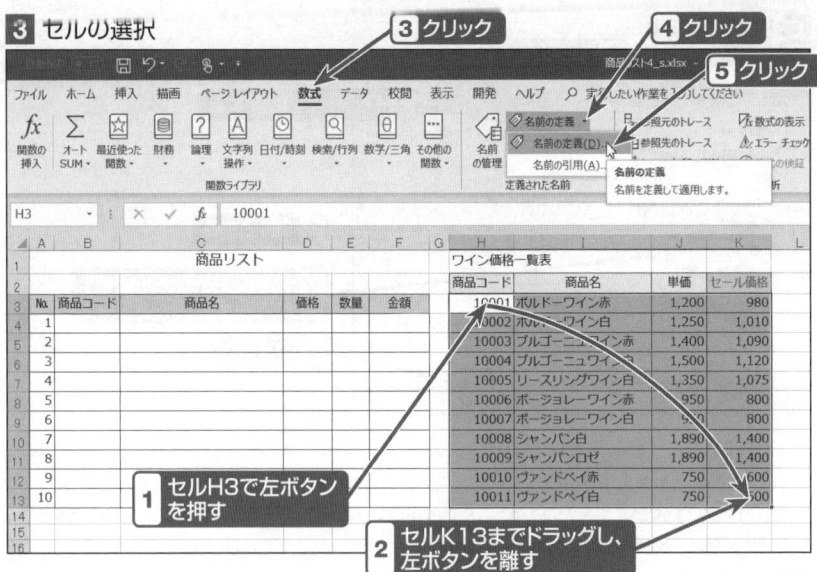

4 名前の設定

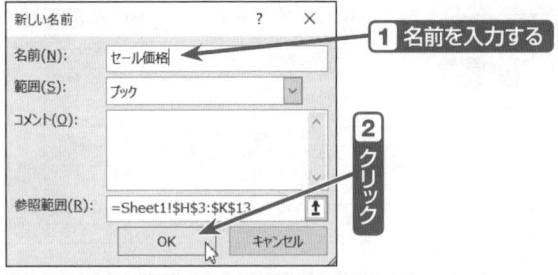

5 「データの入力規則」ダイアログボックスの表示

HINT
ここでは、セルA2とセルB2には[セルを結合して中央揃え]を実行してあります。

■ SECTION-086 ■ 条件によって検索範囲を切り替えてデータを抽出する

6 リストの作成

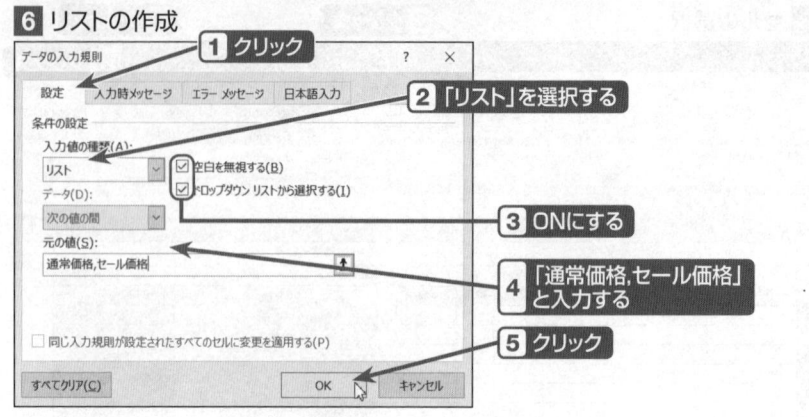

1 クリック
2 「リスト」を選択する
3 ONにする
4 「通常価格,セール価格」と入力する
5 クリック

HINT

「データの入力規則」ダイアログボックスの[入力値の種類(A)]に「リスト」を選択し、[元の値(S)]に「,」(カンマ)で区切って値を入力すると、ドロップダウンリストとして値を選択できるようになります。

7 リストの選択

1 セルA2をクリック
2 クリック
3 クリック

8 商品コードを入力して商品名を表示する数式の入力

1 セルC4に「=VLOOKUP(B4,$H$3:$I$13,2,0)」と入力する

KEYWORD

▶「VLOOKUP」関数

縦方向の表からデータを検索して抽出する関数です。

■ SECTION-086 ■ 条件によって検索範囲を切り替えてデータを抽出する

9 商品コードを入力して単価を表示する数式の入力

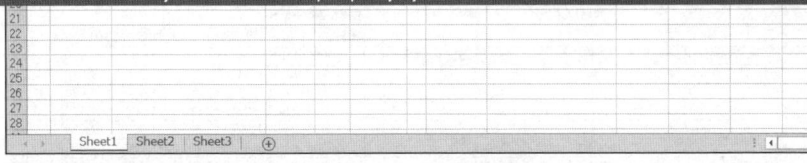

1 セルD4に「**=IF($A$2="通常価格",VLOOKUP(B4,INDIRECT($A$2),3,0), VLOOKUP(B4,INDIRECT($A$2),4,0))**」と入力する

KEYWORD

▶「IF」関数
指定した条件によって処理を分岐させる関数です。

▶「INDIRECT」関数
セルに入力された値を数式に利用できる形式に変換する関数です。

10 数式の複製

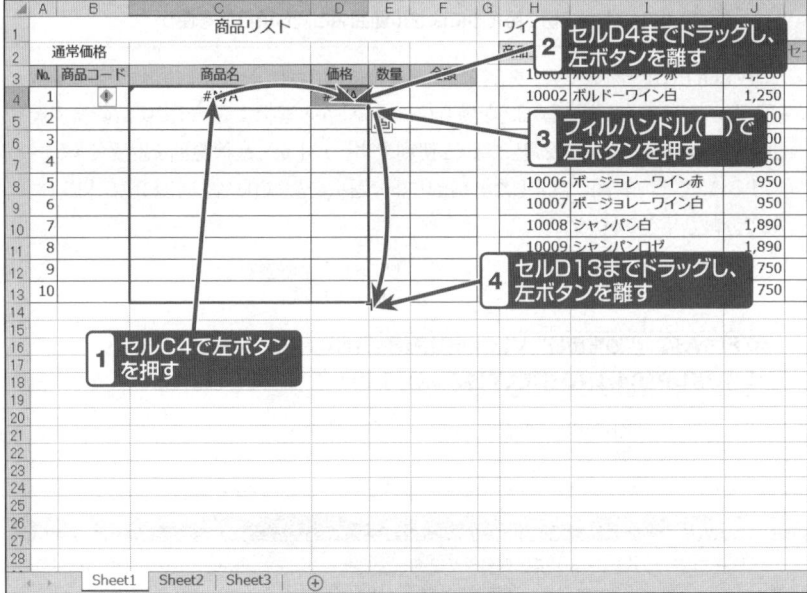

233

SECTION-086 ■ 条件によって検索範囲を切り替えてデータを抽出する

結果の確認

通常価格の場合はJ列から値が抽出される

セール価格の場合はK列から値が抽出される

ONEPOINT　リストから切り替えるにはセル範囲名と同じ項目名を使う

「VLOOKUP」関数でデータを抽出する場合に、用途によっては取り出すデータを変更したいことがあります。そのような場合には、リストから選択するだけで複数の検索範囲を切り替えられるように設定しておくと便利です。リストから選択範囲を変更できるようにするには、セル範囲に設定した名前とリストで選択できる項目名を同じにして、「IF」関数で分岐させるのがコツです。

リストが「通常価格」かどうか調べる　　　　　リストが「通常価格」の場合の処理

**=IF($A$2="通常価格",VLOOKUP(B4,INDIRECT($A$2),3,0),
VLOOKUP(B4,INDIRECT($A$2),4,0))**

リストが「セール価格」の場合の処理

関連項目 ▶▶▶

- 商品コードを入力して商品名と単価を表示する ………………………………… p.215
- 目的の検索範囲にデータがない場合に別の検索範囲から抽出する ……………… p.227

SECTION-087 VER. 2010 2013 2016 2019 365

1、2、3…の数値入力で対応する値を表示する

ここでは、No.1～5に対応する避難場所を表示する方法を説明します。

1 No.に対応する値を表示する数式の入力

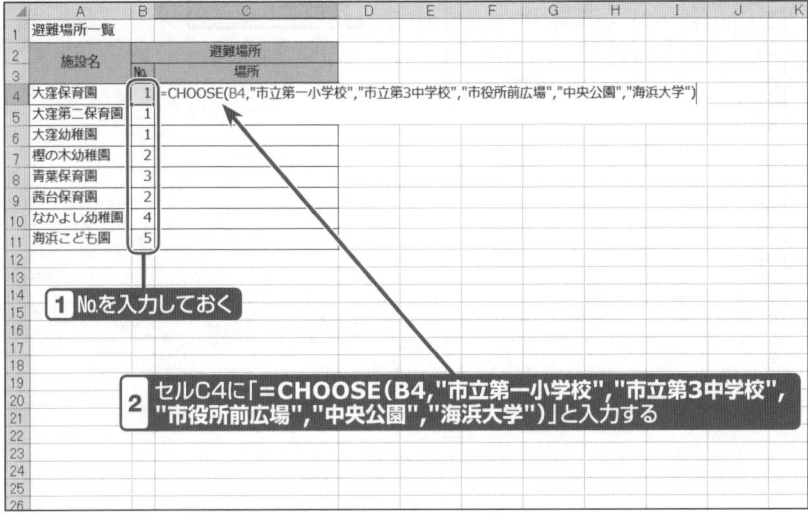

|H|I|N|T|
No.を入力していない場合には、数式を入力後にエラー値「#VALUE」が返されます。エラー値を表示させないようにする方法は、219ページを参照してください。

2 数式の複製

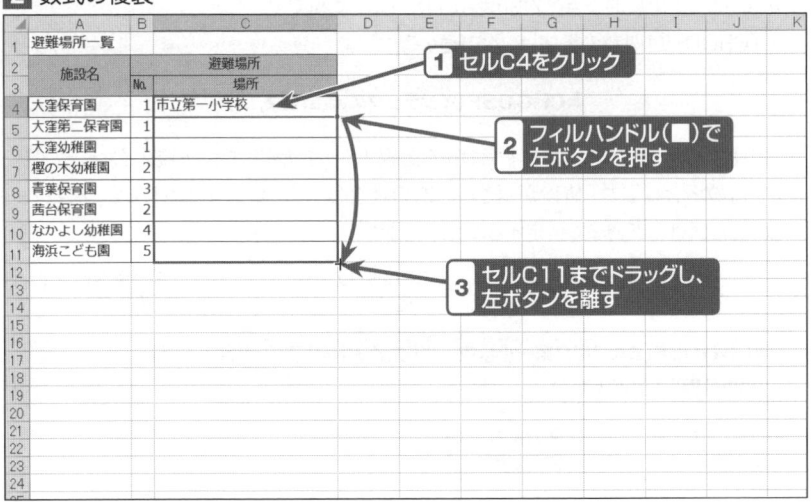

■ SECTION-087 ■ 1、2、3…の数値入力で対応する値を表示する

結果の確認

	A	B	C
1	避難場所一覧		
2	施設名		避難場所
3		No.	場所
4	大窪保育園	1	市立第一小学校
5	大窪第二保育園	1	市立第一小学校
6	大窪幼稚園	1	市立第一小学校
7	樫の木幼稚園	2	市立第3中学校
8	青葉保育園	3	市役所前広場
9	西台保育園	2	市立第3中学校
10	なかよし幼稚園	4	中央公園
11	海浜こども園	5	海浜大学

→ No.に対応する値が表示された

ONEPOINT 1、2、3の数値に対応する値を表示するには「CHOOSE」関数を使う

「CHOOSE」関数は、引数に入力したデータの順番を指定して取り出す関数です。「LOOKUP」関数や「VLOOKUP」関数などのように、検索用のリストを作成する必要がないので、簡易的なデータ抽出時に利用すると便利です。

「CHOOSE」関数の書式は、次の通りです。

=CHOOSE(インデックス,値1,値2,…)

引数「インデックス」には、何番目の値を選択するかを指定します。引数「インデックス」が「1」の場合は引数「値1」が返され、「2」の場合は引数「値2」が返されます。引数の数は255個（1～254）まで指定することができます。

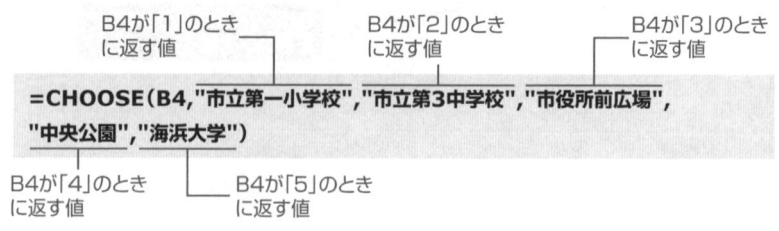

SECTION-000

ピボットテーブルからデータを抽出する

ここでは、四半期支出一覧表をもとに作成したピボットテーブルから項目ごとの総計金額を抽出する方法を説明します。

1 ピボットテーブルからのデータの抽出

	A	B	C	D	E	F	G	H	I	J
1	四半期支出一覧									
2	No.	月日	項目	金額		合計 / 金額	月日			
3	1	4月1日	通信費	2,250		項目	4月	5月	6月	総計
4	2	4月3日	接待交際費	4,550		書籍代	4,180	17,150	7,420	28,750
5	3	4月9日	旅行交通費	1,970		消耗品費	5,580	15,700	1,470	22,750
6	4	4月12日	書籍代	4,180		接待交際費	6,950	10,660	1,240	18,850
7	5	4月15日	消耗品費	5,230		通信費	4,400	5,630	5,880	15,910
8	6	4月18日	通信費	2,150		旅行交通費	3,390	5,280	3,570	12,240
9	7	4月21日	消耗品費	350		総計	24,500	54,420	19,580	98,500
10	8	4月22日	旅行交通費	1,420						
11	9	4月28日	接待交際費	2,400						
12	10	5月1日	通信費	2,410		項目				
13	11	5月4日	書籍代	5,780		書籍代	=			
14	12	5月8日	旅行交通費	3,140		消耗品費				
15	13	5月11日	通信費	2,340		接待交際費				
16	14	5月14日	接待交際費	10,660		通信費				
17	15	5月17日	書籍代	8,230		旅行交通費				
18	16	5月19日	旅行交通費	2,140						
19	17	5月21日	通信費	880						
20	18	5月24日	書籍代	3,140						
21	19	5月27日	消耗品費	12,300						
22	20	5月30日	消耗品費	3,400						
23	21	6月2日	通信費	3,240						
24	22	6月4日	接待交際費	1,240						
25	23	6月6日	旅行交通費	1,440						

1 セルG13に「=」と入力する

2 セルJ4をクリック

	A	B	C	D	E	F	G	H	I	J
1	四半期支出一覧									
2	No.	月日	項目	金額		合計 / 金額	月日			
3	1	4月1日	通信費	2,250		項目	4月	5月	6月	総計
4	2	4月3日	接待交際費	4,550		書籍代	4,180	17,150	7,420	28,750
5	3	4月9日	旅行交通費	1,970		消耗品費	5,580	15,700	1,470	22,750
6	4	4月12日	書籍代	4,180		接待交際費	6,950	10,660	1,240	18,850
7	5	4月15日	消耗品費	5,230		通信費	4,400	5,630	5,880	15,910
8	6	4月18日	通信費	2,150		旅行交通費	3,390	5,280	3,570	12,240
9	7	4月21日	消耗品費	350		総計	24,500	54,420	19,580	98,500
10	8	4月22日	旅行交通費	1,420						
11	9	4月28日	接待交際費	2,400						
12	10	5月1日	通信費	2,410		項目				
13	11	5月4日	書籍代	5,780		書籍代	=GETPIVOTDATA("金額",$F$2,"項目","書籍代")			
14	12	5月8日	旅行交通費	3,140		消耗品費				
15	13	5月11日	通信費	2,340		接待交際費				
16	14	5月14日	接待交際費	10,660		通信費				
17	15	5月17日	書籍代	8,230		旅行交通費				
18	16	5月19日	旅行交通費	2,140						
19	17	5月21日	通信費	880						
20	18	5月24日	書籍代	3,140						
21	19	5月27日	消耗品費	12,300						
22	20	5月30日	消耗品費	3,400						
23	21	6月2日	通信費	3,240						
24	22	6月4日	接待交際費	1,240						

3 数式が自動で作成されたことを確認して確定する

HINT

データを抽出するセルに「=」を入力し(確定はさせない)、ピボットテーブルのセルをクリックします。

■ SECTION-088 ■ ピボットテーブルからデータを抽出する

2 他の数式の作成

	A	B	C	D	E	F	G	H	I	J
1	四半期支出一覧									
2	No.	月日	項目	金額		合計 / 金額	月日			
3	1	4月1日	通信費	2,250		項目	4月	5月	6月	総計
4	2	4月3日	接待交際費	4,550		書籍代	4,180	17,150	7,420	28,750
5	3	4月9日	旅行交通費	1,970		消耗品費	5,580	15,700	1,470	22,750
6	4	4月12日	書籍代	4,180		接待交際費	6,950	10,660	1,240	18,850
7	5	4月15日	消耗品費	5,230		通信費	4,400	5,630	5,880	15,910
8	6	4月18日	通信費	2,150		旅行交通費	3,390	5,280	3,570	12,240
9	7	4月21日	消耗品費	350		総計	24,500	54,420	19,580	98,500
10	8	4月22日	旅行交通費	1,420						
11	9	4月28日	接待交際費	2,400						
12	10	5月1日	通信費	2,410		項目	総計			
13	11	5月4日	書籍代	5,780		書籍代	28,750			
14	12	5月8日	旅行交通費	3,140		消耗品費	22,750			
15	13	5月11日	通信費	2,340		接待交際費	18,850			
16	14	5月14日	接待交際費	10,660		通信費	15,910			
17	15	5月17日	書籍代	8,230		旅行交通費	12,240			
18	16	5月19日	旅行交通費	2,140						
19	17	5月21日	通信費	880						
20	18	5月24日	書籍代	3,140						
21	19	5月27日	消耗品費	12,300						
22	20	5月30日	消耗品費	3,400						
23	21	6月2日	通信費	3,240						
24	22	6月4日	接待交際費	1,240						
25	23	6月6日	旅行交通費	1,440						
26	24	6月7日	書籍代	4,300						
27	25	6月8日	消耗品費	230						
28	26	6月10日	通信費	2,130						
29	27	6月13日	消耗品費	1,240						

1 操作例1と同様にして数式を作成する

結果の確認

ピボットテーブルから目的のデータが抽出された

ONEPOINT ピボットテーブルからデータを抽出するには「GETPIVOTDATA」関数を使う

　「GETPIVOTDATA」関数は、ピボットテーブルの集計データから指定したセルのデータを抽出する関数です。「GETPIVOTDATA」関数を利用して取り出したデータは、ピボットテーブルのデータ更新やレイアウトの変更などによって、データ値が変更されたりデータの位置が移動されても常に目的のデータを参照することができます。

　「GETPIVOTDATA」関数は、操作例の要領でセルに「＝」を入力し、ピボットテーブルのセルをクリックすることで自動的に数式が入力されます。

　「GETPIVOTDATA」関数の書式は、次の通りです。

=GETPIVOTDATA(データフィールド,ピボットテーブル,フィールド1,アイテム1,フィールド2,アイテム2,…)

SECTION-089　VER. 2010 2013 2016 2019 365

指定した行列番号のデータを取り出す

ここでは、9行×9列の乱数表の行番号と列番号を指定して交差する値を取り出す方法を説明します。

1 指定した行番号と列番号の交差するセルの値を求める数式の入力

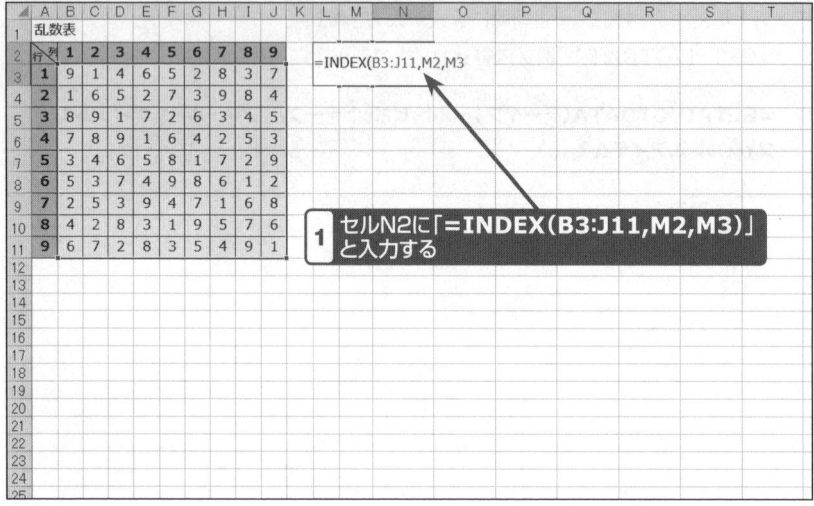

1. セルN2に「=INDEX(B3:J11,M2,M3)」と入力する

HINT
調べるセル範囲に結合されているセルが含まれる場合には、正確な値を求めることができないので注意が必要です。

結果の確認

指定した行番号と列番号が交差するセルの値が求められた

ONEPOINT 指定した行番号と列番号の交差するセルの値を求めるには「INDEX」関数を使う

「INDEX」は、セル範囲の指定した行列にあるセルの値を返す関数です。停留所と距離から運賃を求めたり、階数と部屋番号から家賃を求めるなど、料金の一覧表をもとにデータを検索する場合に利用することができます。「INDEX」関数には、配列形式とセル範囲形式の2つの書式があります。

「INDEX」関数の配列形式の書式は、次の通りです。

=INDEX(配列,行番号,列番号)

引数「配列」には、セル範囲または配列定数を指定します。配列形式は、複数の結果をまとめて処理する場合に使用し、数式を入力する場合には[Ctrl]キーと[Shift]キーを押しながら[↵]キーを押して終了します。

セル範囲形式の書式は、次の通りです。

=INDEX(範囲,行番号,列番号,領域番号)

引数「範囲」には、1つまたは複数のセル範囲を指定することができます。「範囲」に複数のセル範囲を指定した場合には、「領域番号」に順番を指定する必要があります。たとえば、範囲に(B2:C14,E2:G14)のように複数選択した場合には、「B2:C14」の「領域番号」は1、「E2:G14」の領域番号は2を指定します。

関連項目 ▶▶▶

- 行列番号を調べて目的のデータを取り出す p.242

SECTION-090

VER. 2010 2013 2016 2019 365

行列番号を調べて目的のデータを取り出す

ここでは、指定した出発日と発着駅の行列番号を調べて当てはまる宿泊料金を取り出す方法を説明します。

1 出発日と発着駅の行列番号を調べて交差するセルのデータを取り出す数式の入力

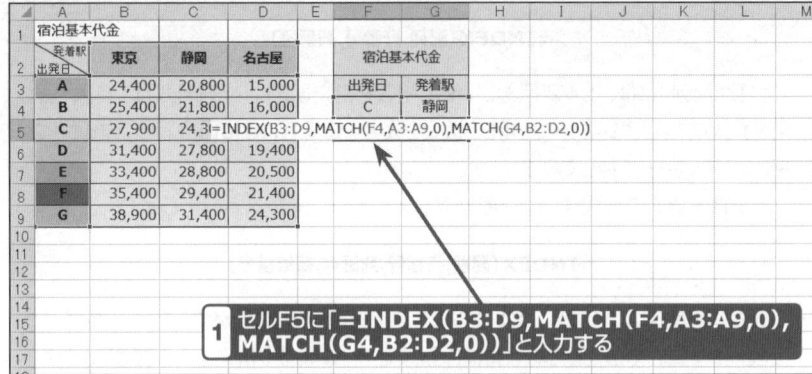

セルF5に「=INDEX(B3:D9,MATCH(F4,A3:A9,0),MATCH(G4,B2:D2,0))」と入力する

HINT
調べるセル範囲に結合されているセルが含まれる場合には、正確な値を求めることができないので注意が必要です。

KEYWORD

▶「INDEX」関数
セル範囲の指定した行列にあるセルの値を返す関数です。

結果の確認

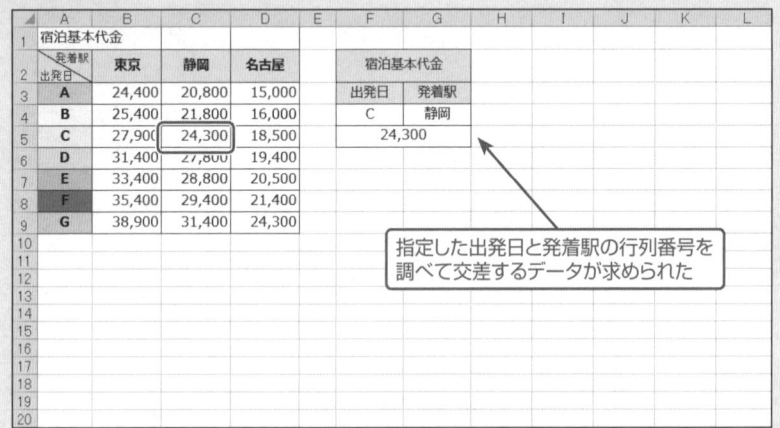

指定した出発日と発着駅の行列番号を調べて交差するデータが求められた

ONEPOINT 「INDEX」関数に指定する行列番号を調べるには「MATCH」関数を使う

「MATCH」関数は、指定したデータがセル範囲の上端または左端から何番目にあるかを求める関数です。「INDEX」関数で指定した行列番号の値を取り出す際に、大きなセル範囲の場合には行列番号を調べるのに手間がかかってしまうことがあります。そのような場合には、「MATCH」関数で行列番号を調べる数式をネストすることで、目的の値を素早く取り出すことができます。

「MATCH」関数の書式は、次の通りです。

=MATCH(検査値, 検査範囲, [照合の型])

引数「検査値」には、行列番号を調べる値またはセルを指定します。「検査範囲」には、検索するセル範囲を指定します。行番号を求める場合には縦方向に行を指定し、列番号を求める場合には横方向に列を指定します。なお、「照合の型」はオプションで、「-1」「0」「1」の数値のいずれかを指定することで、検査値を探す方法を変更することができます。

照合の型	内容
1または省略	検査値以下の最大の値が検索される(検査範囲のデータを昇順に並べ替えておく必要がある)
0	検査値に一致する値のみが検索の対象となる
-1	検査値以上の最小の値が検索される(検査範囲のデータを降順に並べ替えておく必要がある)

行列番号から交差する値を求める数式
=INDEX(B3:D9,MATCH(F4,A3:A9,0),MATCH(G4,B2:D2,0))
　　　　　　　行番号を求める数式　　　　　列番号を求める数式

関連項目 ▶▶▶
- 指定した行列番号のデータを取り出す ……………………………………………… p.240
- 最高売上金額の名前を調べる ………………………………………………………… p.244

SECTION-091

最高売上金額の名前を調べる

「INDEX」関数と「MATCH」関数を利用すると、目的の値に対するデータを取り出すことができます。ここでは、「MAX」関数で調べた売上の最高値に対する氏名を取り出す方法を説明します。

1 最高売上の名前を抽出する数式の入力

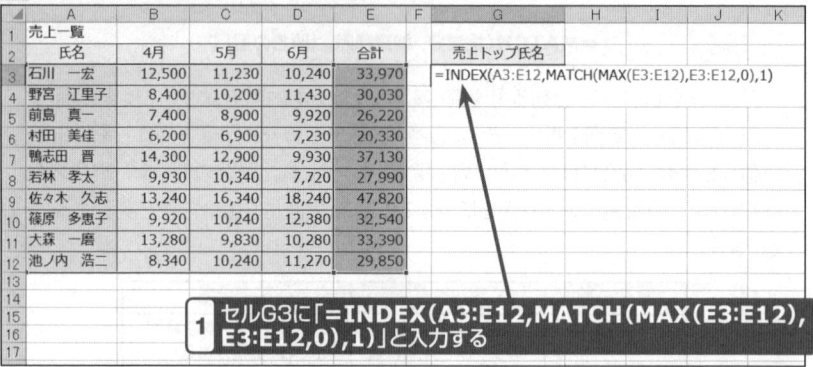

1 セルG3に「=INDEX(A3:E12,MATCH(MAX(E3:E12),E3:E12,0),1)」と入力する

KEYWORD

▶「INDEX」関数
セル範囲の指定した行列にあるセルの値を返す関数です。

▶「MATCH」関数
指定したデータがセル範囲の上端(または左端)から何番目にあるか求める関数です。

▶「MAX」関数
数値の最大値を求める関数です。

結果の確認

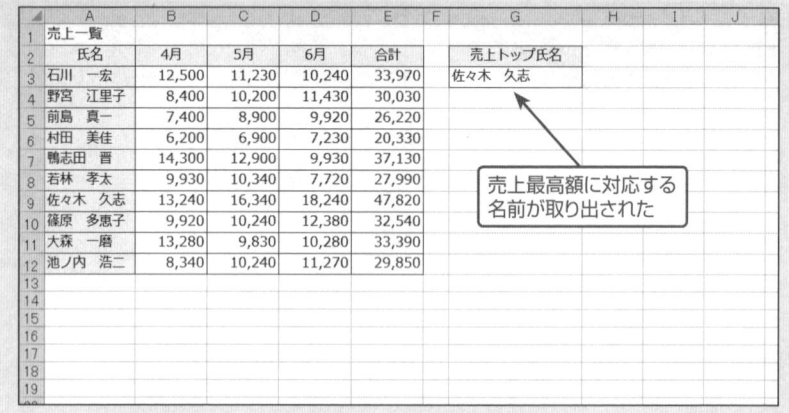

売上最高額に対応する名前が取り出された

■ SECTION-091 ■ 最高売上金額の名前を調べる

| ONEPOINT | 目的の値に関連したデータは
「INDEX」関数に行列番号を指定して求める |

　目的の値に関連したデータを求めるには、「INDEX」関数と「MATCH」関数を利用します。操作例のように最大値に対する氏名を取り出すには、「MAX」関数で求めた売上の最大値が、「MATCH」関数で何行目にあるかを求めて、その行番号と氏名が入力されている列番号「1」を「INDEX」関数に指定することで実行できます。

行列番号が交差するセル値(最大値の名前)を求める数式

=INDEX(A3:E12,MATCH(MAX(E3:E12),E3:E12,0),1)

行番号を調べる　　　列番号を指定する

関連項目 ▶▶▶
● 行列番号を調べて目的のデータを取り出す ……………………………………………… p.242

SECTION-092

VER. 2010 2013 2016 2019 365

目的のセル番地を求める

ここでは、指定した行列項目の交差するセル番地を求める方法を説明します。

1 指定した行項目と列項目が交差するセル番地を求める数式の入力

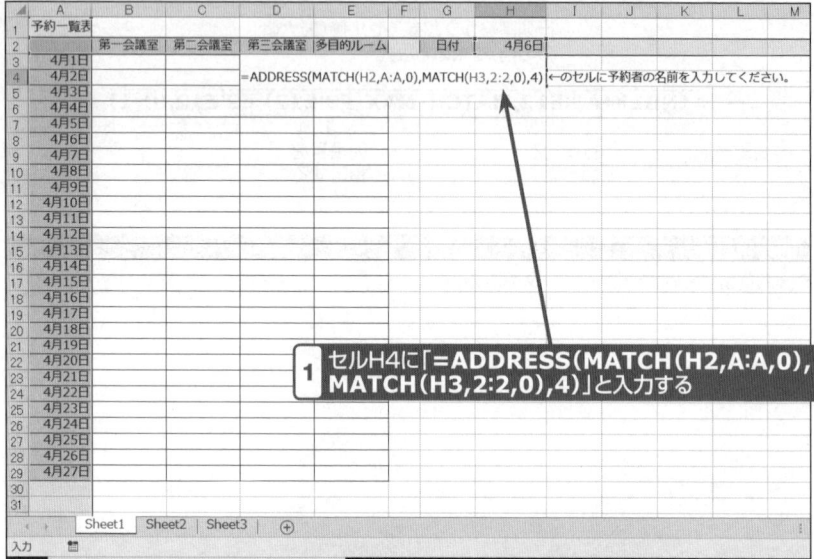

1 セルH4に「=ADDRESS(MATCH(H2,A:A,0),MATCH(H3,2:2,0),4)」と入力する

KEYWORD

▶「MATCH」関数
指定したデータがセル範囲の上端(または左端)から何番目にあるか求める関数です。

結果の確認

指定した行項目と列項目が交差するセル番地が求められた

ONEPOINT 指定した行列番号のセル番地を求めるには「ADDRESS」関数を使う

「ADDRESS」関数は、指定した行番号と列番号からワークシートのセル番地を返す関数です。目的のセル番地を素早く求められるので、どこに入力するかがわかりにくいような大きな表に利用すると便利です。

「ADDRESS」関数の書式は、次の通りです。

=ADDRESS(行番号,列番号,参照の型,参照形式,シート名)

引数「行番号」と「列番号」には、セル参照に使用する行番号と列番号を指定します。
引数「参照の型」には絶対参照、複合参照、相対参照を(下表参照)指定します。
引数「参照形式」ではA1形式(列番号がアルファベット、行番号が数字)またはR1C1形式(列番号と行番号が数字)を指定でき、「TRUE」を指定するか省略するとA1形式のセル参照が返され、「FALSE」を指定するとR1C1形式のセル参照が返されます。
引数「シート名」には他のワークシートの参照を指定でき、省略すると現在のシートのセルを参照します。

参照の型	セル番地の表示
1または省略	絶対参照
2	行は絶対参照、列は相対参照
3	行は相対参照、列は絶対参照
4	相対参照

なお、操作例のように「MATCH」関数で行列番号を求める場合には、「MATCH」関数の引数「検査範囲」に行全体(A:A)または列全体(2:2)を指定します。「MATCH」関数については、243ページを参照してください。

セル番地を求める数式
=ADDRESS(MATCH(H2,A:A,0),MATCH(H3,2:2,0),4)

行番号を求める　　列番号を求める

関連項目 ▶▶▶
- 行列番号を調べて目的のデータを取り出す ……………………………………… p.242

CHAPTER 05

日付と時間

SECTION-093

VER. 2010 2013 2016 2019 365

シリアル値について

■ シリアル値とは

シリアル値とは、Excelで日付と時刻を表す数値です。1900年1月1日0時0分0秒を1として、その日からの通算日数と時刻を表します。シリアル値は、整数部と小数部に分かれ、整数部(1〜2958465)は1900年1月1日から9999年12月31日までの日付を表し、小数部(0.0〜1.0)は1日の0時0分0秒から翌日の0時0分0秒までの時刻を表します。

Excelでは、シリアル値をもとに日付と時刻の計算が行われます。

日付	シリアル値
1900/1/1	1
1900/1/2	2
1900/1/3	3
1900/4/9	100
2000/1/1	36526

時間	シリアル値
0:0:0	0.00000000
3:0:0	0.125
6:0:0	0.25
12:0:0	0.5
13:0:0	0.5416666666
21:0:0	0.875
23:59:59	0.999988425925926

	A	B	C	D	E	F	G	H
1								
2	開始予定日	終了予定日	日数					
3	1900/1/1	1900/1/10	9	← シリアル値をもとに計算されていることがわかる
4	1	10	9					
5								
6	表示形式を「標準」に設定した場合の値							
7								
8								
9		「=B3-A3」(「=B4-A4」)の数式で値を求める						
10								
11								
12								
13								
14								
15								
16								
17								
18								
19								
20								

■ Excelでの日付と時刻の表示

Excelでは、セルに数値を「/」(スラッシュ)や「-」(ハイフン)で区切って入力すると日付データとして認識され、「:」(コロン)で区切って入力すると時刻のデータとして認識されます。これらの入力されたデータはセル上では日付や時刻として表示されますが、数式で利用する場合にはシリアル値で計算されています。また、Excel関数を利用して日付や時刻を計算した場合には、戻り値がシリアル値で返されることがあります。そのようなときは、セルの書式設定を利用して、日付と時刻に表示形式を変更します。

■ SECTION-093 ■ シリアル値について

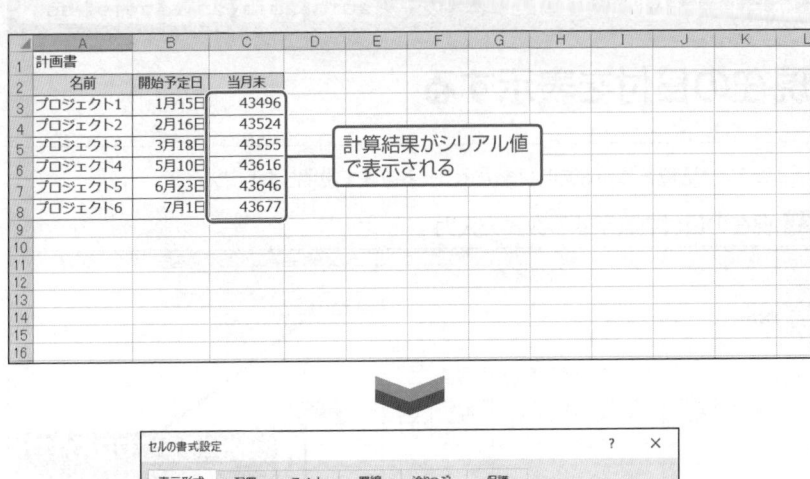

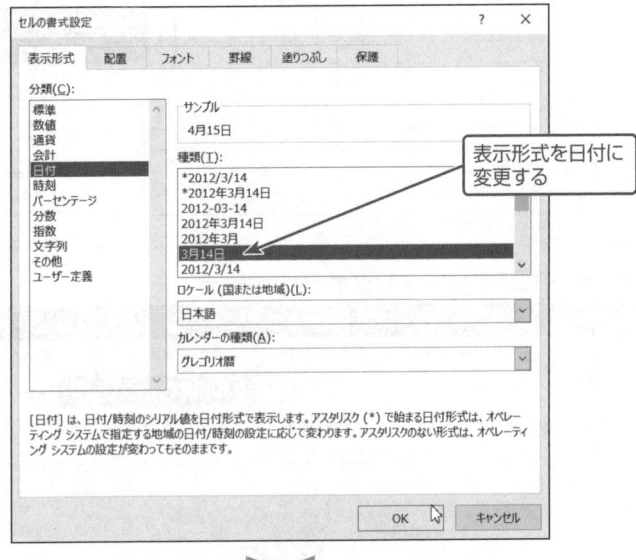

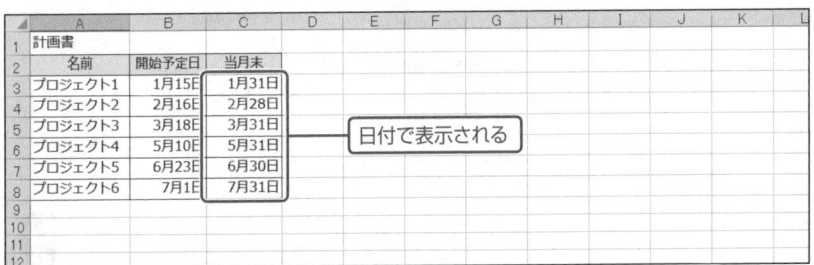

日付年数を扱う際の注意点

シリアル値は1900年から9999年までの日付を表します。そのため、1899年以前と10000年以降の年の値は、日付データとして扱われないので注意が必要です。

SECTION-094 VER. 2010 2013 2016 2019 365

現在の日付を表示する

ここでは、見積書に現在の日付を表示させる方法を説明します。

1 現在の日付を表示する数式の入力

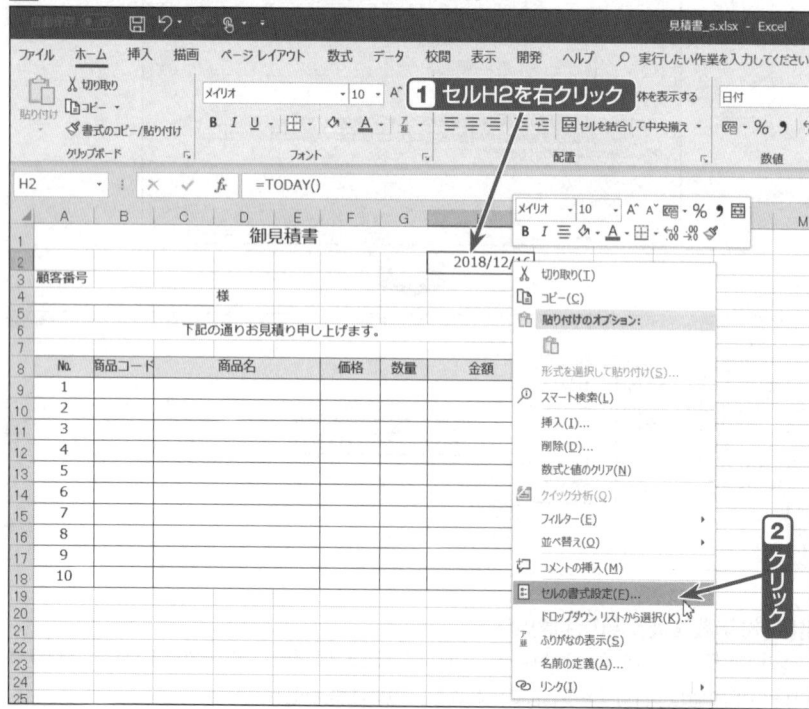

2 「セルの書式設定」ダイアログボックスの表示

■ SECTION-094 ■ 現在の日付を表示する

3 表示形式の変更

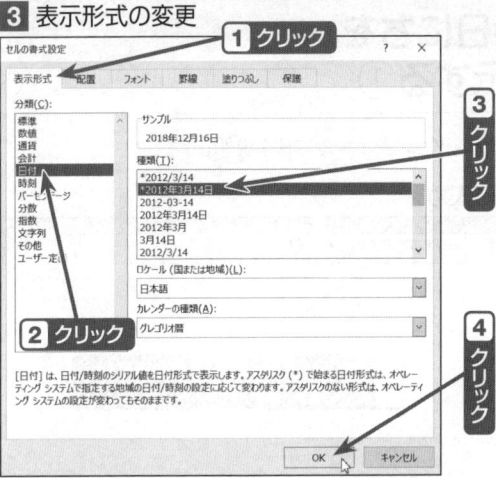

結果の確認

自動的に現在の日付が表示された

ONEPOINT 本日の日付を求めるには「TODAY」関数を使う

「TODAY」関数は、パソコンに設定されている現在の日付を返す関数です。見積書や請求日などの日付表示に利用すると便利です。「TODAY」関数の日付は「yyyy/m/d」形式で表示されるため、別の形式にしたい場合には、操作例のようにセルの書式設定で変更します。

「TODAY」関数の書式は、次の通りです。

=TODAY()

「TODAY」関数には引数がありませんが、「()」は入力する必要があります。

なお、「TODAY」関数は、F9キーを押した後や再度ブックを開いたタイミングで日付が更新されます。

関連項目 ▶ ▶ ▶
- 目的の日付までの日にちをカウントダウン表示する①……………………………………p.254
- 現在の時刻を求める ………………………………………………………………………p.310

SECTION-095　VER. 2010 2013 2016 2019 365

目的の日付までの日にちを
カウントダウン表示する①

ここでは、記念日までの日にちをカウントダウン表示する方法を説明します。

1 現在の日付を表示する数式の入力

	A	B	C	D	E
1	創業100周年	2020年10月1日	まで	=B1-TODAY()	日

1 セルB1に目的の日付を入力する

2 セルD1に「**=B1-TODAY()**」と入力する

2 「セルの書式設定」ダイアログボックスの表示

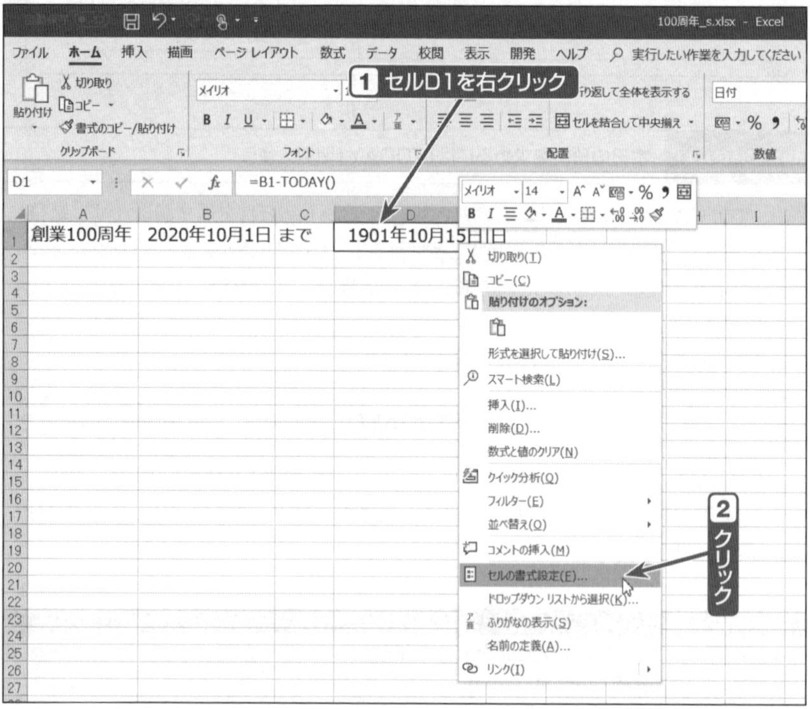

1 セルD1を右クリック

2 クリック

■ SECTION-095 ■ 目的の日付までの日にちをカウントダウン表示する①

3 表示形式の変更

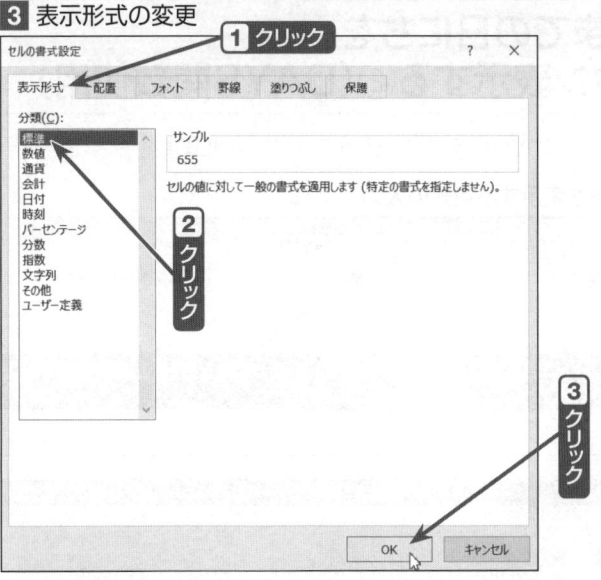

結果の確認

記念日までの日数が表示された

ONEPOINT　記念日までの日数は今日の日付との差で求める

目的の日付までの日数は、「TODAY」関数で求めた現在の日付との差を計算します。ただし、Excelでは日数計算を行うと、自動的に表示形式が「日付」に変更されるため、日数で表示するには操作例 2 ～ 3 の要領で「標準」に変更する必要があります。

関連項目 ▶▶▶

- 現在の日付を表示する……………………………………………………………… p.252
- 目的の日付までの日にちをカウントダウン表示する②(DAYS関数使用) ……………… p.256

SECTION-096
目的の日付までの日にちをカウントダウン表示する②（DAYS関数使用）

ここでは、記念日までの日にちをカウントダウン表示する方法を説明します。

1 記念日までの日数を表示する数式の入力

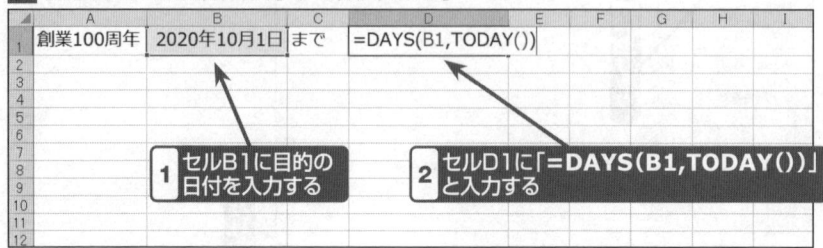

1. セルB1に目的の日付を入力する
2. セルD1に「=DAYS(B1,TODAY())」と入力する

KEYWORD

▶「DAYS」関数
2つの日付間の日数を返す関数です。

▶「TODAY」関数
現在の日付を表示する関数です。

2 「セルの書式設定」ダイアログボックスの表示

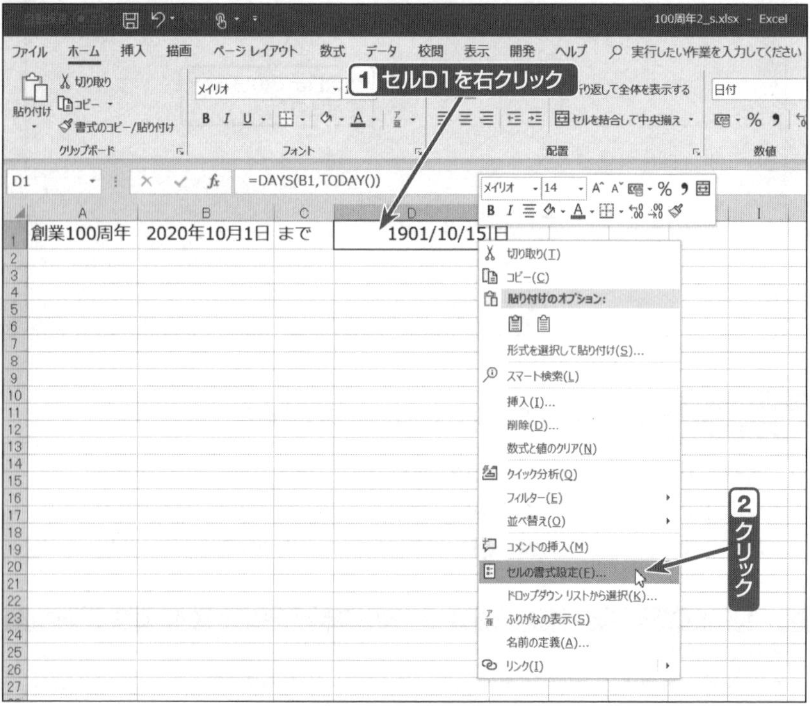

1. セルD1を右クリック
2. クリック

■ SECTION-096 ■ 目的の日付までの日にちをカウントダウン表示する②(DAYS関数使用)

3 表示形式の変更

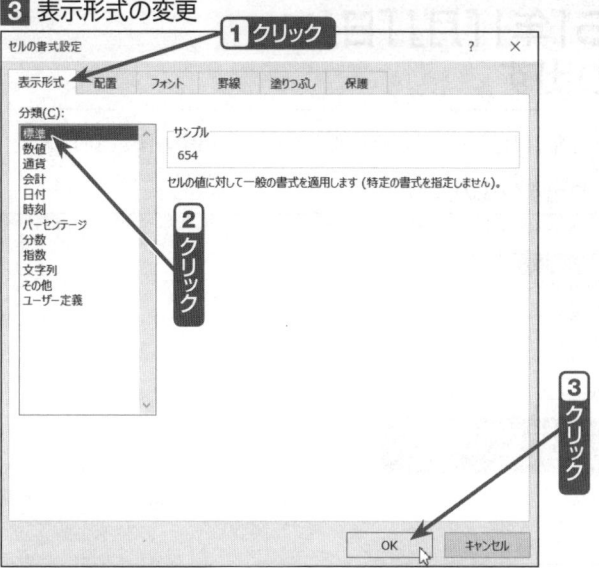

結果の確認

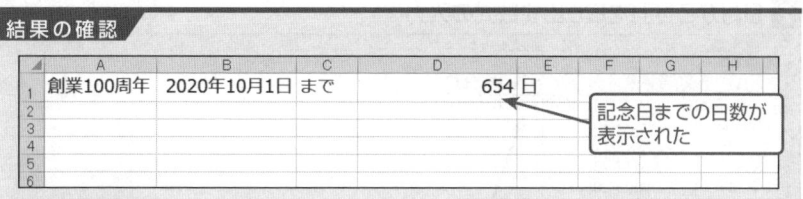

記念日までの日数が表示された

ONEPOINT　日付間の日数を数えるには「DAYS」関数を使う

「DAYS」は、2つの日付間の日数を返す関数です。「TODAY」関数を引数に指定することで、本日から任意の日付までの日数を求めることができます。

「DAYS」関数の書式は、次の通りです。

=DAYS(終了日, 開始日)

引数「終了日」「開始日」には日数を数える日付を指定します。操作例では日付が入力されているセルを指定していますが、引数に日付を直接、入力する場合には、「=DAYS("2020/10/1",TODAY())」のように「"」(ダブルクォーテーション)で囲わないと、文字列として判断され、正確な日数がカウントされないので注意が必要です。

関連項目 ▶▶▶

- 現在の日付を表示する……………………………………………………………… p.252
- 目的の日付までの日にちをカウントダウン表示する①………………………… p.254

SECTION-097

VER. 2010 2013 2016 2019 365

生年月日から「年」「月」「日」を それぞれ取り出す

ここでは、生年月日から「年」「月」「日」をそれぞれ別のセルに取り出す方法を説明します。

1 日付から「年」を取り出す数式の入力

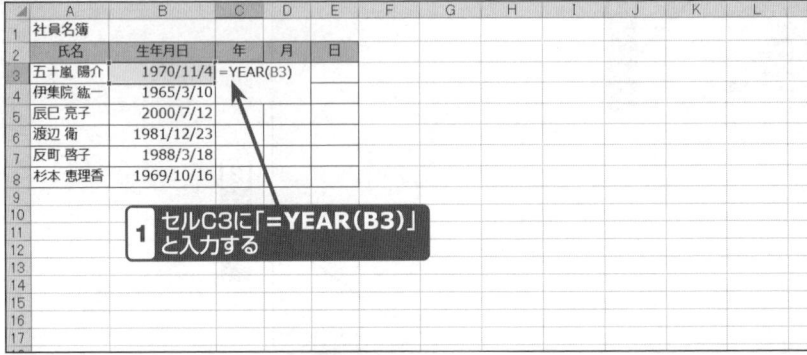

2 日付から「月」を取り出す数式の入力

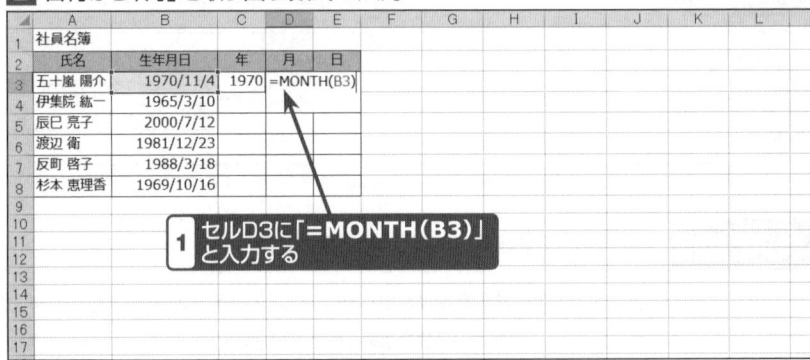

3 日付から「日」を取り出す数式の入力

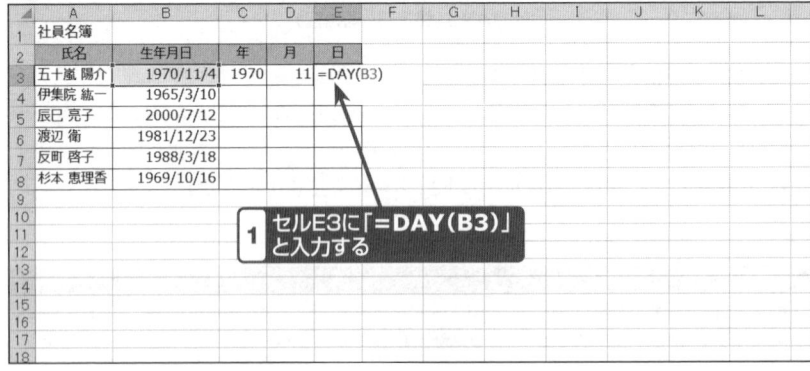

4 数式の複製

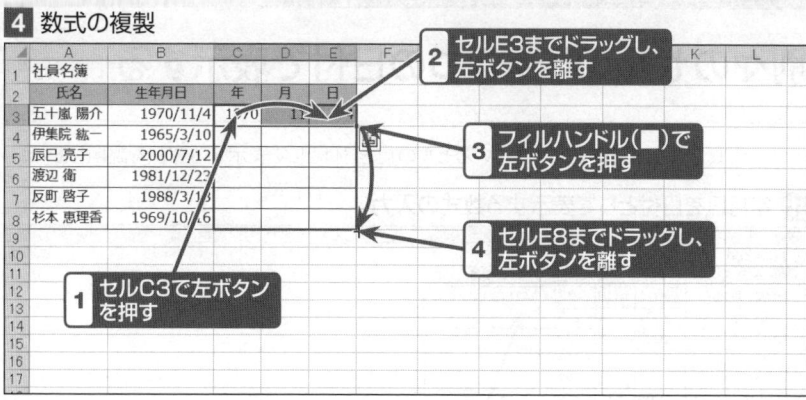

結果の確認

日付から年月日が個別に取り出された

ONEPOINT 日付から「年」「月」「日」を取り出すには「YEAR」「MONTH」「DAY」関数を使う

「YEAR」「MONTH」「DAY」関数は、日付から年、月、日をそれぞれ返す関数です。1つの日付から年、月、日だけを対象に処理を行いたい場合に利用できます。

「YEAR」関数、「MONTH」関数、「DAY」関数の書式は、次の通りです。

=YEAR(シリアル値)

=MONTH(シリアル値)

=DAY(シリアル値)

なお、各関数は引数「シリアル値」の他に、日付文字列を「"」(ダブルクォーテーション)で囲んで指定することもできます。たとえば、「=YEAR("2010/12/25")」と数式を入力すると、「2010」が返されます。

関連項目 ▶▶▶

● 時刻から「時」「分」「秒」をそれぞれ取り出す ………………………………………… p.312

SECTION-098

VER. 2010 2013 2016 2019 365

別々のセルの値を1つの日付で表示する

ここでは、年、月、日が入力されているセルの値を日付として表示する方法を説明します。

1 年月日を日付として表示する数式の入力

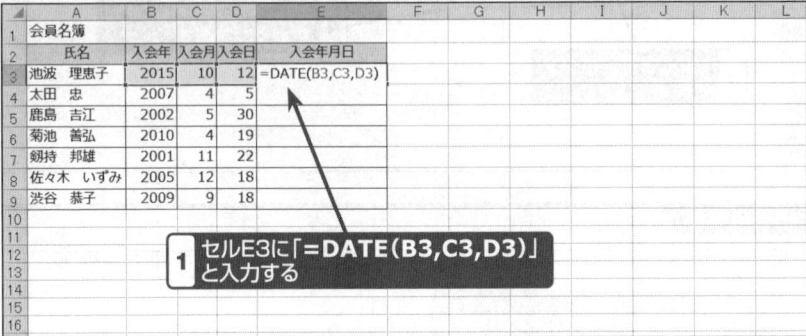

1 セルE3に「**=DATE(B3,C3,D3)**」と入力する

2 数式の複製

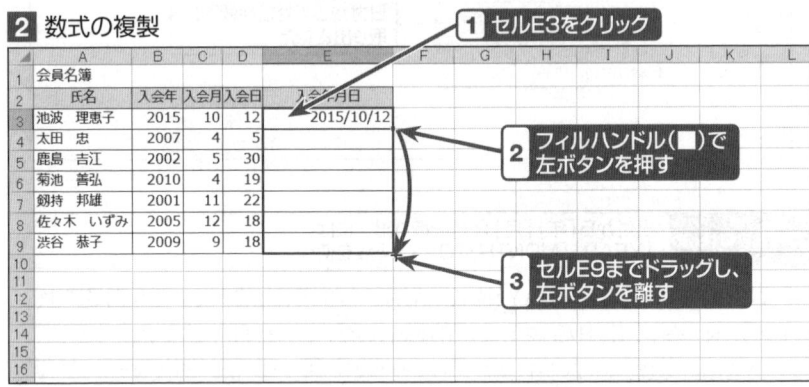

1 セルE3をクリック

2 フィルハンドル(■)で左ボタンを押す

3 セルE9までドラッグし、左ボタンを離す

結果の確認

年月日が1つの日付にまとめられた

■ SECTION-098 ■ 別々のセルの値を1つの日付で表示する

ONEPOINT　個別の値を1つの日付として表示するには「DATE」関数を使う

「DATE」は、年、月、日に指定した数値をそれぞれシリアル値に変換し、1つの日付として返す関数です。

「DATE」関数の書式は、次の通りです。

=DATE(年,月,日)

引数「年」はセルを参照または1900～9999の数値を指定します。

引数「月」はセルを参照または月を表す数値を指定します。数値は12より大きい値を指定すると、引数「年」に指定した1月から引数「月」カ月後の月を指定したとみなされます。たとえば、「=DATE(2010,15,10)」と数式を作成すると、戻り値は「2011/3/10」となります。また、1より小さい値を指定すると、その値の絶対値に1を加えた月数を、引数「年」に指定した1月から減算した月を指定したとみなされます。

引数「日」はセルを参照または日を表す数値を指定します。数値は引数「月」に指定した月の最終日より大きい値を指定すると、引数「月」の1日から引数「日」後の日を指定したとみなされます。また、1より小さい値を指定すると、その値の絶対値に1を加えた日数を、引数「月」に指定した月の1日から減算した日を指定したとみなされます。たとえば、「=DATE(2010,12,-2)」と数式を作成すると、戻り値は「2010/11/28」となります。

引数「月」と引数「日」に指定した値によって年が9999を超える場合には、エラー値が返されます。

なお、「DATE」関数の日付は「yyyy/m/d」形式で表示されるため、別の形式にしたい場合には、セルの書式設定で変更します（252ページ参照）。

COLUMN　○カ月前後・○日前後の日付を指定するには

「DATE」関数では、引数「年」「月」「日」に数値を「○+△」のように演算で指定することができます。この方法を利用すると、任意の日付から○年前後、○カ月前後、○日前後の日付を求めることができます。たとえば、2019年12月30日の1カ月と3日後の日付を求めるには、次のように数式を作成します。

=DATE(2019,12+1,30+3)

なお、上記の数式の戻り値は、「2020/2/2」となります。

関連項目 ▶▶▶
● 別々のセルの値を1つの時刻で表示する ……………………………………… p.314

SECTION-099 VER. 2010 2013 2016 2019 365

日付から曜日を求める

ここでは、セルに入力した月日に対応する曜日を表示する方法を説明します。

1 日付の曜日を表示する数式の入力

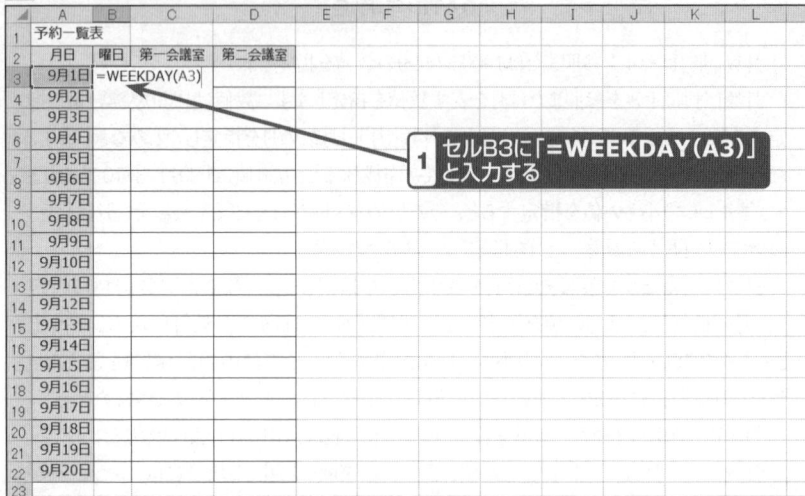

1 セルB3に「=WEEKDAY(A3)」と入力する

2 「セルの書式設定」ダイアログボックスの表示

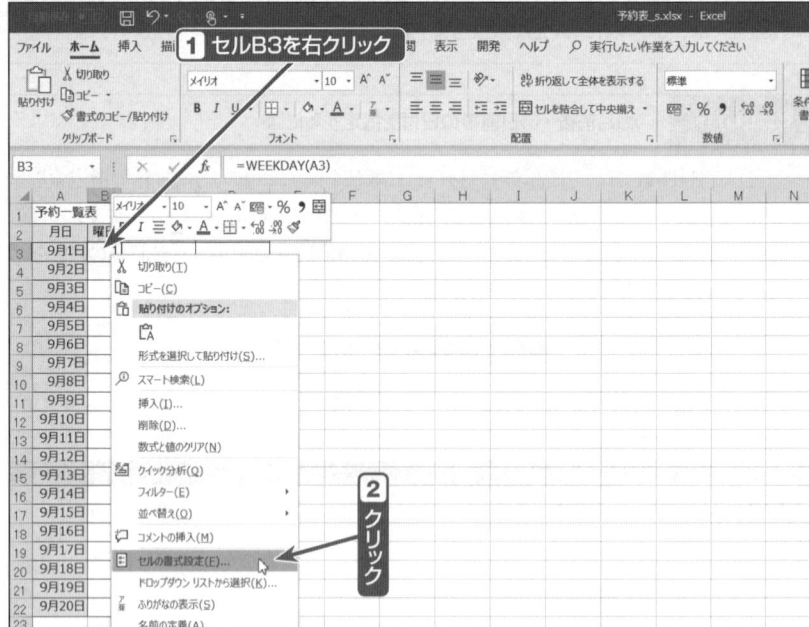

1 セルB3を右クリック

2 クリック

■ SECTION-099 ■ 日付から曜日を求める

3 表示形式の変更

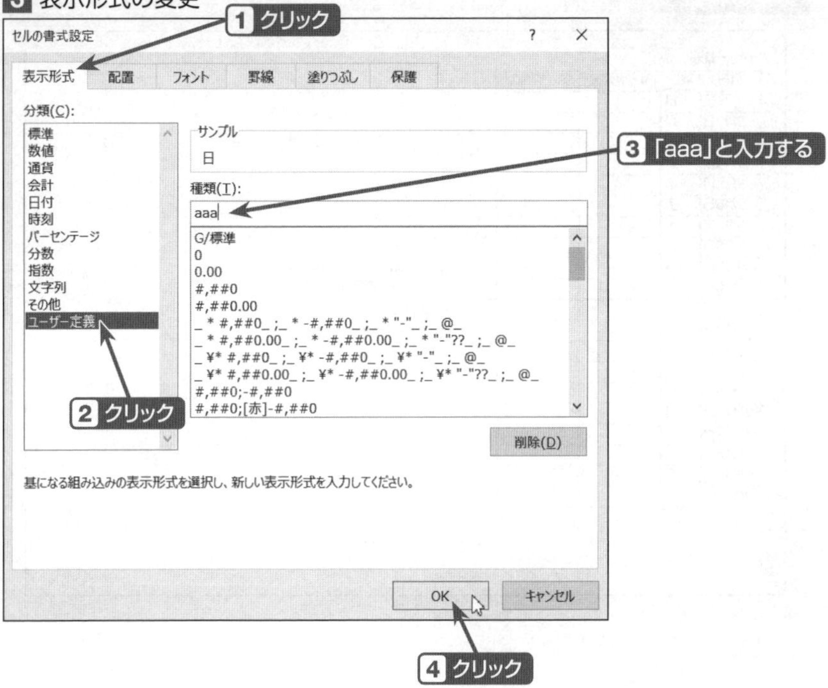

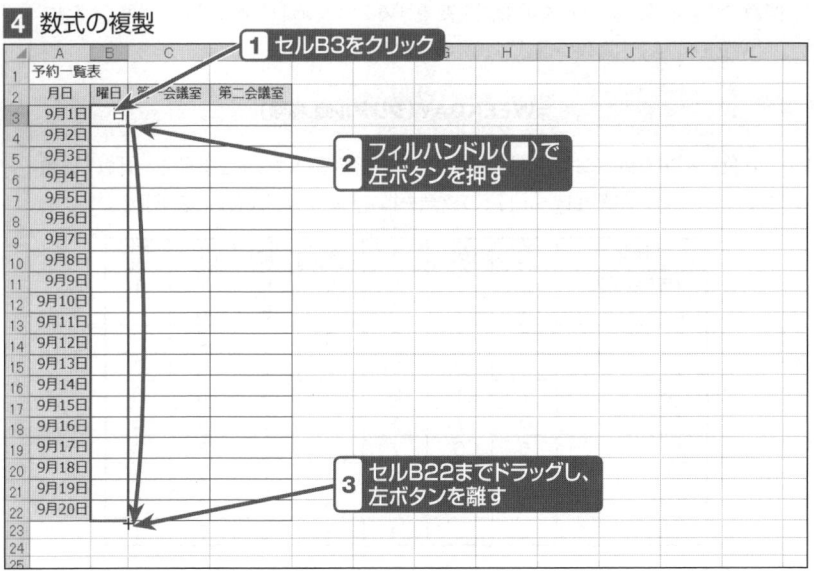

1 クリック
2 クリック
3 「aaa」と入力する
4 クリック

|H|I|N|T|
ここでは、曜日を「月、火、水…」で表示するために「aaa」と入力しています。他の指定方法は、265ページを参照してください。

4 数式の複製

1 セルB3をクリック
2 フィルハンドル(■)で左ボタンを押す
3 セルB22までドラッグし、左ボタンを離す

■ SECTION-099 ■ 日付から曜日を求める

結果の確認

	A	B	C	D
1	予約一覧表			
2	月日	曜日	第一会議室	第二会議室
3	9月1日	日		
4	9月2日	月		
5	9月3日	火		
6	9月4日	水		
7	9月5日	木		
8	9月6日	金		
9	9月7日	土		
10	9月8日	日		
11	9月9日	月		
12	9月10日	火		
13	9月11日	水		
14	9月12日	木		
15	9月13日	金		
16	9月14日	土		
17	9月15日	日		
18	9月16日	月		
19	9月17日	火		
20	9月18日	水		
21	9月19日	木		
22	9月20日	金		

日付に対する曜日が表示された

ONEPOINT 日付から曜日を求めるには「WEEKDAY」関数を使う

「WEEKDAY」は、指定した日付に対する曜日を表す整数(1～7または0～6)を返す関数です。求めた整数の表示形式を変更することで、曜日を表示することができます。

「WEEKDAY」関数の書式は、次の通りです。

=WEEKDAY(シリアル値,種類)

引数「シリアル値」には、日付のシリアル値を指定またはセルを参照し、引数「種類」には「1」～「3」および「11」～「17」の種類を指定します(戻り値は下表参照)。

種類	月	火	水	木	金	土	日
1または省略	2	3	4	5	6	7	1
2	1	2	3	4	5	6	7
3	0	1	2	3	4	5	6
11	1	2	3	4	5	6	7
12	7	1	2	3	4	5	6
13	6	7	1	2	3	4	5
14	5	6	7	1	2	3	4
15	4	5	6	7	1	2	3
16	3	4	5	6	7	1	2
17	2	3	4	5	6	7	1

COLUMN 曜日の書式の指定方法

「WEEKDAY」関数で求めた整数は、操作例2の要領で、表示形式でユーザー定義の選択し、書式を表す文字列を指定すると、曜日を表す文字列として表示することができます。指定できる文字列と表示される曜日の書式は、次の通りです。

ユーザー定義に指定する文字列	表示される曜日の書式
aaa	月、火、水…
aaaa	月曜日、火曜日、水曜日…
ddd	Mon、Tue、Wed…
dddd	Monday、Tuesday、Wednesday…

なお、書式には記号を付加することもできます。たとえば、「(aaa)」と指定すると、「(月)」「(火)」「(水)」のように表示されるます。

COLUMN 表示形式を変更せずに曜日を表示させるには

「TEXT」関数を利用すると、「WEEKDAY」関数で求めた数値を指定した形式で表示させることができます。たとえば、操作例のサンプルの曜日を「TEXT」関数を利用して表示するには、セルB3に次の数式を入力します。

=TEXT(WEEKDAY(A3),"(aaa)")

なお、「TEXT」関数については、389ページを参照してください。

関連項目 ▶▶▶
- 土日の色を変えて表示する……………………………………………………p.266
- 月曜日を休館日と表示する……………………………………………………p.269
- 月の第3木曜日の日付を求める………………………………………………p.275

SECTION-100

VER. 2010 2013 2016 2019 365

土日の色を変えて表示する

「WEEKDAY」関数で求めた値に表示形式で条件を付加すると、任意の曜日を目立たせることができます。ここでは、土曜日の文字色を青、日曜日の文字色を赤で表示させる方法を説明します。

1 日付の曜日を表示する数式の入力

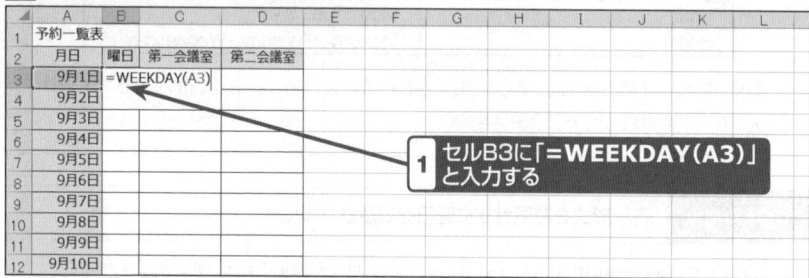

KEYWORD

▶「WEEKDAY」関数
指定した日付に対する曜日を表す整数を返す関数です。

2 「セルの書式設定」ダイアログボックスの表示

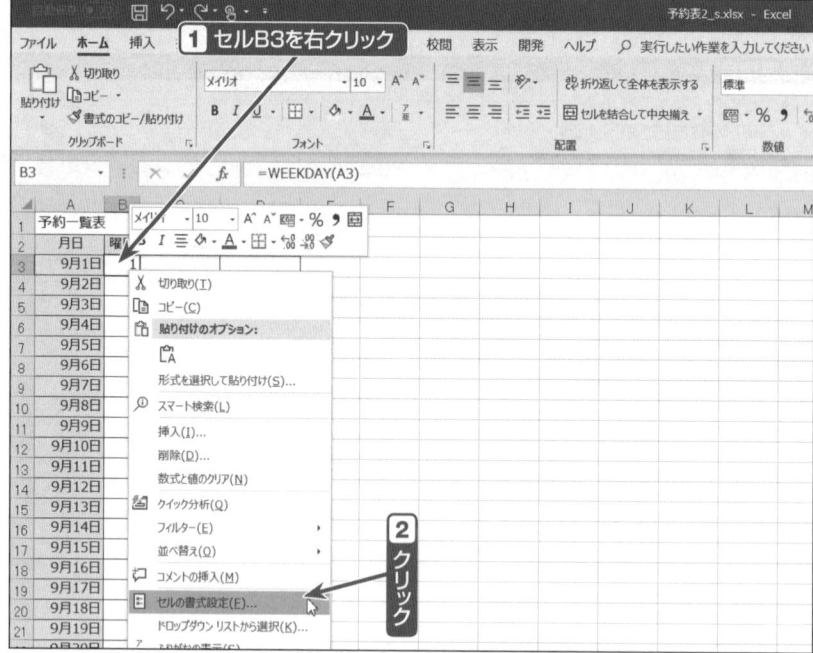

■ SECTION-100 ■ 土日の色を変えて表示する

3 表示形式の変更

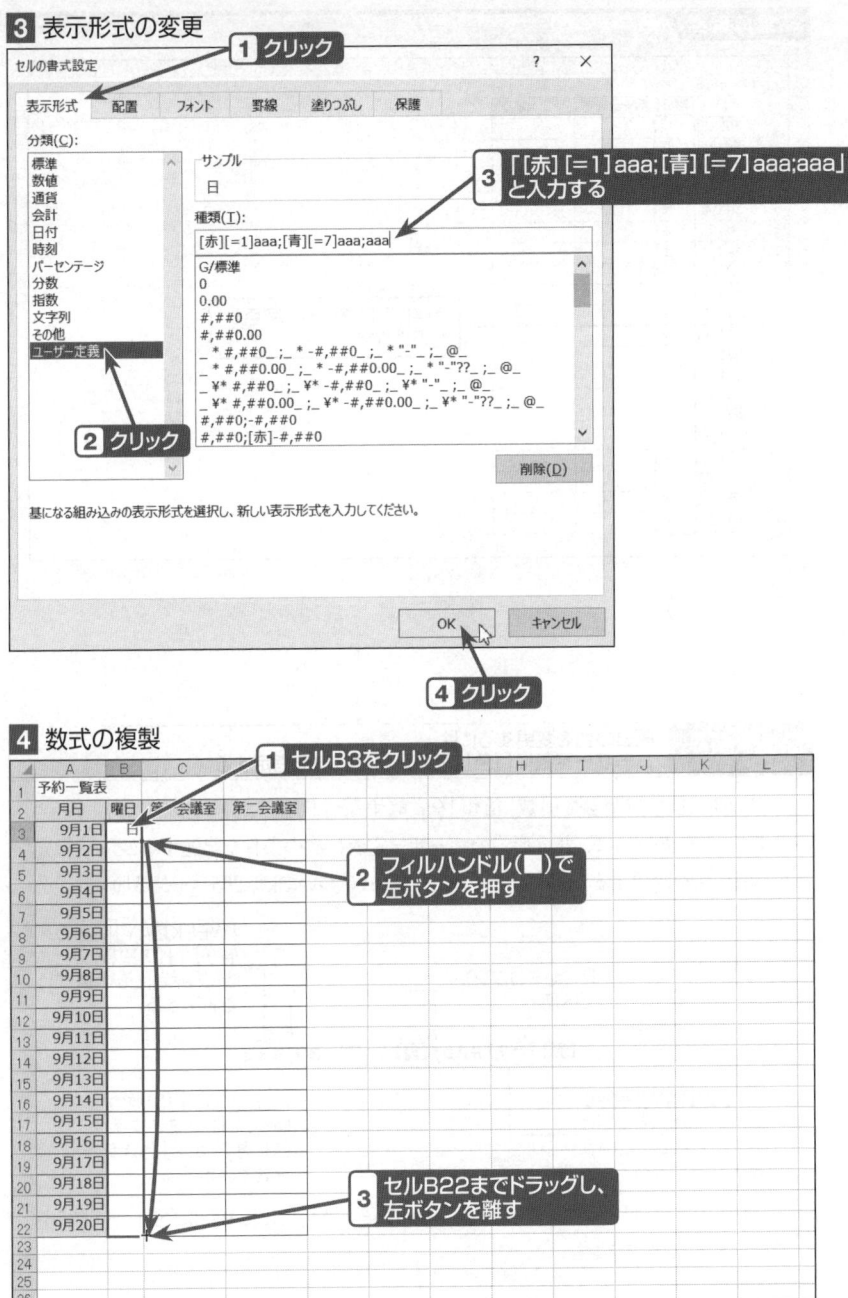

4 数式の複製

■ SECTION-100 ■ 土日の色を変えて表示する

結果の確認

	A	B	C	D
1	予約一覧表			
2	月日	曜日	第一会議室	第二会議室
3	9月1日	日		
4	9月2日	月		
5	9月3日	火		
6	9月4日	水		
7	9月5日	木		
8	9月6日	金		
9	9月7日	土		
10	9月8日	日		
11	9月9日	月		
12	9月10日	火		
13	9月11日	水		
14	9月12日	木		
15	9月13日	金		
16	9月14日	土		
17	9月15日	日		
18	9月16日	月		
19	9月17日	火		
20	9月18日	水		
21	9月19日	木		
22	9月20日	金		

土曜日と日曜日の文字色が変更された

ONEPOINT 曜日の色を変更するには ユーザー定義に「[色][曜日番号]書式」を指定する

「WEEKDAY」関数で引数「種類」を省略すると、日曜日は「1」土曜日は「7」が返されます。この値をもとに、表示形式のユーザー定義に次の条件を記述することで、指定の曜日の色を変更することができます(曜日の書式については、265ページ参照)。

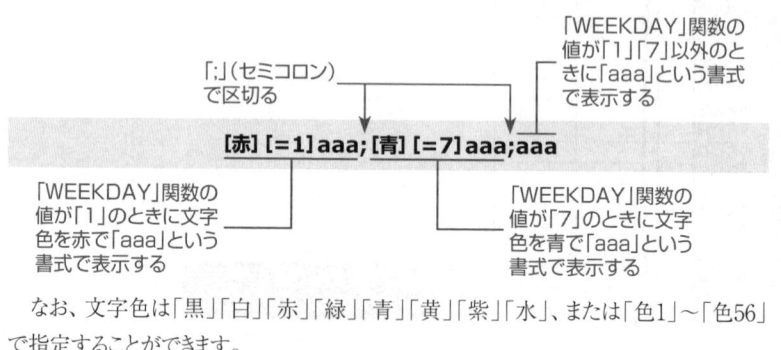

「;」(セミコロン)で区切る

[赤][=1]aaa;[青][=7]aaa;aaa

「WEEKDAY」関数の値が「1」のときに文字色を赤で「aaa」という書式で表示する

「WEEKDAY」関数の値が「7」のときに文字色を青で「aaa」という書式で表示する

「WEEKDAY」関数の値が「1」「7」以外のときに「aaa」という書式で表示する

なお、文字色は「黒」「白」「赤」「緑」「青」「黄」「紫」「水」、または「色1」〜「色56」で指定することができます。

関連項目 ▶▶▶

- 日付から曜日を求める ……………………………………………………………… p.262
- 月曜日を休館日と表示する ………………………………………………………… p.269

SECTION-101

月曜日を休館日と表示する

曜日を別の文字列で表示するには、「WEEKDAY」関数と「CHOOSE」関数を利用します。ここでは、曜日が月曜の場合には「休館日」と表示する方法を説明します。

1 月曜日を休館日と表示する数式の入力

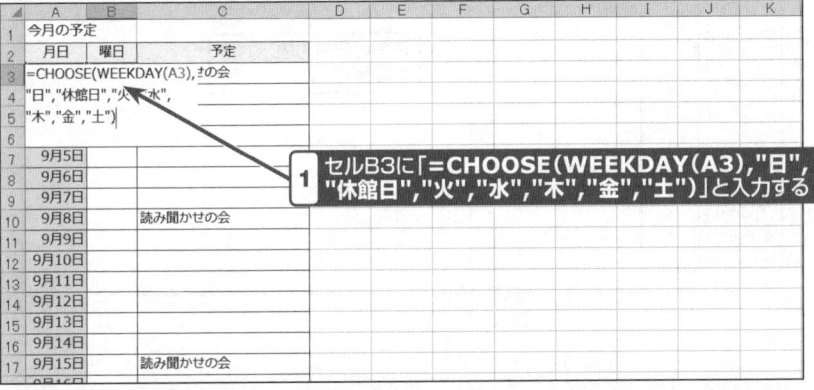

1. セルB3に「=CHOOSE(WEEKDAY(A3),"日","休館日","火","水","木","金","土")」と入力する

KEYWORD

▶「WEEKDAY」関数
指定した日付に対する曜日を表す整数を返す関数です。

▶「CHOOSE」関数
引数に入力したデータの順番を指定して取り出す関数です。

2 数式の複製

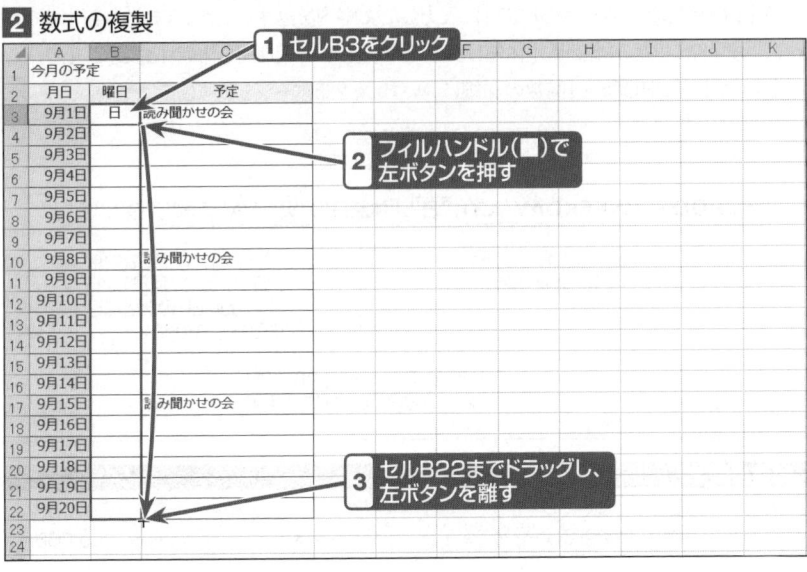

1. セルB3をクリック
2. フィルハンドル(■)で左ボタンを押す
3. セルB22までドラッグし、左ボタンを離す

■ SECTION-101 ■ 月曜日を休館日と表示する

結果の確認

	A	B	C	D	E	F	G	H	I	J
1	今月の予定									
2	月日	曜日	予定							
3	9月1日	日	読み聞かせの会							
4	9月2日	休館日								
5	9月3日	火								
6	9月4日	水								
7	9月5日	木								
8	9月6日	金								
9	9月7日	土								
10	9月8日	日	読み聞かせの会							
11	9月9日	休館日								
12	9月10日	火								
13	9月11日	水								
14	9月12日	木								
15	9月13日	金								
16	9月14日	土								
17	9月15日	日	読み聞かせの会							
18	9月16日	休館日								
19	9月17日	火								
20	9月18日	水								
21	9月19日	木								
22	9月20日	金								
23										

任意の曜日の表示方法が変更された

ONEPOINT 曜日を別文字に置き換えるには「CHOOSE」関数を使う

「CHOOSE」関数は、引数「インデックス」の値が1であれば、引数「値1」に指定した値を返す関数です。そのため、引数「インデックス」に「WEEKDAY」関数で求めた整数を指定すると、「値1」から「値7」に入力した文字列を返すことができます。操作例では、月曜日に当たる「値2」に「休館日」と入力することで、月曜日を休館日と表示させています。なお、「CHOOSE」関数の詳細については、235ページを参照してください。

「WEEKDAY」関数の戻り値が
「1」(日曜日)のときに返す値

=CHOOSE(WEEKDAY(A3),"日","休館日","火","水","木","金","土")

日から土を「1」から「7」の整数で返す

「WEEKDAY」関数の戻り値が「3」(火曜日)から「7」(土曜日)のときに返すそれぞれの値

「WEEKDAY」関数の戻り値が「2」(月曜日)のときに返す値

関連項目 ▶▶▶

- 日付から曜日を求める ……………………………………………………………… p.262
- 土日の色を変えて表示する ……………………………………………………… p.266

SECTION-102

日付がその年の何週目に当たるかを調べる

ここでは、記念日がその年の何週目に当たるかを調べる方法を説明します。

1 日付が年の第何週目かを求める数式の入力

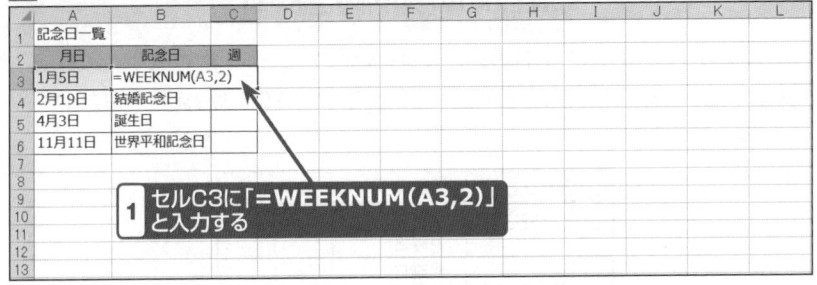

2 数式の複製

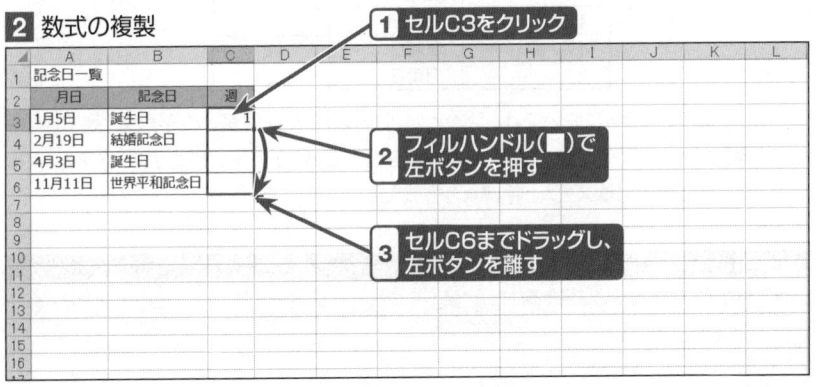

結果の確認

日付が年の第何週目かが求められた

■ SECTION-102 ■ 日付がその年の何週目に当たるかを調べる

> **ONEPOINT** 日付がその年の第何週目に当たるかを求めるには「WEEKNUM」関数を使う
>
> 「WEEKNUM」関数は、指定した日付がその年の初めから数えて何週目に当たるかを計算する関数です。
>
> 「WEEKNUM」関数の書式は、次の通りです。
>
> **=WEEKNUM(シリアル値,週の基準)**
>
> 引数「シリアル値」には、日付のシリアル値を指定またはセルを参照します。引数「週の基準値」には「1」「2」「11」～「17」「21」を指定でき、各値に対する週の始まりは下表のようになります。
>
> | 週の基準 | 週の始まり | システム |
> | --- | --- | --- |
> | 1または省略 | 日曜日 | 1 |
> | 2 | 月曜日 | 1 |
> | 11 | 月曜日 | 1 |
> | 12 | 火曜日 | 1 |
> | 13 | 水曜日 | 1 |
> | 14 | 木曜日 | 1 |
> | 15 | 金曜日 | 1 |
> | 16 | 土曜日 | 1 |
> | 17 | 日曜日 | 1 |
> | 21 | 月曜日 | 2 |
>
> 上記表のシステムについては、システム1は1月1日を含む週がその年の第1週で、システム2についてはその年の最初の木曜日を含む週が第1週となります。システム2はヨーロッパ式週番号システムと呼ばれる方式です。

関連項目 ▶▶▶

● 日付がその月の何週目に当たるかを調べる ……………………………………… p.273

SECTION-103

VER. 2010 2013 2016 2019 365

日付がその月の何週目に当たるかを調べる

日付がその月の第何週目に当たるかを調べるには、「WEEKNUM」関数を利用します。ここでは、年間のイベントの日付がその月の第何週目に当たるかを求める方法を説明します。

1 日付が月の第何週目かを求める数式の入力

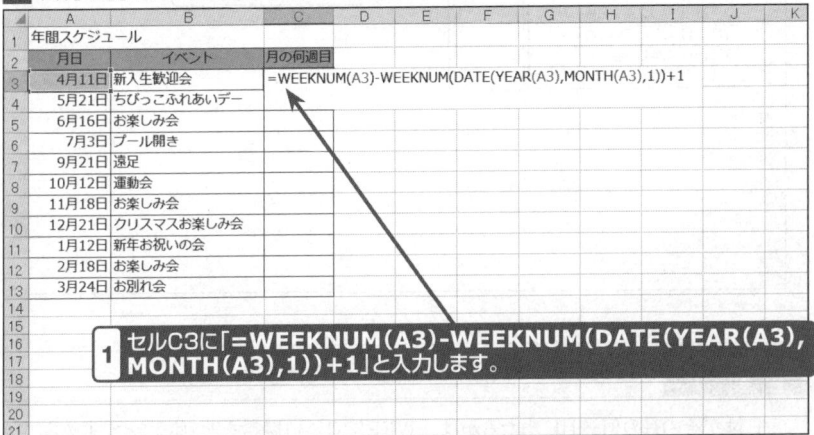

1 セルC3に「=WEEKNUM(A3)-WEEKNUM(DATE(YEAR(A3),MONTH(A3),1))+1」と入力します。

KEYWORD

▶「WEEKNUM」関数
指定した日付がその年の何週目に当たるかを返す関数です。

▶「DATE」関数
指定した年月日の日付を表示する関数です。

▶「YEAR」関数
年月日から年を返す関数です。

▶「MONTH」関数
年月日から月を返す関数です。

2 数式の複製

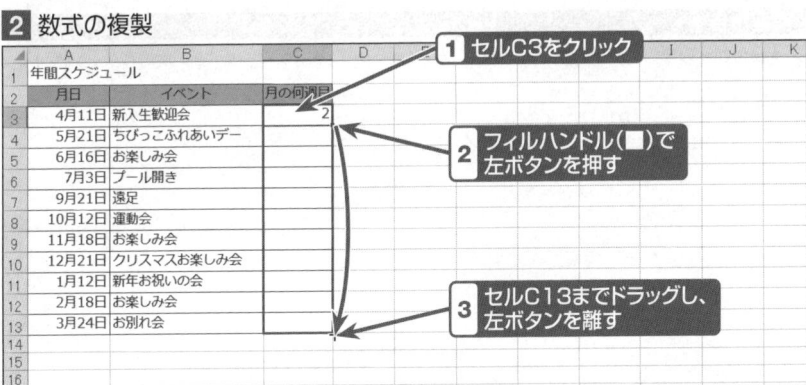

1 セルC3をクリック

2 フィルハンドル(■)で左ボタンを押す

3 セルC13までドラッグし、左ボタンを離す

■ SECTION-103 ■ 日付がその月の何週目に当たるかを調べる

結果の確認

	A	B	C
1	年間スケジュール		
2	月日	イベント	月の何週目
3	4月11日	新入生歓迎会	2
4	5月21日	ちびっこふれあいデー	4
5	6月16日	お楽しみ会	4
6	7月3日	プール開き	1
7	9月21日	遠足	3
8	10月12日	運動会	2
9	11月18日	お楽しみ会	4
10	12月21日	クリスマスお楽しみ会	3
11	1月12日	新年お祝いの会	3
12	2月18日	お楽しみ会	4
13	3月24日	お別れ会	4

→ 日付が月の何週目かが求められた

ONEPOINT　月の何週目かは月初めの週数をもとに計算する

　日付がその月の何週目に当たるかは、「WEEKNUM」関数を2つ使うことで求めることができます。まず1つ目の「WEEKNUM」関数で目的の日付が年の何週目に当たるかを求め、2つ目の「WEEKNUM」関数では、その日付の月の1日が年の何週目に当たるかを求めます。そして、これらの2つの値の差に1を足した値が、その月の週数となります。

　　　　　　　　差を求める　　　　　　　　　　　　　　　　　　　1を足す
=WEEKNUM(A3)−WEEKNUM(DATE(YEAR(A3),MONTH(A3),1))+1
　日付が年の第何週目か　　　　日付の月の月初日が年の
　を求める　　　　　　　　　　第何週目かを求める

関連項目 ▶▶▶

- 日付がその年の何週目に当たるかを調べる ……………………………………… p.271

SECTION-104

月の第3木曜日の日付を求める

○月の第○曜日の日付は、月の1日の曜日をもとに計算することができます。ここでは、月ごとの第3木曜日の日付を求める方法を説明します。

1 表組みの作成

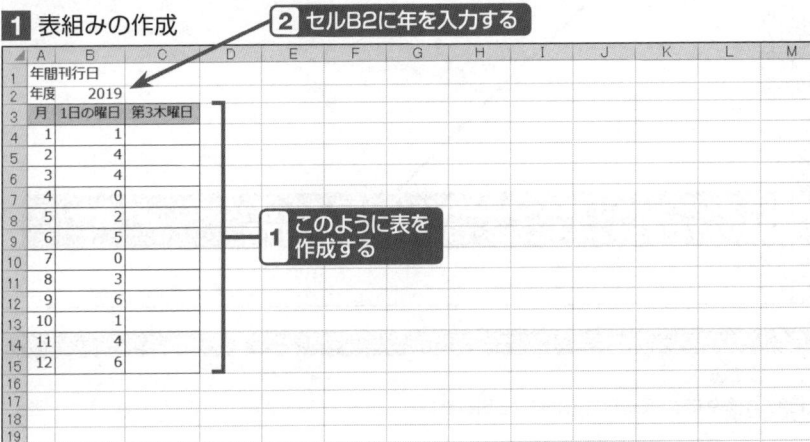

2 毎月1日の曜日を求める数式の入力

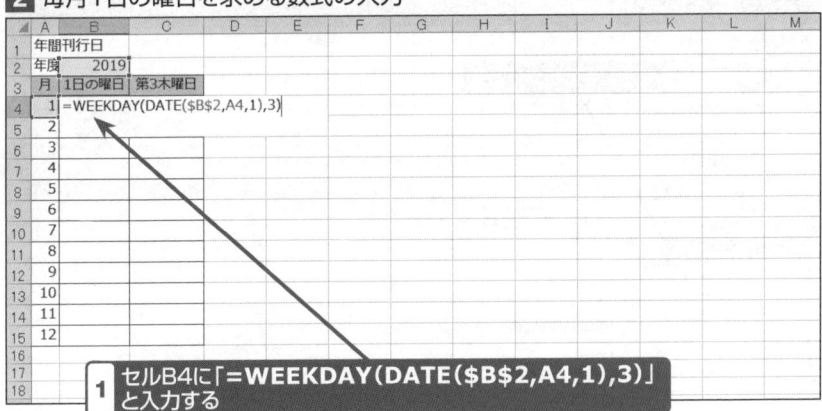

> **HINT**
> ここでは、月曜日から日曜日を0から6の整数で求める数式を作成しています。

KEYWORD

▶「WEEKDAY」関数
指定した日付に対する曜日を表す整数を返す関数です。

▶「DATE」関数
指定した年月日の日付を表示する関数です。

3 第3木曜日の日付を求める数式の入力

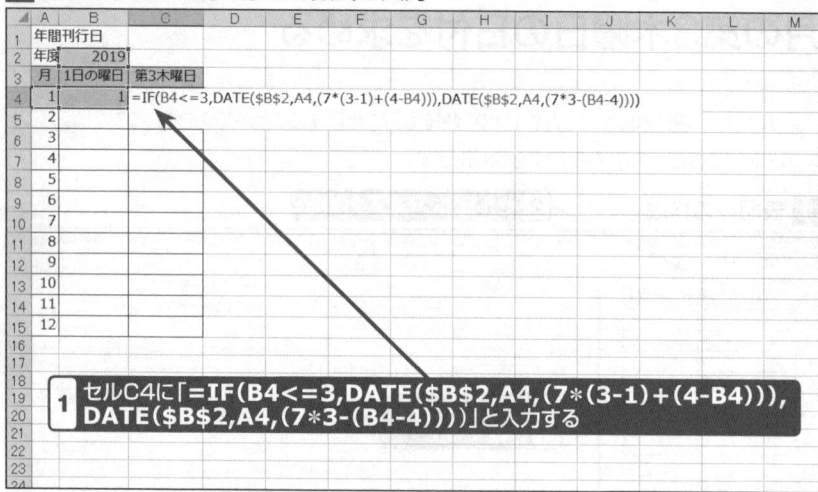

年間刊行日
年度 2019
月 1日の曜日 第3木曜日
=IF(B4<=3,DATE($B$2,A4,(7*(3-1)+(4-B4))),DATE($B$2,A4,(7*3-(B4-4))))
1 セルC4に「=IF(B4<=3,DATE($B$2,A4,(7*(3-1)+(4-B4))),DATE($B$2,A4,(7*3-(B4-4))))」と入力する

KEYWORD

▶「IF」関数
指定した条件によって処理を分岐させる関数です。

4 「セルの書式設定」ダイアログボックスの表示

年間刊行日_s.xlsx - Excel
1 セルC4を右クリック
=IF(B4<=3,DATE($B$2,A4,(7*(3-1)+(4-B4))),DATE($B$2,A4,(7*3-(B4-4))))
43482
切り取り(T)
コピー(C)
貼り付けのオプション:
形式を選択して貼り付け(S)...
スマート検索(L)
挿入(I)...
削除(D)...
数式と値のクリア(N)
クイック分析(Q)
フィルター(E)
並べ替え(O)
コメントの挿入(M)
セルの書式設定(F)...
ドロップダウン リストから選択(K)...
ふりがなの表示(S)
名前の定義(A)...
リンク(I)
2 クリック

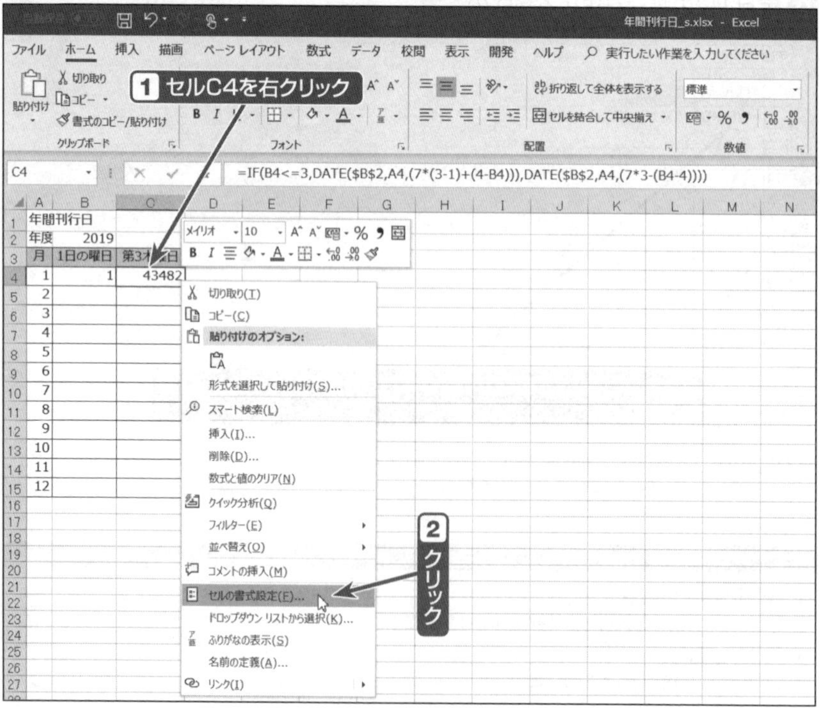

5 表示形式の変更

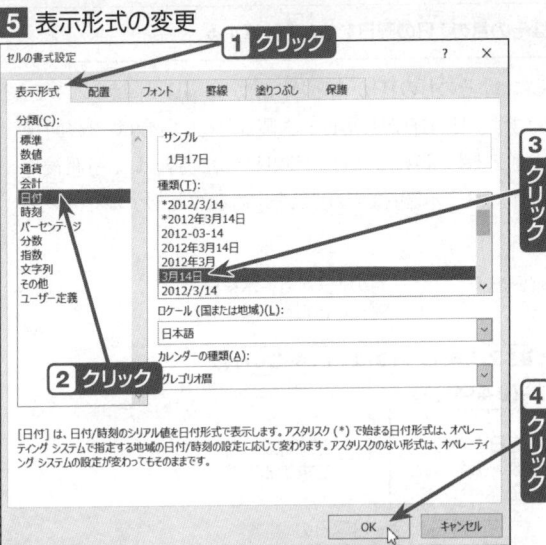

6 数式の複製

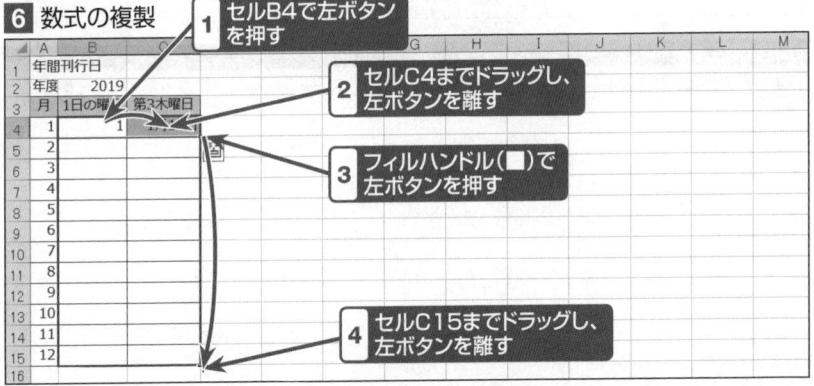

結果の確認

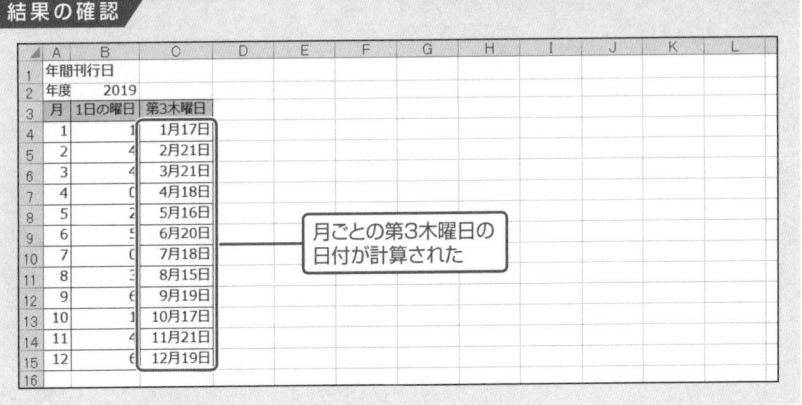

■ SECTION-104 ■ 月の第3木曜日の日付を求める

ONEPOINT 第3木曜日はその月の1日の曜日をもとに計算する

　第3木曜日の日付を求めるには、その月の1日が木曜日以前か金曜日以降かによって、「IF」関数で処理を振り分けます。月の1日が月曜日～木曜日だった場合は、2週間後の日付に木曜日までの日数を加えます。逆に金曜日～日曜日だった場合は、3週間後の日付から木曜日までの日数を引きます。木曜日までの日数を求めるには、次の曜日である金曜日の値「4」を利用します。

月の1日が木曜日(「3」は木曜日を表す整数)以前かどうか(条件)　　月の1日が月～木曜日の場合に日付を求める数式

```
=IF(B4<=3,DATE($B$2,A4,(7*(3-1)+(4-B4))),
    DATE($B$2,A4,(7*3-(B4-4))))
```

3週間後の日付を求める数式　　木曜日までの日数を引く　　2週間後の日付を求める数式　　木曜日までの日数を足す

月の1日が金～日曜日の場合に日付を求める数式

関連項目 ▶▶▶

● 日付から曜日を求める ……………………………………………………………… p.262

SECTION-105

VER. 2010 2013 2016 2019 365

入社年月日と現在の日付で勤続年数を求める

ここでは、入社年月日と現在の日付から勤続年数を求める方法を説明します。

1 勤続年数を求める数式の入力

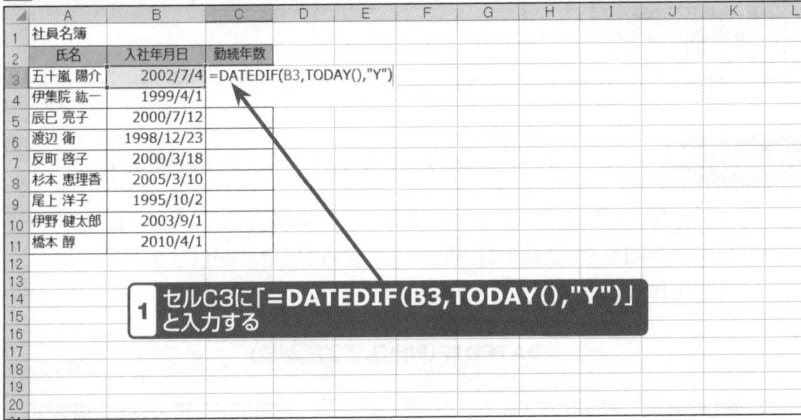

1 セルC3に「**=DATEDIF(B3,TODAY(),"Y")**」と入力する

HINT
「DATEDIF」関数は、関数ライブラリや「関数の挿入」ダイアログボックスには表示されないので、書式に従って手入力する必要があります。

KEYWORD

▶「TODAY」関数
現在の日付を表示する関数です。

2 数式の複製

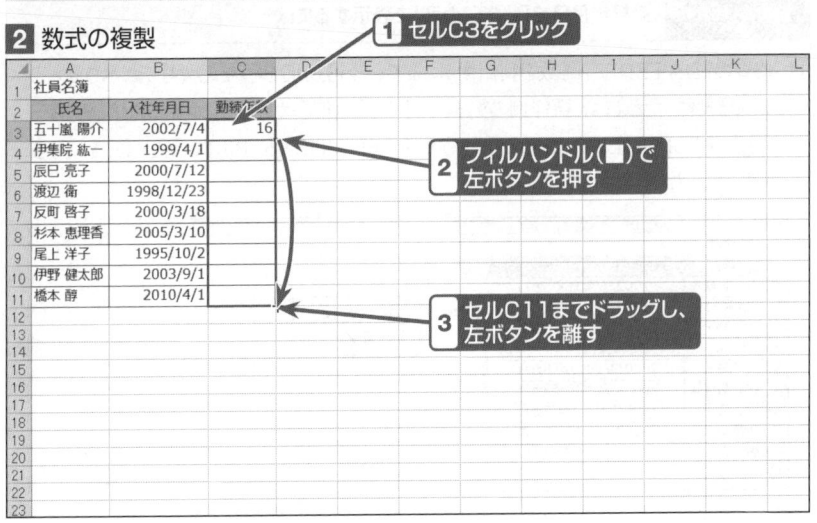

1 セルC3をクリック

2 フィルハンドル(■)で左ボタンを押す

3 セルC11までドラッグし、左ボタンを離す

■ SECTION-105 ■ 入社年月日と現在の日付で勤続年数を求める

結果の確認

	A	B	C
1	社員名簿		
2	氏名	入社年月日	勤続年数
3	五十嵐 陽介	2002/7/4	16
4	伊集院 紘一	1999/4/1	19
5	辰巳 亮子	2000/7/12	18
6	渡辺 衛	1998/12/23	19
7	反町 啓子	2000/3/18	18
8	杉本 恵理香	2005/3/10	13
9	尾上 洋子	1995/10/2	23
10	伊野 健太郎	2003/9/1	15
11	橋本 醇	2010/4/1	8

入社年月日から勤続年数が計算された

ONEPOINT 2つの日付から経過時間を求めるには「DATEDIF」関数を使う

「DATEDIF」関数は、2つの日付から期間を求める関数です。入社年月日や生年月日をもとに現在の日付から勤続年数や生年月日を求める用途で利用します。

「DATEDIF」関数の書式は、次の通りです。

=DATEDIF(開始日,終了日,単位)

引数「開始日」「終了日」には、シリアル値を指定またはセルを参照します。引数「単位」には、日付の期間を求める単位を指定します（右表参照）。

単位	求められる期間
Y	期間内の年数
M	期間内の月数
D	期間内の日数
MD	1カ月未満の日数
YM	1年未満の月数
YD	1年未満の日数

COLUMN 勤続年月日を「○年○カ月」で表示するには

2つの「DATEDIF」関数を利用することで、経過期間を○年○カ月と表示させることができます。たとえば、操作例の勤続年月日を「○年○カ月」と表示するには、セルC3に「=DATEDIF(B3,TODAY(),"Y")&"年"&DATEDIF(B3,TODAY(),"YM")&"カ月"」と入力し、数式を複製します。

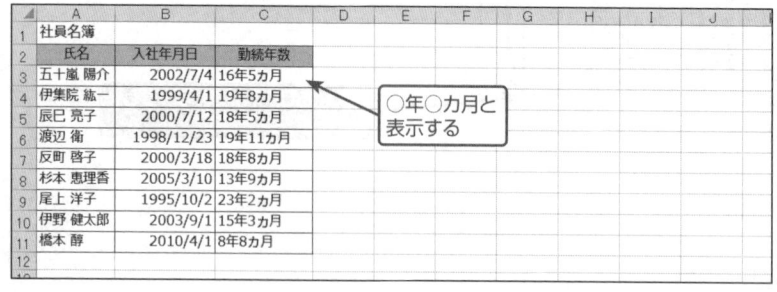

○年○カ月と表示する

SECTION-106

VER. 2010 2013 2016 2019 365

火曜日と水曜日の定休日を除いた営業日数を求める

ここでは、2つの日付から火曜日と水曜日の定休日と祝日を除いた営業日数を求める方法を説明します。

1 祝日の入力

HINT

祝日などの非稼働日を入力しておきます。

2 稼働日数を求める数式の入力

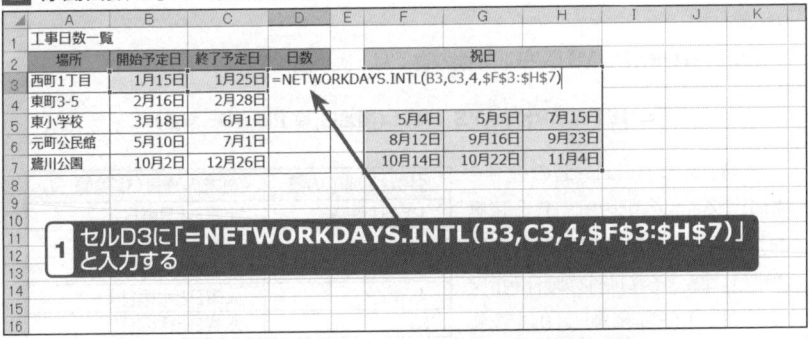

3 数式の複製

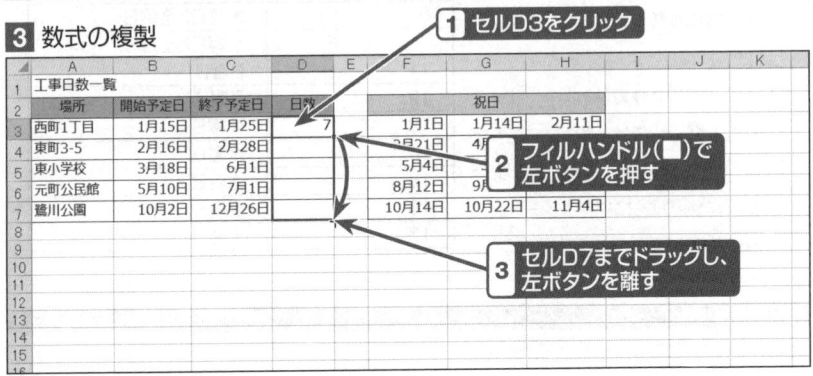

■ SECTION-106 ■ 火曜日と水曜日の定休日を除いた営業日数を求める

結果の確認

	A	B	C	D	E	F	G	H
1	工事日数一覧							
2	場所	開始予定日	終了予定日	日数		祝日		
3	西町1丁目	1月15日	1月25日	7		1月1日	1月14日	2月11日
4	東町3-5	2月16日	2月28日	9		3月21日	4月29日	4月30日
5	東小学校	3月18日	6月1日	50		5月4日	5月5日	7月15日
6	元町公民館	5月10日	7月1日	39		8月12日	9月16日	9月23日
7	鷺川公園	10月2日	12月26日	59		10月14日	10月22日	11月4日

定休日と祝日以外の営業日数が求められた

ONEPOINT 任意の定休日や祝日以外の日数を求めるには「NETWORKDAYS.INTL」関数を使う

「NETWORKDAYS.INTL」関数は、Excel2010から追加された日付間の稼働日数を返す関数です。勤務日や営業日などの日数を求める用途で利用できます。Excel2007以前の「NETWORKDAYS」関数では週末は土日のみが除外されていましたが、「NETWORKDAYS.INTL」関数では、任意の曜日を定休日(非稼働日)として指定できるようになりました。

「NETWORKDAYS.INTL」関数の書式は、次の通りです。

=NETWORKDAYS.INTL(開始日,終了日,週末,祭日)

引数「週末」には1～17の番号を指定することで週末の曜日(非稼働日)を指定することができます(右表参照)。また、それ以外の曜日を指定するには「1」を非稼働日、「0」を稼働日とし、7桁の数字で指定します。たとえば、月曜日と水曜日を休みにする場合には「"1010000"」と指定します。

引数「祭日」には、祝日など週末以外の非稼働日をし、複数ある場合には操作例のようにワークシート上に入力してセル範囲で指定します。

引数「週末」の値	週末の曜日(非稼働日)
1または省略	土曜日と日曜日
2	日曜日と月曜日
3	月曜日と火曜日
4	火曜日と水曜日
5	水曜日と木曜日
6	木曜日と金曜日
7	金曜日と土曜日
11	日曜日
12	月曜日
13	火曜日
14	水曜日
15	木曜日
16	金曜日
17	土曜日

関連項目 ▶▶▶

● 休日を除いた会社の稼働日数を求める ……………………………………… p.283

SECTION-107 [VER.] 2010 2013 2016 2019 365

休日を除いた会社の稼働日数を求める

一定期間の休日以外の日数を求めるには「NETWORKDAYS」関数を利用します。ここでは、2つの日付から土日と祝日を除いた会社の稼働日数を求める方法を説明します。

1 祝日の入力

	A	B	C	D	E	F	G	H	I	J	K
1	プロジェクト完了予定表										
2	名前	開始予定日	終了予定日	作業日数			祝日				
3	プロジェクト1	1月15日	2月25日			1月1日	1月14日	2月11日			
4	プロジェクト2	2月14日	5月24日			3月21日	4月29日	4月30日			
5	プロジェクト3	3月18日	5月23日			5月4日	5月5日	7月15日			
6	プロジェクト4	5月10日	8月30日			8月12日	9月16日	9月23日			
7	プロジェクト5	6月24日	11月12日			10月14日	10月22日	11月4日			
8	プロジェクト6	7月1日	10月25日								

1 期間内の祝日を入力する

HINT
祝日などの非稼働日を入力しておきます。

2 稼働日数を求める数式の入力

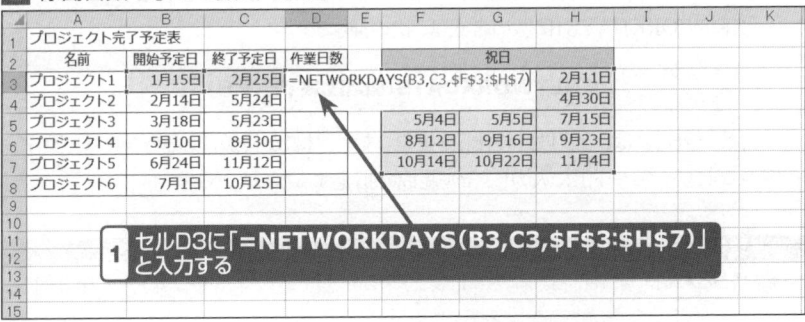

1 セルD3に「=NETWORKDAYS(B3,C3,$F$3:$H$7)」と入力する

3 数式の複製

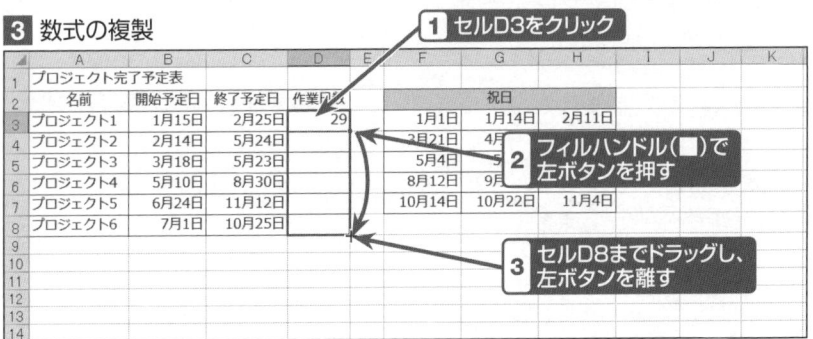

1 セルD3をクリック
2 フィルハンドル(■)で左ボタンを押す
3 セルD8までドラッグし、左ボタンを離す

SECTION-107 休日を除いた会社の稼働日数を求める

結果の確認

	A	B	C	D	E	F	G	H
1	プロジェクト完了予定表							
2	名前	開始予定日	終了予定日	作業日数			祝日	
3	プロジェクト1	1月15日	2月25日	29		1月1日	1月14日	2月11日
4	プロジェクト2	2月14日	5月24日	69		3月21日	4月29日	4月30日
5	プロジェクト3	3月18日	5月23日	46		5月4日	5月5日	7月15日
6	プロジェクト4	5月10日	8月30日	79		8月12日	9月16日	9月23日
7	プロジェクト5	6月24日	11月12日	95		10月14日	10月22日	11月4日
8	プロジェクト6	7月1日	10月25日	79				

平日の営業日数が求められた

ONEPOINT 平日の日数を求めるには「NETWORKDAYS」関数を使う

「NETWORKDAYS」関数は、2つの日付間の土日および指定した祭日を除いた日数を返す関数です。勤務日や営業日などの日数を求める用途で利用できます。
「NETWORKDAYS」関数の書式は、次の通りです。

=NETWORKDAYS(開始日,終了日,祭日)

引数「祭日」には、土日以外の休日を指定します。休日が複数日ある場合には、操作例のようにワークシート上に入力し、セル範囲で指定することができます。

関連項目 ▶▶▶

● 火曜日と水曜日の定休日を除いた営業日数を求める ……………………………………… p.281

SECTION-108

VER. 2010 2013 2016 2019 365

火曜日と水曜日の定休日を除いた作業終了予定日を求める

ここでは、開始日と作業日数から火曜日と水曜日の定休日と祝日を除いた終了予定日を求める方法を説明します。

1 祝日の入力

	A	B	C	D	E	F	G	H
1	工事日数一覧							
2	場所	開始日	作業日数	終了予定日			祝日	
3	西町1丁目	1月18日	15			1月1日	1月14日	2月11日
4	東町3-5	2月1日	20			3月21日	4月29日	4月30日
5	東小学校	4月2日	30			5月4日	5月5日	7月15日
6	元町公民館	5月9日	10			8月12日	9月16日	9月23日
7	鷺川公園	10月2日	40			10月14日	10月22日	11月4日

1 期間内の祝日を入力する

HINT
祝日などの非稼働日を入力しておきます。

2 終了予定日を求める数式の入力

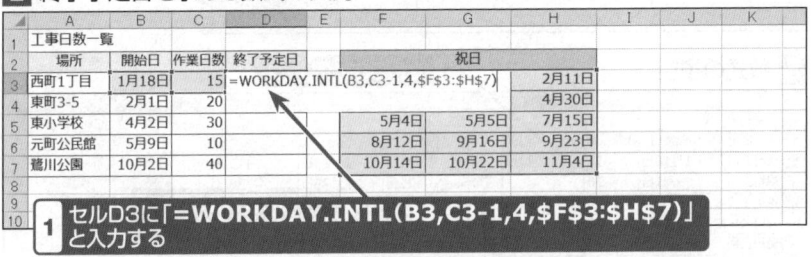

1 セルD3に「=WORKDAY.INTL(B3,C3-1,4,$F$3:$H$7)」と入力する

3 「セルの書式設定」ダイアログボックスの表示

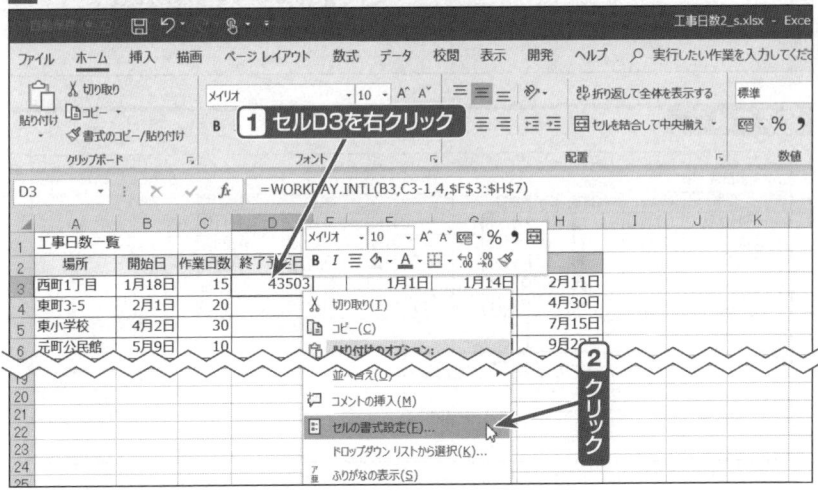

1 セルD3を右クリック

2 クリック

■ SECTION-108 ■ 火曜日と水曜日の定休日を除いた作業終了予定日を求める

4 表示形式の変更

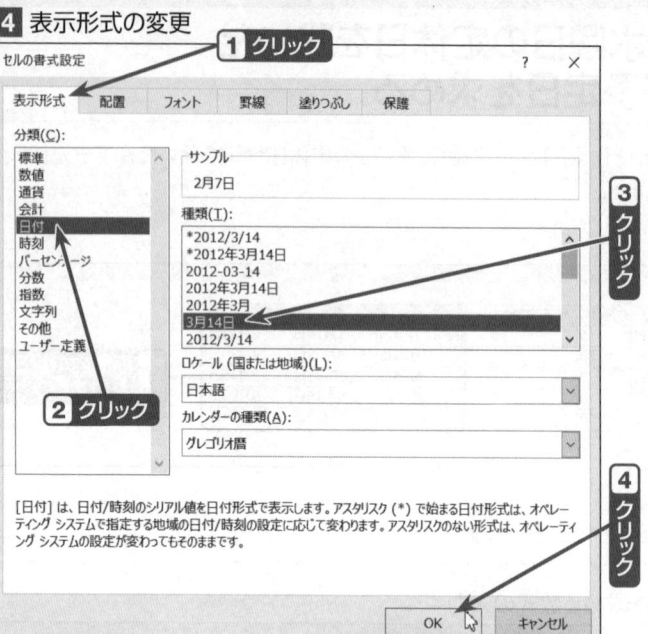

5 数式の複製

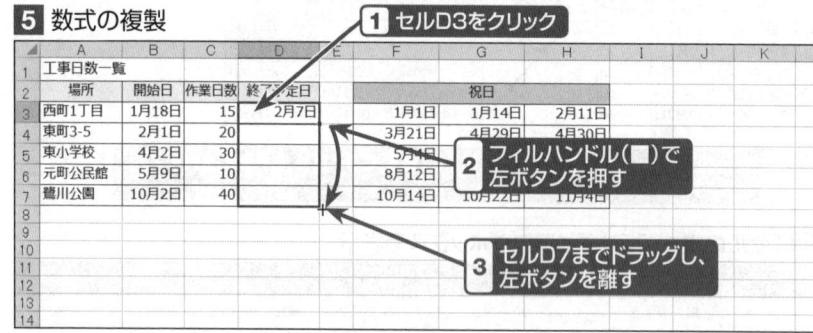

結果の確認

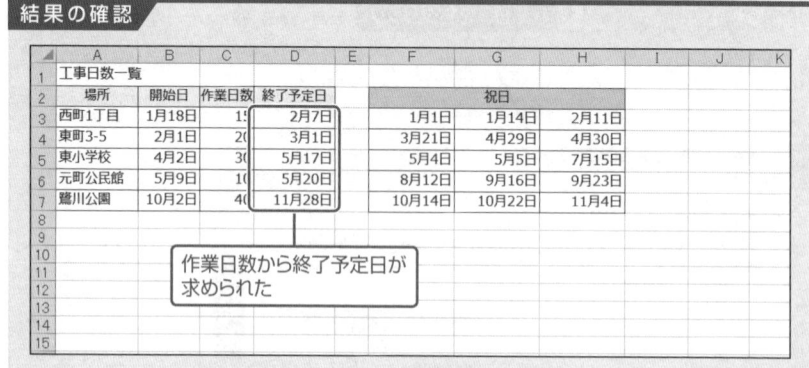

■ SECTION-108 ■ 火曜日と水曜日の定休日を除いた作業終了予定日を求める

ONEPOINT	任意の定休日や祝日を除いた日数分の日付を求めるには 「WORKDAY.INTL」関数を使う

「WORKDAYS.INTL」関数は、Excel2010から追加された稼働日内で指定した日数分の日付を返す関数です。終了予定日などの日付を求める用途で利用できます。Excel2007以前の「WORKDAY」関数では週末は土日のみが除外されていましたが、「WORKDAY.INTL」関数では、任意の曜日を定休日(非稼働日)として指定できるようになりました。

「WORKDAY.INTL」関数の書式は、次の通りです。

=WORKDAY.INTL(開始日,日数,週末,祭日)

「WORKDAY.INTL」関数では、引数「開始日」に指定した日付の次の日から数えるため、終了予定日を求めるには引数「日数」から1を引いた値を指定する必要があります。

引数「週末」には1〜17の番号を指定することで週末の曜日(非稼働日)を指定することができます(右表参照)。また、それ以外の曜日を指定するには非稼働日を「1」、稼働日を「0」とし、7桁の数字で指定します。たとえば、月曜日と水曜日を休みにする場合には、「"1010000"」と指定します。

引数「週末」の値	週末の曜日(非稼働日)
1または省略	土曜日と日曜日
2	日曜日と月曜日
3	月曜日と火曜日
4	火曜日と水曜日
5	水曜日と木曜日
6	木曜日と金曜日
7	金曜日と土曜日
11	日曜日
12	月曜日
13	火曜日
14	水曜日
15	木曜日
16	金曜日
17	土曜日

引数「祭日」には、祝日など週末以外の非稼働日をし、複数ある場合には操作例のようにワークシート上に入力してセル範囲で指定します。

=WORKDAY.INTL(B3,C3-1,4,$F$3:$H$7)

- 開始日: B3
- 開始日が次の日から数えられるため、1を引く: C3-1
- 日数: C3-1
- 火曜日と水曜日を休日とする値: 4
- 引数「週末」以外の休日を指定: $F$3:$H$7

関連項目 ▶▶▶
- 休業日を除いた作業終了予定日を求める ……………………………………… p.288

SECTION-109

VER. 2010 2013 2016 2019 365

休業日を除いた作業終了予定日を求める

一定期間の休日以外の日数を求めるには「WORKDAY」関数を利用します。ここでは、開始日と作業日数から土日と祝日を除いた終了予定日を求める方法を説明します。

1 祝日の入力

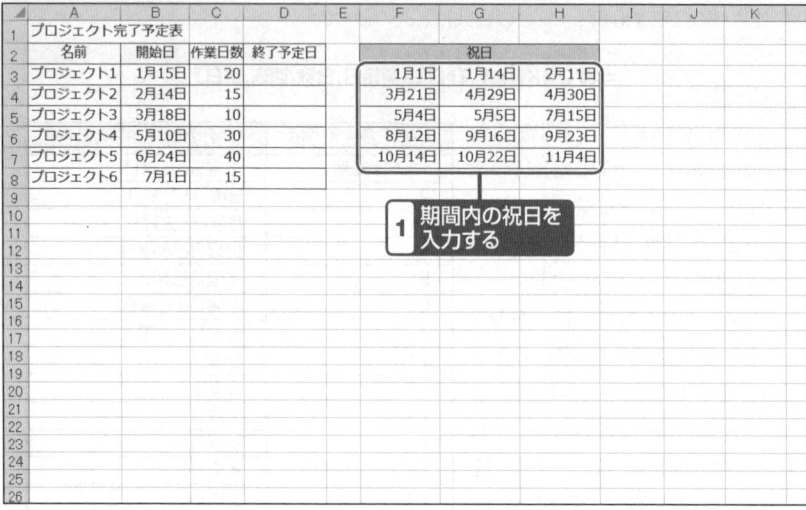

HINT
祝日などの非稼働日を入力しておきます。

2 終了予定日を求める数式の入力

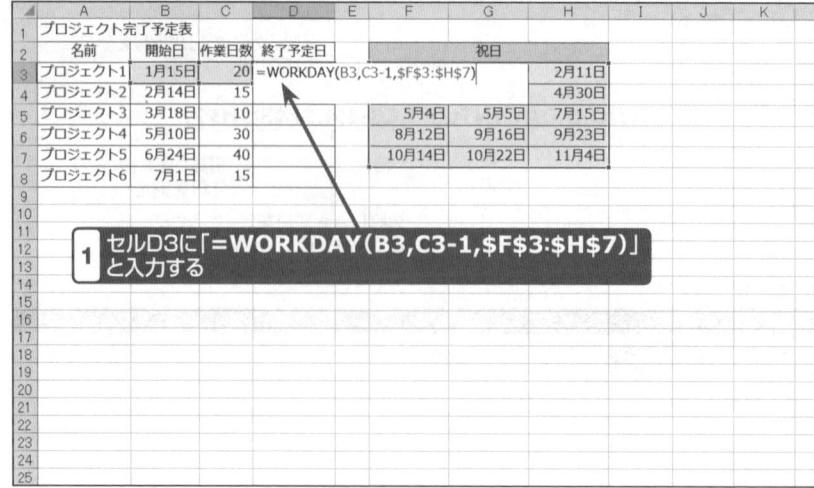

■ SECTION-109 ■ 休業日を除いた作業終了予定日を求める

3 「セルの書式設定」ダイアログボックスの表示

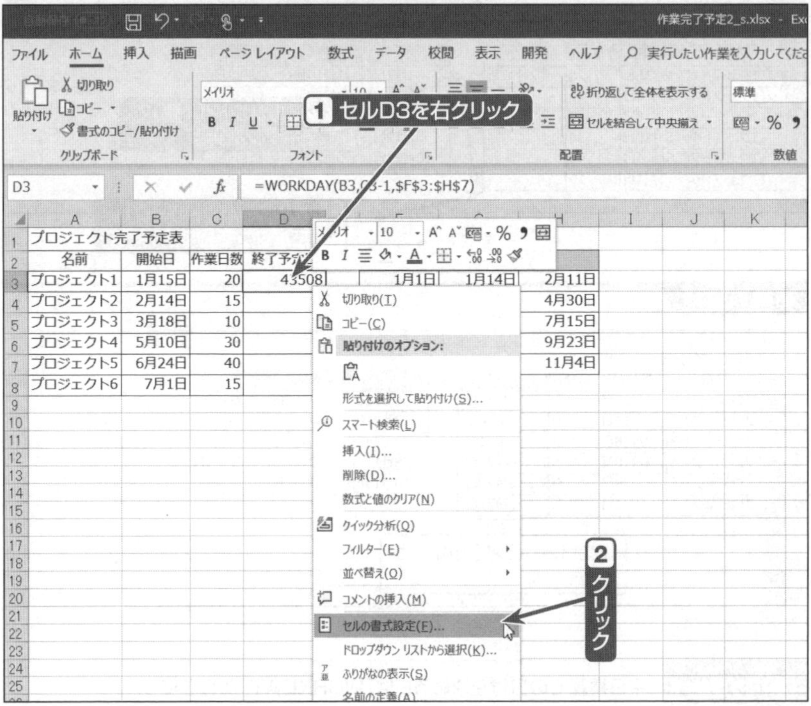

	A	B	C	D	E	F	G	H
1	プロジェクト完了予定表							
2	名前	開始日	作業日数	終了予定				
3	プロジェクト1	1月15日	20	43508		1月1日	1月14日	2月11日
4	プロジェクト2	2月14日	15					4月30日
5	プロジェクト3	3月18日	10					7月15日
6	プロジェクト4	5月10日	30					9月23日
7	プロジェクト5	6月24日	40					11月4日
8	プロジェクト6	7月1日	15					

D3: `=WORKDAY(B3,C3-1,$F$3:$H$7)`

1. セルD3を右クリック
2. セルの書式設定(F)...をクリック

4 表示形式の変更

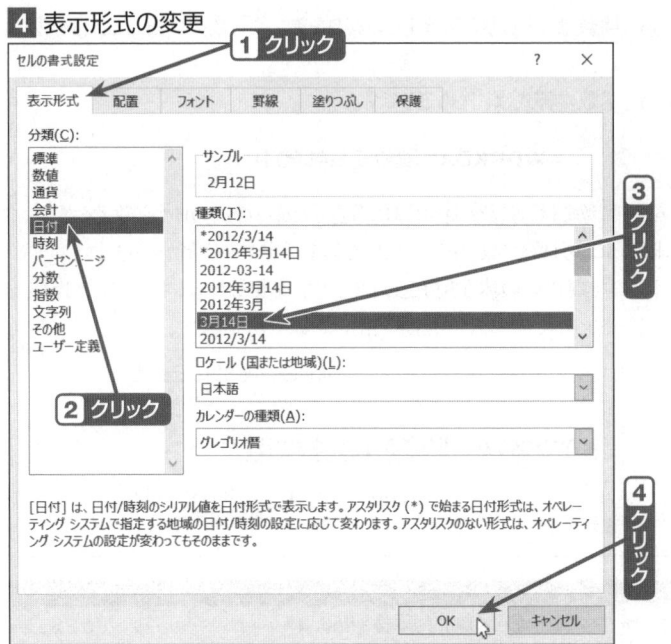

1. 表示形式 クリック
2. 日付 クリック
3. 3月14日 クリック
4. OK クリック

■ SECTION-109 ■ 休業日を除いた作業終了予定日を求める

5 数式の複製

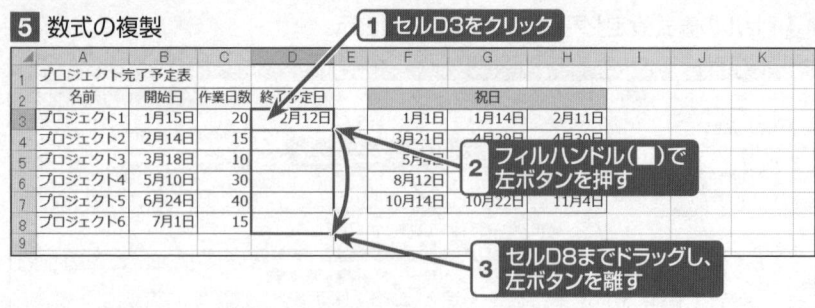

結果の確認

ONEPOINT 平日換算での日付を求めるには「WORKDAY」関数を使う

「WORKDAY」関数は、土日および指定した祭日を除いた日数分に当たる日付を返す関数です。

「WORKDAY」関数の書式は、次の通りです。

=WORKDAY(開始日,日数,祭日)

「WORKDAY」関数では、引数「開始日」に指定した日付の次の日から数えるため、終了予定日を求めるには引数「日数」から1を引いた値を指定する必要があります。

引数「祭日」には、土日以外の休日を指定します。休日が複数日ある場合には、操作例のようにワークシート上に入力してセル範囲で指定することができます。

関連項目 ▶ ▶ ▶

● 火曜日と水曜日の定休日を除いた作業終了予定日を求める ……………………………… p.285

SECTION 110

休業日を除いた日付の一覧を素早く入力する

ここでは、土日と祝日を除いた1カ月間の日付を素早く入力する方法を説明します。

1 祝日の入力

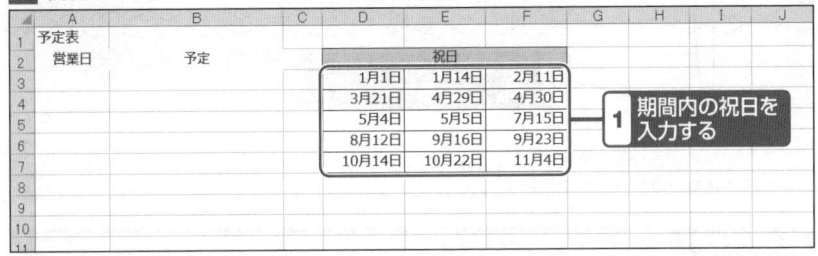

1 期間内の祝日を入力する

HINT
祝日などの非稼働日を入力しておきます。

2 月の最初の日付の入力

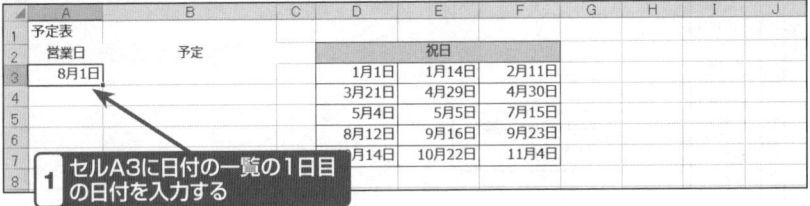

1 セルA3に日付の一覧の1日目の日付を入力する

HINT
ここではセルの書式設定は「○月○日」と表示されるように設定してあることとします。なお、1日目の日付は、土日でも祝日などの非稼働日でもない日付を入力します。

3 休業日を除いた日付を入力するための数式の入力

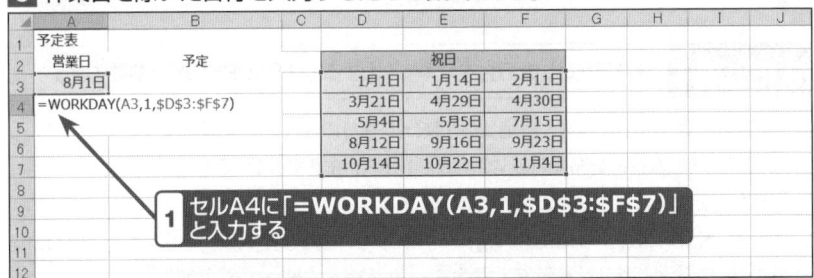

1 セルA4に「=WORKDAY(A3,1,$D$3:$F$7)」と入力する

KEYWORD

▶「WORKDAY」関数
土日を除いた日数分に当たる日付を返す関数です。

■ SECTION-110 ■ 休業日を除いた日付の一覧を素早く入力する

4 数式の複製

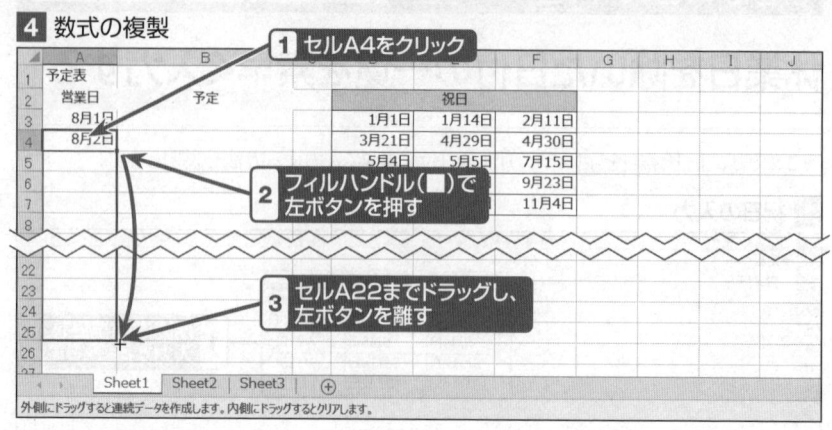

結果の確認

平日の日付一覧が入力された

ONEPOINT 休業日を除いた日付を素早く入力するには「WORKDAY」関数を使う

「WORKDAY」関数は、指定した日数分の平日の日付を返す関数です。そのため、最初に入力した日付を開始日として、日数に「1」を指定することで、土日と祭日を除いた平日だけを次々に表示することができます。

なお、Excel2010から追加された「WORKDAY.INTL」関数を利用すると、土日以外の休日を除外した日付一覧を入力することもできます(285ページ参照)。

関連項目 ▶ ▶ ▶

● 休業日を除いた作業終了予定日を求める ……………………………………………… p.288

SECTION-111

VER. 2010 2013 2016 2019 365

申込日から○カ月後の日付を求める

ここでは、開始日から3カ月後の日付を求める方法を説明します。

1 3カ月後の日付を求める数式の入力

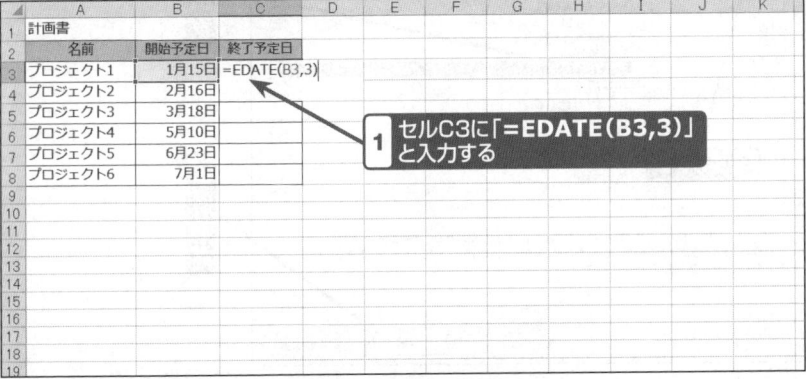

セルC3に「=EDATE(B3,3)」と入力する

2 「セルの書式設定」ダイアログボックスの表示

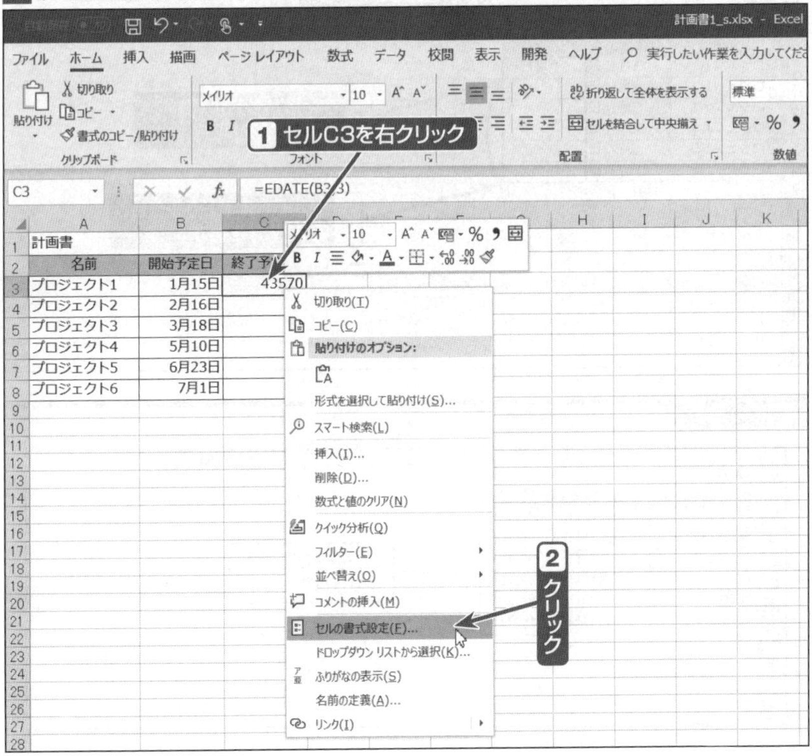

1 セルC3を右クリック

2 クリック

■ SECTION-111 ■ 申込日から○カ月後の日付を求める

3 表示形式の変更

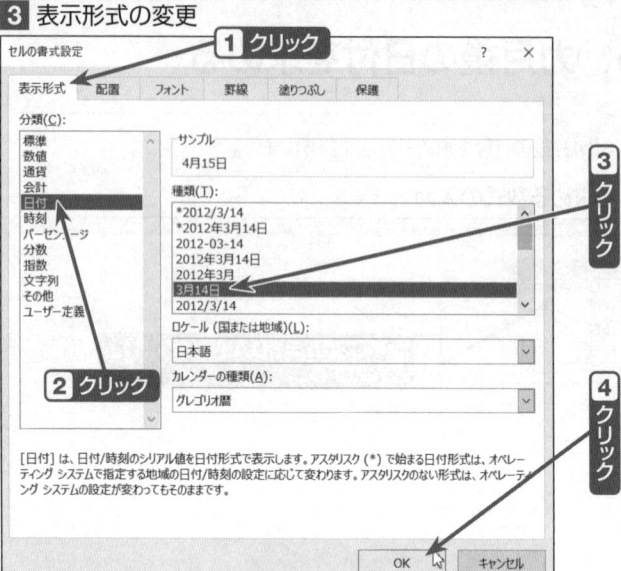

4 数式の複製

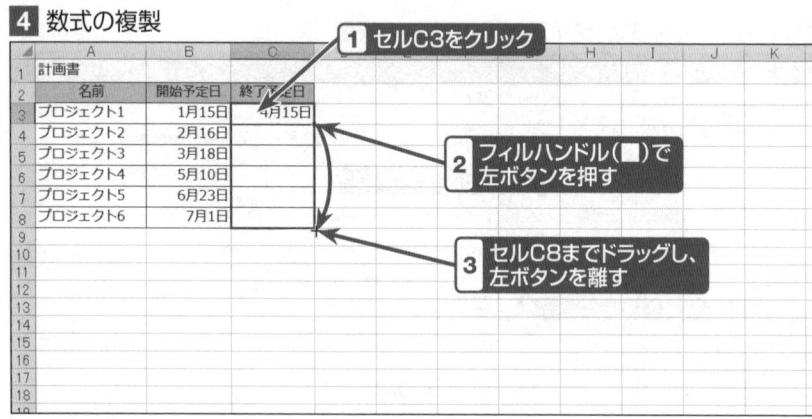

結果の確認

3カ月後の日付が求められた

ONEPOINT ○カ月後の日付を求めるには「EDATE」関数を使う

「EDATE」関数は、開始日から計算して、指定された月数だけ前または後の日付を返す関数です。Excelでは日付を数値として管理しているので、10日後の日付を調べる場合は、日付に10を足すことで求めることができます。しかし、月は各月によって31日、30日、28日、29日と数種類あるため、○カ月後の日付を求める場合には、「EDATE」関数を利用すると便利です。

「EDATE」関数の書式は、次の通りです。

＝EDATE（開始日,月）

引数「月」に正の整数を指定すると○カ月後の日付、負の整数を指定すると○カ月前の日付を求めることができます。また、12以上（または-12以下）の値を指定することで○年○カ月後（または前）の日付を求めることができます。

SECTION-112 VER. 2010 2013 2016 2019 365

当月の月末の日付を求める

ここでは、日付をもとに当月の月末の日付を求める方法を説明します。

1 月末の日付を求める数式の入力

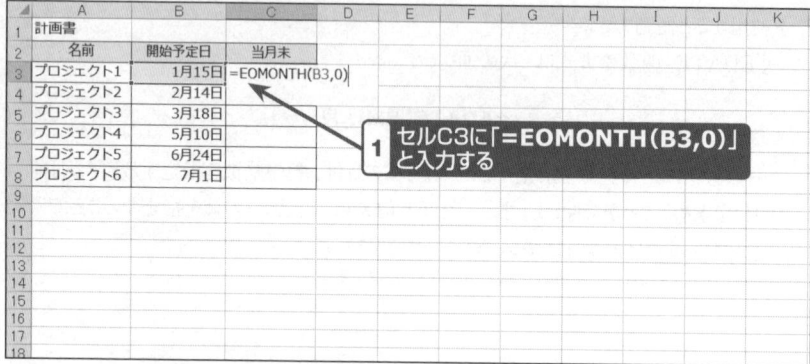

	A	B	C
1	計画書		
2	名前	開始予定日	当月末
3	プロジェクト1	1月15日	=EOMONTH(B3,0)
4	プロジェクト2	2月14日	
5	プロジェクト3	3月18日	
6	プロジェクト4	5月10日	
7	プロジェクト5	6月24日	
8	プロジェクト6	7月1日	

1. セルC3に「=EOMONTH(B3,0)」と入力する

2 「セルの書式設定」ダイアログボックスの表示

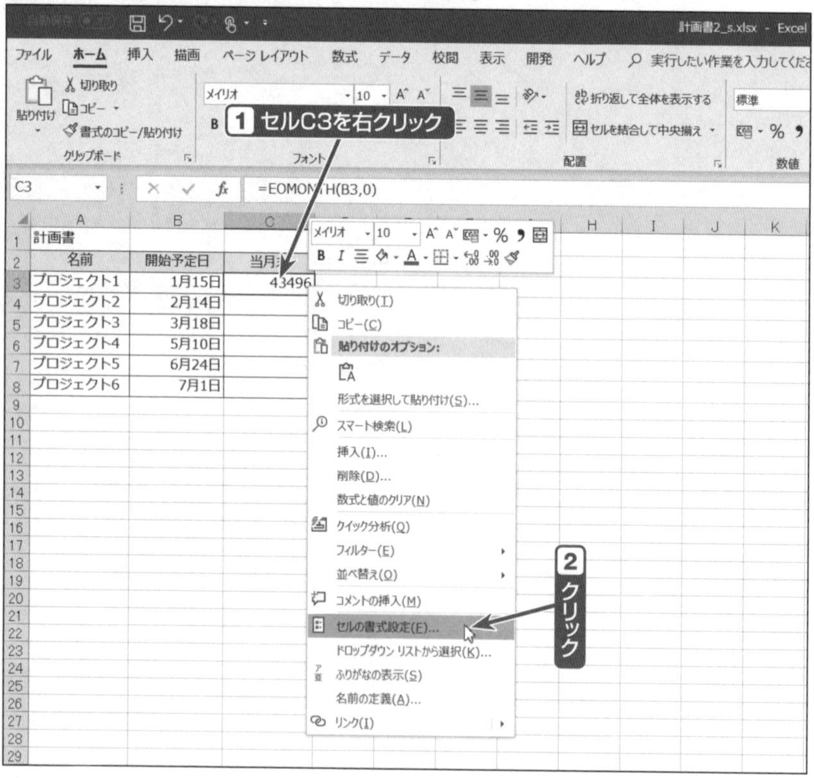

1. セルC3を右クリック
2. クリック

3 表示形式の変更

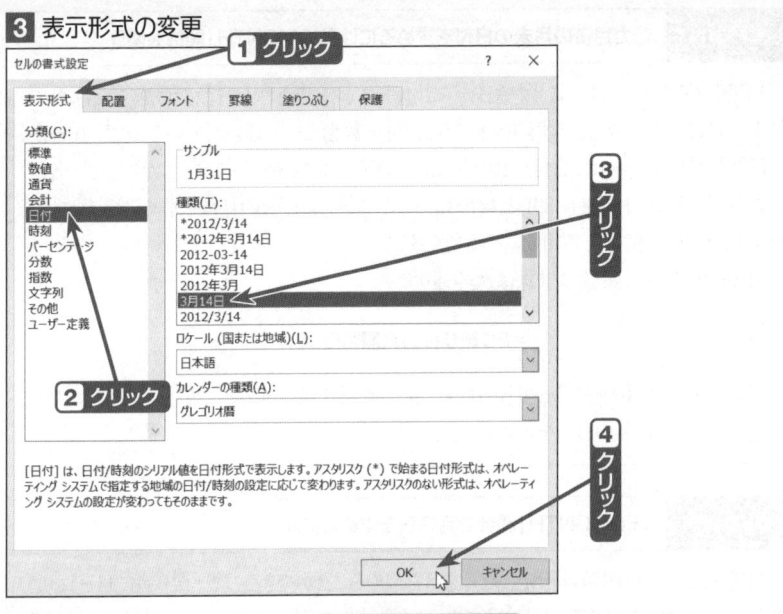

4 数式の複製

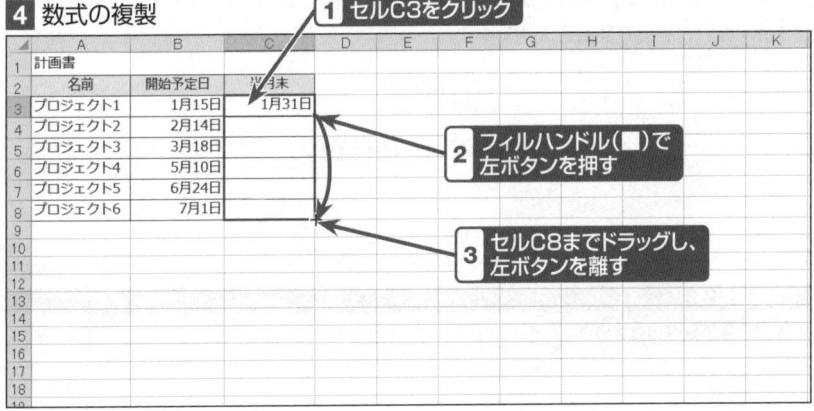

ONEPOINT ○カ月後の月末の日付を求めるには「EOMONTH」関数を使う

「EOMONTH」関数は、開始日から計算して、指定された月数だけ前または後の月末の日付を返す関数です。Excelでは日付を数値として管理しているので、10日後の日付を調べる場合は、日付に10を足すことで求めることができます。しかし、月は各月によって31日、30日、28日、29日と数種類あるため、○カ月後の月末を求める場合には、「EOMONTH」関数を利用すると便利です。

「EOMONTH」関数の書式は次の通りです。

=EOMONTH(開始日,月)

引数「月」に0を指定すると当月の月末、正の整数を指定すると○カ月後、負の整数を指定すると○カ月前の月末を求めることができます。

COLUMN 「EOMONTH」関数で月初日を求めるには

「EOMONTH」関数は指定した月末日を求めることができるので、戻り値に1(日)を足すことで、月初日を求めることができます。たとえば、操作例のサンプルの日付から月初日を求めるには、次の数式を入力します。

当月末の日付を求める
=EOMONTH(B3,0)+1
当月末に1日をプラスする

関連項目 ▶▶▶
● 月の最終営業日を求める……………………………………………………………… p.299

SECTION-113

月の最終営業日を求める

休日を除いた月末の日付を求めるには、「EOMONTH」関数と「WORKDAY」関数を利用します。ここでは、土日を除いた平日の月の最終営業日を求める方法を説明します。

1 月末の日付を求める数式の入力

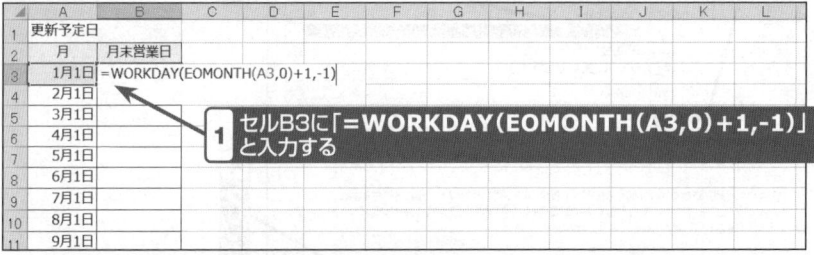

1. セルB3に「=WORKDAY(EOMONTH(A3,0)+1,-1)」と入力する

KEYWORD

▶「WORKDAY」関数
土日を除いた日数分に当たる日付を返す関数です。

▶「EOMONTH」関数
指定した月数後の月末日を返す関数です。

2 「セルの書式設定」ダイアログボックスの表示

1. セルB3を右クリック
2. クリック

■ SECTION-113 ■ 月の最終営業日を求める

3 表示形式の変更

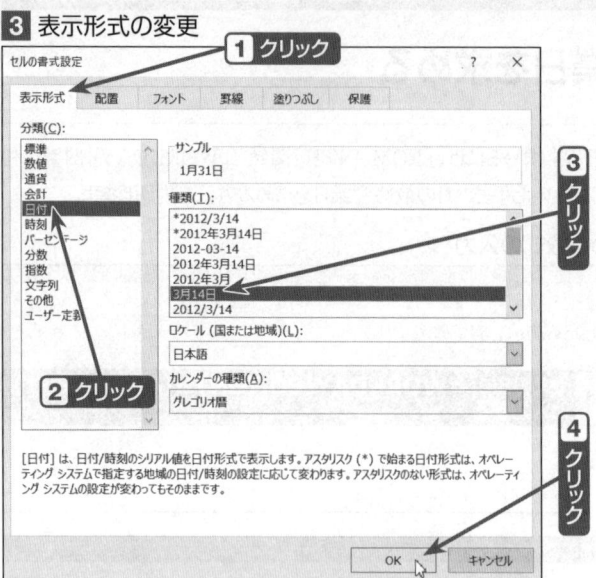

4 数式の複製

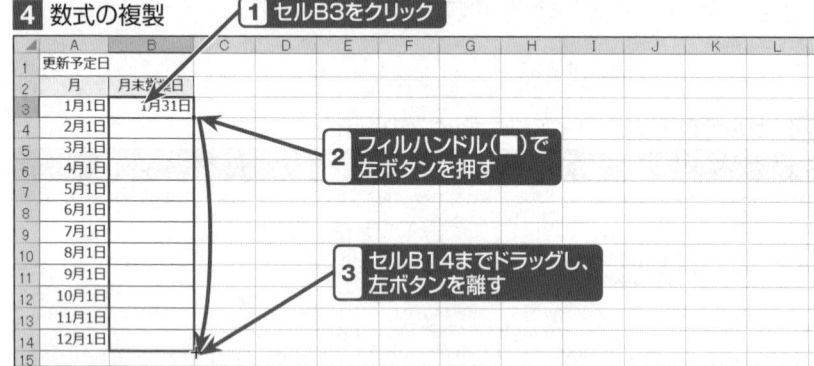

結果の確認

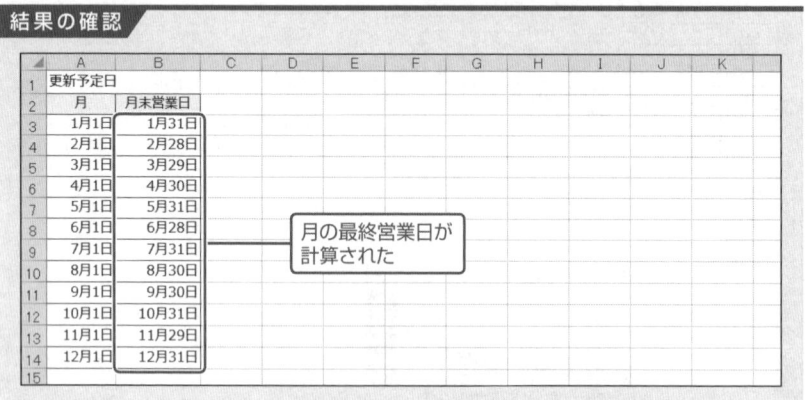

■ SECTION-113 ■ 月の最終営業日を求める

> **ONEPOINT**　月の最終営業日は翌月初めから1日前の営業日を調べる
>
> 　月の最終営業日は、翌月の1日から休日を除いた1日前になります。翌月の1日を求めるには、「EOMONTH」関数で返される月末日に1(日)を足します。その日付から「WORKDAY」関数で1(日)を引いた日数分を計算することで、月の最終営業日の日付を求めることができます。
>
> 翌月の1日から土日を除いた
> 1日前の平日を求める
>
> **=WORKDAY(EOMONTH(B3,0)+1,-1)**
>
> 月の最終営業日に1を足した　　　1日前の日数を
> 日付(翌月の1日)　　　　　　　　指定する
>
> 　なお、Excel2010から追加された「WORKDAY.INTL」関数を利用すると、土日以外の休日を除外した最終営業日を求めることができます(285ページ参照)。

> **COLUMN**　土日以外の休業日を含めて月の最終営業日を求めるには
>
> 　年末年始など、土日以外の祭日や既定の休業日がある場合には、「WORKDAY」関数に指定することで、月の最終営業日を求めることができます。たとえば、操作例のサンプルで土日以外の休業日も含めて、月の最終営業日を求めるには、次のように操作します。
>
> ❶ セルD3~F9に土日以外の非稼働日を入力しておきます。
> ❷ セルB3に「=WORKDAY(EOMONTH(A3,0)+1,-1,$D$3:$F$9)」と入力します。
> ❸ 操作例 **2** 以降の要領で操作します。

	A	B	C	D	E	F	G	H	I	J	K
1	更新予定日										
2	月	月末営業日			祝日						
3	1月1日	1月31日		1月1日	1月2日	1月14日					
4	2月1日	2月28日		2月11日	3月21日	4月29日					
5	3月1日	3月29日		4月30日	5月1日	5月2日		祭日や既定の休業日			
6	4月1日	4月26日		5月3日	7月15日	8月12日		を入力する			
7	5月1日	5月31日		8月13日	8月14日	9月16日					
8	6月1日	6月28日		9月23日	10月14日	10月22日					
9	7月1日	7月31日		11月4日	12月30日	12月31日					
10	8月1日	8月30日									
11	9月1日	9月30日									
12	10月1日	10月31日									
13	11月1日	11月29日									
14	12月1日	12月27日									
15											
16											
17											

関連項目 ▶▶▶
- 休業日を除いた作業終了予定日を求める ………………………………………… p.288
- 当月の月末の日付を求める ………………………………………………………… p.296
- 締日に対する平日引き落とし日を調べる ………………………………………… p.302

SECTION-114

VER. 2010 2013 2016 2019 365

締日に対する平日引き落とし日を調べる

特定の日付が休日の場合に最短の平日の日付を調べるには、「WORKDAY」関数を利用します。ここでは、15日締めの翌月末払いの場合に、実際の平日の引き落とし日を求める方法を説明します。

1 15日締めの引き落とし日を求める数式の入力

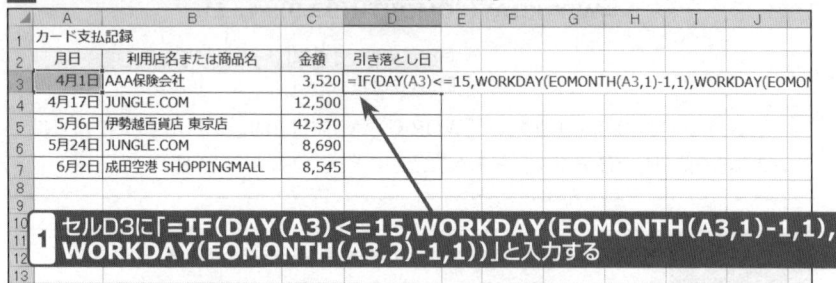

1 セルD3に「=IF(DAY(A3)<=15,WORKDAY(EOMONTH(A3,1)-1,1),WORKDAY(EOMONTH(A3,2)-1,1))」と入力する

KEYWORD

▶「IF」関数
指定した条件によって処理を分岐させる関数です。

▶「DAY」関数
年月日から日を返す関数です。

▶「WORKDAY」関数
土日を除いた日数分に当たる日付を返す関数です。

▶「EOMONTH」関数
指定した月数後の月末日を返す関数です。

2 「セルの書式設定」ダイアログボックスの表示

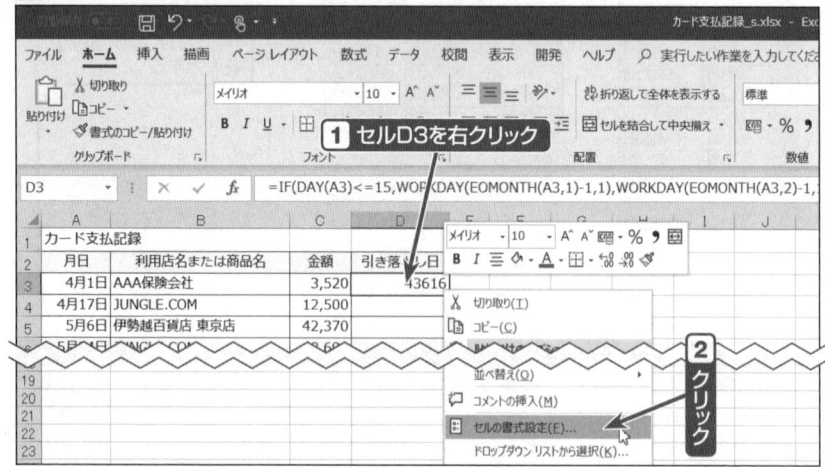

3 表示形式の変更

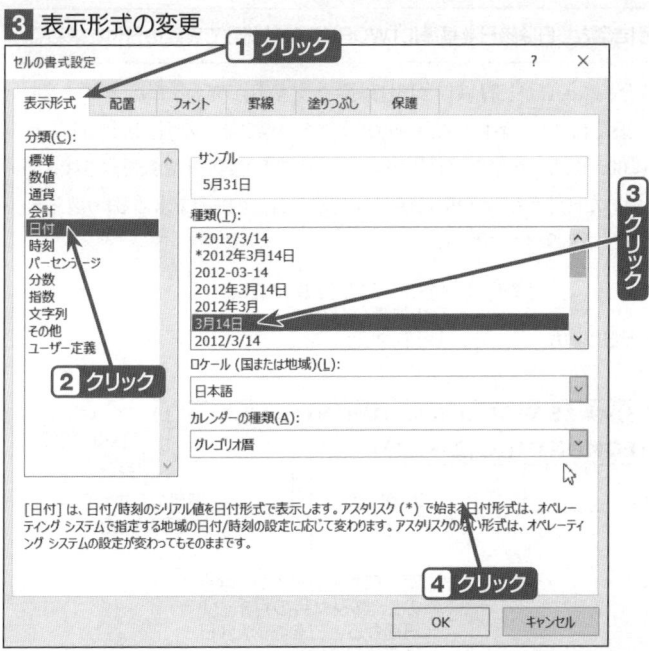

4 数式の複製

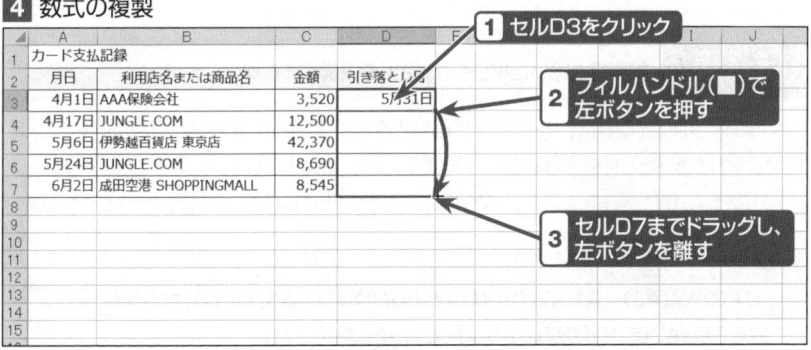

結果の確認

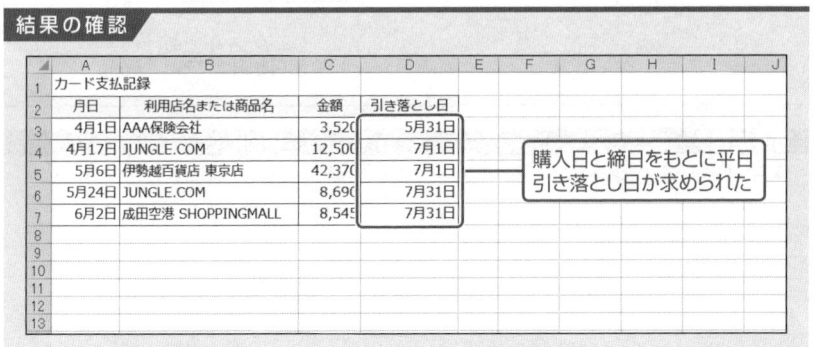

SECTION-114 ■ 締日に対する平日引き落とし日を調べる

ONEPOINT 引き落とし日は締日を基準に「WORKDAY」関数で実際の日付を求める

15日締めの場合、購入日が15日以前と16日以降で支払月が変わります。そのため、「IF」関数で購入日を判断し、条件を振り分けます。その際、月末の引き落とし日が土日に当たる場合には、翌月の最短の平日となるため、「EOMONTH」関数で返される月末日から1(日)を引いた日付から「WORKDAY」関数で1日後の平日を求めるよう数式を作成するのがコツです(299ページ参照)。

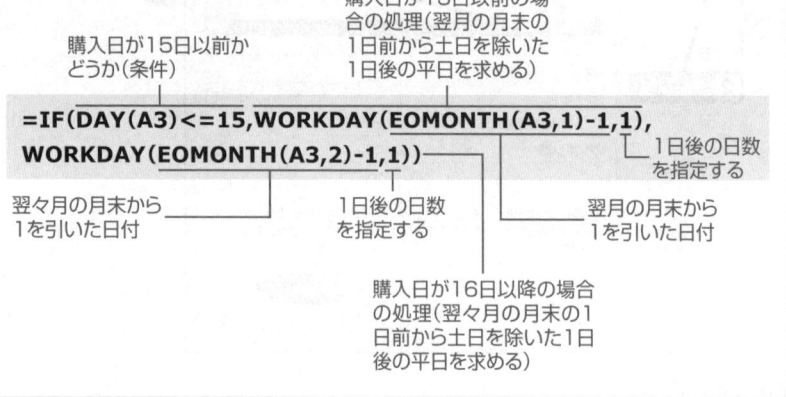

COLUMN 祝祭日も除いた平日引き落とし日を調べるには

土日以外の祝祭日は、ワークシート上に記述し、「WORKDAY」関数に指定することで、平日引き落とし日を求めることができます。たとえば、操作例のサンプルのワークシートのF3からH7に祭日を入力し、「WORKDAY」関数に指定するには、次のように数式を入力します。

=IF(DAY(A3)<=15,WORKDAY(EOMONTH(A3,1)-1,1,$F$3:$H$7),
WORKDAY(EOMONTH(A3,2)-1,1,$F$3:$H$7))

ワークシート上の祭日を指定する

関連項目 ▶▶▶

● 月の最終営業日を求める……………………………………………………………p.299

SECTION-115

[VER.] 2010 2013 2016 2019 365

西暦と和暦を同時に表示する

ここでは、年を西暦の後ろに()付きの和暦を表示させる方法を説明します。

1 日付の表示形式を変更する数式の入力

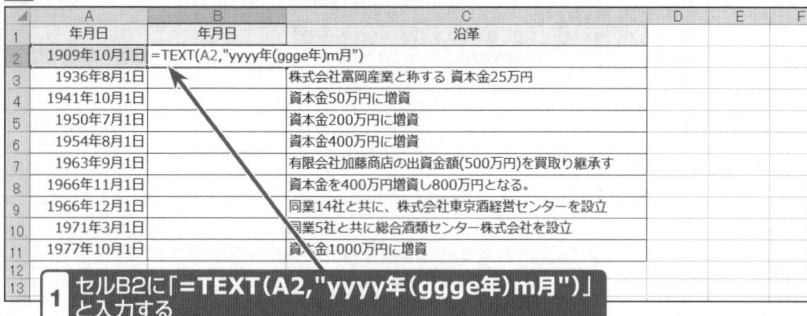

1 セルB2に「=TEXT(A2,"yyyy年(ggge年)m月")」と入力する

2 数式の複製

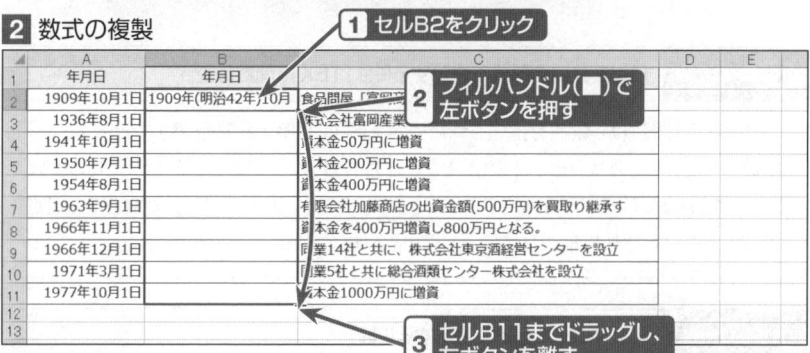

1 セルB2をクリック
2 フィルハンドル(■)で左ボタンを押す
3 セルB11までドラッグし、左ボタンを離す

3 列の非表示

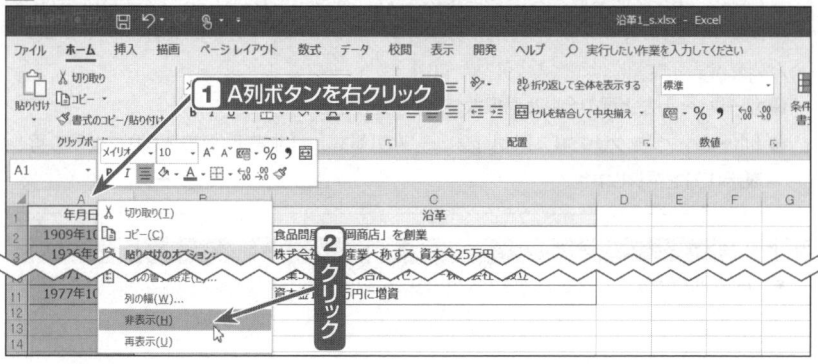

1 A列ボタンを右クリック
2 クリック

HINT

ここでは、参照元の列を一時的に非表示に設定しています。

■ SECTION-115 ■ 西暦と和暦を同時に表示する

結果の確認

	B	C	D	E	F	G
1	年月日	沿革				
2	1909年(明治42年)10月	食品問屋「富岡商店」を創業				
3	1936年(昭和11年)8月	株式会社富岡産業と称する 資本金25万円				
4	1941年(昭和16年)10月	資本金50万円に増資				
5	1950年(昭和25年)7月	資本金200万円に増資				
6	1954年(昭和29年)8月	資本金400万円に増資				
7	1963年(昭和38年)9月	有限会社加藤商店の出資金額(500万円)を買取り継承す				
8	1966年(昭和41年)11月	資本金を400万円増資し800万円となる。				
9	1966年(昭和41年)12月	同業14社と共に、株式会社東京酒経営センターを設立				
10	1971年(昭和46年)3月	同業5社と共に総合酒類センター株式会社を設立				
11	1977年(昭和52年)10月	資本金1000万円に増資				

括弧付きの和暦の年号が追加された

ONEPOINT 日付を独自の形式で表示するには「TEXT」関数を使う

「TEXT」関数は、数値を指定された表示形式に変換する関数です。元号名(g)、年数(yまたはe)、月数(m)、日数(d)と「年」「月」「日」の文字列を組み合わせることで、日付をさまざまな形式で表示することができます。ただし、Excelの日付は1900年を起点としているので、それ以前の日付は正しく変換されないので注意が必要です。

COLUMN 非表示にした列を再表示するには

「TEXT」関数は数値を文字列に変換するため、もとの日付を残しておきたい場合には、操作例 3 のように列を一時的に非表示にしておくとよいでしょう。なお、非表示にした列を再表示するには、次のように操作します。

❶ ワークシート左上隅の全セル選択ボタンをクリックします。
❷ 「ホーム」タブをクリックし、「セル」グループの[書式]→[非表示/再表示(U)]→[列の再表示(L)]を選択します。

関連項目 ▶▶▶
- 年月日の位置を揃えて表示する………………………………………………p.307

SECTION-116

年月日の位置を揃えて表示する

　文字列にスペースを配置して間隔を整えるには「TEXT」関数と「SUBSTITUTE」関数を利用します。ここでは、年月日の位置を揃えて表示する方法を説明します。

1 日付を揃えて表示するための数式の入力

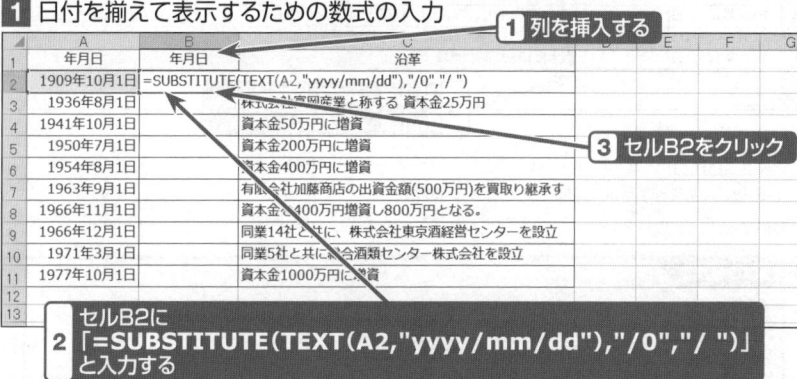

2 セルB2に「`=SUBSTITUTE(TEXT(A2,"yyyy/mm/dd"),"/0","/ ")`」と入力する

KEYWORD

▶「SUBSTITUTE」関数
文字列中の文字を別の文字に置き換える関数です。

▶「TEXT」関数
数値の表示形式を変更して文字列に変換する関数です。

2 文字位置とフォントの指定

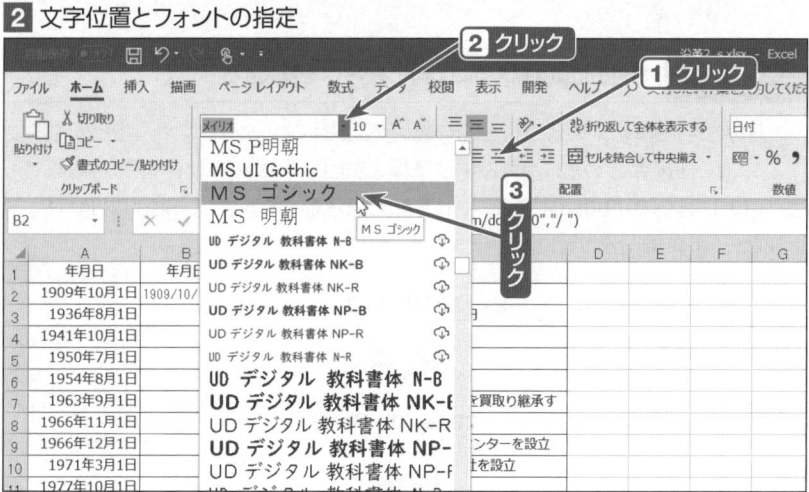

HINT

「MSゴシック」や「MS明朝」など1文字の横幅が同じサイズのフォントに変更します。

■ SECTION-116 ■ 年月日の位置を揃えて表示する

3 数式の複製

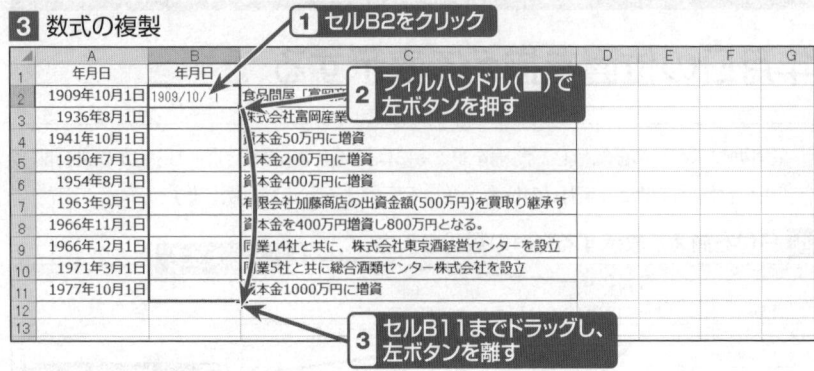

1 セルB2をクリック
2 フィルハンドル(■)で左ボタンを押す
3 セルB11までドラッグし、左ボタンを離す

|H|I|N|T|

この後、A列を非表示にします(305ページ参照)。

結果の確認

	B	C	D	E	F	G	H
1	年月日	沿革					
2	1909/10/ 1	食品問屋「富岡商店」を創業					
3	1936/ 8/ 1	株式会社富岡産業と称する 資本金25万円					
4	1941/10/ 1	資本金50万円に増資					
5	1950/ 7/ 1	資本金200万円に増資					
6	1954/ 8/ 1	資本金400万円に増資			年月日の桁が揃えられた		
7	1963/ 9/ 1	有限会社加藤商店の出資金額(500万円)を買取り継承す					
8	1966/11/ 1	資本金を400万円増資し800万円となる。					
9	1966/12/ 1	同業14社と共に、株式会社東京酒経営センターを設立					
10	1971/ 3/ 1	同業5社と共に総合酒類センター株式会社を設立					
11	1977/10/ 1	資本金1000万円に増資					
12							

ONEPOINT 日付の位置を揃えるには半角スペースを挿入する

日付の桁が揃わないのは、1桁と2桁の数値が混在することが原因です。1桁と2桁を揃えるには、1桁の数字の前に半角スペースを挿入します。そのためには、「TEXT」関数で「2019/1/3」を「2019/01/03」と表示されるように表示形式を変更し、「SUBSTITUTE」関数で「/0」の部分を「/ 」に置き換えます。

2019/1/3

2019/01/03

「/0」を「/ 」に置き換える

2019/ 1/ 3

COLUMN　和暦の日付位置を揃えるには

操作例の方法を利用すると、平成20年1月5日などの和暦の日付も揃えることができます。たとえば、和暦の位置を揃えるには、次のように数式を入力します。

	A	B	C	D	E
1	年月日	年月日	沿革		
2	1909年10月1日	明治 42年 10月 1日	食品問屋「富岡商店」を創業		
3	1936年8月1日	昭和 11年 8月 1日	株式会社富岡産業と称する 資本金25万円		
4	1941年10月1日	昭和 16年 10月 1日	資本金50万円に増資		
5	1950年7月1日	昭和 25年 7月 1日	資本金200万円に増資		
6	1954年8月1日	昭和 29年 8月 1日	資本金400万円に増資		
7	1963年9月1日	昭和 38年 9月 1日	有限会社加藤商店の出資金額(500万円)を買取り継承す		
8	1966年11月1日	昭和 41年 11月 1日	資本金を400万円増資し800万円となる。		
9	1966年12月1日	昭和 41年 12月 1日	同業14社と共に、株式会社東京酒経営センターを設立		
10	1971年3月1日	昭和 46年 3月 1日	同業5社と共に総合酒類センター株式会社を設立		
11	1977年10月1日	昭和 52年 10月 1日	資本金1,000万円に増資		

セルB2に「=SUBSTITUTE(TEXT(A2,"gggg ee年 mm月 dd日")," 0"," ")」と入力してフォントを変更し、数式を複製する

なお、数式の詳細は次のようになります（■は半角スペースとする）。

=SUBSTITUTE(TEXT(A2,"gggg■ee年■mm月■dd日"),"■0","■■")

関連項目 ▶ ▶ ▶
- 西暦と和暦を同時に表示する p.305

SECTION-117

VER. 2010 2013 2016 2019 365

現在の時刻を求める

ここでは、予定表に現在の時刻を表示させる方法を説明します。

1 現在の時刻を表示する数式の入力

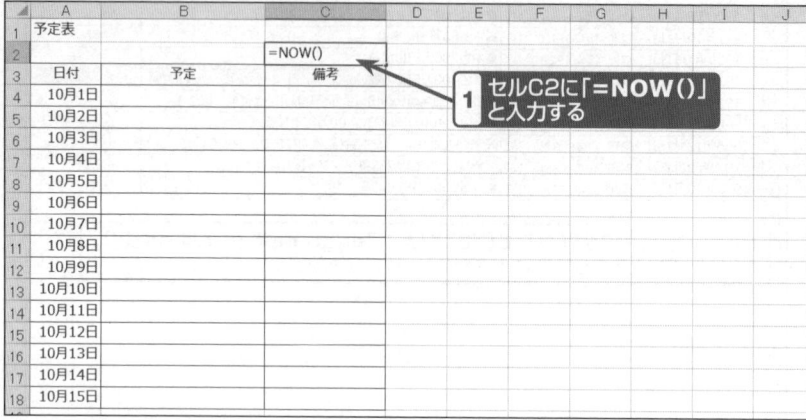

2 「セルの書式設定」ダイアログボックスの表示

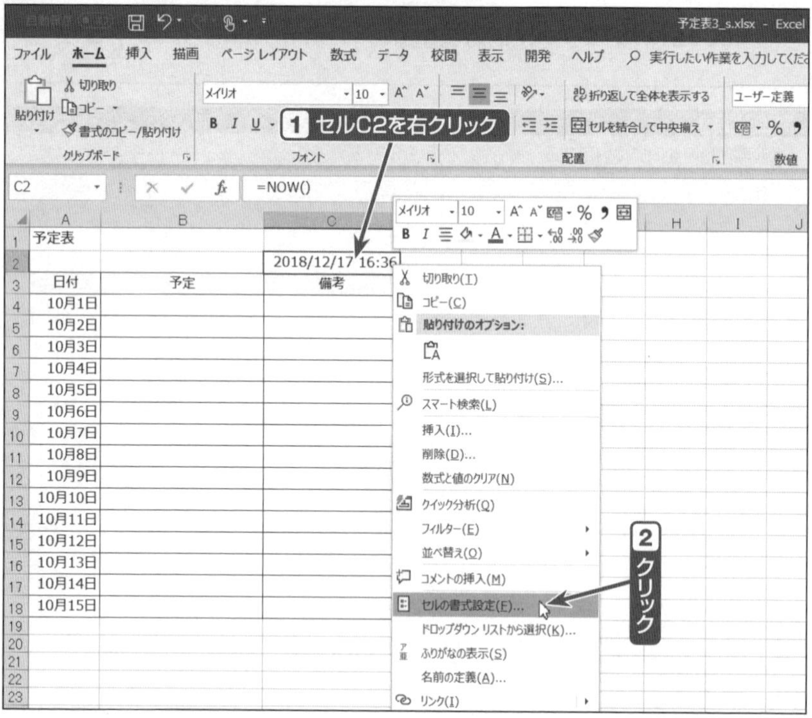

3 表示形式の変更

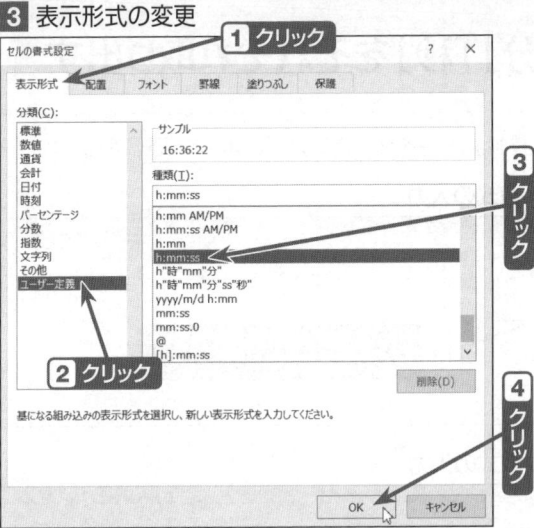

結果の確認

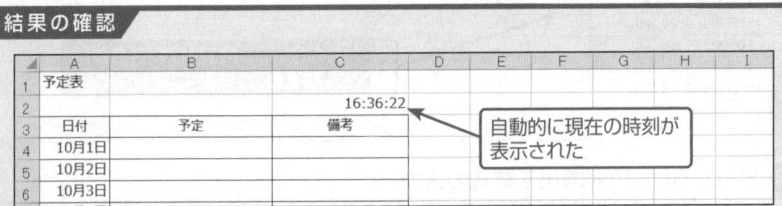

自動的に現在の時刻が表示された

ONEPOINT　現在の時刻を求めるには「NOW」関数を使う

「NOW」関数は、パソコンに設定されている現在の日付と時刻を返す関数です。通常「NOW」関数の日時は「yyyy/m/d h:mm」形式で表示されるため、時刻だけを表示したい場合や別の形式にしたい場合には、操作例のようにセルの書式設定で変更します。

「NOW」関数の書式は、次の通りです。

$$=NOW()$$

「NOW」関数には引数がありませんが、「()」は入力する必要があります。
なお、「NOW」関数は、次のタイミングで戻り値が更新されます。

- セルに値を入力して確定したとき
- F9 キーを押したとき
- 再度ブックを開いたとき

関連項目 ▶▶▶

- 現在の日付を表示する……………………………………………………………………p.252

SECTION-118

時刻から「時」「分」「秒」をそれぞれ取り出す

ここでは、時刻から「時」「分」「秒」をそれぞれ別のセルに取り出す方法を説明します。

1 時刻から「時」を取り出す数式の入力

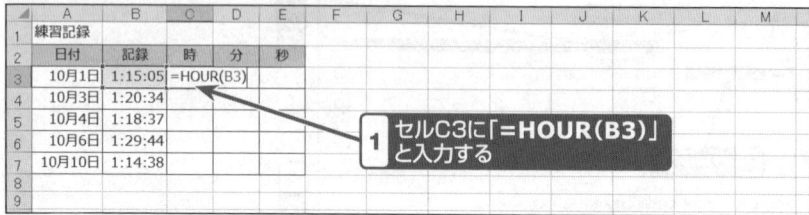

セルC3に「=HOUR(B3)」と入力する

2 日付から「分」を取り出す数式の入力

セルD3に「=MINUTE(B3)」と入力する

3 日付から「秒」を取り出す数式の入力

セルE3に「=SECOND(B3)」と入力する

4 数式の複製

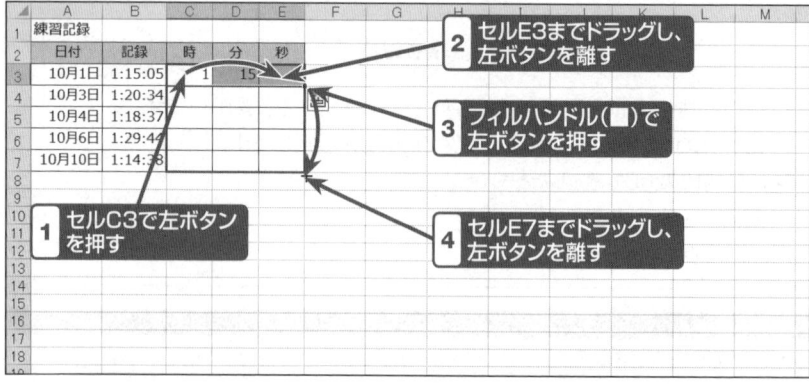

1. セルC3で左ボタンを押す
2. セルE3までドラッグし、左ボタンを離す
3. フィルハンドル(■)で左ボタンを押す
4. セルE7までドラッグし、左ボタンを離す

結果の確認

	A	B	C	D	E
1	練習記録				
2	日付	記録	時	分	秒
3	10月1日	1:15:05	1	15	5
4	10月3日	1:20:34	1	20	34
5	10月4日	1:18:37	1	18	37
6	10月6日	1:29:44	1	29	44
7	10月10日	1:14:38	1	14	38

時刻から時分秒が個別に取り出された

ONEPOINT 時刻から「時」「分」「秒」を取り出すには「HOUR」「MINUTE」「SECOND」関数を使う

「HOUR」「MINUTE」「SECOND」関数は、時刻からそれぞれ、時、分、秒を返す関数です。1つの時刻から時、分、秒だけを対象に処理を行いたい場合に利用できます。

「HOUR」関数、「MINUTE」関数、「SECOND」関数の書式は、次の通りです。

=HOUR(シリアル値)

=MINUTE(シリアル値)

=SECOND(シリアル値)

なお、各関数は引数「シリアル値」の他に、時刻文字列を「"」(ダブルクォーテーション)で囲んで指定することもできます。たとえば、「=HOUR("14:23:10")」と数式を入力すると、「14」が返されます。

関連項目 ▶▶▶

- 生年月日から「年」「月」「日」をそれぞれ取り出す ………………………………………… p.258

SECTION-119

VER. 2010 2013 2016 2019 365

別々のセルの値を1つの時刻で表示する

ここでは、時、分、秒が入力されているセルの値を時刻として表示する方法を説明します。

1 時分秒を時刻として表示する数式の入力

	A	B	C	D	E
1	練習記録				
2	日付	時	分	秒	記録
3	10月1日	1	15	5	=TIME(B3,C3,D3)
4	10月3日	1	20	34	
5	10月4日	1	18	37	
6	10月6日	1	29	44	
7	10月10日	1	14	38	

1 セルE3に「**=TIME(B3,C3,D3)**」と入力する

2 「セルの書式設定」ダイアログボックスの表示

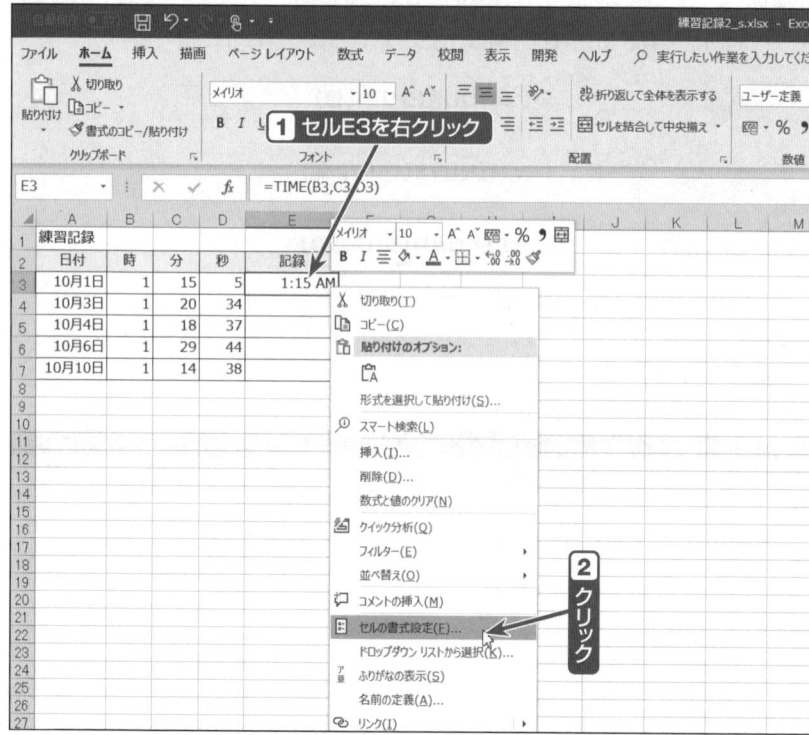

1 セルE3を右クリック

2 クリック

■ SECTION-119 ■ 別々のセルの値を1つの時刻で表示する

3 表示形式の変更

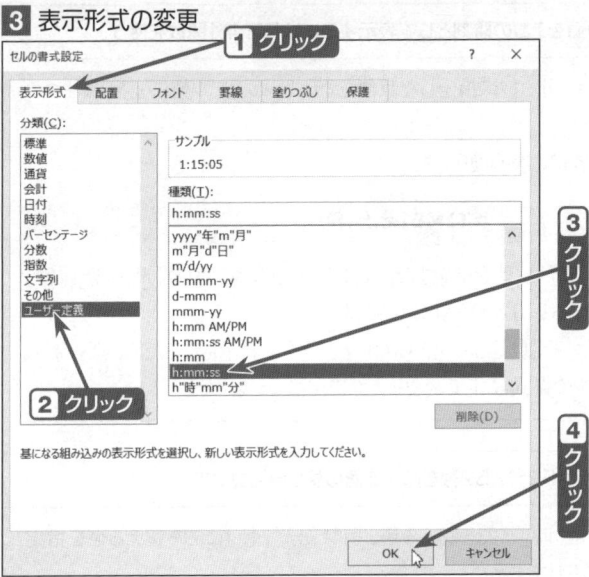

4 数式の複製

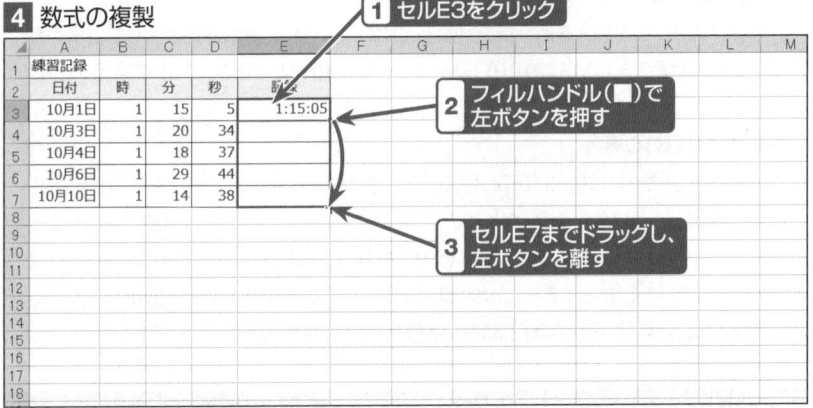

結果の確認

■ SECTION-119 ■ 別々のセルの値を1つの時刻で表示する

| ONEPOINT | 個別の値を1つの時刻として表示するには「TIME」関数を使う |

「TIME」関数は、時、分、秒に指定した数値をそれぞれシリアル値に変換し、1つの時刻として返す関数です。

「TIME」関数の書式は、次の通りです。

$$=\text{TIME}(時,分,秒)$$

引数「時」「分」「秒」には数値を指定またはセルを参照します。引数「時」「分」「秒」にそれぞれ「0」を指定すると、12:00AMが返されます。

なお、「TIME」関数の時刻は「h:mm AM/PM」形式で表示されるため、別の形式にしたい場合には、セルの書式設定で変更します(310ページ参照)。

| COLUMN | 23時間や59分、59秒を超える値の戻り値について |

「TIME」関数の引数「時」に23を超える値、引数「分」「秒」に59を超える値を指定すると、次のように計算されます。

▶引数「時」の場合

引数「時」に23を超える値を指定すると、24で除算され、剰余が時間として計算されます。たとえば、「=TIME(29,0,0)」は「=TIME(5,0,0)」とみなされ、計算結果の値は「6:00AM」(シリアル値は「0.25」)となります。

▶引数「分」「秒」の場合

引数「分」「秒」には0〜32767の値を指定できます。引数「分」に59を超える値を指定すると時と分に変換されます。たとえば、「=TIME(0,450,0)」は「=TIME(7,30,0)」とみなされ、計算結果の値は「7:30AM」(シリアル値は「0.3125」)となります。引数「秒」では時、分、秒に変換されます。たとえば、「=TIME(0,0,5610)」は「=TIME(1,33,30)」とみなされ、計算結果の値は「1:33:30AM」(シリアル値は「0.64931」)となります。

関連項目 ▶▶▶
- 別々のセルの値を1つの日付で表示する ································ p.260

SECTION-120
VER. 2010 2013 2016 2019 365

勤務時間から○分の休憩時間を引いた時間を求める

ここでは、勤務時間から○分の休憩時間を引いた時間を求める方法を説明します。

1 勤務時間を計算する数式の入力

	A	B	C	D	E	F
1	勤務表					
2	月日	出社時間	退社時間	勤務時間①	休憩	勤務時間②
3	6月11日(金)	10:15	17:40	=C3-B3	60	
4	6月17日(木)	10:00	19:20		25	
5	6月22日(火)	10:15	18:30		45	
6	6月25日(金)	10:00	18:20		60	
7	6月29日(火)	10:30	19:45		30	
8	7月2日(金)	10:30	17:20		60	
9	7月6日(火)	10:15	19:00		40	
10	7月9日(金)	10:30	16:45		60	

1 セルD3に「**=C3-B3**」と入力する

HINT
ここでは、退社時間から出社時間を引くことで勤務時間を求めています。

2 数式の複製

	A	B	C	D	E
1	勤務表				
2	月日	出社時間	退社時間	勤務時間①	休憩
3	6月11日(金)	10:15	17:40	7:25	60
4	6月17日(木)	10:00	19:20		25
5	6月22日(火)	10:15	18:30		45
6	6月25日(金)	10:00	18:20		60
7	6月29日(火)	10:30	19:45		30
8	7月2日(金)	10:30	17:20		60
9	7月6日(火)	10:15	19:00		40
10	7月9日(金)	10:30	16:45		60

1 セルD3をクリック
2 フィルハンドル(■)で左ボタンを押す
3 セルD10までドラッグし、左ボタンを離す

3 休憩時間を引いた勤務時間を求める数式の入力

	A	B	C	D	E	F
1	勤務表					
2	月日	出社時間	退社時間	勤務時間①	休憩	勤務時間②
3	6月11日(金)	10:15	17:40	7:25	60	=D3-TIME(0,E3,0)
4	6月17日(木)	10:00	19:20	9:20	25	
5	6月22日(火)	10:15	18:30	8:15	45	
6	6月25日(金)	10:00	18:20	8:20	60	
7	6月29日(火)	10:30	19:45	9:15	30	
8	7月2日(金)	10:30	17:20	6:50	60	
9	7月6日(火)	10:15	19:00	8:45	40	
10	7月9日(金)	10:30	16:45	6:15	60	

1 セルF3に「**=D3-TIME(0,E3,0)**」と入力する

KEYWORD
▶「TIME」関数
指定した時分秒の時刻を返す関数です。

■ SECTION-120 ■ 勤務時間から○分の休憩時間を引いた時間を求める

4 数式の複製

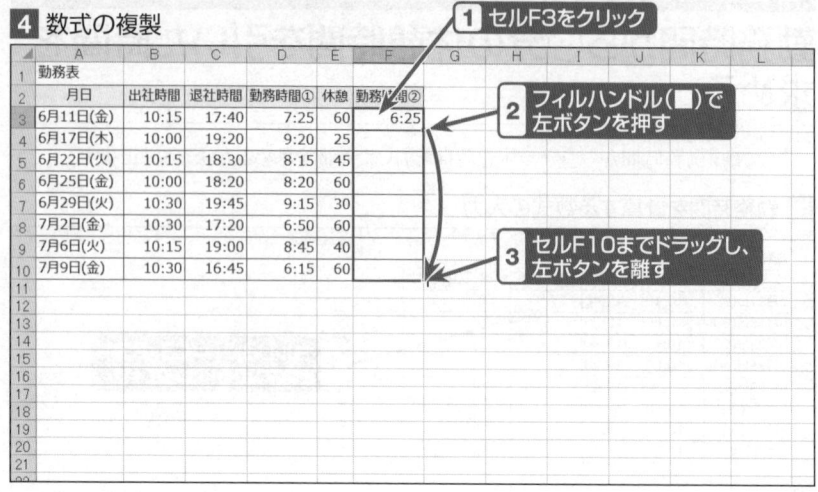

結果の確認

休憩時間を除いた勤務時間が計算された

ONEPOINT　単位の異なる時間を計算する場合には「TIME」関数を使う

　Excelでは、○時間○分の値から○分を引く場合には、そのまま引き算を実行しても正しい値が求められません。そのような場合は、「TIME」関数で時間の単位を合わせて計算します。時間から○分単位の休憩時間を引く場合には、「TIME」関数で休憩時間を○時○分○秒（○:○:○）の形式に変換します。

　なお、休憩時間が1時間と決まっている場合には、勤務時間から「1:0:0」（1時間を表すシリアル値）を引くことで計算することができます。

関連項目 ▶▶▶

● ○時間○分を時給計算可能な値に変更する……………………………………………… p.328

SECTION-121

VER. 2010 2013 2016 2019 365

出社・退社時間を5分切り上げ・切り捨てして勤務時間数を求める

ここでは、出社時間を5分単位で切り上げ、退社時間を5分単位で切り捨てて勤務時間を計算する方法を説明します。

※ここでは、「FLOOR.MATH」関数「CEILING.MATH」関数を利用することとします。Excel2010以前の場合には、互換性関数の「FLOOR」関数「CEILING」関数を利用することができます。

1 5分単位に切り上げ・切り捨てして勤務時間を計算する数式の入力

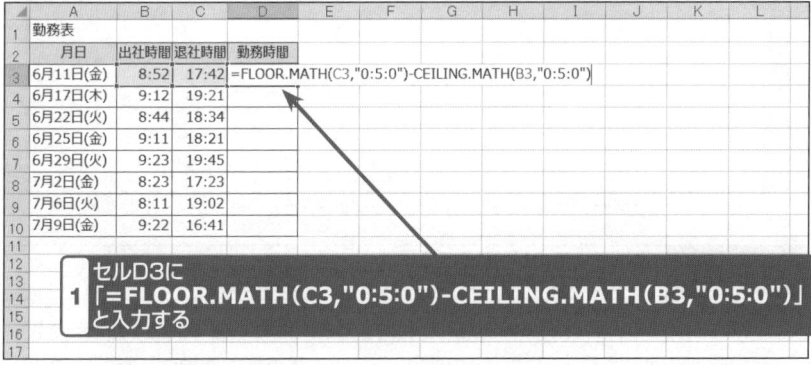

HINT
「0:5:0」は5分を表すシリアル値です。

HINT
Excel2010では、「=FLOOR(C3,"0:5:0")-CEILING(B3,"0:5:0")」と入力します。

KEYWORD

▶「FLOOR.MATH」関数（「FLOOR」関数）
指定した単位で数値を切り捨てる関数です。

▶「CEILING.MATH」関数（「CEILING」関数）
指定した単位で数値を切り上げる関数です。

2 数式の複製

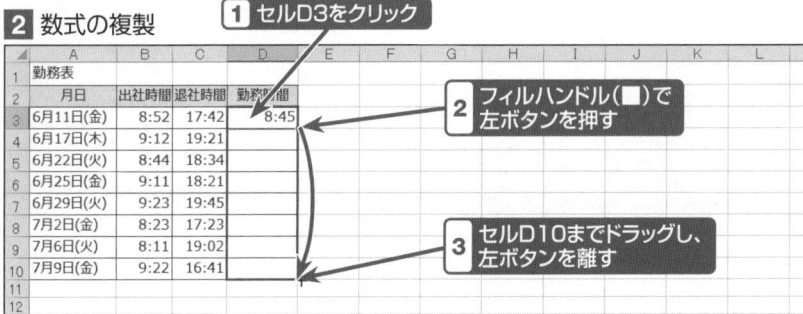

■ SECTION-121 ■ 出社・退社時間を5分切り上げ・切り捨てして勤務時間数を求める

結果の確認

	A	B	C	D
1	勤務表			
2	月日	出社時間	退社時間	勤務時間
3	6月11日(金)	8:52	17:42	8:45
4	6月17日(木)	9:12	19:21	10:05
5	6月22日(火)	8:44	18:34	9:45
6	6月25日(金)	9:11	18:21	9:05
7	6月29日(火)	9:23	19:45	10:20
8	7月2日(金)	8:23	17:23	8:55
9	7月6日(火)	8:11	19:02	10:45
10	7月9日(金)	9:22	16:41	7:15

→ 5分単位に揃えて勤務時間が計算された

ONEPOINT 時間を特定の単位に揃えるには
「CEILING.MATH」「FLOOR.MATH」関数を使う

「CEILING.MATH」「FLOOR.MATH」関数は指定した単位で数値を丸める関数です。時間の単位を揃えるには、「0:0:0」というシリアル値の書式で指定します。この方法によって、操作例では出社時間は「CEILING.MATH」関数で5分切り上げられるため、「8:23」は「8:25」のように変更され、退社時間は「FLOOR.MATH」関数で5分切り捨てられるため、「17:18」は「17:15」のように変更されます。

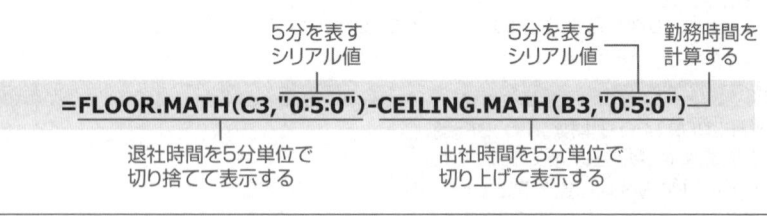

=FLOOR.MATH(C3,"0:5:0")-CEILING.MATH(B3,"0:5:0")

- 5分を表すシリアル値
- 5分を表すシリアル値
- 勤務時間を計算する
- 退社時間を5分単位で切り捨てて表示する
- 出社時間を5分単位で切り上げて表示する

9時前の出社時間を9時に統一して勤務時間を計算する

ここでは、出社時間を9時に揃えて勤務時間を計算する方法を説明します。

1 出社時間を9時に揃えて勤務時間を計算する数式の入力

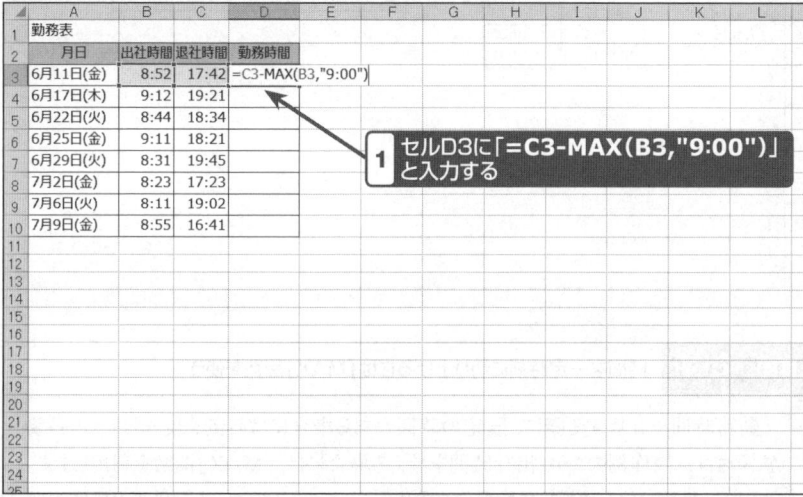

1 セルD3に「**=C3-MAX(B3,"9:00")**」と入力する

KEYWORD

▶「MAX」関数
数値の最大値を求める関数です。

2 数式の複製

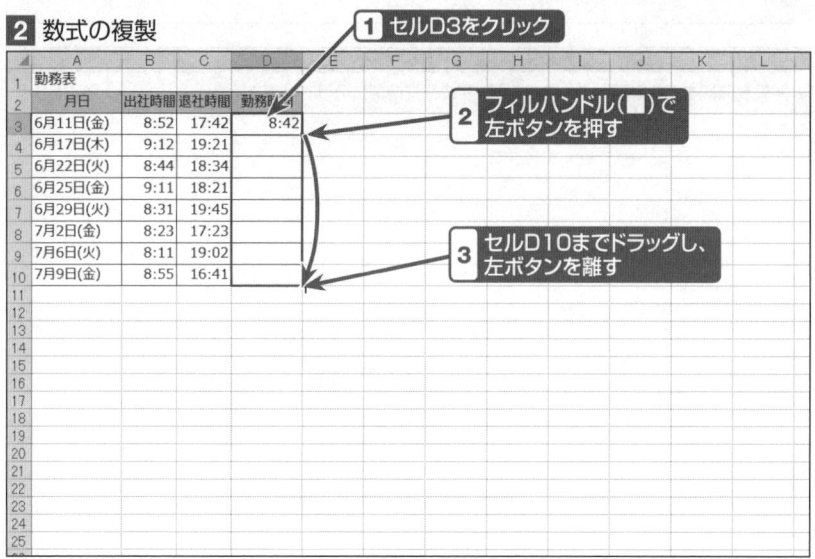

1 セルD3をクリック

2 フィルハンドル(■)で左ボタンを押す

3 セルD10までドラッグし、左ボタンを離す

■ SECTION-122 ■ 9時前の出社時間を9時に統一して勤務時間を計算する

結果の確認

	A	B	C	D
1	勤務表			
2	月日	出社時間	退社時間	勤務時間
3	6月11日(金)	8:52	17:42	8:42
4	6月17日(木)	9:12	19:21	10:09
5	6月22日(火)	8:44	18:34	9:34
6	6月25日(金)	9:11	18:21	9:10
7	6月29日(火)	8:31	19:45	10:45
8	7月2日(金)	8:23	17:23	8:23
9	7月6日(火)	8:11	19:02	10:02
10	7月9日(金)	8:55	16:41	7:41

9時前の出社時間を9時に揃えて勤務時間が計算された

ONEPOINT 時間を一定時刻に切り上げるには「MAX」関数を使う

　勤務時間を計算する際に、既定の時間がある場合には時刻を統一しておく必要があります。操作例のように出社時間を揃える場合には、「MAX」関数を利用します。「MAX」関数は値を比較して最大値を求めることができるので、出社時間と既定の開始時間「9:00」を比較することで、出社時間が「9:00」前の場合は「9:00」を、出社時間が「9:00」より後の場合はその時間で勤務時間を計算できます。なお、退社時間を揃える場合には「MIN」関数を利用します（147ページ参照）。

関連項目 ▶▶▶

● 勤務時間を通常勤務時間・残業時間・深夜残業時間に分けて計算する ……………… p.323

SECTION-123

VER. 2010 2013 2016 2019 365

勤務時間を通常勤務時間・残業時間・深夜残業時間に分けて計算する

ここでは、勤務時間を通常勤務時間（9:00～17:00）・残業時間（17:00～22:00）・深夜残業時間（22:00～）に分けて計算する方法を説明します。

1 深夜残業を求める数式の入力

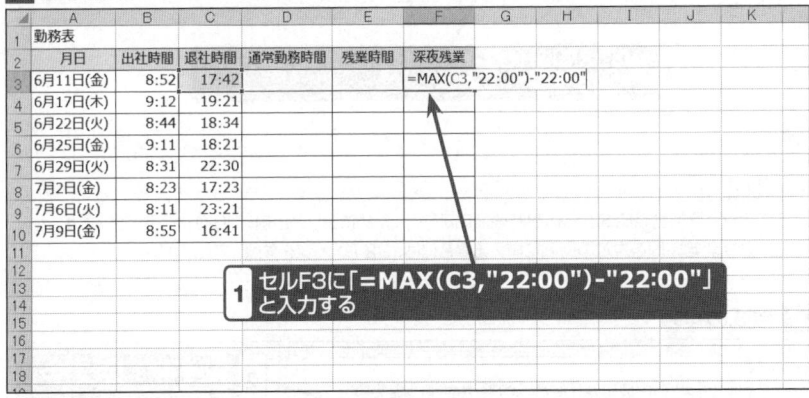

1 セルF3に「=MAX(C3,"22:00")-"22:00"」と入力する

HINT
ここでは、22時より遅い時間が深夜残業時間となることとして計算しています。

KEYWORD

▶「MAX」関数
数値の最大値を求める関数です。

2 残業時間を求める数式の入力

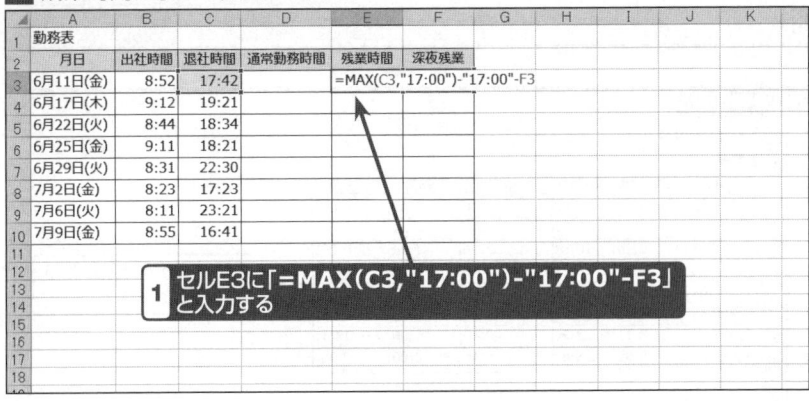

1 セルE3に「=MAX(C3,"17:00")-"17:00"-F3」と入力する

HINT
ここでは、17時より遅く22時より早い時間が残業時間となることとして計算しています。

■ SECTION-123 ■ 勤務時間を通常勤務時間・残業時間・深夜残業時間に分けて計算する

3 通常勤務時間を求める数式の入力

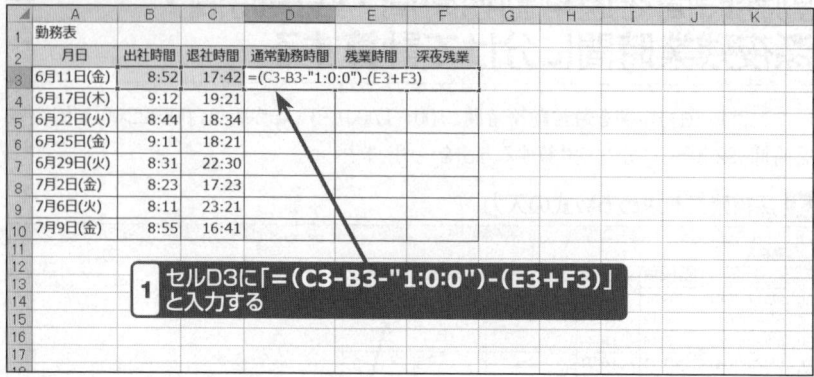

|H|I|N|T|

ここでは、通常勤務時間から休憩時間1時間を引くためにシリアル値「1:0:0」を引いています。なお、勤務開始時間を規定の時間に揃える場合には、321ページを参照してください。

4 数式の複製

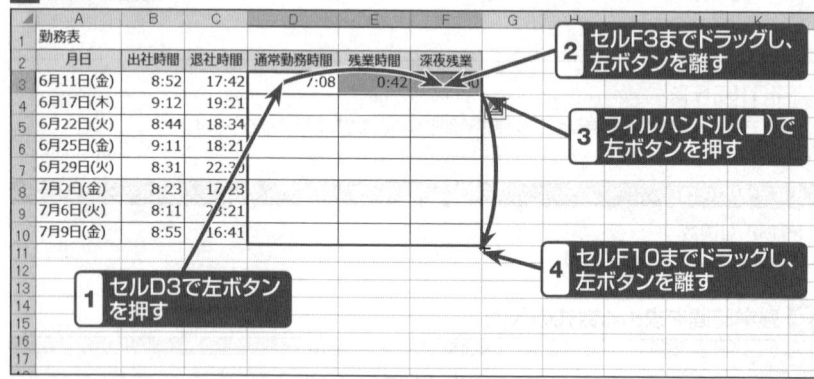

結果の確認

	A	B	C	D	E	F
1	勤務表					
2	月日	出社時間	退社時間	通常勤務時間	残業時間	深夜残業
3	6月11日(金)	8:52	17:42	7:08	0:42	0:00
4	6月17日(木)	9:12	19:21	6:48	2:21	0:00
5	6月22日(火)	8:44	18:34	7:16	1:34	0:00
6	6月25日(金)	9:11	18:21	6:49	1:21	0:00
7	6月29日(火)	8:31	22:30	7:29	5:00	0:30
8	7月2日(金)	8:23	17:23	7:37	0:23	0:00
9	7月6日(火)	8:11	23:21	7:49	5:00	1:21
10	7月9日(金)	8:55	16:41	6:46	0:00	0:00

時刻で分けて勤務時間が計算された

ONEPOINT　時間帯によって勤務時間を分けて計算するには「MAX」関数を使う

「MAX」関数は複数の時間を比べて遅い時間を返します。操作例ではこの特徴を利用して、退社時間と残業時間に切り替わる時間を比べ、遅い時間からその時間を引くことで計算しています。このとき、深夜残業時間→残業時間→通常勤務時間の順で求めていくと、算出した値を使いながら効率的に計算することができます。

遅い方の時間から深夜残業に切り替わる時間を引く
（深夜残業がない場合は、「22:00-22:00」で「0」になる）

=MAX(C3,"22:00")-"22:00"

退社時間と深夜残業に切り替わる時間
(22:00)で遅い方の時間を求める

深夜残業時間
を求める数式

遅い方の時間から残業に切り替わる時間を引く
（残業がない場合は、「17:00-17:00」で「0」になる）

=MAX(C3,"17:00")-"17:00"-G3

退社時間と残業に切り替わる時間
(17:00)の遅い時間を求める

残業時間を
求める数式

深夜残業時間

残業時間と深夜
残業時間を引く

=(C3-B3-"1:0:0")-(F3+G3)

退社時間から出社時間と
休憩時間を引く

通常勤務時間を
求める数式

COLUMN　退社時間が日付をまたいだ場合の計算方法

操作例の残業を求める数式では、退社が深夜0時を過ぎてしまうと、出社時間より退社時間が早い時間になっていると認識され、エラーになってしまいます。そのような場合には、出社時間より退社時間が早いかどうかを調べて、早い場合には24時間を足すことで計算することができるようになります。

退社時間が日付をまたいだ場合の残業時間の計算方法は、337ページのCOLUMNを参照してください。

関連項目 ▶▶▶

- 9時前の出社時間を9時に統一して勤務時間を計算する ………………………… p.321

SECTION-124

VER. 2010 2013 2016 2019 365

24時間を越えた勤務時間数を正しく表示する

Excelでは、時間の合計が24時間を超えると正しく表示されない場合があります。ここでは、24時間を超える勤務時間の合計を正しく表示させる方法を説明します。

1 時間を合計する数式の入力

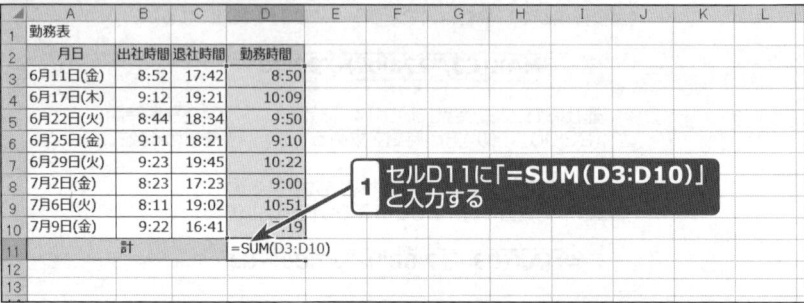

KEYWORD

▶「SUM」関数
セルの合計値を求める関数です。

2 「セルの書式設定」ダイアログボックスの表示

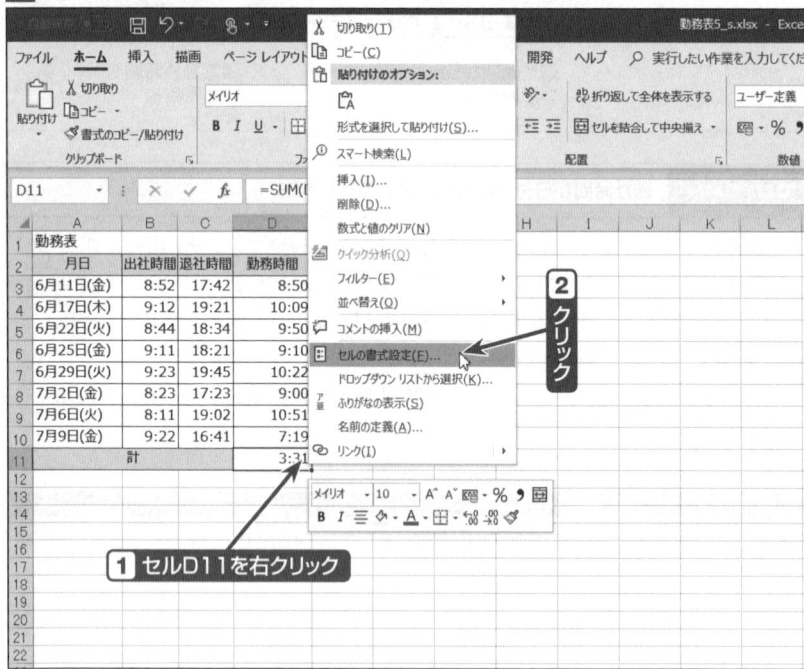

3 表示形式の変更

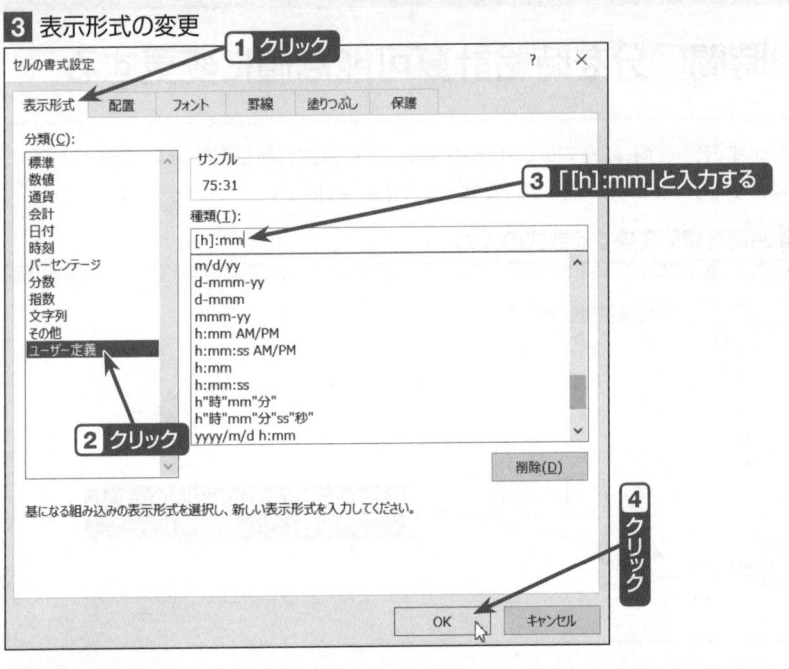

結果の確認

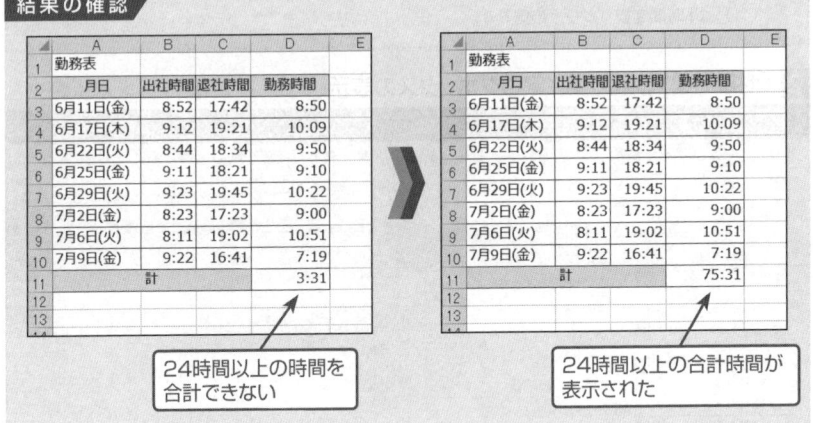

| | 24時間以上の時間を合計できない | 24時間以上の合計時間が表示された |

> **ONEPOINT** 時刻を省かれないようにするには表示形式を変更する
>
> Excelでは、通常時刻の合計が24時間を超えると、日付として換算されるため24時間を省いた時刻で表示されてしまいます。時刻が省かれないようにするには、表示形式で時を表す「h」を「[ ]」で囲んで記述します。

SECTION-125

○時間○分を時給計算可能な値に変更する

　Excelで扱う時間は、そのままでは給与計算などの数式に利用することはできません。ここでは、時間を時給計算可能な値に変換する方法を説明します。

1 時間を値に変換する数式の入力

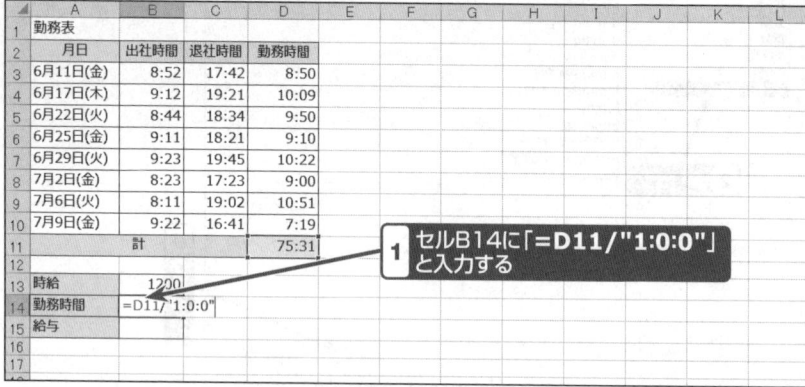

1 セルB14に「**=D11/"1:0:0"**」と入力する

HINT
「1:0:0」は1時間を表すシリアル値です。

2 「セルの書式設定」ダイアログボックスの表示

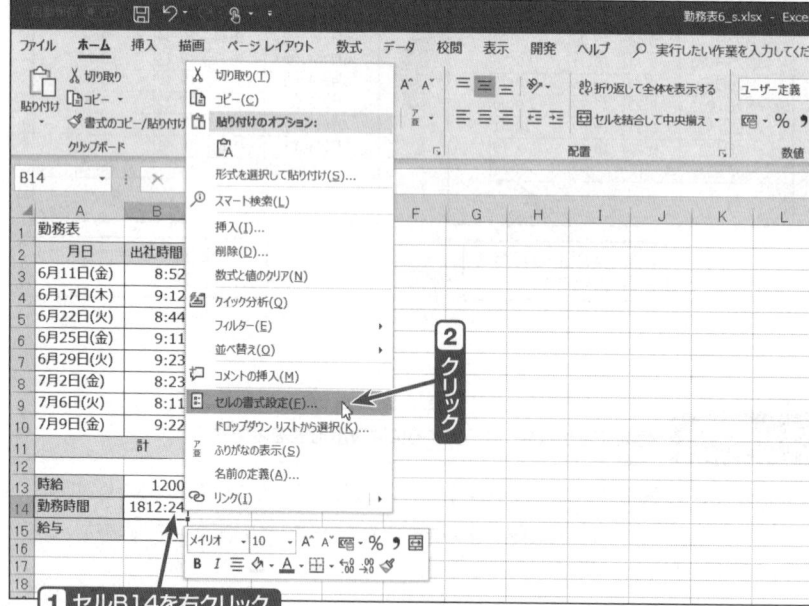

1 セルB14を右クリック
2 クリック

■ SECTION-125 ■ ○時間○分を時給計算可能な値に変更する

3 表示形式の変更

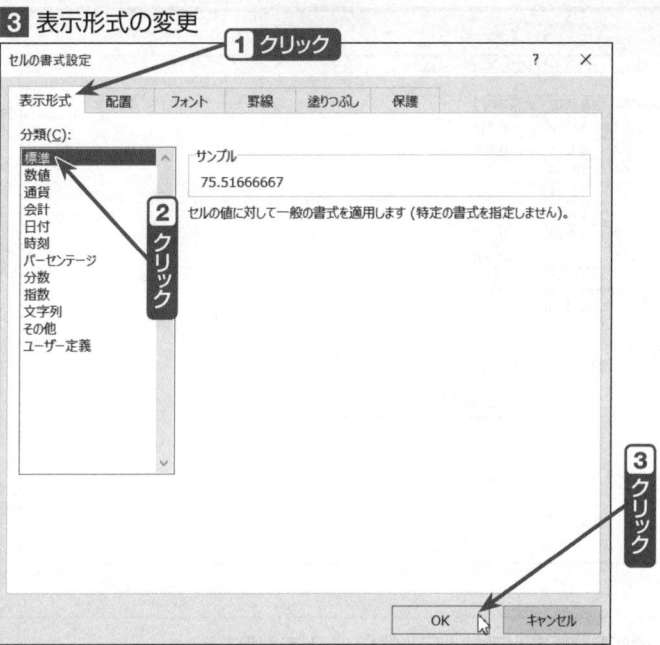

4 給与を計算する数式の入力

	A	B	C	D
1	勤務表			
2	月日	出社時間	退社時間	勤務時間
3	6月11日(金)	8:52	17:42	8:50
4	6月17日(木)	9:12	19:21	10:09
5	6月22日(火)	8:44	18:34	9:50
6	6月25日(金)	9:11	18:21	9:10
7	6月29日(火)	9:23	19:45	10:22
8	7月2日(金)	8:23	17:23	9:00
9	7月6日(火)	8:11	19:02	10:51
10	7月9日(金)	9:22	16:41	7:19
11		計		75:31
12				
13	時給	1200		
14	勤務時間	75.517		
15	給与	=ROUND(B13*B14,0)		

1 セルB15に「=ROUND(B13*B14,0)」と入力する

.... H I N T ....
ここでは、給与を求めるために「ROUND」関数で時給×勤務時間の値を整数になるように四捨五入しています。

KEYWORD

▶「ROUND」関数
数値を指定された桁数に四捨五入する関数です。

■ SECTION-125 ■ ○時間○分を時給計算可能な値に変更する

結果の確認

	A	B	C	D
1	勤務表			
2	月日	出社時間	退社時間	勤務時間
3	6月11日(金)	8:52	17:42	8:50
4	6月17日(木)	9:12	19:21	10:09
5	6月22日(火)	8:44	18:34	9:50
6	6月25日(金)	9:11	18:21	9:10
7	6月29日(火)	9:23	19:45	10:22
8	7月2日(金)	8:23	17:23	9:00
9	7月6日(火)	8:11	19:02	10:51
10	7月9日(金)	9:22	16:41	7:19
11		計		75:31
12				
13	時給	1200		
14	勤務時間	75.517	←	時間が給与計算できる値に変換された
15	給与	90,620		

ONEPOINT 時間を計算するにはシリアル値「1:0:0」を利用する

Excelの時間を表す値はシリアル値のため、時給などの金額を掛けても正しい計算ができません。そのため、時間数に時給金額を掛けて給与計算を行う場合には、時間数を1時間を表すシリアル値「1:0:0」で割り、1時間単位の数値に変換する必要があります。

関連項目 ▶▶▶

● 勤務時間から○分の休憩時間を引いた時間を求める ………………………… p.317

SECTION-126

平日と土日に分けて勤務時間を集計する

ここでは、平日と土日に分けてそれぞれ勤務時間の合計を求める方法を説明します。

1 曜日を求める数式の入力

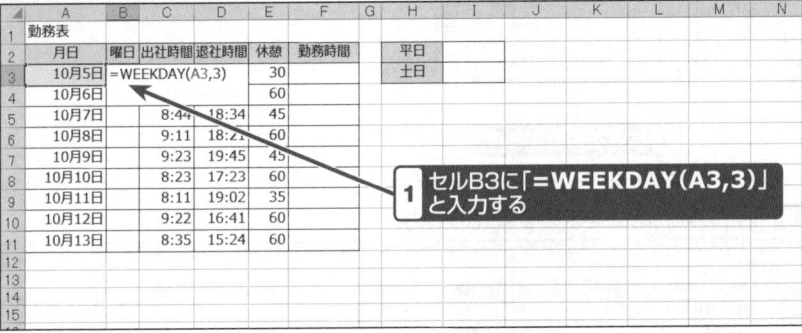

セルB3に「**=WEEKDAY(A3,3)**」と入力する

HINT

ここでは、「=WEEKDAY(B10,3)」として月曜日～日曜日を0～6の値で求めるように計算します（264ページ参照）。

KEYWORD

▶「WEEKDAY」関数
指定した日付に対する曜日を表す整数を返す関数です。

2 勤務時間を求める数式の入力

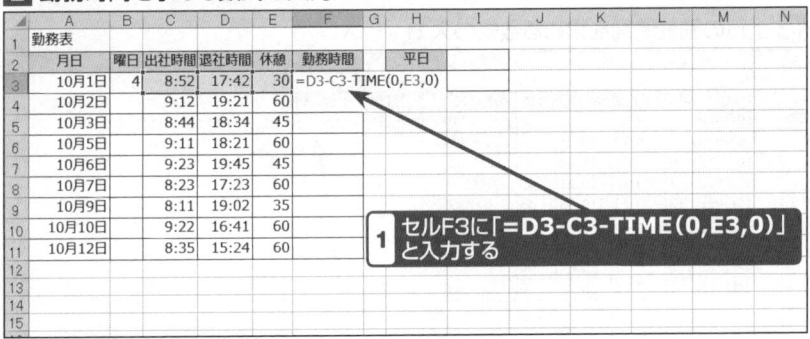

セルF3に「**=D3-C3-TIME(0,E3,0)**」と入力する

HINT

勤務時間から休憩時間を引く方法は、317ページを参照してください。

KEYWORD

▶「TIME」関数
指定した時分秒の時刻を返す関数です。

■ SECTION-126 ■ 平日と土日に分けて勤務時間を集計する

3 数式の複製

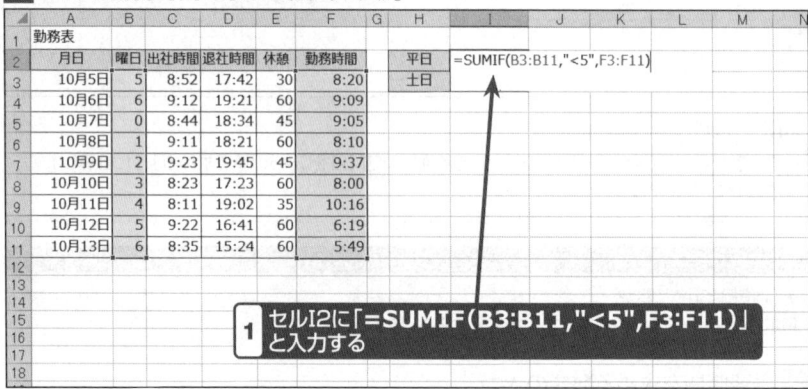

4 平日の勤務時間を求める数式の入力

5 土日の勤務時間を求める数式の入力

KEYWORD

▶「SUMIF」関数
指定された条件に一致するセルの合計値を返す関数です。

6 「セルの書式設定」ダイアログボックスの表示

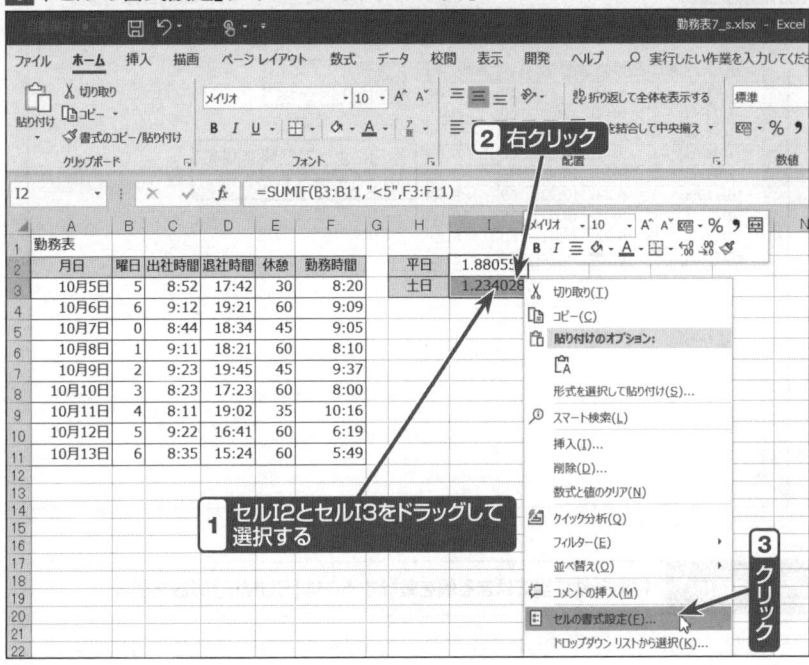

7 表示形式の変更

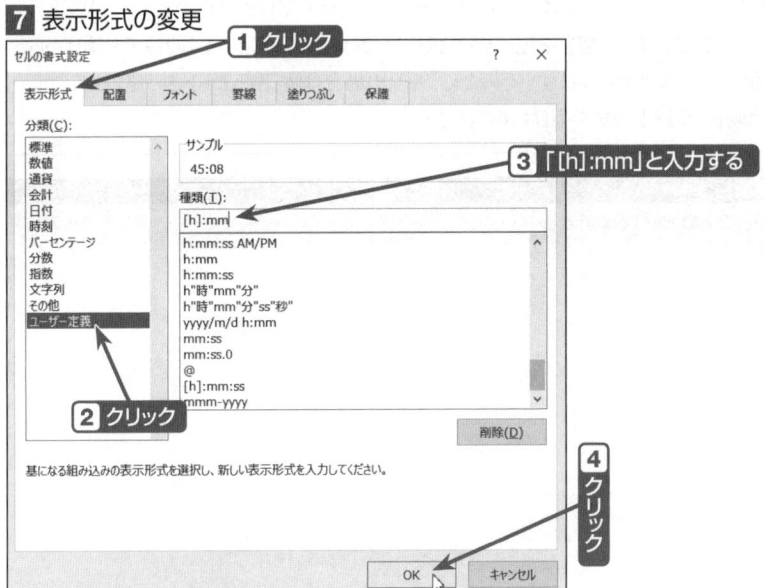

|H|I|N|T|
時給から給与の計算をする場合には、328ページを参照してください。

■ SECTION-126 ■ 平日と土日に分けて勤務時間を集計する

結果の確認

	A	B	C	D	E	F	G	H	I
1	勤務表								
2	月日	曜日	出社時間	退社時間	休憩	勤務時間		平日	45:08
3	10月5日	5	8:52	17:42	30	8:20		土日	29:37
4	10月6日	6	9:12	19:21	60	9:09			
5	10月7日	0	8:44	18:34	45	9:05			
6	10月8日	1	9:11	18:21	60	8:10			
7	10月9日	2	9:23	19:45	45	9:37			
8	10月10日	3	8:23	17:23	60	8:00			
9	10月11日	4	8:11	19:02	35	10:16			
10	10月12日	5	9:22	16:41	60	6:19			
11	10月13日	6	8:35	15:24	60	5:49			

曜日によって勤務時間を分けて集計された

ONEPOINT 検索条件に当てはまる値を集計するには「SUMIF」関数を使う

「SUMIF」関数は、指定された条件に一致するセルの合計値を返す関数です。平日と土日で勤務時間を分けて集計する場合には、「SUMIF」関数の条件に「WEEKDAY」関数で求めた値を指定します。操作例では、「WEEKDAY」関数で月曜日から日曜日を0〜6で求めています。そのため、平日の場合は曜日が5より小さい値、土日の場合は曜日が5以上の値を条件に指定します。

関連項目 ▶▶▶

- 平日のみのデータを集計する……………………………………………………… p.72

SECTION-127

日付をまたぐ勤務時間を計算する

　Excelでは退社時間が深夜0時を過ぎた場合、通常の方法で勤務時間を計算するとエラーになってしまいます。ここでは、退社時間が深夜0時を過ぎても勤務時間を計算できるようにする方法を説明します。

1 深夜0時以降を含む勤務時間を計算する数式の入力

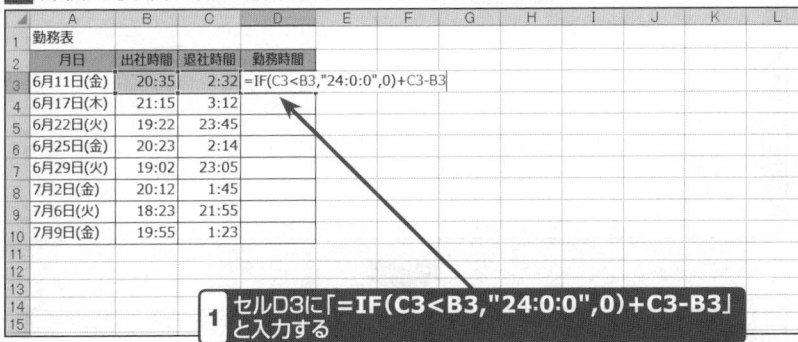

1. セルD3に「=IF(C3<B3,"24:0:0",0)+C3-B3」と入力する

HINT
「24:0:0」は24時間を表すシリアル値です。

KEYWORD
▶「IF」関数
指定した条件によって処理を分岐させる関数です。

2 数式の複製

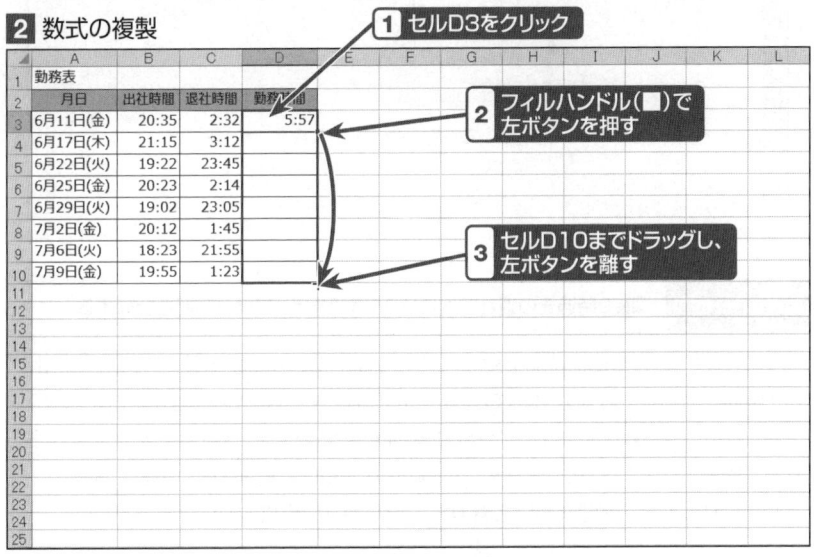

1. セルD3をクリック
2. フィルハンドル(■)で左ボタンを押す
3. セルD10までドラッグし、左ボタンを離す

SECTION-127 日付をまたぐ勤務時間を計算する

結果の確認

	A	B	C	D
1	勤務表			
2	月日	出社時間	退社時間	勤務時間
3	6月11日(金)	20:35	2:32	######
4	6月17日(木)	21:15	3:12	######
5	6月22日(火)	19:22	23:45	4:23
6	6月25日(金)	20:23	2:14	######
7	6月29日(火)	19:02	23:05	4:03
8	7月2日(金)	20:12	1:45	######
9	7月6日(火)	18:23	21:55	3:32
10	7月9日(金)	19:55	1:23	######

深夜0時を過ぎると通常の勤務時間計算ではエラーになってしまう

▼

	A	B	C	D
1	勤務表			
2	月日	出社時間	退社時間	勤務時間
3	6月11日(金)	20:35	2:32	5:57
4	6月17日(木)	21:15	3:12	5:57
5	6月22日(火)	19:22	23:45	4:23
6	6月25日(金)	20:23	2:14	5:51
7	6月29日(火)	19:02	23:05	4:03
8	7月2日(金)	20:12	1:45	5:33
9	7月6日(火)	18:23	21:55	3:32
10	7月9日(金)	19:55	1:23	5:28

日付をまたぐ勤務時間が計算された

ONEPOINT 深夜0時過ぎの退社時間には24時間を足して勤務時間を計算する

深夜0時を超えた退社時間で勤務時間を計算できないのは、退社時間の表示が出社時間より前（早い時間）になってしまうことが原因です。そのため、退社時間が深夜0時を過ぎたときには日付をまたいだ分の24時間を足すことで正しく計算できるようになります。操作例では、「IF」関数を利用して、退社時間が出社時間より早い場合にはシリアル値「24:0:0」を退社時間に足して計算するように数式を作成しています。

■ SECTION-127 ■ 日付をまたぐ勤務時間を計算する

COLUMN 退社時間が日付をまたいだ場合に残業時間を計算するには

323ページでは、出社時間と退社時間から残業時間を求めるサンプルを掲載しています。この場合に、退社時間が深夜0時を過ぎたときの、深夜残業、残業、通常勤務時間は次のような数式で計算することができます。

●深夜残業
=MAX(IF(C3<B3,C3+"24:0:0",C3),"22:00")-"22:00"

●残業
=MAX(IF(C3<B3,C3+"24:0:0",C3),"17:00")-"17:00"-F3

●通常勤務時間
=IF(C3<B3,C3+"24:0:0",C3)-B3-"1:0:0"-(E3+F3)

	A	B	C	D	E	F
1	勤務表					
2	月日	出社時間	退社時間	通常勤務時間	残業時間	深夜残業
3	6月11日(金)	8:52	1:10	7:08	5:00	3:10
4	6月17日(木)	9:12	19:21	6:48	2:21	0:00
5	6月22日(火)	8:44	18:34	7:16	1:34	0:00
6	6月25日(金)	9:11	18:21	6:49	1:21	0:00
7	6月29日(火)	8:31	2:25	7:29	5:00	4:25
8	7月2日(金)	8:23	17:23	7:37	0:23	0:00
9	7月6日(火)	8:11	23:21	7:49	5:00	1:21
10	7月9日(金)	8:55	16:41	6:46	0:00	0:00

退社時間が深夜0時を過ぎたときの深夜残業、残業、通常勤務時間を求める

CHAPTER 06
文字列

SECTION-128

VER. 2010 2013 2016 2019 365

番地の全角・半角を半角に統一する

ここでは、半角・全角が混在する住所の番地を半角に統一する方法を説明します。

1 全角の番地を半角に統一する数式の入力

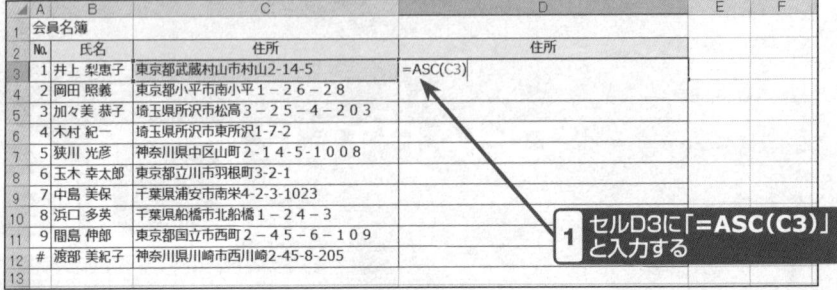

セルD3に「=ASC(C3)」と入力する

2 数式の複製

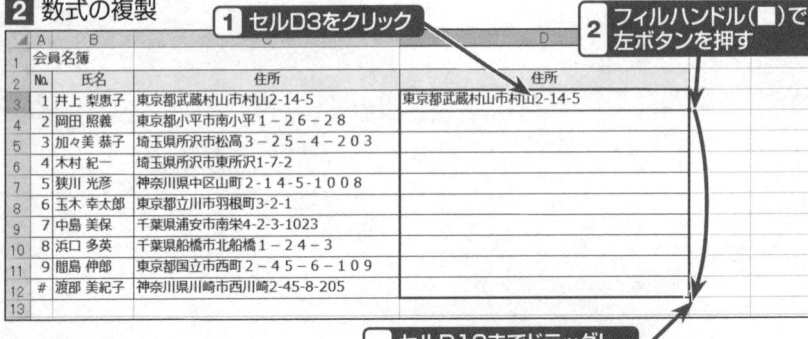

1 セルD3をクリック
2 フィルハンドル(■)で左ボタンを押す
3 セルD12までドラッグし、左ボタンを離す

HINT

住所内にカタカナが含まれる場合には、すべて半角に変換されます。なお、もとのデータを数式で変換したデータに差し替える方法は、COLUMNを参照してください。

結果の確認

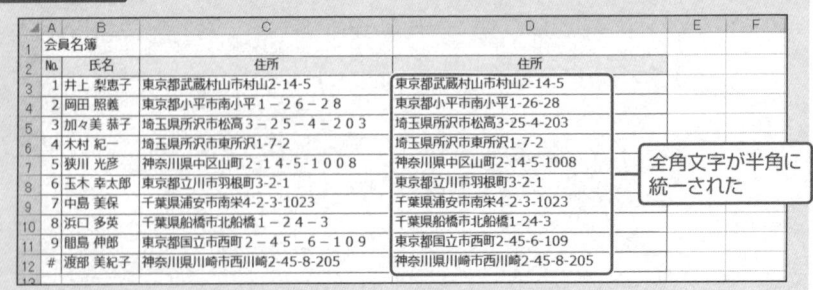

全角文字が半角に統一された

■ SECTION-128 ■ 番地の全角・半角を半角に統一する

ONEPOINT　全角の英数カナ文字を半角にするには「ASC」関数を使う

「ASC」関数は、全角（2バイト）の文字を半角（1バイト）の文字に変換する関数です。「ASC」関数の書式は、次の通りです。

＝ASC(文字列)

引数「文字列」には、変換する文字列を含むセルの参照を指定します。半角に変換できる全角の英数カナ文字、記号、スペースは、半角に変換されます。漢字、ひらがな、半角文字は、そのまま返されます。

COLUMN　変換前のデータを変換後のデータに差し替えるには

もとの文字列を、関数を利用して変換した文字列に差し替えるには、数式の値だけを複製します。たとえば、操作例で変換した住所をもとのデータと差し替えるには、次のように操作します。

❶ セルD3からD12までをドラッグして右クリックし、表示されるショートカットメニューから［コピー(C)］を選択します。

❷ セルC3をクリックして右クリックし、表示されるショートカットメニューから［形式を選択して貼り付け(S)］を選択します。

❸「形式を選択して貼り付け」ダイアログボックスの「貼り付け」の［値(V)］をONにして、　OK　ボタンをクリックします。

❹ D列ボタンを右クリックし、表示されるショートカットメニューから［削除(D)］を選択します。

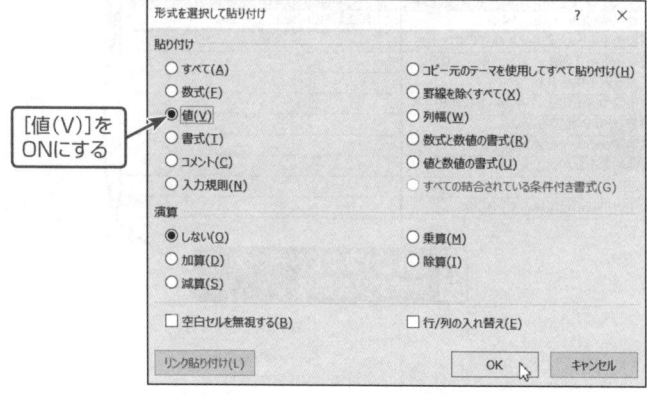

[値(V)]をONにする

関連項目 ▶▶▶

● 番地の全角・半角を全角に統一する ……………………………………………… p.342

SECTION-129

VER. 2010 2013 2016 2019 365

番地の全角・半角を全角に統一する

ここでは、半角・全角が混在する住所の番地を全角に統一する方法を説明します。

1 半角の番地を全角に統一する数式の入力

	A	B	C	D
1	会員名簿			
2	No.	氏名	住所	住所
3	1	井上 梨恵子	東京都武蔵村山市村山2-14-5	=JIS(C3)
4	2	岡田 照義	東京都小平市南小平１－２６－２８	
5	3	加々美 恭子	埼玉県所沢市松高３－２５－４－２０３	
6	4	木村 紀一	埼玉県所沢市東所沢1-7-2	
7	5	狭川 光彦	神奈川県中区山町2-14-5-1008	
8	6	玉木 幸太郎	東京都立川市羽根町3-2-1	
9	7	中島 美保	千葉県浦安市南栄4-2-3-1023	
10	8	浜口 多英	千葉県船橋市北船橋１－２４－３	
11	9	間島 伸郎	東京都国立市西町２－４５－６－１０９	
12	10	渡部 美紀子	神奈川県川崎市西川崎2-45-8-205	

1 セルD3に「**=JIS(C3)**」と入力する

2 数式の複製

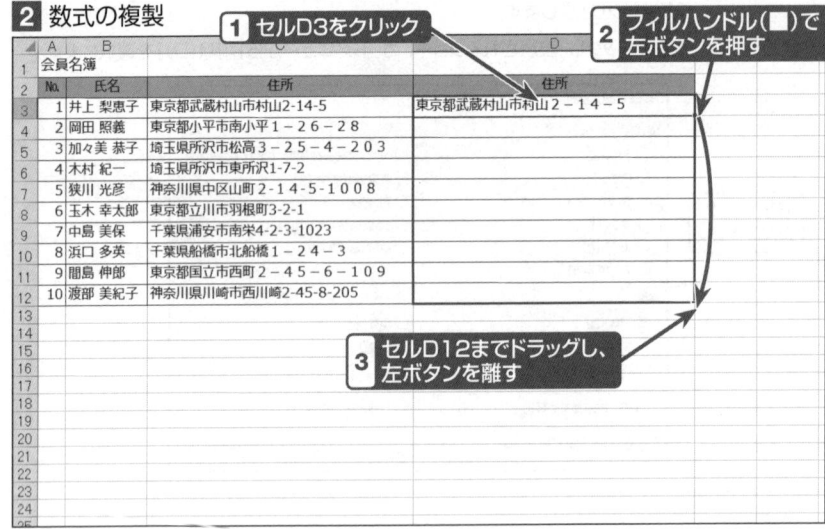

1 セルD3をクリック

2 フィルハンドル(■)で左ボタンを押す

3 セルD12までドラッグし、左ボタンを離す

HINT

住所内に半角カタカナが含まれる場合には、すべて全角に変換されます。なお、もとのデータを数式で変換したデータに差し替える方法は、341ページを参照してください。

■ SECTION-129 ■ 番地の全角・半角を全角に統一する

結果の確認

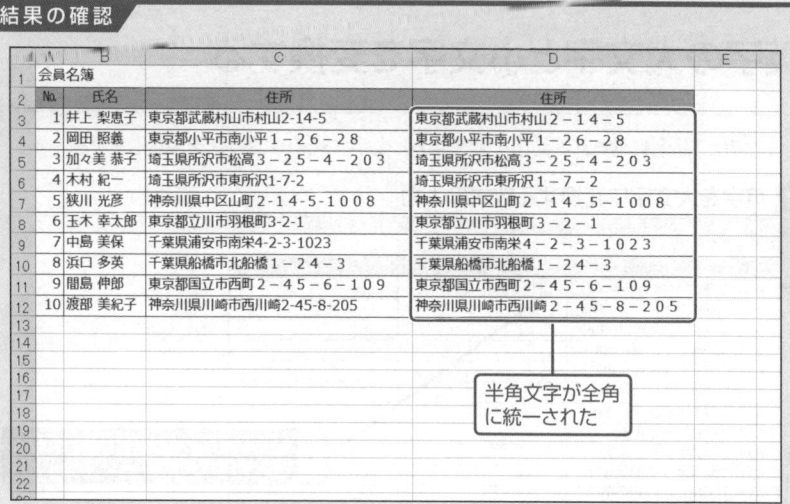

半角文字が全角に統一された

ONEPOINT 半角の英数カナ文字を全角にするには「JIS」関数を使う

「JIS」関数は、半角（1バイト）の文字を全角（2バイト）の文字に変換する関数です。「JIS」関数の書式は、次の通りです。

＝JIS（文字列）

引数「文字列」には、変換する文字列を含むセルの参照を指定します。全角に変換できる半角の英数カナ文字、記号、スペースは全角に変換されます。漢字、ひらがな、全角文字は、そのまま返されます。

関連項目 ▶▶▶

● 番地の全角・半角を半角に統一する ……………………………………………… p.340

SECTION-130

VER. 2010 2013 2016 2019 365

英字の大文字と小文字を変換する

ここでは、品名に含まれる英字を大文字/小文字に統一する方法を説明します。

1 英字を大文字に変換する数式の入力

	A	B	C	D
1	商品マスタ			
2	品番	商品名	商品名(大文字)	商品名(小文字)
3	62811	味わいセット SN-30C	=UPPER(B3)	
4	62821	味わいセット SD-30C		
5	62822	味わいセット SN-45C		
6	62823	涼風ギフト blm-30C		
7	62824	涼風ギフト blm-45C		
8	62825	涼風ギフト BLM-50C		
9	62826	四季の便り DSH-50		
10	62827	特撰セット tt-50		
11	62831	金箔ギフト CJS-30		
12	63103	慶寿ギフト tkk-50		
13	63201	お祝セット JGI-40		
14	63501	涼夏セット RN-30		
15				

1 セルC3に「=UPPER(B3)」と入力する

2 英字を小文字に変換する数式の入力

	A	B	C	D
1	商品マスタ			
2	品番	商品名	商品名(大文字)	商品名(小文字)
3	62811	味わいセット SN-30C	味わいセット SN-30C	=LOWER(B3)
4	62821	味わいセット SD-30C		
5	62822	味わいセット SN-45C		
6	62823	涼風ギフト blm-30C		
7	62824	涼風ギフト blm-45C		
8	62825	涼風ギフト BLM-50C		
9	62826	四季の便り DSH-50		
10	62827	特撰セット tt-50		
11	62831	金箔ギフト CJS-30		
12	63103	慶寿ギフト tkk-50		
13	63201	お祝セット JGI-40		
14	63501	涼夏セット RN-30		
15				

1 セルD3に「=LOWER(B3)」と入力する

3 数式の複製

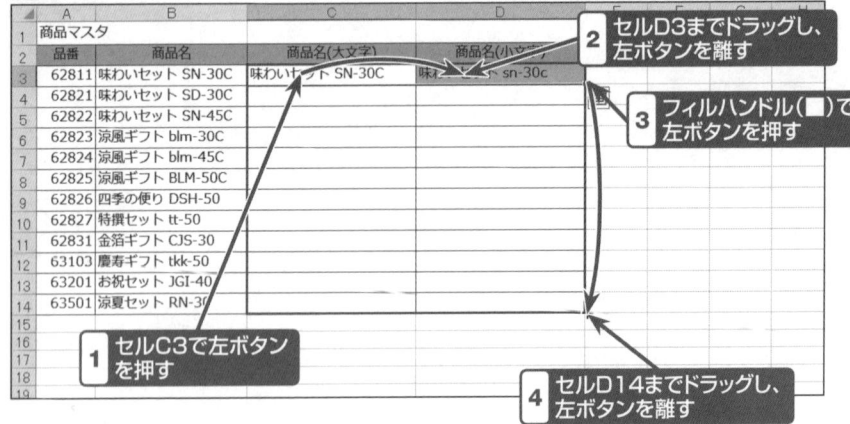

1 セルC3で左ボタンを押す
2 セルD3までドラッグし、左ボタンを離す
3 フィルハンドル(■)で左ボタンを押す
4 セルD14までドラッグし、左ボタンを離す

■ SECTION-130 ■ 英字の大文字と小文字を変換する

結果の確認

	A	B	C	D	E	F	G
1	商品マスタ						
2	品番	商品名	商品名(大文字)	商品名(小文字)			
3	62811	味わいセット SN-30C	味わいセット SN-30C	味わいセット sn-30c			
4	62821	味わいセット SD-30C	味わいセット SD-30C	味わいセット sd-30c			
5	62822	味わいセット SN-45C	味わいセット SN-45C	味わいセット sn-45c			
6	62823	涼風ギフト blm-30C	涼風ギフト BLM-30C	涼風ギフト blm-30c			
7	62824	涼風ギフト blm-45C	涼風ギフト BLM-45C	涼風ギフト blm-45c			
8	62825	涼風ギフト BLM-50C	涼風ギフト BLM-50C	涼風ギフト blm-50c			
9	62826	四季の便り DSH-50	四季の便り DSH-50	四季の便り dsh-50			
10	62827	特撰セット tt-50	特撰セット TT-50	特撰セット tt-50			
11	62831	金箔ギフト CJS-30	金箔ギフト CJS-30	金箔ギフト cjs-30			
12	63103	慶寿ギフト tkk-50	慶寿ギフト TKK-50	慶寿ギフト tkk-50			
13	63201	お祝セット JGI-40	お祝セット JGI-40	お祝セット jgi-40			
14	63501	涼夏セット RN-30	涼夏セット RN-30	涼夏セット rn-30			

英字が大文字/小文字に統一された

ONEPOINT 英字を大文字や小文字に変換するには「UPPER」「LOWER」関数を使う

「UPPER」関数は英字の小文字を大文字に、「LOWER」関数は英字の大文字を小文字に変換する関数です。

「UPPER」関数と「LOWER」関数の書式は、次の通りです。

=UPPER(文字列)

=LOWER(文字列)

引数「文字列」には変換する文字列を含むセルの参照を指定します。どちらの関数も、半角の英字は半角に、全角の英字は全角に変換します。

関連項目 ▶▶▶

● 英字の姓と名のそれぞれ1文字目だけを大文字で表示する ……………………………… p.346

SECTION-131

VER. 2010 2013 2016 2019 365

英字の姓と名のそれぞれ1文字目だけを大文字で表示する

ここでは、大文字の英字で入力した名前と姓のそれぞれ1文字目だけを大文字に変換する方法を説明します。

1 英字の名前の1文字目だけを大文字に変換する数式の入力

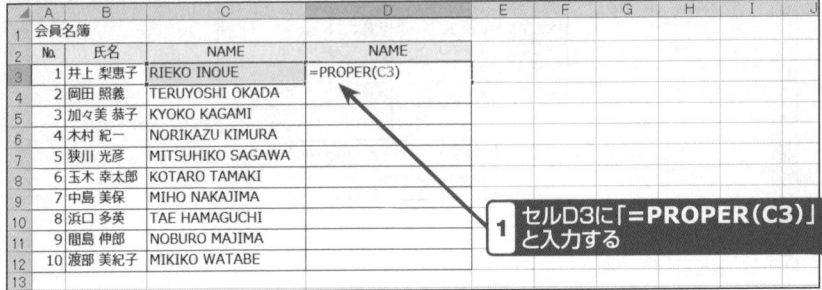

1 セルD3に「=PROPER(C3)」と入力する

2 数式の複製

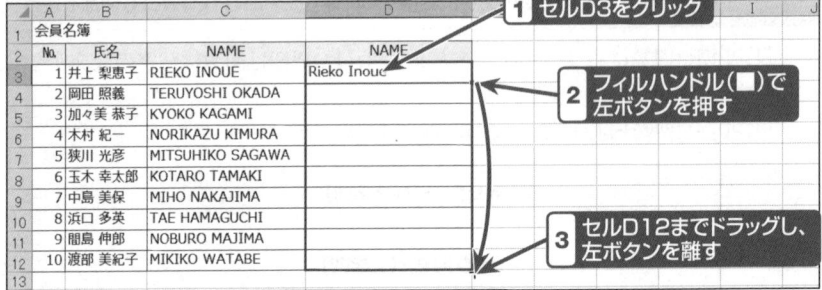

1 セルD3をクリック

2 フィルハンドル(■)で左ボタンを押す

3 セルD12までドラッグし、左ボタンを離す

HINT
もとのデータを数式で変換したデータに差し替える方法は、341ページを参照してください。

結果の確認

英字の名前の1文字目だけが大文字に変換された

■ SECTION-131 ■ 英字の姓と名のそれぞれ1文字目だけを大文字で表示する

ONEPOINT 英単語の1文字目を大文字に変換するには「PROPER」関数を使う

「PROPER」関数は、英単語の1文字目を大文字に、2文字目以降を小文字に変換する関数です。英字がスペースや記号で区切られているときには、その単語ごとに変換が実行されるので、名前のように姓名の間にスペースが入っている場合には、姓名それぞれの1文字目だけを大文字にすることができます。

スペースで区切られている
blu-ray disc
記号で区切られている

Blu-Ray Disc
単語ごとに1文字目が
大文字に変換される

「PROPER」関数の書式は、次の通りです。

=PROPER(文字列)

引数「文字列」には、変換する文字列を含むセルの参照を指定します。文字列に英字が含まれていない場合は、文字列がそのまま返されます。

関連項目 ▶▶▶

- 英字の大文字と小文字を変換する………………………………………… p.344

SECTION-132

文字列の左から指定数の文字を取り出す

ここでは、電話番号から左から3桁の市外局番を取り出す方法を説明します。

1 文字列の左から文字を取り出す数式の入力

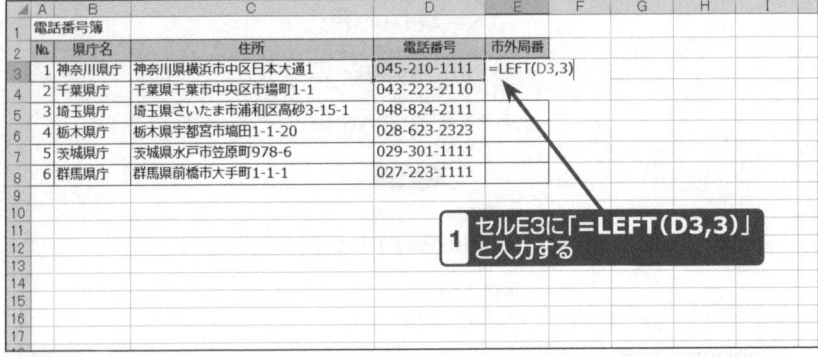

1 セルE3に「=LEFT(D3,3)」と入力する

2 数式の複製

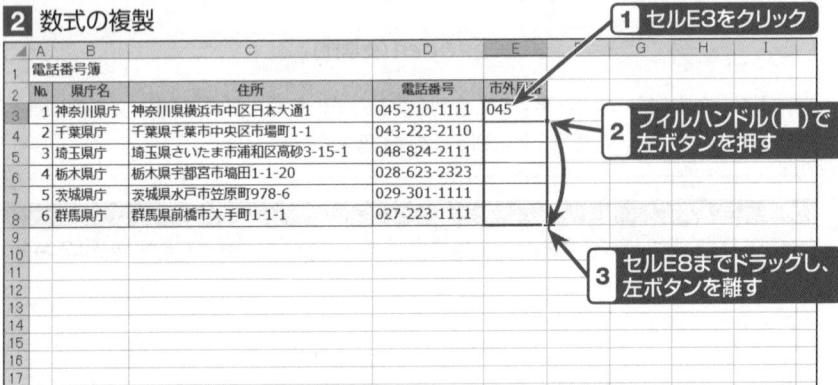

1 セルE3をクリック
2 フィルハンドル(■)で左ボタンを押す
3 セルE8までドラッグし、左ボタンを離す

結果の確認

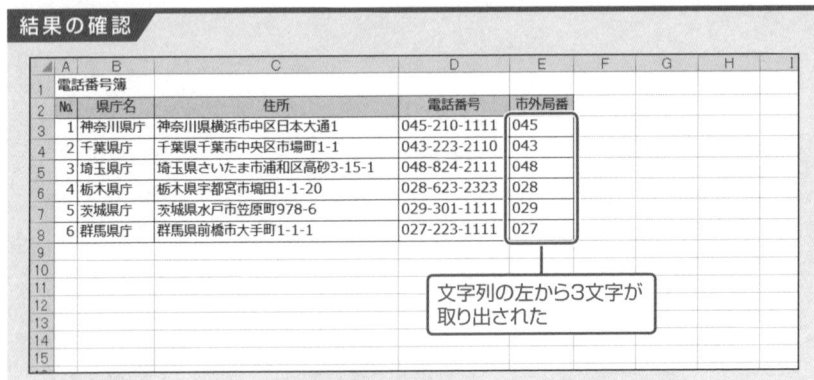

文字列の左から3文字が取り出された

ONEPOINT 文字列の左から文字を取り出すには「LEFT」関数を使う

文字列の左から文字を取り出すには、「LEFT」関数を使います。
「LEFT」関数の書式は、次の通りです。

=LEFT(文字列,文字数)

引数「文字列」には、文字を取り出すための文字列を指定します。
引数「文字数」には取り出す文字数(半角全角区別なく文字列の先頭からの文字数)を指定します。引数「文字数」を省略すると、「1」を指定したとみなされ、1文字が取り出されます。

COLUMN 文字列の左からバイト数を指定して取り出すには

文字列の左からバイト数を指定して取り出すには「LEFTB」関数を利用します。
「LEFTB」関数の書式は、次の通りです。

=LEFTB(文字列,バイト数)

引数「文字列」には、文字を取り出すための文字列を指定します。
引数「バイト数」には、0より大きい数値を指定します。半角文字は1文字が1バイト、全角文字は1文字が2バイトになります。引数「バイト数」を省略すると、「1」を指定したとみなされ1バイト分の文字が取り出されます(1文字目が全角の場合は取り出されない)。

関連項目 ▶ ▶ ▶
- 文字列の右から指定数の文字を取り出す ……………………………………… p.350
- 住所から都道府県だけを取り出す ……………………………………………… p.359
- 住所から番地を除いた市町村名だけを取り出す ……………………………… p.363

SECTION-133

文字列の右から指定数の文字を取り出す

ここでは、商品名の末尾から5文字の容量を取り出す方法を説明します。

1 文字列の右から文字を取り出す数式の入力

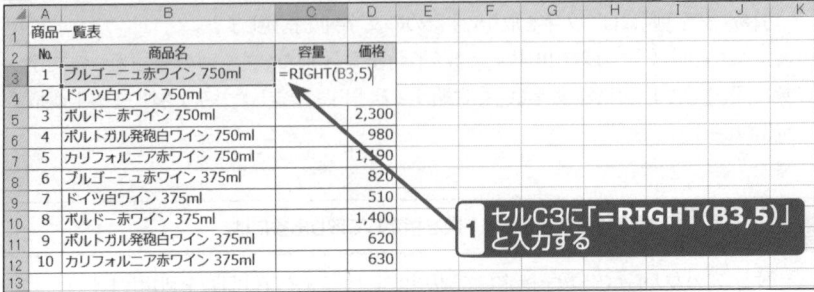

セルC3に「=RIGHT(B3,5)」と入力する

2 数式の複製

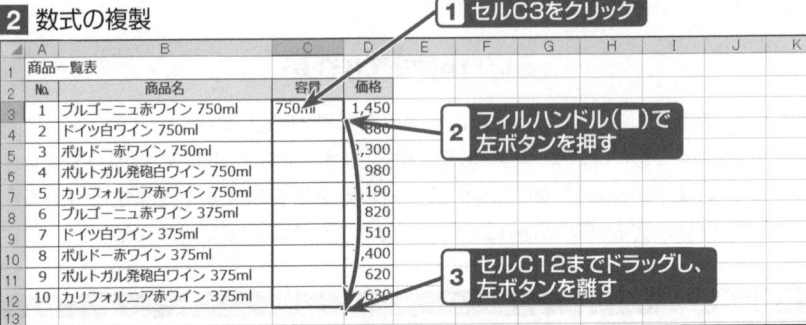

1. セルC3をクリック
2. フィルハンドル(■)で左ボタンを押す
3. セルC12までドラッグし、左ボタンを離す

HINT

文字末尾にスペースが入力されている場合には、指定した通りの文字列を取り出すことができません。そのような場合には、「TRIM」関数で余分なスペースを削除してから実行します(382ページ参照)。

結果の確認

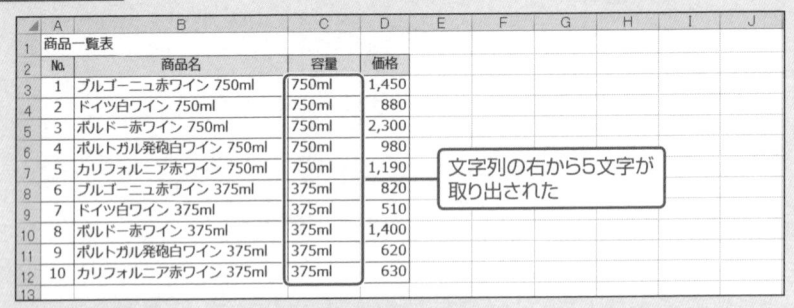

文字列の右から5文字が取り出された

> **ONEPOINT** 文字列の右から文字を取り出すには「RIGHT」関数を使う

文字列の右から文字を取り出すには、「RIGHT」関数を使います。
「RIGHT」関数の書式は、次の通りです。

$$=RIGHT(文字列,文字数)$$

引数「文字列」には、文字を取り出すための文字列を指定します。
引数「文字数」には取り出す文字数(半角全角区別なく文字列の末尾からの文字数)を指定します。引数「文字数」を省略すると、「1」を指定したとみなされ、1文字が取り出されます。

> **COLUMN** 文字列の右からバイト数を指定して取り出すには

文字列の右からバイト数を指定して取り出すには「RIGHTB」関数を利用します。
「RIGHTB」関数の書式は、次の通りです。

$$=RIGHTB(文字列,バイト数)$$

引数「文字列」には、文字を取り出すための文字列を指定します。
引数「バイト数」には、0より大きい数値を指定します。半角文字は1文字が1バイト、全角文字は1文字が2バイトになります。引数「バイト数」を省略すると、「1」を指定したとみなされ1バイト分の文字が取り出されます(1文字目が全角の場合は取り出されない)。

関連項目 ▶▶▶

- 文字列の左から指定数の文字を取り出す ………………………………………… p.348
- 住所を都道府県とそれ以降に分けて表示する ……………………………………… p.361

SECTION-134

VER. 2010 2013 2016 2019 365

文字列の任意の位置から指定数の文字を取り出す

ここでは、所在地の2文字目から8文字の郵便番号だけを取り出す方法を説明します。

1 文字列の任意の位置から文字を取り出す数式の入力

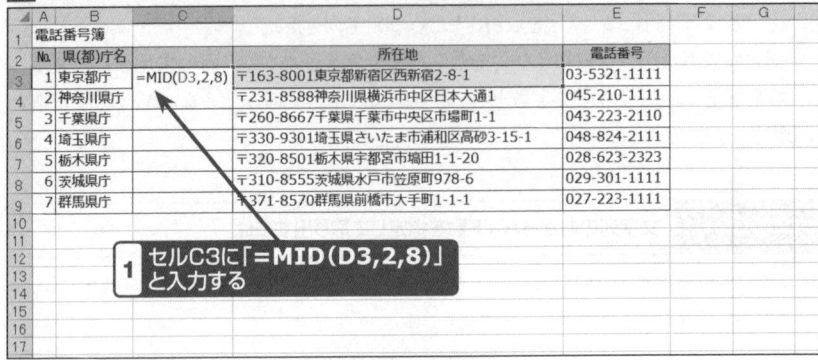

2 数式の複製

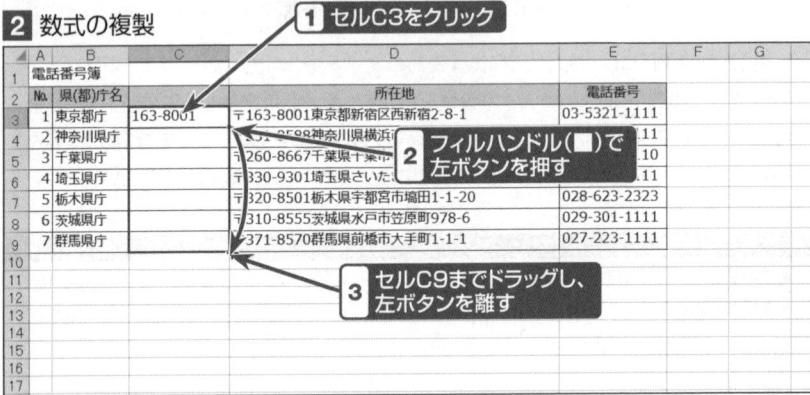

結果の確認

	A	B	C	D	E	F	G
1	電話番号簿						
2	No.	県(都)庁名		所在地	電話番号		
3	1	東京都庁	163-8001	〒163-8001東京都新宿区西新宿2-8-1	03-5321-1111		
4	2	神奈川県庁	231-8588	〒231-8588神奈川県横浜市中区日本大通1	045-210-1111		
5	3	千葉県庁	260-8667	〒260-8667千葉県千葉市中央区市場町1-1	043-223-2110		
6	4	埼玉県庁	330-9301	〒330-9301埼玉県さいたま市浦和区高砂3-15-1	048-824-2111		
7	5	栃木県庁	320-8501	〒320-8501栃木県宇都宮市塙田1-1-20	028-623-2323		
8	6	茨城県庁	310-8555	〒310-8555茨城県水戸市笠原町978-6	029-301-1111		
9	7	群馬県庁	371-8570	〒371-8570群馬県前橋市大手町1-1-1	027-223-1111		

2文字目から8文字が取り出された

■ SECTION-134 ■ 文字列の任意の位置から指定数の文字を取り出す

ONEPOINT 文字列の任意の位置から文字を取り出すには「MID」関数を使う

文字列の任意の位置から文字を取り出すには、「MID」関数を使います。
「MID」関数の書式は、次の通りです。

＝MID（文字列,開始位置,文字数）

引数「文字列」には、文字を取り出す文字列を指定します。
引数「開始位置」には、文字列から取り出す文字の先頭位置（番号）を数値で指定します。引数「開始位置」が引数「文字列」の文字数よりも大きいときには、空白文字列("")が返されます。
引数「文字数」には、取り出す文字数を指定します。引数「文字数」が引数「文字列」の文字数よりも大きいときに合は、開始位置から文字列の最後までの文字が返されます。
引数「開始位置」や引数「文字数」は、半角全角の区別なく1文字を「1」と換算します。

COLUMN 文字列の任意の位置からバイト数を指定して取り出すには

文字列の任意の位置から指定されたバイト数の文字を取り出すには、「MIDB」関数を利用します。
「MIDB」関数の書式は、次のようになります。

＝MIDB（文字列,開始位置,バイト数）

引数「文字列」には、文字を取り出すための文字列を指定します。
引数「開始位置」には、文字列から取り出す文字の先頭位置（番号）を数値で指定します。引数「開始位置」が引数「文字列」の文字数よりも大きいときには、空白文字列("")が返されます。
引数「バイト数」には、0より大きい数値を指定します。半角文字は1文字が1バイト、全角文字は1文字が2バイトになります。

関連項目 ▶▶▶
- 住所から都道府県だけを取り出す ……………………………………………… p.359

SECTION-135

VER. 2010 2013 2016 2019 365

任意の文字の位置を求める

ここでは、電話番号の1番目の「-」(ハイフン)が何文字目にあるかどうか調べる方法を説明します。

1 文字の位置を求める数式の入力

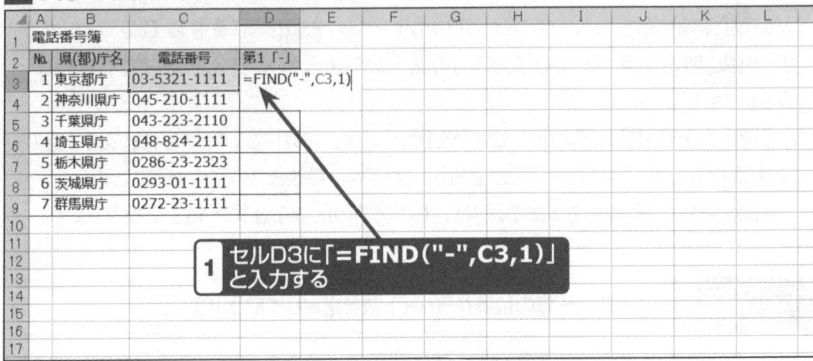

2 数式の複製

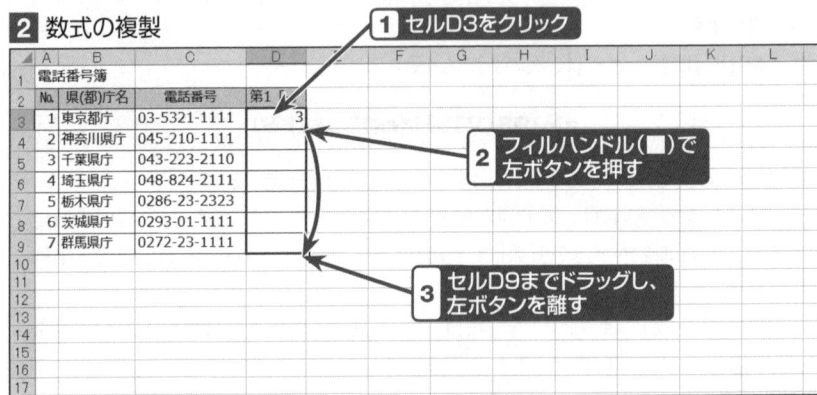

結果の確認

ONEPOINT 文字列から任意の文字の位置を求めるには「FIND」関数を使う

文字列から任意の文字の位置を求めるには、「FIND」関数を使います。
「FIND」関数の書式は、次の通りです。

＝FIND(検索文字列,対象,開始位置)

引数「検索文字列」には、検索する文字列を指定します。引数「対象」にはその文字が含まれる文字列を指定し、引数「開始位置」には検索を開始する位置を指定します。対象の先頭文字から検索を開始するときは「1」を指定します（省略すると「1」を指定したとみなされる）。なお、「FIND」関数は、半角全角の区別なく、1文字を1と換算します。

COLUMN 2番目の「-」(ハイフン)の位置を求めるには

同じ文字が混在する場合に2つ目の文字の位置を求めるには、「FIND」関数の引数「開始位置」に1つ目の文字の位置より1つ大きい値を指定します。たとえば、操作例の電話番号で2番目の「-」(ハイフン)の位置を求めるには、次のように数式を作成します。

No.	県(都)庁名	電話番号	第1「-」	第2「-」
		電話番号簿		
1	東京都庁	03-5321-1111	3	8
2	神奈川県庁	045-210-1111	4	8
3	千葉県庁	043-223-2110	4	8
4	埼玉県庁	048-824-2111	4	8
5	栃木県庁	0286-23-2323	5	8
6	茨城県庁	0293-01-1111	5	8
7	群馬県庁	0272-23-1111	5	8

セルE3に「=FIND("-",C3,D3+1)」と入力して数式を複製する

=FIND("-",C3,D3+1)

1番目の「-」の位置より1つ大きい位置から開始する

■ SECTION-135 ■ 任意の文字の位置を求める

| COLUMN | 文字位置をバイト数で求めるには |

　文字列から任意の文字の位置をバイト数で求めるには、「FINDB」関数を利用します。「FINDB」関数では、半角文字は1文字が1バイト、全角文字は1文字が2バイトとして換算されて文字位置が返されます。

　「FINDB」関数の書式は、次のようになります。

＝FINDB(検索文字列,対象,開始位置)

　引数「検索文字列」には、検索する文字列を指定します。引数「対象」にはその文字が含まれる文字列を指定し、引数「開始位置」には検索を開始する位置を指定します。対象の先頭文字から検索を開始するときは「1」を指定します(省略すると「1」を指定したとみなされる)。

　「FIND」関数と「FINDB」関数の違いは、たとえば、次の2つの数式の場合、「FIND」関数では半角全角の区別なく1文字を1と換算するので「府」は3文字目と計算され戻り値は「3」となり、「FINDB」関数では全角文字は1文字が2バイトとして換算するので「府」は5バイト目と計算され戻り値は「5」となります。

＝FIND("府","都道府県")

＝FINDB("府","都道府県")

関連項目 ▶▶▶
● 住所から番地を除いた市町村名だけを取り出す ……………………………………………… p.363

SECTION-136

セル内の文字数を求める

ここでは、セルに入力したパスワードの文字数を求める方法を説明します。

1 文字数を求める数式の入力

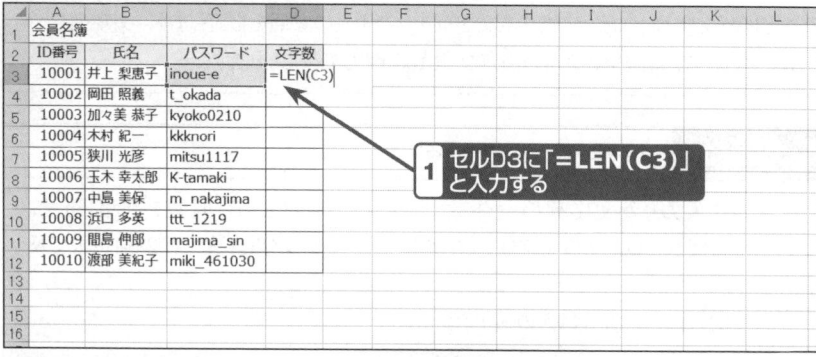

2 数式の複製

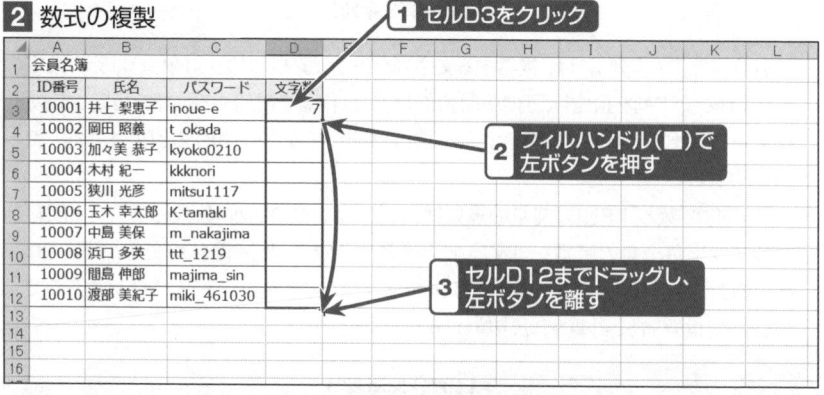

結果の確認

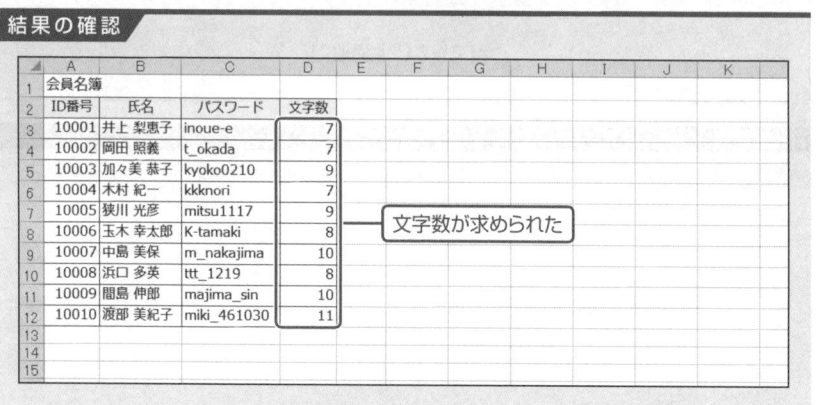

■ SECTION-136 ■ セル内の文字数を求める

> **ONEPOINT** 文字数を求めるには「LEN」関数を使う

「LEN」関数は、セルに入力した文字列の文字数を返す関数です。
「LEN」関数の書式は次の通りです。

$$=LEN(文字列)$$

引数「文字列」には、変換する文字列を含むセルの参照を指定します。文字列以外に、スペース、句読点、半角の濁点なども1文字として数えられます。

> **COLUMN** 文字列のバイト数を求めるには

セルに入力した文字列のバイト数で求めるには、「LENB」関数を利用します。「LENB」関数では、半角文字は1文字が1バイト、全角文字は1文字が2バイトとして換算されます。
「LENB」関数の書式は次の通りです。

$$=LENB(文字列)$$

引数「検索文字列」には、検索する文字列を指定します。引数「対象」にはその文字が含まれる文字列を指定し、引数「開始位置」には検索を開始する位置を指定します。対象の先頭文字から検索を開始するときは「1」を指定します(省略すると「1」を指定したとみなされる)。

「LEN」関数と「LENB」関数の違いは、たとえば、次の2つの数式の場合、「LEN」関数では半角全角の区別なく1文字を1と換算するので「北海道」は3文字と計算され戻り値は「3」となり、「LENB」関数では全角文字は1文字が2バイトとして換算するので「北海道」は6バイトと計算され戻り値は「6」となります。

$$=LEN("北海道")$$

$$=LENB("北海道")$$

関連項目 ▶ ▶ ▶
- 住所を都道府県とそれ以降に分けて表示する ･････････････････････････ p.361

SECTION-137

VER. 2010 2013 2016 2019 365

住所から都道府県だけを取り出す

文字の位置を調べて任意の文字を取り出すには「IF」「MID」「LEFT」関数を利用します。ここでは、住所から都道府県を取り出す方法を説明します。

1 住所から都道府県を取り出す数式の入力

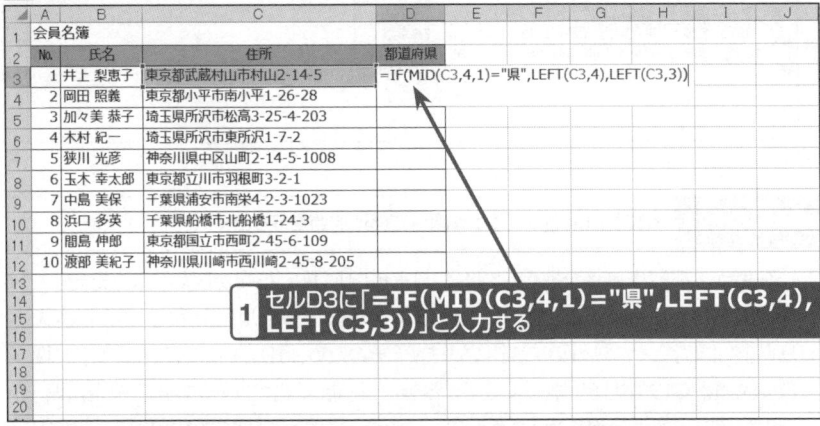

① セルD3に「=IF(MID(C3,4,1)="県",LEFT(C3,4),LEFT(C3,3))」と入力する

KEYWORD

▶「IF」関数
指定した条件によって処理を分岐させる関数です。

▶「MID」関数
文字列の任意の位置から指定された文字数の文字を返す関数です。

▶「LEFT」関数
文字列の左から指定した文字数の文字を返す関数です。

2 数式の複製

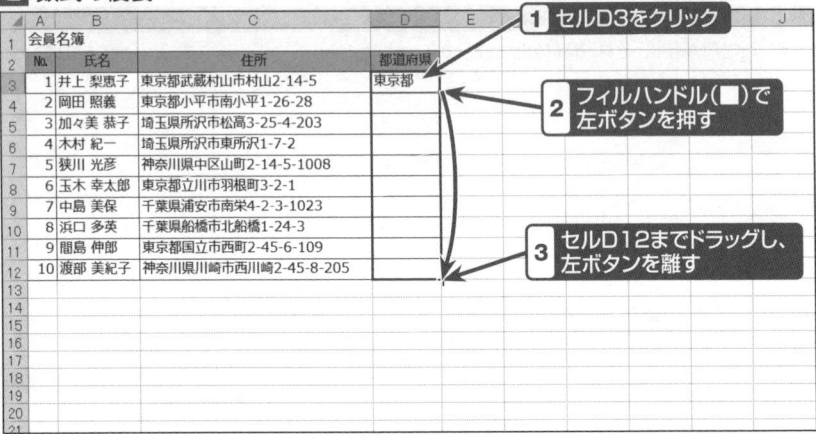

① セルD3をクリック
② フィルハンドル(■)で左ボタンを押す
③ セルD12までドラッグし、左ボタンを離す

■ SECTION-137 ■ 住所から都道府県だけを取り出す

結果の確認

	A	B	C	D
1	会員名簿			
2	No.	氏名	住所	都道府県
3	1	井上 梨恵子	東京都武蔵村山市村山2-14-5	東京都
4	2	岡田 照義	東京都小平市南小平1-26-28	東京都
5	3	加々美 恭子	埼玉県所沢市松高3-25-4-203	埼玉県
6	4	木村 紀一	埼玉県所沢市東所沢1-7-2	埼玉県
7	5	狭川 光彦	神奈川県中区山町2-14-5-1008	神奈川県
8	6	玉木 幸太郎	東京都立川市羽根町3-2-1	東京都
9	7	中島 美保	千葉県浦安市南栄4-2-3-1023	千葉県
10	8	浜口 多英	千葉県船橋市北船橋1-24-3	千葉県
11	9	間島 伸郎	東京都国立市西町2-45-6-109	東京都
12	10	渡部 美紀子	神奈川県川崎市西川崎2-45-8-205	神奈川県

→ 住所から都道府県が取り出された

ONEPOINT　4文字の県名かどうかを調べて都道府県を取り出す

　住所から都道府県名を取り出すには、「LEFT」関数で左端から文字数を指定して取り出します。住所の都道府県名に当たる文字数は、「神奈川県」「和歌山県」「鹿児島県」の4文字とそれ以外の3文字になります。そのため、「IF」関数の引数に「MID」関数で先頭から4文字目が「県」という字かどうかを判断し、当てはまるならば「神奈川県」「和歌山県」「鹿児島県」のいずれかということで、先頭から4文字を取り出し、4文字目が「県」ではないならば、先頭から3文字を取り出します。

=IF(MID(C3,4,1)="県",LEFT(C3,4),LEFT(C3,3))

- 住所の4文字目が「県」かどうか（条件）
- 県の場合には4文字取り出す
- 県ではない場合には3文字取り出す

関連項目 ▶▶▶

- 住所を都道府県とそれ以降に分けて表示する ……………………………………………… p.361

SECTION-138

VER. 2010 2013 2016 2019 365

住所を都道府県とそれ以降に分けて表示する

359ページの要領で住所から都道府県を取り出すことができました。ここでは、住所から都道府県以降を取り出す方法を説明します。

1 住所から都道府県以降を取り出す数式の入力

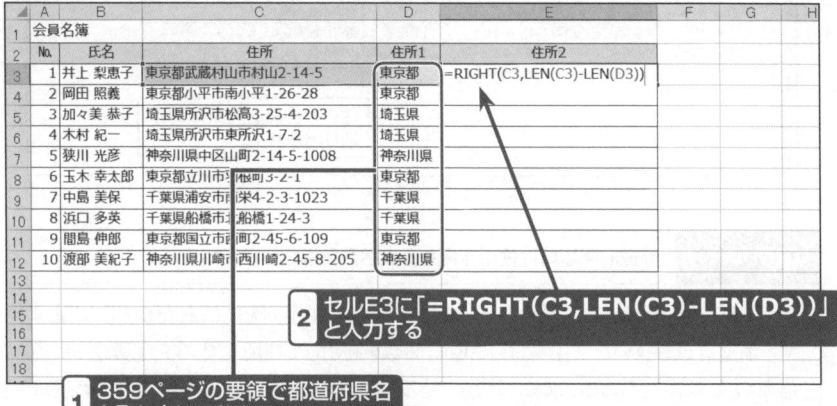

1 359ページの要領で都道府県名を取り出しておく

2 セルE3に「=RIGHT(C3,LEN(C3)-LEN(D3))」と入力する

KEYWORD

▶「RIGHT」関数
文字列の右から指定した文字数の文字を返す関数です。

▶「LEN」関数
文字列の文字数を返す関数です。

2 数式の複製

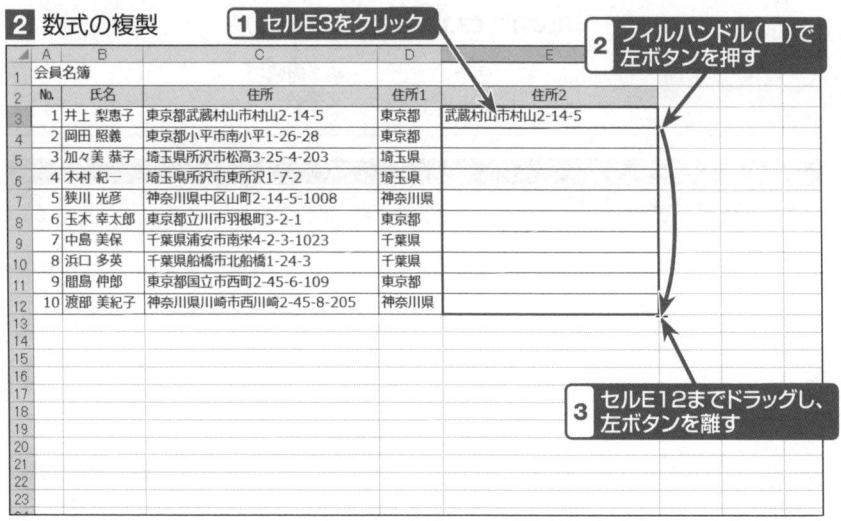

1 セルE3をクリック

2 フィルハンドル(■)で左ボタンを押す

3 セルE12までドラッグし、左ボタンを離す

■ SECTION-138 ■ 住所を都道府県とそれ以降に分けて表示する

結果の確認

	A	B	C	D	E
1	会員名簿				
2	No.	氏名	住所	住所1	住所2
3	1	井上 梨恵子	東京都武蔵村山市村山2-14-5	東京都	武蔵村山市村山2-14-5
4	2	岡田 照義	東京都小平市南小平1-26-28	東京都	小平市南小平1-26-28
5	3	加々美 恭子	埼玉県所沢市松高3-25-4-203	埼玉県	所沢市松高3-25-4-203
6	4	木村 紀一	埼玉県所沢市東所沢1-7-2	埼玉県	所沢市東所沢1-7-2
7	5	狭川 光彦	神奈川県中区山町2-14-5-1008	神奈川県	中区山町2-14-5-1008
8	6	玉木 幸太郎	東京都立川市羽根町3-2-1	東京都	立川市羽根町3-2-1
9	7	中島 美保	千葉県浦安市南栄4-2-3-1023	千葉県	浦安市南栄4-2-3-1023
10	8	浜口 多英	千葉県船橋市北船橋1-24-3	千葉県	船橋市北船橋1-24-3
11	9	間島 伸郎	東京都国立市西町2-45-6-109	東京都	国立市西町2-45-6-109
12	10	渡部 美紀子	神奈川県川崎市西川崎2-45-8-205	神奈川県	川崎市西川崎2-45-8-205

住所から都道府県以降が取り出された

ONEPOINT 都道府県以降は住所末尾から文字数を指定して取り出す

都道府県以降は、都道府県を抜いた文字数分の文字列を住所右側から取り出します。都道府県を抜いた文字数は、「LEN」関数を利用して住所全体の文字数から都道府県の文字数を引くことで求めることができるので、その値を「RIGHT」関数に指定します。たとえば、「埼玉県所沢市東所沢1-7-2」の場合は、次のようになります。

- 住所全体の文字数は14
- 都道府県の文字数は3
- 「RIGHT」関数で取り出す文字列は14-3=11

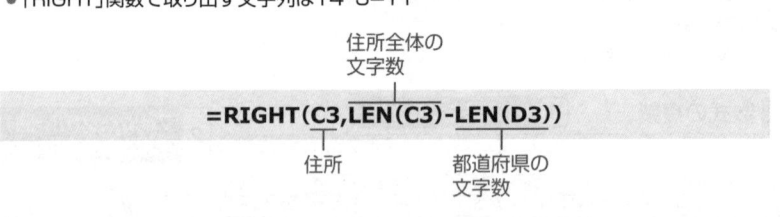

=RIGHT(C3,LEN(C3)-LEN(D3))

関連項目 ▶▶▶

- 住所から都道府県だけを取り出す ……………………………… p.359

SECTION-139

住所から番地を除いた市町村名だけを取り出す

361ページの要領で住所から都道府県以降を取り出すことができました。ここでは、住所から都道府県名と番地を除いた市町村名だけを取り出す方法を説明します。

1 市町村名だけを取り出す数式の入力

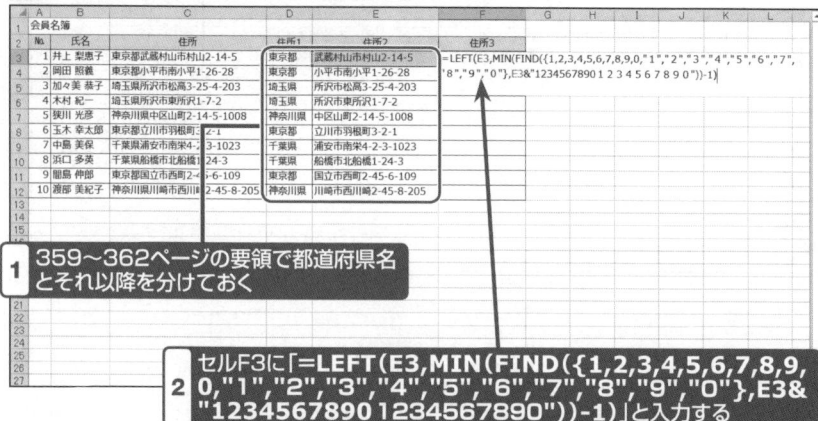

1. 359~362ページの要領で都道府県名とそれ以降を分けておく
2. セルF3に「=LEFT(E3,MIN(FIND({1,2,3,4,5,6,7,8,9,0,"1","2","3","4","5","6","7","8","9","0"},E3&"12345678901234567890"))-1)」と入力する

KEYWORD

▶「LEFT」関数
文字列の左から指定した文字数の文字を返す関数です。

▶「MIN」関数
数値の最小値を求める関数です。

▶「FIND」関数
検索する文字列の位置を返す関数です。

2 数式の複製

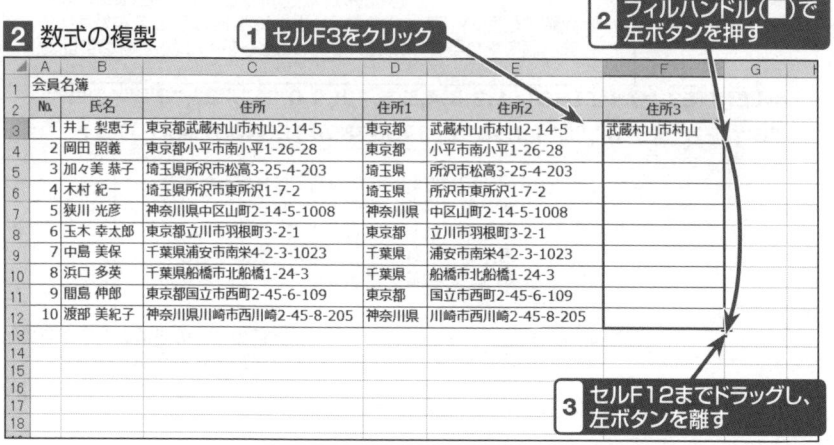

1. セルF3をクリック
2. フィルハンドル(■)で左ボタンを押す
3. セルF12までドラッグし、左ボタンを離す

■ SECTION-139 ■ 住所から番地を除いた市町村名だけを取り出す

結果の確認

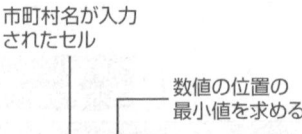

市町村名のみが取り出された

ONEPOINT　市町村名のみは番地の位置を調べて取り出す

市町村名のみを取り出すには、市町村名の先頭から番地の直前までの文字数を「LEFT」関数に指定します。ただし、住所の場合は番地が何の数字から始まるか一定ではないため、次のように数式を作成しています。

- 市町村名が入力されたセル
- 数値の位置の最小値を求める
- 番地が何の数値から始まるかわからないため、「FIND」関数の引数「検索文字列」には配列定数を利用して1〜9と0の半角・全角数字（番地に半角数字と全角数字が混在していることもあるため）を指定する

=LEFT(E3,MIN(FIND({1,2,3,4,5,6,7,8,9,0,"1","2","3","4","5","6","7","8","9","0"},E3&"1234567890１２３４５６７８９０"))-1)

- 配列定数を利用した場合には指定した数値が対象文字列にないときには、エラーが表示されて計算が中断されてしまうため、検索の対象となる住所に配列定数に指定したすべての数値を付加してエラーを回避する
- 数値の位置の直前の文字までの文字数を求めるため1を引く

なお、配列定数に関しては、51ページを参照してください。

■ SECTION-139 ■ 住所から番地を除いた市町村名だけを取り出す

COLUMN　番地だけを取り出すには

操作例の市町村名の文字数をもとに、番地だけを取り出すには、次のように数式を作成します（362ページ参照）。

No.	氏名	住所	住所1	住所2	住所3	住所4
						会員名簿

G3 =RIGHT(E3,LEN(E3)-LEN(F3))

No.	氏名	住所	住所1	住所2	住所3	住所4
1	井上 梨恵子	東京都武蔵村山市村山2-14-5	東京都	武蔵村山市村山2-14-5	武蔵村山市村山	2-14-5
2	岡田 照義	東京都小平市南小平1-26-28	東京都	小平市南小平1-26-28	小平市南小平	1-26-28
3	加々美 恭子	埼玉県所沢市松高3-25-4-203	埼玉県	所沢市松高3-25-4-203	所沢市松高	3-25-4-203
4	木村 紀一	埼玉県所沢市東所沢1-7-2	埼玉県	所沢市東所沢1-7-2	所沢市東所沢	1-7-2
5	狭川 光彦	神奈川県中区山町2-14-5-1008	神奈川県	中区山町2-14-5-1008	中区山町	2-14-5-1008
6	玉木 幸太郎	東京都立川市羽根町3-2-1	東京都	立川市羽根町3-2-1	立川市羽根町	3-2-1
7	中島 美保	千葉県浦安市南栄4-2-3-1023	千葉県	浦安市南栄4-2-3-1023	浦安市南栄	4-2-3-1023
8	浜口 多英	千葉県船橋市北船橋1-24-3	千葉県	船橋市北船橋1-24-3	船橋市北船橋	1-24-3
9	間島 伸郎	東京都国立市西町2-45-6-109	東京都	国立市西町2-45-6-109	国立市西町	2-45-6-109
10	渡部 美紀子	神奈川県川崎市西川崎2-45-8-205	神奈川県	川崎市西川崎2-45-8-205	川崎市西川崎	2-45-8-205

セルG3に「=RIGHT(E3,LEN(E3)-LEN(F3))」と入力して数式を複製する

関連項目 ▶▶▶

- 文字列の左から指定数の文字を取り出す ………………………………………… p.348
- 任意の文字の位置を求める ………………………………………… p.354

SECTION-140 VER. 2010 2013 2016 2019 365

別々のセルに入力した姓と名を連結する

　ここでは、個別のセルに入力した姓名の間に半角スペースを入れて1つの文字列にまとめる方法を説明します。

※ここでは、「CONCAT」関数を利用することとします。Excel2013以前の場合には、互換性関数の「CONCATENATE」関数を利用することができます。

1 個別のセルの文字列を連結する数式の入力

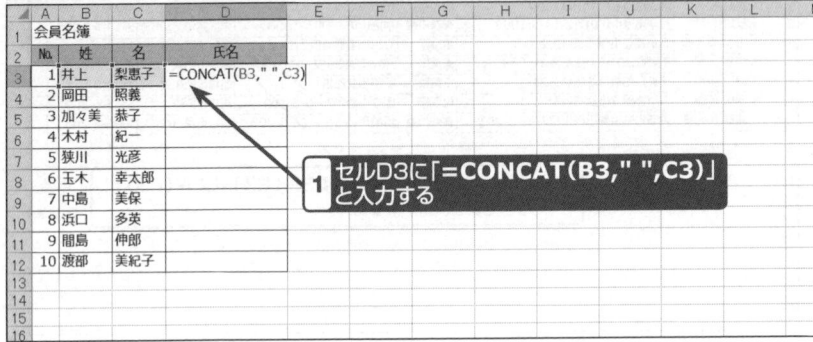

1. セルD3に「=CONCAT(B3," ",C3)」と入力する

HINT
2つ目の引数では、半角スペースを「"」（ダブルクォーテーション）で囲んでいます。

HINT
Excel2013以前では、「=CONCATENATE(B3," ",C3)」と入力します。

2 数式の複製

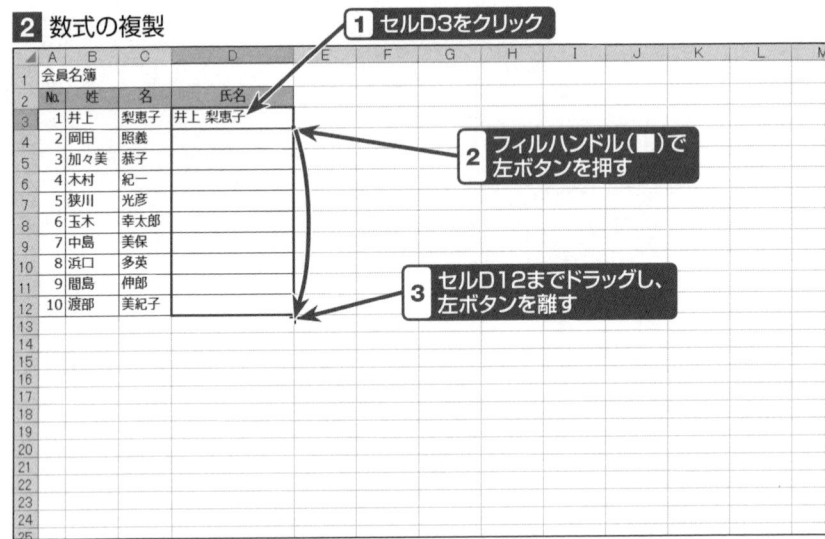

1. セルD3をクリック
2. フィルハンドル（■）で左ボタンを押す
3. セルD12までドラッグし、左ボタンを離す

■ SECTION-140 ■ 別々のセルに入力した姓と名を連結する

結果の確認

	A	B	C	D	E	F	G
1	会員名簿						
2	No.	姓	名	氏名			
3	1	井上	梨恵子	井上 梨恵子			
4	2	岡田	照義	岡田 照義			
5	3	加々美	恭子	加々美 恭子			
6	4	木村	紀一	木村 紀一			
7	5	狭川	光彦	狭川 光彦			
8	6	玉木	幸太郎	玉木 幸太郎			
9	7	中島	美保	中島 美保			
10	8	浜口	多英	浜口 多英			
11	9	間島	伸郎	間島 伸郎			
12	10	渡部	美紀子	渡部 美紀子			

別々のセルの文字列が連結された

ONEPOINT 複数の文字列を結合してまとめるには「CONCAT」関数(Excel2013以前では「CONCATENATE」関数)を使う

　複数の文字列を結合してまとめるには、「CONCAT」関数(Excel2013以前では「CONCATENATE」関数)を使います。文字列の連結は演算子「&」(アンパサンド)を使っても可能ですが、結合する文字間ごとに「&」を指定する必要があるため、多くの文字列をまとめるときは面倒です。そのような場合は、「CONCAT」関数(Excel2013以前では「CONCATENATE」関数)を利用すると、文字列を順に指定するだけで素早く連結できます。

　「CONCAT」関数と「CONCATENATE」関数の書式は次の通りです。

=CONCAT(テキスト1,テキスト2,…)

=CONCATENATE(文字列1,文字列2,…)

　「CONCAT」関数の引数「テキスト」には1つにまとめる文字列を指定します。セル範囲を指定することも可能です。最大253の引数を指定できます。結果の文字列が32767文字(セルの上限)を超えると、エラーになります。

　「CONCATENATE」関数の引数「文字列」には1つにまとめる文字列を指定します。最大で255個の項目、合計8192文字を指定できます。

　なお、「TEXTJOIN」関数(Excel2016から追加)を利用すると、区切り記号(スペース含む)を挿入して文字列を連結することができます(368ページ参照)。

関連項目 ▶▶▶

- セル範囲の文字列を「-」で区切って連結する ……………………………………… p.368

SECTION-141

セル範囲の文字列を「-」で区切って連結する

ここでは、セル範囲に入力した記号や番号を「-」を入れて連結する方法を説明します。

1 区切り文字を入れて文字列を連結する数式の入力

セルG3に「**=TEXTJOIN("-",,B3:F3)**」と入力する

KEYWORD

▶「TEXTJOIN」関数
区切り文字を使用して文字列を連結する関数です。

2 数式の複製

1. セルG3をクリック
2. フィルハンドル(■)で左ボタンを押す
3. セルG12までドラッグし、左ボタンを離す

結果の確認

セル範囲の文字列が「-」で区切って連結された

ONEPOINT 区切り文字で文字列を連結するには「TEXTJOIN」関数を使う

「TEXTJOIN」は、Excel2016から追加された、複数の文字列を結合し、各テキスト値の間に指定した区切り記号を挿入できる関数です。

「TEXTJOIN」関数の書式は、次の通りです。

=TEXTJOIN(区切り文字,空のセルは無視,テキスト1,テキスト2,…)

引数「区切り文字」には、任意の文字列や記号、数字(文字列として扱われる)を「"」で囲んで指定します。「""」を指定すると区切り文字は挿入されずに文字列が連結されます。引数「空のセルは無視」にはTRUE(1または省略)を指定すると空のセルは無視され区切り文字を挿入しません。FALSE(0)を指定すると空のセルの次にも区切り文字が挿入されます(下記の例を参照)。引数「テキスト」には連結したい文字列を252個まで指定できます。セル範囲を指定することもできます。

「=TEXTJOIN("-",,B4:F4)」と入力すると、空のセルには区切り文字が挿入されない

	A	B	C	D	E	F	G
1	商品棚番一覧						
2	商品	エリア	通路	左右	奥行	高さ	棚番
3	商品0001	A	12	2	33	1	A-12-2-33-1
4	商品0002	A	12	2		1	A-12-2-1
5	商品0002	A	12	2		1	A-12-2--1

「=TEXTJOIN("-",FALSE,B5:F5)」と入力すると、空のセルの次に区切り文字が挿入される

関連項目 ▶▶▶
- 別々のセルに入力した姓と名を連結する ……………………………………… p.366

SECTION-142

VER. 2010 2013 2016 2019 365

名前からふりがなを表示する

ここでは、会員名簿に入力した名前のふりがなを表示する方法を説明します。

1 個別のセルの文字列を連結する数式の入力

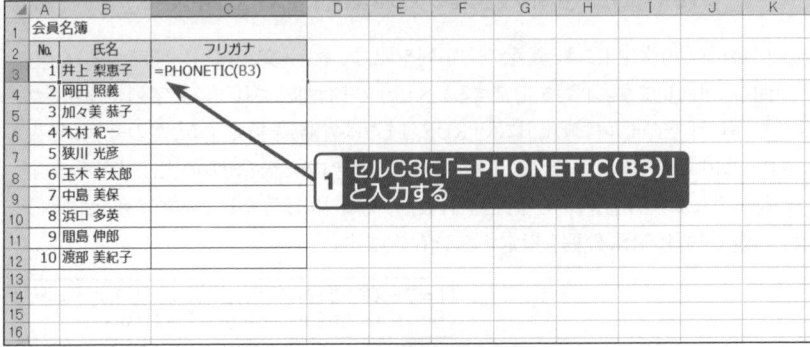

2 数式の複製

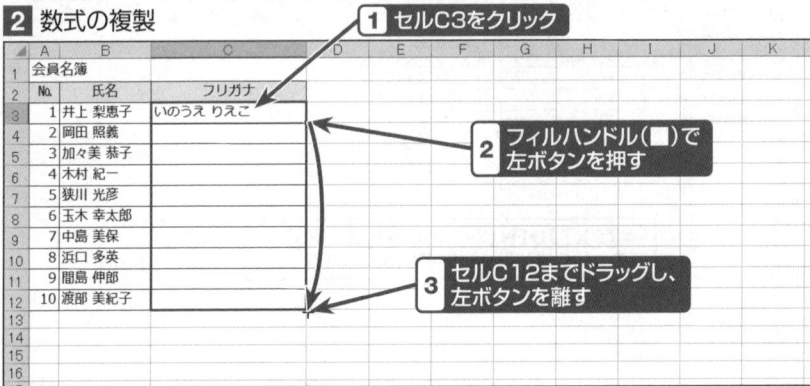

結果の確認

■ SECTION-142 ■ 名前からふりがなを表示する

ONEPOINT 文字列のふりがなを調べるには「PHONETIC」関数を使う

　「PHONETIC」関数は、漢字の読み情報をふりがなとして返す関数です。ふりがなとして返される文字は、Excelに文字入力したデータになります。そのため、たとえば、紀一(のりかず)と入力するのに、「きいち」と入力して紀一と変換した場合は、ふりがなは「きいち」と返されます。
　「PHONETIC」関数の書式は、次の通りです。

=PHONETIC(範囲)

　引数「範囲」には、ふりがなの文字列を含む1つまたは複数のセル参照を指定します。複数のセルを指定した場合には、セル範囲の左上隅に指定されている文字列のふりがなが返されます。

COLUMN ふりがなを変更するには

　ふりがなが異なるときに、ふりがなを変更するには、次のように操作します。
❶ 編集する漢字が入力されているセルを選択します。
❷ 「ホーム」タブの ▼ (ふりがなの表示/非表示)の横の▼をクリックし、[ふりがなの編集(E)]を選択します。
❸ 漢字上に表示されたふりがなを編集し、Enterキーを押します。

COLUMN ふりがなの種類を変更するには

　初期設定では、「PHONETIC」関数で表示されるふりがなは全角ひらがなですが、後から「全角カタカナ」または「半角カタカナ」に変更することができます。たとえば、操作例で表示したふりがなを半角カタカナで表示するには、次のように操作します。
❶ セルB3からB12をドラッグして選択します。
❷ 「ホーム」タブの ▼ (ふりがなの表示/非表示)の横の▼をクリックし、[ふりがなの設定(T)]を選択します。
❸ 「種類」の[半角カタカナ(T)]をONにして OK ボタンをクリックします。

SECTION-143

(株)を株式会社に置き換える

ここでは、社名の(株)を「株式会社」に置き換える方法を説明します。

1 (株)を「株式会社」に置き換える数式の入力

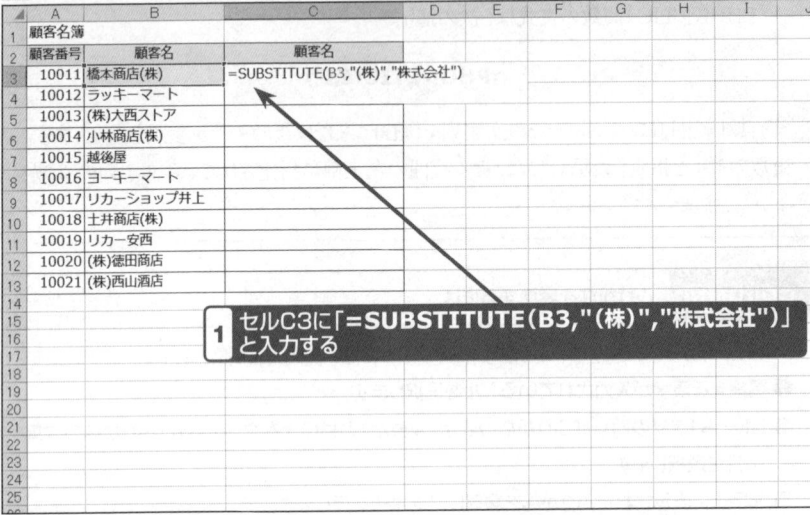

2 数式の複製

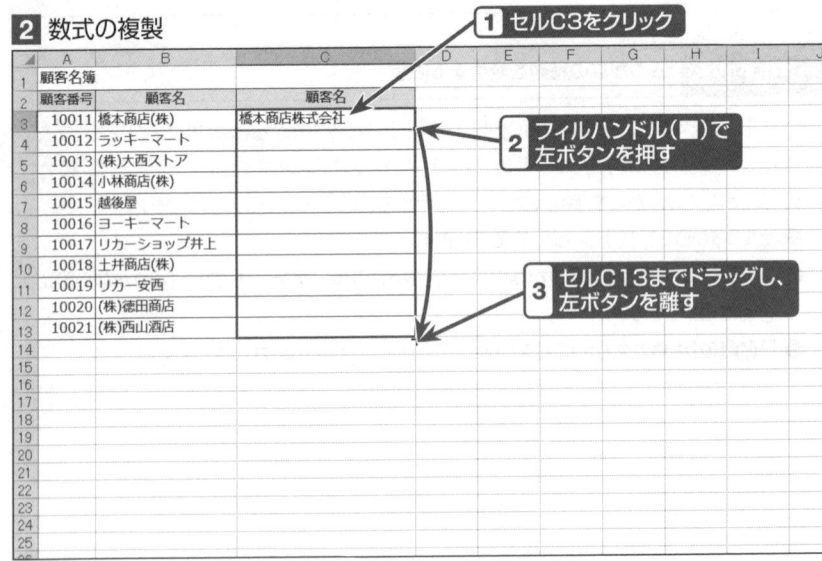

■ SECTION-143 ■ (株)を株式会社に置き換える

結果の確認

	A	B	C	D
1	顧客名簿			
2	顧客番号	顧客名	顧客名	
3	10011	橋本商店(株)	橋本商店株式会社	
4	10012	ラッキーマート	ラッキーマート	
5	10013	(株)大西ストア	株式会社大西ストア	
6	10014	小林商店(株)	小林商店株式会社	
7	10015	越後屋	越後屋	
8	10016	ヨーキーマート	ヨーキーマート	
9	10017	リカーショップ井上	リカーショップ井上	
10	10018	土井商店(株)	土井商店株式会社	
11	10019	リカー安西	リカー安西	
12	10020	(株)徳田商店	株式会社徳田商店	
13	10021	(株)西山酒店	株式会社西山酒店	

(株)という文字が「株式会社」に置き換わった

ONEPOINT 文字列を別の文字に置き換えるには「SUBSTITUTE」関数を使う

文字列を別の文字に置き換えるには、「SUBSTITUTE」関数を使います。「SUBSTITUTE」関数の書式は、次の通りです。

=SUBSTITUTE(文字列,検索文字列,置換文字列,置換対象)

引数「検索文字列」には検索する文字列を、引数「置換文字列」には検索して置き換える文字列を指定します。引数「置換対象」には、文字列中に検索文字列が複数ある場合には何番目の文字を置き換えるか番号で指定します。省略した場合は、文字列中のすべての検索文字列が置き換えの対象となります。

関連項目 ▶▶▶

- (株)(有)を株式会社・有限会社に置き換える ……………………………………… p.374
- 住所の一部を別の地名に置き換える ……………………………………………… p.376
- すべての全角半角スペースを取り除く …………………………………………… p.380

SECTION-144 [VER.] 2010 2013 2016 2019 365

（株）（有）を株式会社・有限会社に置き換える

ここでは、社名の（株）と（有）をそれぞれ「株式会社」「有限会社」に置き換える方法を説明します。

1 2種類の文字をそれぞれ別の文字に置き換える数式の入力

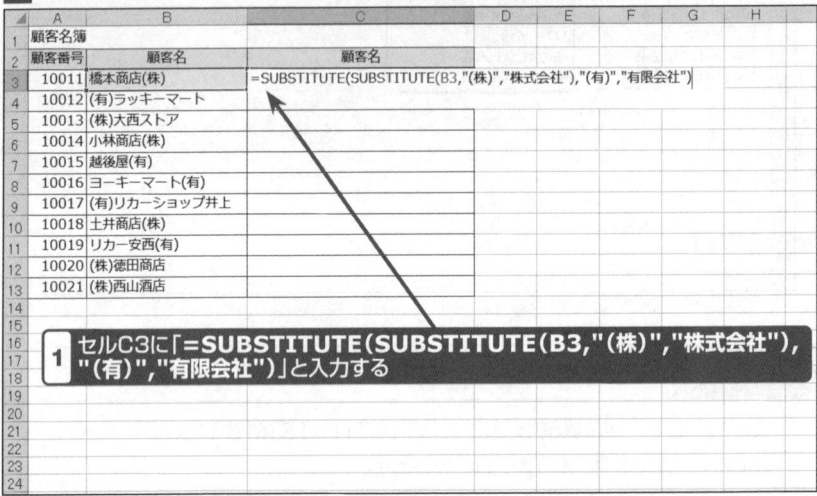

セルC3に「=SUBSTITUTE(SUBSTITUTE(B3,"(株)","株式会社"),"(有)","有限会社")」と入力する

KEYWORD

▶「SUBSTITUTE」関数
文字を別の文字に置き換える関数です。

2 数式の複製

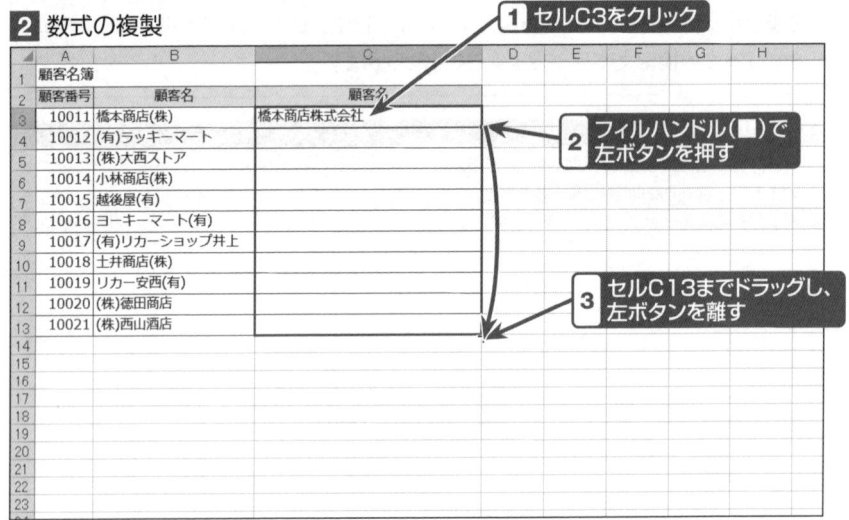

■ SECTION-144 ■ (株)(有)を株式会社・有限会社に置き換える

結果の確認

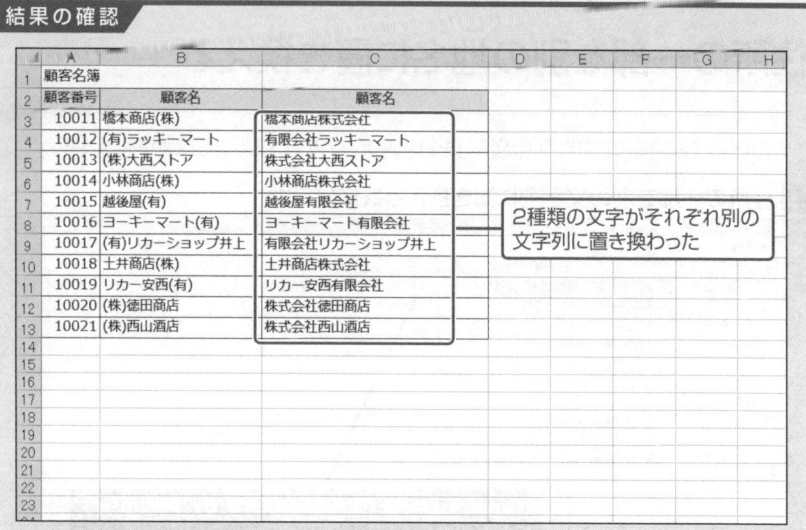

2種類の文字がそれぞれ別の文字列に置き換わった

ONEPOINT 複数の文字列を一気に置き換えるには「SUBSTITUTE」関数をネストして使う

通常、「SUBSTITUTE」関数の引数「検索文字列」と「置換文字列」には1つの文字しか指定できませんが、引数「文字列」に「SUBSTITUTE」関数の数式をネストすることで、2つの文字列をそれぞれ別の文字列に置き換えることができるようになります。この要領で、さらに「SUBSTITUTE」関数をネストすると、置き換える文字の種類を増やすことができます。

関連項目 ▶▶▶

- (株)を株式会社に置き換える ……………………………………………………… p.372
- 住所の一部を別の地名に置き換える ……………………………………………… p.376
- すべての全角半角スペースを取り除く …………………………………………… p.380

SECTION-145

VER. 2010 2013 2016 2019 365

住所の一部を別の地名に置き換える

ここでは、住所内の「印旛郡印旛町」を「印西市」に置き換える方法を説明します。

1 住所の一部を別の文字列に置き換える数式の入力

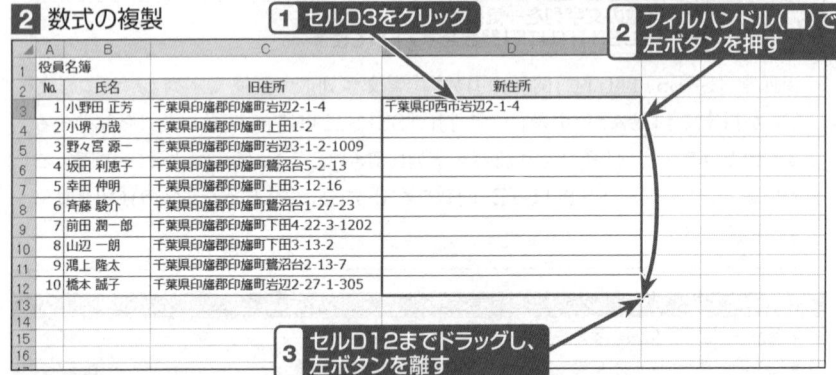

1 セルD3に「=REPLACE(C3,4,6,"印西市")」と入力する

2 数式の複製

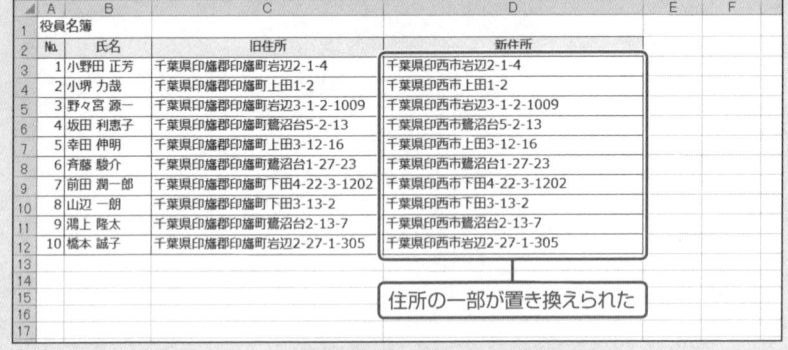

1 セルD3をクリック
2 フィルハンドル(■)で左ボタンを押す
3 セルD12までドラッグし、左ボタンを離す

結果の確認

	A	B	C	D	E	F
1	役員名簿					
2	No.	氏名	旧住所	新住所		
3	1	小野田 正芳	千葉県印旛郡印旛町岩辺2-1-4	千葉県印西市岩辺2-1-4		
4	2	小堺 力哉	千葉県印旛郡印旛町上田1-2	千葉県印西市上田1-2		
5	3	野々宮 源一	千葉県印旛郡印旛町岩辺3-1-2-1009	千葉県印西市岩辺3-1-2-1009		
6	4	坂田 利恵子	千葉県印旛郡印旛町鷲沼台5-2-13	千葉県印西市鷲沼台5-2-13		
7	5	幸田 伸明	千葉県印旛郡印旛町上田3-12-16	千葉県印西市上田3-12-16		
8	6	斉藤 駿介	千葉県印旛郡印旛町鷲沼台1-27-23	千葉県印西市鷲沼台1-27-23		
9	7	前田 潤一郎	千葉県印旛郡印旛町下田4-22-3-1202	千葉県印西市下田4-22-3-1202		
10	8	山辺 一朗	千葉県印旛郡印旛町下田3-13-2	千葉県印西市下田3-13-2		
11	9	鴻上 隆太	千葉県印旛郡印旛町鷲沼台2-13-7	千葉県印西市鷲沼台2-13-7		
12	10	橋本 誠子	千葉県印旛郡印旛町岩辺2-27-1-305	千葉県印西市岩辺2-27-1-305		

住所の一部が置き換えられた

> **ONEPOINT** 指定の位置の文字列を置き換えるには「REPLACE」関数を使う

「REPLACE」は、文字列の位置と文字数を指定して別の文字に置き換える関数です。「REPLACE」関数の書式は次の通りです。

＝REPLACE(文字列,開始位置,文字数,置換文字列)

引数「文字列」には、置き換えを行う文字列を指定します。引数「開始位置」には置き換える文字列の位置(番号)を数値で指定し、引数「文字数」には置き換える文字数を指定します。引数「置換文字列」には文字列の一部と置き換える文字列を指定します。引数「開始位置」や引数「文字数」は、半角全角の区別なく1文字を1と換算します。

なお、「REPLACE」関数を利用すると、任意の位置に文字列を挿入することもできます(378ページ参照)。

> **COLUMN** 文字数をバイト数で換算して置き換えを行うには

文字列中の指定されたバイト数の文字を別の文字に置き換えるには、「REPLACEB」関数を利用します。「REPLACEB」関数では、半角文字は1文字が1バイト、全角文字は1文字が2バイトとして換算されます。

「REPLACEB」関数の書式は、次の通りです。

＝REPLACEB(文字列,開始位置,バイト数,置換文字列)

引数「文字列」には置き換えを行う文字列を指定します。引数「開始位置」には置き換える文字列の位置(番号)を数値で指定し、引数「バイト数」には置き換える文字数をバイト数で指定します。引数「置換文字列」には文字列の一部と置き換える文字列を指定します。

関連項目 ▶▶▶

- (株)を株式会社に置き換える ……………………………………………………… p.372
- (株)(有)を株式会社・有限会社に置き換える ……………………………………… p.374
- 数値に「-」を挿入して郵便番号にする ……………………………………………… p.378

SECTION-146

数値に「-」を挿入して郵便番号にする

ここでは、数値だけの郵便番号の4文字目に「-」(ハイフン)を挿入する方法を説明します。

1 4桁目に「-」を挿入する数式の入力

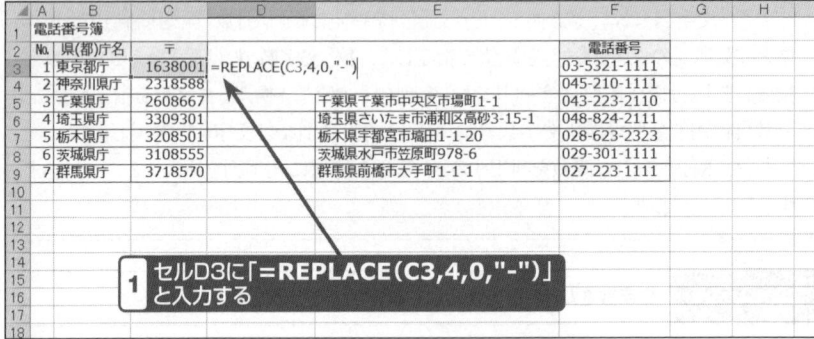

セルD3に「=REPLACE(C3,4,0,"-")」と入力する

2 数式の複製

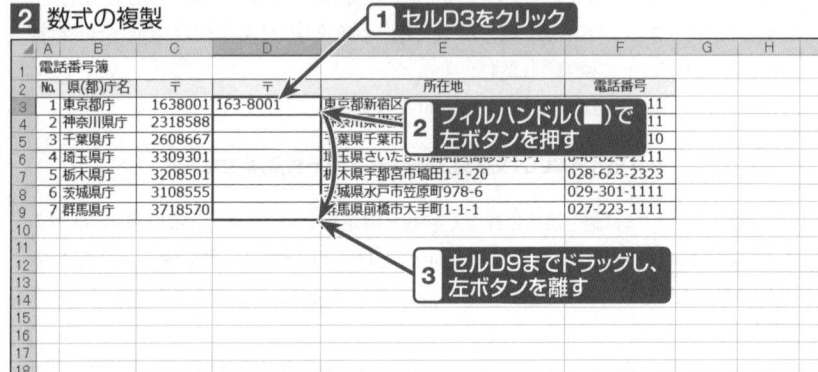

1 セルD3をクリック
2 フィルハンドル(■)で左ボタンを押す
3 セルD9までドラッグし、左ボタンを離す

結果の確認

指定の位置に文字が挿入された

■ SECTION-146 ■ 数値に「-」を挿入して郵便番号にする

ONEPOINT 指定の位置に特定の文字列を挿入するには「REPLACE」関数を使う

通常「REPLACE」関数は、引数「文字数」に1以上の値を指定し、その文字数分の文字列を置き換える用途で利用します。しかし、引数「文字数」に「0」を指定すると指定した位置に文字列を挿入することができます。たとえば、引数「文字列」が「1638001」の場合の数式の例と結果は、次のようになります。

数式の例	結果	説明
=REPLACE(C3,4,2,"-")	163-01	4桁目から始まる2文字が「-」に置き換わる
=REPLACE(C3,4,0,"-")	163-8001	4桁目に「-」が挿入される

なお、「REPLACE」関数の書式については、377ページを参照してください。

関連項目 ▶▶▶

● 住所の一部を別の地名に置き換える……………………………………………… p.376

SECTION-147

すべての全角半角スペースを取り除く

「SUBSTITUTE」関数を利用すると、任意の文字列を削除することができます。ここでは、文字列に挿入されている全角半角のスペースをすべて削除する方法を説明します。

1 スペースを削除する数式の入力

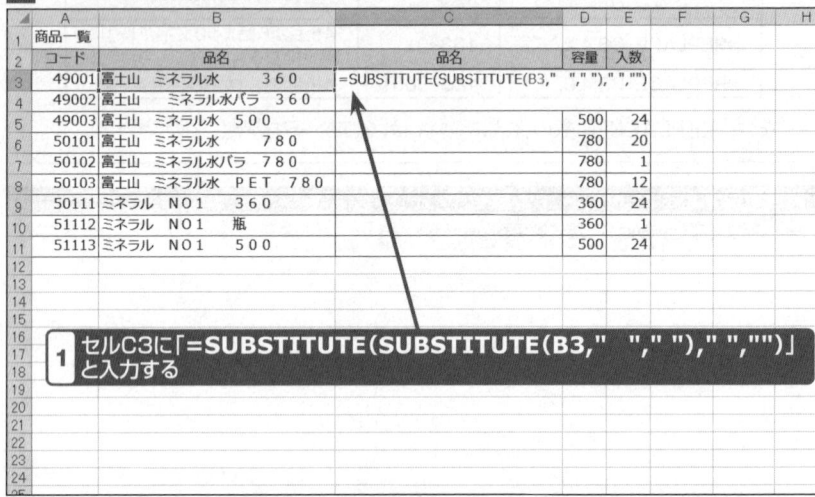

1. セルC3に「**=SUBSTITUTE(SUBSTITUTE(B3," "," ")," ","")**」と入力する

KEYWORD

▶「SUBSTITUTE」関数
文字を別の文字に置き換える関数です。

2 数式の複製

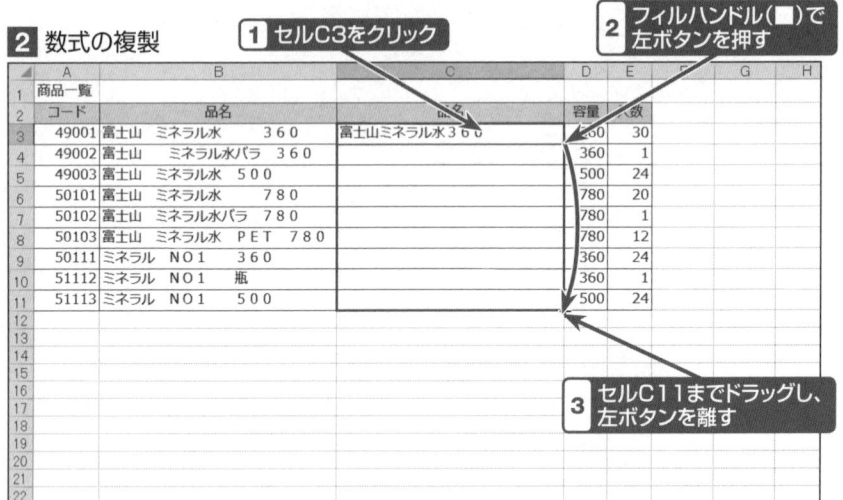

1. セルC3をクリック
2. フィルハンドル(■)で左ボタンを押す
3. セルC11までドラッグし、左ボタンを離す

■ SECTION-147 ■ すべての全角半角スペースを取り除く

結果の確認

	A	B	C	D	E	F	G
1	商品一覧						
2	コード	品名	品名	容量	入数		
3	49001	富士山　ミネラル水　　３６０	富士山ミネラル水３６０	360	30		
4	49002	富士山　　ミネラル水バラ　３６０	富士山ミネラル水バラ３６０	360	1		
5	49003	富士山　ミネラル水　５００	富士山ミネラル水５００	500	24		
6	50101	富士山　ミネラル水　　７８０	富士山ミネラル水７８０	780	20		
7	50102	富士山　ミネラル水バラ　７８０	富士山ミネラル水バラ７８０	780	1		
8	50103	富士山　ミネラル水　ＰＥＴ　７８０	富士山ミネラル水ＰＥＴ７８０	780	12		
9	50111	ミネラル　ＮＯ１　　３６０	ミネラルＮＯ１３６０	360	24		
10	51112	ミネラル　ＮＯ１　瓶	ミネラルＮＯ１瓶	360	1		
11	51113	ミネラル　ＮＯ１　　５００	ミネラルＮＯ１５００	500	24		

文字列に含まれるすべての
スペースが削除された

ONEPOINT　すべてのスペースは文字サイズを統一してから削除する

　スペースを削除する場合には、「SUBSTITUTE」関数を利用して「" "」(スペース)を「""」(何も入力していていない状態)に置き換えます。このとき、スペースには全角と半角の2種類があるため、まず、すべてのスペースを全角または半角に統一し、「""」に置き換えるのがポイントです。

半角スペースを「""」(何も入力されていない状態)に
置き換える

=SUBSTITUTE(SUBSTITUTE(B3,"　"," "),"　","")

全角スペースを半角スペースに
置き換える

関連項目 ▶▶▶

- (株)(有)を株式会社・有限会社に置き換える ……………………………………… p.374
- 文字中の余分なスペースを取り除く ……………………………………… p.382

SECTION-148

VER. 2010 2013 2016 2019 365

文字中の余分なスペースを取り除く

ここでは、文字列に含まれる余分なスペースを削除する方法を説明します。

1 余分なスペースを削除する数式の入力

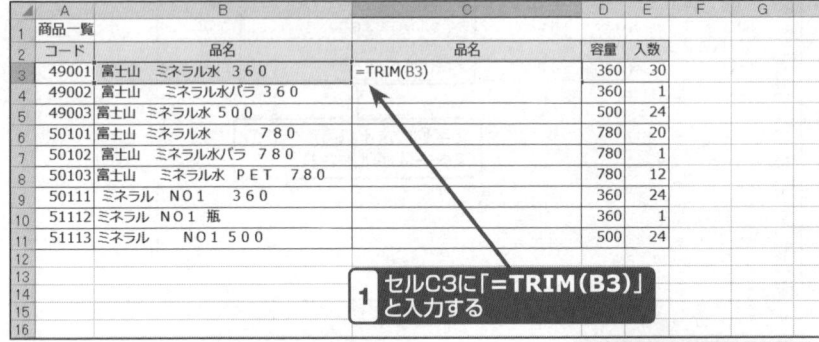

2 数式の複製

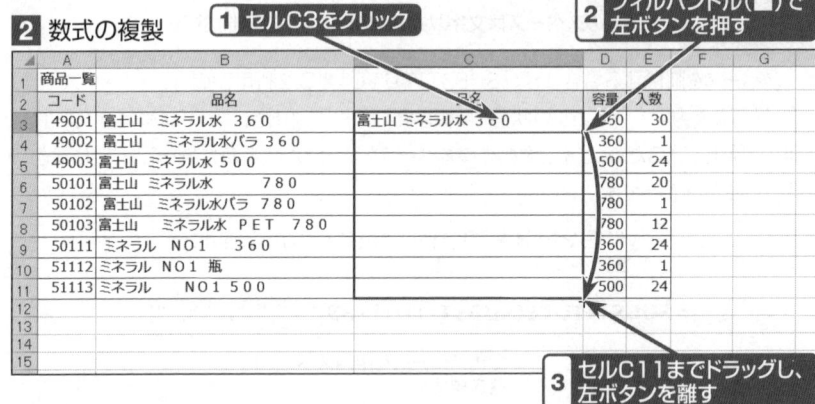

結果の確認

余分に含まれるスペースが削除された

■ SECTION-148 ■ 文字中の余分なスペースを取り除く

ONEPOINT 文字列中の複数のスペースを取り除くには「TRIM」関数を使う

「TRIM」関数は、文字列前後に入力されているスペースのすべてと、文字間の余分なスペースを削除する関数です。文字間に複数のスペースが含まれる場合には、1つのスペースを残して他のスペースを削除します(先頭のスペースだけが残され、2番目以降のスペースが削除される)。たとえば、次のように削除されます(■は全角スペース、■は半角スペースとする)。

■■■富士山■■ミネラル水■■360■■

富士山■ミネラル水■360

「TRIM」関数の書式は、次の通りです。

=TRIM(文字列)

COLUMN 残されたスペースの体裁を整えるには

文字間に全角と半角のスペースが挿入されている文字列では、「TRIM」関数で余分なスペースを削除しても、全角半角スペースが混在して残ってしまうことがあります。そのような場合には、「SUBSTITUTE」関数を利用してスペースのサイズを統一します。

たとえば、「TRIM」関数で余分なスペースを削除しつつ残されたスペースを半角に統一するには、次のように数式を作成します。

=SUBSTITUTE(TRIM(B3)," "," ")

関連項目 ▶▶▶

- すべての全角半角スペースを取り除く ……………………………………………… p.380

SECTION-149

VER. 2010 2013 2016 2019 365

金額を漢数字で表示する

ここでは、金額を小切手用の漢数字に変換する方法を説明します。

1 数字を漢数字に変換する数式の入力

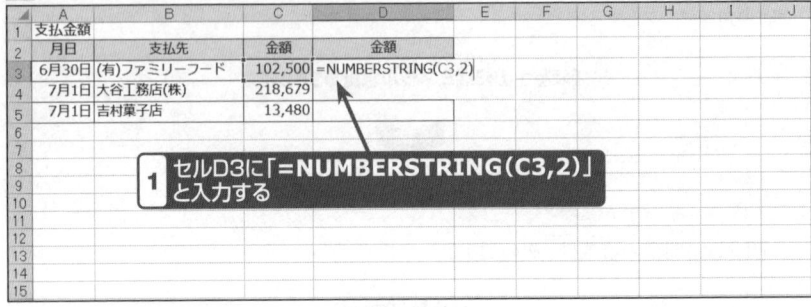

セルD3に「=NUMBERSTRING(C3,2)」と入力する

HINT

「NUMBERSTRING」関数は、関数ライブラリや「関数の挿入」ダイアログボックスには表示されないので、書式に従って手入力する必要があります。

2 数式の複製

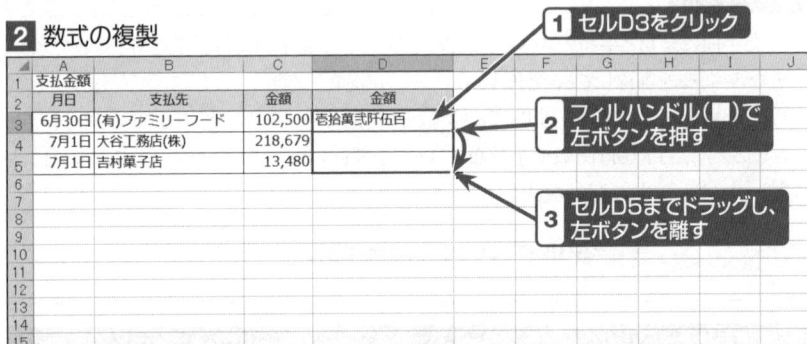

1. セルD3をクリック
2. フィルハンドル（■）で左ボタンを押す
3. セルD5までドラッグし、左ボタンを離す

結果の確認

	A	B	C	D
1	支払金額			
2	月日	支払先	金額	金額
3	6月30日	(有)ファミリーフード	102,500	壱拾萬弐阡伍百
4	7月1日	大谷工務店(株)	218,679	弐拾壱萬八阡六百七拾九
5	7月1日	吉村菓子店	13,480	壱萬参阡四百八拾

数字が漢数字に変換された

ONEPOINT 数値を漢数字に変換するには「NUMBERSTRING」関数を使う

数値を漢数字に変換するには、「NUMBERSTRING」関数を使います。
「NUMBERSTRING」関数の書式は、次の通りです。

=NUMBERSTRING(数値, 種類)

引数「種類」には、変換する漢数字の書式を「1」から「3」で指定します（下表参照）。なお、「NUMBERSTRING」関数で変換された漢数字の値は文字データとして扱われるため、他の数値と計算することができなくなるので注意が必要です。

設定値	表示例（もとの数値を218679とした場合）
1	二十一万八千六百七十九
2	弐拾壱萬八阡六百七拾九
3	二一八六七九

COLUMN 「NUMBERSTRING」関数を使わずに漢数字で表示する方法

Excelのセルの書式設定を利用すると、「NUMBERSTRING」関数を使わずに算用数字を漢数字で表示させることができます。たとえば、操作例の数字をセルの書式設定で漢数字で表示するには、次のように操作します。

❶ セルC3からC5までをドラッグして選択します。
❷ 右クリックすると表示されるメニューから[セルの書式設定(F)]を選択します。
❸ 「表示形式」タブをクリックし、[分類(C)]の「ユーザー定義」をクリックして、種類(T)に「[DBNum2]」と入力し、 OK ボタンをクリックします。

なお、[分類(C)]の「その他」をクリックし、[種類(T)]の「大字(壱拾弐萬参阡四百)」を選択することでも設定できます。

SECTION-150

VER. 2010 2013 2016 2019 365

計算結果を$付きで表示する

ここでは、取引レートをもとに計算した結果に「$」マークを付ける方法を説明します。

1 計算結果を$マーク付きで表示する数式の入力

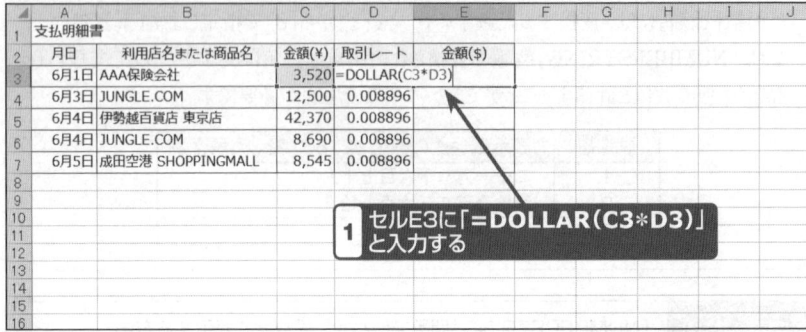

2 数式の複製

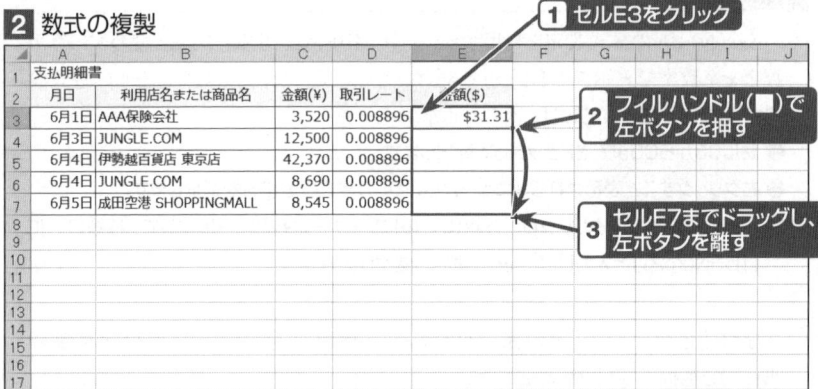

結果の確認

ONEPOINT　計算結果に「$」マークを付けて表示させるには「DOLLAR」関数を使う

「DOLLAR」関数は、数値を四捨五入して「$」を付けた文字列に変換する関数です。ただし、「DOLLAR」関数で変換された$付きの値は文字データとして扱われるため、他の数値と計算することができなくなるので注意が必要です。数値として利用する場合は、「セルの書式設定」の表示形式で通貨記号を付加するとよいでしょう。

「DOLLAR」関数の書式は、次の通りです。

=DOLLAR(数値,桁数)

引数「桁数」には小数点以下の表示する桁数を指定しますが、この関数の計算結果の表示形式は、Windowsの「地域と言語」で設定されている書式が適用されます($の場合は初期設定では小数点以下第2位)。そのため、別の桁数で表示する場合は、次のようにWindowsの「地域と言語」の設定を変更する必要があります。

❶「コントロールパネル」の「時計、言語、および地域」を選択します。
❷「日付、時刻または数値の形式の変更」を選択します。
❸ [形式(F)]から「英語(米国)」を選択し、 追加の設定(D)... ボタンをクリックします。
❹「通貨」タブをクリックし、[小数点以下の桁数(O)]を設定し、 OK ボタンをクリックします。

COLUMN　他の通貨記号を付加する関数について

Excelには、数値に通貨記号を付加して文字列に変換する関数には、「DOLLAR」関数以外に次の種類が用意されています。

▶「YEN」関数

数値を四捨五入して円記号(¥)を付けた文字列に変換する関数です。「DOLLAR」関数と同様に、計算結果の表示形式は、Windowsの「地域と言語」で設定されている書式が適用されます(初期設定では小数点以下第2位)。

=YEN(数値,桁数)

▶「BAHTTEXT」関数

数値を四捨五入してタイのバーツ書式を設定した文字列に変換する関数です。

=BAHTTEXT(数値)

SECTION-151

打率を○割○分○厘と表示する

ここでは、パーセントで計算した打率を「○割○分○厘」と表示する方法を説明します。

1 打率を求める数式の入力

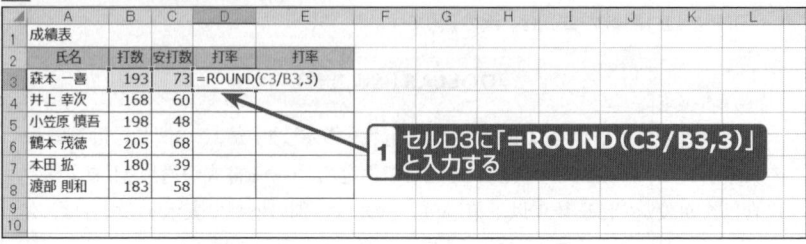

> HINT
> ここでは、打率を3つの数値で表すために、3桁に四捨五入しています。

KEYWORD

▶「ROUND」関数
数値を指定された桁数に四捨五入する関数です。

2 打率を「割」「分」「厘」で表示する数式の入力

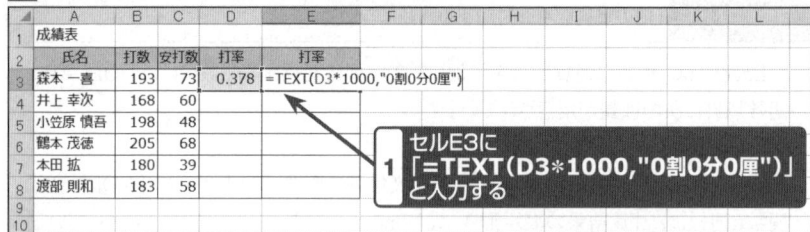

> HINT
> ここでは、打率の小数部の3桁を整数にするために1000を掛けています。

3 数式の複製

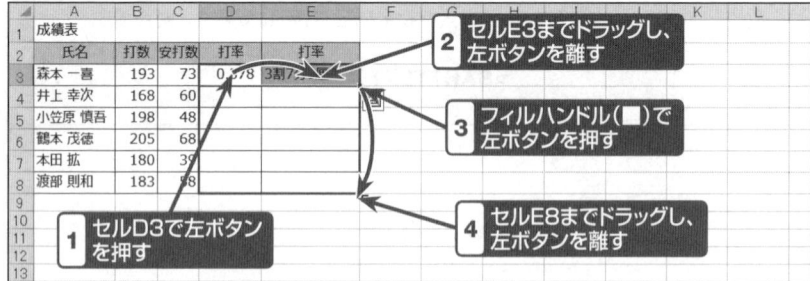

■ SECTION-151 ■ 打率を○割○分○厘と表示する

結果の確認

	A	B	C	D	E
1	成績表				
2	氏名	打数	安打数	打率	打率
3	森本 一喜	193	73	0.378	3割7分8厘
4	井上 幸次	168	60	0.357	3割5分7厘
5	小笠原 慎吾	198	48	0.242	2割4分2厘
6	鶴本 茂徳	205	68	0.332	3割3分2厘
7	本田 拡	180	39	0.217	2割1分7厘
8	渡部 則和	183	58	0.317	3割1分7厘

打率が「割」「分」「厘」で表示された

ONEPOINT 数値を独自の単位で表示するには「TEXT」関数を使う

「TEXT」関数は数値の表示形式を変更して文字列に変換する関数です。数値を読みやすい書式で表示したり、文字列や記号と結合する場合に利用できます。

「TEXT」関数の書式は、次の通りです。

=TEXT(数値,表示形式)

引数「表示形式」には、数値の書式を「"」(引用符)で囲んだテキスト文字列として指定します。「○割○分○厘」と表示させるには、まず打率に1000を掛けて整数にし、引数「表示形式」には「"0割0分0厘"」(または「"#割#分#厘"」)のように、整数を代入したい箇所に「0」または「#」を記述します。

なお、「TEXT」関数で書式を変更した値は文字データとして扱われるため、他の数値と計算することができなくなるので注意が必要です。

=TEXT(D3*1000,"0割0分0厘")

=TEXT(378,"0割0分0厘")

順に整数が代入される

3割7分8厘

SECTION-152

VER. 2010 2013 2016 2019 365

文字を繰り返して簡易グラフを作成する

ここでは、達成率を「★」の数で表示させる方法を説明します。

1 文字を繰り返す数式の入力

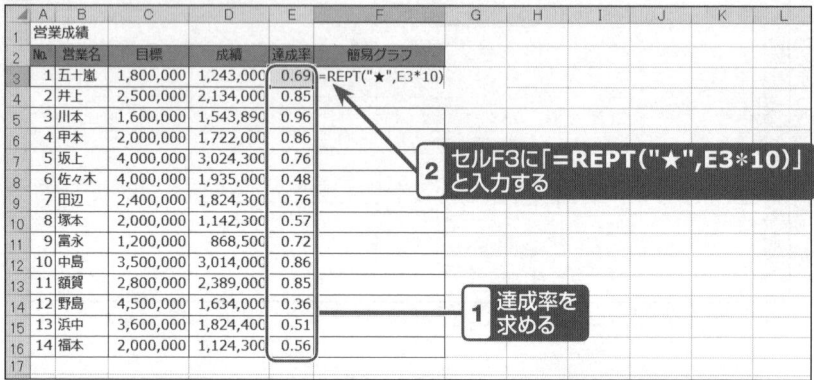

2 数式の複製

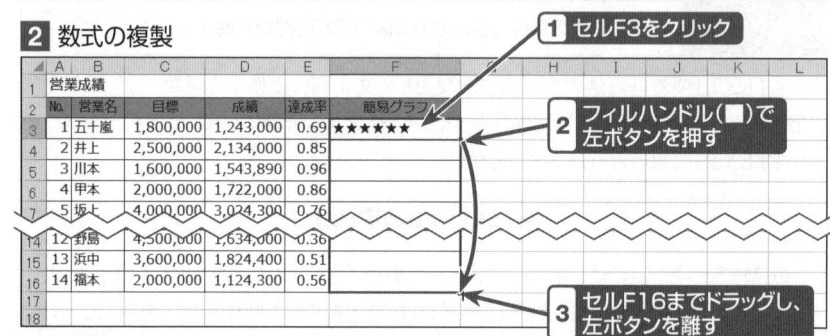

結果の確認

ONEPOINT 文字列を指定回数だけ繰り返して表示するには「REPT」関数を使う

「REPT」関数は、文字列を指定された回数だけ繰り返して表示する関数です。この関数を利用すると、記号などを利用して簡単にデータの推移を視覚的に表すことができます。

「REPT」関数の書式は、次の通りです。

=REPT(文字列,繰り返し回数)

引数「繰り返し回数」には、文字列を繰り返す回数を1以上の正の数値で指定します（小数点以下は切り捨てられる）。そのため、操作例のように1に満たない達成率の場合には、10を掛けて正の整数を作るのがポイントです。

COLUMN 記号用のフォントを指定する方法

「REPT」関数の文字には、通常の記号の他に、「Wingdings」などの絵文字フォントも指定することができます。たとえば、「Wingdings」の「旗」のマークを利用するには、次のように操作します（MS-IMEを利用している場合）。

❶ 「REPT」関数の引数「文字列」に文字を指定する際に、言語バーから「IMEパッド」をクリックし、「文字一覧」をクリックして、フォントに「Windings」を選択し、「旗」のマークをクリックして、「IMEパッド」を閉じます。

❷ 「REPT」関数の数式を入力後、セルのフォントを「Wingdings」に設定し、フォントサイズを大き目に調整します。

	A	B	C	D	E	F
1	営業成績					
2	No.	営業名	目標	成績	達成率	簡易グラフ
3	1	五十嵐	1,800,000	1,243,000	0.69	▶▶▶▶▶▶
4	2	井上	2,500,000	2,134,000	0.85	▶▶▶▶▶▶▶▶
5	3	川本	1,600,000	1,543,890	0.96	▶▶▶▶▶▶▶▶▶
6	4	甲本	2,000,000	1,722,000	0.86	▶▶▶▶▶▶▶▶
7	5	坂上	4,000,000	3,024,300	0.76	▶▶▶▶▶▶▶
8	6	佐々木	4,000,000	1,935,000	0.48	▶▶▶▶
9	7	田辺	2,400,000	1,824,300	0.76	▶▶▶▶▶▶▶
10	8	塚本	2,000,000	1,142,300	0.57	▶▶▶▶▶
11	9	冨永	1,200,000	868,500	0.72	▶▶▶▶▶▶▶
12	10	中島	3,500,000	3,014,000	0.86	▶▶▶▶▶▶▶▶
13	11	額賀	2,800,000	2,389,000	0.85	▶▶▶▶▶▶▶▶
14	12	野島	4,500,000	1,634,000	0.36	▶▶▶
15	13	浜中	3,600,000	1,824,400	0.51	▶▶▶▶▶
16	14	福本	2,000,000	1,124,300	0.56	▶▶▶▶▶

旗のマークで表示される

SECTION-153

VER. 2010 2013 2016 2019 365

2つの文字列が同一かどうか調べる

ここでは、メールアドレスが確認用に入力したメールアドレスと同一かどうか調べる方法を説明します。

1 2つの文字列が同一かどうかを調べる数式の入力

	A	B	C	D
1	アドレス一覧			
2	氏名	メールアドレス	確認用	判定
3	秋山 紀江	akiyama_0923@pop.mm.jp	akiyama_0923@pop.mm.jp	=EXACT(B3,C3)
4	飯田 信二	iinobu_pp_123@osi.ne.jp	iinobu_pp_12@osi.ne.jp	
5	神山 絵里加	ertka-kamiyama@ooo.ne.jp	ertka-kamiyama@ooo.ne.jp	
6	小山 淑子	toshi-mmm@pcei1.ne.jp	toshi-mmm@pcei1.ne.jp	
7	須山 伸彦	nobu-su-ya-ma@iy.ne.jp	nobu-su-ya-ma@iyne.jp	
8	藤間 美加	mikamika_toto@mimi.ne.jp	mikamika_toto@mimi.ne.jp	
9	橋本 加代子	iiee_kayo-0214@kkop.ne.jp	iiee_kayo-0214@kkop.ne.jp	

1 セルD3に「**=EXACT(B3,C3)**」と入力する

2 数式の複製

1 セルD3をクリック

2 フィルハンドル(■)で左ボタンを押す

3 セルD9までドラッグし、左ボタンを離す

結果の確認

	A	B	C	D
1	アドレス一覧			
2	氏名	メールアドレス	確認用	判定
3	秋山 紀江	akiyama_0923@pop.mm.jp	akiyama_0923@pop.mm.jp	TRUE
4	飯田 信二	iinobu_pp_123@osi.ne.jp	iinobu_pp_12@osi.ne.jp	FALSE
5	神山 絵里加	ertka-kamiyama@ooo.ne.jp	ertka-kamiyama@ooo.ne.jp	TRUE
6	小山 淑子	toshi-mmm@pcei1.ne.jp	toshi-mmm@pcei1.ne.jp	TRUE
7	須山 伸彦	nobu-su-ya-ma@iy.ne.jp	nobu-su-ya-ma@iyne.jp	FALSE
8	藤間 美加	mikamika_toto@mimi.ne.jp	mikamika_toto@mimi.ne.jp	TRUE
9	橋本 加代子	iiee_kayo-0214@kkop.ne.jp	iiee_kayo-0214@kkop.ne.jp	TRUE

2つの文字列が同一かどうかが判断された

ONEPOINT 2つの文字列が等しいかどうか調べるには「EXACT」関数を使う

「EXACT」関数は、2つの文字列を比較して、まったく同じである場合は「TRUE」を、そうでない場合は「FALSE」を返す関数です。

「EXACT」関数の書式は、次の通りです。

＝EXACT(文字列1,文字列2)

引数「文字列1」「文字列2」に比較する文字列を指定します。なお、指定した2つの文字列は、英字の大文字と小文字は区別されますが、書式設定の違いは無視されます。

	A	B	C	D
1	アドレス一覧			
2	氏名	メールアドレス	確認用	判定
3	秋山 紀江	akiyama_0923@pop.mm.jp	Akiyama_0923@pop.mm.jp	FALSE
4	飯田 信二	iinobu_pp_123@osi.ne.jp	iinobu_pp_12@osi.ne.jp	FALSE
5	神山 絵里加	ertka-kamiyama@ooo.ne.jp	**ertka-kamiyama@ooo.ne.jp**	TRUE
6	小山 淑子	toshi-mmm@pcei1.ne.jp	toshi-mmm@pcei1.ne.jp	TRUE
7	須山 伸彦	nobu-su-ya-ma@iy.ne.jp	nobu-su-ya-ma@iyne.ne.jp	FALSE
8	藤間 美加	mikamika_toto@mimi.ne.jp	mikamika_toto@mimi.ne.jp	TRUE
9	橋本 加代子	iiee_kayo-0214@kkop.ne.jp	iiee_kayo-0214@kkop.ne.jp	TRUE

大文字と小文字は区別される

書式の違いは無視される

SECTION-154　VER. 2010 2013 2016 2019 365

2行で入力した文字列を1行に変更する

ここでは、2行で入力された住所を1行に変更する方法を説明します。

1 セル内の改行を削除する数式の入力

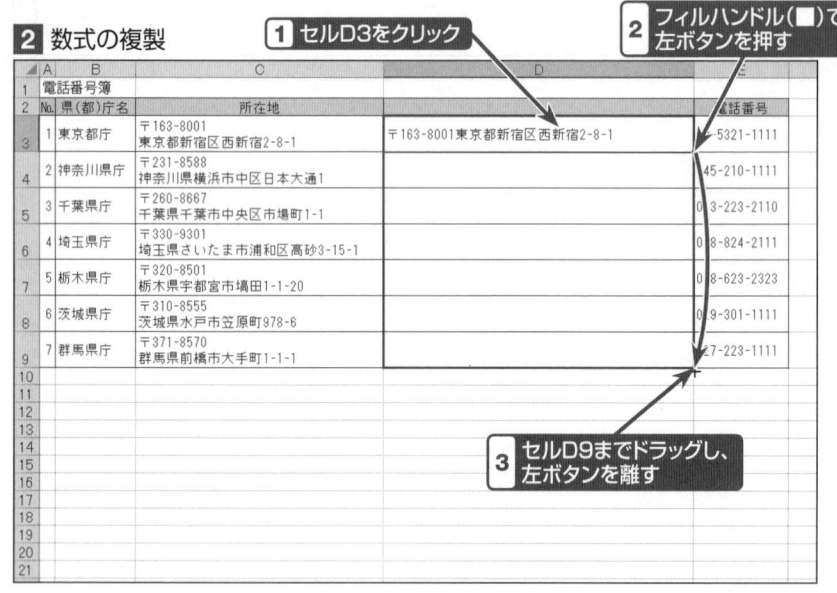

セルD3に「=CLEAN(C3)」と入力する

2 数式の複製

1. セルD3をクリック
2. フィルハンドル(■)で左ボタンを押す
3. セルD9までドラッグし、左ボタンを離す

■ SECTION-154 ■ 2行で入力した文字列を1行に変更する

結果の確認

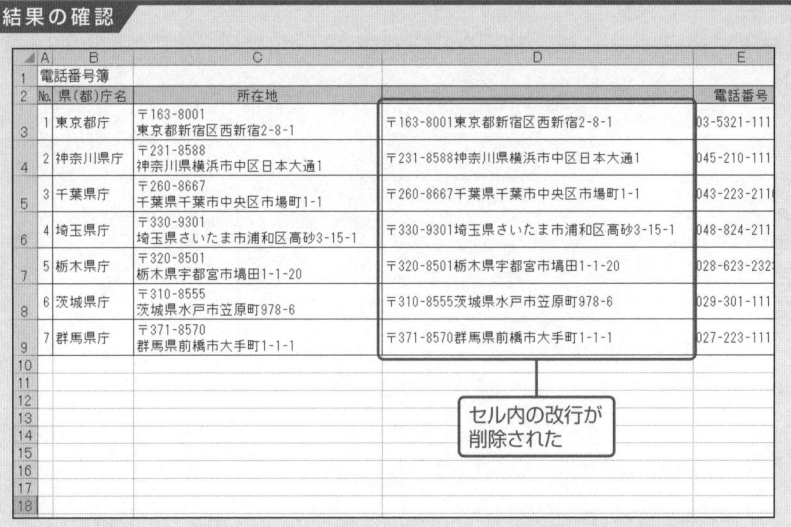

セル内の改行が削除された

ONEPOINT セル内の改行キーを削除するには「CLEAN」関数を使う

「CLEAN」関数は、印刷できない文字を文字列から削除する関数です。他のアプリケーションからインポートされたデータの中に、使用しているシステムでは印刷できない文字や制御コードなどが含まれているときに、それらを削除する目的で利用します。印刷できない文字列には改行キーも含まれるので、2行で入力した文字列に実行すると、改行キーが削除され、1行に変更することができます。

「CLEAN」関数の書式は、次の通りです。

=CLEAN(文字列)

CHAPTER 07
条件と情報

SECTION-155

VER. 2010 2013 2016 2019 365

合計点が210点以上なら「合格」と表示する

ここでは、合計点が210点以上の場合には「合格」と表示させる方法を説明します。

1 条件に合ったデータに「合格」と表示する数式の入力

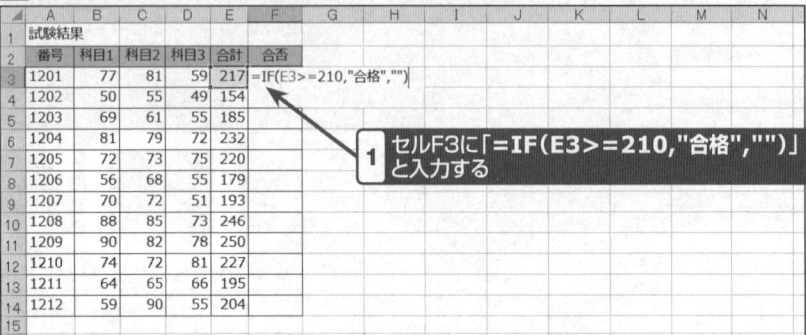

1. セルF3に「**=IF(E3>=210,"合格","")**」と入力する

2 数式の複製

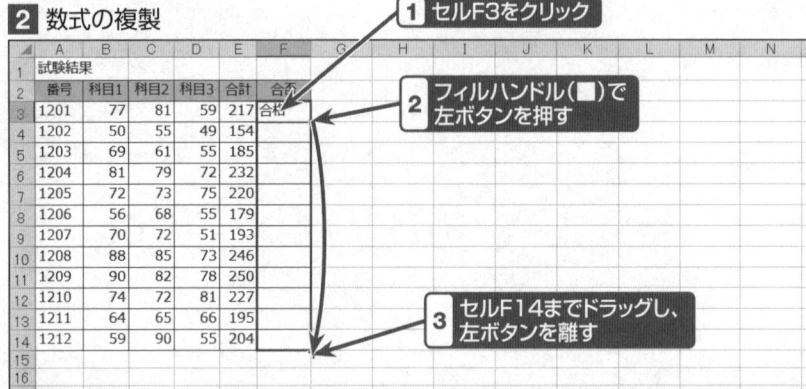

1. セルF3をクリック
2. フィルハンドル(■)で左ボタンを押す
3. セルF14までドラッグし、左ボタンを離す

結果の確認

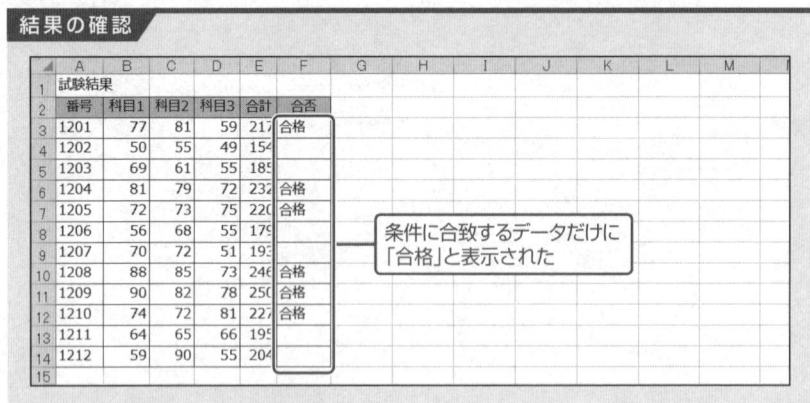

条件に合致するデータだけに「合格」と表示された

ONEPOINT セルの値によって処理を分岐させるには「IF」関数を使う

「IF」関数を使うと、セルの値に応じて処理を分岐して異なる値を返すことができます。「IF」関数の書式は、次の通りです。

$$=IF(論理式,真の場合,偽の場合)$$

引数「論理式」には条件を、引数「真の場合」には条件に合っているとき(TRUEのとき)に返す値、引数「偽の場合」には条件に合っていないとき(FALSEのとき)に返す値を指定します。操作例では、合計点が210点以上の条件に当てはまる場合には「合格」という文字列を表示し、条件に当てはまらない場合には何も表示しないために「""」を指定しています(COLUMN参照)。

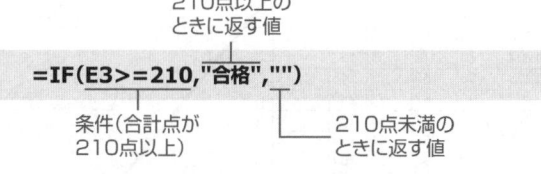

COLUMN 引数「真の場合」「偽の場合」を省略したときの戻り値について

「IF」関数の引数「真の場合」と「偽の場合」は、省略することができます。ただし、両方の引数を省略した場合や、どちらか一方の引数を省略した場合には、記述方法などによって戻り値が次のように異なります。

内容	数式の記入例	数式が真の場合の戻り値	数式が偽の場合の戻り値
両方の引数を省略	=IF(A2=1,)	0	FALSE
「真の場合」に「○」を指定し「偽の場合」を省略	=IF(A2=1,"○")	○	FALSE
「真の場合」に「○」を指定し「,」を入力して「偽の場合」を省略	=IF(A2=1,"○",)	○	0
「真の場合」を省略して「偽の場合」に「×」を指定	=IF(A2=1,,"×")	0	×

関連項目 ▶▶▶

- 合計点をABCの3段階でランク付けする(IF関数) ……………………………… p.400
- 2教科が65点以上なら「合格」と表示する ……………………………………… p.405
- 2教科のどちらか1教科が75点以上なら「合格」と表示する …………………… p.407

SECTION-156
VER. 2010 2013 2016 2019 365

合計点をABCの3段階でランク付けする（IF関数）

Excel2013以前のバージョンで複数の条件によって処理を分岐させるには、「IF」関数を利用します。ここでは、合計点が240点以上ならA、180点以上240点未満ならB、180点未満ならCと表示する方法を説明します。

1 合計点でABCランク付けする数式の入力

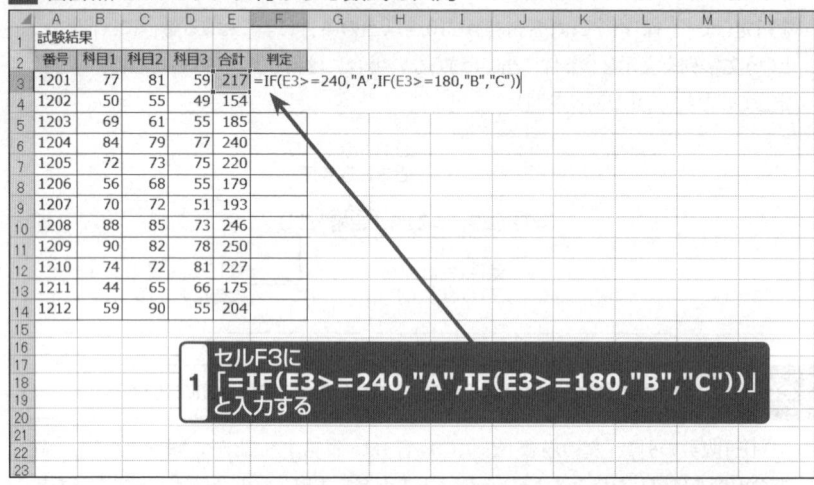

セルF3に
「=IF(E3>=240,"A",IF(E3>=180,"B","C"))」
と入力する

KEYWORD

▶「IF」関数
指定した条件によって処理を分岐させる関数です。

2 数式の複製

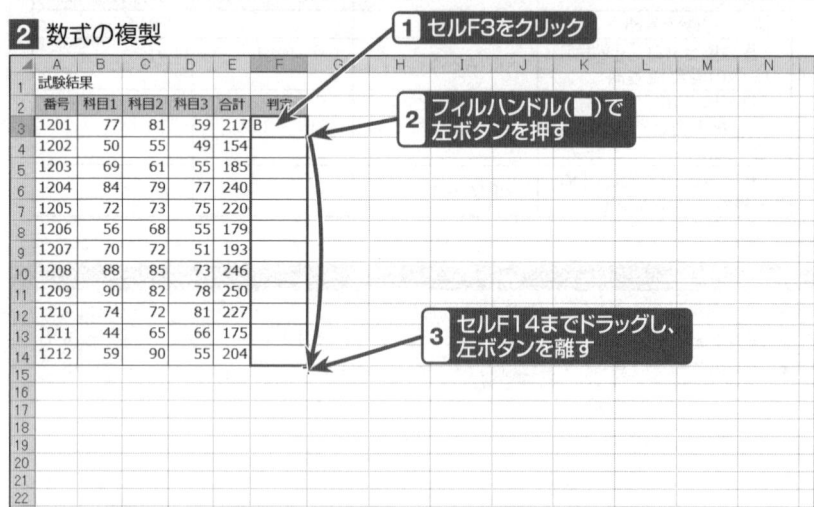

1 セルF3をクリック
2 フィルハンドル(■)で左ボタンを押す
3 セルF14までドラッグし、左ボタンを離す

■ SECTION-156 ■ 合計点をABCの3段階でランク付けする（IF関数）

結果の確認

	A	B	C	D	E	F
1	試験結果					
2	番号	科目1	科目2	科目3	合計	判定
3	1201	77	81	59	217	B
4	1202	50	55	49	154	C
5	1203	69	61	55	185	B
6	1204	84	79	77	240	A
7	1205	72	73	75	220	B
8	1206	56	68	55	179	C
9	1207	70	72	51	193	B
10	1208	88	85	73	246	A
11	1209	90	82	78	250	A
12	1210	74	72	81	227	B
13	1211	44	65	66	175	C
14	1212	59	90	55	204	B

合計点に応じて「A」「B」「C」が表示された

ONEPOINT　複数の条件によって処理を分岐するには「IF」関数をネストして使う

　条件を付けて処理を3つ以上に分岐するには、「IF」関数の引数「偽の場合」に「IF」関数をネストします。このことで、最初の「IF」関数の条件に合わないセルの値に対して、次の「IF」関数でさらに条件を指定して振り分けることができます。操作例では、最初の「IF」関数で240点以上の条件に当てはまるデータには「A」を返し、それ以外（240点未満）のデータに対して「IF」関数で180点以上なら「B」、それ以外（180点未満）なら「C」を返すように数式を作成しています。

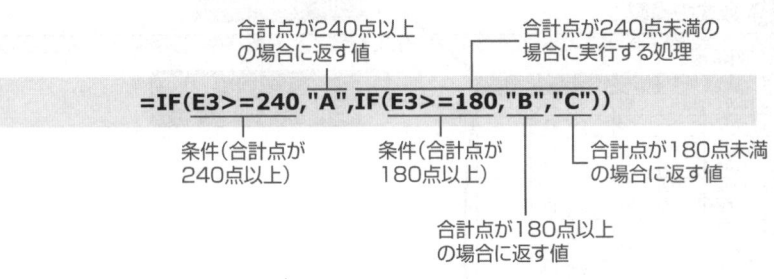

関連項目 ▶▶▶

- 合計点が210点以上なら「合格」と表示する ……………………………………… p.398
- 合計点をABCDの4段階でランク付けする（IFS関数） ……………………………… p.402
- 2教科が65点以上なら「合格」と表示する ………………………………………… p.405
- 2教科のどちらか1教科が75点以上なら「合格」と表示する ……………………… p.407

SECTION-157

VER. 2016 2019 365

合計点をABCDの4段階でランク付けする（IFS関数）

ここでは、270点以上ならA、270点未満240点以上ならB、240点未満200点以上ならC、200点未満ならDと表示する方法を説明します。

※ここでは、「IFS」関数を利用することとします。「IF」関数を使う方法は、404ページのCOLUMNを参照してください。

1 合計点でABCDランク付けする数式の入力

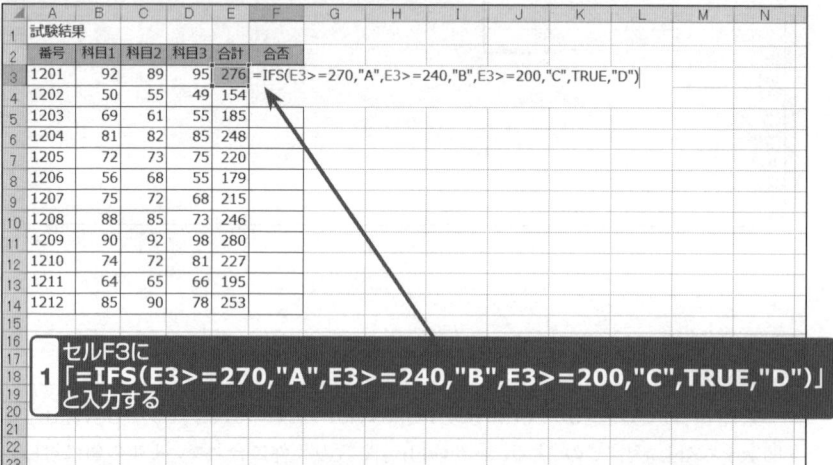

セルF3に
1 「=IFS(E3>=270,"A",E3>=240,"B",E3>=200,"C",TRUE,"D")」
と入力する

KEYWORD

▶「IFS」関数
複数の条件を順に調べた結果に対応する値を返す関数です。

2 数式の複製

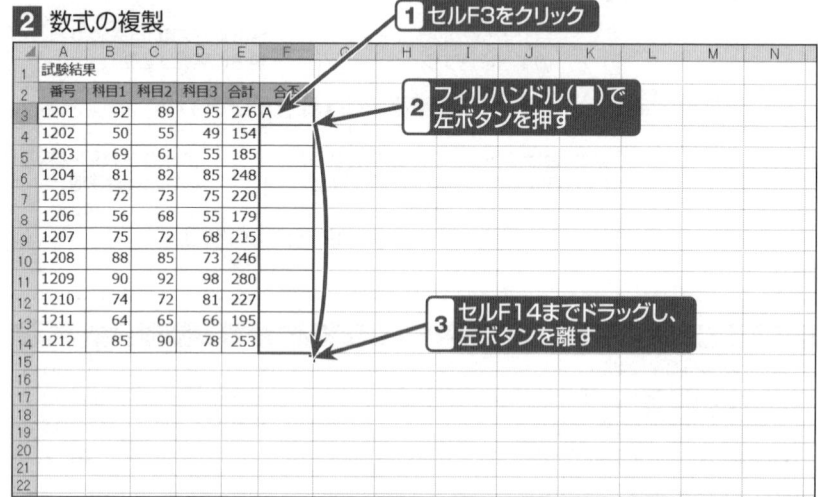

1 セルF3をクリック

2 フィルハンドル(■)で左ボタンを押す

3 セルF14までドラッグし、左ボタンを離す

■ SECTION-157 ■ 合計点をABCDの4段階でランク付けする(IFS関数)

結果の確認

	A	B	C	D	E	F
1	試験結果					
2	番号	科目1	科目2	科目3	合計	合否
3	1201	92	89	95	276	A
4	1202	50	55	49	154	D
5	1203	69	61	55	185	D
6	1204	81	82	85	248	B
7	1205	72	73	75	220	C
8	1206	56	68	55	179	D
9	1207	75	72	68	215	C
10	1208	88	85	73	246	B
11	1209	90	92	98	280	A
12	1210	74	72	81	227	C
13	1211	64	65	66	195	D
14	1212	85	90	78	253	B

合計点に応じて「A」「B」「C」「D」が表示された

ONEPOINT 複数の条件によって処理を分岐するには「IFS」関数を使う

「IFS」は、1つ以上の条件が満たされているかどうかをチェックして、その条件に対応する値を返す関数です。Excel2016から追加されました。Excel2016以前のバージョンでは、複数条件の分岐は「IF」関数をネストする必要があったため、条件数が多くなると数式が長くなってしまいましたが、「IFS」関数を利用することで、シンプルな数式で複数条件を扱うことが可能になりました。

「IFS」関数の書式は次の通りです。

=IFS(論理式1, 真の場合1, 論理式2, 真の場合2,…)

引数「論理式」にはTRUE(真)かFALSE(偽)を返す式を指定します。「真の場合」には「論理式」がTRUEの場合に表示する値を指定します。「論理式」と「真の場合」の組み合わせは127個まで指定できます。

操作例では、合計点が270点以上の場合には「A」、240点以上の場合には「B」、200点以上の場合には「C」、3つの条件に当てはまらない場合には「D」を表示させることでランク付けをしています。

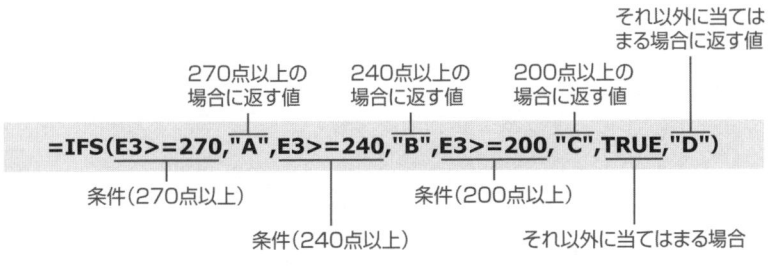

■ SECTION-157 ■ 合計点をABCDの4段階でランク付けする(IFS関数)

| COLUMN | 「IF」関数でABCDの4段階でランク付けする数式を作成するには |

　操作例の4段階のランク付けを「IF」関数を使って数式を作成するには、次のように記述します。なお、「IF」関数での条件分岐については、400ページを参照してください。

=IF(E3>=270,"A",IF(E3>=240,"B",IF(E3>=200,"C","D")))

関連項目 ▶▶▶
- 合計点が210点以上なら「合格」と表示する ……………………………………… p.398
- 合計点をABCの3段階でランク付けする(IF関数) ………………………………… p.400
- 2教科が65点以上なら「合格」と表示する ………………………………………… p.405
- 2教科のどちらか1教科が75点以上なら「合格」と表示する …………………… p.407

SECTION-158

VER. 2010 2013 2016 2019 365

2教科が65点以上なら「合格」と表示する

ここでは、2教科の両方が65点以上ならば「合格」と表示する方法を説明します。

1 複数の条件を満たすデータに「合格」と表示する数式の入力

1. セルD3に「=IF(AND(B3>=65,C3>=65),"合格","")」と入力する

KEYWORD

▶「IF」関数
指定した条件によって処理を分岐させる関数です。

2 数式の複製

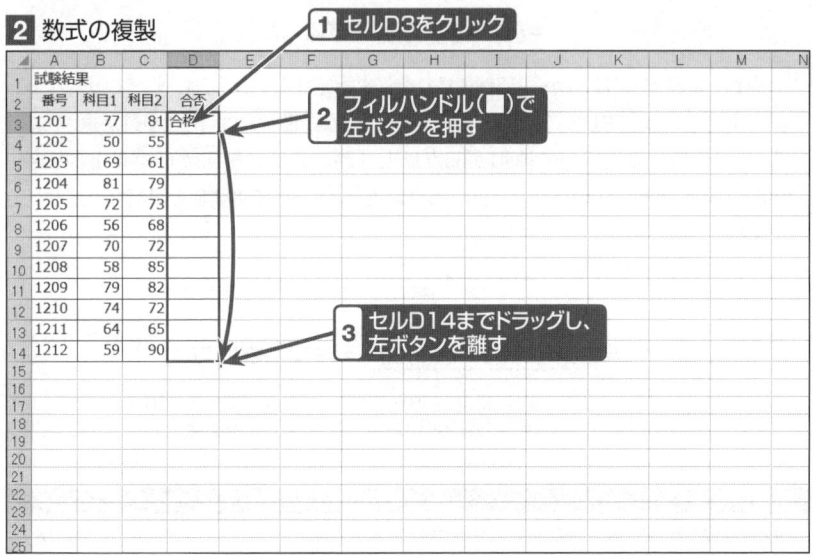

1. セルD3をクリック
2. フィルハンドル(■)で左ボタンを押す
3. セルD14までドラッグし、左ボタンを離す

■ SECTION-158 ■ 2教科が65点以上なら「合格」と表示する

結果の確認

	A	B	C	D
1	試験結果			
2	番号	科目1	科目2	合否
3	1201	77	81	合格
4	1202	50	55	
5	1203	69	61	
6	1204	81	79	合格
7	1205	72	73	合格
8	1206	56	68	
9	1207	70	72	合格
10	1208	58	85	
11	1209	79	82	合格
12	1210	74	72	合格
13	1211	64	65	
14	1212	59	90	

複数の条件を満たすデータだけに「合格」と表示された

ONEPOINT 複数の条件を「かつ」で調べるには「AND」関数を使う

複数の条件を満たすかどうかで処理を分岐させるには、「IF」関数の条件に「AND」関数を用いた数式を使います。

「AND」関数の書式は、次の通りです。

=AND(論理式1,論理式2,…)

引数「論理式」には、1から255個までの条件を指定することができ、すべての条件を満たす場合には「TRUE」を、1つでも条件を満たさない場合には「FALSE」が返されます。そのため、「論理式1」に科目1が65点以上、「論理式2」に科目2が65点以上と指定すると、科目1が65点以上かつ科目2が65点以上という条件で返す値を切り替えることができます。

=IF(AND(B3>=65,C3>=65),"合格","")

条件（科目1が65点以上 かつ科目2が65点以上）
条件を満たす場合に返す値
条件が満たされない場合に返す値

関連項目 ▶▶▶

● 2教科のどちらか1教科が75点以上なら「合格」と表示する ……………………… p.407

SECTION-159

VER. 2010 2013 2016 2019 365

2教科のどちらか1教科が75点以上なら「合格」と表示する

ここでは、2教科のどちらかが75点以上ならば「合格」と表示する方法を説明します。

1 どちらかの条件を満たすデータに「合格」と表示する数式の入力

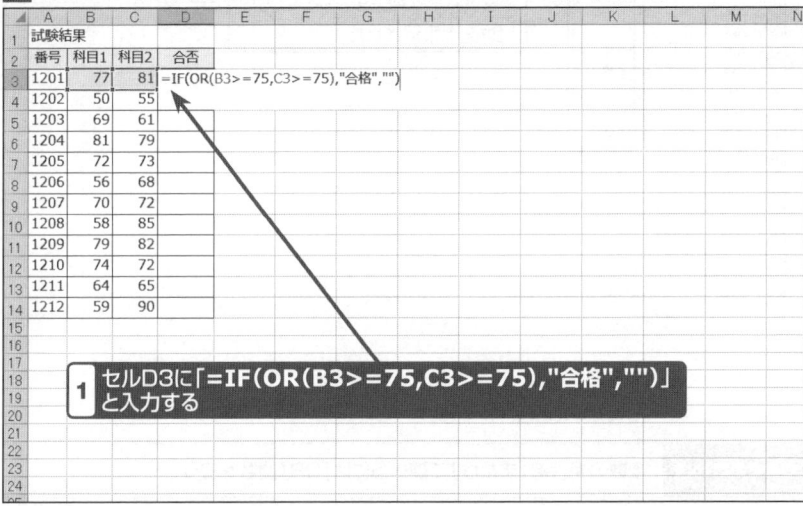

1 セルD3に「=IF(OR(B3>=75,C3>=75),"合格","")」と入力する

KEYWORD

▶「IF」関数
指定した条件によって処理を分岐させる関数です。

2 数式の複製

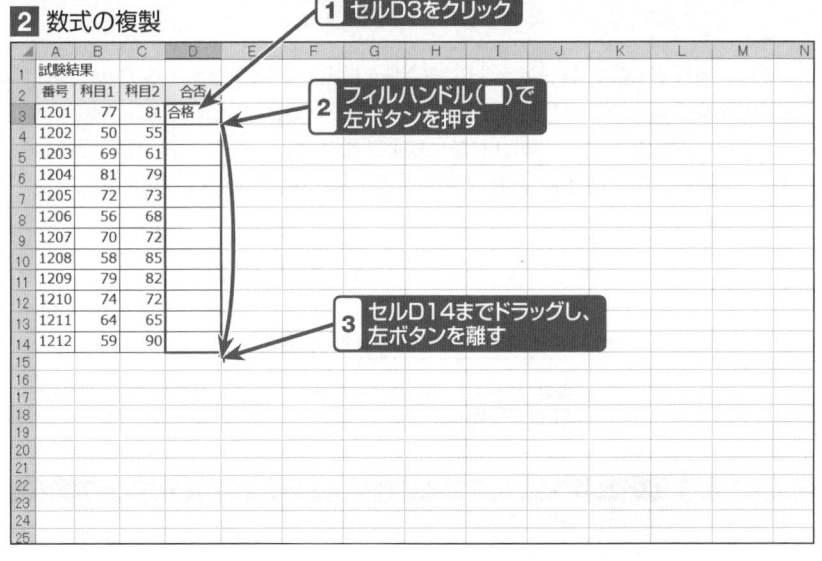

1 セルD3をクリック
2 フィルハンドル(■)で左ボタンを押す
3 セルD14までドラッグし、左ボタンを離す

■ SECTION-159 ■ 2教科のどちらか1教科が75点以上なら「合格」と表示する

結果の確認

	A	B	C	D
1	試験結果			
2	番号	科目1	科目2	合否
3	1201	77	81	合格
4	1202	50	55	
5	1203	69	61	
6	1204	81	79	合格
7	1205	72	73	
8	1206	56	68	
9	1207	70	72	
10	1208	58	85	合格
11	1209	79	82	合格
12	1210	74	72	
13	1211	64	65	
14	1212	59	90	合格

どちらかの条件を満たすデータに「合格」と表示された

ONEPOINT 複数の条件を「または」で調べるには「OR」関数を使う

複数の条件を満たすかどうかで処理を分岐させるには、「IF」関数の条件に「OR」関数を用いた数式を使います。

「OR」関数の書式は、次の通りです。

=OR(論理式1,論理式2,…)

引数「論理式」には、1から255個までの条件を指定することができ、いずれかの条件を満たす場合には「TRUE」を、1つも条件を満たさない場合には「FALSE」が返されます。そのため、「論理式1」に科目1が75点以上、「論理式2」に科目2が75点以上と指定すると、科目1が75点以上または科目2が75点以上という条件で返す値を切り替えることができます。

=IF(OR(B3>=75,C3>=75),"合格","")

- 条件(科目1が75点以上または科目2が75点以上)
- 条件を満たす場合に返す値
- 条件が満たされない場合に返す値

関連項目 ▶▶▶

● 2教科が65点以上なら「合格」と表示する ……………………………………… p.405

SECTION-160

VER. 2010 2013 2016 2019 365

合計点210点以上を満たさない場合は「不合格」と表示する

ここでは、条件「合計点が210点以上」を満たさない場合は「不合格」と表示する方法を説明します。

1 条件を満たさないデータに「不合格」と表示する数式の入力

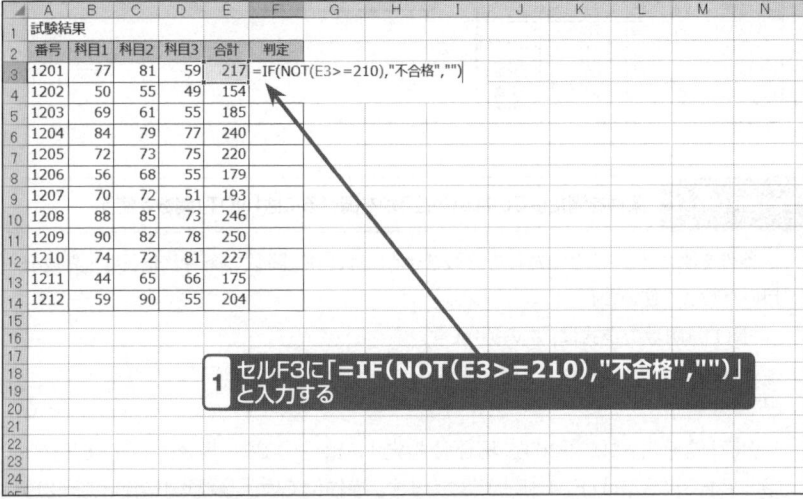

1 セルF3に「=IF(NOT(E3>=210),"不合格","")」と入力する

KEYWORD

▶「IF」関数
指定した条件によって処理を分岐させる関数です。

2 数式の複製

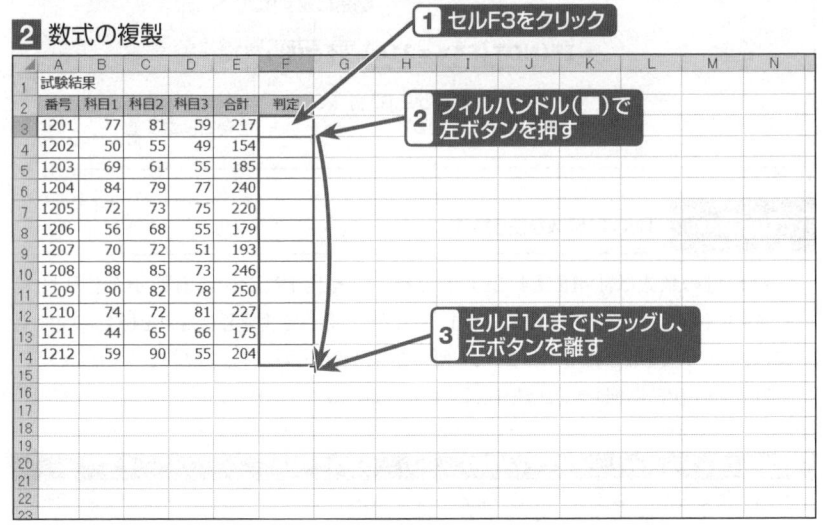

1 セルF3をクリック
2 フィルハンドル(■)で左ボタンを押す
3 セルF14までドラッグし、左ボタンを離す

SECTION-160 ■ 合計点210点以上を満たさない場合は「不合格」と表示する

結果の確認

	A	B	C	D	E	F
1	試験結果					
2	番号	科目1	科目2	科目3	合計	判定
3	1201	77	81	59	217	
4	1202	50	55	49	154	不合格
5	1203	69	61	55	185	不合格
6	1204	84	79	77	240	
7	1205	72	73	75	220	
8	1206	56	68	55	179	不合格
9	1207	70	72	51	193	不合格
10	1208	88	85	73	246	
11	1209	90	82	78	250	
12	1210	74	72	81	227	
13	1211	44	65	66	175	不合格
14	1212	59	90	55	204	不合格

条件を満たさないデータに「不合格」と表示された

ONEPOINT 条件を満たしていないかどうかを調べるには「NOT」関数を使う

条件を満たさないことで処理を分岐させるには、「IF」関数の条件に「NOT」関数を用いた数式を使います。

「NOT」関数の書式は、次の通りです。

＝NOT(論理式)

引数「論理式」に「○○である場合」と指定すると、○○でない場合には「TRUE」を、○○である場合には「FALSE」が返されます。操作例では、「論理式」に合計点が210点以上と指定することで、210点以上を満たさない場合(210点未満の場合)は、「不合格」と返すように数式を作成しています。

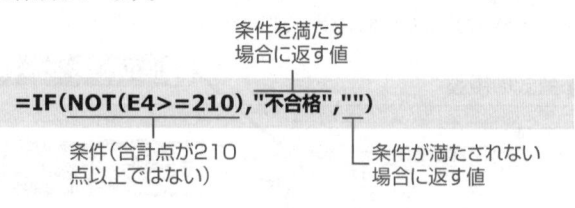

=IF(NOT(E4>=210),"不合格","")

条件(合計点が210点以上ではない) / 条件を満たす場合に返す値 / 条件が満たされない場合に返す値

COLUMN 「NOT」関数を使う意味

操作例の数式は、「=IF(E4<210,"不合格","")」や「=IF(E4>=210,"","不合格")」と作成しても同じ戻り値を得ることができます。しかし、条件を否定した結果を得たい場合には、「NOT」関数を利用することで、何の結果からどういう答えを導きたいのかという意味がわかりやすい数式を記述することができます。

関連項目 ▶ ▶ ▶

● 2教科が65点以上なら「合格」と表示する ………………………………………… p.405

SECTION-161

合計得点から「優勝」「準優勝」「3位」を調べて表示する

ここでは、合計得点の上位3位を調べて「優勝」「準優勝」「3位」と表示させる方法を説明します。

1 合計得点から「優勝」「準優勝」「3位」と表示する数式の入力

1. セルD3に「=SWITCH(RANK.EQ(C3,$C$3:$C$12,0),1,"優勝",2,"準優勝",3,"3位","")」と入力する

KEYWORD

▶「SWITCH」関数
複数の値を検索して一致した値に組み合わせられた結果を返す関数です。

▶「RANK.EQ」関数
大きい順・小さい順を指定して順位をつける関数です。

2 数式の複製

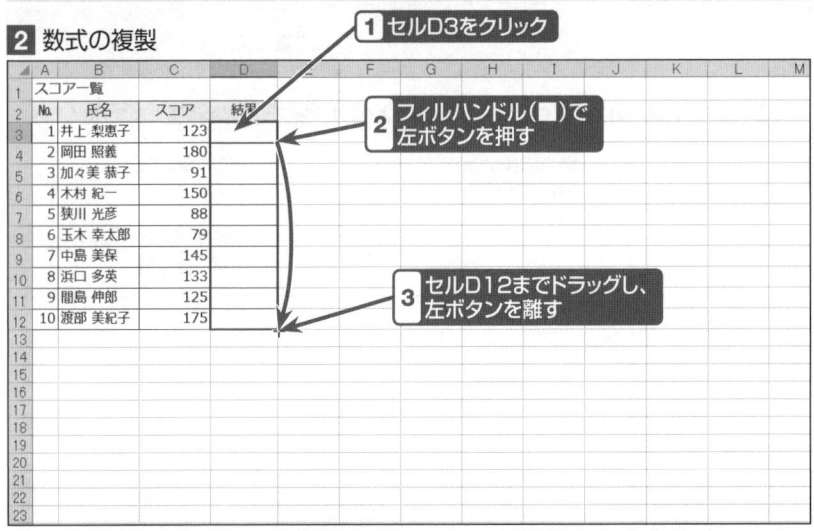

1. セルD3をクリック
2. フィルハンドル(■)で左ボタンを押す
3. セルD12までドラッグし、左ボタンを離す

■ SECTION-161 ■ 合計得点から「優勝」「準優勝」「3位」を調べて表示する

結果の確認

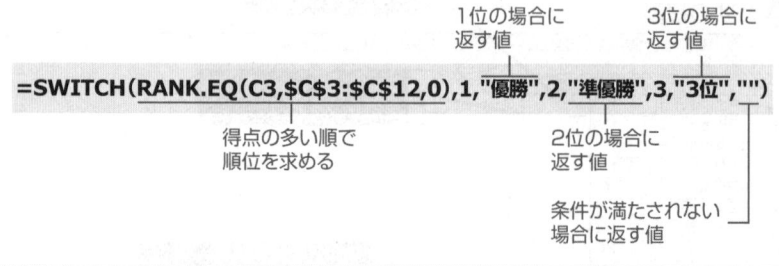

合計得点から「優勝」「準優勝」「3位」が表示された

ONEPOINT 複数の値を検索して一致した値に組み合わせられた結果を返すには「SWITCH」関数を使う

「SWITCH」は、式で求めた値の一覧を評価し、一致する値に対応する結果を返し、一致しない場合は任意に指定した値を返す関数です。Excel2016から追加されました。

「SWITCH」関数の書式は次の通りです。

=SWITCH(検索値,値1,結果1,値2,結果2,…既定の結果)

引数「検索値」には検索する値を指定します。「値」には検索される値を指定します。「結果」には「検索値」が「値」に一致したときに返したい値を指定します。「値」と「結果」の組み合わせは126個まで指定できます。「既定の結果」には「検索値」が「値」のどれにも一致しなかったときに返したい値を指定します(省略可能)。

操作例では、合計得点を「RANK.EQ」関数で大きい順で順位を求め、1位、2位、3位の場合にそれぞれ「優勝」「準優勝」「3位」と表示し、それ以外の順位の場合には何も表示しないように「""」を指定しています。

=SWITCH(RANK.EQ(C3,$C$3:$C$12,0),1,"優勝",2,"準優勝",3,"3位","")

- 得点の多い順で順位を求める
- 1位の場合に返す値
- 2位の場合に返す値
- 3位の場合に返す値
- 条件が満たされない場合に返す値

SECTION-162

VER. 2010 2013 2016 2019 365

重複するデータがある場合には「入力済み」と表示する

「IF」関数は、他の関数を利用して条件を指定することができます。ここでは、データをカウントする「COUNTIF」関数を利用して、応募者が重複する場合には「入力済み」と表示する方法を説明します。

1 重複する応募者にコメントを表示する数式の入力

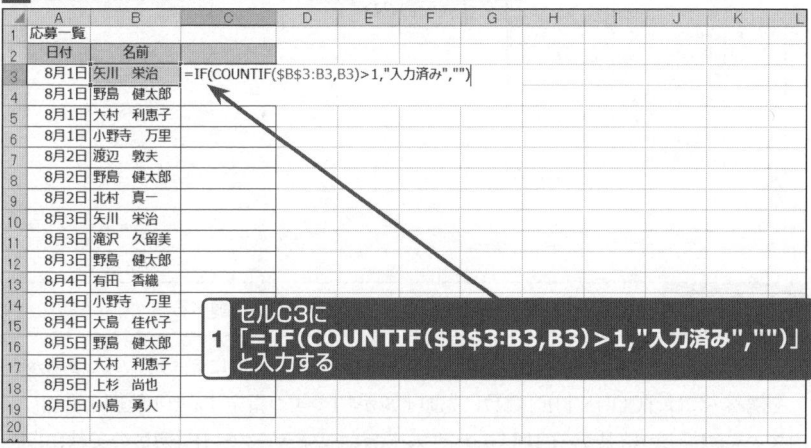

セルC3に
1 「=IF(COUNTIF($B$3:B3,B3)>1,"入力済み","")」
と入力する

KEYWORD

▶「IF」関数
指定した条件によって処理を分岐させる関数です。

▶「COUNTIF」関数
指定された条件に一致するセルの個数を返す関数です。

2 数式の複製

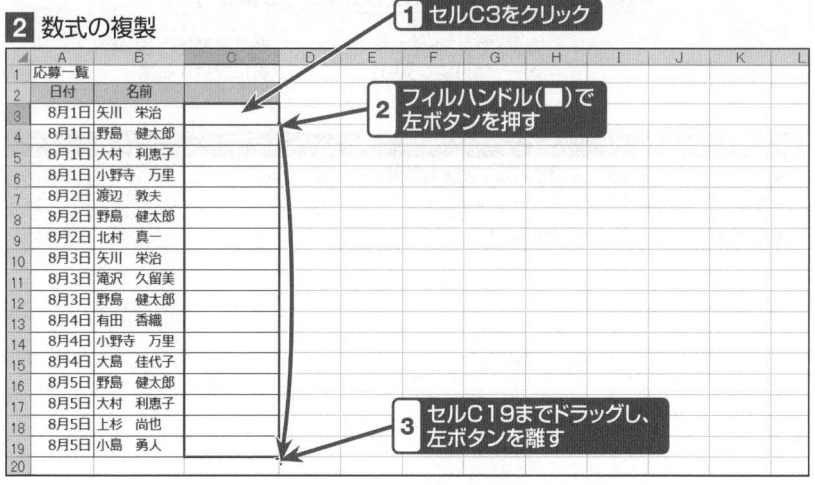

1 セルC3をクリック

2 フィルハンドル(■)で左ボタンを押す

3 セルC19までドラッグし、左ボタンを離す

■ SECTION-162 ■ 重複するデータがある場合には「入力済み」と表示する

結果の確認

	A	B	C
1	応募一覧		
2	日付	名前	
3	8月1日	矢川　栄治	
4	8月1日	野島　健太郎	
5	8月1日	大村　利恵子	
6	8月1日	小野寺　万里	
7	8月2日	渡辺　敦夫	
8	8月2日	野島　健太郎	入力済み
9	8月2日	北村　真一	
10	8月3日	矢川　栄治	入力済み
11	8月3日	滝沢　久留美	
12	8月3日	野島　健太郎	入力済み
13	8月4日	有田　香織	
14	8月4日	小野寺　万里	入力済み
15	8月4日	大島　佳代子	
16	8月5日	野島　健太郎	入力済み
17	8月5日	大村　利恵子	入力済み
18	8月5日	上杉　尚也	
19	8月5日	小島　勇人	

重複するデータにコメントが表示された

ONEPOINT　重複データは2回以上カウントされたデータ数を調べる

　重複データは、セル範囲に2つ以上あるデータです。セル範囲にデータがいくつあるかを調べるには、「COUNTIF」関数に先頭セルから1つずつ指定するセル範囲を追加していきます。この結果から、1回より多くカウントされているデータを「IF」関数の条件に指定することで、重複データにコメントを表示することができます。
　なお、「COUNTIF」関数に関しては、123ページを参照してください。

=IF(COUNTIF($B$3:B3,B3)>1,"入力済み","")

条件（カウントされたデータが1より多い）
条件を満たす場合に表示する値
条件を満たさない場合に表示する値

関連項目 ▶▶▶
- 試験の点数が150点以上180点以下の人数を求める ……………………………… p.123
- 重複データを除いた申し込み人数を求める ……………………………………… p.129
- 合計点が210点以上なら「合格」と表示する ……………………………………… p.398

SECTION-163

VER. 2010 2013 2016 2019 365

セルのデータが数値か文字列か調べる

セルに入力したデータが数値かどうかを調べるには「ISNUMBER」関数を、文字列かどうかを調べるには「ISTEXT」関数を利用します。ここでは、セルに入力した値が数値の場合には数値欄に「○」を、文字列の場合は文字列欄に「○」を表示する方法を説明します。

1 データが数値の場合は「○」を表示する数式の入力

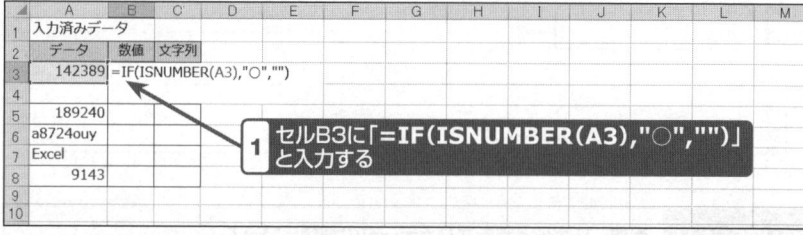

1 セルB3に「`=IF(ISNUMBER(A3),"○","")`」と入力する

KEYWORD

▶「IF」関数
指定した条件によって処理を分岐させる関数です。

2 データが文字列の場合は「○」を表示する数式の入力

1 セルC3に「`=IF(ISTEXT(A3),"○","")`」と入力する

3 数式の複製

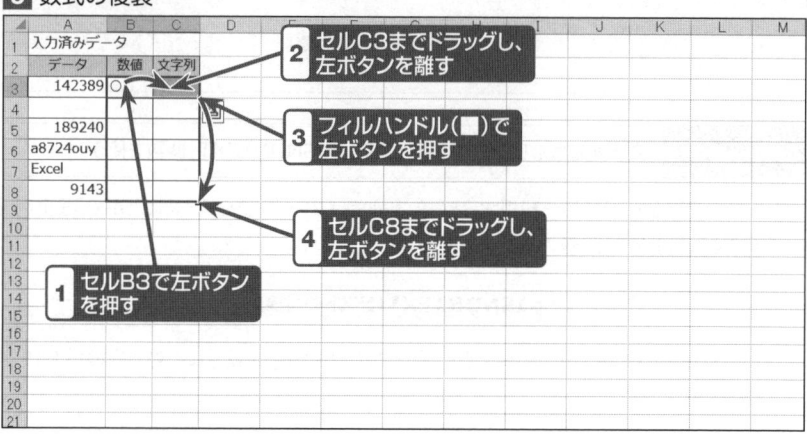

1 セルB3で左ボタンを押す

2 セルC3までドラッグし、左ボタンを離す

3 フィルハンドル(■)で左ボタンを押す

4 セルC8までドラッグし、左ボタンを離す

■ SECTION-163 ■ セルのデータが数値か文字列か調べる

結果の確認

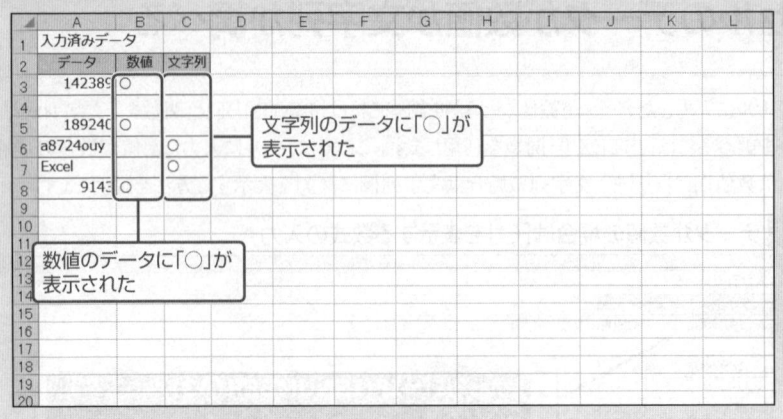

文字列のデータに「○」が表示された

数値のデータに「○」が表示された

ONEPOINT 　**数値、文字列と判断されるデータの種類について**

「ISNUMBER」関数では、引数「テストの対象」が数値の場合には「TRUE」が返され、数値ではない場合には「FALSE」が返されます。数値とみなされるデータには、年月日、時間、数式も含まれます。

「ISTEXT」関数では、引数「テストの対象」が文字列の場合には「TRUE」が返され、文字列ではない場合には「FALSE」が返されます。文字列とみなされるデータには、空白でも数式が入力されているセルも含まれます。

操作例では、「IF」関数を利用して、「ISNUMBER」関数、「ISTEXT」関数の戻り値が「TRUE」の場合には、「○」を表示させるように条件で分岐させています。

「ISNUMBER」関数、「ISTEXT」関数の書式は、次の通りです。

=ISNUMBER(テストの対象)

=ISTEXT(テストの対象)

COLUMN 　**文字列ではないデータを調べるには「ISNONTEXT」関数を使う**

「ISNONTEXT」関数を利用すると、文字列ではないデータを調べることができます。「ISNONTEXT」関数の書式は、次の通りです。

=ISNONTEXT(テストの対象)

引数「テストの対象」が文字列でない場合には「TRUE」が返され、文字列の場合には「FALSE」が返されます。

COLUMN　Excelの「IS関数」

　Excelの情報関数の中には、ISから始まる「IS関数」と呼ばれる種類があります。「IS関数」の書式は統一で、引数「テストの対象」に当てはまる場合には「TRUE」が返され、当てはまらない場合には「FALSE」を返します。「IS関数」には、次のような種類があります。

関数	説明
ISTEXT	データが文字列の場合は「TRUE」を返す
ISNONTEXT	データが文字列ではない場合は「TRUE」を返す
ISNUMBER	データが数値の場合は「TRUE」を返す
ISEVEN	データが偶数の場合は「TRUE」を返す
ISODD	データが奇数の場合は「TRUE」を返す
ISERROR	データがエラー値の場合には「TRUE」を返す
ISNA	データがエラー値「#NA!」の場合には「TRUE」を返す
ISERR	データがエラー値「#NA!」以外の場合には「TRUE」を返す
ISLOGICAL	データが論理値の場合には「TRUE」を返す
ISBLANK	データが空白セルの場合には「TRUE」を返す
ISREF	データがセル参照(セル番地やセル範囲)の場合には「TRUE」を返す
ISFORMULA	数式が含まれるセルへの参照がある場合には「TRUE」を返す

SECTION-164
VER. 2010 2013 2016 2019 365

数式を入力したセルに「0」を表示させないようにする

ここでは、計算対象のセルが空白でも計算結果のセルに「0」を表示させないようにする方法を説明します。

1 もとの数式の削除

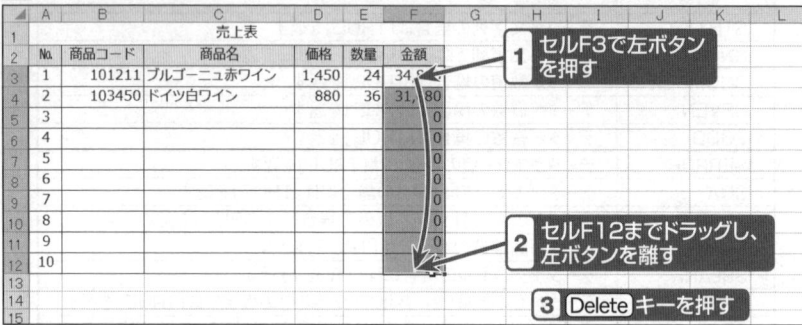

2 計算対象が空白でも「0」を表示させないようにする数式の入力

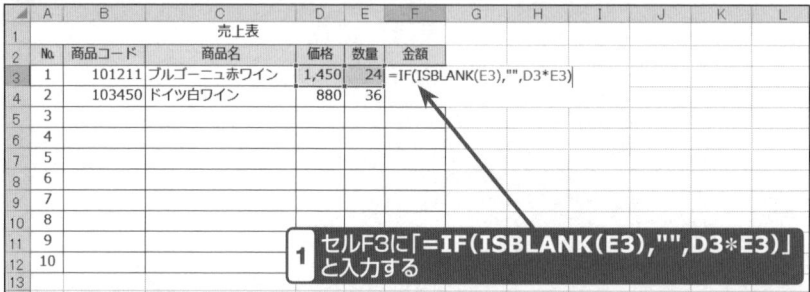

KEYWORD

▶「IF」関数
指定した条件によって処理を分岐させる関数です。

3 数式の複製

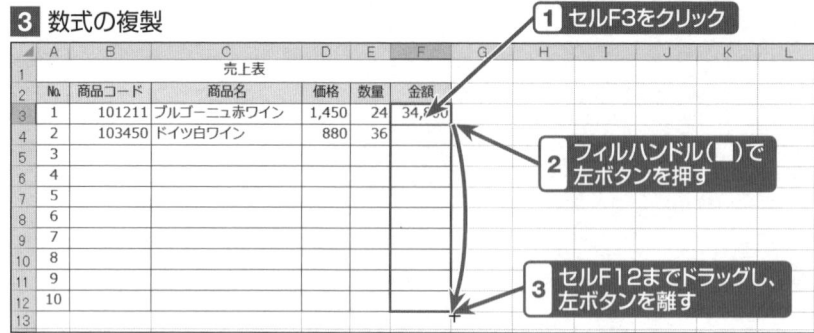

■ SECTION-164 ■ 数式を入力したセルに「0」を表示させないようにする

結果の確認

計算対象が空白でも「0」が表示されない

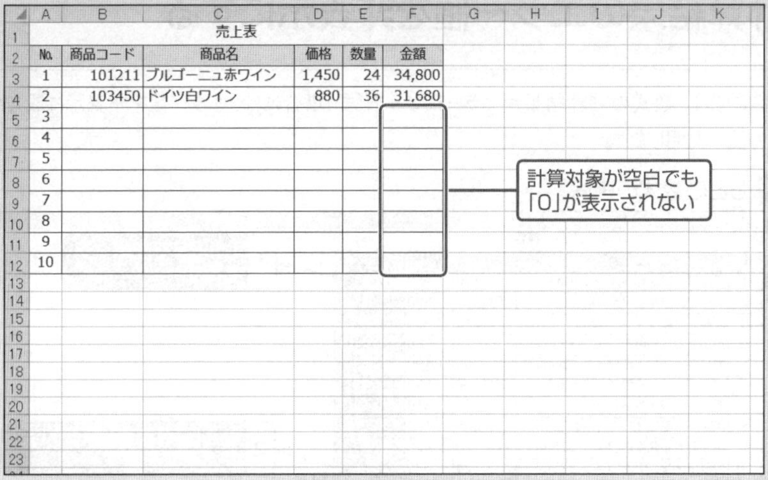

ONEPOINT セルが空白かどうか調べるには「ISBLANK」関数を使う

セルが空白かどうか調べるには、「ISBLANK」関数を使います。
「ISBLANK」関数の書式は、次の通りです。

=ISBLANK(テストの対象)

引数「テストの対象」が空白の場合には「TRUE」が返され、空白ではない場合には「FALSE」が返されます。

操作例では、「IF」関数を利用して、「ISBLANK」関数の引数「テストの対象」に数式の計算対象となる「数量」のセルを指定しています。この結果、戻り値が「TRUE」の場合には、計算対象のセルにはデータが入力されていないため、通常表示される「0」を非表示にしています。

条件を満たす(セルが空白)場合に表示する値

=IF(ISBLANK(E3),"",D3*E3)

条件(計算対象のセルが空白かどうか)

条件を満たさない(セルが空白ではない)場合に実行する数式

関連項目 ▶▶▶

● 合計点が210点以上なら「合格」と表示する ……………………………………… p.398

SECTION-165

VER. 2010 2013 2016 2019 365

計算結果のエラー値を非表示にする

ここでは、数式の計算結果がエラーになってしまう場合には、エラー値を非表示に設定する方法を説明します。

1 もとの数式の削除

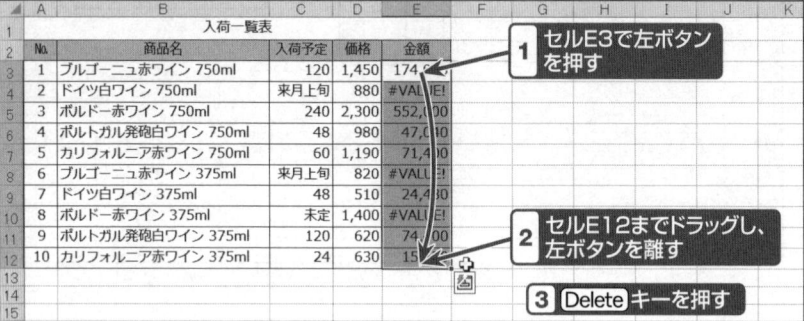

2 エラー値を非表示にする数式の入力

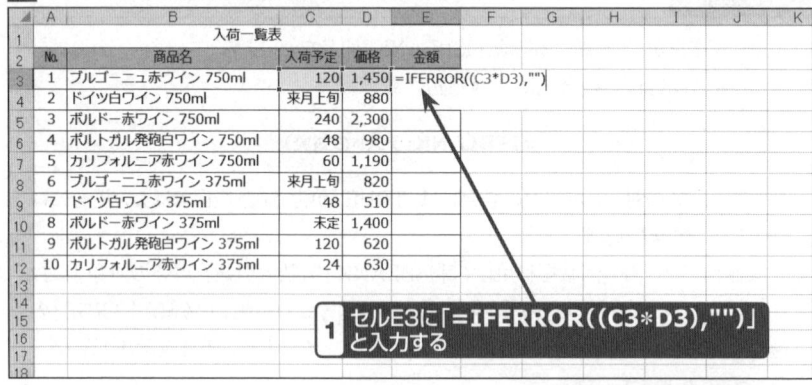

3 数式の複製

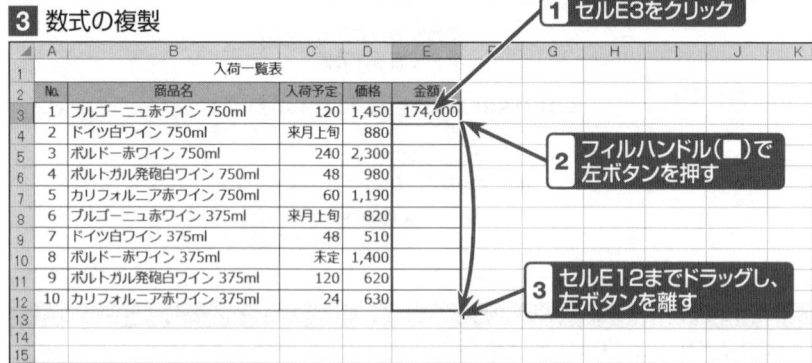

■ SECTION-165 ■ 計算結果のエラー値を非表示にする

結果の確認

	A	B	C	D	E	F	G	H	I	J
1		入荷一覧表								
2	No.	商品名	入荷予定	価格	金額					
3	1	ブルゴーニュ赤ワイン 750ml	120	1,450	174,000					
4	2	ドイツ白ワイン 750ml	来月上旬	880						
5	3	ボルドー赤ワイン 750ml	240	2,300	552,000					
6	4	ポルトガル発砲白ワイン 750ml	48	980	47,040					
7	5	カリフォルニア赤ワイン 750ml	60	1,190	71,400					
8	6	ブルゴーニュ赤ワイン 375ml	来月上旬	820						
9	7	ドイツ白ワイン 375ml	48	510	24,480					
10	8	ボルドー赤ワイン 375ml	未定	1,400						
11	9	ポルトガル発砲白ワイン 375ml	120	620	74,400					
12	10	カリフォルニア赤ワイン 375ml	24	630	15,120					

エラー値が非表示になった

ONEPOINT データがエラーかどうかを調べるには「IFERROR」関数を使う

データがエラーかどうかを調べるには、「IFERROR」関数を使います。
「IFERROR」関数の書式は、次の通りです。

=IFERROR(値,エラーの場合の値)

引数「値」には、エラーかどうかを調べる値または数式を、引数「エラーの場合の値」には引数「値」の結果がエラーだった場合に表示するデータを指定します。引数「値」の結果がエラーではない場合には、指定した値または計算結果が返されます。

SECTION-166

VER. 2010 2013 2016 2019 365

エラー値の説明を表示する

エラー値の種類を調べるには、「ERROR.TYPE」関数を利用します。ここでは、「ERROR.TYPE」関数と「CHOOSE」関数を利用して、エラー値の説明を表示する方法を説明します。

1 エラー値に対する説明を表示する数式の入力

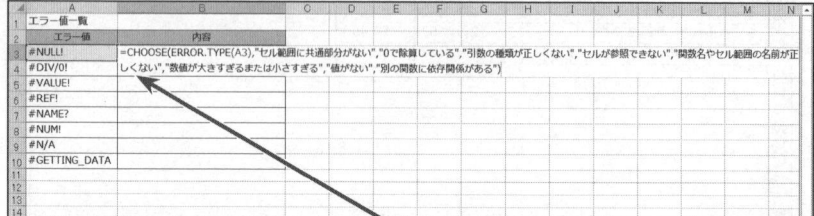

1. セルB3に「**=CHOOSE(ERROR.TYPE(A3),"セル範囲に共通部分がない", "0で除算している", "引数の種類が正しくない", "セルが参照できない", "関数名やセル範囲の名前が正しくない", "数値が大きすぎるまたは小さすぎる", "値がない", "別の関数に依存関係がある")**」と入力する

2 数式の複製

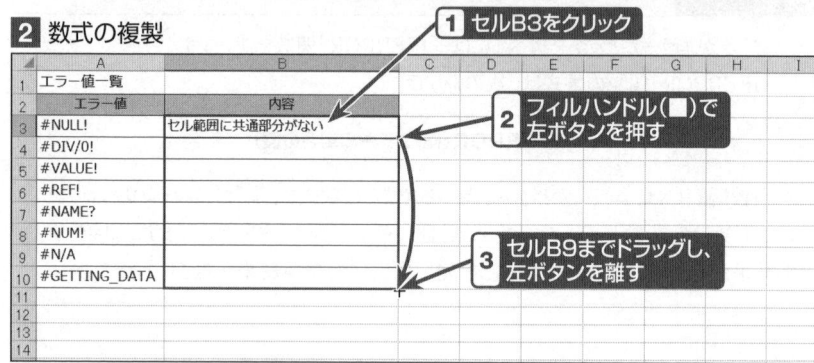

1. セルB3をクリック
2. フィルハンドル(■)で左ボタンを押す
3. セルB9までドラッグし、左ボタンを離す

結果の確認

	A	B	C	D	E	F	G	H
1	エラー値一覧							
2	エラー値	内容						
3	#NULL!	セル範囲に共通部分がない						
4	#DIV/0!	0で除算している						
5	#VALUE!	引数の種類が正しくない						
6	#REF!	セルが参照できない			エラー値に対する説明が表示された			
7	#NAME?	関数名やセル範囲の名前が正しくない						
8	#NUM!	数値が大きすぎるまたは小さすぎる						
9	#N/A	値がない						
10	#GETTING_DATA	別の関数に依存関係がある						

■ SECTION-166 ■ エラー値の説明を表示する

ONEPOINT 「ERROR.TYPE」関数の戻り値順に「CHOOSE」関数で説明を指定する

「ERROR.TYPE」は、エラー値の種類に対する数値を返す関数です。各エラー値に対する戻り値は、次のようになります。

エラー値	戻り値
#NULL!	1
#DIV/0!	2
#VALUE!	3
#REF!	4
#NAME?	5
#NUM!	6
#N/A	7
#GETTING_DATA	8
その他	#N/A

操作例では、「CHOOSE」関数を利用して、「ERROR.TYPE」関数の戻り値の順番にエラー値の内容を引数に指定することで、エラー値に対応した説明を表示させています。なお、データがエラー値以外の値の場合には「#N/A」が返されます。

COLUMN エラー値が返されたときにだけ説明を表示するには

操作例の方法では、エラー値が表示されていないセルに対しては、エラー値「#N/A」が返されてしまいます。そのような場合には、「=IF(ISNUMBER(E3),"",CHOOSE(ERROR.TYPE(E3),"セル範囲に共通部分がない",〜,"値がない"))」のように「IF」関数と「ISNUMBER」関数を利用してエラー値「#N/A」を非表示にすることで、エラー値が返されたセルだけに説明を表示させることができます。

関連項目 ▶▶▶
● 1、2、3…の数値入力で対応する値を表示する …………………………………… p.235

SECTION-167 VER. 2010 2013 2016 2019 365
Excelブックのファイル名を取り出してタイトル名にする

ここでは、Excelブックのファイル名を取り出して表のタイトル代わりに使う方法を説明します。

1 ファイル名を取り出す数式の入力

1 セルA1に「=MID(CELL("filename",B1),(FIND("[",CELL("filename",B1))+1),(FIND(".",CELL("filename",B1))-FIND("[",CELL("filename",B1))-1))」と入力する

HINT
ブックを保存していない場合には、ファイル名を付けて保存しておきます。

KEYWORD

▶「MID」関数
文字列から指定した開始位置と文字数で文字を取り出す関数です。

▶「FIND」関数
検索する文字列の位置を返す関数です。

結果の確認

ブックのファイル名がタイトルに利用された

> ■ SECTION-167 ■ Excelブックのファイル名を取り出してタイトル名にする

> **ONEPOINT** 目的のセルに関する情報を取り出すには「CELL」関数を使う
>
> 目的のセルに関する情報を取り出すには、「CELL」関数を使います。
> 「CELL」関数の書式は、次の通りです。
>
> **=CELL(検査の種類,対象範囲)**
>
> 「CELL」関数は、引数「検査の種類」に次の文字列を指定することで、引数「対象範囲」に指定したセルをもとに次の情報を返します。
>
> | 検査の種類 | 戻り値 |
> |---|---|
> | "address" | 対象範囲の左上隅にあるセル番地 |
> | "col" | 対象範囲の左上隅にあるセルの列番号 |
> | "color" | 負の数を色で表す書式がセルに設定されている場合は1、それ以外の場合は0 |
> | "contents" | 対象範囲の左上隅にあるセルの値 |
> | "filename" | 対象範囲を含むファイルの名前 |
> | "format" | セルが負数に対応する色で書式設定されている場合、文字列定数の末尾に「-」が付き、正数またはすべての値を括弧で囲む書式がセルに設定されている場合、結果の文字列定数の末尾に「()」が付く |
> | "parentheses" | 正の値またはすべての値を括弧で囲む書式がセルに設定されている場合は1、それ以外の場合は0 |
> | "prefix" | セルが左詰めの文字列を含むときは「'」(単一引用符)、右詰めの文字列を含むときは「"」(二重引用符)、中央揃えの文字列を含むときは「^」(キャレット)、両揃えの文字列を含むときは「¥」(円記号)、それ以外のデータが入力されているときは空白文字列 |
> | "protect" | セルがロックされていない場合は0、ロックされている場合は1 |
> | "row" | 対象範囲の左上隅にあるセルの行番号 |
> | "type" | セルが空白の場合は「b」(Blankの頭文字)、セルに文字列定数が入力されている場合は「l」(Labelの頭文字)、その他の値が入力されている場合は「v」(Valueの頭文字) |
> | "width" | 小数点以下を切り捨てた整数のセル幅(セル幅の単位は、既定のフォントサイズの1文字の幅と等しくなる) |
>
> 操作例では、引数「検査の種類」に「filename」を指定することで、ブックのファイル名を求めています。通常、Cドライブに保存してある「輸入ワイン入荷一覧表.xls」の場合には、「=CELL("filename",B1)」を実行すると、「C:¥[輸入ワイン入荷一覧表.xls]Sheet1」という値が返されます。この値から「FIND」関数で「[」の次の文字列と「.」の前の文字列の位置を求め、「MID」関数でファイル名のみを取り出しています。
>
> ブックのファイル名を求める数式　　「[」の次の文字の位置を求める数式
>
> **=MID(CELL("filename",B1),(FIND("[",CELL("filename",B1))+1),**
> **(FIND(".",CELL("filename",B1))-**
> **FIND("[",CELL("filename",B1))-1))**
>
> 「.」の位置を求める数式　　ファイル名のみの文字数を求める数式

CHAPTER 08
データベース

SECTION-168

データベース関数について

■ データベース関数の名前と書式

Excelには、条件を満たすデータを集計する「データベース関数」という種類があります。データベース関数のほとんどは、通常の関数名の頭に「D」が付いた名前になります。たとえば、条件を満たす値を集計する場合には、「SUM」関数にDが付いた「DSUM」関数を利用します。なお、データベース関数は、下表のようになります。

関数名	内容
DSUM	条件を満たすデータの合計を求める
DAVERAGE	条件を満たすデータの平均値を求める
DMAX	条件を満たすデータの最大値を求める
DMIN	条件を満たすデータの最小値を求める
DPRODUCT	条件を満たすデータの積を求める
DSTDEVP	条件を満たすデータの標本標準偏差を求める
DSTDEV	条件を満たすデータの標準偏差を求める
DVARP	条件を満たすデータの標本分散を求める
DVAR	条件を満たすデータの普遍分散を求める
DCOUNT	条件を満たすデータの個数を求める
DCOUNTA	条件を満たすデータの空白でないセルの個数を求める
DGET	データベースから1つの値を抽出する

データベース関数の書式は、「データベース」（バージョンによっては「Database」）、「フィールド」、「検索条件」（バージョンによっては「Criteria」）の3つの引数から構成されます。引数「データベース」にはデータ全体を、引数「フィールド」には集計したいデータのフィールド名のセルを、「検索条件」には条件を指定します。ただし、「検索条件」に指定する条件は、直接、指定することはできず、データベース関数の規則をもとにワークシート上に作成したセル番地を範囲選択する必要があります。

たとえば、下図の成績一覧で、英語と国語の点数が70点以上の受験者の平均合計点を求めるには、次のように条件を作成し、データベース関数「DAVERAGE」関数を利用して数式を作成します。

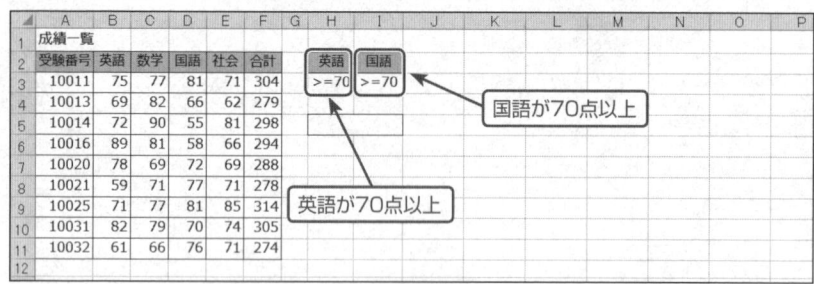

■ SECTION-168 ■ データベース関数について

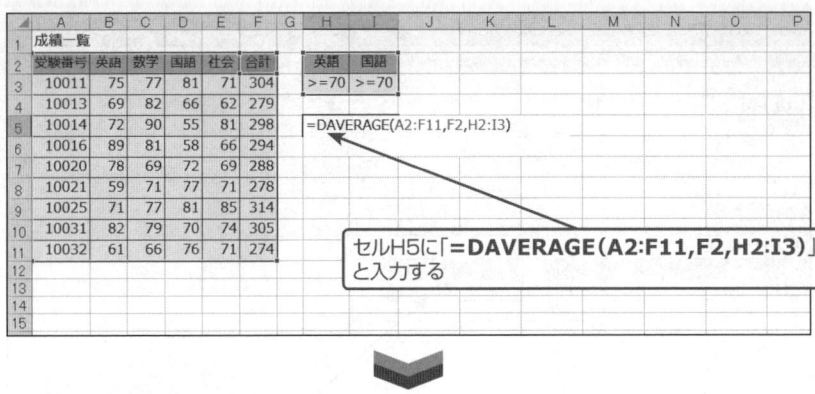

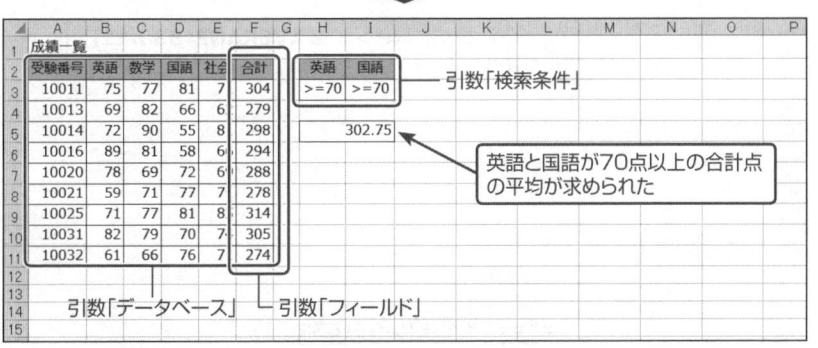

なお、引数「検索条件」に指定するセル範囲は、同じ行に入力した場合にはAND条件、異なる行に入力した場合にはOR条件を表します。AND条件（英語が70点以上かつ国語が70点以上）の場合は次のように指定します。

英語	国語
>=70	>=70

OR条件（英語が70点以上または国語が70点以上）の場合は、次のように指定します。

英語	国語
>=70	
	>=70

AND条件とOR条件の組み合わせ（英語が70点以上かつ国語が70点以上または数学が70点以上かつ社会が70点以上）の場合は、次のように指定します。

英語	国語	数学	社会
>=70	>=70		
		>=70	>=70

また、条件を演算子と関数を使って指定する場合には、演算子を「"」（ダブルクォーテーション）で囲み、「&」（アンパサンド）に続いて関数を指定する必要があります。

429

■ SECTION-168 ■ データベース関数について

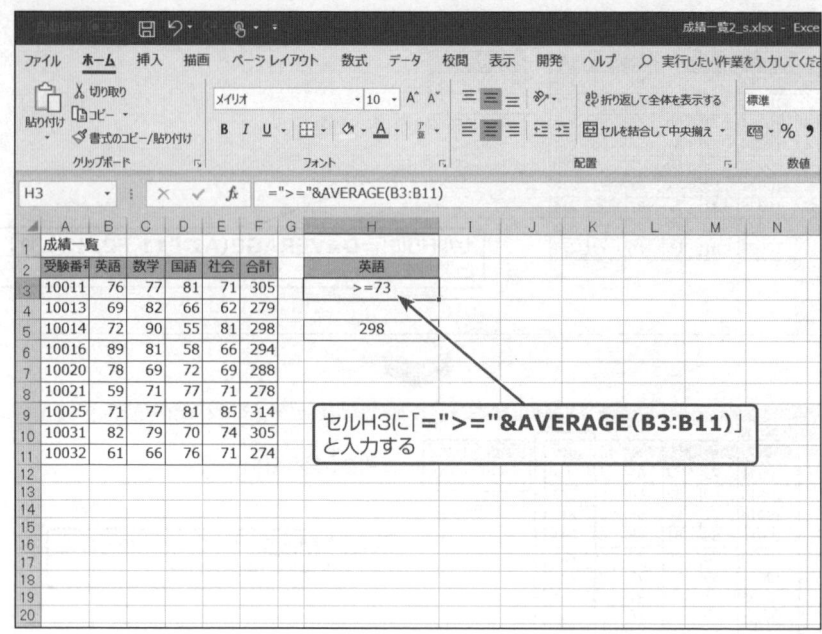

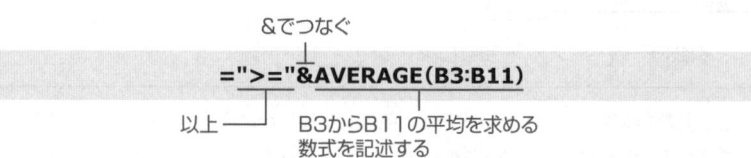

　文字列の検索を行う場合には、検索条件として文字列を入力すると、その文字列ではじまる項目がすべて検索されます。たとえば、検索条件として「福」と入力すると、"福島"、"福岡"、"福井"などが検索されます。

　指定した文字列に完全に一致する項目だけを検索したい場合には、「="=福島"」のように入力します。

　なお、検索条件には、ワイルドカードの「*」や「?」を利用することができます(79ページ参照)。

SECTION-169

VER. 2010 2013 2016 2019 365

複数の条件に合ったデータを集計する

ここでは、売上表から「産地がフランス」で「色が赤」の2つの条件に当てはまる商品の合計金額を集計する方法を説明します。

1 条件の作成

2 産地がフランスで色が赤の商品を集計する数式の入力

■ SECTION-169 ■ 複数の条件に合ったデータを集計する

結果の確認

	A	B	C	D	E	F	G	H	I	J	K	L
1	売上トップ15(売上数量順)											
2	順位	産地	商品名	色	単価	数量	金額		合計金額			
3	1	フランス	フランティック 375ml	赤	320	154	49,280		379,820			
4	2	イタリア	ニュー エスト 750ml	白	800	103	82,400					
5	3	フランス	ブルゴーニュ 750ml	赤	1,250	92	115,000					
6	4	フランス	フランティック 750ml	赤	1,340	72	96,480					
7	5	南アフリカ	サウスワイン 750ml	赤	880	51	44,880					
8	6	ドイツ	シュワルツカッツ 750ml	白	980	44	43,120		産地がフランスで色が赤の商品の売上が集計された			
9	7	イタリア	スプマンテ 750ml	白	1,320	39	51,480					
10	8	フランス	フランティック 750ml	赤	830	32	26,560					
11	9	フランス	シャトーモンロー 750ml	赤	2,340	28	65,520					
12	10	イタリア	カステッロ ロッソ 750ml	赤	1,120	24	26,880					
13	11	アメリカ	ピノワール 750ml	赤	1,020	21	21,420					
14	12	フランス	シャトークルール 750ml	赤	1,420	19	26,980					
15	13	フランス	シャブリ プルミエ 750ml	白	2,550	17	43,350					
16	14	アメリカ	シャルドネ CA 750ml	白	1,050	11	11,550					
17	15	イタリア	エストロッソ 375ml	赤	1,280	8	10,240					
18												
19	順位	産地	商品名	色	単価	数量	金額					
20		フランス		赤								
21												
22												

ONEPOINT 複数の条件に合ったデータを集計するには「DSUM」関数を使う

「DSUM」は、指定した条件を満たすデータを集計する関数です。引数「検索条件」に指定する条件は、操作例のように集計もとの一覧表と同じレイアウトにしておくと、効率的に必要な項目を指定することができます。

条件の指定例は、次のようになります。

▶1位から5位の商品の集計

1位から5位の商品を集計するには、フィールド「順位」に「<=5」と入力します。

	A	B	C	D	E	F	G	H	I	J	K
1	売上トップ15(売上数量順)										
2	順位	産地	商品名	色	単価	数量	金額		合計金額		
3	1	フランス	フランティック 375ml	赤	320	154	49,280		388,040		
4	2	イタリア	ニュー エスト 750ml	白	800	103	82,400				
5	3	フランス	ブルゴーニュ 750ml	赤	1,250	92	115,000				
6	4	フランス	フランティック 750ml	赤	1,340	72	96,480				
7	5	南アフリカ	サウスワイン 750ml	赤	880	51	44,880				
8	6	ドイツ	シュワルツカッツ 750ml	白	980	44	43,120				
9	7	イタリア	スプマンテ 750ml	白	1,320	39	51,480				
10	8	フランス	フランティック 750ml	赤	830	32	26,560				
11	9	フランス	シャトーモンロー 750ml	赤	2,340	28	65,520				
12	10	イタリア	カステッロ ロッソ 750ml	赤	1,120	24	26,880				
13	11	アメリカ	ピノワール 750ml	赤	1,020	21	21,420				
14	12	フランス	シャトークルール 750ml	赤	1,420	19	26,980				
15	13	フランス	シャブリ プルミエ 750ml	白	2,550	17	43,350				
16	14	アメリカ	シャルドネ CA 750ml	白	1,050	11	11,550				
17	15	イタリア	エストロッソ 375ml	赤	1,280	8	10,240				
18											
19	順位	産地	商品名	色	単価	数量	金額				
20	<=5										
21											
22											
23											

フィールド「順位」に「<=5」と入力する

■ SECTION-169 ■ 複数の条件に合ったデータを集計する

▶産地がフランスまたはイタリアの商品の集計

産地がフランスまたはイタリアの商品を集計するには、フィールド「産地」の上下に「フランス」「イタリア」と入力し、セルI3の数式を「=DSUM(A2:G17,G2,A19:G21)」に変更します(引数「検索条件」を「A19:G20」から「A19:G21」に変更する)。

数式を「**=DSUM(A2:G17,G2,A19:G21)**」に変更する

	A	B	C	D	E	F	G	H	I	J	K
1	売上トップ15(売上数量順)										
2	順位	産地	商品名	色	単価	数量	金額		合計金額		
3	1	フランス	フランティック 375ml	赤	320	154	49,280		594,170		
4	2	イタリア	ニュー エスト 750ml	白	800	103	82,400				
5	3	フランス	ブルゴーニュ 750ml	赤	1,250	92	115,000				
6	4	フランス	フランティック 750ml	赤	1,340	72	96,480				
7	5	南アフリカ	サウスワイン 750ml	赤	880	51	44,880				
8	6	ドイツ	シュワルツカッツ 750ml	白	980	44	43,120				
9	7	イタリア	スプマンテ 750ml	白	1,320	39	51,480				
10	8	フランス	フランティック 750ml	赤	830	32	26,560				
11	9	フランス	シャトーモンロー 750ml	赤	2,340	28	65,520				
12	10	イタリア	カステッロ ロッソ 750ml	赤	1,120	24	26,880				
13	11	アメリカ	ピノノワール 750ml	赤	1,020	21	21,420				
14	12	フランス	シャトークルール 750ml	赤	1,420	19	26,980				
15	13	フランス	シャブリ プルミエ 750ml	白	2,550	17	43,350				
16	14	アメリカ	シャルドネ CA 750ml	白	1,050	11	11,550				
17	15	イタリア	エストロッソ 375ml	赤	1,280	8	10,240				
18											
19	順位	産地	商品名	色	単価	数量	金額				
20		フランス									
21		イタリア									
22											
23											

フィールド「産地」の上下に入力する

▶375mlの商品(商品名に「375ml」が含まれる商品)の集計

375mlの商品(商品名に「375ml」が含まれる商品)を集計するには、フィールド「商品名」に「*375ml」と入力します。

	A	B	C	D	E	F	G	H	I	J	K
1	売上トップ15(売上数量順)										
2	順位	産地	商品名	色	単価	数量	金額		合計金額		
3	1	フランス	フランティック 375ml	赤	320	154	49,280		59,520		
4	2	イタリア	ニュー エスト 750ml	白	800	103	82,400				
5	3	フランス	ブルゴーニュ 750ml	赤	1,250	92	115,000				
6	4	フランス	フランティック 750ml	赤	1,340	72	96,480				
7	5	南アフリカ	サウスワイン 750ml	赤	880	51	44,880				
8	6	ドイツ	シュワルツカッツ 750ml	白	980	44	43,120				
9	7	イタリア	スプマンテ 750ml	白	1,320	39	51,480				
10	8	フランス	フランティック 750ml	赤	830	32	26,560				
11	9	フランス	シャトーモンロー 750ml	赤	2,340	28	65,520				
12	10	イタリア	カステッロ ロッソ 750ml	赤	1,120	24	26,880				
13	11	アメリカ	ピノノワール 750ml	赤	1,020	21	21,420				
14	12	フランス	シャトークルール 750ml	赤	1,420	19	26,980				
15	13	フランス	シャブリ プルミエ 750ml	白	2,550	17	43,350				
16	14	アメリカ	シャルドネ CA 750ml	白	1,050	11	11,550				
17	15	イタリア	エストロッソ 375ml	赤	1,280	8	10,240				
18											
19	順位	産地	商品名	色	単価	数量	金額				
20			*375ml								
21											
22											

フィールド「商品名」に「*375ml」と入力する

■ SECTION-169 ■ 複数の条件に合ったデータを集計する

▶単価が1000円より高く2000円より安い商品の集計

単価が1000円より高く2000円より安い商品を集計するには、フィールド「単価」を横方向に2つ作成し、「>1000」「<2000」と入力します。

	A	B	C	D	E	F	G	H	I	J
1	売上トップ15(売上数量順)									
2	順位	産地	商品名	色	単価	数量	金額		合計金額	
3	1	フランス	フランティック 375ml	赤	320	154	49,280		360,030	
4	2	イタリア	ニュー エスト 750ml	白	800	103	82,400			
5	3	フランス	ブルゴーニュ 750ml	赤	1,250	92	115,000			
6	4	フランス	フランティック 750ml	赤	1,340	72	96,480			
7	5	南アフリカ	サウスワイン 750ml	赤	880	51	44,880			
8	6	ドイツ	シュワルツカッツ 750ml	白	980	44	43,120			
9	7	イタリア	スプマンテ 750ml	白	1,320	39	51,480			
10	8	フランス	フランティック 750ml	赤	830	32	26,560			
11	9	フランス	シャトーモンロー 750ml	赤	2,340	28	65,520			
12	10	イタリア	カステッロ ロッソ 750ml	赤	1,120	24	26,880			
13	11	アメリカ	ピノワール 750ml	赤	1,020	21	21,420			
14	12	フランス	シャトークルール 750ml	赤	1,420	19	26,980			
15	13	フランス	シャブリ プルミエ 750ml	白	2,550	17	43,350			
16	14	アメリカ	シャルドネ CA 750ml	白	1,050	11	11,550			
17	15	イタリア	エストロッソ 375ml	赤	1,280	8	10,240			
18										
19	順位	産地	商品名	色	単価	単価	金額			
20					>1000	<2000				
21										

フィールド「単価」を2つ作成し、「>1000」「<2000」と入力する

「DSUM」関数の書式は、次の通りです。引数などの詳細は、428ページを参照してください。

=DSUM(データベース,フィールド,検索条件)

SECTION-170

VER. 2010 2013 2016 2019 365

指定した期間の最大値/最小値を求める

条件を満たすデータから最高値または最低値を求めるには、「DMAX」関数または「DMIN」関数を利用します。ここでは、入場者一覧から指定した期間の最高値と最小値を求める方法を説明します。

1 条件の作成

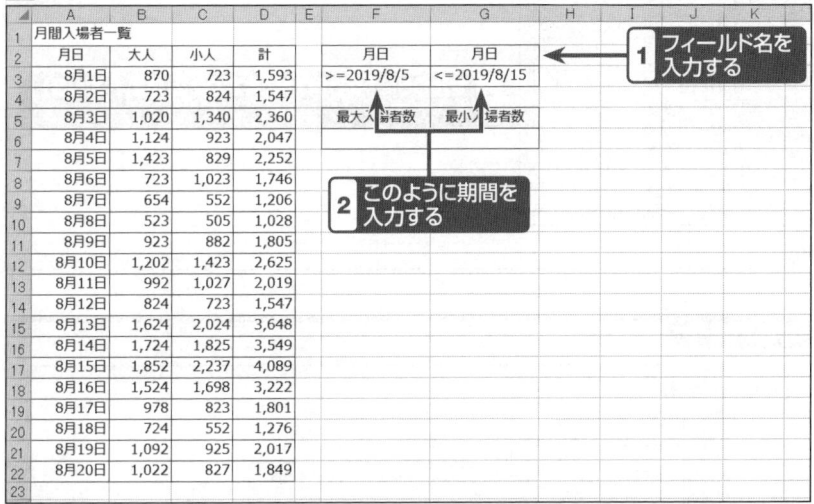

2 最高入場者数を求める数式の入力

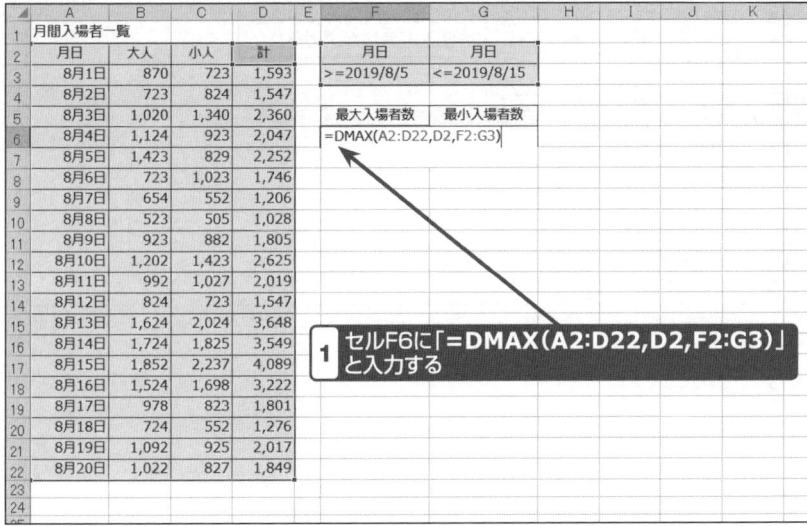

■ SECTION-170 ■ 指定した期間の最大値/最小値を求める

3 最低入場者数を求める数式の入力

	A	B	C	D	E	F	G
1	月間入場者一覧						
2	月日	大人	小人	計		月日	月日
3	8月1日	870	723	1,593		>=2019/8/5	<=2019/8/15
4	8月2日	723	824	1,547			
5	8月3日	1,020	1,340	2,360		最大入場者数	最小入場者数
6	8月4日	1,124	923	2,047		4,089	=DMIN(A2:D22,D2,F2:G3)
7	8月5日	1,423	829	2,252			
8	8月6日	723	1,023	1,746			
9	8月7日	654	552	1,206			
10	8月8日	523	505	1,028			
11	8月9日	923	882	1,805			
12	8月10日	1,202	1,423	2,625			
13	8月11日	992	1,027	2,019			
14	8月12日	824	723	1,547			
15	8月13日	1,624	2,024	3,648			
16	8月14日	1,724	1,825	3,549			
17	8月15日	1,852	2,237	4,089			
18	8月16日	1,524	1,698	3,222			
19	8月17日	978	823	1,801			
20	8月18日	724	552	1,276			
21	8月19日	1,092	925	2,017			
22	8月20日	1,022	827	1,849			

1 セルG6に「=DMIN(A2:D22,D2,F2:G3)」と入力する

結果の確認

	A	B	C	D	E	F	G
1	月間入場者一覧						
2	月日	大人	小人	計		月日	月日
3	8月1日	870	723	1,593		>=2019/8/5	<=2019/8/15
4	8月2日	723	824	1,547			
5	8月3日	1,020	1,340	2,360		最大入場者数	最小入場者数
6	8月4日	1,124	923	2,047		4,089	1,028
7	8月5日	1,423	829	2,252			
8	8月6日	723	1,023	1,746			
9	8月7日	654	552	1,206			
10	8月8日	523	505	1,028			
11	8月9日	923	882	1,805			
12	8月10日	1,202	1,423	2,625			
13	8月11日	992	1,027	2,019			
14	8月12日	824	723	1,547			
15	8月13日	1,624	2,024	3,648			
16	8月14日	1,724	1,825	3,549			
17	8月15日	1,852	2,237	4,089			
18	8月16日	1,524	1,698	3,222			
19	8月17日	978	823	1,801			
20	8月18日	724	552	1,276			
21	8月19日	1,092	925	2,017			
22	8月20日	1,022	827	1,849			

この期間の最高入場者数と最低入場者数が求められた

■ SECTION-170 ■ 指定した期間の最大値/最小値を求める

ONEPOINT　一定期間はAND条件で指定する

一定期間は、「○月○日以上」かつ「○月○日以下」の2つの日付のAND条件で求めることができます。そのため、その期間の最大値/最小値を求めるには、「DMAX」関数/「DMIN」関数の引数「検索条件」に、同じフィールド名で同じ行に作成したセル範囲を指定します。

操作例では、8月10日から8月15日までの期間を指定するため、フィールド名「月日」を入力した同行に「>=2019/8/10」（8月10日以上）と「<=2019/8/15」（8月15日以下）と入力することで、8月10日から8月15日までの最大値/最小値を求めています。

「DMAX」関数、「DMIN」関数の書式は、次の通りです。引数などの詳細は、428ページを参照してください。

=DMAX(データベース,フィールド,検索条件)

=DMIN(データベース,フィールド,検索条件)

COLUMN　取り出した最大値/最小値に該当する日付を求めるには

「DGET」関数を利用すると、操作例で求めた最大値と最小値に対応する日付を取り出すことができます。最大値と最小値に対応する日付を取り出すには、次のように条件を作成し、数式を入力します（セルI3とI6はセルの書式設定で日付を表示するように設定する必要がある）。なお、「DGET」関数については、442ページを参照してください。

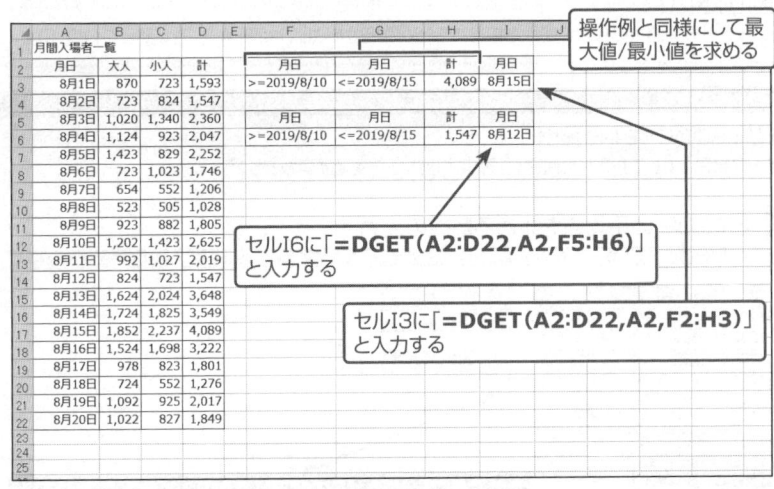

関連項目 ▶▶▶

- 複数の条件に該当するデータを取り出す ……………………………………… p.442

SECTION-171 VER. 2010 2013 2016 2019 365

全体の上位20%の平均点を求める

ここでは、試験結果のうち全体の上位20%の平均点を求める方法を説明します。

1 条件の作成

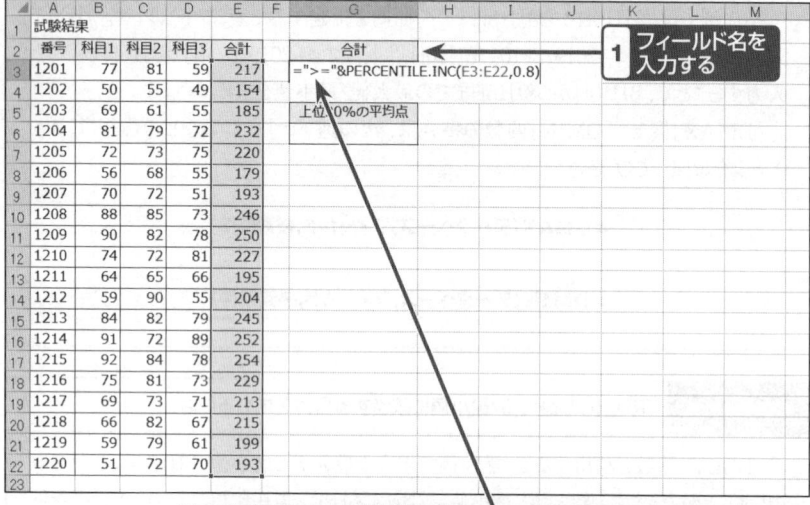

1. フィールド名を入力する
2. セルG3に「=">="&PERCENTILE.INC(E3:E22,0.8)」と入力する

HINT
データベース関数の条件に関数を指定するための記述方法は、428ページを参照してください。

KEYWORD

▶「PERCENTILE.INC」関数
データ範囲に対して指定した割合(位置)に相当する値を返す関数です。

2 上位20%の平均点を求める数式の入力

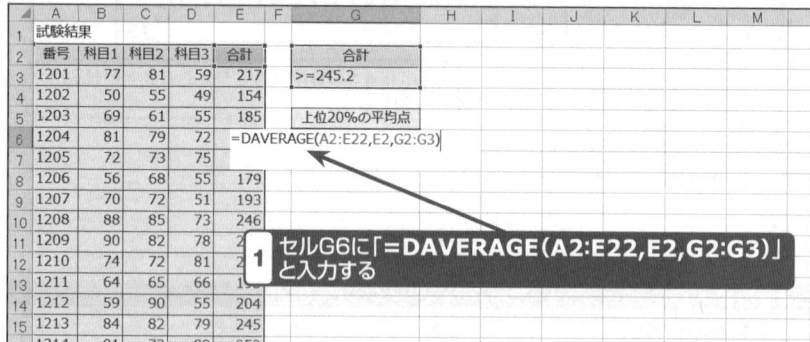

1. セルG6に「=DAVERAGE(A2:E22,E2,G2:G3)」と入力する

結果の確認

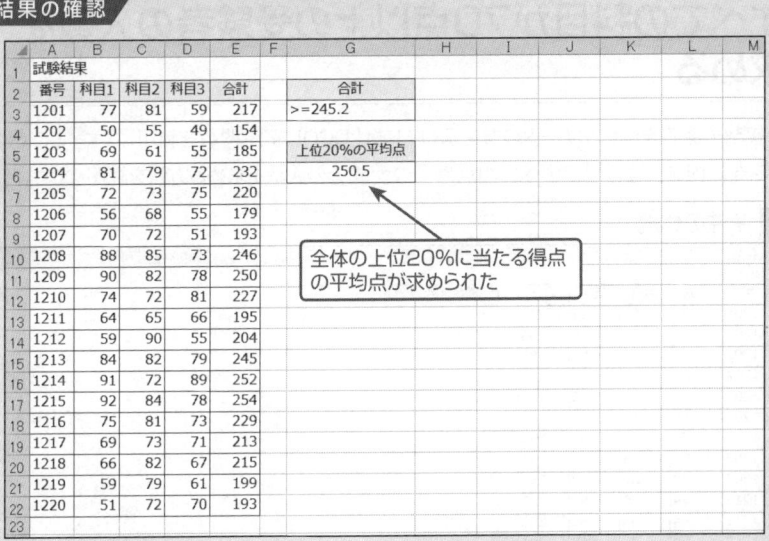

全体の上位20%に当たる得点の平均点が求められた

ONEPOINT 条件を満たすデータの平均値を求めるには「DAVERAGE」関数を使う

上位20%のデータの平均点を求めるには、「DAVERAGE」関数の条件に「全体の80%の位置に該当する値より大きいデータ」を指定します。全体の○%の位置の値は「PERCENTILE.INC」関数で求めることができるため、次の数式を条件として指定します。

　　　　　　　　&でつなぐ
　　　　=">="&PERCENTILE.INC(E3:E22,0.8)

以上(データベース関数では演算子を""で囲む)　　全体の80%の位置の値を求める数式

「DAVERAGE」関数の書式は、次の通りです。引数などの詳細は、428ページを参照してください。

=DAVERAGE(データベース,フィールド,検索条件)

関連項目 ▶▶▶
- 全体の60%より高い得点の場合は合格と判定する ……………………………… p.160

SECTION-172

VER. 2010 2013 2016 2019 365

すべての科目が70点以上の受験者の人数を求める

複数の条件を満たすデータの数を求めるには「DCOUNT」関数を利用します。ここでは、「英語」「国語」「数学」がすべて70点以上の受験者の人数を求める方法を説明します。

1 条件の作成

HINT
すべての科目が70点以上のAND条件なので、「>=70」と同じ行に入力します。

2 すべての科目が70点以上の受験者数を求める数式の入力

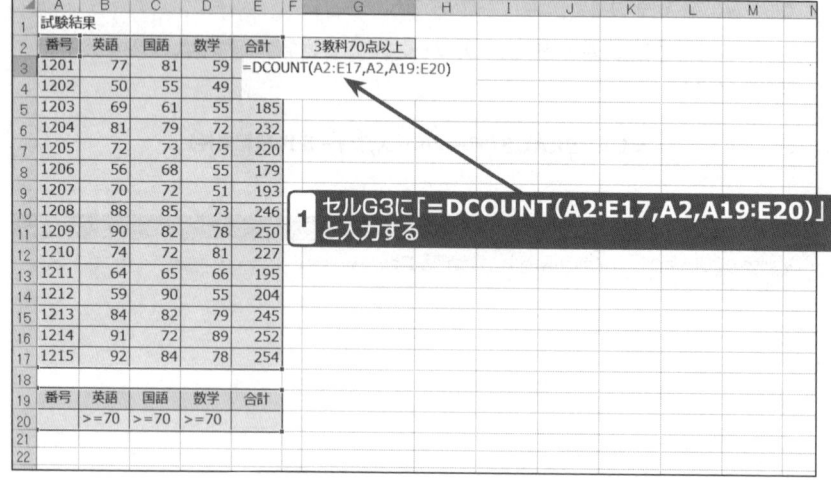

■ SECTION-172 ■ すべての科目が70点以上の受験者の人数を求める

結果の確認

	A	B	C	D	E	F	G	H
1	試験結果							
2	番号	英語	国語	数学	合計		3教科70点以上	
3	1201	77	81	59	217		8	
4	1202	50	55	49	154			
5	1203	69	61	55	185			
6	1204	81	79	72	232			
7	1205	72	73	75	220			
8	1206	56	68	55	179			
9	1207	70	72	51	193			
10	1208	88	85	73	246			
11	1209	90	82	78	250			
12	1210	74	72	81	227			
13	1211	64	65	66	195			
14	1212	59	90	55	204			
15	1213	84	82	79	245			
16	1214	91	72	89	252			
17	1215	92	84	78	254			
18								
19	番号	英語	国語	数学	合計			
20		>=70	>=70	>=70				
21								

3教科が70点以上に当てはまる人数がカウントされた

ONEPOINT 数値が入力されているセル数を求めるには「DCOUNT」関数を使う

「DCOUNT」関数は、条件を満たす「数値」が入力されているセル数を返す関数です。操作例では、3教科すべてが70点以上の条件を満たすフィールド「番号」のセル数を求めることで、受験者数を求めています。このとき「番号」内に文字列が含まれるセルがある場合には正しいセル数をカウントできません。そのような場合は、「DCOUNTA」関数を利用します。

「DCOUNT」関数の書式は、次の通りです。

=DCOUNT(データベース,フィールド,検索条件)

COLUMN 「数値」と「文字列」が入力されているセル数をカウントするには

「数値」と「文字列」が入力されているセル数をカウントするには「DCOUNTA」関数を利用します。

「DCOUNTA」関数の書式は、次の通りです。

=DCOUNTA(データベース,フィールド,検索条件)

たとえば、操作例のサンプルで、番号(A列)に文字列が含まれている場合に、すべての科目が70点以上の受験者の人数を求めるには、次のように数式を入力します。

=DCOUNTA(A2:E17,A2,A19:E20)

SECTION-173

VER. 2010 2013 2016 2019 365

複数の条件に該当するデータを取り出す

ここでは、成績一覧から男性の最高点に該当する受験番号を取り出す方法を説明します。

1 条件の作成

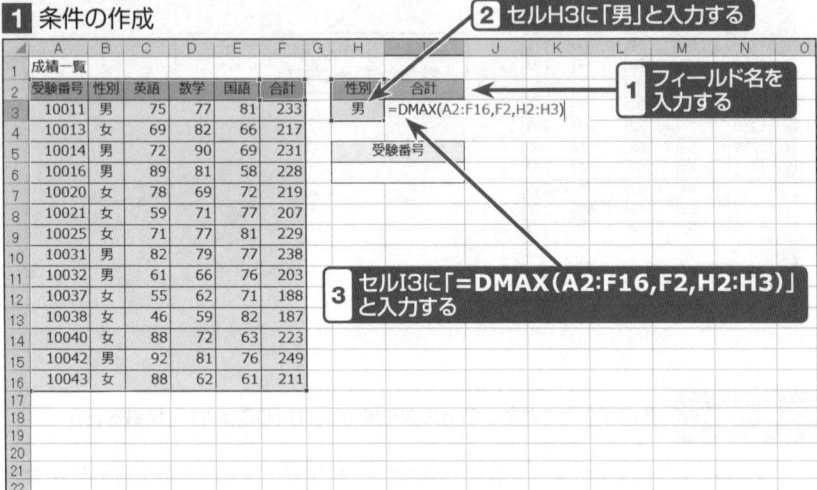

HINT

ここでは、「DMAX」関数を利用して性別が男の最高得点を取り出しています。

KEYWORD

▶「DMAX」関数
条件を満たすデータから最高値を取り出す関数です。

2 男性の最高点に該当する受験番号を取り出す数式の入力

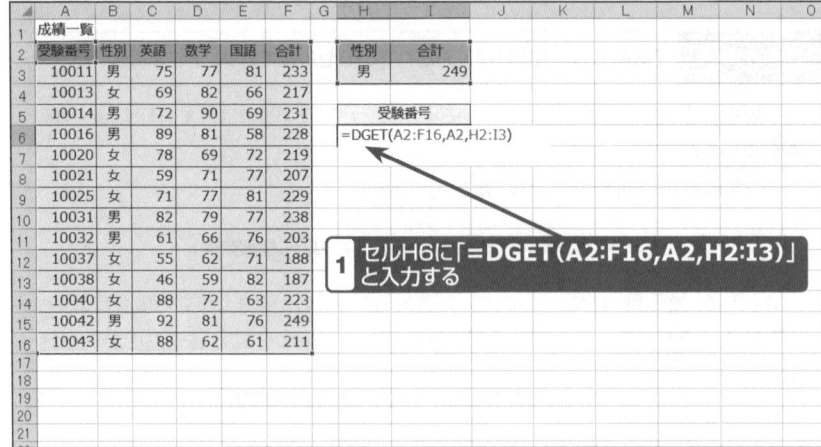

■ SECTION-173 ■ 複数の条件に該当するデータを取り出す

結果の確認

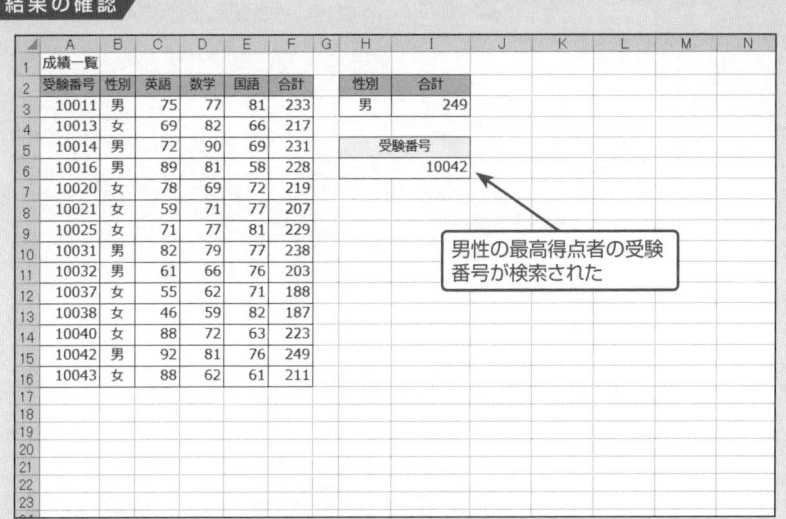

男性の最高得点者の受験番号が検索された

ONEPOINT 複数の検索値をもとにデータを抽出するには「DGET」関数を使う

「DGET」関数は、2つ以上の検索条件をもとにデータを取り出す関数です。ただし、抽出できるデータは1つだけなので、該当するデータが2つ以上ある場合はエラー値「#NUM!」が、該当するデータがない場合には「#VALUE!」が返されます。

「DGET」関数の書式は、次の通りです。引数などの詳細は、428ページを参照してください。

=DGET(データベース,フィールド,検索条件)

関連項目 ▶▶▶

● 指定した期間の最大値/最小値を求める ……………………………………………… p.435

CHAPTER 09

数学

SECTION-174

数値を割ったときの商と余りを求める

ここでは、一定の金額から金券を購入する場合、金種ごとのそれぞれの購入可能枚数と残金を求める方法を説明します。

1 金券の購入可能枚数を求める数式の入力

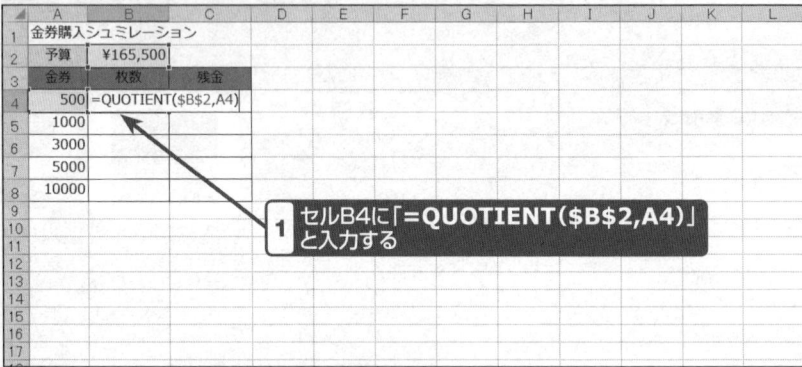

1. セルB4に「=QUOTIENT($B$2,A4)」と入力する

2 残金を求める数式の入力

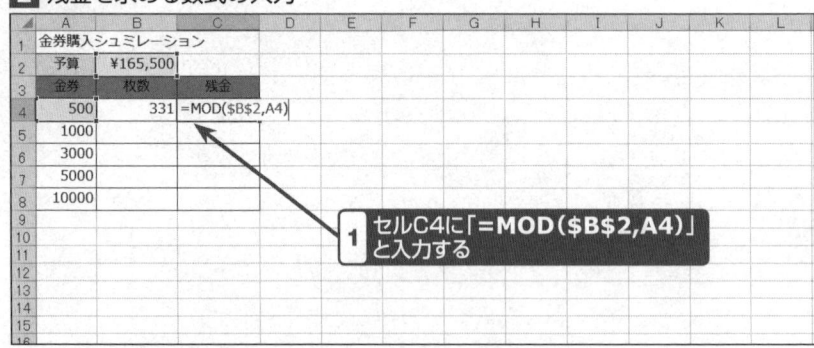

1. セルC4に「=MOD($B$2,A4)」と入力する

3 数式の複製

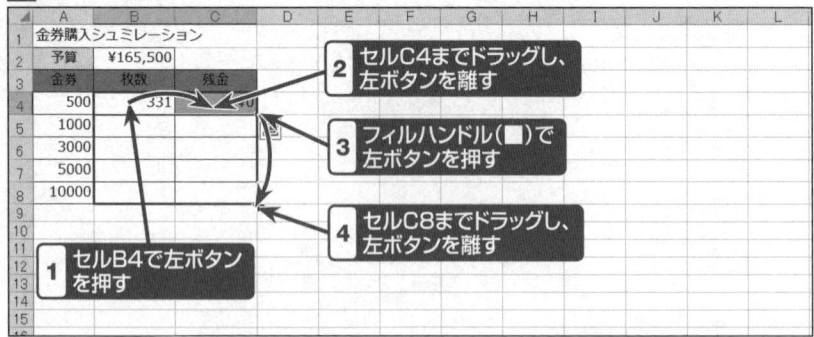

1. セルB4で左ボタンを押す
2. セルC4までドラッグし、左ボタンを離す
3. フィルハンドル(■)で左ボタンを押す
4. セルC8までドラッグし、左ボタンを離す

結果の確認

	A	B	C
1	金券購入シュミレーション		
2	予算	¥165,500	
3	金券	枚数	残金
4	500	331	¥0
5	1000	165	¥500
6	3000	55	¥500
7	5000	33	¥500
8	10000	16	¥5,500

→ 金券の購入可能枚数と残金がそれぞれ計算された

ONEPOINT 数値を割った整数部と余りを求めるには「QUOTIENT」「MOD」関数を使う

「QUOTIENT」関数は、割り算の商の整数部を求める関数です（小数部は切り捨てられる）。「MOD」関数は、割り算の余りのみを求める関数です。割り切れた場合の戻り値は、「0」になります。

これらの関数を利用すると、操作例のように金種別の枚数と残金や、支払回数を12で割った場合の支払年数（商）と月数（余り）、商品数を入数で割った場合の箱数（商）と余りなどを求めることができます。

「QUOTIENT」関数の書式は、次の通りです。

＝QUOTIENT(分子,分母)

引数「分子」には割られる数を指定し、引数「分母」には割る数を指定します。
「MOD」関数の書式は、次の通りです。

＝MOD(数値,除数)

引数「数値」には割られる数を指定し、引数「除数」には割る数を指定します。

SECTION-175

数値を偶数・奇数に切り上げる

ここでは、指定した数値をそれぞれ偶数・奇数に揃える方法を説明します。

1 数値を偶数に揃える数式の入力

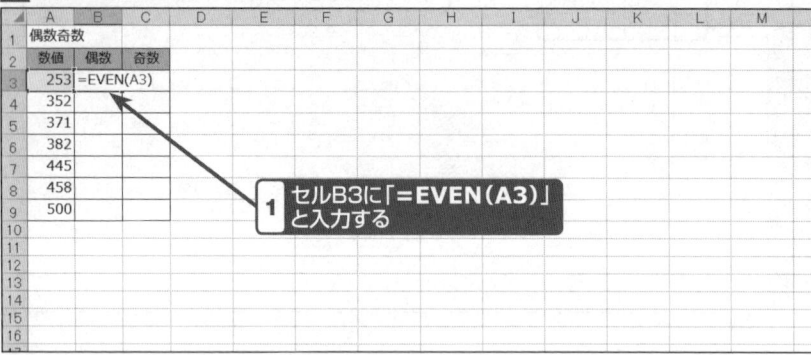

2 数値を奇数に揃える数式の入力

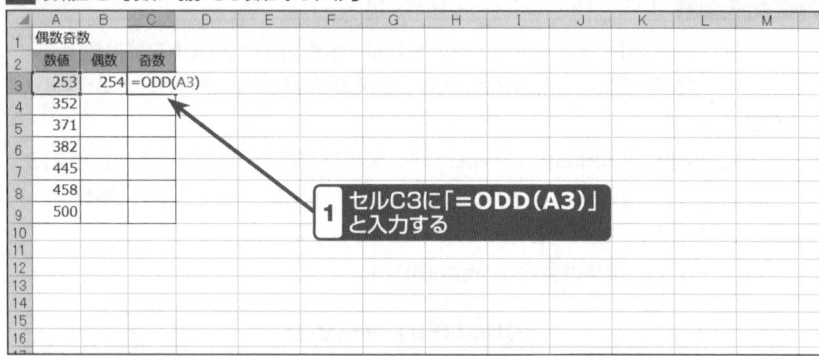

3 数式の複製

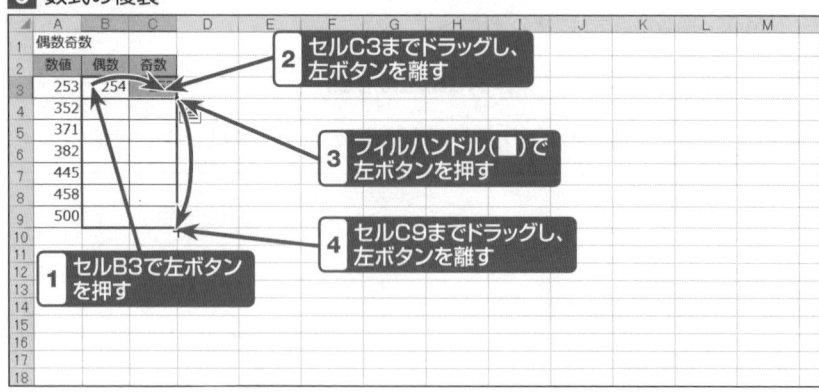

結果の確認

	A	B	C
1	偶数奇数		
2	数値	偶数	奇数
3	253	254	253
4	352	352	353
5	371	372	371
6	382	382	383
7	445	446	445
8	458	458	459
9	500	500	501

数値が偶数・奇数に変更された

ONEPOINT 数値を最も近い偶数・奇数に切り上げるには「EVEN」「ODD」関数を使う

「EVEN」関数は、数値を最も近い偶数に切り上げる関数です。「ODD」関数は、数値を最も近い奇数に切り上げる関数です。

「EVEN」関数、「ODD」関数の書式は、次の通りです。

$$=\text{EVEN}(数値)$$

$$=\text{ODD}(数値)$$

引数「数値」には、切り上げの対象となる数値を指定またはセルを参照します。ただし、「数値」を「0」よりも遠い値に切り上げるため、引数「数値」が正の値の場合は「数値」以上で最小の偶数または奇数を返しますが、負の値の場合は「数値」以下で最大の偶数または奇数を返すことになります。

SECTION-176

VER. 2010 2013 2016 2019 365

最大公約数・最小公倍数を求める

ここでは、複数の値の最大公約数と最小公倍数をそれぞれ求める方法を説明します。

1 最大公約数を求める数式の入力

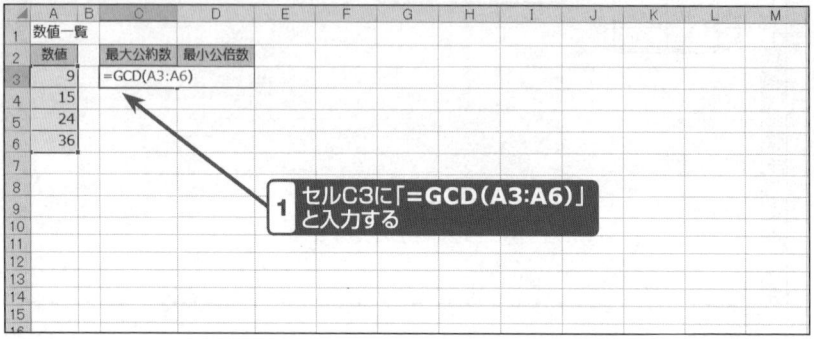

2 最小公倍数を求める数式の入力

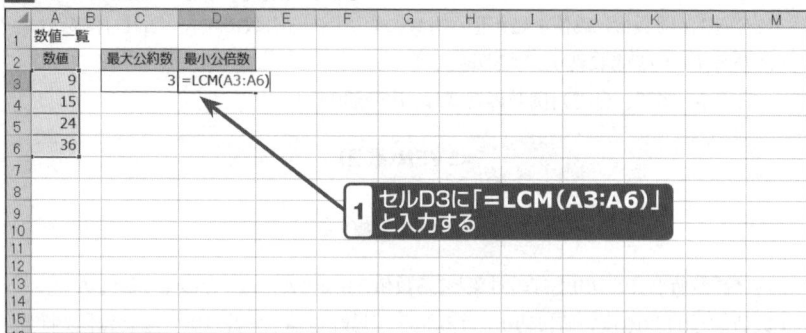

結果の確認

■ SECTION-176 ■ 最大公約数・最小公倍数を求める

ONEPOINT　数値の最大公約数・最小公倍数を求めるには「GCD」「LCM」関数を使う

「GCD」関数は、複数の整数に共通する最も大きな約数を返す関数です。「LCM」関数は、複数の整数に共通する最も小さな倍数を返す関数です。
「GCD」関数と「LCM」関数の書式は、次の通りです。

=GCD（数値1,数値2,…）

=LCM（数値1,数値2,…）

引数「数値」には、1～255個まで指定できます。整数以外の値を指定すると、小数点以下が切り捨てられ、負の値を指定するとエラー値が返されます。

関連項目 ▶▶▶
- 分間隔の異なるバスが同時に出発する時刻を求める ……………………………………… p.452

SECTION-177

分間隔の異なるバスが同時に出発する時刻を求める

複数の値に共通する最も小さな倍数（最小公倍数）を求めるには、「LCM」関数を利用します。ここでは、9時に同時に出発した10分、15分、22分間隔で運行されている3台のバスが、次に同時に出発する時刻を求める方法を説明します。

1 値の入力

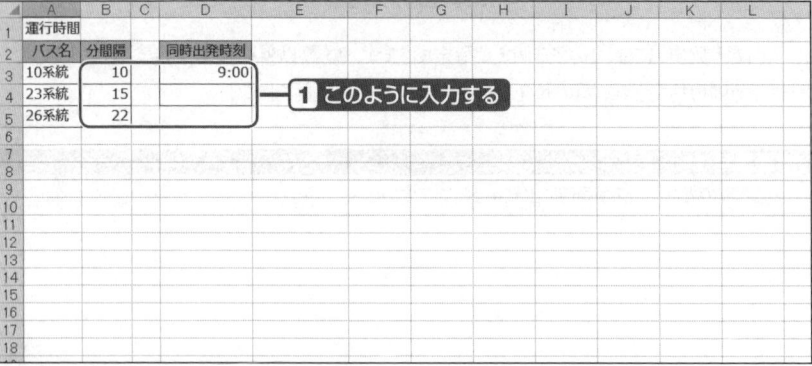

2 最小公倍数を求める数式の入力

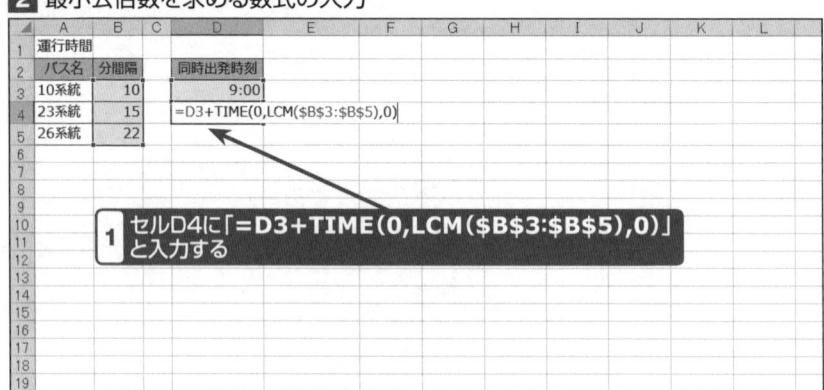

セルD4に「=D3+TIME(0,LCM($B$3:$B$5),0)」と入力する

HINT
この操作の後、Excelのバージョンによっては、戻り値が「1900/1/1 14:30」のような形式で表示されることがあります。そのような場合は、セルの書式設定で時刻に変更してください。

KEYWORD

▶「TIME」関数
指定した時分秒の時刻を返す関数です。

▶「LCM」関数
複数の整数の最小公倍数を返す関数です。

結果の確認

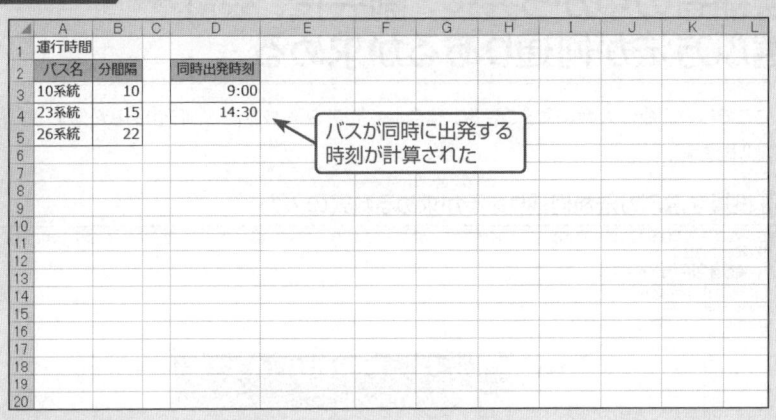

バスが同時に出発する時刻が計算された

ONEPOINT バスの同時出発時刻は分間隔の最小公倍数を時刻に直して計算する

分間隔の異なるバスの同時出発時刻は、最初に同時出発した時刻に分間隔の最小公倍数を足すことで求められます。ただし、分間隔の最小公倍数の単位は「分」で返されるため、時刻を求めるためには「TIME」関数で「0:0:0」という形式に変換してから計算する必要があります。

```
=D3+TIME(0,LCM($B$3:$B$5),0)
```

- 最初に同時出発した時刻(9:00)
- 分を「0:0:0」の形式に変換する数式
- 分間隔の最小公倍数を求める数式

関連項目 ▶▶▶

● 最大公約数・最小公倍数を求める ……………………………………………… p.450

SECTION-178

候補者の中から会長、副会長、会計を選ぶ方法が何通りあるか求める

ここでは、候補の人数によって会長、副会長、会計を選ぶ方法が何通りあるか求める方法を説明します。

1 役員を選ぶ方法が何通りあるか求める数式の入力

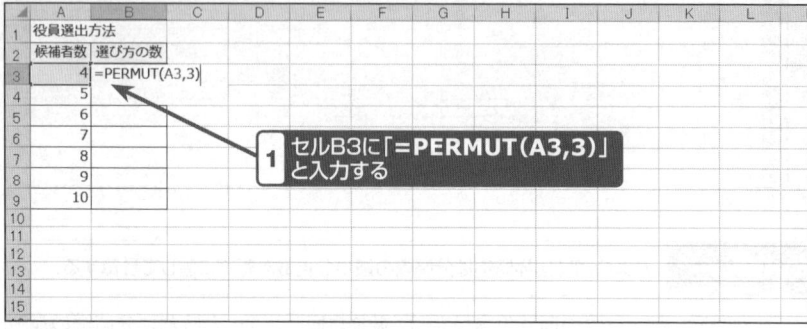

1. セルB3に「=PERMUT(A3,3)」と入力する

2 数式の複製

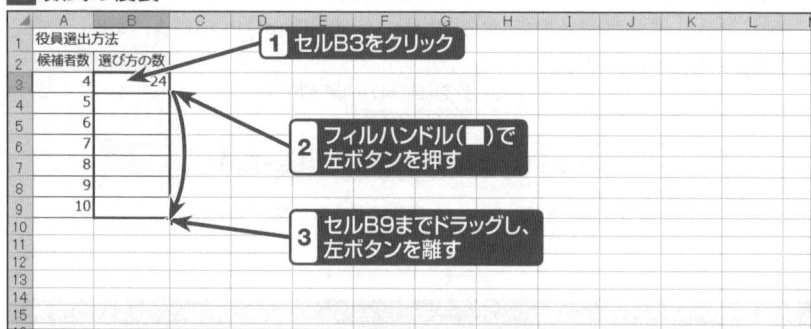

1. セルB3をクリック
2. フィルハンドル(■)で左ボタンを押す
3. セルB9までドラッグし、左ボタンを離す

結果の確認

候補者数によって役員を選ぶ方法が何通りあるかが計算された

候補者数	選び方の数
4	24
5	60
6	120
7	210
8	336
9	504
10	720

■ SECTION-178 ■ 候補者の中から会長、副会長、会計を選ぶ方法が何通りあるか求める

| ONEPOINT | 順列の数を求めるには「PERMUT」関数を使う |

　「PERMUT」関数は、順列の数を求める関数です。順列とは、n個からr個を取り出し、順序を決めて1列に並べた結果です。たとえば、候補者の中から役員を選ぶ際に、Aさんが会長でBさんが副会長の場合とBさんが会長でAさんが副会長の場合とでは選び方が異なります。「PERMUT」関数を利用すると、このような組み合わせが何通りあるか求めることができます。
　「PERMUT」関数の書式は、次の通りです。

＝PERMUT（標本数,抜き取り数）

　引数「標本数」には対象の総数を整数で指定し、引数「抜き取り数」には順列計算のために選択する対象の個数を整数で指定します。操作例では、候補者数に対して役員の種類（会長、副会長、会計）の「3」を指定することで、選び方が何通りあるかを求めています。

| 関連項目 ▶▶▶ |

- メンバーからクラス委員2名を選ぶ方法が何通りあるか求める ……………………………… p.456
- 人数によって何通りの並び方があるか調べる ……………………………………………………… p.458

SECTION-179
メンバーからクラス委員2名を選ぶ方法が何通りあるか求める

ここでは、メンバーの人数によって2名のクラス委員を選ぶ方法が何通りあるか求める方法を説明します。

1 クラス委員2名を選ぶ方法が何通りあるか求める数式の入力

セルB3に「=COMBIN(A3,2)」と入力する

2 数式の複製

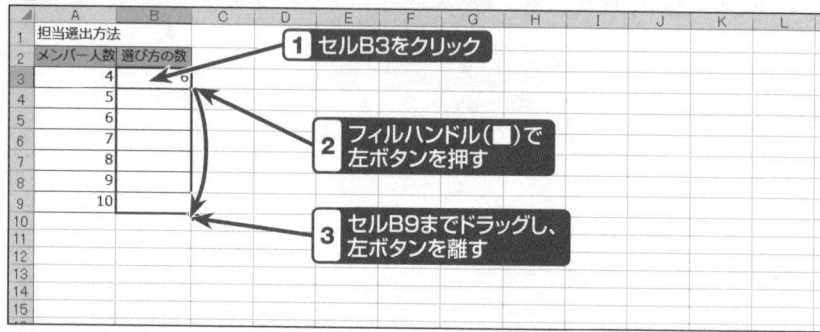

1. セルB3をクリック
2. フィルハンドル(■)で左ボタンを押す
3. セルB9までドラッグし、左ボタンを離す

結果の確認

メンバー数によってクラス委員2名を選ぶ方法が何通りあるかが計算された

ONEPOINT 組み合わせの数を求めるには「CONBIN」関数を使う

　メンバーからクラス委員2名を選ぶ際に、AさんとBさん、BさんとAさんの組み合わせは同じです。このような組み合わせが何通りかを求めるときには、「COMBIN」関数を利用します。チームメンバーから〇人のレギュラーを選ぶ組み合わせや、くじの当選確率を求める用途で利用できます。
　「COMBIN」関数の書式は、次の通りです。

＝COMBIN（総数,抜き取り数）

　引数「総数」には引数「抜き取り数」が含まれる全体の数を指定し、引数「抜き取り数」には組み合わせ1組に含まれる項目の数を指定します。操作例では、メンバーの人数に対してクラス委員の人数の「2」を指定することで、選び方が何通りあるかを求めています。

関連項目 ▶▶▶
- 候補者の中から会長、副会長、会計を選ぶ方法が何通りあるか求める……………… p.454
- 人数によって何通りの並び方があるか調べる ……………………………………… p.458

SECTION-180

VER. 2010 2013 2016 2019 365

人数によって何通りの並び方があるか調べる

数値の階乗を求めるには「FACT」関数を利用します。ここでは、人数によって何通りの並び方があるかを求める方法を説明します。

1 何通りの並び方があるか求める数式の入力

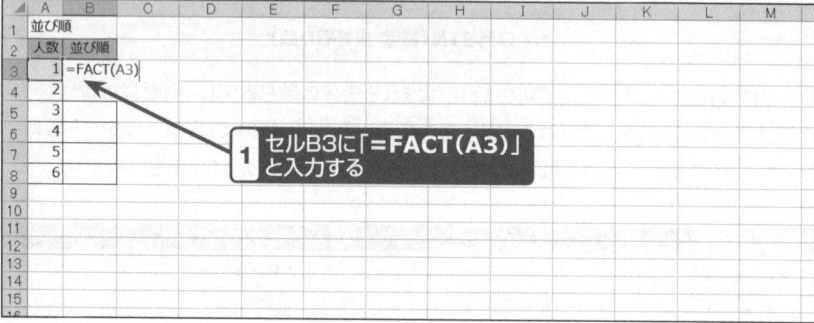

1. セルB3に「=FACT(A3)」と入力する

2 数式の複製

1. セルB3をクリック
2. フィルハンドル(■)で左ボタンを押す
3. セルB8までドラッグし、左ボタンを離す

結果の確認

何通りの並び方があるかが計算された

ONEPOINT 並び順の組み合わせを求めるには総数の階乗を計算する

　3人を1列に並べる方法が何通りあるかは、数学では1番目になる人が3人のうちの1人、2番目になる人が1番目にいる人を引いた2人、3番目になる人は残りの1人と考えすべての値の積「3×2×1」を計算します。この数式は、3の階乗で「FACT」関数で求めることができます。

　「FACT」関数の書式は、次の通りです。

$$=FACT（数値）$$

　引数「数値」には、階乗を求める正の数値を指定します。数値に整数以外の値を指定すると、小数点以下が切り捨てられます。負の数を指定すると、エラー値「#NUM!」が返されます。

関連項目 ▶▶▶
- 候補者の中から会長、副会長、会計を選ぶ方法が何通りあるか求める……………………p.454
- メンバーからクラス委員2名を選ぶ方法が何通りあるか求める………………………………p.456

SECTION-181

VER. 2010 2013 2016 2019 365

データの順番をランダムに変更する

乱数を発生させるには「RAND」関数を利用します。ここでは、乱数をもとに担当者の順番をランダムに変更させる方法を説明します。

1 乱数を表示する数式の入力

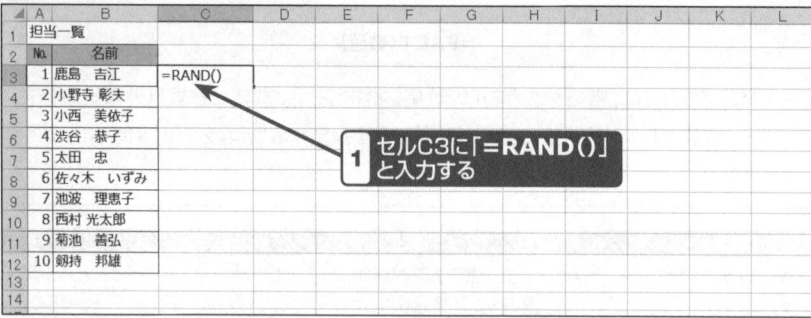

2 数式の複製

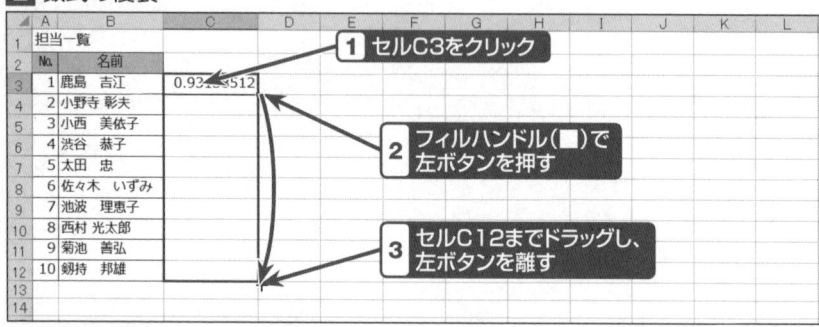

HINT
「RAND」関数で求めた結果は、操作を行うたびに値が更新されます。

3 並べ替える範囲の選択

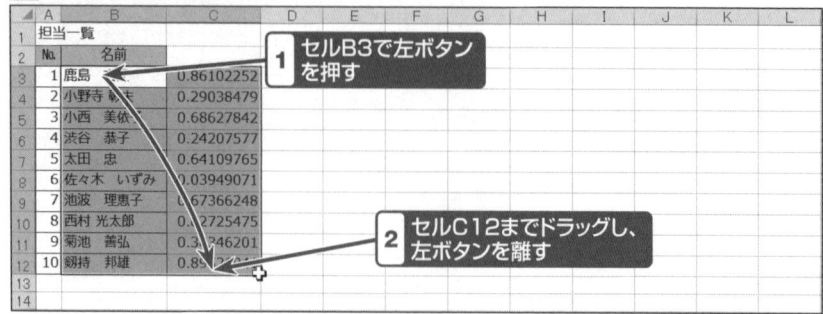

4 「並べ替え」ダイアログボックスの表示

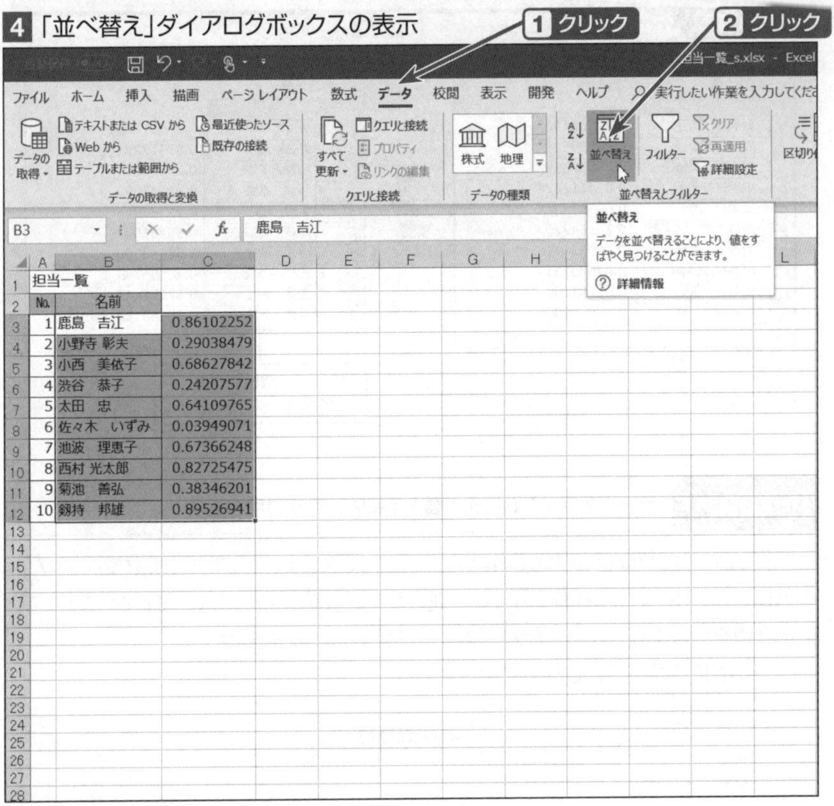

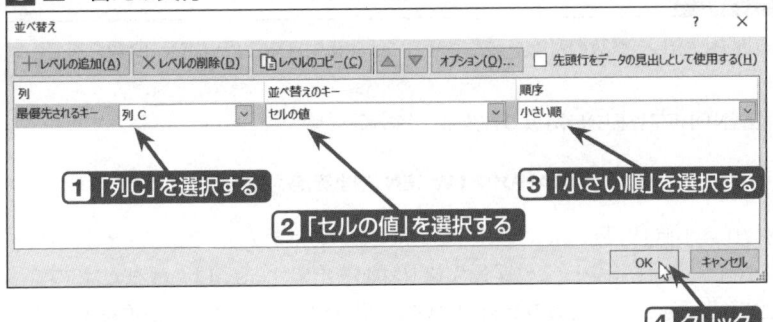

5 並べ替えの実行

① 「列C」を選択する
② 「セルの値」を選択する
③ 「小さい順」を選択する
④ クリック

HINT
「RAND」関数で求めた結果は、操作を行うたびに値が更新されるので、並び替えを繰り返すことで、そのつど順番をランダムに変更することができます。

SECTION-181 ■ データの順番をランダムに変更する

結果の確認

乱数を利用して順番が並べ替えられた

ONEPOINT データをランダムに並べ替えるには乱数を利用する

「RAND」関数は、0以上1未満の乱数を返す関数です。「RAND」関数で返された値は、ワークシート上で操作を行ったり、F9キーを押したりすることで、更新されます。この特徴を利用すると、データをランダムに並べ替えることができます。

「RAND」関数の書式は、次の通りです。

$$=\text{RAND()}$$

COLUMN 最小値と最大値を指定して乱数を発生させるには

範囲を指定して整数の乱数を発生させるには、「RANDBETWEEN」関数を利用します。

「RANDBETWEEN」関数の書式は、次の通りです。

$$=\text{RANDBETWEEN(最小値,最大値)}$$

引数「最小値」と「最大値」に指定した範囲で整数の乱数を返します。たとえば、引数「最小値」に「1」を指定し、引数「最大値」に「3」を指定すると、1または2または3の値が返されます。ただし、複数のセルに数式を複製した場合には、戻り値が重複することがあります。

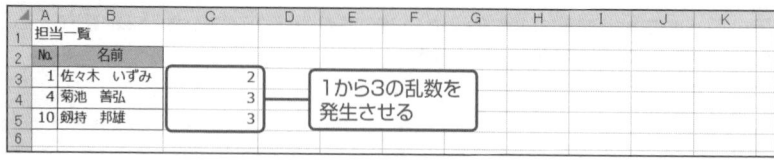

1から3の乱数を発生させる

SECTION-182

2つの記録の時間差を求める

ここでは、1回目と2回目の2つの記録時間の差を求める方法を説明します。

1 値の差を整数で求める数式の入力

	A	B	C	D
1	ラップ一覧			
2	日付	1回目	2回目	タイム差
3	9月2日	1:30:26	1:23:01	=ABS(B3-C3)
4	9月3日	1:24:09	1:32:24	
5	9月5日	1:21:22	1:24:19	
6	9月6日	1:32:26	1:26:34	
7	9月7日	1:20:32	1:21:17	

1 セルD3に「**=ABS(B3-C3)**」と入力する

2 「セルの書式設定」ダイアログボックスの表示

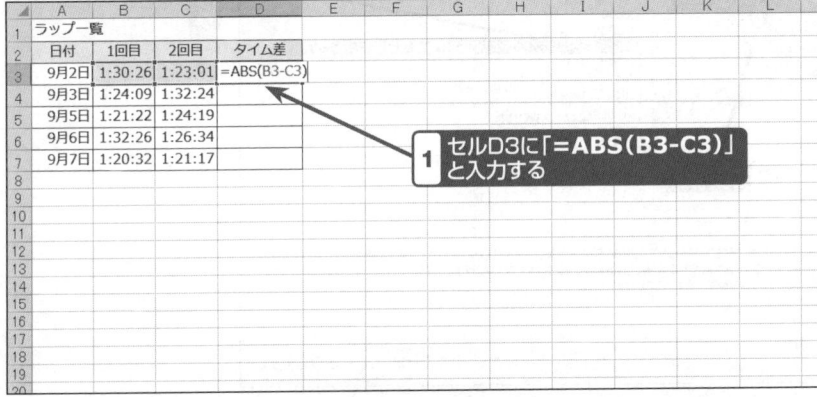

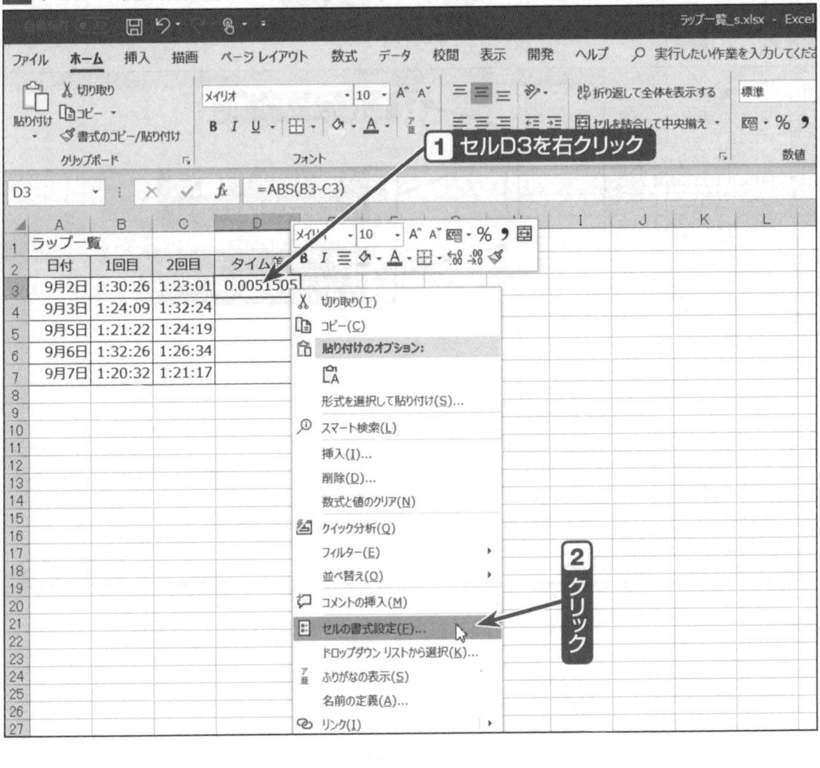

1 セルD3を右クリック

2 クリック

■ SECTION-182 ■ 2つの記録の時間差を求める

3 表示形式の変更

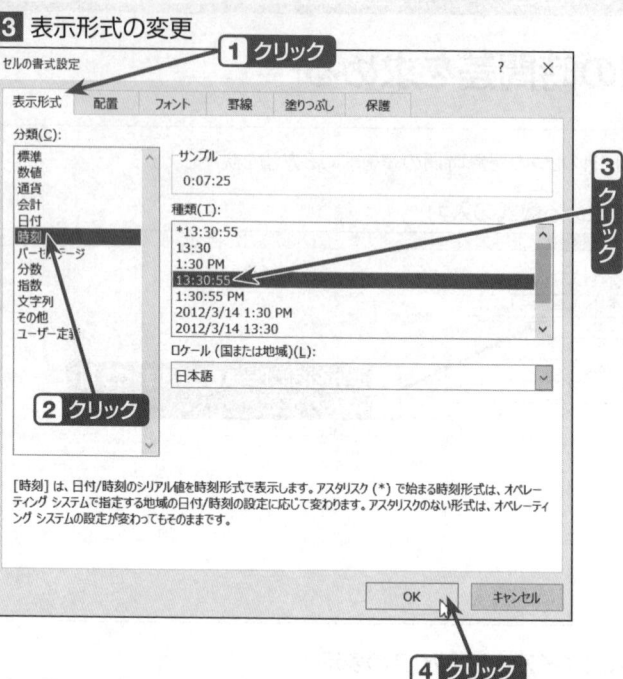

4 数式の複製

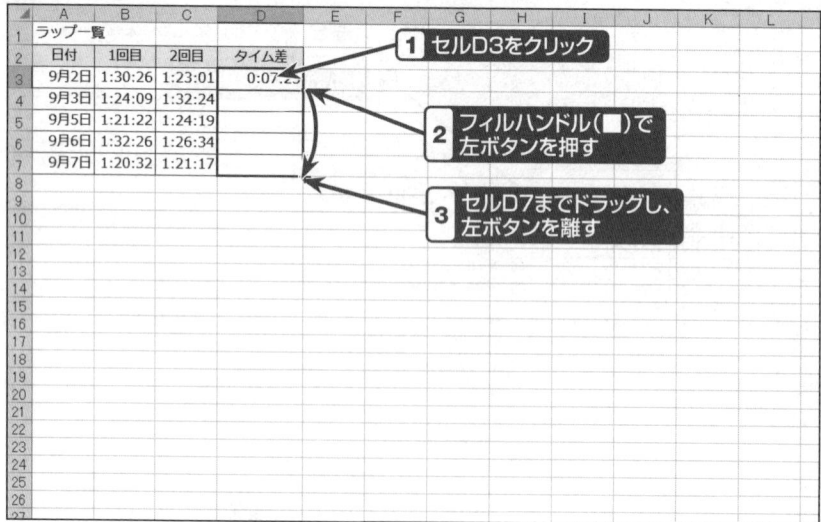

■ SECTION-182 ■ 2つの記録の時間差を求める

結果の確認

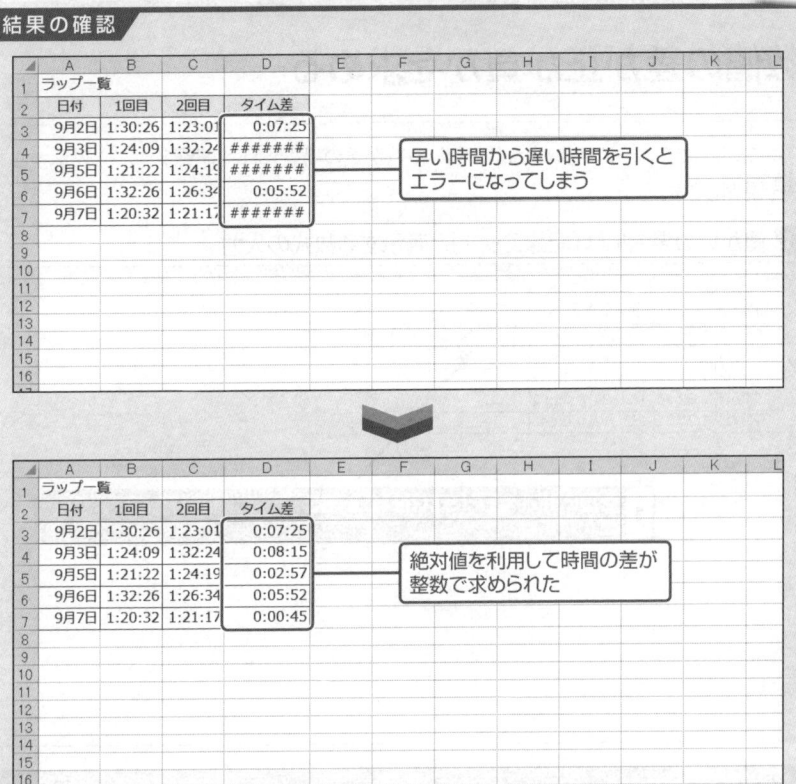

早い時間から遅い時間を引くとエラーになってしまう

絶対値を利用して時間の差が整数で求められた

ONEPOINT　2つの値の差を整数で求めるには「ABS」関数を使う

「ABS」関数は、数値の絶対値（数値から符号「+」「-」を除いた数の大きさ）を返す関数です。通常、時間の差を求める際に早い時間から遅い時間を引くと戻り値がエラーになってしまいますが、「ABS」関数を利用すると整数の差だけを求めることができます。時間の他に起点からの2点間の距離などを求める用途で利用することができます。

「ABS」関数の書式は、次の通りです。

=ABS(数値)

引数「数値」には、絶対値を求める実数を指定します。

関連項目 ▶▶▶

● 数値の差が正か負かを求める ……………………………………………………… p.466

SECTION-183

数値の差が正か負かを求める

ここでは、463ページで求めた記録時間の差が負の場合には、「記録アップ」と表示する方法を説明します。

1 値が負の場合には「記録アップ」と表示する数式の入力

セルE3に「=IF(SIGN(C3-B3)=-1,"記録アップ","")」と入力する

KEYWORD

▶「IF」関数
指定した条件によって処理を分岐させる関数です。

2 数式の複製

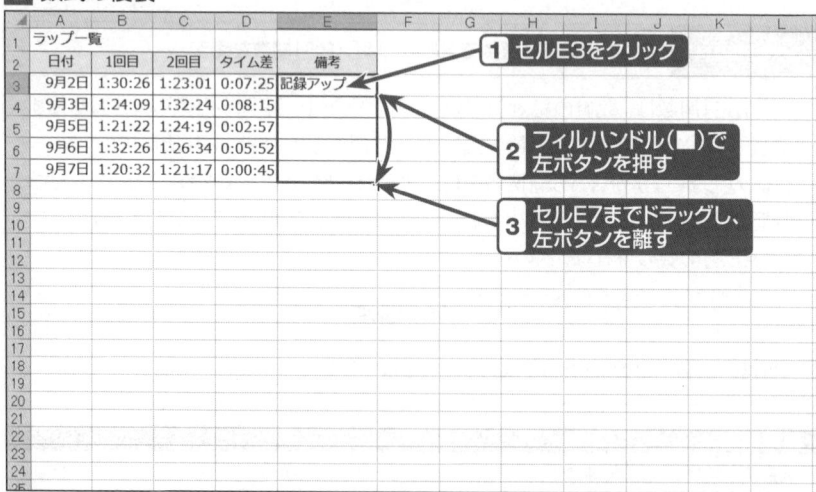

1 セルE3をクリック
2 フィルハンドル(■)で左ボタンを押す
3 セルE7までドラッグし、左ボタンを離す

SECTION-183 ■ 数値の差が正か負かを求める

結果の確認

時間の差が負(速い)の場合に「記録アップ」と表示された

ONEPOINT 数値が正(+)か負(-)かを求めるには「SIGN」関数を使う

「SIGN」関数は、数値の正負を調べる関数です。戻り値は、数値が正(+)のときは「1」、0のときは「0」、負(-)のときは「-1」となります。操作例では、「SIGN」関数の引数に時間の差を指定し、戻り値が「-1」の場合には「記録アップ」と表示し、それ以外の場合には「""」(何も表示しない)を返すように「IF」関数で処理を振り分けています。

「SIGN」関数の書式は、次の通りです。

$$=SIGN(数値)$$

引数「数値」には、正負を調べる実数を指定します。

関連項目 ▶▶▶

- 2つの記録の時間差を求める ……………………………………………………… p.463

SECTION-184

平方根を求める

ここでは、セルに入力した値の平方根を求める方法を説明します。

1 平方根を求める数式の入力

2 数式の複製

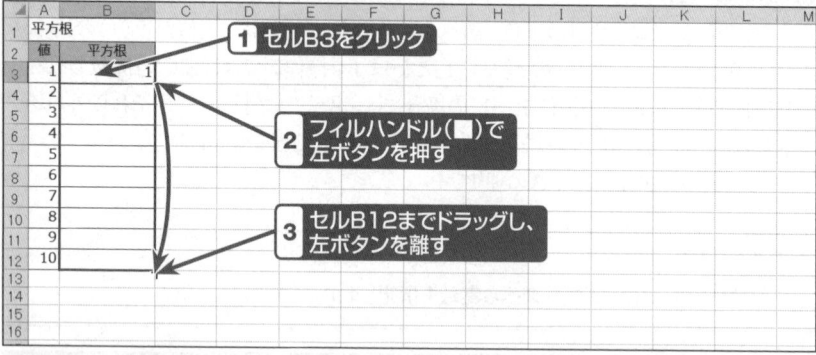

結果の確認

ONEPOINT 数値の平方根を求めるには「SQRT」関数を使う

数値の平方根を求めるには、「SQRT」関数を使います。
「SQRT」関数の書式は、次の通りです。

=SQRT（数値）

引数「数値」には、平方根を求める数値を指定します。数値に負の数を指定すると、エラー値「#NUM!」が返されます。

COLUMN 三乗根や四乗根を求めるには

数値のべき乗を計算する「POWER」関数を利用すると、三乗根や四乗根などの累乗根を求めることができます。
「POWER」関数の書式は、次の通りです。

=POWER（数値,指数）

引数「数値」には、べき乗を求めるための値を実数で指定します。引数「指数」には、べき乗の指数を指定します。たとえば、5の三乗を求めるには、「=POWER(5,3)」と数式を作成します。

引数「指数」に「1/3」を指定すると三乗根、「1/4」を指定すると四乗根を求めることができます。たとえば、8の三乗根を求めるには、「=POWER(8,1/3)」と数式を作成します。

なお、演算子「^」（キャレット）を利用することでも、べき乗や累乗根を計算することができます。たとえば、5の三乗を求めるには「=5^3」と数式を作成し、8の三乗根を求めるには「=8^(1/3)」と数式を作成します。

関連項目 ▶▶▶
- 3辺の長さから三角形の面積を求める ……………………………………………… p.470

SECTION-185

3辺の長さから三角形の面積を求める

ここでは、ヘロンの公式をもとに三角形の面積を求める方法を説明します。

1 公式に利用する値を求める数式の入力

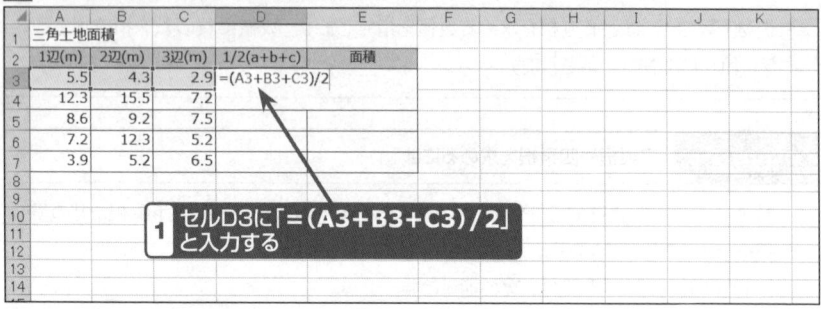

セルD3に「**=(A3+B3+C3)/2**」と入力する

2 三角形を求める数式の入力

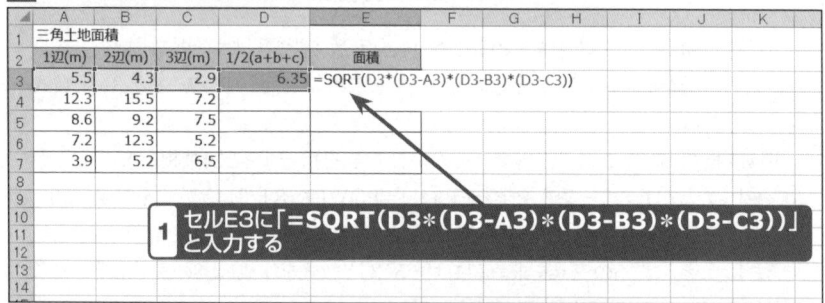

セルE3に「**=SQRT(D3*(D3-A3)*(D3-B3)*(D3-C3))**」と入力する

KEYWORD

▶「SQRT」関数
数値の正の平方根を返す関数です。

3 数式の複製

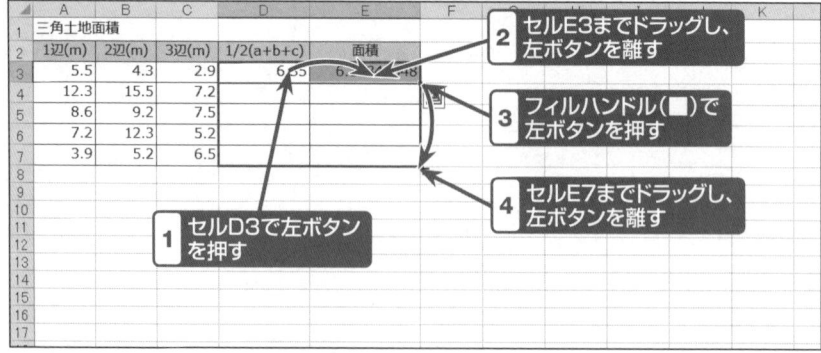

1 セルD3で左ボタンを押す
2 セルE3までドラッグし、左ボタンを離す
3 フィルハンドル(■)で左ボタンを押す
4 セルE7までドラッグし、左ボタンを離す

結果の確認

	A	B	C	D	E
1	三角土地面積				
2	1辺(m)	2辺(m)	3辺(m)	1/2(a+b+c)	面積
3	5.5	4.3	2.9	6.35	6.17849648
4	12.3	15.5	7.2	17.5	43.29665114
5	8.6	9.2	7.5	12.65	30.1707382
6	7.2	12.3	5.2	12.35	4.768426758
7	3.9	5.2	6.5	7.8	10.14

→ ヘロンの公式で三角形の面積が計算された

ONEPOINT ヘロンの公式で三角形の面積を求めるには「SQRT」関数を使う

ヘロンの公式とは、三角形の3辺の長さから面積を求める数式です。「高さ」を測る必要がないので、土地面積を求める便利な公式として知られています。長さa、b、cの線分を辺とする三角形があるとき、面積Sは、

$$s = \frac{1}{2}(a+b+c)$$

とすると、

$$S = \sqrt{s(s-a)(s-b)(s-c)}$$

で求めることができます。

公式では、sの値を4回使うので、操作例のようにあらかじめ計算しておくと効率的です。なお、3辺の値が、三角形の成立条件である2辺の長さの和が残りの1辺より大きいという条件を満たしていないと「SQRT」関数の引数が負になるためエラー値「#NUM」が返されます。

関連項目 ▶▶▶

- 平方根を求める ……………………………………………………………… p.468

SECTION-186

円の面積を求める

ここでは、セルに入力した半径に対する円の面積を求める方法を説明します。

1 円の面積を求める数式の入力

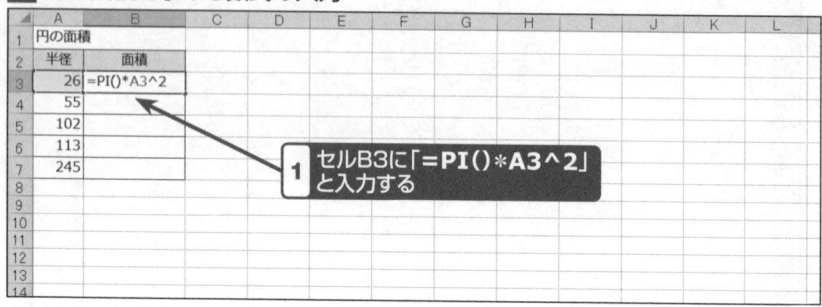

セルB3に「=PI()*A3^2」と入力する

HINT
「^2」は値を二乗する数式です。ここでは、「PI()」の戻り値に半径の二乗を掛けています。

2 数式の複製

1. セルB3をクリック
2. フィルハンドル(■)で左ボタンを押す
3. セルB7までドラッグし、左ボタンを離す

結果の確認

	A	B
1	円の面積	
2	半径	面積
3	26	2123.716634
4	55	9503.317777
5	102	32685.12997
6	113	40114.99659
7	245	188574.099

半径の値をもとに円の面積が計算された

■ SECTION-186 ■ 円の面積を求める

ONEPOINT より正確な数値で円の面積を求めるには「PI」関数を使う

「PI」関数は、円周率πの近似値である数値「3.14159265358979」を返す関数です。円の面積は「円周率×半径の二乗」で求めるので、「PI」関数の戻り値に半径の二乗を掛けることで計算できます。また、一般的には円の面積は円周率を「3.14」で計算しますが、「PI」関数の値(円周率)は15桁なので、より正確な数値で円の面積を求めることができます。

「PI」関数の書式は、次の通りです。

$$=PI()$$

引数はありませんが、「()」は入力する必要があります。

COLUMN 球の表面積を求めるには

球の表面積は4×円周率×半径の二乗で計算するので、半径の値と「PI」関数を利用して求めることができます。たとえば、操作例の値から球の表面積を求めるには、次の数式を入力します。

	A	B	C
1	面積		
2	半径	円の面積	球の表面積
3	26	2123.716634	8494.866535
4	55	9503.317777	38013.27111
5	102	32685.12997	130740.5199
6	113	40114.99659	160459.9864
7	245	188574.099	754296.3961

セルC3に「=4*PI()*A3^2」と入力して数式を複製する

SECTION-187

行列の積を求める

ここでは、行列（2548）（6937）の積を求める方法を説明します。

1 配列での行列の入力

HINT
行列の値を配置順にセルに入力します。

2 配列での行列の入力

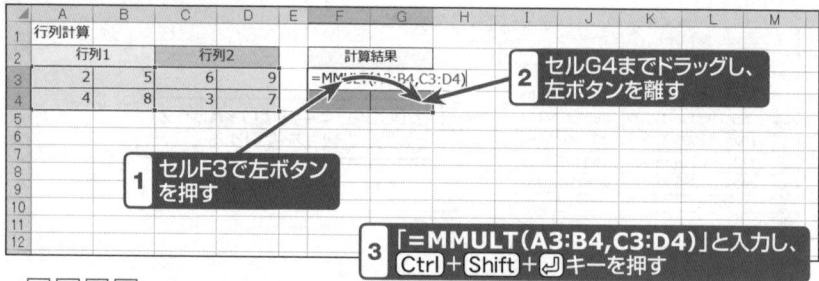

HINT
数式を配列数式で入力する場合には、Ctrlキーと Shiftキーを押しながら↵キーを押します。配列数式で入力を確定すると、数式が「{}」で囲まれて表示されます（50ページ参照）。

結果の確認

	A	B	C	D	E	F	G
1	行列計算						
2	行列1		行列2			計算結果	
3	2	5	6	9		27	53
4	4	8	3	7		48	92

行列の積が計算された

ONEPOINT 行列の積を求めるには「MMULT」関数を使う

「MMULT」関数は、2つの配列の行列の積を返す関数です。通常、行列の積を求める場合には、次のように複数の計算が必要ですが、「MMULT」関数を利用すると、それぞれの値を一括で求めることができます。

$$\begin{pmatrix} 2 & 5 \\ 4 & 8 \end{pmatrix} \begin{pmatrix} 6 & 9 \\ 3 & 7 \end{pmatrix} = \begin{pmatrix} 2 \times 6 + 5 \times 3 & 2 \times 9 + 5 \times 7 \\ 4 \times 6 + 8 \times 3 & 4 \times 9 + 8 \times 7 \end{pmatrix} = \begin{pmatrix} 27 & 53 \\ 48 & 92 \end{pmatrix}$$

「MMULT」関数の書式は、次の通りです。

=MMULT(配列1,配列2)

引数「配列1」「配列2」には、行列の積を求める2つの配列をセル範囲または配列定数で指定します。引数「配列1」の列数と「配列2」の行数が等しくない場合は、エラー値「#VALUE!」が返されます。

COLUMN 行列を計算できるその他の関数

Excelには、「MMULT」関数の他にも、次のような行列を計算するための関数が用意されています。

▶「MDETERM」関数

「MDETERM」関数は、行列式の値を求める関数です。行列式とは、正方行列(縦と横に並んでいる数字の個数が等しい行列)の固有の数値です。

2行2列の行列

$$\begin{pmatrix} a & b \\ c & d \end{pmatrix}$$

の行列式は、

$$ad - bc$$

で求めることができます。

「MDETERM」関数を利用すると、行列式の値を一括で求めることができます。
「MDETERM」関数の書式は、次の通りです。

=MDETERM(配列)

引数「配列」には、行数と列数が等しい数値配列(正方行列)を指定します。

▶「MINVERSE」関数

「MINVERSE」関数は、逆行列を求める関数です。逆行列とは、行列との積が単位行列(正方行列のうち、右下がりの対角線上にある成分がすべて1で、残りの成分がすべ

て0である行列)になる行列です。

2行2列の行列

$$\begin{pmatrix} a & b \\ c & d \end{pmatrix}$$

の逆行列は、

$$ad - bc \neq 0$$

のときに存在して、

$$\frac{1}{ad-bc}\begin{pmatrix} d & -b \\ -c & a \end{pmatrix}$$

で求めることができます。たとえば、

$$\begin{pmatrix} 2 & 3 \\ 1 & 2 \end{pmatrix}$$

の逆行列は、

$$\frac{1}{2 \times 2 - 3 \times 1}\begin{pmatrix} 2 & -3 \\ -1 & 2 \end{pmatrix} = \begin{pmatrix} 2 & -3 \\ -1 & 2 \end{pmatrix}$$

となります。また、

$$\begin{pmatrix} 2 & 3 \\ 1 & 2 \end{pmatrix}\begin{pmatrix} 2 & -3 \\ -1 & 2 \end{pmatrix} = \begin{pmatrix} 2 \times 2 + 3 \times (-1) & 2 \times (-3) + 3 \times 2 \\ 1 \times 2 + 2 \times (-1) & 1 \times (-3) + 2 \times 2 \end{pmatrix} = \begin{pmatrix} 1 & 0 \\ 0 & 1 \end{pmatrix}$$

となります。

「MINVERSE」関数の書式は、次の通りです。

=MINVERSE(配列)

引数「配列」には、行数と列数が等しい数値配列(正方行列)を指定します。「配列」に指定した正方行列に逆行列がない場合は、エラー値「#NUM!」が返されます。

ワークシートに行列を配列で入力した場合には、数式を入力して[Ctrl]キーと[Shift]キーを押しながら[↵]キーを押します。

> 関連項目 ▶▶▶
> ● 連立方程式を解く…………………………………………………………p.477

SECTION-188

VER. 2010 2013 2016 2019 365

連立方程式を解く

Excelで連立方程式を解くには、「MINVERSE」関数と「MMULT」関数を利用します。ここでは、連立方程式「3x-4y=3」「2x+y=13」のxとyの値を求める方法を説明します。

1 配列での方程式の入力

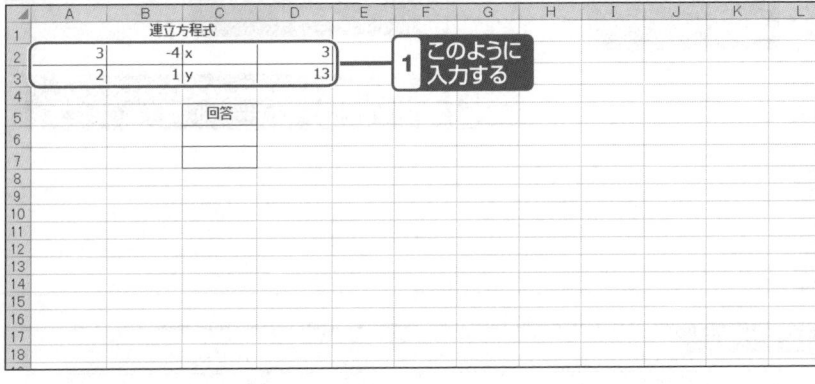

HINT
方程式の値を配置順にセルに入力します。

2 配列での行列の入力

HINT
数式を配列数式で入力する場合には、Ctrlキーと Shiftキーを押しながら↵キーを押します。配列数式で入力を確定すると、数式が「{}」で囲まれて表示されます(50ページ参照)。

KEYWORD

▶「MINVERSE」関数
逆行列を求める関数です。

■ SECTION-188 ■ 連立方程式を解く

3 行列の積を求める数式の入力

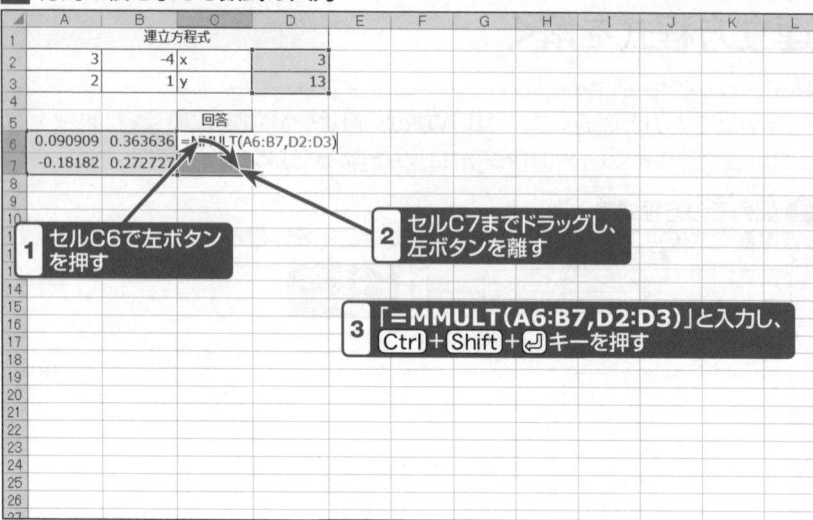

1. セルC6で左ボタンを押す
2. セルC7までドラッグし、左ボタンを離す
3. 「=MMULT(A6:B7,D2:D3)」と入力し、Ctrl+Shift+↵キーを押す

結果の確認

連立方程式が計算された

ONEPOINT 連立方程式が解ける仕組み

Excelで連立方程式を解くには、行列を利用します。操作例の連立方程式を行列で表示すると、次のようになります。

$$\underbrace{\begin{pmatrix} 3 & -4 \\ 2 & 1 \end{pmatrix}}_{\text{係数}} \underbrace{\begin{pmatrix} x \\ y \end{pmatrix}}_{\text{未知数}} = \underbrace{\begin{pmatrix} 3 \\ 13 \end{pmatrix}}_{\text{定数}}$$

この数式から未知数の行列を次のように表示することができます。

$$\begin{pmatrix} x \\ y \end{pmatrix} = \underbrace{\begin{pmatrix} 3 & -4 \\ 2 & 1 \end{pmatrix}^{-1}}_{\text{逆行列}} \begin{pmatrix} 3 \\ 13 \end{pmatrix}$$

この数式から、係数の逆行列と定数の行列の積でxとyの値を求めることができます。ただし、掛ける順序を反対にしてしまうと値を求めることができないので注意が必要です。

なお、この方法を利用すると、「2x-2y+z=3」「3x-y+z=8」「2x+3y-2z=3」のような3次の連立方程式を解くこともできます。

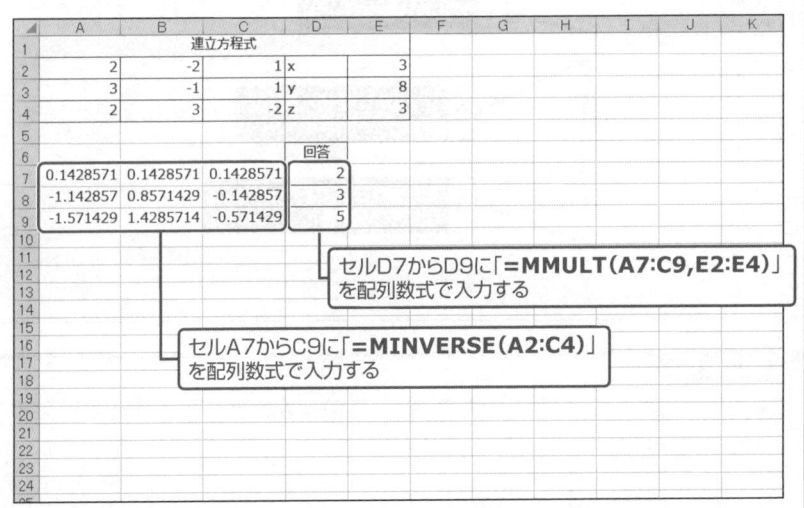

セルD7からD9に「**=MMULT(A7:C9,E2:E4)**」を配列数式で入力する

セルA7からC9に「**=MINVERSE(A2:C4)**」を配列数式で入力する

関連項目 ▶▶▶

- 行列の積を求める p.474

SECTION-189　VER. 2010 2013 2016 2019 365

度単位の角度をラジアン単位に変換する

ここでは、セルに入力した度単位の角度をラジアン単位に変換する方法を説明します。

1 角度をラジアン単位に変換する数式の入力

2 数式の複製

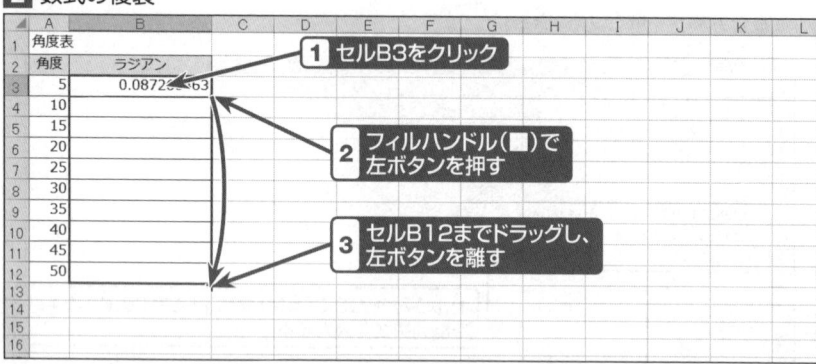

結果の確認

ONEPOINT　度単位の角度をラジアン単位に変換するには「RADIANS」関数を使う

　ラジアンとは、半径1の円の円周2πを基準に角度を表した単位です（2πラジアンが360°となる）。数学では、角度はラジアン単位で計算します。Excelでも三角関数などの角度の引数はラジアン単位で指定するため、度単位の角度は「RADIANS」関数を利用して変換すると便利です。

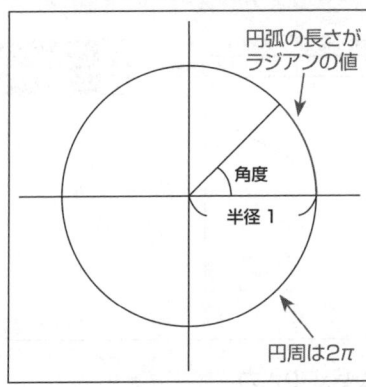

　「RADIANS」関数の書式は、次の通りです。

$$=\text{RADIANS}(角度)$$

　引数「角度」には、ラジアンに変換する角度を指定します。

COLUMN　ラジアンを度に変換するには

　ラジアン単位の角度を度単位に変換するには、「DEGREES」関数を利用します。
「DEGREES」関数の書式は、次の通りです。

$$=\text{DEGREES}(角度)$$

　引数「角度」には度に変換する角度をラジアンで指定します。
　たとえば、「=DEGREES(PI())」と数式を作成すると、戻り値は「180」となります。

関連項目 ▶▶▶
- 直角三角形の底辺と角度から対辺の長さを求める ……………………………………… p.482
- 直角三角形の底辺と角度から斜辺の長さを求める ……………………………………… p.484
- 直角三角形の斜辺と角度から対辺の長さを求める ……………………………………… p.486
- 逆三角関数を利用して直角三角形の角度を求める ……………………………………… p.488

SECTION-190

直角三角形の底辺と角度から対辺の長さを求める

ここでは、直角三角形の底辺と角度から対辺の長さを求める方法を説明します。

1 必要な値の入力

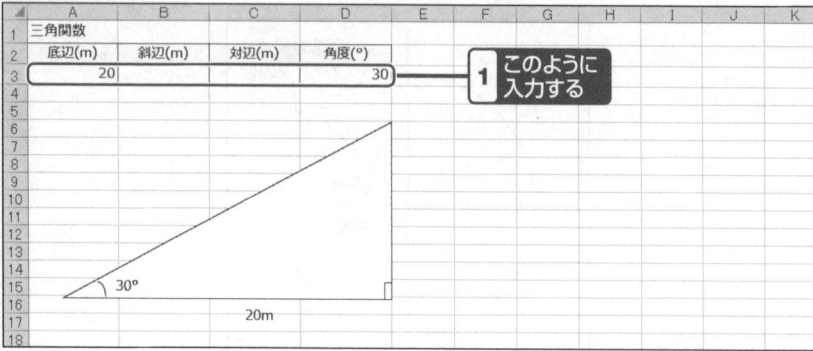

2 対辺の長さを求める数式の入力

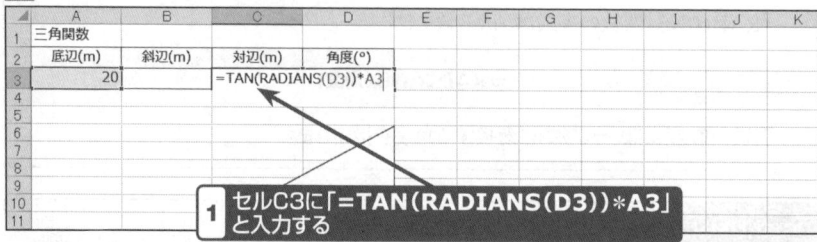

セルC3に「**=TAN(RADIANS(D3))*A3**」と入力する

KEYWORD

▶「RADIANS」関数
度単位の角度をラジアン単位に変換する関数です。

結果の確認

三角関数を利用して対辺の長さが計算された

ONEPOINT 底辺と角度から対辺の長さを求めるには「TAN」関数を使う

　底辺と角度から対辺の長さを求めるには、「TAN」関数を使います。「TAN」関数は、角度から辺の比(タンジェント)を求める関数です。
　「TAN」関数の書式は、次の通りです。

＝TAN(数値)

　引数「数値」には、辺の比を求める角度をラジアンを単位として指定します。
　数学では、直角三角形の1辺と直角以外の角から、「sin(サイン)」「cos(コサイン)」「tan(タンジェント)」で求めた辺の比を利用して、下図のように別の辺の長さを求めることができます。

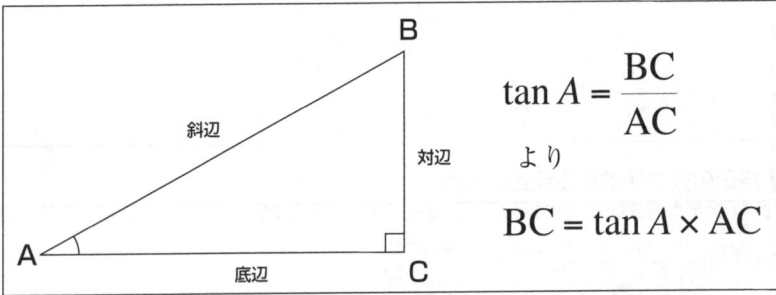

　この定義から、操作例では「TAN」関数で求めた値に底辺の長さを掛けることで対辺の長さを求めています(対辺＝底辺×tanA)。
　直角三角形からそれぞれの辺や角度を求める方法を利用すると、距離と角度から建物の高さを求めるなど、測量の計算に応用することができます。

関連項目 ▶▶▶
- 度単位の角度をラジアン単位に変換する ……………………………………… p.480
- 直角三角形の底辺と角度から斜辺の長さを求める …………………………… p.484
- 直角三角形の斜辺と角度から対辺の長さを求める …………………………… p.486
- 逆三角関数を利用して直角三角形の角度を求める …………………………… p.488

SECTION-191

直角三角形の底辺と角度から斜辺の長さを求める

ここでは、直角三角形の底辺と角度から斜辺の長さを求める方法を説明します。

1 必要な値の入力

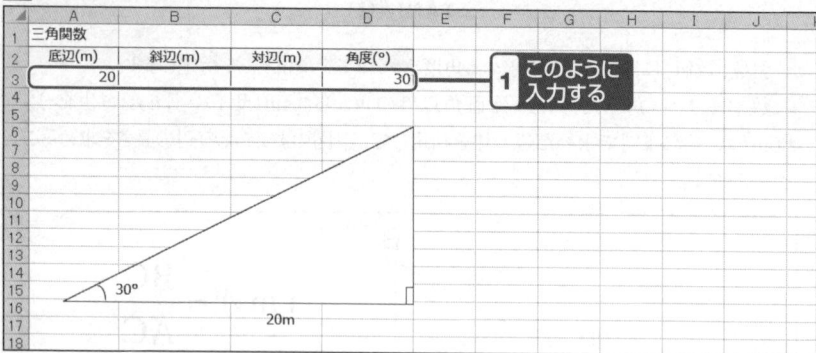

2 斜辺の長さを求める数式の入力

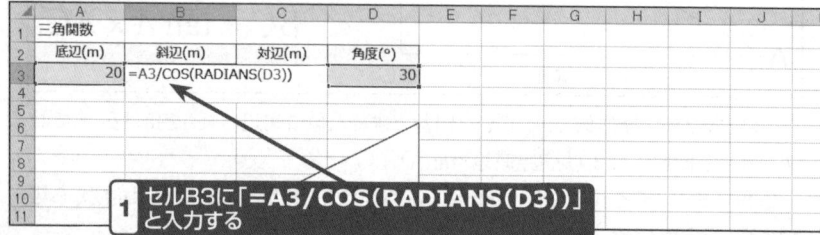

セルB3に「=A3/COS(RADIANS(D3))」と入力する

KEYWORD

▶「RADIANS」関数
度単位の角度をラジアン単位に変換する関数です。

結果の確認

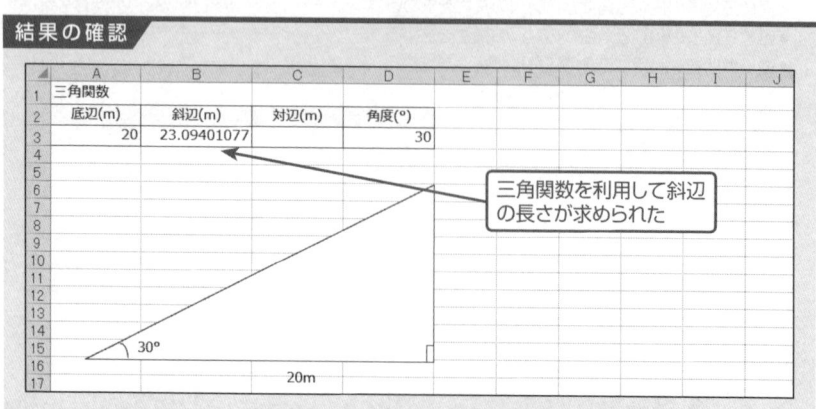

三角関数を利用して斜辺の長さが求められた

ONEPOINT 底辺と角度から斜辺の長さを求めるには「COS」関数を使う

底辺と角度から斜辺の長さを求めるには、「COS」関数を使います。「COS」は、角度から辺の比（コサイン）を求める関数です。

「COS」関数の書式は、次の通りです。

＝COS（数値）

引数「数値」には、辺の比を求める角度をラジアンを単位として指定します。

数学では、直角三角形の1辺と直角以外の角から、「sin（サイン）」「cos（コサイン）」「tan（タンジェント）」で求めた辺の比を利用して、下図のように別の辺の長さを求めることができます。

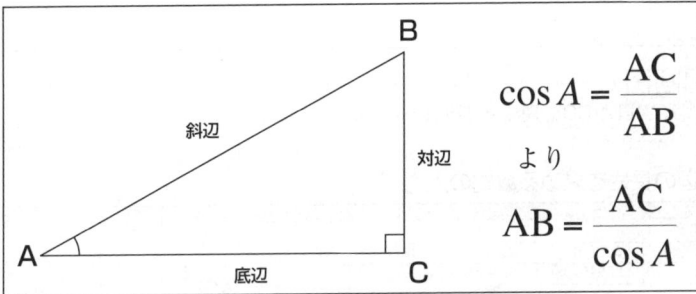

この定義から、操作例では底辺の長さを「COS」関数で求めた値で割ることで斜辺の長さを求めています（斜辺＝底辺÷cosA）。

直角三角形からそれぞれの辺や角度を求める方法を利用すると、距離と角度から建物の高さを求めるなど測量の計算に応用することができます。

関連項目 ▶▶▶

- 度単位の角度をラジアン単位に変換する ……………………………………… p.480
- 直角三角形の底辺と角度から対辺の長さを求める ……………………………… p.482
- 直角三角形の斜辺と角度から対辺の長さを求める ……………………………… p.486
- 逆三角関数を利用して直角三角形の角度を求める ……………………………… p.488

SECTION-192
直角三角形の斜辺と角度から対辺の長さを求める

ここでは、直角三角形の斜辺と角度から対辺の長さを求める方法を説明します。

1 必要な値の入力

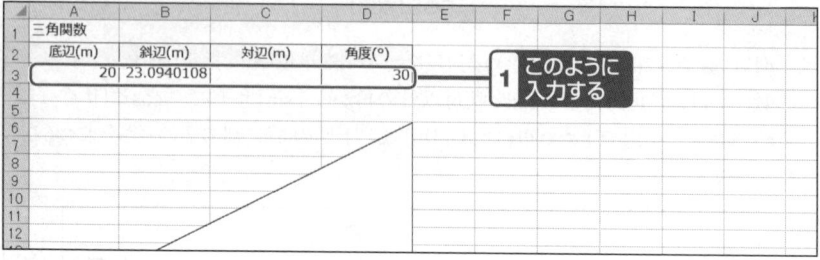

1 このように入力する

HINT
ここでは、斜辺は「COS」関数を利用して求めています(484ページ参照)。

2 対辺の長さを求める数式の入力

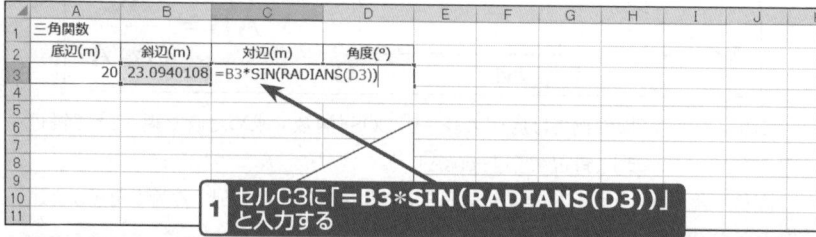

1 セルC3に「=B3*SIN(RADIANS(D3))」と入力する

KEYWORD

▶「RADIANS」関数
度単位の角度をラジアン単位に変換する関数です。

結果の確認

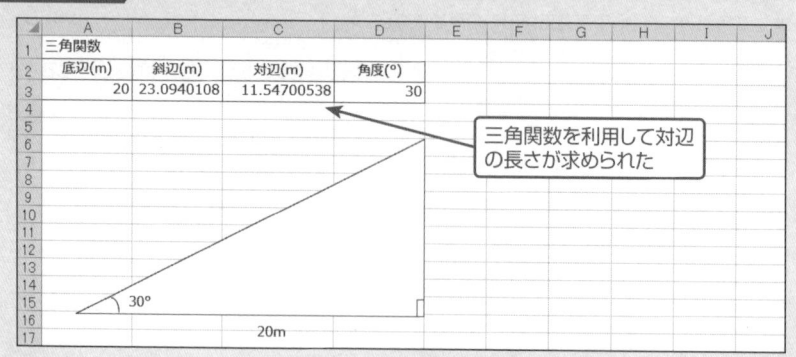

三角関数を利用して対辺の長さが求められた

| ONEPOINT | 斜辺と角度から対辺の長さを求めるには「SIN」関数を使う |

斜辺と角度から対辺の長さを求めるには、「SIN」関数を使います。「SIN」は、角度から辺の比（サイン）を求める関数です。

「SIN」関数の書式は、次の通りです。

=SIN(数値)

引数「数値」には、辺の比を求める角度をラジアンを単位として指定します。

数学では、直角三角形の1辺と直角以外の角から、「sin（サイン）」「cos（コサイン）」「tan（タンジェント）」で求めた辺の比を利用して、下図のように別の辺の長さを求めることができます。

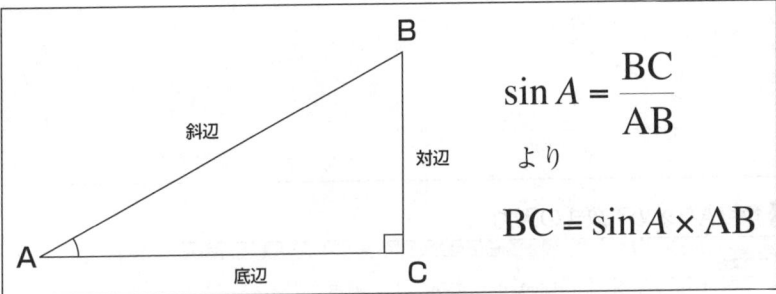

この定義から、操作例では「SIN」関数で求めた値に斜辺の長さを掛けることで対辺の長さを求めています（対辺＝斜辺×sinA）。

直角三角形からそれぞれの辺や角度を求める方法を利用すると、距離と角度から建物の高さを求めるなど、測量の計算に応用することができます。

関連項目 ▶▶▶
- 度単位の角度をラジアン単位に変換する ……………………………………… p.480
- 直角三角形の底辺と角度から対辺の長さを求める ……………………………… p.482
- 直角三角形の底辺と角度から斜辺の長さを求める ……………………………… p.484
- 逆三角関数を利用して直角三角形の角度を求める ……………………………… p.488

SECTION-193
逆三角関数を利用して直角三角形の角度を求める

「ASIN」関数を利用すると直角三角形の2辺から角度を求めることができます。ここでは、直角三角形の直角以外の2つの角度を求める方法を説明します。

1 必要な値の入力

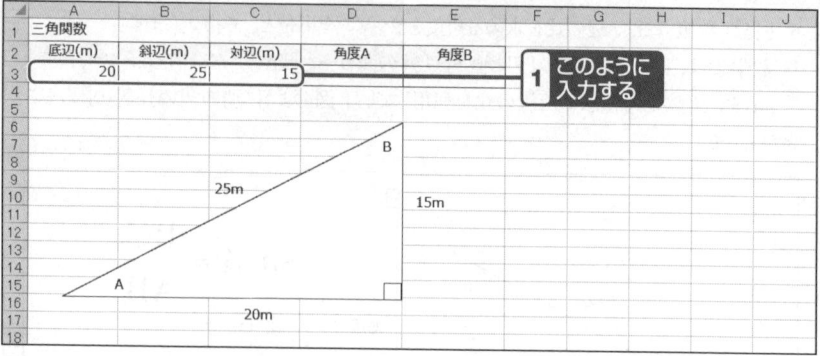

2 角度Aを求める数式の入力

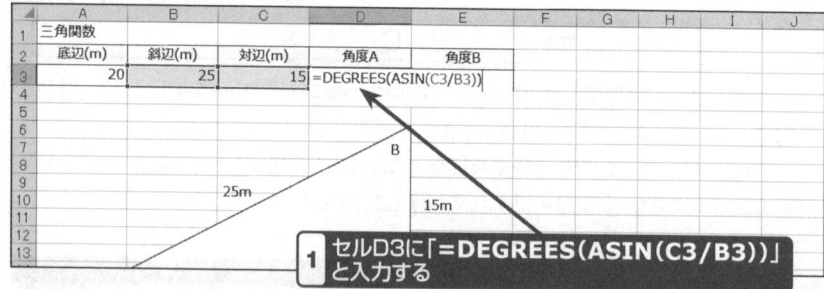

KEYWORD

▶「DEGREES」関数
ラジアン単位の角度を度単位(°)に変換する関数です。

3 角度Bを求める数式の入力

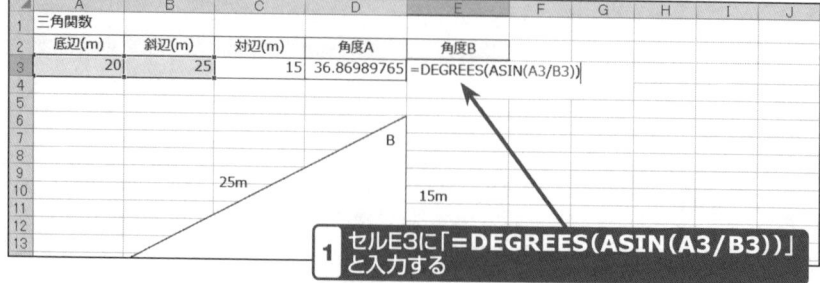

結果の確認

	A	B	C	D	E
1	三角関数				
2	底辺(m)	斜辺(m)	対辺(m)	角度A	角度B
3	20	25	15	36.86989765	53.13010235

逆三角関数を利用して角度が求められた

(三角形の図: 斜辺25m、対辺15m、底辺20m、頂点A・B・直角)

ONEPOINT　サインから角度を計算するには「ASIN」関数を使う

「ASIN」関数は、「sin（サイン）」の逆三角関数（アークサイン）の値を返す関数です。「ASIN」関数に辺の比である「sin（サイン）」の値を指定することで角度を求めることができます。

「ASIN」関数の書式は、次の通りです。

=ASIN(数値)

引数「数値」には、「sin（サイン）」の値（「-1」〜「1」の範囲）を指定します。戻り値はラジアン単位になります。

「sin（サイン）」の値は、直角三角形の2辺をもとに、下図のように求めることができます。

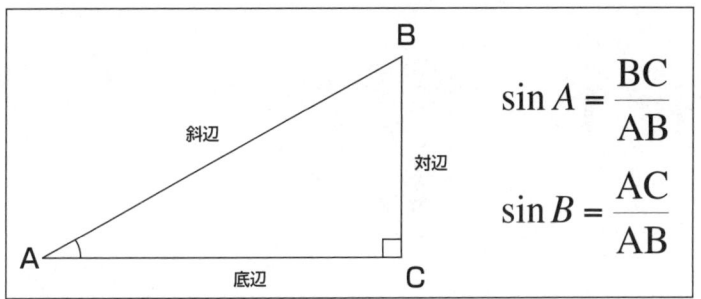

$$\sin A = \frac{BC}{AB}$$

$$\sin B = \frac{AC}{AB}$$

この定義から、操作例では「ASIN」関数に角度AはsinAを計算する数式「対辺÷斜辺」を、角度BはsinBを計算する数式「底辺÷斜辺」を指定することで、それぞれの角度を求めています。なお、戻り値はラジアン単位になるため度数で表示するため、「DEGREES」関数を利用しています。

この方法を利用すると、「cos（コサイン）」と「tan（タンジェント）」の逆三角関数でも角度を求めることができます（COLUMN参照）。

■ SECTION-193 ■ 逆三角関数を利用して直角三角形の角度を求める

COLUMN	「cos(コサイン)」と「tan(タンジェント)」の逆三角関数で角度を求める方法

「cos(コサイン)」「tan(タンジェント)」の逆三角関数(それぞれアークコサイン、アークタンジェント)の値を求めるには、「ACOS」関数と「ATAN」関数を利用します。たとえば、操作例の直角三角形の角度Aを「ACOS」関数で求めるには、次のように数式を作成します。

底辺÷斜辺
=DEGREES(ACOS(A3/B3))
三角関数の定義で「cos(コサイン)」
を求める数式

操作例の直角三角形の角度Aを「ATAN」関数で求めるには、次のように数式を作成します。

対辺÷底辺
=DEGREES(ATAN(C3/A3))
三角関数の定義で「tan(タンジェント)」
を求める数式

関連項目 ▶▶▶

- 度単位の角度をラジアン単位に変換する ……………………………………… p.480
- 直角三角形の底辺と角度から対辺の長さを求める ……………………………… p.482
- 直角三角形の底辺と角度から斜辺の長さを求める ……………………………… p.484
- 直角三角形の斜辺と角度から対辺の長さを求める ……………………………… p.486

CHAPTER 10
財務

SECTION-194

VER. 2010 2013 2016 2019 365

利率と支払額から借入可能額を求める

ここでは、年利6%の2年払いで月々の返済額が5万円の場合の借入可能金額を求める方法を説明します。

1 必要な値の入力

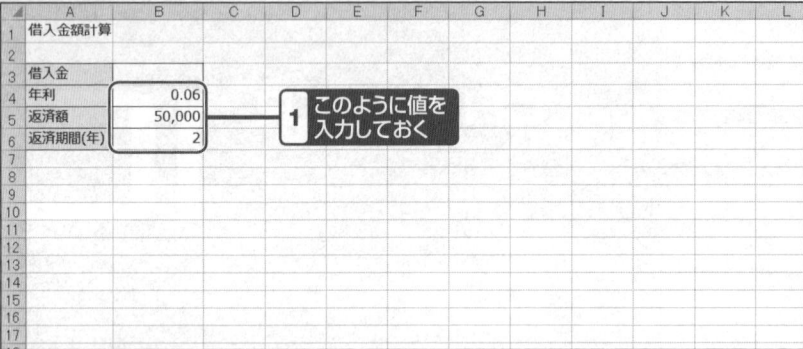

2 借入可能額を求める数式の入力

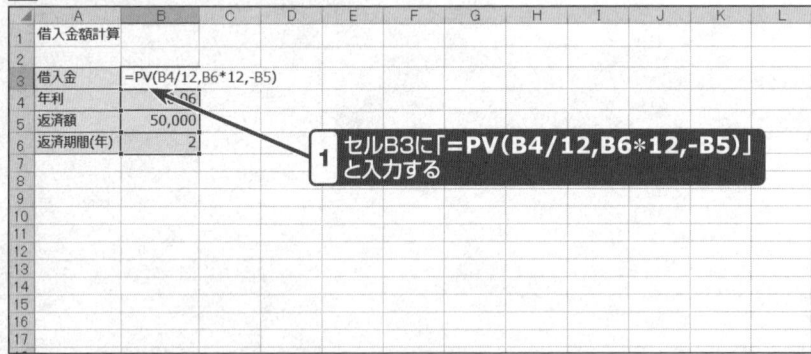

結果の確認

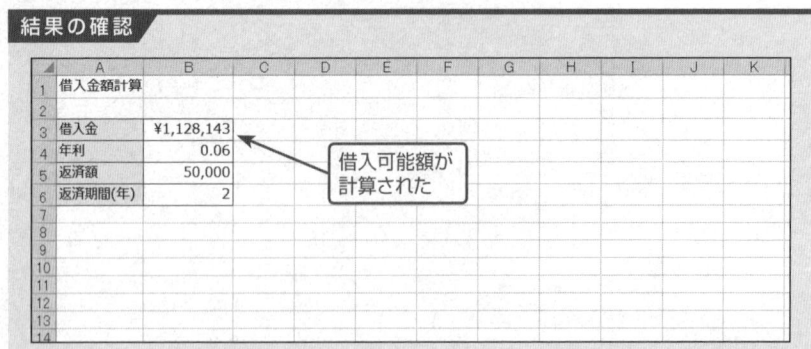

■ SECTION-194 ■ 利率と支払額から借入可能額を求める

| ONEPOINT | 借入可能金額・投資金額を求めるには「PV」関数を使う |

「PV」関数は、元利均等返済における投資の現在価値を返す関数です。現在価値とは、借入では「借入(可能)金額」、投資では「投資金額」、貯蓄では「頭金」に当たります。

「PV」関数の書式は、次の通りです。

=PV(利率,期間,定期支払額,将来価値,支払期日)

引数「利率」には、利率を支払期間と単位を合わせて指定します。たとえば、年利6%のローンを利用して月払いで返済を行う場合には、「0.06÷12=0.005」の月利で指定します。

引数「期間」には、支払回数の合計を指定します。2年ローンを月払いで返済する場合には、「2×12=24」の回数で指定します。

引数「定期支払額」には、毎回の支払金額を指定します。

引数「将来価値」(省略可)には、最後の支払いを行った後に残る現金の収支を指定します。ローンなどの借入金の場合は完済するため、「0」になります。省略すると、「0」を指定したとみなされます。

引数「支払期日」(省略可)は、支払いがいつ行われるかを「0」と「1」で指定します(下表参照)。省略すると、「0」を指定したとみなされます。

支払期日	支払時期
0	各期の期末
1	各期の期首

なお、操作例のように借入可能金額を求める場合には、引数「利率」には、年利を12で割って月利にし、「期間」には年単位の返済期間に12を掛けて月数にして数式を作成するのがポイントです。また、引数「定期支払額」は手元から出ていくお金になるため、負の値で指定しています。

期間(支払年に12を掛けて月払いにする)

=PV(B4/12,B6*12,-B5)

利率(年利を12で割って月利にする)　定期支払額(「-」を付ける)

SECTION-194 利率と支払額から借入可能額を求める

COLUMN ボーナスも併用した支払いをもとに借入可能額を求めるには

ボーナスの支払いを併せた借入可能金額を求めるには、操作例で求めた借入可能額に、ボーナスでの借入可能額をプラスします。たとえば、操作例の月々の支払いと年2回のボーナスでの支払い10万円を併せた借入可能額を求めるには、次のように数式を入力します。

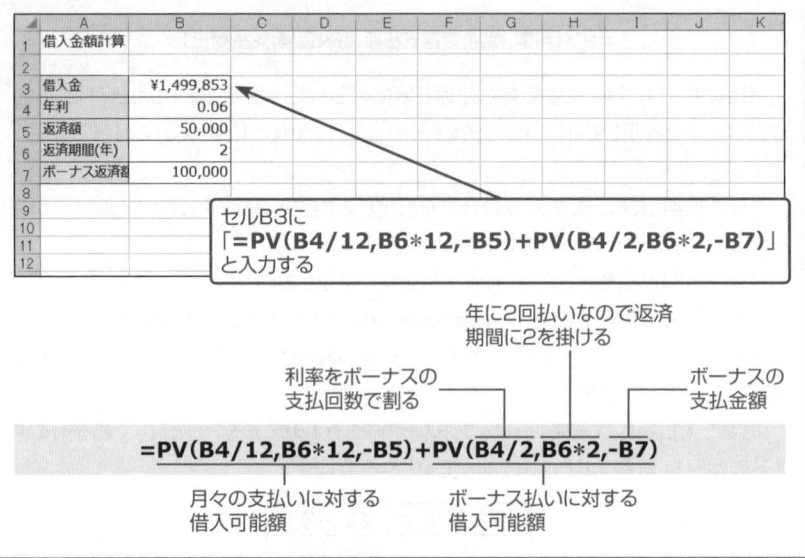

COLUMN 積立貯蓄に必要な元金を求めるには

積立貯蓄の現在価値である元金(頭金)を求める場合には、「PV」関数の引数「将来価値」に目標積立額を指定します。たとえば、200万円を年利3%、3年間で月々5万円積立てる場合に元金がいくら必要か求めるには、次のように数式を入力します。なお、ここでは、戻り値が負の値になるため、数式先頭に「-」を付けています。

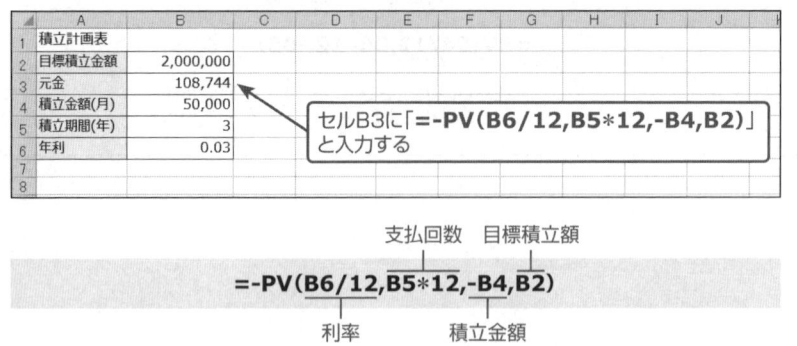

COLUMN　元利均等返済と元金均等返済

ローンの返済方法には、元利均等返済と元金均等返済があり、それぞれ次のように利息の算出方法が異なります。

▶元利均等返済

毎回の返済額（元金と利息の合計）が、返済開始から終了まで均等になる利息の算出方式です。毎回の返済額が一定となるため、無理のない返済が可能になりますが、最初のうちは返済額の利息の割合が多く元金の減りが遅くなります。そのため、元金均等返済と比べると利息総額が多くなります。

▶元金均等返済

毎回の返済額が元金を均等割にした額と利息の合計となる利息の算出方式です。最初のうちは返済額が多くなりますが、元金の減りに比例して利息分が減るので徐々に返済額が少なくなります。元金が均等に減るため、元利均等返済と比較すると、利息総額が少なくなります。

関連項目 ▶▶▶

- 借入金・支払額・支払期間からローンの利率を求める …………………………………… p.496
- 目標積立額に達するための積立回数を求める …………………………………………… p.498
- 定期預金の満期額を求める …………………………………………………………………… p.500
- 借入金と利率から毎月の返済額を求める ………………………………………………… p.502

SECTION-195

VER. 2010 2013 2016 2019 365

借入金・支払額・支払期間から ローンの利率を求める

ここでは、100万円の借入金を毎月3万円ずつ、3年間(36回)の支払期間で返済するときの年利を求める方法を説明します。

1 必要な値の入力

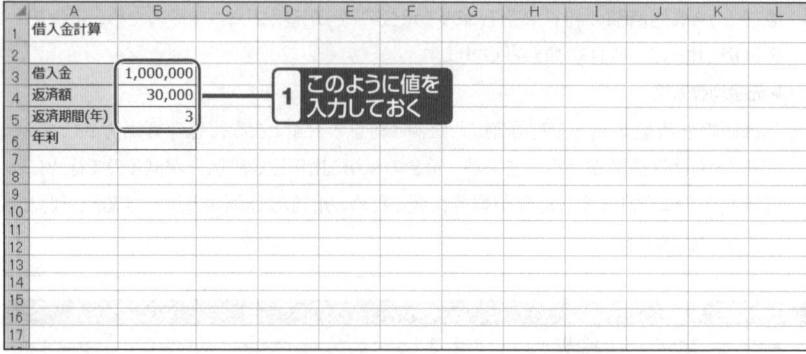

2 借入金の利率を求める数式の入力

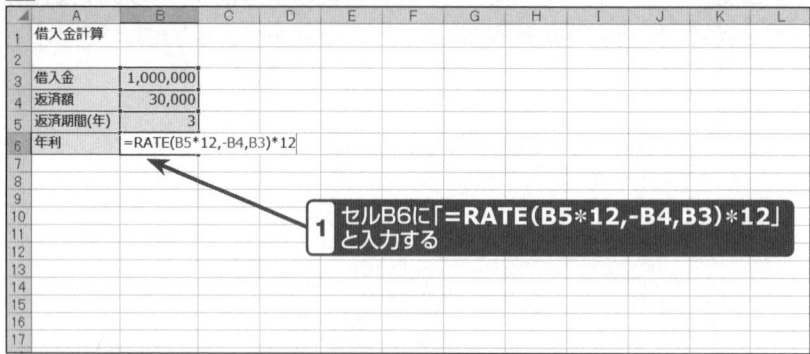

結果の確認

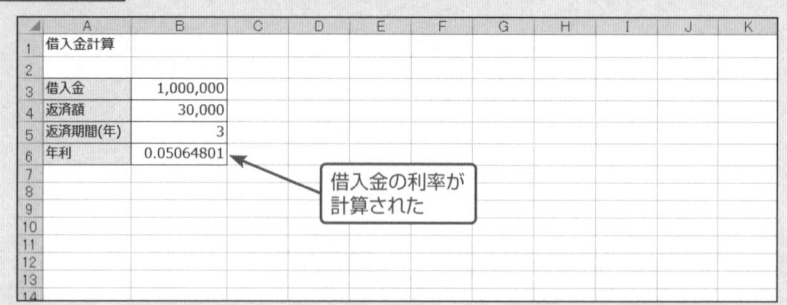

ONEPOINT 元利均等返済における利率を求めるには「RATE」関数を使う

「RATE」関数は、元利均等返済における利率を求める関数です。返済額と返済期間から貸付金を回収するための利率や、積立額と積立期間から目標積立金額に達するための利率などを、計算することができます。

「RATE」関数の書式は、次の通りです。

＝RATE(期間,定期支払額,現在価値,将来価値,支払期日,推定値)

引数「期間」には、支払回数の合計を指定します。3年ローンを月払いで返済する場合には、「3×12=36」の回数で指定します。

引数「定期支払額」には、毎回の支払額を指定します。

引数「現在価値」には、ローンの借入金額を指定します。積立などの場合は元金(頭金)を指定します。

引数「将来価値」(省略可)には、最後の支払いを行った後に残る現金の収支を指定します。ローンなどの借入金の場合は完済するため、「0」になります。積立などの場合は貯蓄目標金額や満期受領金額を指定します。省略すると、「0」を指定したとみなされます。

引数「支払期日」(省略可)には、支払いがいつ行われるかを「0」と「1」で指定します(下表参照)。省略すると、「0」を指定したとみなされます。

支払期日	支払時期
0	各期の期末
1	各期の期首

引数「推定値」(省略可)には、利率がおよそどれくらいになるかを推定した値を指定します。推定値を省略すると、10%が計算に使用されます。

なお、「RATE」関数は、引数「定期支払額」に月単位の返済額を指定すると、利率は月利で返されます。そのため、操作例のように年利を求めるためには、結果に12を掛ける必要があります。

```
          期間(支払年に12を掛        現在価値
          けて月払いにしている)      (借入金額)
          =RATE(B5*12,-B4,B3)*12
          定期支払額(支払額         年利を求めるために
          なので「-」を付ける)       12を掛ける
```

関連項目 ▶▶▶

- 利率と支払額から借入可能額を求める ……………………………………… p.492
- 目標積立額に達するための積立回数を求める ……………………………… p.498
- 定期預金の満期額を求める …………………………………………………… p.500
- 借入金と利率から毎月の返済額を求める …………………………………… p.502

SECTION-196

VER. 2010 2013 2016 2019 365

目標積立額に達するための積立回数を求める

ここでは、年利2%で毎月5万円を積立し200万円に達するまでの積立回数を求める方法を説明します。

1 必要な値の入力

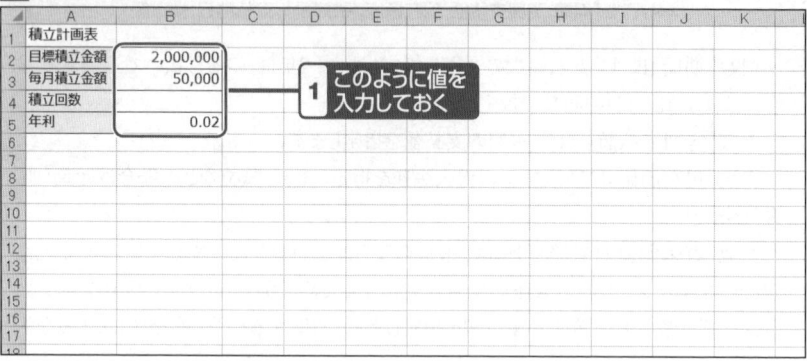

2 積立回数を求める数式の入力

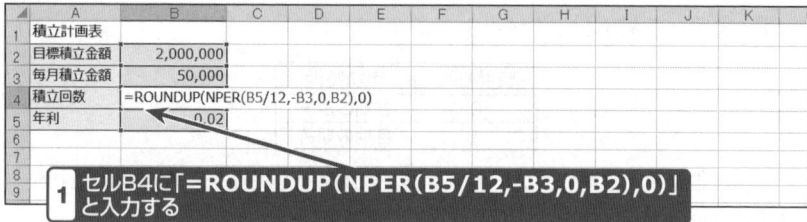

セルB4に「=ROUNDUP(NPER(B5/12,-B3,0,B2),0)」と入力する

KEYWORD

▶「ROUNDUP」関数
数値を指定された桁数で切り上げる関数です。

結果の確認

	A	B	C	D	E	F	G	H	I	J	K
1	積立計画表										
2	目標積立金額	2,000,000									
3	毎月積立金額	50,000									
4	積立回数	39									
5	年利	0.02									

積立回数が計算された

ONEPOINT 返済回数や積立回数を求めるには「NPER」関数を使う

「NPER」は、元利均等返済における支払回数を求める関数です。返済額と利率から借入金の返済回数や、積立額と利率から目標積立金額に達するための積立回数などを、計算することができます。

「NPER」関数の書式は、次の通りです。

=NPER(利率,定期支払額,現在価値,将来価値,支払期日)

引数「利率」には、利率を支払期間と単位を合わせて指定します。たとえば、年利6%のローンを利用して月払いで返済を行う場合には、「0.06÷12=0.005」の月利で指定します。

引数「定期支払額」には、毎回の支払金額を指定します。

引数「現在価値」には、ローンの借入金額を指定します。積立などの場合は元金(頭金)を指定します。

引数「将来価値」(省略可)には、最後の支払いを行った後に残る現金の収支を指定します。ローンなどの借入金の場合は完済するため、「0」になります。積立などの場合は満期受領金額または目標金額を指定します。省略すると、「0」を指定したとみなされます。

引数「支払期日」(省略可)には、支払いがいつ行われるかを「0」と「1」で指定します(下表参照)。省略すると、「0」を指定したとみなされます。

支払期日	支払時期
0	各期の期末
1	各期の期首

なお、「NPER」関数で求めた値は小数点表示になることがありますが、支払回数には小数点以下の端数も含まれるため、その分も支払回数としてカウントする必要があります。そのような場合は、操作例のように「ROUNDUP」関数を利用して、小数点以下を切り上げます。この方法で、支払回数が38.7755という値になっても、39回と計算することができます。

```
=ROUNDUP(NPER(B5/12,-B3,0,B2),0)
```

- 支払回数を求める数式
- 小数点以下を切り上げる数式
- 利率
- 定期支払額
- 現在価値
- 将来価値(積立目標金額)

関連項目 ▶▶▶

- 利率と支払額から借入可能額を求める ……………………………………… p.492
- 借入金・支払額・支払期間からローンの利率を求める …………………… p.496
- 定期預金の満期額を求める ……………………………………………………… p.500
- 借入金と利率から毎月の返済額を求める …………………………………… p.502

SECTION-197

VER. 2010 2013 2016 2019 365

定期預金の満期額を求める

ここでは、年利2%で毎月3万円を5年間積立てた場合に、満期受領金額がいくらになるか求める方法を説明します。

1 必要な値の入力

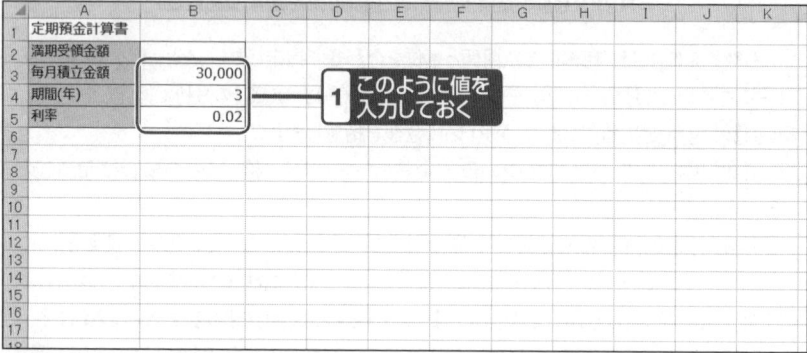

このように値を入力しておく

2 定期預金の満期額を求める数式の入力

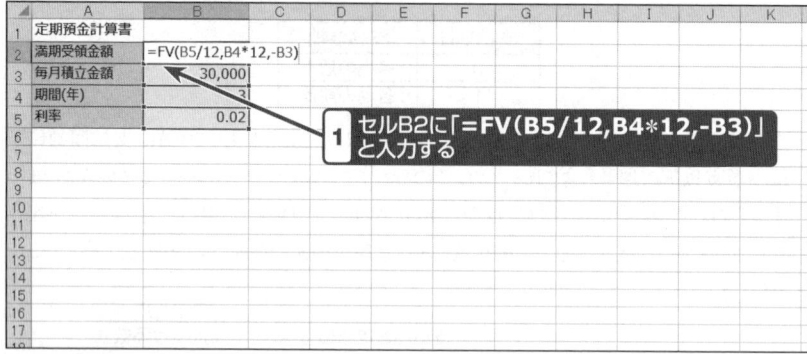

セルB2に「**=FV(B5/12,B4*12,-B3)**」と入力する

結果の確認

	A	B
1	定期預金計算書	
2	満期受領金額	¥1,112,103
3	毎月積立金額	30,000
4	期間(年)	3
5	利率	0.02

満期受領金額が計算された

■ SECTION-197 ■ 定期預金の満期額を求める

ONEPOINT　満期受領金額や最終返済金額を求めるには「FV」関数を使う

「FV」関数は、元利均等返済における投資の将来価値を求める関数です。将来価値とは、借入では「最終返済金額」、貯蓄では「満期受領金額」または「貯蓄目標金額」に当たります。

「FV」関数の書式は、次の通りです。

＝FV(利率,期間,定期支払額,現在価値,支払期日)

引数「利率」には、利率を支払期間と単位を合わせて指定します。たとえば、年利6%のローンを利用して月払いで返済を行う場合には、「0.06÷12＝0.005」の月利で指定します。

引数「期間」には、支払回数の合計を指定します。3年ローンを月払いで返済する場合には、「3×12＝36」の回数で指定します。

引数「定期支払額」には、毎回の支払金額を指定します。

引数「現在価値」には、ローンの借入金額を指定します。積立などの場合は元金(頭金)を指定します。

引数「支払期日」(省略可)には、支払いがいつ行われるかを「0」と「1」で指定します(下表参照)。省略すると、「0」を指定したとみなされます。

支払期日	支払時期
0	各期の期末
1	各期の期首

なお、操作例のように満期受領金額を求める場合には、引数「利率」には、年利を12で割って月利にし、「期間」には年単位の返済期間に12を掛けて月数にして数式を作成するのがポイントです。また、引数「定期支払額」は手元から出ていくお金になるため、負の値で指定しています。

```
                期間(支払年に12を
                掛けて月払いにする)
       ＝FV(B5/12, B4*12, -B3)
   利率(年利を12で             定期支払額
   割って月利にする)           (「－」を付ける)
```

関連項目 ▶▶▶

- 利率と支払額から借入可能額を求める ……………………………………… p.492
- 借入金・支払額・支払期間からローンの利率を求める ……………………… p.496
- 目標積立額に達するための積立回数を求める ……………………………… p.498
- 借入金と利率から毎月の返済額を求める …………………………………… p.502

SECTION-198

VER. 2010 2013 2016 2019 365

借入金と利率から毎月の返済額を求める

ここでは、年利6%の2年払いで100万円を借りた場合の月々の返済額を求める方法を説明します。

1 必要な値の入力

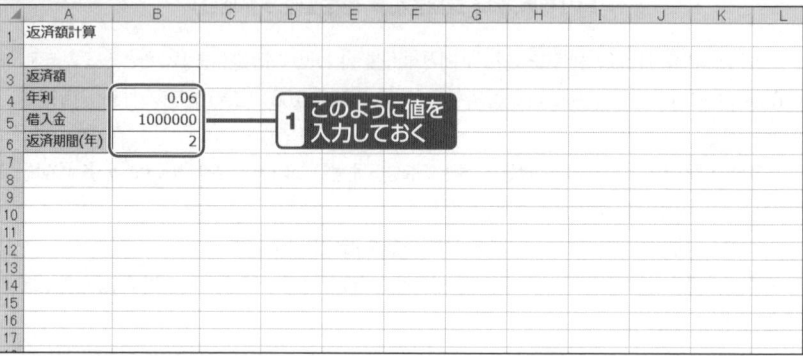

2 月々の返済額を求める数式の入力

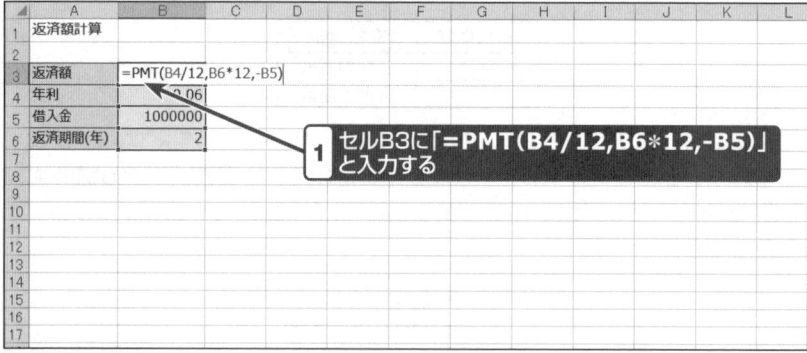

結果の確認

ONEPOINT 定期支払額を求めるには「PMT」関数を使う

「PMT」関数は、元利均等返済における定期支払額を求める関数です。借入金に対するローンの返済額や貯蓄目標金額に対する積立額などを計算することができます。「PMT」関数で求める定期支払額は元金支払額+利息支払額となります。元金支払額を求めるには「PPMT」関数(505ページ参照)、利息支払金額を求めるには「IPMT」関数(507ページ参照)を利用します。

「PMT」関数の書式は、次の通りです。

＝PMT(利率,期間,現在価値,将来価値,支払期日)

引数「利率」には、ローンの利率を支払期間と単位を合わせて指定します。たとえば、年利6%のローンを利用して月払いで返済を行う場合には、「0.06÷12=0.005」の月利で指定します。

引数「期間」には、ローンの支払回数の合計を指定します。2年ローンを月払いで返済する場合には、「2×12=24」の回数で指定します。

引数「現在価値」には、ローンの借入金額を指定します。

引数「将来価値」(省略可)には、最後の支払いを行った後に残る現金の収支を指定します。ローンなどの借入金の場合は完済するため、「0」になります。省略すると、「0」を指定したとみなされます。

引数「支払期日」(省略可)には、支払いがいつ行われるかを「0」と「1」で指定します(下表参照)。省略すると、「0」を指定したとみなされます。

支払期日	支払時期
0	各期の期末
1	各期の期首

なお、操作例のように月々の返済額を求める場合には、引数「利率」には、年利を12で割って月利にし、「期間」には年単位の返済期間に12を掛けて月数にして数式を作成するのがポイントです。

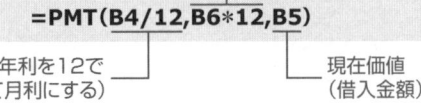

■ SECTION-198 ■ 借入金と利率から毎月の返済額を求める

COLUMN ボーナスも併用した返済額を求めるには

　ボーナスを併せた返済額を求めるには、「PV」関数でボーナス返済額から借入可能金額を求め、借入金とボーナス借入可能金額の差額から毎月の返済額を計算します。たとえば、操作例の借入金、利率、支払期間で年2回のボーナスの支払い10万円を併せた返済額を求めるには、次のように数式を入力します。なお、「PV」関数については492ページを参照してください。

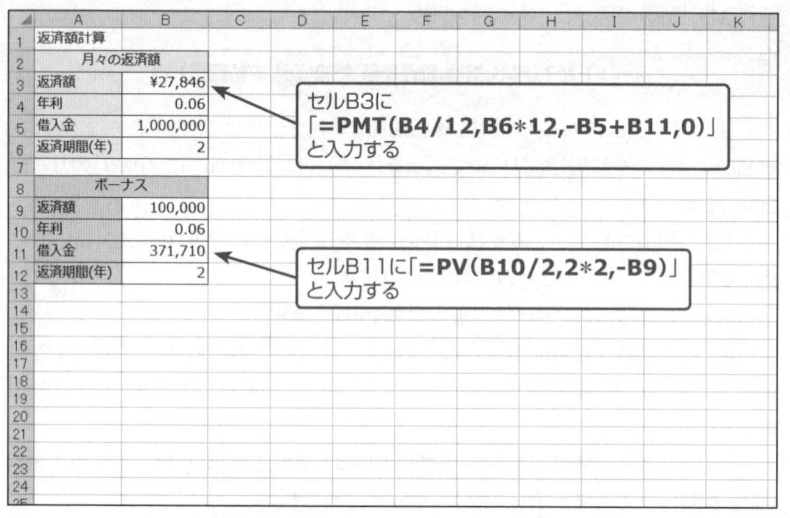

セルB3に
「=PMT(B4/12,B6*12,-B5+B11,0)」
と入力する

セルB11に「=PV(B10/2,2*2,-B9)」
と入力する

関連項目 ▶▶▶

- 利率と支払額から借入可能額を求める ……………………………………………… p.492
- 借入金・支払額・支払期間からローンの利率を求める ……………………………… p.496
- 目標積立額に達するための積立回数を求める ……………………………………… p.498
- 定期預金の満期額を求める …………………………………………………………… p.500
- 返済額のうちの元金相当分を求める ………………………………………………… p.506
- 返済額のうちの利息相当分を求める ………………………………………………… p.507

SECTION-199

VER. 2010 2013 2016 2019 365

返済額のうちの元金相当分を求める

ここでは、502ページで求めたローンの返済額のうち、第1回目の返済分のうちの元金分を求める方法を説明します。

1 元金返済額を求める数式の入力

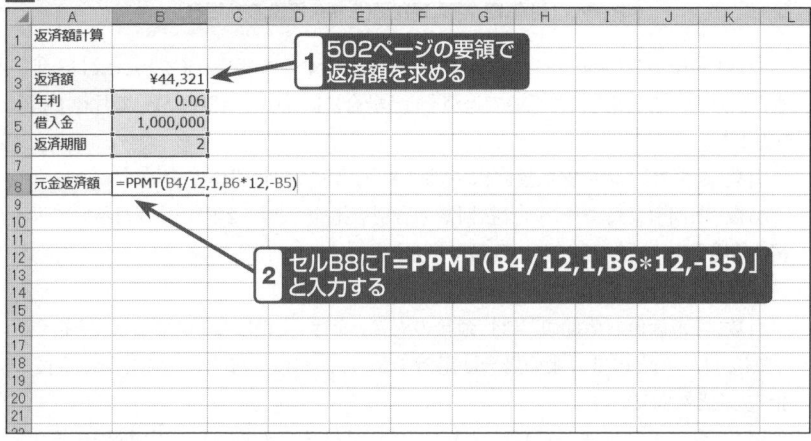

HINT
「PMT」関数で返済額を求める方法は、502ページを参照してください。

KEYWORD

▶「PMT」関数
元利均等返済における定期支払額を求める関数です。

結果の確認

	A	B
1	返済額計算	
2		
3	返済額	¥44,321
4	年利	0.06
5	借入金	1,000,000
6	返済期間	2
7		
8	元金返済額	¥39,321

第1回分の元金返済額が求められた

■ SECTION-199 ■ 返済額のうちの元金相当分を求める

> **ONEPOINT** 指定した期に支払われる元金を求めるには「PPMT」関数を使う
>
> 「PPMT」関数は、元利均等返済における元金返済額を求める関数です。「PMT」関数の戻り値（返済額）の元金部分に当たります。なお、利息支払額を求めるには、「IPMT」関数(507ページ参照)を利用します。
> 「PPMT」関数の書式は、次の通りです。
>
>
>
> **＝PPMT(利率,期,期間,現在価値,将来価値,支払期日)**
>
>
>
> 引数「利率」には、ローンの利率を期間と単位を合わせて指定します。たとえば、年利6%のローンを利用して月払いで返済を行う場合には、「0.06÷12=0.005」の月利で指定します。
> 引数「期」には、元金支払額を求める期を1～期間の範囲で指定します。
> 引数「期間」には、ローンの支払回数の合計を指定します。2年ローンを月払いで返済する場合には、「2×12=24」の回数で指定します。
> 引数「現在価値」には、ローンの借入金額を指定します。
> 引数「将来価値」(省略可)には、最後の支払いを行った後に残る現金の収支を指定します。ローンなどの借入金の場合は完済するため、「0」になります。省略すると、「0」を指定したとみなされます。
> 引数「支払期日」(省略可)は、支払いがいつ行われるかを「0」と「1」で指定します(下表参照)。省略すると、「0」を指定したとみなされます。
>
> | 支払期日 | 支払時期 |
> |---|---|
> | 0 | 各期の期末 |
> | 1 | 各期の期首 |

関連項目 ▶▶▶
- 借入金と利率から毎月の返済額を求める …………………………………………… p.502
- 返済額のうちの利息相当分を求める …………………………………………………… p.507

SECTION-200

返済額のうちの利息相当分を求める

ここでは、502ページで求めたローンの返済額のうち、第1回目の返済分のうちの利息分を求める方法を説明します。

1 利息返済額を求める数式の入力

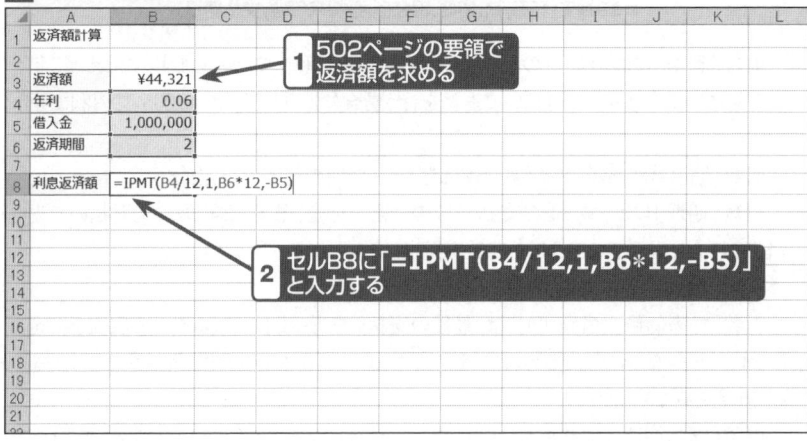

HINT
「PMT」関数で返済額を求める方法は、502ページを参照してください。

KEYWORD

▶「PMT」関数
元利均等返済における定期支払額を求める関数です。

結果の確認

■ SECTION-200 ■ 返済額のうちの利息相当分を求める

| ONEPOINT | 指定した期に支払われる利息を求めるには「IPMT」関数を使う |

「IPMT」関数は、元利均等返済における利息返済額を求める関数です。「PMT」関数の戻り値（返済額）の利息部分に当たります。なお、元金支払額を求めるには「PPMT」関数（505ページ参照）を利用します。

「IPMT」関数の書式は、次の通りです。

=IPMT(利率,期,期間,現在価値,将来価値,支払期日)

引数「利率」には、ローンの利率を期間と単位を合わせて指定します。たとえば、年利6%のローンを利用して月払いで返済を行う場合には、「0.06÷12=0.005」の月利で指定します。

引数「期」には、元金支払額を求める期を1～期間の範囲で指定します。

引数「期間」には、ローンの支払回数の合計を指定します。2年ローンを月払いで返済する場合には、「2×12=24」の回数で指定します。

引数「現在価値」には、ローンの借入金額を指定します。

引数「将来価値」（省略可）には、最後の支払いを行った後に残る現金の収支を指定します。ローンなどの借入金の場合は完済するため、「0」になります。省略すると、「0」を指定したとみなされます。

引数「支払期日」（省略可）は支払いがいつ行われるかを「0」と「1」で指定します（下表参照）。省略すると、「0」を指定したとみなされます。

支払期日	支払時期
0	各期の期末
1	各期の期首

関連項目 ▶▶▶

- 借入金と利率から毎月の返済額を求める ……………………………………… p.502
- 返済額のうちの元金相当分を求める ……………………………………………… p.505

SECTION-201

元金均等返済の支払利息と返済額を求める

　ここでは、元金均等返済で月利2%で20万円を10カ月で支払う場合の、支払い回数ごとの利息と返済額の内訳書を作成する方法を説明します。

1 元金支払額を求める数式の入力

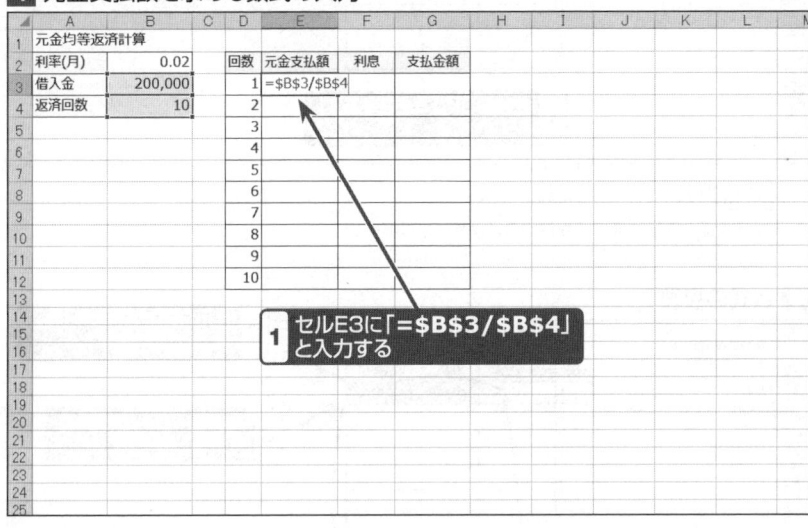

HINT
元金均等返済における元金支払額を求めるには、借入金額を支払回数で割ります。

2 支払利息を求める数式の入力

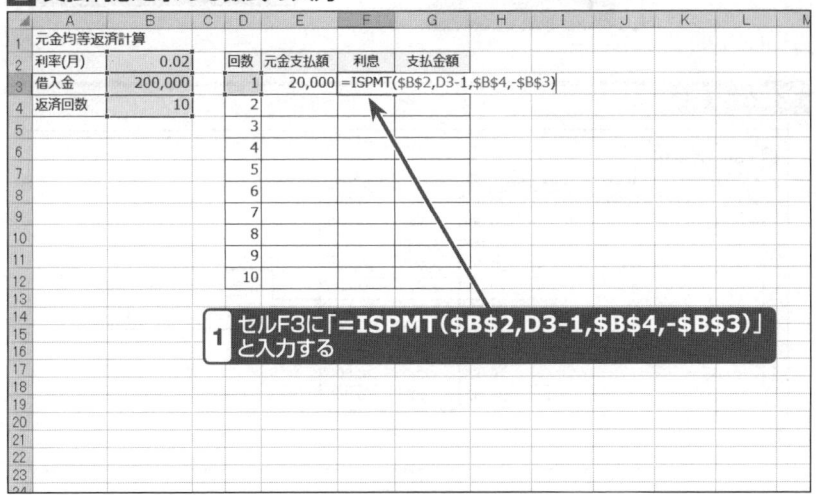

■ SECTION-201 ■ 元金均等返済の支払利息と返済額を求める

3 支払金額を求める数式の入力

	A	B	C	D	E	F	G
1	元金均等返済計算						
2	利率(月)	0.02		回数	元金支払額	利息	支払金額
3	借入金	200,000		1	20,000	4,000	=E3+F3
4	返済回数	10		2			
5				3			
6				4			
7				5			
8				6			
9				7			
10				8			
11				9			
12				10			

1 セルG3に「**=E3+F3**」と入力する

HINT
元金支払額と支払利息の和が毎回の返済額になります。

4 数式の複製

1 セルE3で左ボタンを押す
2 セルG3までドラッグし、左ボタンを離す
3 フィルハンドル(■)で左ボタンを押す
4 セルG12までドラッグし、左ボタンを離す

結果の確認

	A	B	C	D	E	F	G
1	元金均等返済計算						
2	利率(月)	0.02		回数	元金支払額	利息	支払金額
3	借入金	200,000		1	20,000	4,000	24,000
4	返済回数	10		2	20,000	3,600	23,600
5				3	20,000	3,200	23,200
6				4	20,000	2,800	22,800
7				5	20,000	2,400	22,400
8				6	20,000	2,000	22,000
9				7	20,000	1,600	21,600
10				8	20,000	1,200	21,200
11				9	20,000	800	20,800
12				10	20,000	400	20,400

元金均等返済の利息と返済額が求められた

■ SECTION-201 ■ 元金均等返済の支払利息と返済額を求める

ONEPOINT 元金均等返済の利息を求めるには「ISPMT」関数を使う

「ISPMT」関数は、元金均等返済の場合に指定した期の支払利息を求める関数です。

「ISPMT」関数の書式は、次の通りです。

＝ISPMT(利率,期,期間,現在価値)

引数「利率」には、ローンの利率を期間と単位を合わせて指定します。たとえば、年利6%のローンを利用して月払いで返済を行う場合には、「0.06÷12＝0.005」の月利で指定します。

引数「期」には、元金支払額を求める期を1〜期間の範囲で指定します。

引数「期間」には、ローンの支払回数の合計を指定します。2年ローンを月払いで返済する場合には、「2×12＝24」の回数で指定します。

引数「現在価値」には、ローンの借入金額を指定します。

通常、元金均等返済の返済額は次のように計算します。

＝(借入金額÷支払回数)＋(借入残高×利率)

　　　　元金支払額　　　　　支払利息

Excelでは、「ISPMT」関数が用意されているので、借入金額を支払回数で割って求めた元金支払額に「ISPMT」関数の戻り値を足すことで返済額を計算できます。ただし、「ISPMT」関数の引数「期」に1を指定すると、1回分の支払いが済んだ後の残高で利息が計算されてしまいます(2回目の支払利息)。そのため、支払い最初の回の利息から計算するために、引数「期」から1を引いた値を指定するのがポイントです。

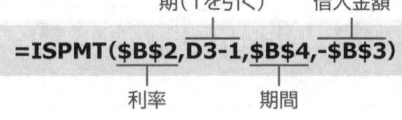

＝ISPMT($B$2,D3-1,$B$4,-$B$3)

　　　　利率　　期間

SECTION-202 　VER. 2010 2013 2016 2019 365
指定期間に支払った返済額のうちの元金返済金額（累計）を求める

ここでは、年利2%、借入金1000万円、10年払いのローンを3年支払ったときの、元金返済金額を求める方法を説明します。

1 必要な値の入力

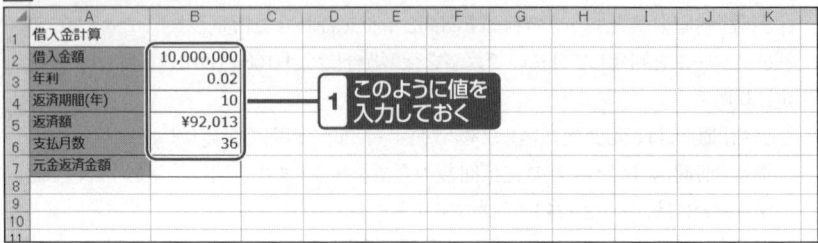

HINT
返済額は「PMT」関数で求めています（502ページ参照）。

2 元金返済金額を求める数式の入力

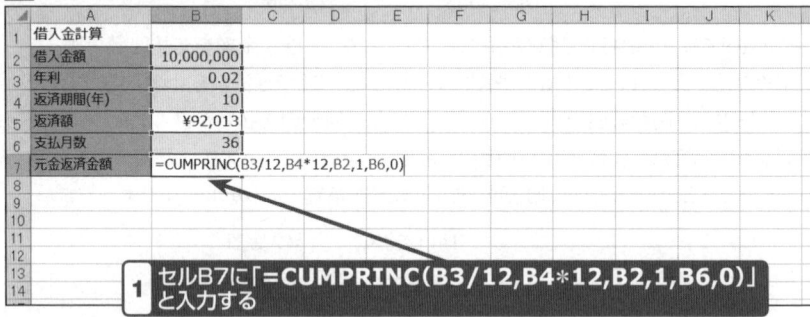

セルB7に「=CUMPRINC(B3/12,B4*12,B2,1,B6,0)」と入力する

HINT
「CUMPRINC」関数の戻り値は負の値になります。

結果の確認

	A	B
1	借入金計算	
2	借入金額	10,000,000
3	年利	0.02
4	返済期間(年)	10
5	返済額	¥92,013
6	支払月数	36
7	元金返済金額	-2793113.6

3年間で支払った元金返済金額が求められた

■ SECTION-202 ■ 指定期間に支払った返済額のうちの元金返済金額(累計)を求める

| ONEPOINT | ローンの指定期間の元金返済額を求めるには「CUMPRINC」関数を使う |

「CUMPRINC」関数は、元利均等返済において指定期間に支払う元金返済額の累計を求める関数です。返済状況を確認したり、戻り値を利用して繰上返済後の返済額や返済期間を求める用途で利用できます。

「CUMPRINC」関数の書式は、次の通りです。

=CUMPRINC(利率,期間,現在価値,開始期,終了期,支払期日)

引数「利率」には、ローンの利率を期間と単位を合わせて指定します。たとえば、年利6%のローンを利用して月払いで返済を行う場合には、「0.06÷12=0.005」の月利で指定します。

引数「期間」には、ローンの支払回数の合計を指定します。2年ローンを月払いで返済する場合には、「2×12=24」の回数で指定します。

引数「現在価値」には、ローンの借入金額を指定します。

引数「開始期」には計算の対象となる期間の最初の期を指定し、引数「終了期」に期間の最後の期を指定します。たとえば、月払いでローン開始から2年後までの期間を指定する場合には、引数「開始期」に「1」引数「終了期」に「24」を指定します。

引数「支払期日」には、支払いがいつ行われるかを「0」と「1」で指定します(下表参照)。

支払期日	支払時期
0	各期の期末
1	各期の期首

Excelの財務関数を利用する際には、「PMT」関数などのように引数「現在価値」に負の値を指定して、戻り値を正の値で表示させることがあります。しかし、「CUMPRINC」関数の場合は、引数「現在価値」に負の値を指定するとエラー値「#NUM!」が返されるので注意が必要です。戻り値を正の値で表示したい場合には、数式の「CUMPRINC」関数の前に「-」を付加するなどして対処するとよいでしょう。

また、引数「支払期日」は省略できないので必ず指定する必要があります。

関連項目 ▶▶▶
- 指定期間に支払った返済額のうちの利息返済金額(累計)を求める ……………………… p.514
- 繰上返済で低減された返済額を求める…………………………………………………… p.516

SECTION-203

指定期間に支払った返済額のうちの利息返済金額（累計）を求める

ここでは、年利2%、借入金1000万円、10年払いのローンを3年支払ったときの、利息返済金額を求める方法を説明します。

1 必要な値の入力

1 このように値を入力しておく

> HINT
> 返済額は「PMT」関数で求めています（502ページ参照）。

2 利息返済金額を求める数式の入力

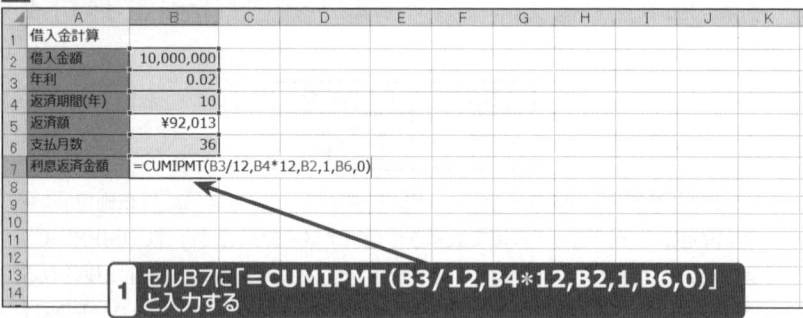

1 セルB7に「=CUMIPMT(B3/12,B4*12,B2,1,B6,0)」と入力する

> HINT
> 「CUMIPMT」関数の戻り値は、負の値になります。

結果の確認

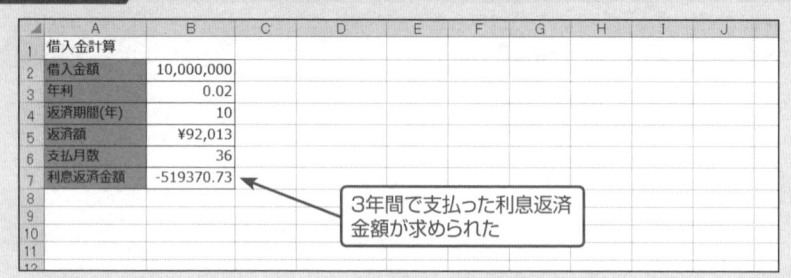

3年間で支払った利息返済金額が求められた

■ SECTION-203 ■ 指定期間に支払った返済額のうちの利息返済金額(累計)を求める

ONEPOINT ローンの指定期間の利息返済額を求めるには
「CUMIPMT」関数を使う

「CUMIPMT」関数は、元利均等返済において指定期間に支払う利息返済額の累計を求める関数です。返済状況を確認したり、戻り値を利用して繰上返済後に節約した利息分などを求める用途で利用することができます。

「CUMIPMT」関数の書式は、次の通りです。

=CUMIPMT(利率,期間,現在価値,開始期,終了期,支払期日)

引数「利率」には、ローンの利率を期間と単位を合わせて指定します。たとえば、年利6%のローンを利用して月払いで返済を行う場合には、「0.06÷12=0.005」の月利で指定します。

引数「期間」には、ローンの支払回数の合計を指定します。2年ローンを月払いで返済する場合には、「2×12=24」の回数で指定します。

引数「現在価値」には、ローンの借入金額を指定します。

引数「開始期」には計算の対象となる期間の最初の期を指定し、引数「終了期」に期間の最後の期を指定します。たとえば、月払いでローン開始から2年後までの期間を指定する場合には、引数「開始期」に「1」引数「終了期」に「24」を指定します。

引数「支払期日」には、支払いがいつ行われるかを「0」と「1」で指定します(下表参照)。

支払期日	支払時期
0	各期の期末
1	各期の期首

Excelの財務関数を利用する際には、「PMT」関数などのように引数「現在価値」に負の値を指定して、戻り値を正の値で表示させることがあります。しかし、「CUMIPMT」関数の場合は、引数「現在価値」に負の値を指定するとエラー値「#NUM!」が返されるので注意が必要です。戻り値を正の値で表示したい場合には、数式の「CUMIPMT」関数の前に「-」を付加するなどして対処するとよいでしょう。

また、引数「支払期日」は省略できないので必ず指定する必要があります。

関連項目 ▶▶▶
● 指定期間に支払った返済額のうちの元金返済金額(累計)を求める p.512

SECTION-204

繰上返済で低減された返済額を求める

　繰上返済で低減された返済額を計算するには、「CUMPRINC」関数と「PMT」関数を利用します。ここでは、年利2%、借入金1000万円、10年払いのローンを3年支払ったときに200万円繰上返済した場合に、低減された返済額を求める方法を説明します。

1 必要な値の入力

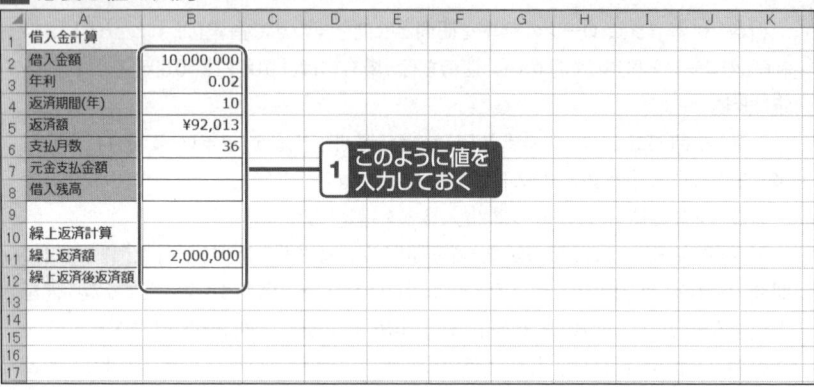

1 このように値を入力しておく

HINT
返済額は「PMT」関数で求めています(502ページ参照)。

2 元金返済額を求める数式の入力

1 セルB7に「=CUMPRINC(B3/12,B4*12,B2,1,B6,0)」と入力する

KEYWORD

▶「CUMPRINC」関数
元利均等返済において指定期間に支払う元金返済額の累計を求める関数です。

■ SECTION-204 ■ 繰上返済で低減された返済額を求める

3 借入残高を求める数式の入力

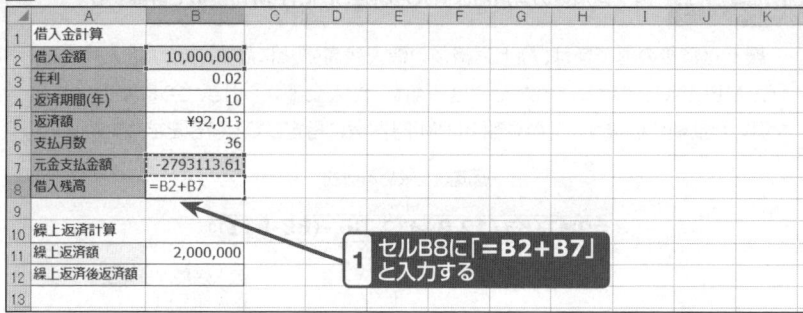

····H│I│N│T····
借入残高は借入金額から元金支払金額を引くことで求めることができます。ここでは、「COMPRINC」関数で求めた元金支払金額が負の値のため、借入金額に足すことで差額を求めています。

4 繰上返済後の返済額を求める数式の入力

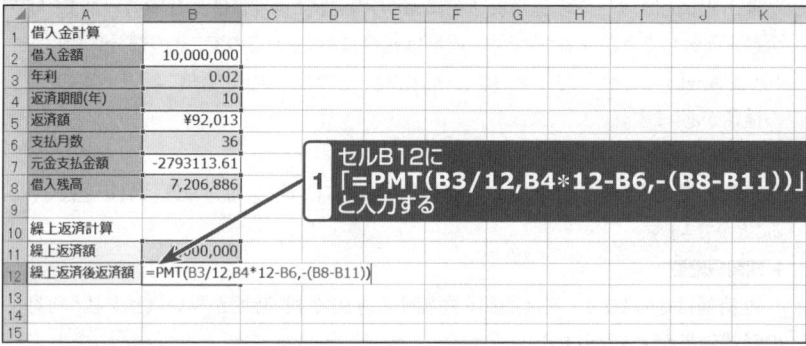

KEYWORD

▶「PMT」関数
元利均等返済における定期支払額を求める関数です。

結果の確認

	A	B
1	借入金計算	
2	借入金額	10,000,000
3	年利	0.02
4	返済期間(年)	10
5	返済額	¥92,013
6	支払月数	36
7	元金支払金額	-2793113.61
8	借入残高	7,206,886
9		
10	繰上返済計算	
11	繰上返済額	2,000,000
12	繰上返済後返済額	¥66,479

繰上返済後の返済額が計算された

■ SECTION-204 ■ 繰上返済で低減された返済額を求める

ONEPOINT 繰上返済後の返済額は借入残高をもとに「PMT」関数で計算する

　繰上返済後の返済額は、繰上返済後の借入残高をもとに計算します。借入残高は、「CUMPRINC」関数で求めた元金返済額を、借入金額から引き、さらに繰上返済額を引いた金額になります。その金額を「PMT」関数に指定して返済額を求めます。

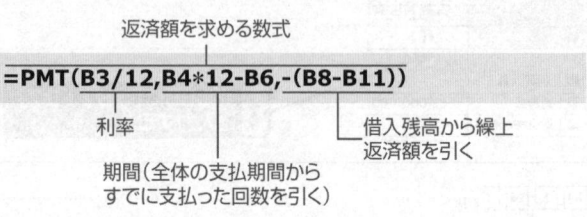

返済額を求める数式

=PMT(B3/12,B4*12-B6,-(B8-B11))

利率

期間（全体の支払期間からすでに支払った回数を引く）

借入残高から繰上返済額を引く

COLUMN 繰上返済とは

　繰上返済とは、ローンの返済終了前に、毎月の返済とは別に借入金額の一部または全額を前倒しで返済することです。返済は元金にあてられるので、その部分に掛ける利息を減額することができます。繰上返済には、その後の返済方法によって、次の2つの種類があります。

▶返済額低減型

　返済期間はそのままで、毎月の返済額を減らす方法です。毎月の返済負担を軽くすることができます。

▶期間短縮型

　返済額はそのままで、返済期間を短縮する方法です。時期が早いほど支払う利息の軽減効果が大きくなります。

関連項目 ▶▶▶

- 借入金と利率から毎月の返済額を求める ………………………………………………… p.502
- 指定期間に支払った返済額のうちの元金返済金額（累計）を求める ……………………… p.512
- 繰上返済で短縮された返済期間を求める ………………………………………………… p.519

SECTION-205

繰上返済で短縮された返済期間を求める

　繰上返済で短縮された返済回数を計算するには、「CUMPRINC」関数と「NPER」関数を利用します。ここでは、年利2%、借入金1000万円、10年払いのローンを3年支払ったときに200万円繰上返済した場合に、短縮された返済期間を求める方法を説明します。

1 必要な値の入力

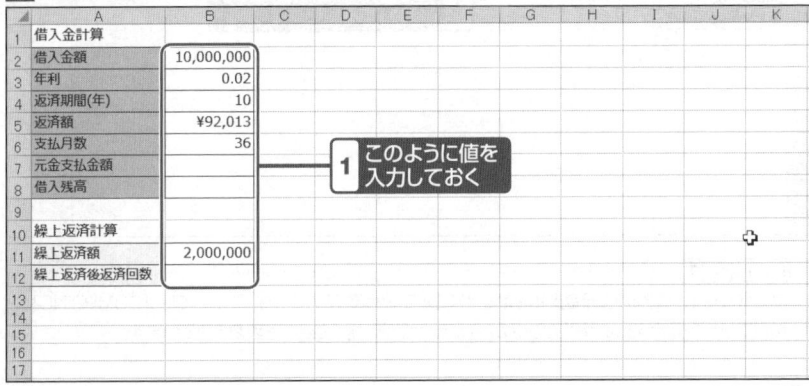

HINT
返済額は「PMT」関数で求めています（502ページ参照）。

2 元金返済額を求める数式の入力

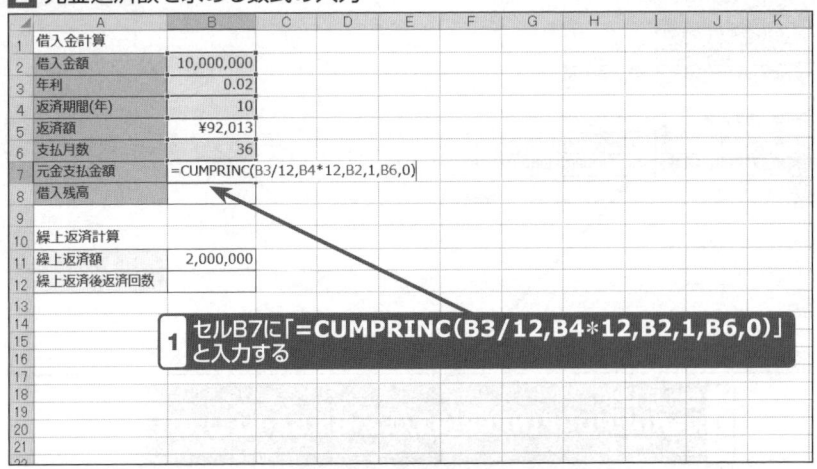

KEYWORD

▶「CUMPRINC」関数
元利均等返済において指定期間に支払う元金返済額の累計を求める関数です。

■ SECTION-205 ■ 繰上返済で短縮された返済期間を求める

3 借入残高を求める数式の入力

	A	B
1	借入金計算	
2	借入金額	10,000,000
3	年利	0.02
4	返済期間(年)	10
5	返済額	¥92,013
6	支払月数	36
7	元金支払金額	-2793113.6
8	借入残高	=B2+B7
9		
10	繰上返済計算	
11	繰上返済額	2,000,000
12	繰上返済後返済回数	

1 セルB8に「**=B2+B7**」と入力する

> **HINT**
> 借入残高は借入金額から元金支払金額を引くことで求めることができます。ここでは、「COMPRINC」関数で求めた元金支払金額が負の値のため、借入金額に足すことで差額を求めています。

4 上返済後の返済回数を求める数式の入力

	A	B
1	借入金計算	
2	借入金額	10,000,000
3	年利	0.02
4	返済期間(年)	10
5	返済額	¥92,013
6	支払月数	36
7	元金支払金額	-2793113.6
8	借入残高	7,206,886
9		
10	繰上返済計算	
11	繰上返済額	2,000,000
12	繰上返済後返済回数	=ROUNDUP(NPER(B3/12,-B5,B8-B11),0)

1 セルB12に「**=ROUNDUP(NPER(B3/12,-B5,B8-B11),0)**」と入力する

KEYWORD

▶「NPER」関数
元利均等返済における定期支払回数を求める関数です。

■ SECTION-205 ■ 繰上返済で短縮された返済期間を求める

結果の確認

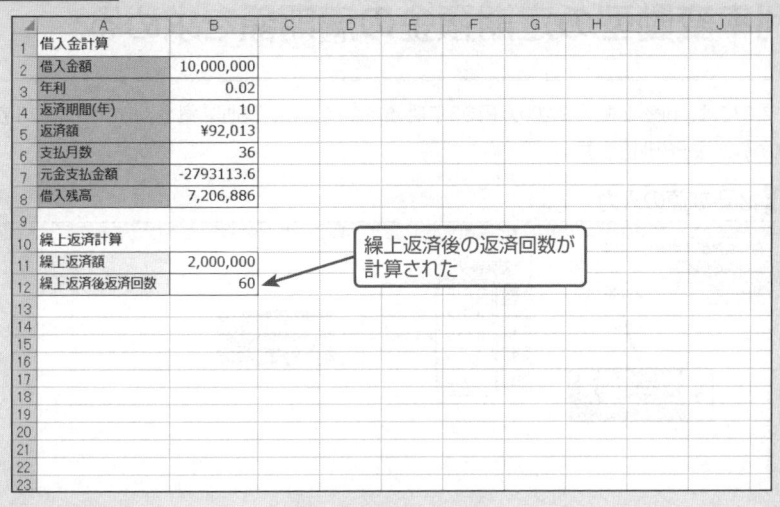

繰上返済後の返済回数が計算された

ONEPOINT 繰上返済後の返済回数は借入残高をもとに「NPER」関数で計算する

　繰上返済後の返済回数は、繰上返済後の借入残高をもとに計算します。借入残高は、「CUMPRINC」関数で求めた元金返済額を借入金額から引き、さらに繰上返済額を引いた金額になります。その金額を「NPER」関数に指定して返済回数を求めます。なお、支払回数に小数点以下の端数が含まれる場合はその分も支払回数としてカウントする必要があるため、「ROUNDUP」関数を利用して、小数点以下を切り上げます。

支払回数を求める数式　　　小数点以下を切り上げる数式

=ROUNDUP(NPER(B3/12,-B5,B8-B11),0)

利率　　定期返済額　　借入残高から繰上返済額を引いた値

関連項目 ▶▶▶

- 目標積立額に達するための積立回数を求める ·· p.498
- 借入金と利率から毎月の返済額を求める ··· p.502
- 指定期間に支払った返済額のうちの元金返済金額(累計)を求める ························· p.512
- 繰上返済で低減された返済額を求める ··· p.516

SECTION-206

利率変動型の定期預金の満期額を求める

ここでは、利率変動型で200万円を5年間預けた場合に、満期受領金額がいくらになるか求める方法を説明します。

1 必要な値の入力

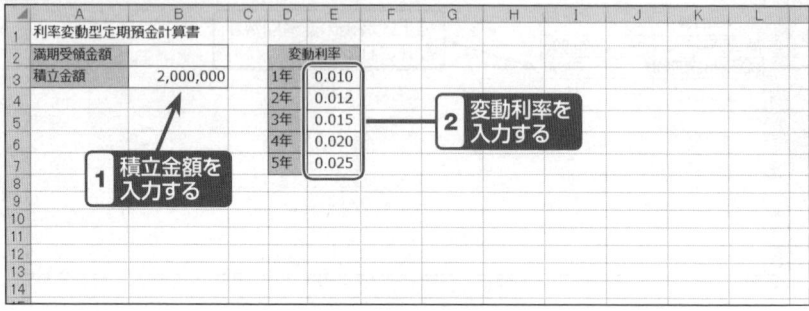

> **HINT**
> 変動利率をセルに表示する場合は、期間分を配列で入力します。

2 利率変動型での満期額を求める数式の入力

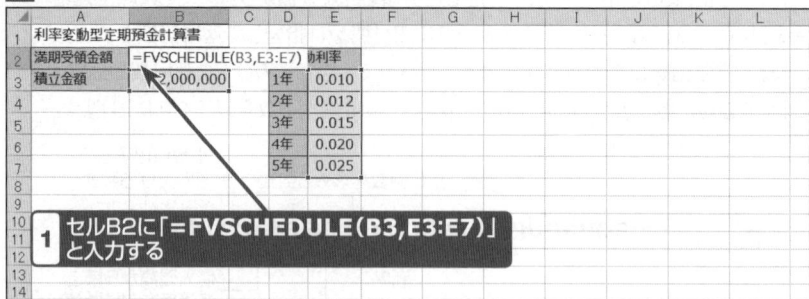

結果の確認

ONEPOINT 金利変動型の将来価値を求めるには「FVSCHEDULE」関数を使う

「FVSCHEDULE」は、投資期間内の一連の金利を複利計算して、元金の将来価値を求める関数です。金利変動型の定期預金の満期額などを計算する用途で使用します。

「FVSCHEDULE」関数の書式は、次の通りです。

=FVSCHEDULE(元金,利率配列)

引数「元金」には、投資の現在価値を指定します。

引数「利率配列」には、投資期間内の変動金利を配列またはセル参照で指定します。空白セルを指定すると、金利が「0%」であるとみなされます。引数「利率配列」に指定する利率は、その配列の数が利払いが行われる回数に当たります。そのため、年1回の利払いで5年間預けた場合の満期受領金額を求めるためには、操作例のように5行に各年利を入力します。

COLUMN 利払いが年2回行われる場合の利率配列の表示方法

「FVSCHEDULE」関数の引数「利率配列」には、利払いが行われる回数をすべて指定する必要があります。そのため、利払いが年2回(半期に1回)行われる場合には、次のように利率を2で割って支払い回数分を記述しておく必要があります。

	A	B	C	D	E
1	利率変動型定期預金計算書				
2	満期受領金額	2170106.269		変動利率	
3	積立金額	2,000,000		1年	0.0050
4				1年	0.0050
5				2年	0.0060
6				2年	0.0060
7				3年	0.0075
8				3年	0.0075
9				4年	0.0100
10				4年	0.0100
11				5年	0.0125
12				5年	0.0125

利率を2で割って、回数分を記述する

関連項目 ▶▶▶

- 定期預金の満期額を求める p.500

SECTION-207

定期預金の実効年利率を求める

ここでは、名目年利率は2%で年に2回(半期に1回)の利払いがある場合の実効年利率を求める方法を説明します。

1 必要な値の入力

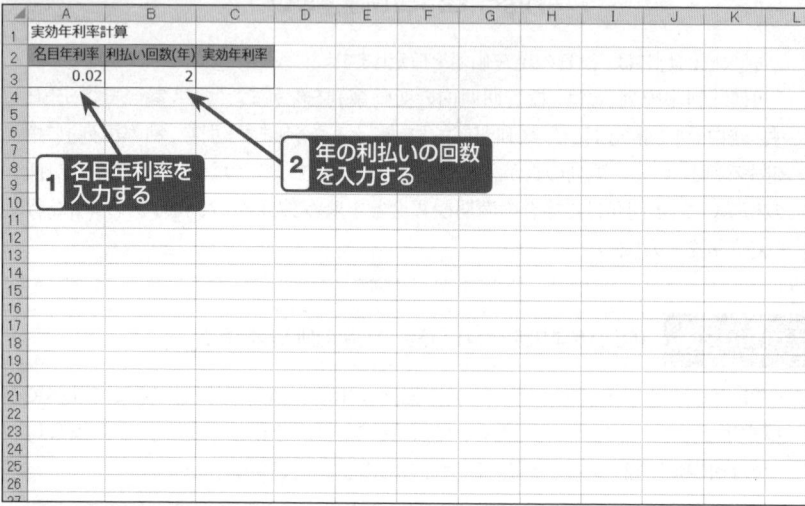

HINT
名目年利率とは、あらかじめ提示されている年利です。

2 実効年利率を求める数式の入力

結果の確認

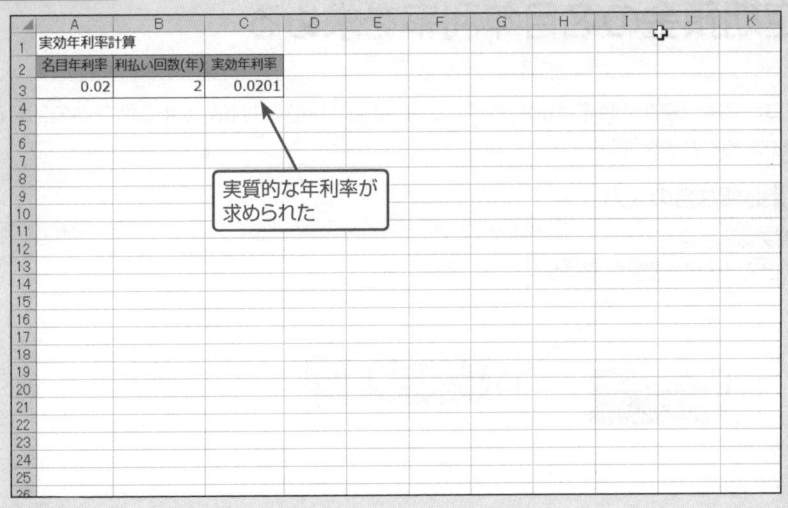

実質的な年利率が求められた

ONEPOINT 複利計算における実質的な年利率を求めるには「EFFECT」関数を使う

　年間の利息は元金に年利率を掛けることで求められますが、複利で年間に2回以上の利払いがあるときには実質的な利率が変わってきます。この利率を実効利率といい、「EFFECT」関数を利用して、名目年利率と複利計算回数をもとに算出することができます。

　「EFFECT」関数の書式は、次の通りです。

＝EFFECT（名目利率,複利計算回数）

　引数「名目利率」には、あらかじめ提示されている年利率を指定します。

　引数「複利計算回数」には、1年当たりの複利計算回数（利払い回数）を指定します。

　なお、実効年利率から名目年利率を求める場合には、「NOMINAL」関数を利用します（526ページ参照）。

関連項目 ▶▶▶

- 定期預金の名目年利率を求める……………………………………………………p.526

SECTION-208

定期預金の名目年利率を求める

ここでは、実効年利率は2.01%で年に2回（半期に1回）の利払いがある場合の名目年利率を求める方法を説明します。

1 必要な値の入力

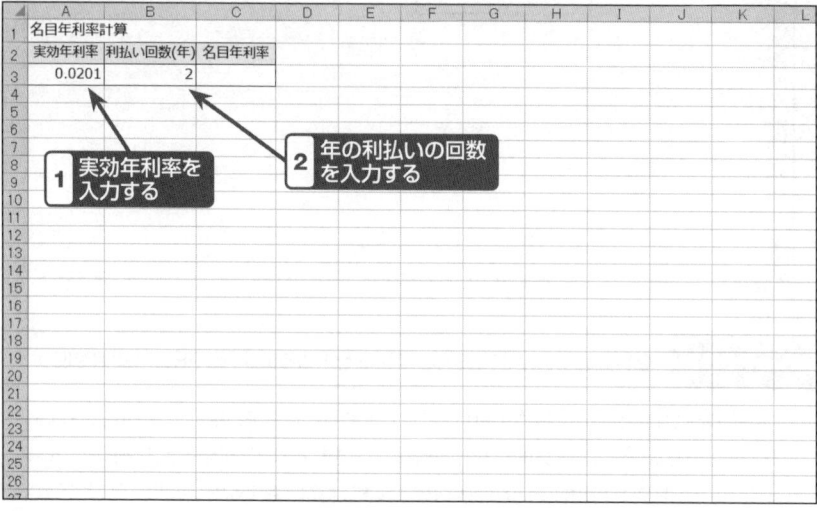

HINT
実効年利率とは、複利で年間に複数回の利払いがある場合などの実質的な利率です。

2 名目年利率を求める数式の入力

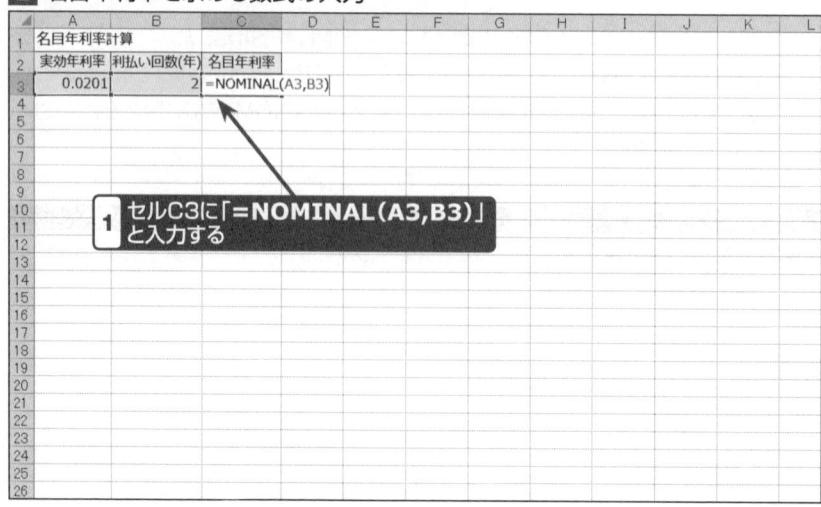

結果の確認

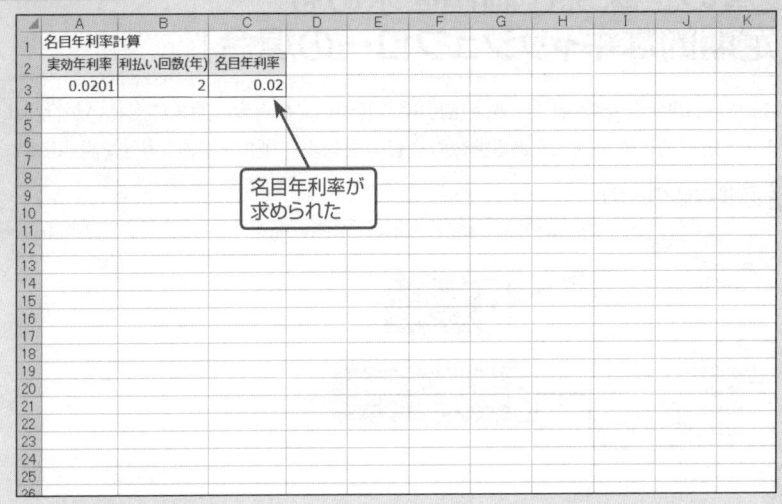

名目年利率が求められた

ONEPOINT 実効年利率に対する名目年利率を求めるには「NOMINAL」関数を使う

　年間の利息は元金に年利率を掛けることで求められますが、複利で年間に2回以上の利払いがあるときには実質的な利率が変わってきます。この利率を実効利率と呼び、あらかじめ提示されている年利率を名目年利率と呼びます。「NOMINAL」関数を利用すると、実効年利率から名目年利率を算出することができます。

　「NOMINAL」関数の書式は、次の通りです。

=NOMINAL(実効利率,複利計算期間)

引数「実効利率」には、実質的な年利率を指定します。
引数「複利計算回数」には、1年当たりの複利計算回数(利払い回数)を指定します。
なお、実効年利率から名目年利率を求める場合には、「EFFECT」関数を利用します(524ページ参照)。

関連項目 ▶▶▶

- 定期預金の実効年利率を求める ……………………………………… p.524

SECTION-209

VER. 2010 2013 2016 2019 365

投資の正味現在価値を求める（定期的なキャッシュフローの場合）

ここでは、100万円を投資し、年2%の割引率に基づいて初年度の期末に支払いが行われ、その後、定期的に毎年収入がある場合の投資の正味現在価値を求める方法を説明します。

1 必要な値の入力

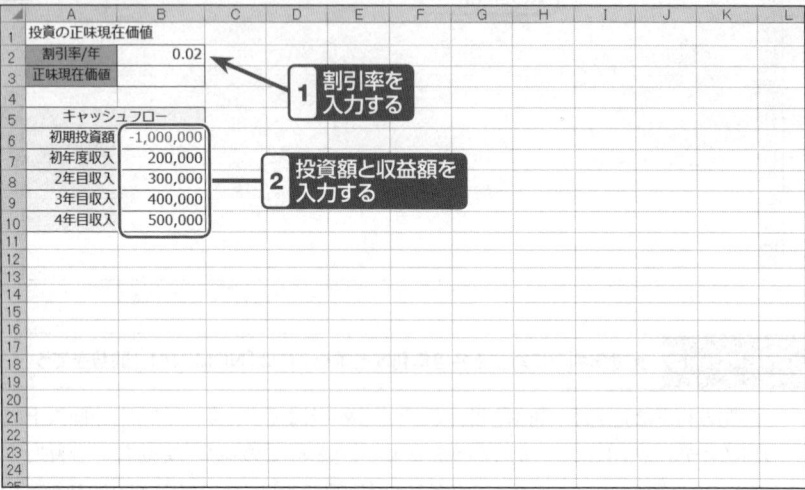

HINT
投資額は負の値、収益額は正の値で入力します。

2 投資の正味現在価値を求める数式の入力

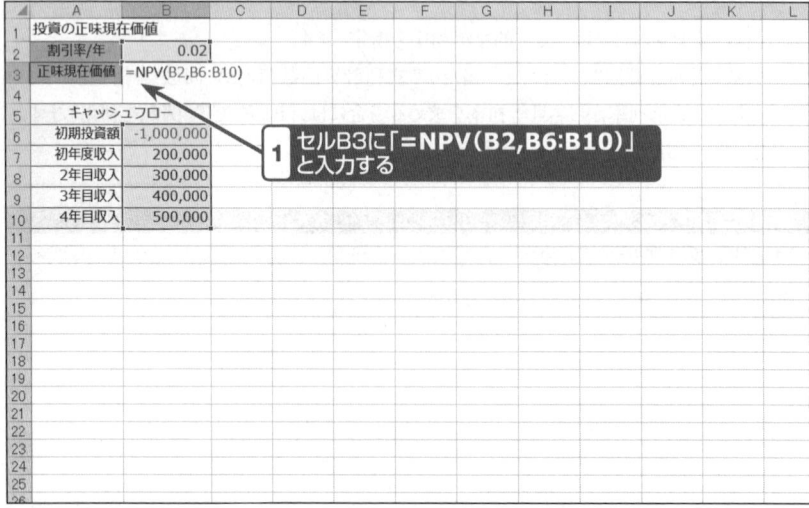

■ SECTION-209 ■ 投資の正味現在価値を求める（定期的なキャッシュフローの場合）

結果の確認

	A	B	C	D	E	F	G	H	I	J	K
1	投資の正味現在価値										
2	割引率/年	0.02									
3	正味現在価値	¥316,942									
4											
5	キャッシュフロー										
6	初期投資額	-1,000,000									
7	初年度収入	200,000									
8	2年目収入	300,000									
9	3年目収入	400,000									
10	4年目収入	500,000									

→ 定期的キャッシュフローでの投資の正味現在価値が求められた

ONEPOINT　定期的なキャッシュフローに対する正味現在価値を求めるには「NPV」関数を使う

　定期的なキャッシュフロー（収入から支出を差し引いて手元に残る資金の流れ、資金繰り）に対する正味現在価値を求めるには、「NPV」関数を使います。「NPV」関数は、投資の正味現在価値を、割引率、将来行われる一連の支払い（負の値）、収益（正の値）を使って算出する関数です。

　「NPV」関数の書式は、次の通りです。

＝NPV(割引率,値1,値2,…)

　引数「割引率」には、投資期間を通じて一定の割引率（将来の現金を現在の価値に割引く際に使う係数）を指定します。

　引数「値」には、定期的に各期末に発生する支払額（負の値）と収益額（正の値）を指定します。引数は1〜254個まで指定できます。

　引数「値1」「値2」・・・の順序がキャッシュフローの順序であるとみなされるため、支払額と収益額を入力する順序に注意する必要があります。

関連項目 ▶▶▶

● 投資の内部利益率を求める（定期的なキャッシュフローの場合） ………………… p.530

SECTION-210

投資の内部利益率を求める（定期的なキャッシュフローの場合）

ここでは、100万円を投資し、その後定期的に毎年収入がある場合の投資の内部利益率を求める方法を説明します。

1 必要な値の入力

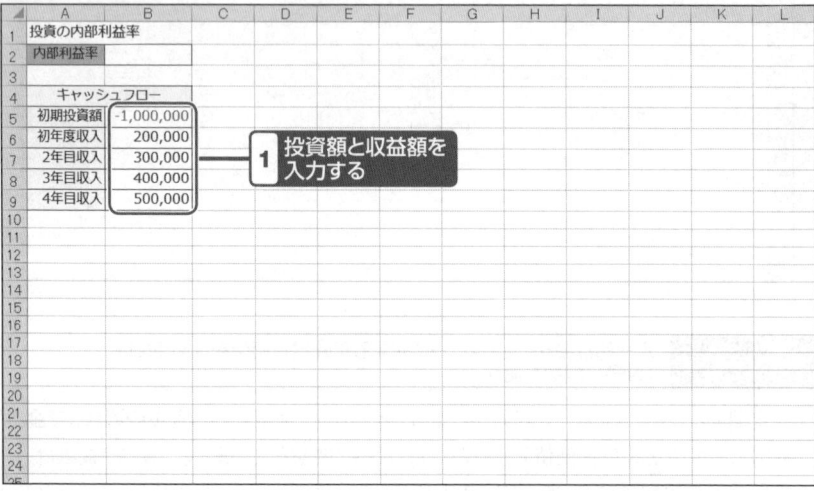

HINT
投資額は負の値、収益額は正の値で入力します。

2 投資の内部利益率を求める数式の入力

■ SECTION-210 ■ 投資の内部利益率を求める（定期的なキャッシュフローの場合）

結果の確認

	A	B
1	投資の内部利益率	
2	内部利益率	13%
3		
4	キャッシュフロー	
5	初期投資額	-1,000,000
6	初年度収入	200,000
7	2年目収入	300,000
8	3年目収入	400,000
9	4年目収入	500,000

定期的キャッシュフローでの投資の内部利益率が求められた

ONEPOINT　定期的なキャッシュフローに対する内部利益率を求めるには「IRR」関数を使う

「IRR」関数は、定期的なキャッシュフロー（収入から支出を差し引いて手元に残る資金の流れ、資金繰り）に対する内部利益率（一定の期間ごとに発生する支払いと収益からなる投資効率を表す利率）を求める関数です。月や年などの一定期間をおいて必ず発生する資金の流れに対する内部利益率を計算します。

「IRR」関数の書式は、次の通りです。

＝IRR(範囲,推定値)

引数「範囲」には、定期的に発生する一連の支払い（負の値）と収益（正の値）を含む配列またはセル参照を指定します。範囲には、正の値と負の値が範囲に少なくとも1つずつ含まれている必要があり、値の順序はキャッシュフローの順序であるとみなされます。

引数「推定値」（省略可）には、「IRR」関数の計算結果に近いと思われる数値を指定します。しかし、ほとんどの場合に推定値は指定する必要はありません（詳細については「IRR」関数のヘルプを参照してください）。推定値を省略すると、0.1（10%）が指定されたとみなされます。

関連項目 ▶▶▶

● 投資の正味現在価値を求める（定期的なキャッシュフローの場合） ………………… p.528

SECTION-211
投資の正味現在価値を求める（不定期的なキャッシュフローの場合）

ここでは、不定期なキャッシュフローの場合に100万円を投資し、年2%の割引率に基づき、投資の正味現在価値を求める方法を説明します。

1 必要な値の入力

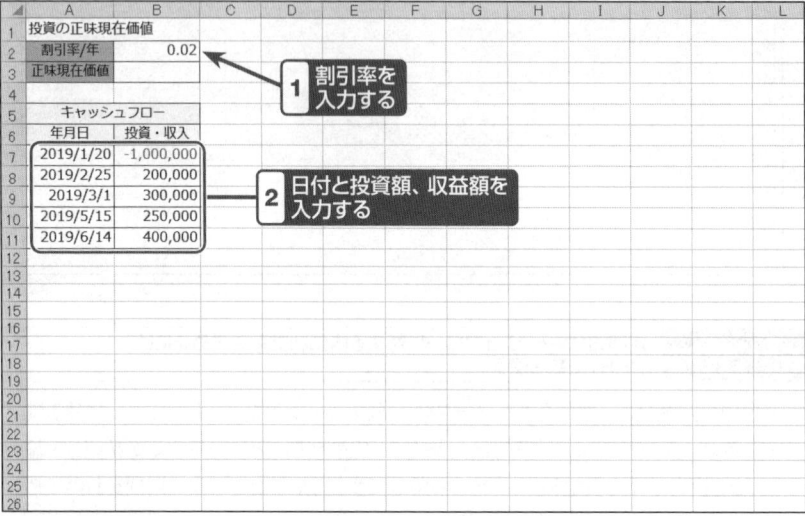

HINT
投資額は負の値、収益額は正の値で入力します。

2 投資の正味現在価値を求める数式の入力

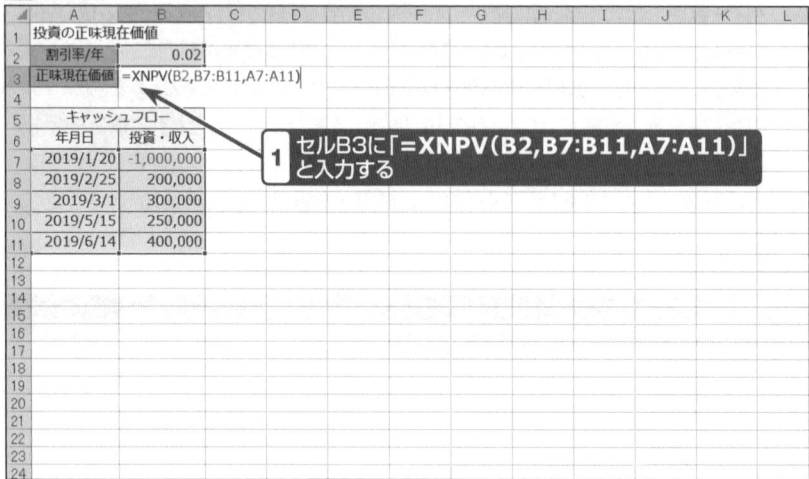

■ SECTION-211 ■ 投資の正味現在価値を求める（不定期的なキャッシュフローの場合）

結果の確認

	A	B	C
1	投資の正味現在価値		
2	割引率/年	0.02	
3	正味現在価値	¥144,270	
4			
5	キャッシュフロー		
6	年月日	投資・収入	
7	2019/1/20	-1,000,000	
8	2019/2/25	200,000	
9	2019/3/1	300,000	
10	2019/5/15	250,000	
11	2019/6/14	400,000	

不定期なキャッシュフローでの投資の正味現在価値が求められた

ONEPOINT 不定期なキャッシュフローに対する正味現在価値を求めるには「XNPV」関数を使う

「XNPV」は、不定期なキャッシュフロー（収入から支出を差し引いて手元に残る資金の流れ、資金繰り）に対する正味現在価値を返す関数です。ただし、期間に閏年が含まれると、1日分ずれてしまうことで年利も異なってくるため、正確な結果を得ることができないので注意が必要です。

「XNPV」関数の書式は、次の通りです。

＝XNPV（割引率,キャッシュフロー,日付）

引数「割引率」には、対象となるキャッシュフローに適用する割引率を指定します。

引数「キャッシュフロー」には、収支明細表の日付に対応する一覧のキャッシュフローを指定します。最初の支払いは投資の最初に発生する原価や支払いに対応し、省略することができます。最初のキャッシュフローが原価や支払いの場合、負の値を指定する必要があります。それ以降の支払いは、1年の日数を365日として割引かれます。値には、正の値と負の値が、少なくとも1つずつ含まれている必要があります。

引数「日付」には、キャッシュフローに対応する一連の支払日を指定します。最初の支払日は、収支明細表の先頭に対応します。残りの支払日には、この日付より後の日付を指定する必要があります。ただし、指定順序に規定はありません。

関連項目 ▶▶▶

● 投資の内部利益率を求める（不定期なキャッシュフローの場合） p.534

SECTION-212
投資の内部利益率を求める（不定期なキャッシュフローの場合）

ここでは、100万円を投資し、不定期に40万円、20万円、30万円、25万円の収益を得た場合の内部利益率を求める方法を説明します。

1 必要な値の入力

> **HINT**
> 投資額は負の値、収益額は正の値で入力します。

2 投資の内部利益率を求める数式の入力

3 セルの書式の変更

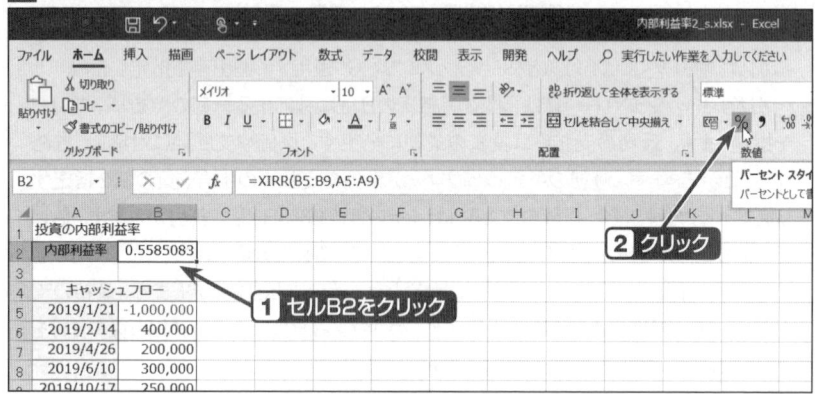

> **HINT**
> 「XIRR」関数の戻り値は小数点表示になるため、セルの書式をパーセンテージに変更します。

■ SECTION-212 ■ 投資の内部利益率を求める(不定期なキャッシュフローの場合)

結果の確認

	A	B	C
1	投資の内部利益率		
2	内部利益率	56%	
3			
4	キャッシュフロー		
5	2019/1/21	-1,000,000	
6	2019/2/14	400,000	
7	2019/4/26	200,000	
8	2019/6/10	300,000	
9	2019/10/17	250,000	

不定期的キャッシュフローでの投資の内部利益率が求められた

ONEPOINT 不定期なキャッシュフローに対する内部利益率を求めるには「XIRR」関数を使う

「XIRR」関数は、収入のある日が不定期的なキャッシュフローに対する内部利益率を求める関数です。内部利益率が正の場合は、その投資は採算が取れ、負の場合は採算が取れないとみなされます。

「XIRR」関数の書式は、次の通りです。

=XIRR(範囲,日付,推定値)

引数「範囲」には、収支明細表の日付に対応する一連のキャッシュフローを指定します。最初の支払いは投資の最初に発生する原価や支払いに対応し、省略することができます。最初のキャッシュフローが原価や支払いの場合、負の値を指定する必要があります。それ以降の支払いは、1年の日数を365日として割引かれます。値には、正の値と負の値が少なくとも1つずつ含まれている必要があります。

引数「日付」には、キャッシュフローの支払いに対応する支払日を指定します。最初の支払日は、収支明細表の先頭に対応します。残りの支払日には、この日付より後の日付を指定する必要があります。ただし、指定順序に規定はありません。

引数「推定値」(省略可)には、「XIRR」関数の計算結果に近いと思われる数値を指定します。しかし、ほとんどの場合に推定値は指定する必要はありません(詳細については「XIRR」関数のヘルプを参照してください)。推定値を省略すると、0.1(10%)が指定されたとみなされます。

関連項目 ▶▶▶

- 投資の正味現在価値を求める(不定期的なキャッシュフローの場合) ……………… p.532

SECTION-213

定額法(旧定額法)で減価償却費を求める

ここでは、3月決算として4月に20万円で購入した、耐用年数4年、残存価格1万円のパソコンの各期の減価償却費と残存価格を求める方法を説明します。

※ここでは、2007年3月以前に購入した資産の減価償却費を求める方法を紹介しています。2007年4月以降に購入した資産の減価償却費を求める方法は、538ページを参照してください。

1 必要な値の入力

HINT
取得価格は、資産の購入代金、運搬費や据え付け費などの諸費用も含めた総額となります。残存価格、耐用年数は資産の種類によって異なります。

2 定額法で減価償却費を求める数式の入力

セルB6に「=SLN(B$3,C$3,$D$3)」と入力する

3 残存価格を求める数式の入力

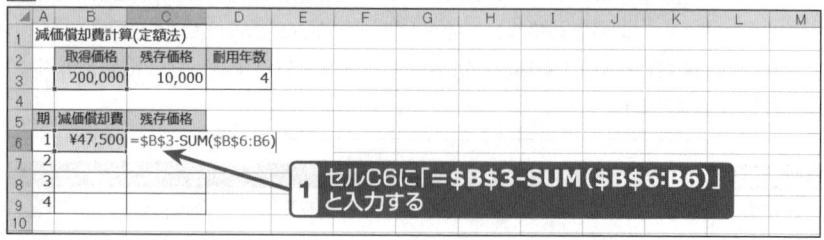

セルC6に「=$B$3-SUM($B$6:B6)」と入力する

HINT
第1期の残存価格は取得価格から減価償却費を引いて求めます。第2期以降は前期の残存価格から各期の減価償却費を引いて求めます。

■ SECTION-213 ■ 定額法(旧定額法)で減価償却費を求める

4 数式の複製

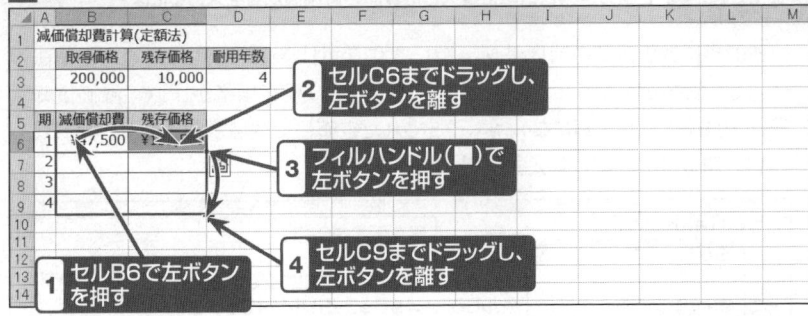

結果の確認

旧定額法で減価償却費が計算された

ONEPOINT 定額法での減価償却費を求めるには「SLN」関数を使う

「SLN」関数は、資産の1期当たりの減価償却費を求める関数です。減価償却費とは、購入した事業用の資産を使用可能な期間内で分割し、必要経費として計上する計算方法です。減価償却費の計算方法には、毎年資産の値打ちが一定額で減少すると仮定し、毎年定額で償却する定額法と、毎年一定の比率で償却する定率法があります。「SLN」関数は、取得価格、残存価格、耐用年数をもとに定額法で減価償却費を計算します。

「SLN」関数の書式は、次の通りです。

=SLN(取得価額,残存価額,耐用年数)

引数「取得価格」には、資産を購入した時点での価格を指定します。

引数「残存価格」には、耐用年数が終了した時点での資産の価格を指定します。

引数「耐用年数」には、資産を使用できる年数、つまり償却の対象となる資産の寿命年数を指定します。

なお、操作例では、3月決算で4月に購入した資産に対しての減価償却費を求めているため、1年ごとに計算しています。会計期間の途中で資産を購入または廃棄した場合には、月割りで計算する必要があります。

■ SECTION-213 ■ 定額法（旧定額法）で減価償却費を求める

COLUMN 2007年4月以降に購入した資産の減価償却費を求めるには

　2007年に減価償却の制度が改定され、2007年4月以降に取得した資産の定額法は、残存価格が廃止され（0円に設定）、最後の期は残存価格が1円で、減価償却費は1円を差し引いた額になります。改定された定額法で減価償却費を求めるには、「SLN」関数で次のように数式を入力します。

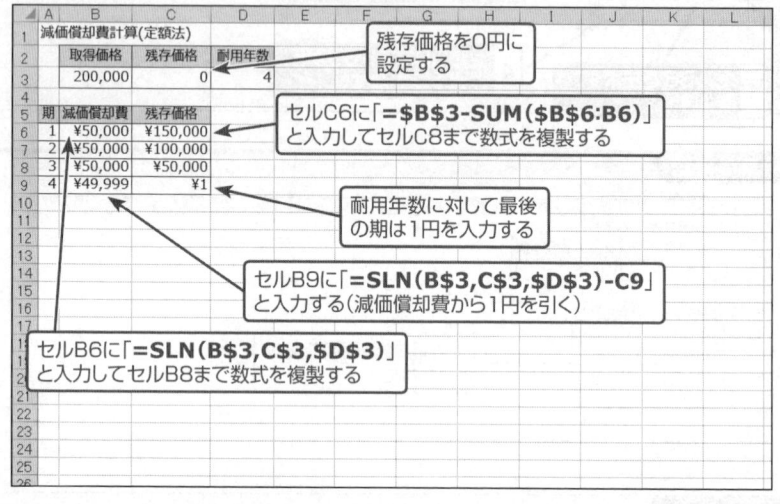

関連項目 ▶▶▶

● 定率法（旧定率法）で減価償却費を求める……………………………………… p.539

SECTION 214

定率法(旧定率法)で減価償却費を求める

　ここでは、3月決算として10月に100万円で購入した、耐用年10年、残存価格10万円の機器の各期の減価償却費と残存価格を求める方法を説明します。

※ここでは、2007年3月以前に購入した資産の減価償却費を求める方法を紹介しています。2007年4月以降に購入した資産の減価償却費を求める方法は、541ページを参照してください。

1 必要な値の入力

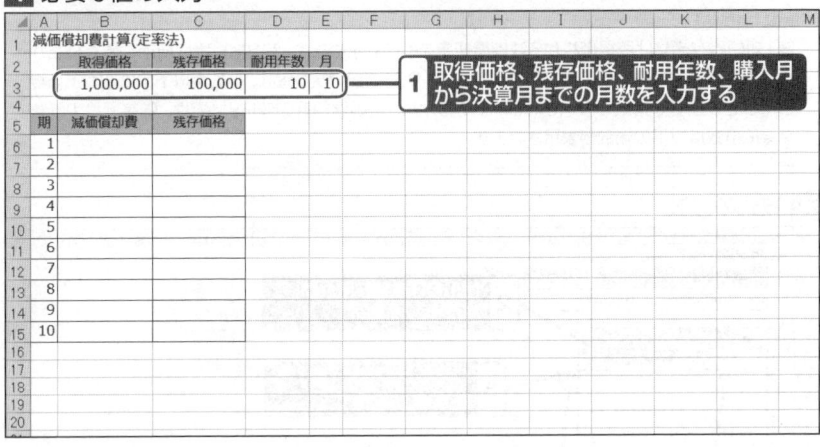

取得価格、残存価格、耐用年数、購入月から決算月までの月数を入力する

HINT
取得価格は、資産の購入代金、運搬費や据え付け費などの諸費用も含めた総額となります。残存価格、耐用年数は資産の種類によって異なります。月には購入月の6月から決算月の3月までの月数(ここでは10)を入力しておきます。

2 定率法で減価償却費を求める数式の入力

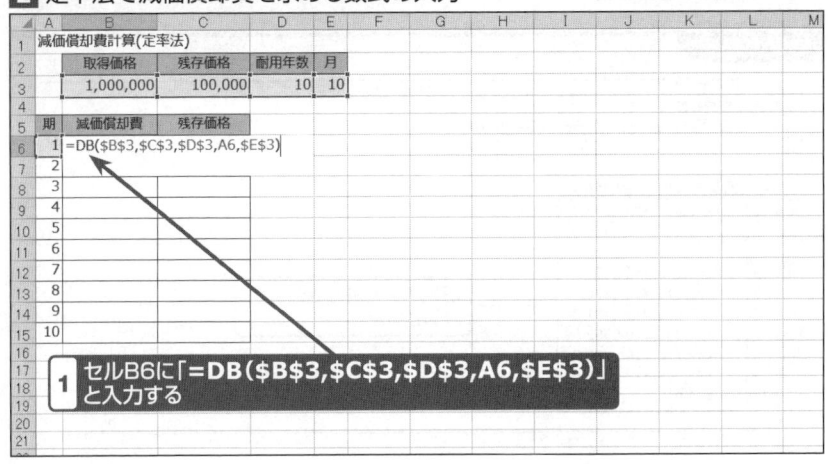

セルB6に「=DB($B$3,$C$3,$D$3,A6,$E$3)」と入力する

■ SECTION-214 ■ 定率法(旧定率法)で減価償却費を求める

3 残存価格を求める数式の入力

	A	B	C	D	E
1	減価償却費計算(定率法)				
2		取得価格	残存価格	耐用年数	月
3		1,000,000	100,000	10	10
4					
5	期	減価償却費	残存価格		
6	1	¥171,667	=$B$3-SUM($B$6:B6)		
7	2				
8	3				
9	4				
10	5				
11	6				

1 セルC6に「=$B$3-SUM($B$6:B6)」と入力する

HINT

第1期の残存価格は取得価格から減価償却費を引いて求めます。第2期以降は前期の残存価格から各期の減価償却費を引いて求めます。なお、「DB」関数の戻り値は、小数点以下の端数がある場合にもセル上では整数で表示されます。そのため、減価償却費の値によっては、残存価格の計算結果に小数点以下の端数が表示されます。

4 数式の複製

	A	B	C	D
1	減価償却費計算(定率法)			
2		取得価格	残存価格	耐用年数
3		1,000,000	100,000	10
4				
5	期	減価償却費	残存価格	
6	1	¥171,667	¥828,333.33	
7	2			
8	3			
9	4			
10	5			
11	6			
12	7			
13	8			
14	9			
15	10			

1 セルB6で左ボタンを押す
2 セルC6までドラッグし、左ボタンを離す
3 フィルハンドル(■)で左ボタンを押す
4 セルC15までドラッグし、左ボタンを離す

結果の確認

	A	B	C	D	E
1	減価償却費計算(定率法)				
2		取得価格	残存価格	耐用年数	月
3		1,000,000	100,000	10	10
4					
5	期	減価償却費	残存価格		
6	1	¥171,667	¥828,333.33		
7	2	¥170,637	¥657,696.67		
8	3	¥135,486	¥522,211.15		
9	4	¥107,575	¥414,635.66		
10	5	¥85,415	¥329,220.71		
11	6	¥67,819	¥261,401.24		
12	7	¥53,849	¥207,552.59		
13	8	¥42,756	¥164,796.75		
14	9	¥33,948	¥130,848.62		
15	10	¥26,955	¥103,893.81		

旧定率法で減価償却費が計算された

ONEPOINT 定率法での減価償却費を求めるには「DB」関数を使う

「DB」関数は、資産の1期当たりの減価償却費を求める関数です。減価償却費とは、購入した事業用の資産を使用可能な期間内で分割し、必要経費として計上する計算方法です。減価償却費の計算方法には、毎年資産の値打ちが一定額で減少すると仮定し、毎年定額で償却する定額法と、毎年一定の比率で償却する定率法があります。「DB」関数は、取得価格、残存価格、耐用年数をもとに定額法で減価償却費を計算します。

「DB」関数の書式は、次の通りです。

=DB(取得価額,残存価額,耐用年数,期間,月)

引数「取得価格」には、資産を購入した時点での価格を指定します。

引数「残存価格」には、耐用年数が終了した時点での資産の価格を指定します。

引数「耐用年数」には、資産を使用できる年数、つまり償却の対象となる資産の寿命年数を指定します。

引数「期」には、減価償却費を求める期を指定します。期間は耐用年数と同じ単位で指定する必要があります。

引数「月」(省略可)には、資産を購入した期(年度)の月数を指定します。たとえば、決算月が3月で購入月が6月の場合は、6月から3月までの月数「10」を指定します。省略すると、12を指定したとみなされます。

なお、日本では法定償却率が採用されているため、通常の減価償却費と「DB」関数で求める減価償却費とは多少、値が異なります。

COLUMN 2007年4月以降に購入した資産の減価償却費について

2007年に減価償却の制度が改定され、2007年4月以降に取得した資産の定率法は、「(取得原価-減価償却費の累計)×償却率」で計算されることになりました。また、この金額が償却保証額に満たなくなった年分以後は「改定取得価額×改定償却率」で計算し、さらに「改定取得価額×改定償却率」の金額が「期首帳簿価額-1」より大きくなる場合には、「期首帳簿価額-1」で計算します。

なお、新定率法は旧定率法と償却費が異なる場合があるため、「DB」関数で求めることはできません。

新定率法の計算方法などについては、国税庁のホームページを参考にしてください。

● 国税庁のホームページ
  URL https://www.nta.go.jp/taxes/shiraberu/taxanswer/shotoku/2106.htm

関連項目 ▶▶▶
● 定額法(旧定額法)で減価償却費を求める……………………………………………… p.536

SECTION-215

証券の利回りを求める
(利息が定期的に支払われる場合)

ここでは、利率2%、利払い年2回で2019年10月1日に2029年6月1日満期日の証券を100円当たり95円で購入した場合の利回りを求める方法を説明します。

1 必要な値の入力

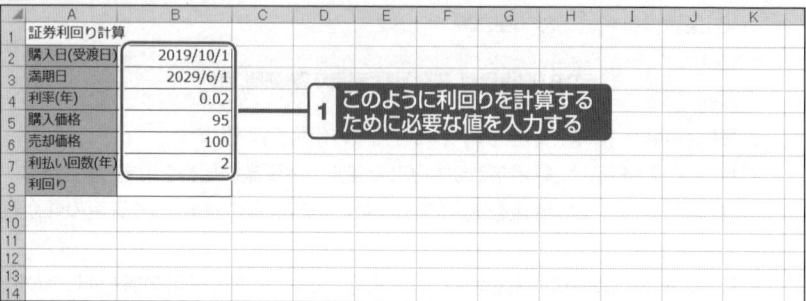

HINT
「YIELD」関数に必要な値は、ONEPOINTを参照してください。

2 証券の利回りを求める数式の入力

セルB8に「=YIELD(B2,B3,B4,B5,B6,B7,1)」と入力する

結果の確認

額面の95%で購入した証券の利回りが求められた

■ SECTION-215 ■ 証券の利回りを求める(利息が定期的に支払われる場合)

ONEPOINT 利息が定期的な証券の利回りを素早く計算するには「YIELD」関数を使う

「YIELD」関数は、利息が定期的に支払われる証券の利回りを返す関数です。通常、利回りを求めるには、利率・購入価格・残存期間などをもとに複雑な計算が必要になりますが、「YIELD」関数を利用することで素早く算出できます。
「YIELD」関数の書式は、次の通りです。

＝YIELD(受渡日,満期日,利率,現在価値,償還価額,頻度,基準)

引数「受渡日」には、証券の受渡日を指定します。受渡日とは、発行日以降に証券が買い手に引き渡される日付です。日付は、日付の書式で入力した値か、「DATE」関数または他の数式、他の関数の結果を指定します。

引数「満期日」には、証券の満期日(支払日)を指定します。日付は、日付の書式で入力した値か、「DATE」関数または他の数式、他の関数の結果を指定します。

引数「利率」には、証券の年利(表面利率)を指定します。

引数「現在価値」には、購入時の価格を額面100に対する値で指定します。

引数「償還価額」には、売却時の価格を額面100に対する値で指定します。

引数「頻度」には、年間の利息支払回数を指定します。年1回の場合は「1」、年2回の場合は「2」、四半期ごとの場合は「4」を指定します。

引数「基準」(省略可)には、計算に使用する基準日数を示す数値を指定します(下表参照)。省略した場合には、「0」を指定したとみなされます。

基準	基準日数(月/年)
0または省略	30日/360日(米国NASD方式)
1	実際の日数/実際の日数
2	実際の日数/360日
3	実際の日数/365日
4	30日/360日(ヨーロッパ方式)

関連項目 ▶▶▶
- 証券の購入価格を求める(利息が定期的に支払われる場合) ……………………… p.544
- 証券の利回りを求める(利息が満期に支払われる場合) ……………………………… p.546

SECTION-216
証券の購入価格を求める
(利息が定期的に支払われる場合)

ここでは、利率2%、利回り2.588%、利払い年2回で2029年6月1日満期日の証券の、2019年10月1日の100円当たりの購入価格を求める方法を説明します。

1 必要な値の入力

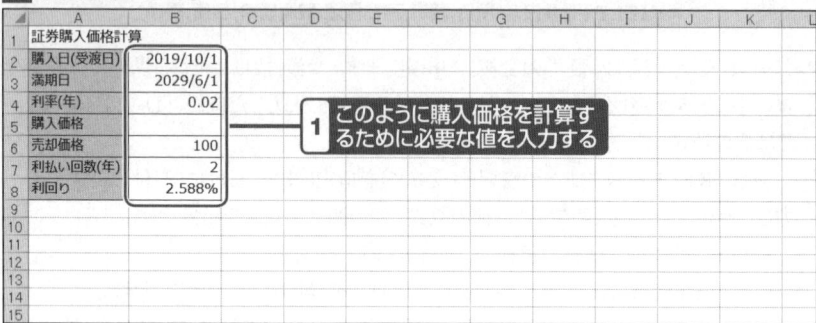

HINT
「PRICE」関数に必要な値は、ONEPOINTを参照してください。

2 証券の購入価格を求める数式の入力

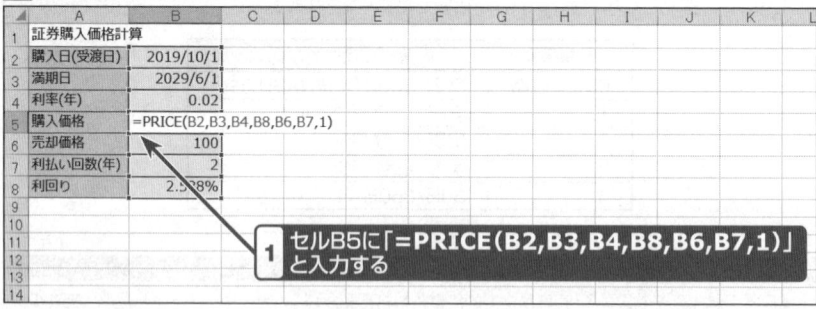

結果の確認

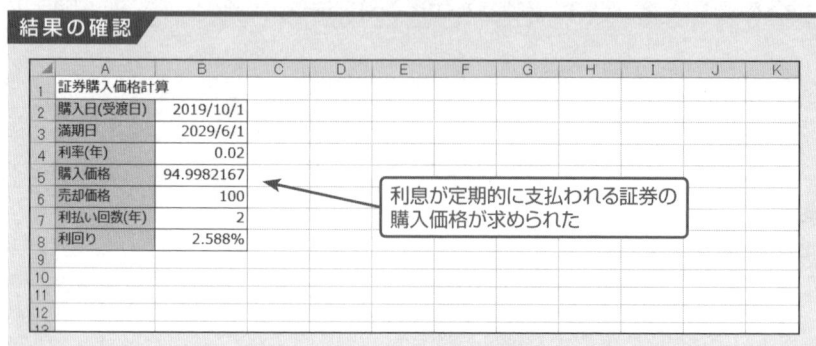

ONEPOINT 利息が定期的に支払われる証券の現在価格を求めるには「PRICE」関数を使う

「PRICE」関数は、定期的に利息が支払われる証券の現在価格を求める関数です。利率と利回り、売却価格をもとに額面100に対する現在価格を計算します。

「PRICE」関数の書式は、次の通りです。

＝PRICE（受渡日,満期日,利率,利回り,償還価額,頻度,基準）

引数「受渡日」には、証券の受渡日を指定します。受渡日とは、発行日以降に証券が買い手に引き渡される日付です。日付は、日付の書式で入力した値か、「DATE」関数または他の数式、他の関数の結果を指定します。

引数「満期日」には、証券の満期日（支払日）を指定します。日付は、日付の書式で入力した値か、「DATE」関数または他の数式、他の関数の結果を指定します。

引数「利率」には、証券の年利（表面利率）を指定します。

引数「利回り」には、証券の年間配当を指定します。

引数「償還価額」には、売却時の価格を額面100に対する値で指定します。

引数「頻度」には、年間の利息支払回数を指定します。年1回の場合は「1」、年2回の場合は「2」、四半期ごとの場合は「4」を指定します。

引数「基準」（省略可）には、計算に使用する基準日数を示す数値を指定します（下表参照）。省略した場合には、「0」を指定したとみなされます。

基準	基準日数（月/年）
0または省略	30日/360日（米国NASD方式）
1	実際の日数/実際の日数
2	実際の日数/360日
3	実際の日数/365日
4	30日/360日（ヨーロッパ方式）

関連項目 ▶▶▶

- 証券の利回りを求める（利息が定期的に支払われる場合） p.542
- 証券の利回りを求める（利息が満期に支払われる場合） p.546
- 証券の購入価格を求める（利息が満期に支払われる場合） p.548

SECTION-217

証券の利回りを求める（利息が満期に支払われる場合）

ここでは、2019年6月1日に発行された利率2%の証券を2019年10月1日に100円あたり95円で購入し、2029年6月1日満期日まで保有した場合の利回りを求める方法を説明します。

1 必要な値の入力

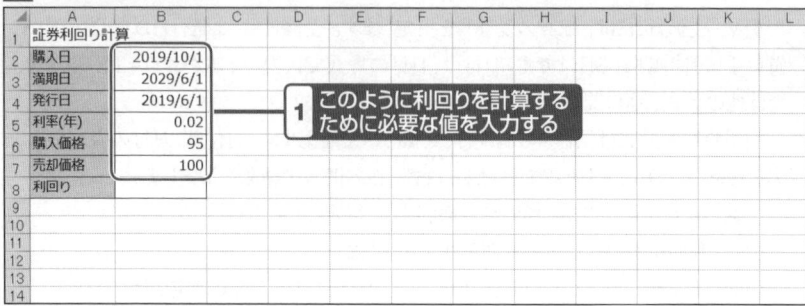

HINT
「YIELDMAT」関数に必要な値は、ONEPOINTを参照してください。

2 証券の利回りを求める数式の入力

セルB8に「=YIELDMAT(B2,B3,B4,B5,B6,1)」と入力する

結果の確認

額面の95%で購入した証券の利回りが求められた

ONEPOINT 利息が定期的な証券の利回りを素早く計算するには「YIELDMAT」関数を使う

「YIELDMAT」関数は、満期日に利息が支払われる証券の利回りを返す関数です。通常、利回りを求めるには、利率、購入価格、残存期間などをもとに複雑な計算が必要になりますが、「YIELDMAT」関数を利用することで素早く算出できます。

「YIELDMAT」関数の書式は、次の通りです。

=YIELDMAT(受渡日,満期日,発行日,利率,現在価値,基準)

引数「受渡日」には、証券の受渡日を指定します。受渡日とは、発行日以降に証券が買い手に引き渡される日付です。日付は、日付の書式で入力した値か、「DATE」関数または他の数式、他の関数の結果を指定します。

引数「満期日」には、証券の満期日(支払日)を指定します。日付は、日付の書式で入力した値か、「DATE」関数または他の数式、他の関数の結果を指定します。

引数「発行日」には、証券の発行日を指定します。日付は、日付の書式で入力した値か、「DATE」関数または他の数式、他の関数の結果を指定します。

引数「利率」には、証券の年利(表面利率)を指定します。

引数「現在価値」には、購入時の価格を額面100に対する値で指定します。

引数「基準」(省略可)には、計算に使用する基準日数を示す数値を指定します(下表参照)。省略した場合には、「0」を指定したとみなされます。

基準	基準日数(月/年)
0または省略	30日/360日(米国NASD方式)
1	実際の日数/実際の日数
2	実際の日数/360日
3	実際の日数/365日
4	30日/360日(ヨーロッパ方式)

関連項目 ▶▶▶

- 証券の利回りを求める(利息が定期的に支払われる場合) ……………………… p.542
- 証券の購入価格を求める(利息が定期的に支払われる場合) ……………………… p.544
- 証券の購入価格を求める(利息が満期に支払われる場合) ……………………… p.548

SECTION-218

証券の購入価格を求める（利息が満期に支払われる場合）

ここでは、2019年6月1日に発行された利率2%、利回り2.63%の証券を2019年10月1日に購入し、2029年6月1日満期日まで保有した場合の現在価格を求める方法を説明します。

1 必要な値の入力

1 このように現在価格を計算するために必要な値を入力する

HINT
「PRICEMAT」関数に必要な値は、ONEPOINTを参照してください。

2 証券の現在価格を求める数式の入力

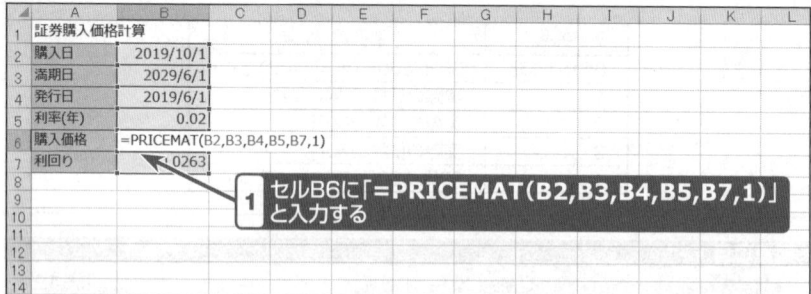

1 セルB6に「=PRICEMAT(B2,B3,B4,B5,B7,1)」と入力する

結果の確認

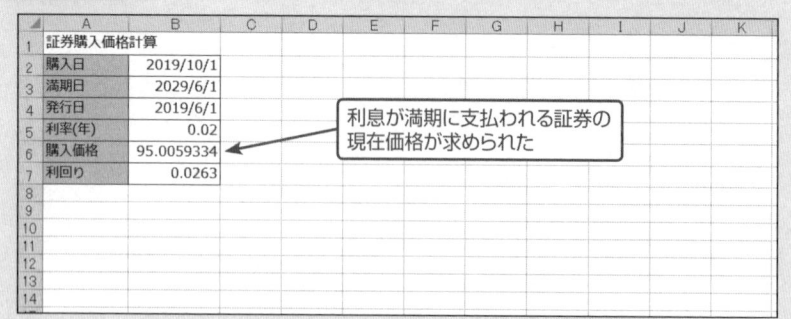

利息が満期に支払われる証券の現在価格が求められた

■ SECTION-218 ■ 証券の購入価格を求める(利息が満期に支払われる場合)

ONEPOINT 利息が満期に支払われる証券の現在価格を求めるには
「PRICEMAT」関数を使う

「PRICEMAT」関数は、利息が満期日に支払われる証券の現在価格を求める関数です。利率と利回りをもとに額面100に対する現在価格を計算します。
「PRICEMAT」関数の書式は次の通りです。

=PRICEMAT(受渡日,満期日,発行日,利率,利回り,基準)

引数「受渡日」には、証券の受渡日を指定します。受渡日とは、発行日以降に証券が買い手に引き渡される日付です。日付は、日付の書式で入力した値か、「DATE」関数または他の数式、他の関数の結果を指定します。

引数「満期日」には、証券の満期日(支払日)を指定します。日付は、日付の書式で入力した値か、「DATE」関数または他の数式、他の関数の結果を指定します。

引数「発行日」には、証券の発行日を指定します。日付は、日付の書式で入力した値か、「DATE」関数または他の数式、他の関数の結果を指定します。

引数「利率」には、証券の年利(表面利率)を指定します。

引数「利回り」には、証券の年間配当を指定します。

引数「基準」(省略可)には、計算に使用する基準日数を示す数値を指定します(下表参照)。省略した場合には、「0」を指定したとみなされます。

基準	基準日数(月/年)
0または省略	30日/360日(米国NASD方式)
1	実際の日数/実際の日数
2	実際の日数/360日
3	実際の日数/365日
4	30日/360日(ヨーロッパ方式)

関連項目 ▶▶▶
- 証券の利回りを求める(利息が定期的に支払われる場合) ……………………… p.542
- 証券の購入価格を求める(利息が定期的に支払われる場合) ………………… p.544
- 証券の利回りを求める(利息が満期に支払われる場合) ……………………… p.546

SECTION-219

割引債の年利回りを求める

ここでは、2019年10月1日に100円あたり95円で購入し、2029年6月1日満期日まで保有した場合の利回りを求める方法を説明します。

1 必要な値の入力

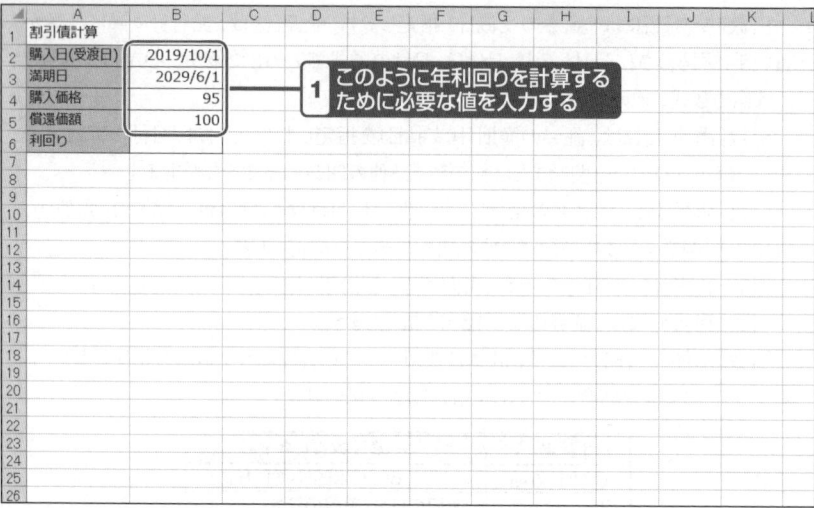

HINT
「YIELDDISC」関数に必要な値は、ONEPOINTを参照してください。

2 割引債の年利回りを求める数式の入力

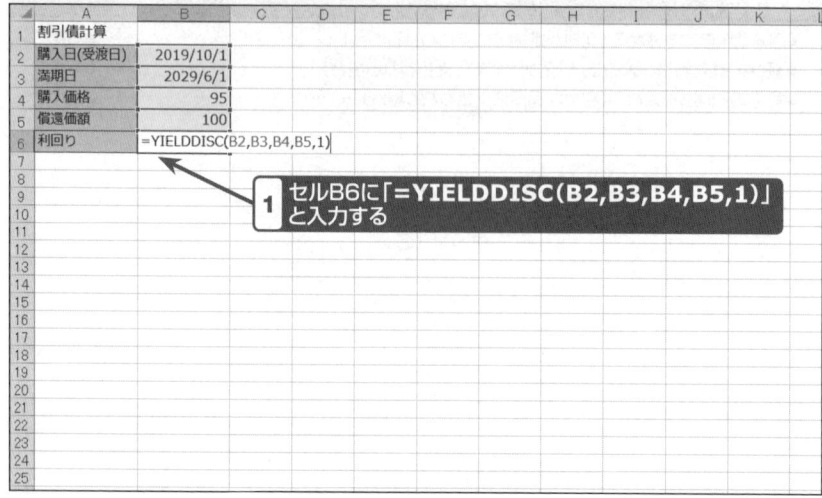

■ SECTION-219 ■ 割引債の年利回りを求める

結果の確認

	A	B	C	D	E	F	G	H	I	J	K
1	割引債計算										
2	購入日(受渡日)	2019/10/1									
3	満期日	2029/6/1									
4	購入価格	95			割引債の年利回りが						
5	償還価額	100			求められた						
6	利回り	0.0054446									

ONEPOINT 割引債の年利回り(単利)を求めるには「YIELDDISC」関数を使う

「YIELDDISC」関数は、割引債の年利回りを返す関数です。割引債とは、額面より安く販売される債券のことで、満期日までの利息が支払われないため、額面と購入価格の差額と保有期間から年利回りが計算されます。なお、「YIELDDISC」関数で求められる年利回りは単利(元本だけに利子が付く計算方法)での利率となります。複利で計算する方法は、COLUMNを参照してください。

「YIELDDISC」関数の書式は、次の通りです。

=YIELDDISC(受渡日,満期日,現在価値,償還価額,基準)

引数「受渡日」には、証券の受渡日を指定します。受渡日とは、発行日以降に証券が買い手に引き渡される日付です。日付は、日付の書式で入力した値か、「DATE」関数または他の数式、他の関数の結果を指定します。

引数「満期日」には、証券の満期日(支払日)を指定します。日付は、日付の書式で入力した値か、「DATE」関数または他の数式、他の関数の結果を指定します。

引数「現在価値」には、購入時の価格を額面100に対する値で指定します。

引数「償還価額」には、売却時の価格を額面100に対する値で指定します。

引数「基準」(省略可)には、計算に使用する基準日数を示す数値を指定します(下表参照)。省略した場合には、「0」を指定したとみなされます。

基準	基準日数(月/年)
0または省略	30日/360日(米国NASD方式)
1	実際の日数/実際の日数
2	実際の日数/360日
3	実際の日数/365日
4	30日/360日(ヨーロッパ方式)

SECTION-219 割引債の年利回りを求める

COLUMN 割引債の年利回りを複利で計算するには

　割引債の年利回りを複利(元本と以前に付いた利子を合わせた金額に対して利子が付く計算方法)で計算する場合には、通常、次の数式を利用します。

$$=(売却価格/購入価格)\wedge(1/保有年)-1$$

　このとき、保有年数に端数が出る場合のために、2つの日付の期間を1年間に対して占める割合で返す「YEARFRAC」関数を利用して次のように計算すると便利です。

$$=(売却価格/購入価格)\wedge(1/YEARFRAC(購入日,満期日,1))-1$$

　「YEARFRAC」関数の書式は、次の通りです。

$$=YEARFRAC(開始日,終了日,基準)$$

　引数「開始日」には、起算日を表す日付を指定します。
　引数「終了日」には、対象期間の最終日を表す日付を指定します。
　引数「基準」(省略可)には、計算に使用する基準日数を示す数値を指定します(下表参照)。省略した場合には、「0」を指定したとみなされます。

基準	基準日数(月/年)
0または省略	30日/360日(米国NASD方式)
1	実際の日数/実際の日数
2	実際の日数/360日
3	実際の日数/365日
4	30日/360日(ヨーロッパ方式)

関連項目 ▶▶▶
- 割引債の購入価格を求める p.553
- 割引債の償還価額を求める p.555
- 割引債の割引率を求める p.557

SECTION-220

割引債の購入価格を求める

　ここでは、2029年6月1日に償還価額100円で満期となる割引債を割引率0.5%で2019年10月1日に購入する場合の購入価格を求める方法を説明します。

1 必要な値の入力

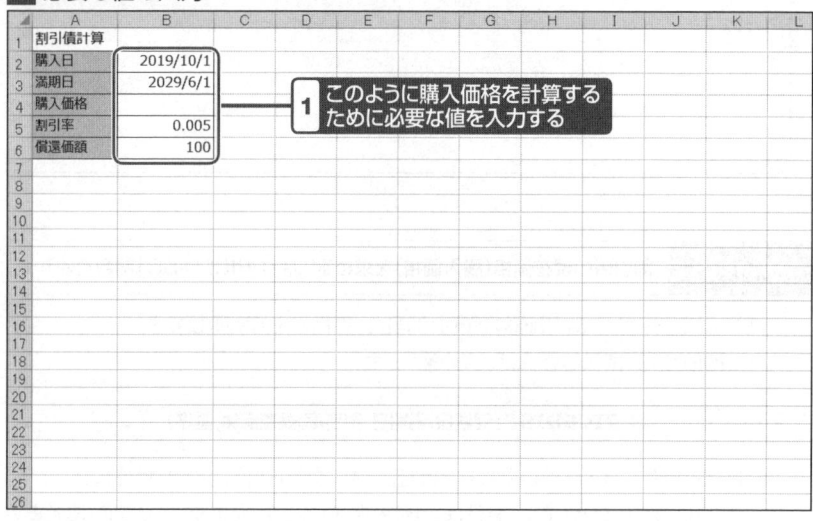

HINT
「PRICEDISC」関数に必要な値は、ONEPOINTを参照してください。

2 割引債の購入価格を求める数式の入力

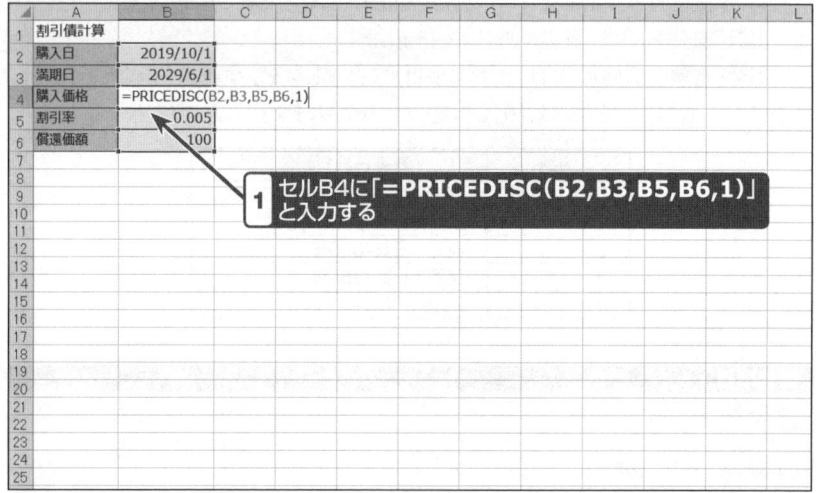

SECTION-220 割引債の購入価格を求める

結果の確認

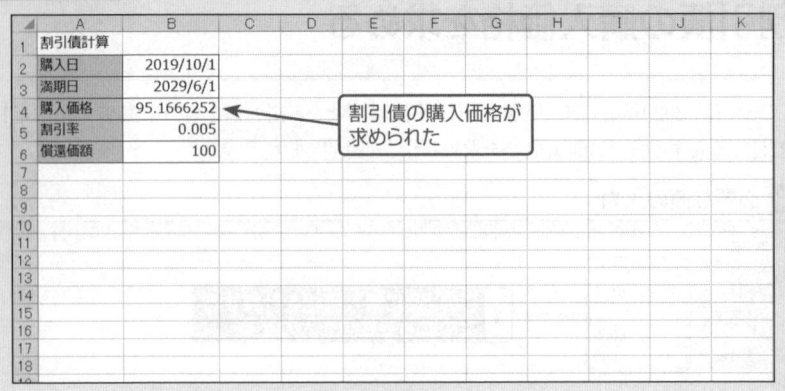

ONEPOINT 割引債の現在価格（購入価格）を求めるには「PRICEDISC」関数を使う

「PRICEDISC」は、割引証券の額面100当たりの価格を返す関数です。
「PRICEDISC」関数の書式は、次の通りです。

＝PRICEDISC(受渡日,満期日,割引率,償還価額,基準)

引数「受渡日」には、証券の受渡日を指定します。受渡日とは、発行日以降に証券が買い手に引き渡される日付です。日付は、日付の書式で入力した値か、「DATE」関数または他の数式、他の関数の結果を指定します。

引数「満期日」には、証券の満期日（支払日）を指定します。日付は、日付の書式で入力した値か、「DATE」関数または他の数式、他の関数の結果を指定します。

引数「償還価額」には、売却時の価格を額面100に対する値で指定します。

引数「割引率」には、証券の割引率を指定します。

引数「基準」（省略可）には、計算に使用する基準日数を示す数値を指定します（下表参照）。省略した場合には、「0」を指定したとみなされます。

基準	基準日数(月/年)
0または省略	30日/360日(米国NASD方式)
1	実際の日数/実際の日数
2	実際の日数/360日
3	実際の日数/365日
4	30日/360日(ヨーロッパ方式)

関連項目 ▶▶▶

- 割引債の年利回りを求める …………………………………………………… p.550
- 割引債の償還価額を求める …………………………………………………… p.555
- 割引債の割引率を求める ……………………………………………………… p.557

SECTION-221

割引債の償還価額を求める

ここでは、2019年10月1日に割引率0.5%で100円あたり95円で購入した割引債を、2029年6月1日の満期日まで保有した場合の償還価額を求める方法を説明します。

1 必要な値の入力

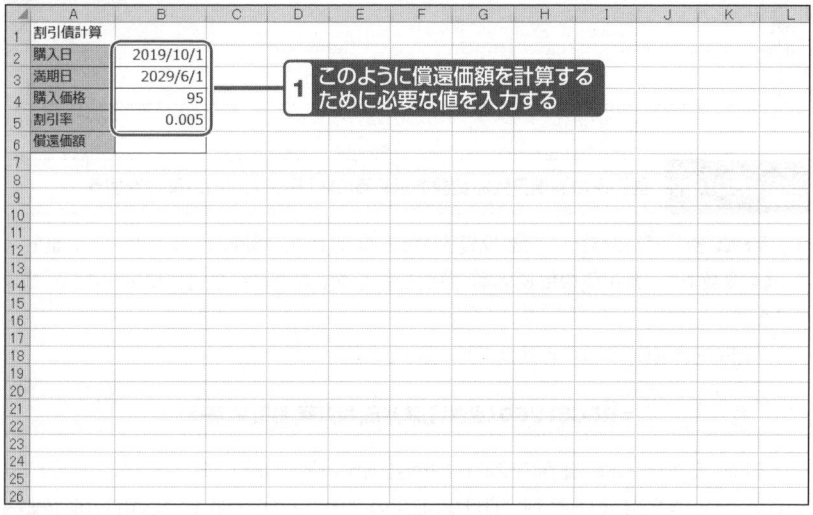

HINT
「RECEIVED」関数に必要な値は、ONEPOINTを参照してください。

2 割引債の償還価額を求める数式の入力

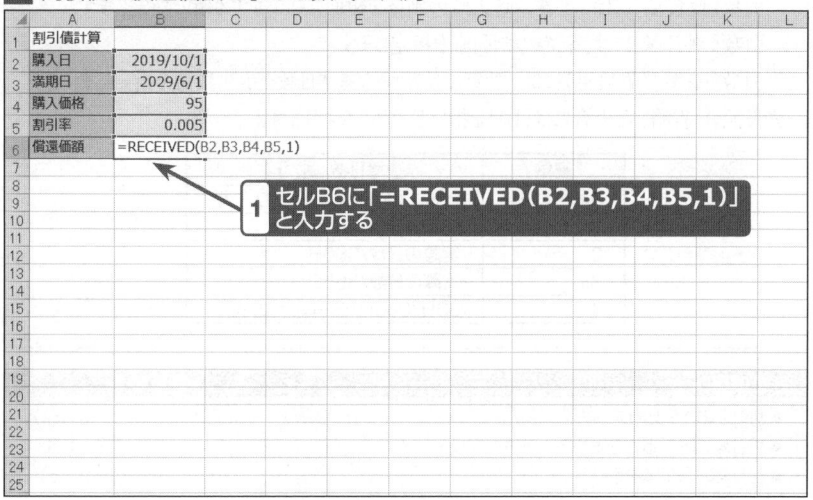

SECTION-221 割引債の償還価額を求める

結果の確認

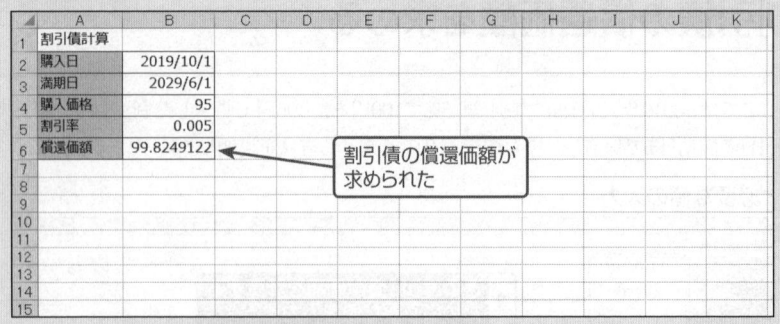

割引債の償還価額が求められた

ONEPOINT 割引債の満期日受領金額を求めるには「RECEIVED」関数を使う

「RECEIVED」関数は、全額投資された証券に対して、満期日に支払われる金額を返す関数です。割引債の償還価額(満期受領金額、売却時の価格)を求めることができます。

「RECEIVED」関数の書式は、次の通りです。

＝RECEIVED(受渡日,満期日,投資額,割引率,基準)

引数「受渡日」には、証券の受渡日を指定します。受渡日とは、発行日以降に証券が買い手に引き渡される日付です。日付は、日付の書式で入力した値か、「DATE」関数または他の数式、他の関数の結果を指定します。

引数「満期日」には、証券の満期日(支払日)を指定します。日付は、日付の書式で入力した値か、「DATE」関数または他の数式、他の関数の結果を指定します。

引数「投資額」には、証券の購入時の価格を額面100に対する値で指定します。

引数「割引率」には、証券の割引率を指定します。

引数「基準」(省略可)には、計算に使用する基準日数を示す数値を指定します(下表参照)。省略した場合には、「0」を指定したとみなされます。

基準	基準日数(月/年)
0または省略	30日/360日(米国NASD方式)
1	実際の日数/実際の日数
2	実際の日数/360日
3	実際の日数/365日
4	30日/360日(ヨーロッパ方式)

関連項目 ▶▶▶

- 割引債の年利回りを求める ……………………………………………………… p.550
- 割引債の購入価格を求める ……………………………………………………… p.553
- 割引債の割引率を求める ………………………………………………………… p.557

SECTION-222

割引債の割引率を求める

ここでは、2029年6月1日に割償還価額100円で満期となる割引債を2019年10月1日に95円で購入した場合の割引率を求める方法を説明します。

1 必要な値の入力

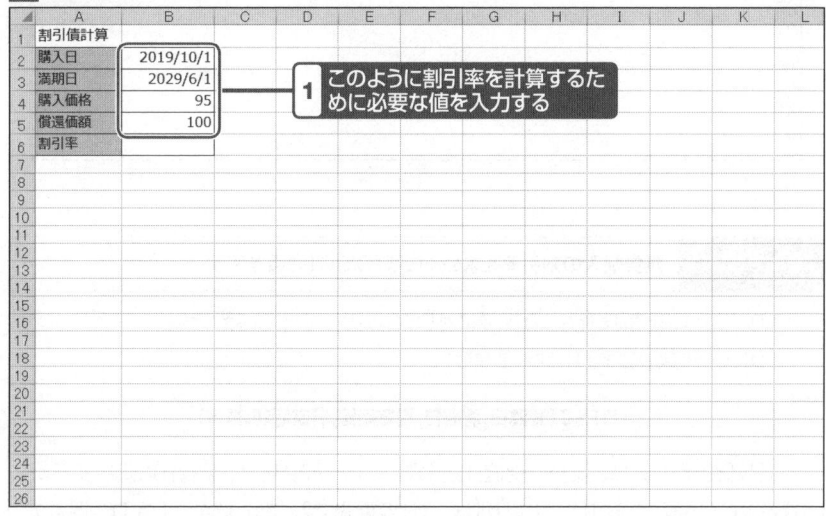

HINT
「DISC」関数に必要な値は、ONEPOINTを参照してください。

2 割引債の割引率を求める数式の入力

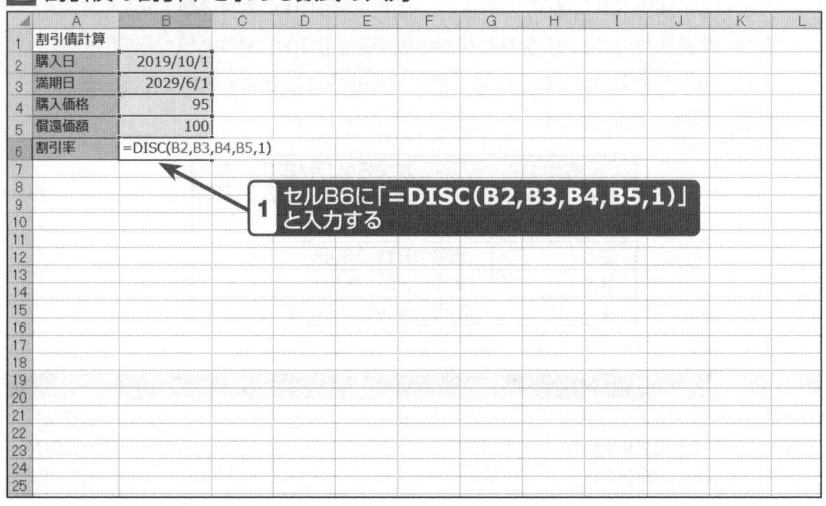

■ SECTION-222 ■ 割引債の割引率を求める

結果の確認

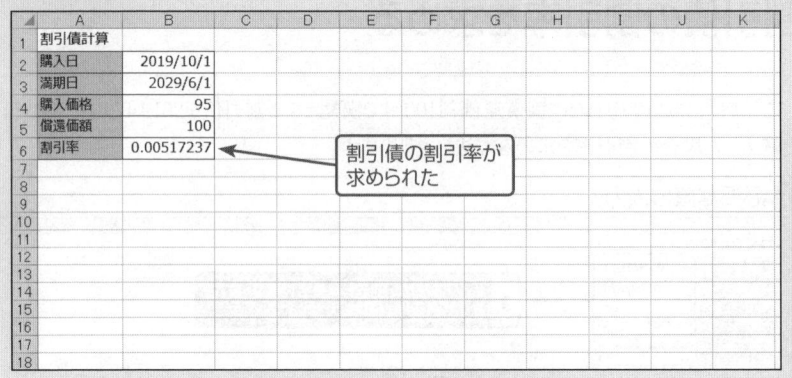

割引債の割引率が求められた

ONEPOINT 証券購入の割引率を求めるには「DISC」関数を使う

「DISC」は、全額投資された証券に対して割引率を求める関数です。
「DISC」関数の書式は、次の通りです。

=DISC(受渡日,満期日,現在価値,償還価額,基準)

引数「受渡日」には、証券の受渡日を指定します。受渡日とは、発行日以降に証券が買い手に引き渡される日付です。日付は、日付の書式で入力した値か、「DATE」関数または他の数式、他の関数の結果を指定します。

引数「満期日」には、証券の満期日(支払日)を指定します。日付は、日付の書式で入力した値か、「DATE」関数または他の数式、他の関数の結果を指定します。

引数「現在価値」には、証券の購入時の価格を額面100に対する値で指定します。
引数「償還価額」には、証券の売却時の価格を額面100に対する値で指定します。
引数「基準」(省略可)には、計算に使用する基準日数を示す数値を指定します(下表参照)。省略した場合には、「0」を指定したとみなされます。

基準	基準日数(月/年)
0または省略	30日/360日(米国NASD方式)
1	実際の日数/実際の日数
2	実際の日数/360日
3	実際の日数/365日
4	30日/360日(ヨーロッパ方式)

関連項目 ▶▶▶

- 割引債の年利回りを求める ……………………………………………… p.550
- 割引債の購入価格を求める ……………………………………………… p.553
- 割引債の償還価額を求める ……………………………………………… p.555

関数索引

A

ABS	465
ACOS	490
ADDRESS	247
AND	89,90,406
ASC	341
ASIN	489
ATAN	490
AVEDEV	183
AVERAGE	104,185
AVERAGEA	106
AVERAGEIF	108,114
AVERAGEIFS	110

B

BAHTTEXT	387
BETA.DIST	27
BETA.INV	27
BETADIST	27
BETAINV	27
BINOM.DIST	27
BINOM.INV	28
BINOMDIST	27

C

CEILING	27,319
CEILING.MATH	27,140,320
CELING	140
CELL	425
CHIDIST	27
CHIINV	27
CHISQ.DIST.RT	27
CHISQ.INV.RT	27
CHISQ.TEST	27
CHITEST	27
CHOOSE	236,270,423
CLEAN	395
CONBIN	457
CONCAT	27,367
CONCATENATE	27,367
CONFIDENCE	28
CONFIDENCE.NORM	28
COS	485
COUNT	116
COUNTA	118,159
COUNTBLANK	119,159
COUNTIF	113,122,124,126, 154,159,229,414
COUNTIFS	124,128
COVAR	28
COVARIANCE.P	28
CRITBINOM	28
CUMIPMT	515
CUMPRINC	513

D

DATE	261,275
DATEDIF	280
DAVERAGE	428,439
DAY	259
DAYS	257
DB	541
DCOUNT	428,441
DCOUNTA	428,441
DEGREES	481
DGET	428,437,443
DISC	558
DMAX	428,437
DMIN	428,437
DOLLAR	387
DPRODUCT	428
DSTDEV	428
DSTDEVP	428
DSUM	428,432
DVAR	428
DVARP	428

E

EDATE	295
EFFECT	525
EOMONTH	298,301
ERROR.TYPE	423
EVEN	449
EXACT	393
EXPON.DIST	28
EXPONDIST	28

F

F.DIST	28
F.DIST.RT	28
F.INV	28
F.INV.RT	28
F.TEST	28
FACT	459
FALSE	77
FDIST	28
FIND	355
FINDB	356
FINV	28
FLOOR	28,142,319
FLOOR.MATH	28,142,320
FORECAST	28,204
FORECAST.LINEAR	28,204
FREQUENCY	208
FTEST	28
FV	501
FVSCHEDULE	523

G

GAMMA.DIST	28
GAMMA.INV	28
GAMMADIST	28
GAMMAINV	28
GCD	451
GEOMEAN	197
GETPIVOTDATA	239

H

HARMEAN	199
HLOOKUP	218
HOUR	313
HYPGEOM.DIST	28
HYPGEOMDIST	28

I

IF	85,93,221,360,399,401,404
IFERROR	421
IFS	403

INDEX	241,243,245
INDIRECT	97,233
INT	100,133,134
INTERCEPT	202
IPMT	508
IRR	531
ISBLANK	417,419
ISERR	417
ISERROR	417
ISEVEN	417
ISFORMULA	417
ISLOGICAL	417
ISNA	417
ISNONTEXT	416,417
ISNUMBER	416,417
ISODD	417
ISPMT	511
ISREF	417
ISTEXT	416,417

J

JIS	343

K

KURT	189

L

LARGE	149
LCM	451
LEFT	349,360
LEFTB	349
LEN	358,362
LENB	358
LOGINV	28
LOGNORM.DIST	28
LOGNORM.INV	28
LOGNORMDIST	28
LOOKUP	212,226
LOWER	345

M

MATCH	243,245
MAX	146,244,321,322,325
MAXA	146
MDETERM	475
MEDIAN	167
MID	353,360
MIDB	353
MIN	147,322
MINA	147
MINUTE	313
MINVERSE	475,477
MMULT	475
MOD	85,87,447
MODE	28
MODE.SNGL	28,156
MONTH	71,259
MROUND	144

N

NEGBINOM.DIST	28
NEGBINOMDIST	28
NETWORKDAYS	282,284
NETWORKDAYS.INTL	282
NOMINAL	527
NORM.DIST	28
NORM.INV	28
NORM.S.DIST	28
NORM.S.INV	28
NORMINV	28
NORMSDIST	28
NORMSINV	28
NOT	410
NOW	311
NPER	499,521
NPV	529
NUMBERSTRING	385

O

ODD	449
OR	408

P

PERCENTILE	28,160
PERCENTILE.EXC	162
PERCENTILE.INC	28,162
PERCENTRANK	28,163
PERCENTRANK.EXC	165
PERCENTRANK.INC	28,164
PERMUT	455
PHONETIC	371
PI	473
PMT	503,518
POISSON	28
POISSON.DIST	28
POWER	469
PPMT	506
PRICE	545
PRICEDISC	554
PRICEMAT	549
PROPER	347
PV	493

Q

QUARTILE	28,174
QUARTILE.EXC	176
QUARTILE.INC	28,175
QUOTIENT	447

R

RADIANS	481
RAND	462
RANDBETWEEN	462
RANK	28,168,172
RANK.AVG	28,169
RANK.EQ	28,169,171
RATE	497
RECEIVED	556
REPLACE	377,379
REPLACEB	377
REPT	391
RIGHT	351,362
RIGHTB	351
ROUND	136,138,329
ROUNDDOWN	132,135

ROUNDUP	131
ROW	85,86,87

S

SECOND	313
SIGN	467
SIN	487
SKEW	187
SKEW.P	187
SLN	537
SLOPE	201
SMALL	152,154
SQRT	469,471
STDEV	28,177
STDEV.P	28,179,185
STDEV.S	28,178
STDEVP	28
STEYX	204
SUBSTITUTE	308,373,375,381,383
SUBTOTAL	84,99
SUM	57,67,190
SUMIF	69,71,73,77,95,334
SUMIFS	79
SUMPRODUCT	81,102
SWITCH	412

T

T.DIST.RT	28
T.INV.2T	28
T.TEST	28
TAN	483
TDIST	28
TEXT	265,306,308,389
TEXTJOIN	369
TIME	316,318,331
TINV	28
TODAY	253,255,257
TREND	206
TRIM	383
TRIMMEAN	112
TRUE	77
TRUNC	133,135
TTEST	28

U

UPPER	345

V

VAR	28
VAR.P	28
VAR.S	28,181
VARP	28
VLOOKUP	93,217,224,229

W

WEEKDAY	73,264,268,275,331,334
WEEKNUM	272,274
WEIBULL	28
WEIBULL.DIST	28
WORKDAY	287,290,292,301,304
WORKDAY.INTL	287

X

XIRR	535
XNPV	533

Y

YEAR	259
YEN	387
YIELD	543
YIELDDISC	551
YIELDMAT	547

Z

Z.TEST	28
ZTEST	28

用語索引

記号・英数字

^	469
-	250
,	65
:	250
?	79,122,430
"	126,429
{}	51
*	79,122,430
/	250
&	126,367,429
#	48
#DIV/0!	48,423
#GETTING_DATA	423
#N/A	48,423
#NAME?	48,423
#NULL!	48,423
#NUM	48
#NUM!	423
#REF!	48,423
#VALUE!	48,423
~	79,122
$	39
$（通貨記号）	387
¥（通貨記号）	387
π	473
1行おき	85
3D集計	62
3行ごと	87
24時間	326
ABC分析	192,195
AND条件	429
cos	483,485,487,490
Excel for Office365	24
Excelヘルプセンター	24,37
OR条件	429
sin	483,485,487,489
tan	483,485,487,490
Web	23

あ行

アークコサイン	490
アークサイン	489
アークタンジェント	490
あいまい検索	79
値	47
値と数値の書式	47
頭金	493
余り	85,87,88,447
位置	307
内訳	190
絵文字フォント	391
エラー	93,219,421
エラーインジケータ	67
エラー値	48,93,221,420,422
エラーチェックオプションボタン	48
エラーの原因	48
エラーのトレース	67
エラーを無視する	67
円	473
円記号	387
エンジニアリング	23
円周率	473
オートSUM	33,59,62,104,116
オートフィル	44
オートフィルオプション	44
大文字	345,347

か行

回帰直線	201,202
改行キー	395
階乗	459
開発タブ	77
カウント	441
カウントダウン	254,256
角度	481,483,485,487,489
下限	112
偏り	186
かつ	406
稼働日数	282,283
カラーリファレンス	42
借入可能金額	493
簡易グラフ	390
元金	506

用語索引

元金均等返済	495
元金返済額	506,513
関数	22
関数オートコンプリート	32
漢数字	385
関数の仕組み	23
関数の種類	23
関数の挿入	29
関数の引数	41
関数のヒント	33
関数の分類	29
関数ライブラリ	32
元利均等返済	495
期間短縮型	518
奇数	449
奇数行	86
逆行列	475,479
逆三角関数	489,490
キャッシュフロー	529,531,533,535
球	473
休業日	288,292
休憩時間	317
休日	283
キューブ	23
共通データ	95
行番号	38,85,86,87,241
行列	475,479
行列式	475
切り上げ	131,139,140,319,322,449
切り捨て	132,134,141,142,319
近似曲線の追加	202
近似値	224
金種表	102
勤続年数	279
勤務時間	317,335
金利変動型	523
偶数	449
偶数行	86
空白	221,419
空白以外	118
空白のセル	106,119,120
区切り文字	369
串刺し計算	62
組み合わせ	457
繰上返済	516,518,519
繰り返し	391
経過時間	280
計算結果	45
形式を選択して貼り付け	47
月初日	298
月末	296
月末日	298
減価償却費	537,539,541
現在価格	545,549,554
現在価値	493
現在の時刻	311
現在の日付	253
検索	93,212,217
検索機能	34
検索/行列	23
検索の型	224
検索範囲	229,234
硬貨	100
合計	57
構成比	191
購入価格	544,548,553,554
互換性関数	23,27
誤差	204
コサイン	483,485,487,490
五捨六入	137
コピー	43,45
小文字	345

さ行

差	465,466
最近使用した関数	29
最終営業日	299
最終返済金額	501
最小公倍数	451,453
最小値	147,154,435
最大公約数	451
最大値	146,435
再表示	306
財務	23
サイン	483,485,487,489
作業終了予定日	285,288

削除	381,383
サブスクリプション	24
三角形	471
残業時間	323
散布図	202
時	313
支援機能	32
時刻	250,316
四捨五入	136,143,144
時速	199
市町村名	363
実効年利率	524
支払回数	499
支払利息	511
四分位数	175
紙幣	100
締日	302
斜辺	485,487
週	272,273
集計	432
週数	274
修正	40
出社時間	319,321
順位	149,152,169
順列	455
商	100,102,447
償還価額	555,556
小計	99
証券	543,545,547
条件	69,79,108,110,128,399,401
上限	112
小数点以下	134
情報	23
正味現在価値	529,533
将来価値	523
書式なしコピー（フィル）	44
シリアル値	250,330
深夜残業時間	323
数学/三角	23
数式	29,31,40,43
数値	416
スペース	381,383
正	467
整数	134
正方行列	475
西暦	305
整列	214
積	475
積の和	80
絶対参照	39,67
絶対値	465
切片	202
セル参照	38
セルの書式設定	250,253,385
セル幅	48
セル範囲	42
セル範囲形式	241
セル番地	38,247
ゼロ値のセルにゼロを表示する	120
全角	340,342
全体比	159
尖度	189
相加平均	197,199
相乗平均	197,199
相対参照	39
挿入	379
増分	201

た行

第3木曜日	275
退社時間	319
対辺	483,487
単位	389
タンジェント	483,485,487,490
単利	551
チェックボックス	74,77
置換	373,375,377
中央値	167
抽出	82,237,239
重複データ	130,414
調和平均	197,199
直接入力	31
貯蓄目標金額	501
直角三角形	482,484,486,488
通貨記号	387
通常勤務時間	323

用語索引

使い方	36
月	259
積立回数	499
積立貯蓄	494
定額法	537
定期支払額	503
定休日	281,282,285,287
定期預金	500,524,526
底辺	483,485
定率法	539,541
データベース	23
データベース関数	428
統計	23
投資金額	493
度数分布表	208
度単位	481
都道府県	359
土日	331

な行

内部利益率	531,535
名前	173
日数	257
入力	29
任意の位置	353
ネスト	23,375,401
年	259
年利回り	551

は行

バージョン	24
バージョンマーカー	24
パーツ	387
倍数	451
バイト数	349,351,353,356,358,377
配列形式	213,241
配列数式	50,81
配列定数	51
半角	340,342
半角スペース	308
番地	365

日	259
比較	393
非稼働日	282,287
引数	23
引数の個数	23
非対称性	187
左から	349
日付	250
日付/時刻	23
否定	410
非表示	305
ピボットテーブル	237,239
秒	313
表示形式	265,268,327
標準偏差	178
標本	179
標本標準偏差	179
表面積	473
頻繁値	156
負	467
ファイル名	424
フィルタ	84
フィルハンドル	44
フォント	391
複合参照	39
複数の条件	79,110,128,401,403,432
複利	525,552
ふりがな	371
分	313
分岐	399
分散	181
平均	104
平均順位	169
平均成長率	197
平均値	439
平均偏差	183
平日	284,331
平方根	469
べき乗	469
ベクトル形式	212
ヘルプ	36
ヘロンの公式	471
返済額	502
返済額低減型	518

返済期間	519
偏差値	185
ボーナス	494,504
母集団	179

ま行

または	408
満期受領金額	501,556
右から	351
名目年利率	526
面積	471,473
文字数	358
文字の位置	355
文字列	416
文字列操作	23
戻り値	23

や行

約数	451
ユーザー定義	268
曜日	73,262,264,268,270
ヨーロッパ式週番号システム	272
予測	204,206
予測値	204

ら行

ラジアン単位	481
ランク付け	225
乱数	462
リスト	234
利息	508,511
利息返済額	508,515
利回り	543,547
利率	497
リンクするセル	77
累計	67
累乗根	469
列番号	38,241
連結	367,369
連続回数	89

| 連立方程式 | 477 |
| 論理 | 23 |

わ行

ワークシート名	97
歪度	187
ワイルドカード	79,122,430
割合	162,164
割り算	447
割引債	551,553,555,556,557
割引率	557,558
和暦	305,309

■著者紹介

篠塚　充（しのづか　みちる）

PCと付き合うようになったのは、これからの消費者とPCとの関わりについてを卒論のテーマにしたことがきっかけ。営業、編集、システム開発課勤務を経て1999年にテクニカルライターへ転身。アプリを使う側に寄り添った執筆を心がけています。Excel関連の主な著書には『やさしく学ぶエクセル関数』『仕事の効率を倍速化するエクセルの仕事術』『見栄えをUPする！エクセル表現手法のウラ技』(以上、C&R研究所刊)など多数。

編集担当：吉成明久

●特典がいっぱいのWeb読者アンケートのお知らせ

C&R研究所ではWeb読者アンケートを実施しています。アンケートにお答えいただいた方の中から、抽選でステキなプレゼントが当たります。詳しくは次のURLからWeb読者アンケートのページをご覧ください。

C&R研究所のホームページ　http://www.c-r.com/

携帯電話からのご応募は、右のQRコードをご利用ください。

改訂2版 Excel関数逆引きハンドブック

2019年3月20日　初版発行

著　者	篠塚充	
発行者	池田武人	
発行所	株式会社　シーアンドアール研究所	
	新潟県新潟市北区西名目所4083-6(〒950-3122)	
	電話　025-259-4293　FAX　025-258-2801	
印刷所	株式会社　ルナテック	

ISBN978-4-86354-807-7 C3055

©Shinozuka Michiru,2019　　　　　　　　　　Printed in Japan

本書の一部または全部を著作権法で定める範囲を越えて、株式会社シーアンドアール研究所に無断で複写、複製、転載、データ化、テープ化することを禁じます。

落丁・乱丁が万が一ございました場合には、お取り替えいたします。弊社までご連絡ください。